U0175141

苍霞
书系

闽南佛教寺庙
建筑艺术与景观研究

国家社科基金艺术学项目
“闽南佛教古寺庙建筑艺术与景观研究”（批准号：18BG138）最终成果

孙群 著

九州出版社 JIUZHOUPRESS | 全国百佳图书出版单位

图书在版编目（CIP）数据

闽南佛教寺庙建筑艺术与景观研究 / 孙群著. -- 北京 : 九州出版社, 2023.5
ISBN 978-7-5225-1764-3

Ⅰ. ①闽… Ⅱ. ①孙… Ⅲ. ①佛教－寺庙－宗教建筑－建筑艺术－研究－福建②佛教－寺庙－景观设计－研究－福建 Ⅳ. ①TU-885②TU986.2

中国国家版本馆CIP数据核字(2023)第062421号

闽南佛教寺庙建筑艺术与景观研究

作　　者	孙　群　著
责任编辑	黄瑞丽
出版发行	九州出版社
地　　址	北京市西城区阜外大街甲 35 号（100037）
发行电话	(010)68992190/3/5/6
网　　址	www.jiuzhoupress.com
印　　刷	鑫艺佳利（天津）印刷有限公司
开　　本	710 毫米 ×1000 毫米　16 开
印　　张	39
字　　数	700 千字
版　　次	2024 年 6 月第 1 版
印　　次	2024 年 6 月第 1 次印刷
书　　号	ISBN 978-7-5225-1764-3
定　　价	158.00 元（精装）

《苍霞书系》总序

苍霞者，苍霞精舍之谓也。1896 年，著名闽绅陈宝琛、林纾、孙葆瑨、力钧、陈碧等人在福州创办了苍霞精舍。此学堂创办伊始，就不是一间旧式的私塾，而是一所设置了西学的学校。后历经更名、拆分与重组，1938 年改为福建省立高级工业职业学校。几经辗转之后，才成为今天的福建理工大学。

苍霞精舍的创办人，都是清末民初蜚声海内外的文化学者。其中，林纾就是 19 世纪至 20 世纪之交的一位有影响的文化人，其翻译小说在全国范围内产生了深刻的影响。尽管林纾在“五四”新文化运动中的表现为后人所诟病，但全面审视其人生之后，其人格风骨、家国情怀、艺术造诣等仍令我们感佩莫名。再如“末代帝师”陈宝琛，有着以天下为己任的强烈意识，曾因直言敢谏而名动京师，并被誉为“清流四谏”之一。作为“帝师”，他数次奔赴东北，力劝溥仪不可充当日本傀儡。虽终未成功，但保持了其一生的爱国名节；作为“同光体”闽派著名诗人，他写下了不少反帝爱国、关心民瘼、以开放视野融通中外的优秀诗作，其诗作充分表明他是一位能追随时代进步潮流、关心国家命运、坚持民族正义、主张御侮图强的爱国诗人。此外，苍霞精舍的创办人还有一个共同的特点，那就是热心教育事业，创办了多所学校。综上所述，他们的精神品格是否可以称为“苍霞精神”？今天，福建理工大学的校训“真、勤、诚、勇”，正是这种精神品格的延续和弘扬。

21 世纪以来，福建理工大学的学科建设取得了跨越式的发展。虽然是以工科为主的大学，但其文科也取得了长足的发展。2011 年，学校成立“福建地方文化资源研究中心”，开始着手对福建地方文献的整理研究以及对林纾的研究。2014 年，学校获批福建省社会科学研究基地——地方文献整理研究中心，标志着我院在社会科学研究的某些方面已跻身于省内强校的行列。近年来，中心陆续在林纾研究、福建地方文献整理研究、福建历代文化研究、闽台文化研究、乡贤研究等领域取得了一系列新成果。国家社科项目的获批、社科论著的密集涌现、优秀社科成果和教学成果的获奖、优质学术团队的建设，都出现了令人鼓舞的新局面。本着以中心为依托，集中展示中心成员的优秀论著的目的，我们精心策划了“苍霞书系”。我们之所以以“苍霞”来命名，一是为了呈现福建理工大学薪火相传的文脉传统，踵继前辈学者的优良学风，发掘“苍霞精神”的时代意义，温故知新，继往开来；二是为中心成员提供一个展示成果的平台，激励他们坚守学术理想，互相交流，互勉共进，以实干创造出更多的优秀成果。

愿我们大家共同努力！

吴仁华

福建理工大学

前言

2014 年 3 月 27 日，习近平在联合国教科文组织总部发表的演讲中指出：“佛教产生于古代印度，但传入中国后，经过长期演化，佛教同中国儒家文化和道家文化融合发展，最终形成了具有中国特色的佛教文化，给中国人的宗教信仰、哲学观念、文学艺术、礼仪习俗等留下了深刻影响。……中国人根据中华文化发展了佛教思想，形成了独特的佛教理论。”2021 年 12 月 3 日至 4 日，习近平在全国宗教工作会议上强调：“要深入推进我国宗教中国化，引导和支持我国宗教以社会主义核心价值观为引领，增进宗教界人士和信教群众对伟大祖国、中华民族、中华文化、中国共产党、中国特色社会主义的认同。要在宗教界开展爱国主义、集体主义、社会主义教育，有针对性地加强党史、新中国史、改革开放史、社会主义发展史教育，引导宗教界人士和信教群众培育和践行社会主义核心价值观，弘扬中华文化。”

从 2012 年开始，笔者先后主持了两项福建省社会科学规划项目——“泉州古塔的建筑艺术与人文价值研究”“福建古塔的建筑特征与文化内涵研究”，一项福建省社会科学研究基地重大项目——“福建遗存古塔形制与审美文化研究”，对福建地区的遗存古塔进行了全面调研，调研期间参观了许多佛教寺庙，由此萌发了对八闽佛寺的建筑与文化景观进行系统研究的想法。2018 年，笔者有幸获得国家社科基金艺术学项目“闽南佛教古寺庙建筑艺术与景观研究”（批准号：18BG138）的立项，得以继续对闽南佛教古寺庙的建筑艺术与人文景观进行深入探究。

佛教起源于古印度，大约在东汉时期传入中国，经过两千多年的传播和融合，对我国的哲学、历史、文学、艺术、民俗等产生了深远的影响。在佛教文化中，古寺庙的建筑艺术与人文景观自成体系，有着独特的宗教审美特征。佛寺在古印度称作“samghārāma”，音译为“僧伽蓝摩”“僧伽蓝”，简称“僧伽”“伽蓝”，另有浮屠间、兰若、伽蓝、招提、精舍、丛林、道场等别称。一座完整的佛寺既包括各种功能的建筑物，也包含周边的园林景观。唐代诗人常建的《题破山寺后禅院》曰：“清晨入古寺，初日照高林。曲径通幽处，禅房花木深。山光悦鸟性，潭影空人心。万籁此都寂，但余钟磬音。”常建以凝练简洁的笔触，将江苏常熟破山寺远离尘世的幽静与空寂表现得淋漓尽致。

福建简称“闽”，“闽南”即指福建的南部地区。广义上的“闽南”包括泉州市、厦门市、漳州市以及龙岩市的新罗区与漳平市等；狭义上的“闽南”仅指号称“闽南金三角”的泉州、厦门、漳州三个地级市，也是本课题所研究的区域范围。闽南地处亚热带，气候温暖，雨水充沛，背山面海。历史上，中原汉族曾四次大规模进入闽地，第一次是西晋末年的八姓入闽，第二次是唐代陈元光开发漳州，第三次是唐末五代王审知治闽，第四次是宋室南迁。汉族移民将中原先进的生产技术和文化知识传入闽地，加快了闽地的开发和进步，中原文化也由此成为闽南文化的主体。除受到中原文化的影响外，闽南文化还深受海洋文化的熏陶。泉州、厦门和漳州是闽南文化的核心区，与台湾海峡隔海相望，自古便海运发达。自清代以来，由于海禁，闽南成为对外贸易的主要区域，闽南人纷纷“下南洋”，建立起强大的华商网络，并带回海外文化，丰富了闽南文化的内涵。因此，闽南文化具有古老性、独造性、开放性、兼容性、开拓性、一体多元性、海洋性等特征，具有内陆文化与海洋文化的双重色彩。总之，“闽南文化是闽南人共同创造、共同拥有的区域文化，它以闽南方言为载体、融合中原文化、闽越文化、海洋文化、华侨文化，以海洋文化为主要特征，兼有独特方言与强烈地域文化特征的文化，是中华文化的重要组成部分”。

闽南宗教类型多样，佛教、道教、基督教、天主教、伊斯兰教、婆罗门教、摩尼教、景教、日本教、犹太教等都曾在这里传播过，其中以佛教最为兴盛，泉州和漳州有“佛国”之称，佛教文化是闽南传统文化的重要组成部分。

每一座古佛寺都是一座活的博物馆，佛寺作为一种不可再生的文化资源和历史遗产，涉及建筑艺术、雕刻艺术、绘画艺术、园林艺术、文学艺术以及宗教哲学、社会文化等诸多领域。闽南佛寺建筑作为当地传统建筑的最高典范，其独特的建筑形式、多元的人文内涵、灵活多样的艺术形态，承载了丰厚的历史文化信息，影响了一代代闽南人的精神生活。闽南佛寺景观一方面继承了中国传统园林的造园精髓，另一方面受到地形的影响，其寺庙选址、园林布局、植物的选用和配置手法等，充分体现了闽南传统园林不同时期的造园艺术手法。因此，探索和研究闽南佛教古寺庙的建筑艺术与人文景观不仅有助于保护与利用闽南风景名胜和文化古迹，还可为现代佛寺园林景观的规划设计提供重要的参考。

佛寺是佛教信仰的直接产物，是佛教意识外化的实体，是在现实世界中建立的一片净土，既体现出佛国世界，又呈现出天人和谐的生态环境，具有较强的场所归属感。闽南古佛寺的建筑与景观充分体现了闽南人的思想理念，蕴含着丰富的历史文化信息，具有选址合理、布局巧妙、建筑水平高超、园林艺术精湛等特征，集中体现了闽南的山地特征、滨海特色、地域审美倾向等，在闽地建筑史和佛教艺术上均写下了辉煌的篇章，演变和发展反映了不同历史时期佛寺建筑与景观的特征，呈现出闽南人独特而多元的审美特征。

本课题主要研究闽南佛寺的建筑与景观，具体内容包括：①探究闽南佛寺的总体布局、建筑造型、艺术装饰、景观设计等，并对佛寺特有的建筑物，如佛殿、佛塔、石窟等进行探讨。②归纳与总结闽南佛寺的景观特色，揭示闽南佛寺建筑与园林景观的深层意境、山林文化与海洋文化内涵。③比较闽南佛寺与福建其他地方、江南地区及中原地区佛寺的异同。④总结闽南佛寺发展的历史、现状、趋势，探索佛寺建筑现代化的多元路径。⑤为佛寺建筑与园林景观的保护与管理提出合理化建议。

本课题名为“闽南佛教古寺庙建筑艺术与景观研究”，重点调研民国元年（1912）之前建造的古佛寺，也兼及近代新建的佛寺。据统计，泉州、厦门和漳州三市共遗存有 700 多座佛寺，笔者亲自考察了较有代表性的 222 座寺庙，再从中择取 138 座兼具文物价值、艺术价值、历史价值、人文价值、景观价值以及旅游价值的佛寺进行个案研究。

笔者遴选作为个案研究的寺庙，主要基于四点考量：

首先，各级文物保护单位。作为全国和省级文物保护单位的佛寺，是本课题的重点研究对象，如鲤城开元寺、晋江龙山寺、安溪清水岩寺、鲤城承天寺、晋江西资岩寺和南天寺、永春魁星岩寺、思明南普陀寺、云霄南山寺和水月楼、诏安九侯禅寺、平和三平寺等。

市、县、区级文物保护单位，如泉郡接官亭、泉港天湖岩寺、晋江龙江寺、南安雪峰寺和飞瓦岩寺、惠安净峰寺、石狮虎岫禅寺、永春乌髻岩寺、德化西天寺、思明日光岩寺、芗城东西桥亭、龙海龙池岩寺、云霄白云寺、漳浦海月岩寺、诏安慈云寺、长泰普济岩寺、东山古来寺、南靖石门寺等。

有些佛寺虽为文物保护单位，但笔者实地考察后发现，这些佛寺中保留下来的古迹已很少，故不列为考察对象。如鲤城释迦寺、泉港华林寺、晋江朵莲寺和紫竹寺、惠安浮山寺、厦门真寂寺、龙文聚奎岩寺、龙海清安岩寺、长泰普济岩、漳浦紫薇寺和海日岩寺、诏安报国寺等。

其次，佛寺本身虽不是文物保护单位，但寺内保存有文保文物。南安五塔岩寺保存有全国重点文物保护单位——五塔岩石塔，同安梵天寺内有福建省文物保护单位——西安桥石塔。此外，还有丰泽赐恩岩寺、同安梅山寺和慈云岩寺、思明白鹿洞寺、华安平安寺、芗城塔口庵等。

再次，历史上较有影响力的佛寺。如南安延福寺、晋江灵源寺等佛寺，虽为重建的寺庙，但历史悠久，影响深远。

最后，建筑或景观较为特殊的佛寺。如丰泽南台寺和青莲寺、南安天香禅寺和石亭寺、德化灵鹫岩寺、思明虎溪岩寺、龙文瑞竹岩寺和石室岩寺、龙海普照禅寺、漳浦仙峰岩寺、东山东明寺、平和灵通寺和朝天寺等佛寺的部分建筑或景观均较为特殊，故也被列入研究范围。

关于本课题，还有以下四点需要特殊说明：

①本课题的研究对象是古佛寺，但笔者经过实地调研后发现，闽南地区严格意义上的古佛寺数量有限，大多数古佛寺均是新旧建筑并存，还有

个别古佛寺仅剩下一些建筑构件、石雕或石碑等古物，因此将最终成果名称修改为“闽南佛教寺庙建筑艺术与景观研究”，并收录几座近年新建的佛寺，使研究的涵盖面更广。

②闽南佛寺多数始建于明清时期，这部分佛寺基本采用清官式建筑构件的通用名；宋代建筑则采用当时官式建筑构件的通用名，只有少数特殊的建筑构件使用闽南当地的名称，如“弯枋”“连拱”“牌头”“看牌”“印斗”“立仙”等。

③本课题分为四编，第一编是对闽南佛寺建筑与景观进行的总体探究和概括；第二编至第四编分别对泉州、厦门、漳州的 138 座佛寺进行个案研究，力求从不同角度阐述这些佛寺的发展演变和现状。

④鉴于佛塔在佛寺中的重要性和特殊性，在第一编中专列一节，对闽南佛寺内外的佛塔进行详细论述。

⑤本书的插图，除引自古籍者外，其余均为笔者亲自拍摄。

因闽南佛寺类型多样、数量众多、分布范围广、建造时间跨度大，且涉及诸多领域，而本人囿于学力、精力和时间，对 138 座佛寺的探讨难以做到面面俱到，疏漏之处在所难免，恳请专家与读者批评指正。

目　录

第一编　闽南佛教寺庙建筑艺术与景观研究综述

第一章　闽南佛教寺庙发展概况

释迦牟尼于公元前6世纪在古印度创立佛教，大约在两汉之际，佛教通过陆上丝绸之路进入我国中原一带，并得到帝王的认可与礼遇。汉明帝于东汉永平十一年（68）在洛阳建造中国首座佛寺——白马寺作为传法场所，到了东汉中后期，中原及江淮地区的许多民众已开始信奉佛教，出现浴佛、施食等活动，经过长期的传播、发展和演变，逐渐形成具有中国特色的宗教。我国佛教分为汉传佛教（汉语系）、云南上座部佛教（巴利语系）与藏传佛教（藏语系）三大体系，而福建地区主要是汉传佛教，但也受到藏传佛教的影响。

佛教究竟何时传入福建，史籍记载不详。据现有文献推测，因汉代至南朝，福建沿海是通往东南亚和印度洋地区的海上交通要道，东汉至东吴时就有印度僧人通过这条海上丝绸之路（印度—斯里兰卡—爪哇—马来半岛—越南—广州—福建）来到闽地，并开展传教活动，但这一时期的佛教并没有得到进一步发展。福建佛教主要还是从中原地区传播进来的，西晋末年八姓入闽定居时，也把佛教思想带入福建，并开始建造佛寺，所以有“闽寺始晋太康”之说。八闽最早的佛寺为建于晋太康元年（280）的福州侯官县药山寺、建于晋太康三年（282）的福州怀安县绍因寺和侯官县灵塔寺、建于晋太康九年（288）的南安县延福寺和建于晋太康年间（280—289）的南平瓯宁县林泉寺等。这几座寺庙如今只剩迁址后的延福寺，其他已无迹可寻。

狭义上的“闽南”，包括泉州、厦门和漳州三个地级市，作为一个地理位置独特的区域，与中原及江南地区相比，佛教发展较晚，但因历代官民的积极推崇，却又十分发达，泉州和漳州自古以来被称作“佛国”。闽南佛教发展史上古刹众多，高僧辈出，文化底蕴深厚，其兴旺程度在全国首屈一指，许多寺庙（如鲤城开元寺与承天寺、南安雪峰寺、晋江龙山寺、安溪清水岩寺、思明南普陀寺、芗城南山寺、平和三平寺以及诏安九侯禅寺等）均极具地域特色，名声远扬海内外。

一、闽南佛教寺庙发展史

闽南佛教寺庙发展史，就是一部闽南佛教的发展史，甚至可视为闽南历史的缩影，对其进行探究，不仅能更好地了解闽南人的物质与精神生活，而且可领略闽南寺庙极为丰富的历史、人文、民俗、建筑等内涵。

（一）两晋时期的闽南佛教寺庙

西晋（265—317）后期中原地区战乱频仍，衣冠士族纷纷举族南迁，形成所谓的“八姓入闽”和“衣冠南渡”，这是中原汉族第一次入闽。南迁的士族和百姓因历经战乱而深感世间之疾苦，为了寻求精神上的寄托，于是大兴土木建造佛寺，佛教因此在福建逐渐流传开来。

西晋时期，福建建有一批佛寺，但闽南因地理位置较偏，寺庙还较少。如西晋太康九年（288）前后，南安九日山山脚下建造了闽南第一座佛寺——延福寺。明万历《泉州府志》记载：“延福寺，在九日山下，晋太康时建（280—289），去山二里许，唐大历三年（768）移建今所。宋乾德中（963—968），陈洪进增建，乃改名‘延福’”。清乾隆版《泉州府志·坛庙寺观》记载：“晋太康年间（太康九年，288）建，去山二里许。唐大历三年（768），移建今所。大中五年（851）赐名建造寺。”这是有文献记载的闽南地区最早的佛教寺庙。

东晋时期，在朝廷的支持下，佛教得到了一定的传播，江南一带佛寺数量大增，史籍中未见闽南有修建佛寺的记载，只有莆田建了永和尼院。据《八闽通志》记载“永和尼院，在郡城西二里许。旧志永和元年（345）建”，这是福建可考证的最早尼院。

（二）南北朝时期的闽南佛教寺庙

北朝（386—581）时期，由于北魏太武帝崇道灭佛，周武帝禁佛道二教，佛教遭受沉重打击，此时“北地佛教，一时绝其声迹”。南朝

(420—589）因社会相对安定，又有统治者的支持，福建佛教由闽中向闽东和闽北地区继续传播。梁武帝时福建新建28座佛寺，同时开始造塔，陈朝时闽地又新建约30座佛寺。

南朝时期，闽南新建佛寺较少，留存至今的更少，如建于南朝永初年间（420—422）的龙海龙池岩寺、建于南朝梁大同六年（540）的龙海七首岩寺和建于南朝的思明鸿山寺等。其他还有建于陈永定二年（558）的莆田金仙院和建于陈朝的莆田宝台庵等。南朝时，印度高僧拘那罗陀曾在南安延福寺译经，据宋代曾会所撰《重修延福寺碑铭》记载："古《金刚经》者，昔天竺三藏拘那罗陀，南朝梁普通（520—527）中泛大海来中国，途经兹寺（延福寺），因取梵文，译证了义，传授至今。"

两晋南北朝时，闽南之所以较少建造佛寺，主要是因为中原移民多集中在闽东和闽北地区，佛寺也集中建造在这些地区。

（三）隋唐时期的闽南佛教寺庙

隋唐时期，佛教进入全盛期，并与中国传统文化相互融合，形成中国化的佛教宗派。福建因群山阻隔，社会比较稳定，不少僧人在闽传教。闽地不仅高僧辈出，如百丈怀海、黄檗希运、沩山灵佑、大珠慧海等，还出现许多佛教教派，如三论宗、法华宗、唯识宗、律宗、华严宗、净土宗、密宗和禅宗。闽东和闽南成为中原移民入闽聚集区，特别是闽南地区佛教发展迅速，佛教开始世俗化，民间开始大量建造寺庙和塔。

隋代（581—618）福建新建佛寺12座，主要集中在福州和闽南地区，遗存至今的有建于隋开皇元年（581）的同安梵天寺、建于隋开皇九年（589）的永春魁星岩寺和晋江灵源寺、建于隋大业十年（614）的石狮法净寺、建于隋皇泰年间（618—619）的晋江龙山寺等。其他建于隋代的佛寺，还有石狮凤里庵、晋江西资岩寺、南安天香禅寺和白莲寺、同安梅山寺等。清乾隆《晋江县志》记载龙山寺曰："龙山寺，在安海，相传始于隋朝，中奉千手观音佛，阅今千余载，废兴不知凡几。"《同安县志》记载同安梅山寺："梅山寺，在县东里许同山山麓，原建自隋。"明万历《泉州府志》记载厦门黄佛寺："寺在佛子冈，隋末莆田黄氏女结庵修行于此。元泰定间，达鲁花赤建为寺，今废。"《八闽通志》记载永春灵感寺："灵感寺，在县西南二十三都。隋末建，初名'恩惠院'，唐咸通间改为'灵感寺'。"

唐代（618—907）福建经济发展相当迅速，奠定了造寺的物质基础，民间兴起捐资建寺的风气，此时福建各地建造大量佛寺。据《八闽通志》记载，唐代新增547座佛寺，其中福州、建州最多，泉州、漳州次之。据不完全统计，唐代泉州府新建佛寺66座，其中，晋江16座、南安14座、同安6座、永春11座、惠安6座、安溪11座、德化2座；漳州府新建15座，其中龙溪3座、漳浦2座、长泰9座、南靖1座；厦门岛新建3座。实际上，唐代所建寺庙数量远不止547座，只是文献失载罢了。唐代闽南的晋江流域开发较早，而九龙江流域较晚，因此泉州佛寺多于漳州和厦门。

唐代，闽南地区著名的佛教寺院有：建于唐武德至贞观年间（618—649）的丰泽南少林寺、建于唐贞观年间（627—649）的石狮虎岫禅寺、建于唐高宗上元元年（674）的云霄开元寺、建于唐垂拱二年（686）的鲤城开元寺、建于唐开元二十五年（737）的芗城南山寺、建于唐咸通十三年（872）的平和三平寺、建于唐末的南安雪峰寺和思明南普陀寺等。这些寺庙规模宏伟，富丽堂皇，僧人众多，经济实力雄厚。

唐代末年，唐武宗发动了大规模拆毁佛寺和强迫僧尼还俗的“会昌法难”。晚唐文学家黄滔在《大唐福州报恩定光多宝塔碑记》中记载，闽王王审知对福州和泉州寺庙“或存或烬，或抽金积俸增而新之”，因此，会昌法难对闽南乃至福建的冲击并不大。此时，闽南虽有部分寺庙被毁，如平和三平寺、惠安华林寺、南安延福寺等，但许多隐藏在深山里的寺庙得到保留，甚至还新建了晋江木龙室。这些佛寺为五代及两宋佛教的发展奠定了基础。

（四）五代时期的闽南佛教寺庙

五代（907—960）时期中原动乱，军阀割据，社会经济破坏严重，而福建先后由闽国、吴越和南唐等国统治，而这三个地方政权的统治者（王审邽、王延彬、留从效、陈洪进等）全都注重发展社会经济与文化，信奉佛教，使得闽南呈现出一片太平盛世的景象。

王审知“誓愿归佛”，大量兴建佛寺与佛塔。后梁贞明二年（916），王审知曾命人浮海运木到泉州，建造开元寺西塔（仁寿塔的前身）。据黄干的《勉斋集》记载：“王氏入闽，崇奉释氏尤甚，故闽中塔庙之盛甲天下。”之后主政泉州的留从效和陈洪进也极为尊佛，留从效曾问法的黄妙应禅师有诗曰“先打南，后打北，留取清源作佛国”；陈洪进治泉期间，开发九日山，镌造阿弥陀佛石像于西峰，并重修扩建延福寺。

据《八闽通志》等文献记载，五代闽国时福建新建佛寺 461 座：泉州府有 29 座，其中晋江 4 座，南安 7 座，永春 2 座、惠安 4 座、安溪 11 座、德化 1 座；漳州府有 3 座，均集中在龙溪；厦门岛有 1 座。留从效和陈洪进统治泉、漳时，泉州建寺 38 座，漳州建寺 7 座。遗留至今的有建于后梁贞明二年（916）的惠安平山寺、建于后唐（923—936）的德化程田寺，建于后晋（936—947）的南安凤山寺、建于南唐保大十五年（957）的鲤城承天寺等。其他还有丰泽福清寺、永春普济寺、德化香林寺、龙文瑞竹岩寺、诏安南山禅寺等。当时由于许多官民崇信佛教，争相布施财产，寺庙拥有大量土地，据乾隆版《泉州府志》记载："是时膏腴田地尽入寺观，民间及得其硗狭者，先后如王延彬、陈洪进诸家，多舍田入寺……"这一时期，闽南形成了较为完整的文化体系，而佛教寺庙的建筑风格也趋于成熟。

（五）两宋时期的闽南佛教寺庙

两宋时期，佛教继续发展并呈现繁荣态势，而且更加中国化，福建也不例外，佛寺数量为全国之冠，僧尼数量也为全国第一。此时福建禅宗盛行，主要有曹洞宗、云门宗、法眼宗、临济宗，其他如净土宗、律宗、华严宗、法华宗、密宗等也均有传播，而且佛教已逐渐世俗化，并成为社会上层建筑的重要部分之一。明代方志学家黄仲昭在《八闽通志》卷七十五《寺观》中记载："自吴孙权始建建初寺于江东……而后寺观始蔓延诸郡以及于闽，历晋宋齐梁而始盛，又历隋唐以及伪闽而益盛，至于宋极矣，名山胜地多为所占。"

北宋（960—1127）初年，赵匡胤掌握政权之初采取了一系列保护发展佛教的政策，佛教得到复苏。宋代词人韩元吉称："夫闽之八州，以一水分上下，其下四郡良田大山多在佛寺，故俗以奉佛为美，而佛之庐几甲于天下。"据《泉州府志》的《坛庙寺观》记载，北宋初泉州"寺院之存者凡千百数"，泉州也被称作"泉南佛国"，如今在泉州清源山、南安九日山、晋江岱帽山均有"泉南佛国"的石刻。朱熹曾为泉州开元寺题写了一对楹联"此地古称佛国，满街都是圣人"。此时厦门许多僧人喜爱依山岩石壁结茅修行，曾在五老峰下的无尽岩和雪山岩、太华岩、慈云岩等地建造 8 座寺庙，景观奇特。

南宋（1127—1279），闽南佛教持续发展，寺庙经济雄厚。据韩元吉记载，在闽南八州中，下四州寺庙拥有许多田地等财产，而其中又以漳州为最，寺产高达七分之六。泉州的富裕程度已超过了福州，“驿道四通，海商辐辏。夷夏杂处，权豪比居”，社会极为繁荣，为建寺造塔奠定了坚实的经济基础，寺产占到十分之七。

据不完全统计，两宋时福建共建佛寺 1180 座：泉州府新增 76 座，其中晋江 25 座、南安 22 座、同安 4 座、德化 2 座，永春 7 座、安溪 9 座、惠安 7 座；漳州府 14 座，其中龙溪 5 座、漳浦 3 座、龙岩 4 座、南靖 1 座，漳平 1 座；厦门岛 1 座。遗存至今的佛寺有：建于北宋初年的鲤城崇福寺、建于北宋雍熙四年（987）的丰泽宝海庵、建于北宋大中祥符年间（1008—1016）的泉港虎岩寺、建于北宋仁宗年间（1023—1063）的集美寿石岩寺、建于北宋元丰六年（1083）的安溪清水岩寺、建于北宋宣和二年（1120）的漳浦古山莲花寺、建于南宋建炎元年（1127）的翔安香山岩寺、建于南宋嘉定九年（1216）的晋江南天寺、建于南宋瑞平年间（1234—1236）的同安慈云岩寺等。其他还有漳浦紫薇寺、丰泽海印寺、南安五塔岩寺、惠安科山寺、龙海蓬莱寺和木棉庵、云霄白云寺、漳浦清泉岩寺等。

两宋时期，读书山林寺院，论学会友，蔚为风尚。如朱熹在任福建漳州知州时，曾为自己创办的白云岩书院写过一副对联：“地位清高，日月每从肩上过；门庭开豁，江山常在掌中看。”南安英都镇乡贤们于南宋端平年间（1234—1236）在云从古室建造龙山书院，培养出许多人才。

（六）元明清时期的闽南佛教寺庙

元代（1271—1368）初年因战乱频繁，福建一些寺庙被毁坏，但不久之后佛教又开始复苏，一些古寺得到修缮。此时泉州已成为东方第一大港，对外贸易空前繁荣，著名旅行家、意大利威尼斯商人马可·波罗在《马可·波罗游记》中曾提到这里的居民普遍崇信佛教。元至元二十九年（1292），平章政事亦黑迷失全力支持释觉琳在建阳报恩寺雕印《毗卢大藏经》，并刻《一百大寺看经记》碑，选定全国 100 座寺庙，其中福建有 32 座，而泉州独占 17 座。泉州回民《金氏族谱》称泉州“僧半城”，其中泉州开元寺就有 1000 多名僧人。漳州此时佛教也相当发达，《漳州府志》称：“漳州古称佛国，自唐以至于元，境内寺院至六百余所。”

由于元代之前，闽南已建有大量佛寺，因此与两宋相比，元代闽南新建佛寺数量有所下降。据不完全统计，福建共建寺庙 381 座：泉州府有 40 座，其中晋江 36 座、同安 1 座、永春 3 座；漳州府 8 座，其中漳浦 3

图 1－1－1　玉珠庵

座、长泰 2 座、南靖 3 座；厦门岛 2 座。这些佛寺大多是规模不大的庵堂精舍，方便附近居民前来参拜，表现出佛教世俗化、民间化的特色。遗存至今的佛寺有：建于元大德八年（1304）的长泰玉珠庵（图 1–1–1）、建于元至正年间（1341—1368）的漳浦福寿禅寺、建于元至正十八年（1358）的龙海安福寺、建于元至正十九年（1359）的龙海金仙岩寺、建于元至正二十四年（1364）的丰泽弥陀岩寺、建于元末明初的南安宝湖岩寺等。其他还有德化西华岩寺、南安飞瓦岩寺、芗城塔口庵、龙海林前岩寺、南靖清水岩寺等。

明代（1368—1644），随着福建社会经济进入新的发展阶段，闽南佛教再次复兴，佛寺不但占有大片良田，而且拥有免除各种赋役的特权。明代朱子学第一人蔡清的《蔡文庄公集》记载："天下僧田之多，福建为最。举福建又以泉州为最，多者数千亩，少者不下数百。"厦门岛由于成为福建海防要塞和海港，佛教开始逐步发展，觉光法师于明永乐年间（1403—1424）在思明南路的五老峰上建普照寺。明代漳州有五大名刹，分别是开元寺、南山崇福寺、净众寺、法济寺和龙山寺，占地面积达到漳州全境土地量的 10 %。

明代闽南新建了许多佛寺，遗留至今的有：建于明永乐二十年（1422）的晋江庆莲寺、建于明成化四年（1468）的泉港清莲庵、建于明弘治年间（1488—1505）的云霄西霞亭、建于明正德元年（1506）的南安石亭寺、建于明万历三十五年（1607）的芗城宝莲寺、建于明泰昌元年（1620）的泉港重光寺、建于明崇祯年间（1628—1644）的思明日光岩寺和太平岩寺等。其他还有安溪九峰岩寺、龙海五福禅寺、鲤城铜佛寺、洛江圆觉寺、石狮双龙寺、惠安一片瓦寺、思明紫竹林寺、龙文石室岩寺、龙海常春岩佛祖庙等。因闽南远离中原政治中心，许多不满时政的文人雅士常住寺庙，潜心著书立说，如泉州人李贽曾在南安白云寺读书，并著有《老农老圃论》。

清代（1616—1912）初期，福建各地的抗清斗争此起彼伏，再加上政府实行“迁界令”，福建沿海地区经济倒退，闽南佛寺的兴建大幅减少。清《晋江县志》记载“顺治辛丑（1661）迁界，滨海梵宫，悉为灰烬”，晋江的方广寺、崇真寺、普照寺和法云寺等均被焚毁。随着清政府改采支持佛教的政策，闽南佛教有复兴之势，到了康熙年间（1662—1722），一批被毁佛寺得到修复，同时又新建一批佛寺。一些抗清人士流寓厦门，他们喜爱在岩寺中静修，促进了厦门岩寺的开发，如万石岩寺、云顶岩寺、宝山岩寺、碧泉岩寺、寿山岩寺、万寿岩寺、紫云岩寺和鸿山岩寺等均建于这一时期。施琅还重建许多清初被破坏的岩寺，如在厦门普照寺拓建大悲阁，并将普照寺改名为南普陀寺。

清代新建的闽南佛寺有：建于清康熙初年的芗城瀛洲亭（图 1-1-2）、

图 1-1-2　瀛洲亭

建于清康熙八年（1669）的龙海古林寺、建于清乾隆五年（1740）的南靖登云寺、建于清乾隆三十四年（1769）的龙海龙泉寺、建于清光绪三十二年（1906）的鲤城宿燕寺等。其他还有石狮梅福庵、晋江朵莲寺、南安双灵寺、思明天界寺等。

（七）民国时期的闽南佛教寺庙

民国时期，太虚大师首倡“人间佛教”思想，创办《海潮音》《人海灯》等刊物，在中国佛教界产生了深远重大的影响，闽南佛教也逐步复兴。建于思明南普陀寺内的闽南佛学院是我国第一所高等佛教学府，曾聘请会泉法师、太虚法师等担任院长。同时，泉州寺庙常邀请圆瑛法师、太虚法师、弘一法师、张宗载等高僧居士前来弘扬佛法。

特别是号称南山律宗第十一祖的弘一法师在闽南地区弘法达24年之久，到过许多寺庙，如鲤城开元寺、承天寺、崇福寺和铜佛寺，晋江福林寺和澄亭院，南安雪峰寺和灵应寺，永春普济寺，惠安净峰寺和灵瑞寺等。

民国时期，闽南的一些佛寺得到修缮。如1930年太虚法师重建思明南普陀寺大悲殿；圆瑛法师等在1924年组织修缮鲤城开元寺的大雄宝殿、法堂、甘露戒坛、功德堂、尊胜院、东西塔等建筑。此时新建佛寺有思明甘露寺、妙法林寺和同安佛心寺等。

综上所述，闽南佛教十分兴盛，自古以来，泉州和漳州便有“佛国”之美称。从两晋至南宋时期，闽南佛教发展较为顺利，特别是五代和两宋时期，寺庙建造达到鼎盛，元代之后有所减弱，明清时期进入平稳发展期，民国时期一些寺庙得到修复。闽南佛寺具有宗教、文化、艺术、教育、经济与旅游等社会功能，是融合建筑、雕塑、绘画、雕刻、书法、文学、音乐于一体的巨大艺术宝库。总体看来，闽南独特的佛教寺庙文化，上承中原、吴越等地佛教精神，下接闽南丰富多彩的地域因素，又兼具海洋文化内涵，真可谓“海纳百川，有容乃大”。

二、闽南佛教寺庙简况

经过1700多年的发展与演变，闽南地区的许多古寺已经消失在历史的长河里，当务之急是对那些遗存至今的佛寺进行考察、研究与保护。

（一）闽南佛教寺庙各级文物保护单位

截至2016年，福建正式批准登记的佛寺共有3495座，厦漳泉三地有722座佛寺，其中泉州456座，厦门51座，漳州215座。笔者从722座佛寺中，选择了有代表性的222座（泉州106座、厦门28座、漳州88座）进行实地考察，后又精选了具有一定价值的138座（泉州73座、厦门17座、漳州48座）进行个案研究。

福建经国务院批准的全国汉族地区佛教重点寺庙有14座，其中闽南有4座，分别是鲤城开元寺、晋江龙山寺、思明南普陀寺和芗城南山寺。泉州被列为全国重点文物保护单位的佛寺有开元寺、龙山寺和清水岩寺，被列为福建省文物保护单位的有承天寺、崇福寺、弥陀岩寺、西资岩寺、南天寺、天柱岩寺、科山寺、魁星岩寺、龟峰岩寺；厦门被列为福建省文物保护单位的佛寺有南普陀寺；漳州被列为福建省文物保护单位的佛寺有木棉庵、南山寺、水月楼、九侯禅寺、清泉岩寺、三平寺、恩波寺、天湖堂。此外，还有大量的市、区、县级文物保护单位，具体情况参见表1–1–1。

表1–1–1　闽南佛教寺庙各级文物保护单位

文物级别	泉州市	厦门市	漳州市
全国重点文物保护单位	开元寺、龙山寺、清水岩寺		
福建省文物保护单位	承天寺、崇福寺、瑞像岩寺、弥陀岩寺、西资岩寺、南天寺、天柱岩寺、科山寺、魁星岩寺、龟峰岩寺	南普陀寺	木棉庵、南山寺、水月楼、九侯禅寺、清泉岩寺、恩波寺、三平寺、天湖堂
市级文物保护单位	泉郡接官亭、释迦寺、铜佛寺、安福寺、南少林寺、福清寺、宝海庵、千手岩寺、海印寺、凤山寺、灵应寺	日光岩寺	南山寺、西桥亭、东桥亭、法因寺、聚奎岩寺

续表

文物级别	泉州市	厦门市	漳州市
区、县级市与县级文物保护单位	华林寺、天湖岩寺、虎岩寺、山头寺、清莲庵、重光寺、凤里庵、虎岫禅寺、定光庵、庆莲寺、龙江寺、紫竹寺、福林寺、朵莲寺、雪峰寺、云众古室、白云寺、飞瓦岩寺、宝湖岩寺、双灵寺、净峰寺、浮山寺、岩峰寺、平山寺、虎屿岩寺、灵山寺、一片瓦寺、大中寺、东岳寺、补陀岩寺、达摩岩寺、九峰岩寺、乌髻岩寺、惠明寺、普济寺、西天寺、灵鹫岩寺、五华寺、程田寺、戴云寺、香林寺、蔡岩寺、狮子岩寺、龙湖寺、大白岩寺、永安岩寺	铜钵岩寺、双灵寺、香山岩寺、石室禅院、真寂寺、圣果院、寿石岩寺	瑞竹岩寺、石室岩寺、龙池岩寺、七首岩寺、清安岩寺、白云岩寺、龙应寺、云盖寺、紫云岩寺、金仙岩寺、林前岩寺、五福禅寺、常春岩佛祖庙、古林寺、普贤寺、白云寺、碧湖岩寺、龙湫岩寺、剑石岩寺、龙泉岩寺、海日岩寺、紫薇寺、海月岩寺、清水岩寺、白云岩寺、青龙寺、南山禅寺、保林寺、澹园寺、报国寺、慈云寺、长乐寺、青云寺、明灯寺、普济岩寺、玉珠庵、天竺岩寺、苏峰寺、古来寺、石门寺、登云寺、十一层岩寺、曹岩寺、紫云山庙、高隐寺、海屋寺

需要注意的是，还有一些佛寺虽然并非文物保护单位，但是寺内保存有各级文保文物，如丰泽瑞像岩寺、碧霄岩寺和赐恩岩寺，晋江金粟洞寺，南安石亭寺和石室岩寺，同安梅山寺、思明白鹿洞寺，芗城塔口庵，漳浦宝珠岩寺，南靖五云寺，华安平安寺等。

（二）闽南佛教寺庙建造年代

闽南从晋代开始建造佛寺，两宋与明代建寺数量最多，唐代次之，元、清与民国时期数量较少，笔者对考察过的222座闽南佛寺的建造年代进行了系统梳理（表1–1–2至表1–1–4）。

表1-1-2 笔者考察的泉州市佛教寺庙建造年代统计

	魏晋南北朝	隋	唐	五代	两宋	元	明	清	民国	当代	待考	总数
鲤城区			1	1	2		3	1				8
丰泽区			2	1	6	2						11
洛江区			1		1		1					3

续表

	魏晋南北朝	隋	唐	五代	两宋	元	明	清	民国	当代	待考	总数
泉港区			2		2		2					6
石狮市		2	1		1					2		6
晋江市		3	2		4		4	3				16
南安市	1	2	3	3	3	2	2	1	1		1	19
惠安县			4	1	1		2					8
安溪县			1		3		1					5
永春县		1	4	1	1							7
德化县	1		2	3	5	1	4				1	17
总数	2	8	23	10	29	5	19	5	1	2	2	106

表 1-1-3 笔者考察的厦门市佛教寺庙建造年代统计

	魏晋南北朝	隋	唐	五代	两宋	元	明	清	民国	当代	待考	总数
思明区	1		2				5	2	3			13
湖里区								1				1
同安区		2	1		4				1			8
翔安区					1							1
海沧区			2								1	3
集美区				1	1							2
总数	1	2	5	1	6		5	3	4		1	28

表 1-1-4 笔者考察的漳州市佛教寺庙建造年代统计

	魏晋南北朝	隋	唐	五代	两宋	元	明	清	民国	当代	待考	总数
芗城区			2		1	1	2	1				7
龙文区				2			1					3
龙海市	2		3	1	5	4	2	1		1		19
云霄县			1		3		5	2			1	12
漳浦县			2		5	3	2	1				13

续表

	魏晋南北朝	隋	唐	五代	两宋	元	明	清	民国	当代	待考	总数
诏安县			1	1			7				2	11
长泰县			1			1						2
东山县					1		5					6
南靖县			1		2	1	1	1			1	7
平和县			3		2	1						6
华安县							1				1	2
总数	2		14	4	19	11	26	6		1	5	88

本章小结

狭义上的“闽南”主要包括泉州、厦门和漳州三个地级市，是一个地理位置相对独立的区域。同中原和江南地区相比较，闽南佛教发展较晚，但因历代官民的积极推崇与支持，却又非常发达，其中，泉州与漳州自古以来被称作“佛国”，留下大量历史悠久的寺庙，许多珍贵的文物被完整地保存下来。

两晋时期因中原汉族大规模入闽，佛教逐渐在福建传播，闽南开始建造佛寺。南北朝时由于南朝社会较为安定，福建佛教发展良好，寺庙数量有所增加，但多集中在福州地区，而闽南则较少建寺。隋唐时我国佛教进入全盛期，福建佛教发展较快，福州、建州及闽南建造了大量佛寺。五代时期，福建先后由崇尚佛教的吴越国、闽国以及南唐统治，修建了不少寺庙，佛寺建筑风格逐渐成熟。两宋时福建佛教更加中国化与世俗化，八闽佛寺数量为全国之冠。元代闽南新增佛寺的数量虽然有所下降，但仍为数不少。明代闽南社会经济与文化重新繁荣，佛教再次复兴，新建许多寺庙。清代初期，因“迁界令”的实行，闽南一些佛寺被毁，但康熙年间，清政府陆续对被毁寺庙进行修复，同时又新建了一批佛寺。民国时期虽然较少建新寺庙，但对一些古寺进行了大规模修复与重建。

闽南修建佛寺从数量上看，两宋时期最多，明代次之，然后是唐、元代、五代、清代、隋代、魏晋南北朝与民国。目前闽南的 722 座佛寺中，已有 120 多座（包括拥有文保单位的非文保寺庙）被列为文物保护单位，并且多分布在沿海地带。

闽南佛寺具有宗教、文化、艺术、教育、经济与旅游等社会功能，是融合建筑、雕塑、绘画、雕刻、书法、文学、音乐于一体的巨大艺术宝库。闽南佛寺作为福建乃至中国佛教寺庙的一部分，反映了丰富的历史文化信息，彰显出独特的文化内涵，具有强烈的地域性特色。

第二章 闽南佛教寺庙选址特点

唐代高僧玄奘在《大唐西域记》中记载摩揭陀国国王所造佛寺："斯胜地也，建立伽蓝，当必昌盛，为古印度之轨则，逾千载而弥隆。后进学人易以成业，然多欧血，伤龙故也。"可见，古印度已有龙脉之说，较重视寺庙的选址。明代著名地理学家、旅游家、文学家徐霞客在《徐霞客游记》中详细描写了寺庙的选址、环境及内饰等，明确主张寺庙选址要顺应地势，体现"出世"的思想。这些都充分说明了建造寺庙之前，选址是第一步，而且占有极为重要的地位。

一、中国佛教寺庙选址特点

明代造园家计成在《园冶》首篇"相地"中提出了"相地合宜，构园得体"的造园原则，这一原则同样适用于佛寺的建造。

（一）中国古代选址艺术简述

天津大学王其亨教授指出，风水学集建筑学、景观学、生态学、地质学、美学于一体，是中国古建筑理论的精华。选址作为一种风水之术，是对居所或墓地等的环境进行选择，希望能够趋吉避凶，幸福安康，颇具东方神秘色彩。北京大学俞孔坚教授认为，古代选址艺术，是根据气候、地貌、水文、土质、植被等自然条件的特点以及地域的组合，来寻找理想的生活地点。

（二）中国佛教寺庙选址简述

佛教提倡“四大皆空，五蕴非有”，《大品般若经》曰“诸法如幻、如焰、如水中月、如虚空、如响、如犍闼婆城、如梦、如影、如镜中相、如化”，视一切山河大地皆是虚妄。清代姚延銮在《阳宅集成》中详细阐述了佛寺选址的独特性。佛教追求一种恬静无为、超凡脱俗、空寂灵动的意境，希望在世间构建一个庄严神圣的“佛国世界”，使信徒能在此净化心灵，洗涤心扉。这是佛寺选址的基本原则，与世俗建筑选址有所区别。

佛寺选址是一个综合性的问题，需结合自然、地理、宗教、风水、哲学、人文、政治、经济、民风民俗等诸多因素，使建筑与地貌相融合，与周边环境和谐统一。换言之，佛寺的选址既要能够彰显佛教崇高庄严的气氛，有利于僧众潜心修行，还要让信众在欣赏秀丽风光的同时，感受佛国世界的庄严与神圣。

二、闽南佛教寺庙选址因素与条件

闽南佛教历史悠久，佛寺众多，其佛寺选址在遵循传统选址思想的同时，还根据闽南独特的山海兼备地形，有所突破与创新，体现了闽南深厚的地域文化。

（一）闽南的气候与地形

1. 闽南气候

闽南地处福建省东南沿海，东临台湾海峡，受海洋影响较大，属南亚热带湿润季风气候，四季宜人，温暖湿润，年均气温 21℃，年日照时长达 2000 ～ 2300 小时，年降雨量 1160 毫米，年平均风力二级，每年有 330 天无霜期，大部分地区夏季长，冬季短，雨量足、台风多。因此，闽南建筑大都较为低矮，多为砖石结构，内部为木构，一般都有庭院。

2. 闽南地形

闽南整体地形西北高，东南低，境内山地和丘陵占 70% 以上，森林茂密，平原较少。西北有高耸的戴云山脉与博平岭山脉，东南面是开阔的泉州平原与漳州平原，内有九龙江、晋江流过，山地、丘陵、河谷、盆地和平原交错其间，有着良好的自然环境。泉州、厦门和漳州又有不同的地形地貌。泉州境内有 4/5 为山地和丘陵，地势西北部高，东南部低，呈三级阶梯分布：第一级阶梯是戴云山脉，主峰海拔为 1856 米；第二级阶梯地势较为开阔，有山地、丘陵与河谷平原；第三级阶梯多数是台地、低丘和平原。厦门以台地、丘陵与滨海平原为主，地势由西北向东南倾斜。漳州西北多山，东南临海，地势从西北向东南倾斜。

3. 闽南地形对佛寺选址的影响

闽南地形复杂，再加上各个县市地貌差异较大，由此形成许多风貌各异的佛寺。如德化县境内崇山峻岭，重峦叠嶂，形成高峻、错落的地势，多建有深山古刹，类似的还有永春县、安溪县和平和县。厦门岛四面环海，因侏罗纪时期的火山喷发，山上有大量岩石、洞穴，地貌奇特，多建有岩洞寺庙，相似的还有依山傍海的惠安县和漳浦县。位于漳州市东山县的东山岛紧邻台湾海峡，是福建省第二大岛，海岸线弯曲，风光绮丽，建有不少依山面海、视野开阔的滨海寺庙漳州市区周边地势平坦，建有许多平原寺庙。

总体看来，闽南虽然地理位置较为偏僻，但气候湿润，背山面海，山峦、丘陵连绵，河谷、盆地穿插其间，其得天独厚的山海河川面貌为佛寺的建造提供了良好的地理环境。《八闽通志》称其“名山胜地多为所占，绀宇琳宫罗布郡邑”，可见，历代僧众在闽南修建了大量风光奇特的庙宇。

（二）闽南佛教寺庙选址条件

古人在选择寺庙位置时，通常会考虑到数百上千年之后的情况，需要对气候、地质、地形、水文、生态与景观等各种因素进行综合判断。下面，将分别从六方面论述闽南佛寺的选址条件。

1. 清静秀丽之地

唐代著名诗僧寒山的《杳杳寒山道》曰：“吾家好隐沦，居处绝嚣尘。践草成三径，瞻云作四邻。助歌声有鸟，问法语无人。”这首诗充分说明寂静、清雅之地是佛寺选址的首要条件。闽南那些宁静秀美的山林里大都建有佛寺，如丰泽南台寺、安溪清水岩寺（图 1–2–1）、德化五华寺和狮子岩寺、思明太平岩寺和中岩寺、同安太华岩寺、龙海七首岩寺和紫云岩寺、漳浦海日岩寺、诏安明灯寺等。即便是那些靠近城镇或位于城区的寺庙，如石狮法净寺、思明甘露寺、芗城法因寺、诏安澹园寺等，也皆为寂寥之地。

图 1-2-1　清水岩寺

2. 山峦环抱之地

建寺的理想环境是：三面环山，以山峰围护，而且山形最好高大、缓和，起伏蜿蜒，层层叠叠，前方的明堂开阔，山峦中间微凹，不能有乱石或尖峰，而是案山横搁，形成一个微观地理单元，能够藏风聚气。如《金陵梵刹志》描述南京栖霞寺："寺在摄山……有中峰屹然卓立，迤逦南下，左右山环抱如拱。"

坐北朝南是中国传统文化中的一个重要概念，自古以来便有"天子当阳而立，向明而治"的说法，闽南寺庙大多是坐北朝南，东、北、西三面环山，南面地势宽敞平坦。而且闽南古佛寺基本为砖石木构建筑，寺庙周边山上有茂密的森林，便于就近取材。洛江慈恩寺、丰泽南少林寺、南安云从古室、海沧石室禅院、德化西天寺、诏安九侯禅寺等，便建在三面环山，四周被树木覆盖的理想环境。位于城镇里的寺庙，也尽量建在山环水抱的地方，如德化程田寺、云霄水月楼等。如果寺庙周边无树林和山丘，就要通过补种树木等手段，营造出环抱之势，如晋江龙山寺东面靠近街道的地方就种了一整排高 10 余米的凤凰木。

3. 水源充足之地

水是生命之源，郭璞的《葬经》说"风水之法，得水为上"，杨公云"未看山，先看水。有山无水休寻地，有水无山亦可裁"，水在选址中的重要性可见一斑。因此，寺庙通常建在溪流或河曲之内，寺庙周边水流最好环抱弯曲，水来之处宜宽大，水去之处宜收闭，还要考察水的质量。

闽南佛寺附近基本上都有水源，即使是建在深山崖壁上的寺庙，也会有清泉。如安溪东岳寺位于凤山山麓，东、南、西三面被西溪环抱，南面为沿江平原，正好围成一座凸出的半岛，离水源较近；南靖五云寺坐落于高山之上，远离河流，但寺庙附近有瀑布，山泉在寺边汇聚成一个小池塘。有些寺庙直接建在江河湖泊边，如芗城瀛洲亭就建于江边；鲤城铜佛寺建在百源清池畔。许多寺庙还在寺前挖池蓄水，形成水塘或放生池，如龙海安福寺、德化西天寺、云霄碧湖岩寺等正前方均有放生池。

4. 气候适宜之地

那些千年古寺往往都非常重视对自然生态、环境质量的呵护，缔造优良的小气候。如南安雪峰寺所在的地理位置负阴抱阳，四周森林密布，并且寺旁有溪流，正对面有一小山，左右两旁有丛林相映的辅山，实为藏风聚气之风水宝地。其他如鲤城宿燕寺、南安灵应寺、永春魁星岩寺和乌髻岩寺、云霄龙凤寺、漳浦宝珠岩寺等，皆位于风景优美、气候宜人的地方。

5. 交通不便之地

僧人注重潜心修行佛法，所以佛寺大都建在深山老林之中，闽南山林众多，为建深山古寺提供了良好的自然环境。

德化五华寺和虎贲寺、海沧真寂寺、龙海日照岩寺等皆位于极为偏僻的森林之中。但也有一些僧人为了便于传道，将寺庙建在城镇周边交通不便的深山之中。如德化碧象岩寺、思明万石莲寺和天界寺、龙文聚奎岩寺等。

6. 交通便利之地

为了满足传道说法的需要，一些佛寺建在政治、商业中心或交通主干道附近。如鲤城开元寺就建在城市中心，不仅便于信徒参拜，还是举办各类法事活动的首选之地。类似的还有思明南普陀寺、芗城西桥亭与塔口庵、诏安青云寺等。

综上所述，佛教寺庙的选址是多种因素相互作用和影响的结果，而僧人们为了找到理想的修身之地，常常跋山涉水，建造寺庙时也极尽巧思。

三、闽南佛教寺庙选址位置与特点

闽南佛寺选址，具有独特的位置与特点。

（一）选址位置

计成在《园冶》中，把园林的用地划分为六大类，即山林地、城市地、村庄地、郊野地、傍宅地和江湖地。寺庙选址与园林颇为相似，但有着更加广阔、自由的空间。在闽南，不管是僻静的山林还是繁华的城镇，均分布着大量佛寺。闽南佛寺的位置，主要有以下九种。

1. 山顶寺庙

山顶地势险要，视野开阔，居高临下有崇敬之感，而且寺庙与雄伟的山体相互融合，强调天际线，背负青山，直指苍天，具有高、险、幻的景观特色。山顶寺庙具有禅宗“高高山顶立”的胸怀与魄力，历经千辛万苦后立足高山之巅，俯视大千世界，有“山河并大地，全露法王身”的参禅体验，使修行者更加激发远离苦海、了凡脱俗的思想。

德化灵鹫岩寺（图 1–2–2）坐落于海拔 1658 米的九仙山接近山顶之处，常年云雾缭绕，冬季时更是银装素裹，冰霜结成雾凇，充满空灵恬静的禅意之美；永春雪山岩寺建于海拔 1366 米的高山之上，远离尘世。类似的还有丰泽南台寺、安溪达摩岩寺、诏安明灯寺等。

图 1–2–2　灵鹫岩寺

2. 山腰寺庙

山腰的地貌较为多变，空间层次丰富。山腰寺庙往往借助起伏的坡地营造建筑群，巧妙地将寺庙位置与整座山的形态气脉有机融合，形成错落有致的“寺包山”效果。

如思明白鹿洞寺位于半山腰的陡坡之上，依山取势建造庙宇，中轴线上依次为天王殿、往生堂、大殿、大士殿，形成阶梯式布局；龙海云盖寺坐落于云盖山西面山坡处，依山石而建，坐东朝西，三面环山，西北面地势开阔，可远眺九龙江入海口。类似的还有鲤城宿燕寺、洛江圆觉寺、石狮虎岫禅寺、南安白莲寺、永春天禄岩寺、龙文瑞竹岩寺等。

3. 山谷寺庙

山谷指两山之间低凹的狭窄处，其间多有涧溪穿过，山水兼备。而且三面山峦环绕，凹处空旷，庙宇隐于密林幽深处，似隐非隐，似现非现，颇具神秘之感。

诏安九侯禅寺所在的山谷不仅符合“左青龙、右白虎、前朱雀、后玄武”的基本模式，也符合“环若列屏，林泉清碧，宅幽而势阻，地廓而形藏”的选址标准；德化西天寺坐落于两山之间的溪流畔，殿堂沿溪边而建，远望若隐若现。其他如德化香林寺、海沧龙门寺、龙海龙池岩寺、云霄龙凤寺、诏安金灯寺等均位于山谷之中。

4. 山麓寺庙

山麓主要指山坡和周围平地相接的部分，通常地势宽阔，溪流汇集，植被茂盛。

丰泽南少林寺坐落于清源山南麓平缓的山坡上，北面的清源山山势连绵起伏，南面为开阔的平原，左右两侧有护山，中间地势较开阔，附近有流水，是块理想的风水宝地；平和三平寺坐落于蛇山的山麓地带，坐北朝南，背靠海拔 903.6 米的虎尾山，四周地势广阔，流水淙淙，是块建寺的理想之地。其他如东山苏峰寺、同安佛心寺和梵天寺等均位于山麓地带。

5. 悬崖寺庙

佛家认为，在悬崖等地势险要之地潜心修炼，更易升起超脱之心，培养孤高坚忍的品格。如达摩祖师说，修行需“外息诸缘，内心无喘，心如墙壁，可以入道”。悬崖寺庙地势险要，地形狭窄，上空下虚，具有凌空之势。因只有弹丸之地，往往打破佛殿建筑肃穆、规范、静止、严肃的空间形态，给人一种强烈的孤寂感。《徐霞客游记》中就描述了一座奇特的悬崖寺庙：“西眺绝顶之下，护国后箐之上，又有一庵，前临危箐，后倚峭峰，有护国之幽而无其逼，有朝阳之垲而无其孤，为此中正地，是为金龙庵。”在福建地区，泰宁甘露寺、永泰方广岩寺、平和灵通寺均建于悬崖上，其中又以灵通寺最为险绝。

平和灵通寺（图 1–2–3）坐落于海拔 920 米的悬崖边，背后紧靠着山崖，上有巨石盖顶，下临深谷绝壁，建筑藏而不露，体现了佛寺选址不避高、深、远、险、幽、僻的特色。

图 1－2－3 灵通寺

6. 洞穴寺庙

据《阿含经》记载，早期的印度僧人居无定所，常在洞穴中修行。如永嘉宣觉禅师曾描述过龙兴寺旁边的一座岩寺：“常乐禅寂，住龙兴寺。睹寺旁有胜境，构禅室于岩下，负青山，面沧海，息心有年。”岩洞寺庙幽暗清凉，建筑或隐或现，颇具神秘莫测的宗教气氛。闽南的天然岩洞较多，是僧人潜修的理想之地，因此有许多神奇的洞穴佛寺。

漳浦海月岩寺周边有众多岩石洞穴，地势崎岖不平，以三个天然岩洞为中心进行自由式布局，其中最大的石洞为大雄宝殿，左侧两个石洞分别是梁上神祠和云根兰若（地藏殿），岩洞间以崎岖石道相连；思明虎溪岩寺的棱层洞又称伏虎洞，洞口朝东，每逢满月东升，特别是中秋之夜时，月光直射洞内，正对虎身，故称“虎溪夜月”；惠安一片瓦寺祖殿建于岩洞里，洞顶覆石 600 多平方米，最高处 10 多米，主洞室深广，尤为奇异。其他洞穴寺庙还有惠安虎屿岩寺与灵山寺、德化蔡岩寺、思明日光岩寺、漳浦白云岩寺等。

7. 平原寺庙

平原寺庙的布局通常比较规整，但经过巧思设计，也能营造出别具一格的景致。

芗城南山寺位于九龙江南岸，坐东南朝西北，依山面水。周边地势平坦，树木茂密，环境优美，交通便利。鲤城开元寺位于晋江下游平原，坐北朝南，西面是晋江，北面有西湖，东北面为清源山，地理位置颇为优越。其他如集美圣果院、晋江龙山寺、南靖正峰寺等皆位于平原地带，布局规整。

8. 临水寺庙

闽南河流湖泊众多，海岸线较长，因此有许多傍水而建的佛寺。

诏安南山禅寺坐落于西溪古渡口附近，坐南朝北，背山面水，北面视野开阔，门前西溪由西向东流过，在不远处与东溪合流入海。此外，闽南还有极少数寺庙建于瀑布后，虚实结合，恍如仙境，如位于悬崖边的平和灵通寺，寺前有一股瀑布从山顶飞流直下，落入山崖下的霖雨潭，形成碧波深潭的美景。其他如思明日光岩寺矗立于海边的山巅，可俯瞰整个海湾，景色极佳。

9. 城区寺庙

魏晋时期，崇佛之风盛行，王公士族“舍宅为寺”渐成风尚。这些寺庙就是最早的城区寺庙，其隐于城市中心，较少自然景观，多为人工造景。

思明南普陀寺坐落于老城区，交通发达，游人和香客络绎不绝；芗城西桥亭与东桥亭均位于商贸繁华的漳州古城旁，周边车水马龙。其他如云霄开元寺、思明妙法林寺和净莲寺、诏安澹园寺、东山古来寺和恩波寺等均属城区寺庙。

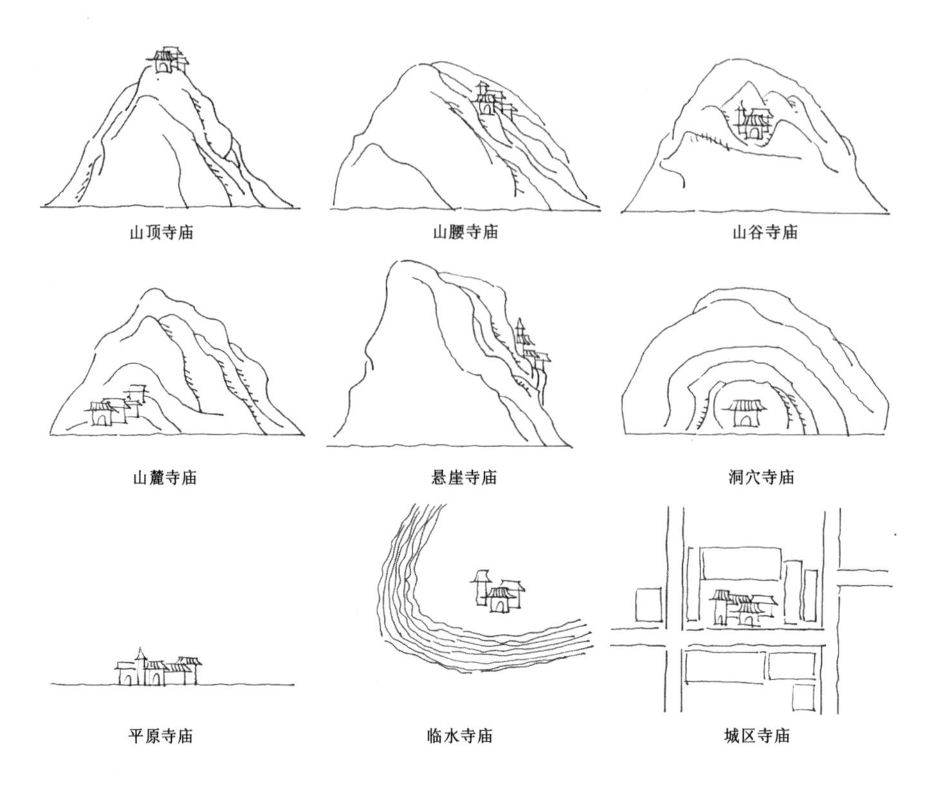

图 1-2-4 闽南佛教寺庙选址位置图示

（孙群、陈丽羽绘制）

（二）选址特点

综上所述，闽南佛寺选址主要有以下六个特点。

①环境优美的地方。无论是山顶寺庙、山腰寺庙、山谷寺庙、山麓寺庙、悬崖寺庙、洞穴寺庙、平原寺庙、临水寺庙还是城区寺庙，均建在环境优美、气候适宜之地。如诏安九侯禅寺坐落于号称“闽南第一峰”的九侯岩山谷之中；丰泽千手岩寺坐落于清源山“幽谷梵音”意境区的半山腰处；德化五华寺位于“五峰并列，状如莲花”，的五华山上。

②偏远僻静之地。将寺庙建在奇险偏远、与世隔绝之地，不仅有助于僧人潜修，还能使寺庙少受战乱之苦。如丰泽碧霄岩寺、晋江紫竹寺、南安石亭寺、永春天禄岩寺、德化香林寺和永安岩寺、龙海日照岩寺和高美亭寺、诏安明灯寺和金灯寺、东山东明寺和苏峰寺、南靖五云寺、平和曹岩寺和灵通寺等，皆坐落于偏僻之处。

③港口或渡口附近。闽南自古海运发达，为了祈佑航运安全，闽南人

常常在港口或渡口附近修建寺庙。如晋江西资岩寺位于号称“东方明珠”的围头湾附近，围头湾与金门岛隔海相望，既是南北洋舟船往来必经之地，也是一个天然的避风良港；诏安南山禅寺坐落于深桥镇溪园村，离西溪古渡口只有近百米。

④水陆交通要道。闽南一些水陆交通要道上往往建有佛寺，方便行人参拜、游览与休息。如龙海木棉庵位于九湖镇木棉村，距离漳州南门仅十余公里；云霄白云寺位于云霄城北 22 公里处的盘陀岭，而盘陀岭则是古代闽粤交通要道。

⑤商业繁华区。建于商业繁华区的寺庙，通常香火旺盛，信徒与游客络绎不绝。如丰泽宝海庵坐落于古城聚宝街，聚宝街曾是泉州对外贸易最繁华的地方；石狮凤里庵坐落于石狮最古老的街区，商旅往来频繁。

⑥地理位置多样性。闽南佛寺选址的地理位置是多种多样的，如思明鸿山寺既位于悬崖上，又处于市中心；诏安明灯寺既坐落于山谷，部分殿堂又建在山巅，垂直落差大；德化灵鹫岩寺虽建在接近山巅之处，但周边地势较为平坦。

以上六个特点充分体现了闽南佛寺选址的多样性、复杂性与丰富性。

本章小结

佛寺选址需要综合考量自然、地理、宗教、风水、哲学、人文、政治、经济、民风民俗等诸多因素，尤其要巧妙利用地理特征，使寺庙建筑空间与自然环境、植物生态和谐统一。

闽南地区气候湿润，背山面海，山峦、丘陵连绵，河谷、盆地穿插其间，其得天独厚的山海河川面貌为佛寺的选址提供了良好的地理环境。

按照地理位置的不同，闽南佛寺主要分为山顶寺庙、山腰寺庙、山谷寺庙、山麓寺庙、悬崖寺庙、洞穴寺庙、平原寺庙、临水寺庙、城区寺庙六种。其中，山顶寺庙具有地势险要、视野广阔的特色；山腰寺庙借助起伏的坡地营造建筑群，形成“寺包山”的效果；山谷寺庙周边山峦环抱，环境幽深，具有“山包寺”的特色；山麓寺庙地势相对宽阔，水源丰富，植被茂盛；悬崖寺庙地形险绝、高兀、狭窄，垂直视角大，上空下虚，具凌空之势；洞穴寺庙幽暗清凉，颇具神秘莫测的宗教气氛；平原寺庙布局规整，交通便利；临水寺庙傍水而建，风光秀美；城区寺庙多隐于政治与经济中心，自然景观少，多为人工造景。闽南佛寺选址不仅具有传统寺庙的共性，而且具有闽南山海地貌的独特地域特色，表现出闽南悠久而绚烂的宗教底蕴。

第三章　闽南佛教寺庙空间布局

在印度，早期佛教并无固定的修行和传教场所，佛教徒采取“外乞食以养色身，内乞法以养慧命”的制度，早上外出传道和乞食，夜晚就在岩洞或树下静修。后来为了说法的方便，僧人们就在石室或塔庙等建筑内住宿。古印度的舍卫城的“祇园精舍”与王舍城的“竹林精舍”，并称为佛陀时代最早的两座精舍。

一、中国佛教寺庙空间布局演变及概述

中国佛教寺庙空间布局主要分成两个部分：一是院落空间，这是寺庙的主体建筑群，为庙宇的核心部分；二是引导空间，即通往寺庙的道路。如果进一步划分，还包括过渡空间、高潮空间和结尾空间。

中国佛寺的院落空间，受到传统礼制的影响，经过千百年的演变与发展，形成了相对固定的格局，重要殿堂基本位于中心轴线上，左右配殿相互对称，前殿低后殿高，整体布局规整有序。

（一）中国佛教寺庙空间布局演变简史

南北朝时期，我国出现了“舍宅为寺”和山林寺庙。当时的佛寺融合中国传统建筑形式与西域佛寺建筑风格，并参照印度佛寺的模式，以塔为中心，周围环绕各种殿堂与廊庑。如洛阳永宁寺和白马寺、徐州浮屠等均采用中心塔式的布局结构，塔作为主体建筑，处于最重要的位置。这时佛

寺的布局格式虽然尚未统一，却为之后的佛寺发展奠定了基础。

隋唐时期是我国佛寺发展的重要阶段，僧众开始对佛寺建筑进行规范性设计，出现《寺诰》《关中创立戒坛图经》《中天竺舍卫国祇洹寺图经》等有关佛寺建造的著作，其中《寺诰》十篇详细论述了造寺的方法，并附有祇园精舍的图样，成为当时建寺的准则。当时大多数寺庙均依据南北中轴线，划分为接待香客的南区和僧人使用的北区，中间以一条东西走向的道路分隔开。此时，以塔为中心逐渐演变成以佛殿为中心的布局，佛塔已退居到次要位置，有些寺庙甚至不再建塔。与此同时，佛寺布局开始借鉴皇宫建筑布局的风格，规划严整，气魄宏伟，体现了宗教的神圣感与崇高感。

唐代禅宗大德百丈怀海的《百丈清规》对禅宗寺院建制布局作出详细规定，标志着中国佛教寺庙出现规则化的发展趋势。许多禅宗寺庙采取以禅堂为中心的布局格式，禅寺内的一切活动都围绕着禅堂。《百丈清规》对唐代之后的禅宗寺庙布局发挥了指导性的作用。

从宋代开始，佛殿成为信徒的主要供祀对象，佛塔被移到大雄宝殿之后或两侧，甚至是寺外。此时，佛寺建筑空间布局开始出现“伽蓝七堂制”的格局。“伽蓝七堂”包括山门、佛殿、法堂、方丈、僧堂、浴室、东司（卫生间）。觉真法师在《中国佛寺建筑的结构与特色》一文中指出：“一所伽蓝，必须具备七种主要建筑，被称为‘伽蓝七堂’。……七堂的名称和配置，也就因时代或宗派之异有所不同了。”虽然“伽蓝七堂”的名称和配置并不统一，但其充分表明宋代佛寺已基本形成有序的布局规则，出现模式化的机制与特征。

元明清时期的佛寺形制基本沿用两宋的制度，多采用中轴线左右对称布局，并进一步世俗化，形成宗教礼佛空间、僧众生活空间与景观游览空间等多空间相互联系的格局样式。特别是从明代开始，佛寺融合禅宗、净土宗、华严宗、密宗等宗派的布局格式，趋于一种相互交融的形式。而且这一时期，佛道儒三教合一，甚至民间信仰的神也进入佛寺里。同一座佛寺里，除了佛殿之外，还有孔子庙、文昌帝君庙、关帝君庙、土地庙、俗神庙等殿堂，体现了佛教世俗化与民间化的趋势。

总之，中国汉传佛教寺庙经过近两千年的发展演变，已形成了较为统一、规范的布局格式。即由数进四合院组成，具有中轴线，两偏殿对称，承载了我国传统建筑的文化底蕴。

（二）中国佛教寺庙空间布局概述

辛北山人丁易在《虞山藏海寺志》中对中国佛寺基本布局进行了概括性的描述："寺院又为护法山，或有竹木高墙尤为得宜；一切寺观庵宇以大殿为主，大殿要高，前后左右要低，如后殿高于大殿者，为之欺主。殿内法像以佛相为主，故佛相宜大，护法菩萨相宜小，若佛相小亦为欺主。"中国传统建筑特别是官式建筑，均强调以"尊者居中"，凡是主体建筑均安排在中轴线上，次要殿堂位于中轴线左右两侧，布局严谨而又规整，而佛寺建筑基本借鉴官式建筑的空间布局。总体看来，中国佛寺的空间布局主要经历了四个阶段。

表 1-3-1　中国佛教寺庙主要空间布局

类型	特征	范例
塔为中心布局	"塔"作为佛的化身，地处全寺最突出、最显眼的地方，其他建筑绕塔而建。	广州六榕寺花塔、苏州报恩寺报恩塔、莆田东岩寺东岩山塔。
殿为中心布局	以中轴线贯穿全寺，重要大殿均位于轴线之上，其他建筑分布在轴线两旁。	正定隆兴寺、福州西禅寺、泉州南少林寺、漳州南山寺、漳州三平寺。
塔与殿并重布局	塔、殿前后或左右并列。	苏州罗汉院、石家庄开元寺、泉州水心禅寺。
佛殿与法堂为主布局	即"伽蓝七堂"形制，以佛殿和法堂为主体建筑，与传统四合院布局基本相同，成为我国佛寺布局的定式。	杭州灵隐寺、北京十方普觉寺、北京雍和宫、宁波保国寺、漳州南山寺、漳州宝智寺。

综上所述，我国佛寺大多坐北朝南，南北中轴线上依次为山门、天王殿、大雄宝殿、法堂、藏经阁等正殿，东侧有钟楼、伽蓝殿、客堂、斋堂、僧寮、职事堂（库房）等，西侧有鼓楼、祖师殿、禅堂、念佛堂、方丈室等。有的寺庙还有观音殿、地藏殿、文殊殿、药师殿与罗汉堂等，多作为东西配殿。正殿必然居中，前方有山门、前殿，左右有配殿，后殿地势往往高于前殿。整座寺庙由多层庭院组成，重重院落，层层深入，对称规整，重点突出，具有规范的等级次序。当然，一些中小型寺庙受地形地貌等自然因素的影响，也会在中轴线的基础上，结合其他类型的布局方式。

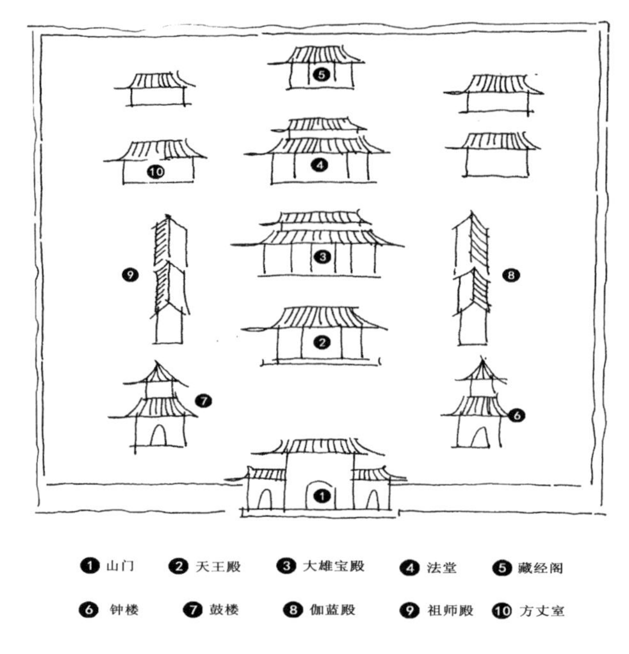

图 1-3-1　中国佛教寺庙空间基本布局

（孙群、陈丽羽绘制）

二、闽南佛教寺庙空间布局特征

佛教寺庙既是神化空间，又是宗教活动场所，同时还具有公共性特征，布局时需要进行综合考虑。闽南佛寺布局既继承中国传统寺庙的基本形制，又根据自身独特的地势进行空间布局，极具闽南建筑的地方特色。以下从引导空间和院落空间两方面探究闽南佛寺的空间布局特征。

（一）引导空间

“引导空间”又称“前导空间”，其作为寺庙的出入通道，是寺庙整体空间的序幕。信徒们通过引导空间，逐步进入佛教庄严肃穆的世界。闽南佛寺的引导空间或丰富多样，或气势宏大，或曲折委婉，或平直畅通，极力将人们由人间世界引向佛国世界。

1. 迂回曲折的引导空间

闽南山林佛寺多采用迂回曲折的引导空间，又称作“迂回式”，以弯曲的道路，利用灵活的空间分隔，把人们引向佛寺的主体建筑。山林寺庙的入口甬道常三回九转，有的茂林修竹夹道，有的溪流瀑布相伴，有的岩石洞穴交错，空间虚实藏露，烘托出奇妙的宗教氛围。此种引导空间经常会在山路上点缀山门、亭阁、水池、桥、雕塑、塔、摩崖石刻等来指引游览路线，给人以森严幽古之感。

安溪补陀岩寺的引导空间是一长段坎坷曲折的石板路，从山门开始到主殿，拾级而上，一路上有石雕罗汉、石亭、放生池、石拱桥、摩崖石刻、溪流、岩石、森林、凉亭等；南安雪峰寺引导空间为一段迭落式爬山廊，长廊一侧紧靠着山体，由山脚弯曲地向山上延伸，两旁树林茂密，将山林景色与长廊紧密地结合在一起，林中有路，路中有林，形成一道奇妙的景观；平和灵通寺引导空间为一条号称“天梯”的数百级石阶山道，顺着蜿蜒小路攀登，千回百转，通过半山亭后，能远远地看见悬挂在峭壁上的灵通寺，接近寺庙时，还需经过一段悬空栈道，脚下万丈深渊，令人充分体会到佛教修行的艰辛与困苦；思明鸿山寺虽为城区寺庙，但位于临街悬崖上，引导空间是从外山门到内山门的一条弯曲石阶，一路上建有长廊、小型石拱桥，两旁绿树成荫，瀑布飞溅；诏安九侯禅寺引导空间是一条七弯八拐的石阶山路，道路两旁巨石突兀，林海茫茫，还有许多名人所题的摩崖石刻，给佛寺增添了深厚的文化底蕴。其他如丰泽千手岩寺和弥陀岩寺、南安五塔岩寺、永春乌髻岩寺、思明日光岩寺和中岩寺、云霄普贤寺、漳浦海月岩寺、平和白花寺等，均采用迂回曲折的引导空间。

闽南山林寺庙原本都有蜿蜒的引导空间，但近年来有些寺庙的引导路逐渐被废弃了。如鲤城宿燕寺原来要攀登较长的林中石阶后才能到达寺庙，如今马路直接修到大殿之前。类似的还有丰泽南台寺、南安云从古室和白云寺、惠安云盖寺、龙海龙池岩寺、云霄剑石岩寺、诏安明灯寺、思明甘露寺和湖里天竺岩寺等。马路的修建虽为游客带来了方便，但也使得庙宇失去了隐秘的面纱。

2. 平直畅通的引导空间

闽南少数佛寺采用平直畅通的引导空间，又称作“直入式”，气魄宏伟，严整对称。一路上的山门、水池、草坪、花坛等追求完整性与规整性，使人心中升起对佛陀的崇高敬意。

平和三平寺（图 1–3–2）正前方是一宽大的广场，笔直的大道直通天王殿，道路上有照壁、放生池、石亭以及两排对称的雕像等，显示出非凡的气派，凸显人们对清水祖师的崇敬与仰慕；鲤城承天寺的引导空间为一

图 1－3－2　三平寺

条从山门到天王殿的笔直石板路，左侧围墙，右侧一排石塔与古榕，行走其间，如穿越在时空隧道中，从人车鼎沸的闹市渐渐进入寂静的佛国世界；海沧石室禅院从外山门到内山门为一条坦荡如砥的柏油马路，两旁各竖立一排石雕罗汉，并种植有大量香樟。其他还有鲤城泉郡接官亭、长泰玉珠庵、南靖正峰寺、芗城瀛洲亭、集美圣果院、云霄灵鹫寺、漳浦紫薇寺等，都采用平直畅通的引导空间。

这种直入式引导空间，多出现在一些大中型寺庙。

3. 综合式引导空间

综合式引导空间，顾名思义就是佛寺根据自身实际情况，采用“直入式”与“迂回式”相互结合的引导空间。

永春魁星岩寺引导空间先是一段笔直的上坡水泥路，接着是一条曲折的山林石阶，一路上有石牌坊、放生池、假山、森林、魁星雕像、百“魁”阵壁画、凉亭、摩崖石刻等；同安太华岩寺同样采用“直入式”与“迂回式”相互结合的引导空间，先是笔直平坦的马路，然后才是石阶小道。

闽南多数佛寺采用多层次引导空间，在通往寺庙的道路上，常会点缀一些景观小品，步移景异，相映成趣，激发游人寻幽探胜的兴趣，渲染了宗教氛围。

（二）院落空间

院落空间布局即寺庙主体建筑群的布局，整座寺庙殿堂的比例与尺度，主殿要高于配殿，后一层总高度往往高于前一层，呈现出尊卑分明、纵轴舒展、左右对称的有序空间。有些地形复杂的山林佛寺，则会在中轴线布局的基础上做出一些调整。佛寺祭祀性较强的山门、天王殿与大雄宝殿，具有虚空性与精神性，应归属阴宅性质，后院的生活区如藏经殿及两侧僧寮、灶房、库房则属阳宅，因此寺庙空间布局遵照的是阴阳和谐的原理。

闽南佛寺院落布局主要分为五类：①中轴线布局；②复合轴布局；③主轴对称结合自由布局；④自由式布局；⑤综合式布局。

1. 中轴线布局

中轴线布局是我国佛寺最常用的布局形式，主要建筑都分布在同一条轴线上，每一座殿堂左右往往各有配殿，形成一进、二进、三进或四进四合院，整体建筑群规整划一，左右对称，尊卑有序。

闽南大多数佛寺均采用中轴线布局。如洛江慈恩寺就属于中轴线布局，中轴线上从西往东依次为大雄宝殿、主殿、舍利塔群，北侧为弥勒殿（鼓楼）、厢房、僧寮等，南侧为药师殿（钟楼）、厢房、五观堂（藏经阁）等；丰泽福清寺的南北中轴线上依次为山门、拜亭、圆通宝殿、后殿，其中，圆通宝殿与后殿围成一进四合院，中间为天井，东侧廊庑是财神殿，西侧廊庑为观音殿，寺庙东面是一座三合院厢房，西面是常凯法师纪念亭、常凯长老灵塔与藏经阁；石狮法净寺中轴线上依次为山门、天王殿、放生池、圆通宝殿、藏经阁，东南侧为钟楼、福德正神殿、西方三圣殿，西北侧有布经院石塔、鼓楼、药师殿，其中，天王殿两侧到钟鼓楼建有廊庑；芗城南山寺南北中轴线上依次为山门、天王殿、大雄宝殿、法堂（藏经阁），西侧有客堂、地藏殿、福日斋、念佛堂、祖师堂等，东侧有图书馆、观音殿、德星堂、净业堂（石佛阁）、太傅殿、方丈楼、泰清寺等，寺庙东面有城隍庙，后山有塔院。

其他采用中轴线布局的佛寺还有鲤城福宁禅寺和丰泽南台寺、石狮龙涉寺、晋江紫竹寺和庆莲寺、南安白莲寺、安溪九峰岩寺、思明紫竹林寺、龙海金仙岩寺、云霄开元寺、诏安澹园寺和慈云寺、南靖石门寺等。

2. 复合轴布局

复合轴布局是将空间划分成多个区域，每个区域内的主体建筑按照中轴线对称分布，使得整体寺庙建筑群由两条或多条轴线组合而成，这些轴线或平行，或交叉。

丰泽南少林寺（图 1–3–3）规模宏大，主要分三组建筑群，属于复合轴布局。第一组是主体殿堂，南北中轴线上依次为天王殿、大雄宝殿、观音阁、十八铜人水帘墙、佛祖说法图照壁、藏经阁，中轴线东侧依次为钟楼、文殊阁、日晖门；西侧为鼓楼、普贤阁、月德门，从天王殿到观音阁与普贤阁两侧，顺着山势的增高，建有迭落式长廊，围合成三个大型庭院；第二组位于寺庙东侧，主要是园林区，建筑布局比较自由，有山门、演武场、延寿堂、禅亭、“少林胜迹”牌坊、五观堂、僧寮、云水阁、祖堂、弘法楼等；第三组在寺庙西侧，也是园林区，有西南门、天龙阁、清凉亭、晚风精舍、方丈楼、僧寮、尚云亭、香农小屋、莲花天池、禅林秋晚、达摩院、后山门等。在天王殿南面和西南面还有西南门、东岳庙、“急公尚义”牌坊、禅院文化区、演武厅等。南少林寺的建筑鳞次栉比，层次感极为丰富。

同安梅山寺也采用复合轴布局，共有三条平行轴线，中轴线上从西向东依次为梅山寺广场、山门，南侧轴线上为天王殿、大雄宝殿，北侧轴线上有海会塔、观音山、功德堂、办公楼，后山有西安桥石塔；晋江灵源寺依山而建，主要有两条中轴线，主轴线上依次为天坛、圆通宝殿、大雄宝殿、法堂，东南侧为钟楼、厢房、地藏殿、功德堂，西北侧为鼓楼、厢房、夫人妈宫，次轴线上依次为藏书阁、泰伯庙，寺庙东面有山门和关帝庙；

图 1－3－3　南少林寺

南安灵应寺共有两条中轴线，第一条中轴线上为原有的旧殿堂，依次为放生池、天王殿、祖师公大殿，东侧为敬灵亭、钟楼、僧寮，西侧为诚应亭、鼓楼；第二条中轴线上为新建的殿堂，依次为大雄宝殿、观音阁、观音广场，两侧为五百罗汉回廊，庙宇西面还有弘一法师纪念堂、真身塔等。

此外，晋江庆莲寺、漳浦紫薇寺等均采用复合轴布局。由此不难看出，采用复合轴布局的佛寺基本为大型寺庙，殿堂众多，无法都建在同一条轴线上。

3. 主轴对称结合自由布局

主轴对称结合自由布局为主要殿堂布置在一条中轴线上，其他次要建筑依据地形灵活分布在轴线前后或两侧。

图 1－3－4　南普陀寺

思明南普陀寺（图 1–3–4）属主轴对称结合自由布局，中轴线上依次为莲花池、放生池、天王殿、大雄宝殿、大悲殿、法堂（藏经阁）等，东侧有钟楼（地藏殿）、客堂、念佛堂等，西侧有鼓楼（伽蓝殿）、方丈室、闽南佛学院、佛教养正院等，放生池东西两侧各有一座万寿塔，寺后山有太虚大师纪念塔、喜参和尚塔、景峰和尚塔、广洽和尚塔及普照寺等，中轴线东西两侧各有一座山门，天王殿至大雄宝殿两旁建有迭落式长廊；龙文瑞竹岩寺采用中轴线结合自由布局，主要分两部分，第一部分中轴线上依次为天王殿、圆通宝殿、八角楼等，东侧为广洽阁、钟楼（地藏殿）、客堂，西侧为鼓楼（伽蓝殿）、寮房、斋堂；第二部分位于大悲殿东侧，比较分散，从西向东有功德堂、大雄宝殿、卧佛殿（藏经阁）、祖堂，后山还有华严殿、祖师塔、茶楼等；东山东明寺所在的东门屿礁石众多，少有平地，因此寺庙除了中轴线上的几座主体建筑外，其他殿堂分布较为分散，中轴线上从低往高依次为石埕、天王殿、大雄宝殿、大圆通殿，东侧有伽蓝殿、三角亭、地藏王殿、五观堂等，西侧为唱云堂、藏经阁、僧寮等，寺庙西南面为南山门、佛澳码头、卧佛坛，东南面有东山门、佛澳塔、普同塔，天王殿前面就是大海；惠安灵山寺依山石而建，殿堂较为零散地分布在岩石洞穴之间，属主轴对称结合自由布局，中轴线上大致为山门、照壁、圆通宝殿、大雄宝殿、僧舍、风动石、醉观音石、舍利塔等，左侧有“孝泣幽明”石刻、小花园、客堂、法堂（五观堂）、“一片冰心”石刻、“西天印象”山门、望江亭，右侧有千年古道、梦仙亭、“灵山仙境”石刻、鲎壳石、通天路等。

此外，龙海龙池岩寺、云霄剑石岩寺、诏安南山禅寺和九侯禅寺、思明日光岩寺、鲤城宿燕寺等，均采用主轴对称结合自由布局。由此不难看出，采用主轴对称结合自由布局的佛寺大都是大中型寺庙。

4. 自由式布局

自由式布局最早出现在藏传佛寺，主要特点是没有统一的主轴线，而是根据实际地形特征自由安置殿堂。但自由式布局并不是随意布置建筑，其主要建筑都位于中心位置。

思明虎溪岩寺利用山石间有限的平地建造殿堂，没有明确的中轴线，属自由式布局，主体建筑是大雄宝殿，左侧为棱层洞、摩崖石雕群，右侧有五方佛殿、报恩堂、功德堂、宏船法师纪念堂、茶楼、僧寮等，右后侧有地藏殿、卧佛殿、观音殿等；云霄龙湫岩寺（图 1–3–5）充分利用天然岩洞筑寺，属于建筑与景观互生共融的典型山地寺庙，建筑依狭窄的山势而建，坐东南向西北，采用自由式布局，分上下两岩，下岩有内山门、大雄宝殿等，上岩有后殿、拜亭等；漳浦海月岩寺周边岩石众多，地势崎岖不平，因此采用自由式布局，主要以三个岩洞为中心，其中最大的石室为大雄宝殿，左侧两间石室分别是梁上神祠和云根兰若（地藏殿），右侧有喝云堂、功德塔、放生池、莳蔬园等；漳浦白云岩寺周边奇岩怪石较多，地势崎岖不平，只能采用自由式布局，中心位置为白云岩寺，左侧后方山腰为曙光洞和卧相洞，寺庙中轴线上从低向高依次为门厅（天王殿）、天井、大雄宝殿，两侧为厢房。

图 1 - 3 - 5　龙湫岩寺

不难看出，采用自由式布局的佛寺多为地形错综复杂的小型岩寺。

5. 综合式布局

经过多次改建与扩建，许多闽南寺庙的原有布局都发生了改变，不再采用某种布局，而是多种布局相互结合，但无论采用何种布局，一般都以大雄宝殿等主要建筑为中心。

平和三平寺依山而筑，前低后高，整体采用复合轴布局，共有两条轴线，一条是南北中轴线，为主要建筑群，另一条是东北至西南中轴线，为三平祖师文化园，两条轴线前端相交于寺庙前方，形成一个 45 度角，从空中俯视，如同一只展翅高飞的雄鹰，但寺庙在复合轴布局的基础上，又结合自由式布局，在两条轴线周边又建有一些零星的小型建筑，有主有次；安溪清水岩寺虽然主体建筑属于中轴线布局，但近年扩建时陆续修复或加盖许多殿堂，如今已成为主轴对称结合自由布局，中轴线上为蓬莱祖殿、真空塔，两侧为观音阁、檀越厅、芳名厅、厢房等，其他位于蓬莱祖殿南面的三忠庙、觉亭、纶音坛、海会院、舍利塔群等均分布在从入口通往祖殿的道路两侧；南安雪峰寺雄踞于山腰之上，原本属于中轴线布局，轴线上的主殿为一进四合院，近年扩建时，在四周山坡上加盖了不少新的殿堂，如东南向有华严宝殿、瑞今长老纪念堂、晚晴亭等，南面有伽蓝殿，西北面有观音殿、僧寮、办公楼等，主殿正前方山脚下为山门和回龙阁，最终形成主轴对称结合自由布局。

严格来说，闽南大部分佛寺布局都属于综合式布局，为了论述的方便，本书在阐述某座寺庙的布局时，仅侧重于某种最典型的布局形式。

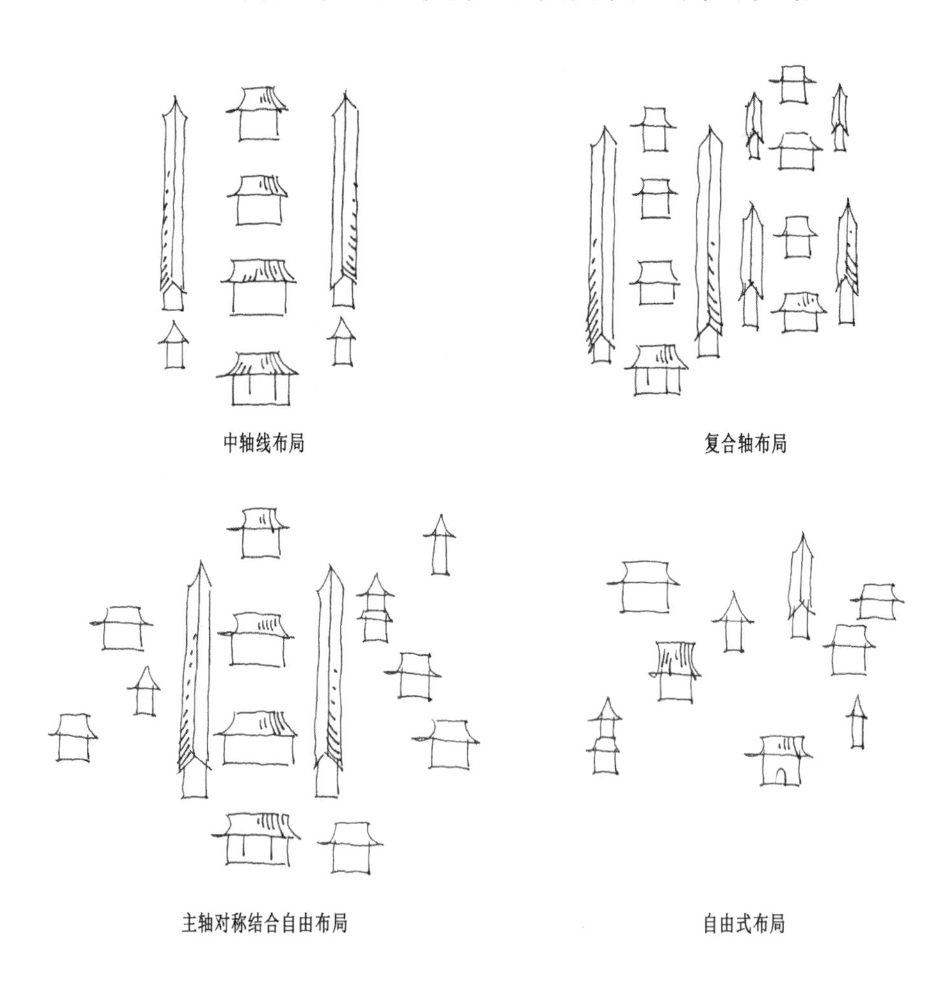

图 1-3-6　闽南佛教寺庙空间布局图示

（孙群、陈丽羽绘制）

三、闽南主要佛教寺庙空间布局与朝向

表 1-3-2　笔者重点研究的 138 座闽南佛教寺庙的空间布局与朝向

城市	区域	寺庙名称	朝向	布局形式	建筑空间布局
泉州市	鲤城区	开元寺	坐北朝南	主轴对称结合自由布局	中轴线依次为紫云屏、天王殿（山门）、拜亭、拜庭、大雄宝殿、甘露戒坛、藏经阁、祖堂，东侧有镇国塔、放生池、开元邮局、弘一法师纪念馆、泉州佛教博物馆、古船陈列馆、檀越祠等，西侧有仁寿塔、麒麟壁、泉州佛教协会、客堂、安养院、五观堂、水陆寺等。寺庙东面有东门，西面有西大门。
		承天寺	坐北朝南	复合轴布局	南北中轴线依次为天王殿、弥勒殿、放生池、大雄宝殿、法堂、通天宫经幢、文殊殿、鹦哥山，弥勒殿前石埕两侧钟鼓楼，东侧轴线为圆常院、般若阁、广钦和尚图书馆、僧舍、斋堂、客堂、龙王祠、留从效南园旧址、大悲阁、宏船法师纪念堂、香积堂、泉州女子佛学院等，西侧轴线为檀越王公祠、泉州闽国铸钱遗址、光孝寺、禅堂、王公祠、留公祠、功德祠、许公祠、闽山堂（方丈）等。
		崇福寺	坐西朝东	主轴对称结合自由布局	中轴线依次为“松湾古地”照壁、天王殿、大雄宝殿、观音殿、祖堂、功德堂等，北侧为郎月亭、钟楼、客堂、应庚塔、凉亭、五观堂、僧舍等，南侧为鼓楼、报恩堂等。山门位于寺庙东面，北面有“崇福晚钟”照壁。
		泉郡接官亭	坐西南朝东北	中轴线布局	中轴线依次为北山门、正殿、圆通宝殿、大雄宝殿，西侧为客堂，东侧为黄甲元帅殿、僧寮、藏经阁、功德堂，西北向有西山门。
		铜佛寺	坐东北朝西南	中轴线布局	中轴线依次为大雄宝殿、先觉堂（弥勒阁），两侧及背后为厢房，围成一个“凹”字形结构。

续表

城市	区域	寺庙名称	朝向	布局形式	建筑空间布局
泉州市	丰泽区	南少林寺	坐北朝南	复合轴布局	第一组南北中轴线依次为天王殿、大雄宝殿、观音阁、十八铜人水帘墙、佛祖说法图照壁、藏经阁，中轴线东侧依次有钟楼、文殊阁、日晖门；西侧有鼓楼、普贤阁、月德门。第二组位于寺庙东侧，有山门、演武场、延寿堂、禅亭、“少林胜迹”牌坊、五观堂、僧寮、云水阁、祖堂、弘法楼等。第三组位于西侧，有西南门、天龙阁、清凉亭、晚风精舍、方丈楼、泷见桥、僧寮、尚云亭、香农小屋、莲花天池、禅林秋晚、达摩院、后山门等。
		南台寺	坐北朝南	中轴线布局	中轴线依次为山门殿、放生池、大雄宝殿、佛祖涅槃像，两侧长廊，东面有玉佛殿、禅堂、僧寮、斋堂等。
		福清寺	坐北朝南	中轴线布局	中轴线依次为山门、拜亭、圆通宝殿、后殿，东侧廊庑为财神殿，西侧廊庑为观音殿，寺庙东面是一座三合院厢房，西面是常凯法师纪念亭和藏经阁。
		宝海庵	坐东朝西	中轴线布局	中轴线依次为前殿（天王殿）、大雄宝殿、后殿(大悲殿)、僧寮，北侧有斋堂、客堂等。
		青莲寺	坐西北朝东南	复合轴布局	中轴线依次为山门、圆通宝殿，左侧为香积堂、客堂，右侧为三圣殿。
		瑞像岩寺	坐北朝南	中轴线布局	中轴线依次为放生池、石室。
		赐恩岩寺	坐东北朝西南	中轴线布局	正中为大雄宝殿，右侧为许氏宗祠，左侧有圆通宝殿、功德堂、书斋、厢房等，前方山坡立七舍利塔。
		千手岩寺	坐东北朝西南	中轴线结合自由布局	中轴线上依次为门厅、大雄宝殿，两旁为廊庑，左侧有山门、厢房，右侧厢房。寺庙西北面为弘一法师舍利塔和广洽广净法师灵骨塔。
		海印寺	坐西北朝东南	中轴线布局	中轴线依次为照壁、弥勒殿、大雄宝殿、拜亭、大悲阁、法堂，西侧为往生堂，东侧有僧寮、斋堂、客堂等。
		碧霄岩寺	坐北朝南	中轴线布局	中轴线依次为凉亭、三世佛坐像。
		弥陀岩寺	坐东北朝西南	自由式布局	石室坐落于最高处，室前立两座石塔，下方山坡为大雄宝殿和地藏殿。

续表

城市	区域	寺庙名称	朝向	布局形式	建筑空间布局
泉州市	洛江区	慈恩寺	坐东朝西	中轴线布局	中轴线依次为大雄宝殿、主殿、舍利塔群，北侧为弥勒殿（鼓楼）、厢房、僧寮等，南侧为药师殿（钟楼）、厢房、五观堂（藏经阁）等，北面山坡有如来阁和资圣僧伽塔。
		龟峰岩寺	坐北朝南	中轴线布局	中轴线依次为戏台、大雄宝殿（盟心堂）、桃源公园，左侧有钟英庙（文庙）、钟楼，右侧有武庙、拜亭、鼓楼、办公楼等，建筑群左面为山门。
		圆觉寺	坐东北朝西南	主轴对称结合自由布局	中轴线依次为法宝塔、山门、拜亭、大雄宝殿、三宝大殿。左侧为五观堂（念佛堂），右侧厢房，北面山坡有三代祖师殿。
	泉港区	天湖岩寺	坐东朝西	中轴线布局	中轴线依次为山门、天湖放生池、天王殿、大雄宝殿、观音阁，南侧为厢房、云水堂、钟楼等，北侧为厢房、鼓楼等。
		虎岩寺	坐东朝西	主轴对称结合自由布局	中轴线上为大雄宝殿，左侧观音殿，右侧斋厨，南面是清泉石室，寺庙下方山腰处有观音亭和放生池。
		山头寺	坐西朝东	中轴线布局	中轴线依次为南云殿、大雄宝殿、观音苑，紧挨着大雄宝殿左侧为祖师殿，轴线左面有陆叔殿。
		重光寺	坐北朝南	中轴线布局	中轴线依次为庭院、大雄宝殿，两侧护厝及厢房，轴线右前方为山门。
	石狮市	法净寺	坐东北朝西南	中轴线布局	中轴线上依次为山门、天王殿、放生池、圆通宝殿、藏经阁，东南侧为钟楼、福德正神殿、西方三圣殿，西北侧为布经院石塔、鼓楼、药师殿。
		凤里庵	坐北朝南	中轴线布局	中轴线上仅有一座主殿。
		虎岫禅寺	坐北朝南	自由式布局	正中位置为真武大殿，东侧穿过东山门有大雄宝殿、森罗宝殿、祈嗣妈堂、夫子殿、法苑舍利塔等依次排列，西侧为碑记亭、僧寮、摩崖石刻等，南面有半月池、飞来塔，北面后山坡建有幸福苑、太岁宫、文昌祠、老君祠等，寺庙东南方为山门，西北面山巅为姑嫂塔。
	晋江市	灵源寺	坐东北朝西南	复合轴布局	主轴线依次为天坛、圆通宝殿、大雄宝殿、法堂，东南侧为钟楼、厢房、地藏殿、功德堂，西北侧为鼓楼，厢房、夫人妈宫，次轴线依次为藏书阁、泰伯庙。寺庙东面有山门和关帝庙。
		龙山寺	坐北朝南	中轴线布局	中轴线依次为放生池、九龙壁、天王殿、天坛（拜亭）、观音殿、大雄宝殿、法堂，东侧有山门、拜亭、钟楼、客堂、伽蓝殿、金炉、祖堂、斋堂等，西侧有鼓楼、祖师殿、禅堂等。

续表

城市	区域	寺庙名称	朝向	布局形式	建筑空间布局
泉州市	晋江市	西资岩寺	坐北朝南	中轴线布局	中轴线依次为双石塔、天王殿、拜亭、大雄宝殿，东侧为放生池、香积堂、僧舍等，西侧为蔡公祠、土地公宫，山门在广场西面。
		定光庵	坐东北朝西南	中轴线布局	中轴线依次为天王殿、拜亭、大雄宝殿，两侧钟鼓楼、关帝庙、城隍庙、廊庑等。
		金粟洞寺	坐东北朝西南	中轴线布局	中轴线依次为天王殿、新大雄宝殿、旧大雄宝殿，旧大殿右侧为功德堂、祖师堂，左侧为厢房。
		水心禅寺	坐西朝东	中轴线布局	以笔直的安平桥为轴线，东端有瑞光塔，北侧依次为圆通宝殿、地藏殿、澄渟院，南面是门亭、旧山门、观音殿、新山门。
		南天寺	坐东朝西	主轴对称结合自由布局	中轴线依次为山门、放生池、天王殿、七舍利塔、新大雄宝殿、佛祖诞生石壁、旧大雄宝殿，南侧为钟楼、石林精舍、法堂（念佛堂）、镇南宫、南天寺理事会等，北侧为鼓楼、海会塔、凉亭、摩崖石刻等。主体建筑群南侧有放生池、观音亭、僧寮等，北侧为园林区。
		龙江寺	坐东北朝西南	中轴线布局	中轴线依次为放生池、天王殿、圆通宝殿、念佛堂，东南侧有钟楼、厢房，西北侧有鼓楼、厢房。
		福林寺	坐西朝东	中轴线布局	中轴线依次为门厅、大雄宝殿、后殿，两侧护厝，左面有观音苑广场。
	南安市	延福寺	坐北朝南	中轴线布局	中轴线依次为天王殿、大雄宝殿，东侧厢房、西侧延寿堂，寺后山坡有佛岩塔。
		天香禅寺	坐北朝南	主轴对称结合自由布局	中轴线依次为仙祖殿、大雄宝殿，两侧厢房，西面有仙祖公殿、瀑布区等。
		雪峰寺	坐东北朝西南	主轴对称结合自由布局	中轴线依次为天王殿、大雄宝殿，左侧为六合室、钟楼、藏经阁、般若堂等，右侧为功德堂、鼓楼、禅堂、方丈室等。大雄宝殿东南向有华严宝殿、瑞今长老纪念堂、晚晴亭等，南面有伽蓝殿，西北面有观音殿、僧寮、办公楼等，寺庙正前方山脚下为山门和回龙阁。
		凤山寺	坐西北朝东南	中轴线布局	中轴线依次为外山门、内山门、前殿、中殿、大雄宝殿，两侧分别为钟鼓楼、回廊、拜亭、禅房、斋堂、迎宾室、藏经阁、聚金亭等。
		灵应寺	坐北朝南	复合轴布局	主轴线为旧殿堂群，依次为放生池、天王殿、祖师公大殿，东侧敬灵亭、钟楼、僧寮，西侧诚应亭、鼓楼；次轴线为新殿堂，依次为大雄宝殿、观音阁、观音广场，两侧五百罗汉回廊，寺庙西侧山林里有弘一法师纪念堂和真身塔。

续表

城市	区域	寺庙名称	朝向	布局形式	建筑空间布局
泉州市	南安市	云从古室	坐西南朝东北	主轴对称结合自由布局	中轴线依次为门厅、天井、祖师殿、天井、大雄宝殿，西北侧为护厝、廊庑、钟楼、观音殿，东南侧为廊庑、护厝、鼓楼、西方三圣殿。大雄宝殿东面有凝碧亭、翁山精舍、僧寮、斋堂等，寺庙前山坡上有师姑塔和和尚墓塔。
		五塔岩寺	坐西朝东	自由式布局	从南向北依次为大雄宝殿、新殿、报恩堂、松根桥，大殿前方为平台，平台前山坡为五塔岩石塔，后山有桃源亭、卧佛殿、定光祖师殿等。
		白云寺	坐西北朝东南	主轴对称结合自由布局	中轴线依次为天王殿、大雄宝殿，左侧为旧大雄宝殿。
		飞瓦岩寺	坐东北朝西南	中轴线布局	中轴线依次为大雄宝殿、玉佛殿，东南面为地藏王殿，西北面为善财殿、功德堂，玉佛殿后有般若塔。
		宝湖岩寺	坐南朝北	中轴线布局	中轴线依次为弥勒殿、门厅、大雄宝殿、大悲殿，左右为天王殿、护厝与廊庑。
		石亭寺	坐西北朝东南	主轴对称结合自由布局	中轴线上为石亭，左侧有钟楼、栖禅小阁，右侧有鼓楼、曹洞祖师堂、客堂、舍利塔、厢房等。
		石室岩寺	坐北朝南	自由式布局	中心位置为石室，东侧依次为地藏殿、药师殿，西南面有厢房等，山门东南向。
	惠安县	净峰寺	坐西朝东	自由式布局	中心位置为并列的仙宫祠、文昌祠、大雄宝殿和弘一法师故居，东面有海月楼、弘一法师纪念堂、奉献门、弘一法师雕像、凌云亭、醒园、放生池及寺庙出入口等，南面有观音阁，西面后山上有观景台、云梯、钱洞、观日亭、仙迹等，北面有塔林，东北面山腰为仙公大殿。
		岩峰寺	坐东朝西	自由式布局	主要分为前殿（清光会众堂）与后殿，前殿左侧有护厝，两侧山石间建有寮房、客房和禅堂等。
		平山寺	坐西朝东	中轴线布局	中轴线依次为照壁、放生池、天王殿、大雄宝殿、拜亭、观音殿，北侧为尊客堂、钟楼、法物流通处、藏经堂等，南侧为香积堂、鼓楼、报恩堂、纪念堂等，北面有元代石塔、晚晴亭、朝晖亭、六角亭等，左前方为万佛塔。
		虎屿岩寺	坐西朝东	自由式布局	以观音洞为主体，左前方有凉亭，右侧依次为大雄宝殿、放生池、僧寮等。
		灵山寺	坐北朝南	主轴对称结合自由布局	中轴线大致为山门、照壁、圆通宝殿、大雄宝殿、僧舍、舍利塔等，左侧有小花园、客堂、法堂（五观堂）、“西天印象”山门、望江亭，右侧有梦仙亭、鲎壳石等。
		一片瓦寺	坐北朝南	自由式布局	顺着山路依次为山门、文祠、片瓦古地殿、一片瓦仙祖殿，后山有天开石室。

续表

城市	区域	寺庙名称	朝向	布局形式	建筑空间布局
泉州市	安溪县	东岳寺	坐北朝南	主轴对称结合自由布局	中轴线依次为前殿、观音殿，东侧为韦陀菩萨殿，西侧为诸天菩萨殿。东面有檀越祠、释子寺，后偏左为晦翁亭，西面为池头宫、集贤堂，寺庙前石埕西侧为外山门，东侧是内山门。
		补陀岩寺	坐南朝北	自由式布局	中心位置为大雄宝殿，两侧护厝，北面是下楼。
		清水岩寺	坐北朝南	主轴对称结合自由布局	中轴线上依次为蓬莱祖殿、真空塔，两侧为观音阁、檀越祠、芳名厅、厢房等，祖殿和南侧的法门共同形成一组庞大的建筑群，三忠庙、觉亭、纶音坛、海会院、舍利塔群等均分布在从入口通往祖殿的道路两侧。
		达摩岩寺	坐北朝南	自由式布局	中心位置为大雄宝殿，右侧为文昌阁，左下方有护界殿，左后方有钟鼓楼、僧舍、诚寰阁等，庙宇右侧山林里有舍利塔。
		九峰岩寺	坐南朝北	中轴线布局	中轴线依次为门厅、拜亭、祖师殿、观音殿，两侧厢房、斋堂等。
	永春县	魁星岩寺	坐西朝东	主轴对称结合自由布局	中轴线依次为魁星殿、乡贤祠，东面山脚下有外山门、文昌台、御笔亭等，东南山腰处为魁星文化广场，西南向山腰为魁星岩文化园、静心亭等。
		乌髻岩寺	坐南朝北	主轴对称结合自由式布局	中轴线上为主殿，西侧钟楼，东侧鼓楼。主殿北面有观音池、凤旦塔、弥勒殿、山门，西侧有放生池、倚云阁，南面山坡上有同心桥、后殿等。
		惠明寺	坐西朝东	中轴线布局	中轴线依次为天王殿、天井、大雄宝殿，两侧廊庑，左前方为山门。
		普济寺	坐北朝南	中轴线布局	中轴线依次为内山门、天井、大雄宝殿，两侧钟鼓楼、廊庑与厢房，寺庙西南向为客堂，前方山坡有外山门。
	德化县	西天寺	坐东北朝西南	主轴对称结合自由布局	中轴线上为主殿，依次为门厅、天井、大雄宝殿，两侧护厝，包括执事房、僧舍等，右侧有厢房，右前方为观音殿，西北向山坡有三圣殿和送子观音殿。
		灵鹫岩寺	坐西朝东	主轴对称结合自由布局	中轴线依次为外山门、放生池、大雄宝殿、邹公祖师殿，两侧钟鼓楼、厢房、寮房等，放生池左侧有古山门，大雄宝殿东南向有座喇嘛塔，东北向有露天大佛。
		五华寺	坐北朝南	复合轴布局	中轴线为新大雄宝殿，两侧钟鼓楼与芳名亭；东面轴线为正殿，包括山门、门厅、旧大殿及廊庑；西面轴线依次为天王殿、陆禅师祖师殿、观音殿等。
		程田寺	坐东南朝西北	中轴线布局	中轴线依次为前殿、大雄宝殿、祖师殿，两侧东西廊屋、厢房和栖莲室等。

续表

城市	区域	寺庙名称	朝向	布局形式	建筑空间布局
泉州市	德化县	戴云寺	坐北朝南	中轴线布局	中轴线依次为门厅、祖师殿、大雄宝殿，两侧厢房、禅房、寮房、天井等。
		香林寺	坐北朝南	中轴线布局	中轴线依次为山门、金刚殿、大雄宝殿、祖师殿，东西两侧为配殿，包括香山书院、厢房等。
		蔡岩寺	坐北朝南	中轴线布局	中轴线依次为前殿、正殿（祖师殿）、后殿，右侧为横厝，右侧山坡下建有山门。
		狮子岩寺	坐西朝东	中轴线布局	中轴线上为大雄宝殿，南面有释迦殿、山门，北面有数间护厝，右侧山坡有舍利塔。
		龙湖寺	坐南朝北	主轴对称结合自由布局	中轴线依次为天王殿、大雄宝殿、祖师殿，两侧钟鼓楼和厢房等，前方山坡上有龙兴殿，后山有卧佛殿、碧天亭和舍利塔。
		大白岩寺	坐东朝西	主轴对称结合自由布局	中轴线依次为天王殿、大雄宝殿，两侧钟鼓楼，大殿右侧有观音殿，左侧密林里有旧山门、舍利塔，寺庙左侧山坡下为新山门。
		永安岩寺	坐北朝南	中轴线布局	中轴线上依次为放生池、山门殿（下殿）、前天井、大雄宝殿（中殿）、后天井、祖师殿（正殿），天井两翼为跌落式廊庑，轴线右侧为地藏殿、厢房、右天井等，左侧为观音殿、厢房、左天井等 。
厦门市	思明区	鸿山寺	坐北朝南	中轴线布局	整体为一座 11 层综合性大楼，第五层平台（转换层）中轴线依次为山门殿、大雄宝殿（观音殿）、六合楼，东侧为四恩楼。
		万石莲寺	坐北朝南	自由式布局	中心位置为大雄宝殿，后侧为观音立像，东面为伽蓝殿、见月楼，东南向有内山门与外山门，西面有宏船法师舍利塔、地藏殿、会泉法师纪念堂、念佛堂、僧寮等。
		南普陀寺	坐东北朝西南	主轴对称结合自由布局	中轴线依次为莲花池、放生池、天王殿、大雄宝殿、大悲殿、法堂（藏经阁），东侧有钟楼（地藏殿）、客堂、念佛堂等，西侧有鼓楼（伽蓝殿）、方丈室、闽南佛学院、佛教养正院等。放生池两侧各有一座万寿塔，西南面为七舍利塔；寺后山有太虚大师纪念塔、喜参和尚塔、景峰和尚塔、广洽和尚塔及普照寺等；中轴线东西两侧各有一座山门。
		日光岩寺	坐西朝东	主轴对称结合自由布局	中轴线依次为圆通宝殿，北面为钟楼、弥勒殿，南面为鼓楼、大雄殿。前山门在鼓楼东南面，后山门在弥勒殿北面，鼓楼南面为弘一大师纪念园。

续表

<table>
<tr><th>城市</th><th>区域</th><th>寺庙名称</th><th>朝向</th><th>布局形式</th><th>建筑空间布局</th></tr>
<tr><td rowspan="10">厦门市</td><td rowspan="5">思明区</td><td>虎溪岩寺</td><td>坐西朝东</td><td>自由式布局</td><td>中心位置为大雄宝殿，左侧为棱层洞、摩崖石刻群，右侧有五方佛殿、报恩堂、功德堂、宏船法师纪念堂、茶楼、僧寮等，右后侧有地藏殿、卧佛殿、观音殿等。</td></tr>
<tr><td>太平岩寺</td><td>坐东南朝西北</td><td>中轴线布局</td><td>中轴线依次为天王殿、五观堂、圆通宝殿，南侧依次为钟楼（伽蓝殿）、客堂、地藏殿、法堂、功德堂（祖堂），北侧为鼓楼（延寿堂）、寺务处、僧寮、方丈楼，法堂东侧有上客堂和炼金炉。</td></tr>
<tr><td>中岩寺</td><td>坐东北朝西南</td><td>自由式布局</td><td>中心位置为大雄宝殿，左侧有综合楼、僧舍、地藏殿、澎湖阵亡将士墓等，右侧有弥勒殿、钟鼓楼、三宝塔等。</td></tr>
<tr><td>白鹿洞寺</td><td>坐东朝西</td><td>自由式布局</td><td>大雄宝殿的东北面山坡有圆通宝殿、卧佛岩、八角亭、阿弥陀佛石窟、地藏菩萨石窟等，北面有僧寮，东南面山坡上有功德堂、元果法师舍利塔，南面是寺务处、五观堂，西面下方为山门。</td></tr>
<tr><td>天界寺</td><td>坐东南朝西北</td><td>中轴线布局</td><td>中轴线依次为内山门、大雄宝殿，西侧有钟楼、寺务处、地藏殿等，东侧有鼓楼、斋堂、“醉仙岩”殿等。</td></tr>
<tr><td rowspan="4">同安区</td><td>梵天寺</td><td>坐西北朝东南</td><td>中轴线布局</td><td>中轴线上依次为外山门、梵天寺广场、放生池、金刚殿、天王殿、大雄宝殿、大悲殿、法堂，东侧为财神殿、钟楼、药师殿、客堂、伽蓝殿、斋堂等，西侧为尊客堂、济公殿、鼓楼、奎星殿、弥陀殿、图书馆、关帝庙、方丈等，后山有文公书院、千佛阁和魁星阁东北面还有旧钟楼、旧大殿等。</td></tr>
<tr><td>梅山寺</td><td>坐东朝西</td><td>复合轴布局</td><td>主轴线依次为广场、山门，南侧轴线为天王殿、大雄宝殿，北侧轴线有海会塔、观音山、功德堂、办公楼，后山有西安桥塔。</td></tr>
<tr><td>慈云岩寺</td><td>坐北朝南</td><td>中轴线布局</td><td>中轴线为大雄宝殿，两侧分别是钟鼓楼，后山有禾山石佛塔、豪山石书房等。</td></tr>
<tr><td>太华岩寺</td><td>坐北朝南</td><td>主轴对称结合自由布局</td><td>中轴线依次为放生池、无量光殿，两侧有斋堂、湛然堂、客堂、僧寮等，后山坡有慈济堂和观音殿，中轴线左侧为山门等。</td></tr>
<tr><td>翔安区</td><td>香山岩寺</td><td>坐东南朝西北</td><td>中轴线布局</td><td>中轴线依次为放生池、石经幢、门厅、旧大雄宝殿、观音殿、清水祖师像、新大雄宝殿、海会塔，两侧厢房、钟鼓楼等。</td></tr>
</table>

续表

城市	区域	寺庙名称	朝向	布局形式	建筑空间布局
厦门市	海沧区	石室禅院	坐南朝北	主轴对称结合自由布局	中轴线依次为九龙壁、弥勒殿（石室书院）、药师殿，西侧有钟楼（祖师殿）、福慧楼、客堂、斋堂、福寿楼、抄经堂、弘法讲堂等，东侧有鼓楼（伽蓝殿）。
厦门市	集美区	圣果院	坐东北朝西南	中轴线布局	中轴线上依次为前殿（弥勒殿）、中殿（大雄宝殿）、后殿，两侧廊庑，轴线西面为祖祠。
厦门市	集美区	寿石岩寺	坐东南朝西北	中轴线布局	中轴线依次为大雄宝殿、寿石岩庙，左侧为寺务处、僧寮、土地庙等，右侧为观音殿、夹酣泉。
漳州市	芗城区	南山寺	坐南朝北	中轴线布局	中轴线上依次为山门、天王殿、大雄宝殿、法堂（藏经阁），西侧有客堂、地藏殿、福日斋、念佛堂、祖师堂等，东侧有图书馆、观音殿、德星堂、净业堂（石佛阁）、太傅殿、方丈楼、泰清寺等寺庙东面有城隍庙，后山有塔院。
漳州市	芗城区	西桥亭	坐北朝南	中轴线布局	中轴线依次为天王殿（门厅）、圆通宝殿、地藏王殿、圆觉宝殿，两侧廊庑，其中圆觉宝殿底层为斋堂。
漳州市	芗城区	东桥亭	坐东北朝西南	中轴线布局	中轴线依次为门厅、观音殿、西方三圣殿、大雄宝殿，两侧廊庑。
漳州市	芗城区	塔口庵	坐北朝南	中轴线布局	中轴线依次为石经幢、天王殿（门厅）、圆通宝殿，两侧廊庑。
漳州市	芗城区	宝莲寺	坐西朝东	中轴线布局	中轴线依次为门厅、弥勒殿、观音殿、大雄宝殿，左侧为玉皇大帝殿与厢房。
漳州市	龙文区	瑞竹岩寺	坐北朝南	主轴对称结合自由布局	中轴线依次为天王殿、圆通宝殿、八角楼等，东侧为广洽阁、钟楼（地藏殿）、客堂，西侧为鼓楼（伽蓝殿）、寮房、斋堂。大悲殿东侧，从西向东有功德堂、大雄宝殿、卧佛殿（藏经阁）、祖堂，后山还有华严殿、祖师塔、茶楼等。
漳州市	龙文区	石室岩寺	坐东朝西	中轴线布局	中轴线依次为天王殿（国师殿）、大雄宝殿，北侧为闲云石室，南侧有地藏殿、舍利塔。其中天王殿位于一栋四层楼阁的第四层，三层国师殿，二层客房，一层库房。
漳州市	龙海市	龙池岩寺	坐东北朝西南	中轴线结合自由布局	中轴线依次为放生池、天王殿、大雄宝殿、大悲殿，北侧为厢房、观音殿，南侧为厢房、地藏殿。寺庙北面有五观堂、念佛堂、僧寮等。
漳州市	龙海市	七首岩寺	坐西朝东	自由式布局	中心位置为大雄宝殿，左侧为榆庐，左后方为千手观音殿，两侧有七首岩文殊学院、厢房、寮房，东北面山坡为文殊铜殿、照壁、同心智慧桥、药师殿、七首岩广场。

续表

城市	区域	寺庙名称	朝向	布局形式	建筑空间布局
漳州市	龙海市	白云岩寺	坐南朝北	主轴对称结合自由布局	中轴线依次为百草亭、意果园、紫阳书院、大雄宝殿，左侧为观音阁、舍利塔等，右侧有石寨、土寨等。
		龙应寺	坐西北朝东南	中轴线布局	中轴线依次为放生池、观音立像、石埕、天王殿、大雄宝殿，两侧有钟鼓楼、廊庑、天井与厢房。
		木棉庵	坐西朝东	中轴线布局	中轴线依次为山门、天王殿、大雄宝殿，两侧有廊庑、厢房与天井，庵右前方有木棉亭。
		云盖寺	坐东朝西	主轴对称结合自由布局	中轴线上为大雄宝殿，北侧大悲殿，南侧西方三圣殿，前面庭院下为隐蔽岩洞，有地藏殿、宋王故居、大觉禅师隐居处等。轴线北侧有新大雄宝殿，两侧厢房，殿下山洞有八十八佛殿、十八罗汉殿等。
		金仙岩寺	坐南朝北	中轴线布局	中轴线依次为天王殿、放生池、门厅、大雄宝殿，西侧为钟楼、伽蓝殿，东侧为鼓楼、祖师殿，大殿东面有僧寮等。
		林前岩寺	坐南朝北	中轴线布局	中轴线依次为大悲殿、大雄宝殿，西侧为广济祖师殿、三圣殿，东侧为师祖楼、地藏殿。
		五福禅寺	坐南朝北	中轴线布局	中轴线依次为天王殿、大雄宝殿、五观堂，两侧廊庑，廊庑外侧有功德堂、总头伯殿、僧寮、寺务处等。
		古林寺	坐南朝北	中轴线布局	中轴线依次为山门、弥勒佛像、七宝如来塔、放生池、石桥、照壁、空门、天王宝殿、大雄宝殿、万佛宝塔、西方三圣园，东侧为土地庙、香积厨、钟楼（地藏殿）、旃檀院、尊客堂、弘法综合楼、古林三塔、云林别院等，西侧为伽蓝庙、古林茶楼、仰圣亭、鼓楼（关圣殿）、禅净院、三圣殿、法华院、法堂、仰圣书院。
		普照禅寺	坐东朝西	复合轴布局	以东西和南北两条中轴线相互交会。从西往东轴线依次为五百罗汉堂、广场、半圆形花台、石塔、一层平台、二层平台、普照寺大门、三层平台、法堂、大雄宝殿，南侧为长廊、普照寺办事处、钟楼等，北侧为长廊、龙海佛教协会办事处、鼓楼等。从南往北轴线有大门、休闲区、宿舍、山门、知归堂、华严山庄、舍利塔、藏经阁、十八罗汉山、莲会池、大佛区，休闲区东面有方丈楼。

续表

城市	区域	寺庙名称	朝向	布局形式	建筑空间布局
漳州市	云霄县	白云寺	坐东朝西	中轴线布局	中轴线依次为天王殿、大雄宝殿，两侧建有厢房、僧寮、斋堂等，西南面有观音亭。
		南山寺	坐西南朝东北	复合轴布局	左轴线依次为观音殿、大雄宝殿，两侧廊庑为伽蓝殿与祖师殿，前方北面为门楼；右轴线为槑亭、南山书院，后面有凉亭、地藏殿。
		龙湫岩寺	坐南朝北	自由式布局	分上、下两岩，下岩有内山门、大雄宝殿等，上岩有后殿、拜亭等。
		水月楼	坐西南朝东北	中轴线布局	中轴线依次为石埕、山门、天井和大殿。
		碧湖岩寺	坐西北朝东南	中轴线布局	中轴线依次为门厅（观音殿）、大雄宝殿，左右建有厢房，左前方为山门。
		剑石岩寺	坐西北朝东南	主轴对称结合自由布局	中轴线依次为大悲殿、大雄宝殿，两侧有廊庑与小天井，左护厝为五观堂，右护厝为功德堂，大雄宝殿左翼为复祖祠，右翼为学佛堂，轴线两侧有厢房，前面为石埕、迎旭亭与放生池，东北面有紫阳书院，南面为传能大师灵塔。
		龙泉岩寺	坐北朝南	中轴线布局	中轴线依次为门厅、大雄宝殿，两侧厢房。
	漳浦县	海月岩寺	坐西朝东	自由式布局	以3个岩洞为中心，最大石室为大雄宝殿，左侧两个石室分别是梁上神祠和云根兰若（地藏殿），右侧有喝云堂、功德塔、放生池、莳蔬园等。
		清泉岩寺	坐东朝西	主轴对称结合自由布局	中轴线依次为弥勒殿、大雄宝殿，两侧廊庑。北面有山门、服务区、念佛堂、土地庙、清泉洞等，南侧有红军祠、望瀑台等。
		清水岩寺	坐西北朝东南	中轴线布局	中轴线依次为门厅（天王殿）、正殿、后殿（大雄宝殿），两侧有厢房。岩寺右侧是菩提馥圃，左侧文化园。
		白云岩寺	坐东朝西	自由式布局	中心位置为白云岩寺，左侧后方曙光洞和卧相洞。寺庙中轴线依次为门厅（天王殿）、天井、大雄宝殿，两侧厢房。
		青龙寺	坐西朝东	中轴线布局	中轴线依次为门厅、大雄宝殿，两侧廊庑，右侧廊庑外有护厝。
		仙峰岩寺	坐北朝南	主轴对称结合自由布局	中轴线依次为拜亭、观音殿、大雄宝殿、千手观音殿，右侧为厢房，拜亭左下方为石室。

续表

城市	区域	寺庙名称	朝向	布局形式	建筑空间布局
漳州市	诏安县	九侯禅寺	坐北朝南	主轴对称结合自由布局	中轴线上依次为门楼、大雄宝殿，两侧廊庑，东侧内护厝为东斋，外护厝为地藏殿，西侧内护厝为西斋，外护厝为观音殿。寺庙西北面有祖师塔，东北面有福胜岩、飞来亭，东南面有五儒书室。
		南山禅寺	坐南朝北	主轴对称结合自由布局	中轴线正中为大雄宝殿，东西两侧厢房，大殿与厢房之间有天井，大殿东面有东山门，西面为西山门，南面建有“小西天”和龙南阁。
		慈云寺	坐北朝南	中轴线布局	中轴线上依次为照壁、山门、上门厅、拜亭、大殿，山门前天井西侧有西斋，东侧放生池。
		长乐寺	坐东南朝西北	中轴线布局	中轴线上依次为天王殿、观音亭、大雄宝殿，其中天王殿两侧分别为石牌坊和胜利亭，南面有僧寮、斋堂、普同塔等，北面有放生池和山门。
	长泰县	普济岩寺	坐北朝南	中轴线布局	中轴线上依次为门厅、天井、大殿，两侧为廊庑，正前方为放生池。
	东山县	苏峰寺	坐西朝东	中轴线布局	中轴线上依次为天王殿、大雄宝殿，左侧为钟楼、药王殿、僧寮，右侧为鼓楼、玉佛殿、僧寮。
		古来寺	坐北朝南	中轴线布局	中轴线上依次为放生池、准提亭、拜亭、天王殿、大雄宝殿，东西两侧廊庑为伽蓝殿与祖师殿。
		恩波寺	坐北朝南	中轴线布局	中轴线依次为天王殿、大悲殿、大雄宝殿，东侧为观音殿，南侧为地藏殿。
		东明寺	坐东北朝西南	主轴对称结合自由布局	中轴线依次为天王殿、大雄宝殿、大圆通殿，东侧有伽蓝殿、三角亭、地藏王殿、五观堂等，西侧为唱云堂、藏经阁、僧寮等。寺庙西南面为南山门、佛澳码头、卧佛坛，东南面有东山门、佛澳塔、普同塔，天王殿隔海正对面文峰塔。
		宝智寺	坐西朝东	中轴线布局	中轴线上依次为天王殿（山门）、大雄宝殿、藏经阁，两侧围墙。
	南靖县	石门寺	坐西朝东	中轴线布局	中轴线上依次为广场、大雄宝殿、地藏殿，两侧厢房、钟鼓楼。其中，大雄宝殿北面梢间为观音殿，南面梢间为财神殿。大殿南面有关帝庙。
		五云寺	坐东朝西	中轴线布局	中轴线上依次为弥勒殿、天井、三宝殿，两侧有厢房与小天井，天王殿东南面为云松阁。
		登云寺	坐西南朝东北	中轴线布局	中轴线上依次为内山门、观音殿、中殿、阎罗天子殿，两侧厢房，右前方为外山门。

续表

城市	区域	寺庙名称	朝向	布局形式	建筑空间布局
漳州市	平和县	三平寺	坐北朝南	复合轴布局	共有两条轴线。南北中轴线上依次为三平祖师坐像、九龙壁、新山门、寺门、放生池、大雄宝殿、祖殿、塔殿。其中，寺门两侧天王殿，后面广场两侧为钟鼓楼，大雄宝殿两侧分别为伽蓝殿与开漳圣王殿，祖殿两侧分别为监斋爷殿与地藏王殿。另一条轴线位于寺庙东面，坐东北朝西南，中轴线上依次为仰圣广场、祈福广场、尚德广场、广济金身堂等。
		灵通寺	坐东朝西	主轴对称结合自由布局	分上、下两层，第一层为天王殿，第二层位于第一层上方，正中为大雄宝殿，两侧为钟鼓楼。东侧顺着天街依次有宿舍楼、凉亭、通天台、蟠桃街等。
		朝天寺	坐南朝北	中轴线布局	中轴线依次为门厅、天井，大殿，左侧为厢房。
		天湖堂	坐西朝东	中轴线布局	中轴线依次为门厅、大殿，两侧钟鼓楼，钟楼北面有厢房，正前方从东往西为保生大帝文化园（大广场）、小广场，东南面为旧山门。
	华安县	平安寺	坐南朝北	中轴线布局	中轴线上依次为山门、天王殿、大雄宝殿，两侧为钟鼓楼，其中天王殿前拜庭两侧有长廊，庭院中有留芳亭、平安塔、放生池等，寺庙西面建有云水桥廊。

表 1–3–2 中收录的 138 座佛寺的朝向，主要分为四类：①坐北朝南（包括坐东北朝西南、坐西北朝东南）；②坐南朝北（包括坐东南朝西北、坐西南朝东北）；③坐西朝东；④坐东朝西。这四类朝向的占比，参见图 1–3–7。

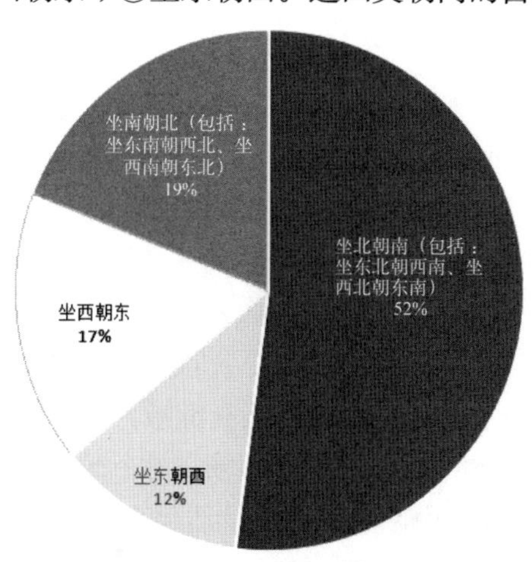

图 1–3–7　闽南佛寺朝向比例图

（孙群、陈丽羽绘制）

由图 1-3-7 可知，闽南佛寺中坐北朝南（包括坐东北朝西南、坐西北朝东南）的佛寺达到一半以上，究其原因有二：一来符合“以南为尊”的传统思想观念；二来寺庙背（北）依山峦、面（南）朝开阔之地，可让寺庙冬暖夏凉。

闽南有着颇为复杂的山海地形，很多寺庙只能根据自身所处的地理环境确定朝向。那些位于海边的寺庙多坐西朝东，如惠安净峰寺就是坐西朝东，类似的有东山苏峰寺和宝智寺等；诏安南山禅寺的南面为山脉，北面为河流，地势较广阔，所以只能坐南朝北，类似的有永春乌髻岩寺、南安宝湖岩寺等；龙海云盖寺的东南面群山绵绵，西面为平原和丘陵，寺庙坐东朝西，类似的有同安梅山寺和思明白鹿洞寺等。

同一座佛寺里，不同等级建筑的朝向并不相同，地位较尊贵的殿堂，如大雄宝殿、天王殿、观音殿、法堂等可采用四正方向；而其他次要殿堂，如地藏殿、伽蓝殿、祖师殿、钟鼓楼等均不能朝正向。

本章小结

中国佛教寺庙空间布局受到传统礼制的深刻影响，历经千百年的发展和演变，最终形成相对固定的格局。佛寺大多坐北朝南，南北中轴线上依次为山门、天王殿、大雄宝殿、法堂、藏经阁等正殿，东侧有钟楼、伽蓝殿、客堂、斋堂、僧寮、职事堂（库房）等，西侧有鼓楼、祖师殿、禅堂、念佛堂、方丈室等。有的寺庙还有观音殿、地藏殿、文殊殿、药师殿与罗汉堂等，多作为东西配殿。一些寺庙受到地理环境的影响，会在中轴线布局的基础上，结合其他类型的布局方式。

闽南佛寺引导空间布局分为迂回曲折式、平直畅通式与综合式，在行进路线上，常会点缀一些景观小品，步移景异，相映成趣，既激发了游人寻幽探胜的兴趣，又较好地渲染了宗教氛围。

闽南佛寺院落空间布局主要分为五类：中轴线布局、复合轴布局、主轴对称结合自由布局、自由式布局和综合式布局。其中，中轴线布局的主要建筑都分布在同一条轴线上，左右还有配殿，整体上层层递进，尊卑有序；复合轴布局是将空间划分成多个区域，每个区域内的主体建筑按照中轴线对称分布，整个寺庙由两条或多条轴线组合而成，空间层次变化丰富；主轴对称结合自由布局为主要建筑都分布在一条中轴线上，其余次要建筑根据地形灵活分布在轴线附近；自由式布局多出现在小型寺庙里，因寺庙的地形狭窄崎岖，只能因地制宜地安排各类建筑物；综合式布局融合两种以上的布局方式，灵活多变，近年新建的佛寺多采用综合式布局。

闽南佛寺院落空间布局多采用规整式的布局格式，正殿必然居中，前方有山门、前殿，左右有配殿，后殿往往高于前殿，整座寺庙由多层庭院组成，重重院落，层层深入，对称规整，重点突出，四周廊庑围绕，具有规范的等级次序。而那些地形复杂多变的山林佛寺则在中轴线布局的基础上，根据自身的地形条件灵活地布置各类建筑。

闽南佛寺朝向占比例最大的是坐北朝南（包括坐东北朝西南、坐西北朝东南），其次是坐南朝北（包括坐东南朝西北、坐西南朝东北），最少的是坐西朝东和坐东朝西，体现了闽南地区的地理与气候特点。

第四章　闽南佛教寺庙建筑类型与特征

佛教寺庙在古印度被称作“僧伽蓝摩”“僧伽蓝”，简称“僧伽”，指僧众共同居住的园林，统称僧舍所在的土地和建筑物。佛教最早的建筑是孤独长者布施给释迦牟尼佛及其弟子静修的祇园精舍，与普通民居并无太大差别，只是环境更加幽静，各种生活设施较为完善。

一、中国佛教寺庙建筑概述

古印度佛教建筑传入中国后，与我国传统建筑相互交融，逐渐演化成具有独特风格的中国佛寺建筑，最终形成中国化的佛教建筑样式，是佛教文化与我国传统文化相互结合的产物，充分体现了中国人所特有的“天人合一”“道法自然”“返璞归真”及“中和”的美学理念。我国佛寺建筑主要分为三大类：汉传佛教建筑、藏传佛教建筑和南传上座部佛教建筑。其中汉传佛教建筑受到皇宫、王府及坛庙等高级别建筑的影响较大，兼具宗教建筑、公共建筑与生活建筑的特征。

“寺”原本指官署，“鸿胪寺”就是掌管朝祭礼仪的机构。佛教初传入中国时，来华传法之西域沙门被安置于鸿胪寺，后世便称僧尼之住处为“寺”。我国佛寺建筑的种类十分丰富，有殿堂、楼阁、亭台、佛塔、廊庑、轩榭、牌坊、石窟等，囊括了我国单体建筑的所有类型，在我国传统建筑中占据十分重要的地位。

东汉明帝时，参照天竺佛寺和当时官衙的风格，建造了我国第一座官办佛寺——洛阳白马寺；永平十四年（71），又建造了号称“中国古寺之始”的登封法王寺。魏晋南北朝时期，各地建造了许多山林和城区寺庙，奠定了之后佛寺建筑的基础，如苏州寒山寺、扬州大明寺、南京灵谷寺、杭州灵隐寺和宁波天童寺等。从东晋开始，“舍宅为寺”的风气大盛，许多住宅被直接改建成寺庙，成为我国市井寺庙的重要源头。隋唐时期，全国各地建造了大量佛寺。如开元二十六年（738），各州郡都建造了一座以“开元”为名的寺庙，如邢台开元寺、大同开元寺、郑州开元寺、普陀山开元寺、临海开元寺、福州开元寺、泉州开元寺、潮州开元寺、广州开元寺等。此时佛寺建筑步入较成熟阶段，建筑宏伟，功能多样。五代时期佛寺建筑持续增多，特别是吴越国的三世五王皆信奉佛教，积极地建寺造塔。两宋时佛寺建筑继续借鉴官式建筑风格，逐渐形成了“伽蓝七堂制”的固定规格，如苏州报国寺、正定龙兴寺、南京栖霞寺、四川宝光寺、开封相国寺、莆田广化寺等。元代大多是参照唐宋传统样式建造寺庙，建筑结构成熟稳定，如北京护国寺、武义延福寺等。明代继承了前朝佛寺建筑风格，并把其推向新高潮，如福清万福寺、南京静海寺等。清代，汉传佛教建筑延续明代佛寺的构造法则，结构与功能更加完善，如天津大悲禅院、上海玉佛禅寺等。

综上所述，中国佛寺不断融合我国传统建筑样式，历经从小到大、从简朴到辉煌的漫长演变过程，最终形成具有中国特色的佛寺建筑风格，极大地丰富了中国传统建筑的形式与风格。

二、闽南佛教寺庙建筑类型

吴良镛教授在《广义建筑学》中提出：“建筑的问题必须从文化的角度去研究和探索，因为建筑正是在文化的土壤中培养出来的。”闽南作为中国文化与外来异质文化碰撞、交融的前沿地带和先发地区，佛教长盛不衰，佛寺建筑也最为多姿多彩。

闽南佛寺建筑在中国传统建筑中占有相当重要的地位，既受到佛教教义仪轨的影响，又兼具中原官式建筑和闽南地区建筑的特色，且吸收了东南亚建筑的某些元素。一般大型佛寺受官式建筑影响较大，而许多中小寺庙则具有当地传统民居建筑特色，主要殿堂如天王殿、大雄宝殿、法堂、观音殿、钟鼓楼等，往往采用官式建筑样式，而其他附属建筑如客堂、斋堂、僧寮、厢房等则多为民居建筑形式。闽南佛教寺庙建筑主要有官式建筑、“皇宫起”建筑、山地式建筑、寨堡式建筑、洋楼式建筑、附岩式建筑、其他类型建筑七种类型。

（一）官式建筑

官式建筑包括宫殿与官衙建筑、部分寺庙建筑等，因严格按照封建礼制进行设计，故具有森严的等级和肃穆的形式。官式建筑具有如下特征：①台基较高大，多使用单层须弥座带石栏杆或多层须弥座带石栏杆的高级基座。②占地面积与建筑体量较大，外观富丽堂皇，呈现出崇高宏伟、高大壮观的气派，是一代建筑的最高典范。③屋顶等级制度森严，从高到低依次为重檐庑殿顶—重檐歇山顶—单檐庑殿顶—单檐歇山顶—悬山顶—硬山顶—卷棚顶—攒尖顶等，重要建筑多采用庑殿顶和歇山顶，屋面施以黄、绿等琉璃釉色，正脊有吻兽，垂脊、戗脊有垂兽、蹲兽等。④主体建筑宽广，多在五开间以上。⑤门窗多采用菱花格隔扇装饰。⑥多为抬梁式结构，常使用垂花、雀替、斗拱、狮座、剳牵（又称单步梁）等构件。⑦梁枋彩画较丰富，主要有和玺彩画和旋子彩画等。⑧建筑用材高大坚固，技艺水平精良。闽南许多佛寺秉承中原官式建筑的建造样式，同时又具有地域建筑特色。厦门大学戴志坚教授认为：“由于历史的流变，中原文化逐渐进入闽海地区，并成为主导文化，闽文化成为中原传统文化与地域性多种文化的复合体。”

图1-4-1　承天寺大雄宝殿

鲤城承天寺大雄宝殿（图 1–4–1）同时具有清代官式建筑与闽南当地红砖白石木构建筑的特征，雄姿巍巍，装饰丰富。前方有一宽敞的石砌月台，正中设垂带踏跺。重檐歇山顶，凹曲面屋面覆盖红色琉璃瓦，正脊脊刹塑一座七层宝塔，脊堵剪粘双龙戏珠，正吻上各雕一条蛟龙，垂脊牌头立护法金刚，翼角饰卷草纹。面阔五间，通进深七间，插梁式木构架，彻上露明造。明间、次间开门，采用木构菱花隔扇门，次间辟双交四椀菱心纹圆形花窗。两侧山墙辟方形直棂木窗。梁枋上施雀替、斗拱、随梁枋等构件。

丰泽南少林寺大雄宝殿为红砖白石木构建筑，同时具有中原官式建筑与闽南民居风格，前面建两层月台，设垂带踏跺。重檐歇山顶，正脊脊刹塑一座七层宝塔，两侧剪粘双龙戏珠，正吻各雕一条飞舞的蛟龙，垂脊牌头立金刚力士。面阔七间，通进深八间，插梁式木构架，彻上露明造。明间与梢间为木雕交欢螭龙卷草纹隔扇门，次间辟夔龙圆形木窗。梁枋上施垂花、雀替、斗拱与随梁枋。

芗城南山寺大雄宝殿为红砖白石木构建筑，同时具有中原官式建筑与闽南民居特色，重檐歇山顶，正脊上雕双龙护塔，脊堵剪粘瑞兽花卉，垂脊牌头立金刚，翼角饰卷草纹。面阔五间，通进深六间，插梁式木构架，彻上露明造。明间与次间开隔扇门。梁枋上施斗拱、垂花、雀替、随梁枋等。

此外，鲤城开元寺和崇福寺、同安梵天寺、晋江南天寺和灵源寺、龙海云盖寺、平和三平寺、华安观音寺等的一些主要建筑如大雄宝殿、法堂、观音殿、钟鼓楼等，多采用官式建筑风格，同时具备闽南传统民居的特色，如材料多选用白石、红砖，梁架使用插梁式木构架，屋脊饰剪粘、陶瓷、灰塑、泥塑等。

（二）“皇宫起”建筑

闽南许多佛寺吸取了当地富有生活气息的民居样式，创造出具有乡土风情的宗教建筑。闽南最为典型的民居就是“皇宫起”建筑，又称作“皇宫起大厝”“宫殿式大厝”“官式大厝”“护厝式大厝”“红砖厝”等。“皇宫起”建筑起源于五代，是模仿皇宫式建筑风格而建造的，可谓汲取了中原传统文化、闽越文化和海洋文化的精华，成为闽南文化的重要载体。闽南俗语“红砖白石双坡曲，出砖入石燕尾脊。雕梁画栋皇宫式，中西合璧土木楼”，描述的就是“皇宫起”建筑。黄金良先生在《泉州民居》中指出，泉州传统“皇宫起”大厝造型朴素，空间层次明确，其“色感异常强烈，形成最具特色的红砖文化区”，象征喜庆与富贵。“皇宫起”建筑多分布在泉州晋江、惠安、石狮、南安等地，厦门和漳州地区较少。

“皇宫起”建筑具有如下特点：①具官式建筑部分特征，建筑群整体规制严谨、对称、封闭，按中轴线对称排列，采用院落式布局，多为三开间或五开间，又称“三间张”“五间张”，两侧带护厝，多层次进深，庭、廊、过水贯穿其中。②采用红砖白石木构材料，大量使用红砖红瓦，以红砖拼贴各种图案，广泛应用白色花岗岩做墙堵或台基阶石。③屋顶多为硬山顶，有普通硬山顶、三川脊式硬山顶或断檐升箭口式硬山顶等样式，屋面为“双坡曲”，正脊两端燕尾脊高翘，还有少数为歇山顶。④墙体常用碎砖与石头混砌，称“出砖入石”，有的采用大牡蛎壳砌墙。⑤建筑内部普遍使用插梁式木构架，承重梁两端插入柱身，吸收了抬梁式与穿斗式木构架的优点。⑥建筑屋脊、墙面、斗拱、雀替、门窗、梁枋、立柱、水车堵等装饰丰富，有石雕、木雕、砖雕、剪粘、灰塑、交趾陶、油漆彩绘等。

图 1-4-2　海印寺天王殿

丰泽海印寺弥勒殿（图 1–4–2）为红砖白石木构“皇宫起”建筑，三川脊硬山顶，覆盖红瓦，造型优美。面阔五间，进深两间，插梁式木构架，彻上露明造。塌寿为孤塌，明间、次间开门。垂花、立仙、雀替、弯枋、斗拱、札牵、随梁枋木雕大量人物、瑞兽与花卉等。镜面墙用红砖拼成“人”字墙，辟石雕圆形窗。

晋江龙山寺的天王殿和大雄宝殿均为“皇宫起”建筑。其中，天王殿为红砖白石木构建筑，三川脊歇山顶，正脊脊刹置法轮，四个吻头上均雕一条腾云驾雾的蛟龙，脊堵两侧浮雕瑞兽等，牌头雕楼阁与树木，翼角饰卷草纹。屋脊上的剪粘作品造型丰富，体现了浓郁的闽南乡土文化。面阔五间，通进深三间，插梁式木构架，彻上露明造。垂花、立仙、雀替、随梁枋雕刻人物、瑞兽、花卉等。大雄宝殿为砖石木建筑，外墙以条状花岗岩砌成，三川脊歇山顶，覆盖绿色琉璃瓦，中港脊脊刹置五层宝塔，两侧雕蛟龙，正吻上雕凤凰，脊堵浮雕瑞兽，垂脊牌头为武将。面阔五间，通进深四间，插梁式木构架，彻上露明造。明间、次间设隔扇门，梢间辟窗。

晋江西资岩寺弥勒殿为红砖白石木构“皇宫起”建筑，断檐升箭口式硬山顶。面阔五间，通进深两间，插梁式木构架，彻上露明造。塌寿为孤塌，明间、次间开门。对看堵用蓝、红两色砖砌出“卍”字纹，另在白底上以红砖砌出如意、花卉等图案，精美细致。水车堵彩绘凤喜牡丹、山石等，雀替、斗拱等浅浮雕人物与瑞兽等。

南安灵应寺祖师公大殿为砖石木“皇宫起”建筑，外墙以红砖砌成，三川脊硬山顶，中港脊上雕双龙护塔，脊堵浮雕双龙戏珠，小港脊上雕龙鱼，脊堵浮雕麒麟、罗汉等。面阔五间，通进深四间，插梁式木构架，彻上露明造。明间、次间、梢间开隔扇门。垂花、雀替、随梁枋等木雕花卉。殿内地板与墙壁铺设彩色几何纹样瓷砖。

此外，鲤城宿燕寺大殿、惠安灵山寺圆通宝殿和大雄宝殿、南安白云寺旧大殿、德化西天寺大殿门厅、海沧石室禅院的石室书院、南安雪峰寺天王殿等均为“皇宫起”建筑。

“皇宫起”建筑本是模仿宫殿建筑风格而建造的，是宫殿建筑的平民化，也是中原官式建筑传入闽南后，与闽南民居结合的产物。

（三）山地式建筑

安溪、永春、德化、平和、华安等闽南内陆地区，因泥石流、山体滑坡等自然灾害频发，民居多为简朴的砖木结构。这些地区的佛寺也多简洁古朴，与周边环境相协调。

闽南佛寺山地式建筑具有如下特点：①建筑依据原有山地环境进行建

造，屋顶多借鉴官式建筑或“皇宫起”建筑样式，比较宽大舒展，屋面多覆盖灰瓦。②建筑材料多为土、木、竹、石等天然材料，具有浓郁的地方特色。③梁架结构较为简单。④建筑装饰有剪粘、灰塑、泥塑、交趾陶、木雕、彩画等，均较简洁朴素。⑤建筑材料尺寸比普通民居大，开间、进深、室内空间均比普通民居大。

德化程田寺大雄宝殿保留清代建筑样式，单檐歇山顶，覆盖深灰色瓦，两侧山花贴凸形灰瓦。面阔五间，通进深五间，插梁式木构架，彻上露明造，横架为十二椽栿。明间开门，次间、稍间设隔扇窗，绦环板木雕道八仙。檐下出一跳或两跳斗拱。外檐柱柱础为石雕覆莲瓣。梁枋无雕刻，保留原木材质，极为朴素。

德化狮子岩寺大雄宝殿（图 1–4–3）为砖土木结构山地式建筑，三川脊悬山顶，中港脊上剪粘双龙护宝塔，小港脊上剪粘蛟龙，燕尾脊高翘。面阔五间，通进深四间，插梁式木构架，彻上露明造，横架为六椽栿。明间、次间与梢间均开隔扇门。

南靖登云寺中殿为砖土木结构山地式环形建筑，屋脊中间高，两端低，脊堵剪粘丰富。面阔五间，通深两间，插梁式木构架，彻上露明造，横架

图 1 - 4 - 3　狮子岩寺大雄宝殿

为六椽栿。

此外，安溪补陀岩寺下楼、平和朝天寺大殿、德化蔡岩寺殿堂等也为山地式建筑。

闽南佛寺山地式建筑在体量、屋顶、梁架、装饰等方面均高于普通的山地民居，可视为山地民居与佛教建筑的结合。

（四）寨堡式建筑

寨堡是一种大型防卫性建筑，具有围廊式土楼与院落式民居的特点。闽南寨堡式建筑主要集中在泉州德化戴云山地区，闽南寨堡式佛寺在借鉴寨堡易守难攻的空间格局的基础上，吸收了其他建筑的风格。

闽南寨堡式建筑具有如下特点：①大都为就地取材的土木石结构建筑群，整体合围成一个方形，规模较大，巍峨宏伟，蔚为壮观，给人强烈的震慑感。②采用中轴线布局，中间建有当地传统民居建筑群，四周设有围墙。③建筑群前后垂直落差较大，具层层叠叠的立体式效果。④防御性能与居住性能并重。

德化香林寺（图 1–4–4）为寨堡式建筑，建筑群依山而建，层层升高，高低错落有序，外围护厝逐层抬高。采用中轴线布局，轴线上的殿堂前后

图 1－4－4　香林寺

高度相差约 5 米，中部与两侧有三条主通道。南北轴线依次为山门、金刚殿、大雄宝殿、祖师殿，东西两侧为叠落式配殿，逐层而上，包括香山书院、厢房等，平面由三个呈“口”字形的四合院组成，全寺共有 130 多个房间，规模宏大，气势磅礴。

德化龙湖寺规模魁伟，采用主轴对称结合自由布局，中轴线上依次为天王殿、大雄宝殿、祖师殿，两侧为钟鼓楼，主体殿堂围合成一个二进四合院。

闽南一些寨堡式佛寺同时借鉴了官式建筑与“皇宫起”建筑的特点，比普通的民间寨堡更加高大与华丽。

（五）洋楼式建筑

闽南处于东南沿海地区，是中国文化与外来异质文化碰撞、交融的前沿地带和先发地区。明清时期，特别是洋务运动之后，大量闽南人背井离乡，远赴南洋谋生。他们荣归故里后，建造了许多充满南洋风格的小洋楼。因其建筑材料多为南洋直接运输而来，拼花、雕饰具有南洋特色，当地人将这些建筑称作“番仔楼”。因此，闽南地区特别是泉州的少数佛寺建筑，也受到南洋建筑的影响。

闽南洋楼式建筑有以下特点：①主要借鉴南洋建筑风格，又具欧式的巴洛克与洛可可建筑特征，但也保留闽南本土民居的部分特色，采用砖石材料，或钢筋水泥，坚固美观。②出现楼化现象，一般为两层楼阁，门面、屋顶、阳台、栏杆等多采用水泥。③屋顶多为平顶，正立面檐口上加一个山花，采用花瓶式绿、蓝色釉陶瓷栏杆，部分屋顶也会借鉴闽南传统屋檐样式。④多数为回廊式建筑，或一面、两面，或四面回廊，二楼设有阳台。⑤采用折中主义与本土化的柱式、拱券窗等，装饰有马赛克、釉面砖、水泥花砖、玻璃等，少部分饰剪粘、陶瓷、灰塑等。⑥闽南洋楼式建筑仍有当地民居的部分特色，融中西风格于一体，俗称“穿西装、戴斗笠”。

惠安净峰寺海月楼（图 1–4–5）为单檐歇山顶，覆盖红瓦，脊堵为筒子脊，镂空砖雕，两侧燕尾脊高翘，封闭式山花。三面均开马蹄式券拱形门，两侧采用罗马柱。石墙辟多扇火焰形窗，具有马鞍形变异形态，栏杆为竹节柱。二楼建有小阳台，设绿色琉璃花瓶式栏杆，转角为砖砌。整体看来，海月楼融合了中国传统建筑与欧式建筑的风格。

丰泽海印寺往生堂为红砖白石木构两层小洋楼，单檐歇山顶，正脊两端燕尾脊高翘，翼角饰卷草纹，面阔三间，通进深三间，正面设回廊，二楼阳台施绿色花瓶式栏杆。外墙全部以红砖砌成，大门、垂花、雀替采用木构，是一座中西合璧的建筑。

图 1－4－5　净峰寺海月楼

晋江龙山寺祖堂为红砖白石洋楼式建筑，共两层，三川脊歇山顶，正吻雕卷草纹，脊堵剪粘瑞应祥麟、狮子嬉戏、凤戏牡丹等。面阔三间，一楼大门上匾额书“开山祖堂”，二楼阳台设琉璃花瓶式栏杆。

不难看出，闽南洋楼式建筑为闽南传统建筑注入了一股异域风情。

（六）附岩式建筑

附岩式建筑是依附于山体而建成的，是一种非独立式建筑。北京建筑大学刘临安教授在研究重庆石宝寨时，提出“非独立式木结构楼阁”的概念。

闽南佛寺的附岩式建筑往往建于岩洞之前，具有三个特点：①建于岩洞口，多为石构建筑，与洞口外形完美结合，是一种“非独立式石结构建筑”。②建筑造型简单，进深较浅。③建筑造型与装饰借鉴闽南传统建筑风格。

龙文石室岩寺的闲云石室（图 1–4–6）为一处天然岩洞，建于明代，顶覆盖一块巨石，形状似螃蟹壳，两边岩石犹如一对巨螯，洞口外建廊庑，面阔三间，通进深一间，明间开门，是一座典型的附岩式石构建筑。

思明虎溪岩寺棱层洞又称伏虎洞，洞口外建一石门，庑殿顶，垂脊比较平直，雕刻卷草纹，面阔三间，进深一间，明间开门，石门后即是山洞。

图 1-4-6　石室岩寺闲云石室

思明日光岩寺的圆通殿始建于明万历十五年（1587），是一块巨岩覆盖的山洞，又称“一片瓦”，洞口处建一单檐歇山顶建筑，正脊为筒子堵，镂空砖雕，两端燕尾脊高翘，脊堵下方嵌花卉，面阔三间，明间开门，次间辟圆窗。

漳浦海月岩寺大雄宝殿为一天然岩洞，顶上横着一块长约 10 米的巨石，在东侧砌筑石墙，三川脊硬山顶，屋脊饰剪粘，叠涩出檐。面阔三间，正面开一门，两侧辟圆窗。

（七）其他类型建筑

除上述六种类型的佛寺外，闽南还有少数佛寺在融合多种建筑风格的基础上，有所创新。

南安石亭寺大殿为石材仿木结构建筑，原为八角形，清光绪二十二年（1896）改成方形。屋顶为重檐，正方形屋顶正中升起一个硬山顶，屋面由石板拼成，覆盖石筒瓦，有些类似于泉州清源山建于元代的弥陀岩寺石构建筑。殿高 4.66 米，面阔三间，通进深四间。殿内石柱上架有石横梁与额枋，上方再铺设石板条作为屋顶，第四排石柱采用倒梯形栌斗，整体构架简洁而又严密。

石狮虎岫禅寺文昌祠是比较特殊的中西结合建筑。闽南传统红砖建筑两侧对称伸出欧式亭子，采用多立克柱式，使用闽南传统柱础，并带有古典主义风格，硬山式屋顶，正脊上雕双龙戏珠，燕尾脊上雕鱼化龙，脊堵浮雕双狮嬉戏、花鸟。因此，文昌祠是将闽南红砖民居与欧式亭子拼接在一起的产物。

诏安南山禅寺大雄宝殿屋顶十分特别，采用三重檐歇山顶，中部突出为三层四方形楼阁式屋顶，颇有气势，其结构在闽南地区独一无二。正脊脊刹置宝葫芦，两端与翼角饰游龙卷草纹。面阔三间，通进深三间，插梁式木构架。

永春雪山岩寺大雄宝殿为钢筋混凝土建造，体量宏伟，中间高 17 米，宽 16.7 米，屋顶为半圆形穹隆顶，穹顶上的九条屋脊各剪粘一条蛟龙，形成九龙朝瑞。穹隆顶是拜占庭式建筑风格，而飞龙是中国传统文化中的一个重要象征，故大雄宝殿是典型的中西合璧建筑。

近年新建的龙海普照禅寺巧妙地融合了新加坡、印尼、泰国等东南亚风格，并添加中国特别是闽南传统建筑元素，形成了颇具特色的国际化佛教建筑景观。整座禅寺均为白墙蓝顶或红顶，每栋建筑都有自己独特的主色调，相同色调的建筑形成独立的建筑群。其中，法堂为白墙蓝顶，堂前建有长廊，采用花瓶式栏杆，廊柱顶两侧有一小块雀替；大悲殿为一座下宽上窄的三层白色建筑，面阔十三间，大门两边各雕两只仙鹤，正中间凸出一部分作为大堂，面阔七间，殿内门厅两侧采用玻璃木墙；五百罗汉堂为白墙浅蓝屋顶建筑，中间五层，两边层层递减，面阔十三间，造型宏伟高大。

闽南文化极具包容性，历史上有多种思想文化在此交融、碰撞，而闽南佛寺作为闽南佛教文化的重要载体，经过近两千年的发展演变，形成了如今具有鲜明地方特色和多元文化特征的建筑形式，丰富了汉传佛教建筑的样式。

表 1-4-1　闽南佛教寺庙建筑类型

建筑类型	基本样式	主要特征
官式建筑		建筑体量大，屋顶讲究等级制度，外观富丽堂皇。

续表

建筑类型	基本样式	主要特征
“皇宫起”建筑	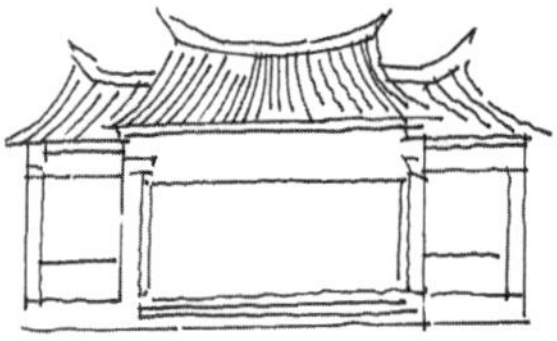	建筑具宫殿式大厝风格，规制严谨，带护厝，采用红砖白石木构材料，装饰丰富。
山地式建筑		建筑依据山地环境建造，采用砖木材料，外观朴实，装饰简洁。
寨堡式建筑		建筑群规模较大，围合成一个整体，巍峨宏伟。
洋楼式建筑	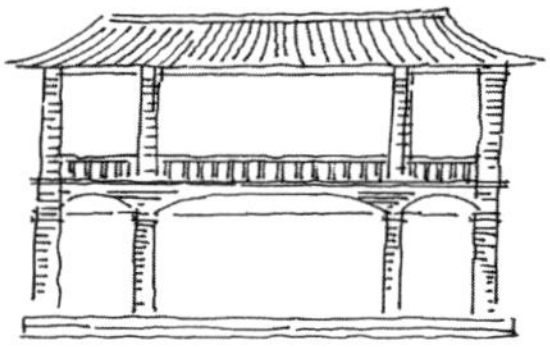	借鉴南洋建筑风格，屋顶有平顶式或中国传统屋檐样式，多有回廊，采用花瓶式栏杆。
附岩式建筑		建于岩洞口，多为石构建筑，造型简单。
其他类型建筑	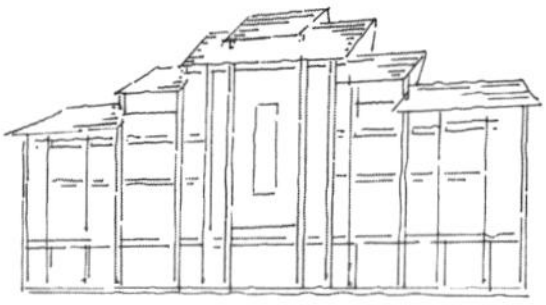	融合多种建筑风格，并有所创新。

说明：孙群绘制。

三、闽南佛教寺庙主要建筑形制与人文内涵

闽南佛寺主要建筑包括：山门、照壁、天王殿、大雄宝殿、法堂（藏经阁）、观音殿、钟鼓楼、伽蓝殿、祖师殿、拜亭等。

（一）山门

山门是寺庙最前端的门楼，因佛寺多数地处山林，所以称作“山门”，后来成为佛寺的别称。山门大多数为三个门，中间为一扇大门，两旁为小门，称“三解脱门”。一座佛寺往往有多座山门，如有外山门、中山门、正山门（内山门）之分，又称头山门、二山门和正门。山门的建筑形式通常有四种：

1. 牌坊式山门

牌坊是古代社会为表彰功勋、科第、德政以及忠孝节义所立的纪念性建筑，主要由柱、梁枋、楼等组成，形式有一间两柱、三间四柱、五间六柱等，柱子之间以梁枋相连接。牌坊一般位于寺庙的前方，可扩大庙宇的空间。

闽南佛寺拥有大量牌坊式山门，可按建筑形式分为四类：

①一间两柱式牌坊。如鲤城福宁禅寺山门为一间两柱三楼式牌坊，歇山式屋顶，覆盖金黄色琉璃瓦。

②三间四柱式牌坊。闽南佛寺中，三间四柱式牌坊最多，如德化灵鹫岩寺的明代古山门为三间四柱三楼式石牌坊，石柱前后设抱鼓石，整体造型极为古朴；惠安灵山寺的山门建于清代，为三间四柱式石牌坊，造型简洁大方，石柱前后设依柱石；思明万石莲寺的中山门为三间四柱三楼式石牌坊，庑殿顶，铺设金黄色琉璃瓦；龙海金仙岩寺的山门为三间四柱三楼式砖砌牌坊；丰泽南少林寺“少林胜迹”牌坊为三间四柱冲天式石牌坊。

③五间六柱式牌坊。这种牌坊体量大，视觉效果强烈，具有宗教的震撼感。如同安梵天寺山门（图 1–4–7）为五间六柱式石牌坊，有正楼、次楼与夹楼，歇山式屋顶，檐下施斗拱，额枋浮雕花草纹；晋江南天寺山门为五间六柱冲天式石牌坊，气势宏伟，中间额枋上置大法轮；南安雪峰寺外山门为五间六柱式石牌坊，石柱顶雕狮子昂首坐于仰莲之上。

④其他类型牌坊。南安灵应寺外山门建于民国时期，为典型的中西合

图 1－4－7　同安梵天寺山门

璧建筑，带有法国巴黎雄狮凯旋门的特征，采用假三间做法，中间开拱券门，两侧假两间采用闽南传统红砖建筑立面的做法，上方有绿色花瓶式栏杆，上面为一字三山的女儿墙，女儿墙上部的装饰既有砖石建筑叠涩出檐的简洁美，又有巴洛克的小涡卷；石狮虎岫禅寺山门为三间八柱三楼式牌坊，面阔三间，进深一间，更接近于牌楼；惠安净峰寺的奉献门为日式石牌坊，造型简洁明朗。

2. 殿堂式山门

殿堂式山门又称山门殿，殿内两旁一般各有一尊金刚。据《大宝积经》所载，金刚原为佛教护法神，后来受《封神演义》的影响，改为哼哈二将，体现了佛教的世俗化趋势。殿堂式山门一般用在大中型寺庙中。

丰泽南少林寺山门为殿堂式建筑，单檐歇山顶，面阔三间，通进深一间，明间与次间开券拱形门，梁枋上施斗拱、垂花与雀替，殿内两侧立哼哈二将；芗城南山寺山门为殿堂式，断檐升箭口式歇山顶，面阔五间，通进深两间，插梁式木构架，彻上露明造，明间与次间开门。

3. 独立式小门楼

闽南一些小型佛寺采用独立式小门楼作为山门，小而灵巧，具有当地民居风格。

鲤城释迦寺山门为独立式砖砌小门楼，正脊两端燕尾脊翘起，檐下施插拱，面阔一间；德化狮子岩寺山门为木构民居式小门楼，断檐升箭口式悬山顶，覆盖灰瓦，面阔三间，通进深两间，穿斗式木构架，彻上露明造，明间开门，次间砌白墙；德化五华寺旧山门为木构小门楼，悬山式屋顶，覆盖灰瓦，面阔一间，通进深两间，抬梁式木构架，彻上露明造，檐下施两跳插拱；泉州重光寺山门为花岗岩垒砌门楼，面阔一间，两侧身堵上半部分采用红砖，歇山式屋顶，覆盖红瓦。

4. 城楼式山门

城楼式山门通常用在大中型寺庙中，少数小型寺庙也会使用，为避免与寺庙殿堂冲突，其多建在远离庙宇的甬道上。

龙海云盖寺的友谊关建于 2010 年，高大雄伟，城楼上建三层楼阁，拱形城门两侧分立韦陀菩萨与关公；海沧石室禅院的山门为一座仿唐城楼，城楼上建有单檐庑殿顶建筑，正中开拱形门；南靖五云寺城楼式山门位于半山腰处，离寺庙较远，城楼上建大悲殿，既是殿堂又是山门，中间为拱形门。

山门的大小是与寺庙的大小相协调的，一般大型寺庙用体量大的山门，小寺庙就用小山门。

（二）照壁

照壁又称影壁、照墙、萧墙、屏风墙，是位于建筑大门里面或外面的一堵墙壁，具有“挡煞”、屏障等功能。其从下至上依次包括壁座、壁身、壁顶三部分。佛寺中的照壁起到把佛界与世间分隔开来的作用。从材质上说，闽南佛寺照壁可以分为砖照壁、石照壁和铜照壁三种。

1. 砖照壁

鲤城开元寺紫云屏始建于明万历四年（1576），为砖砌“一”字形照墙，歇山顶，壁顶铺设红瓦，燕尾脊高翘，壁身正中嵌一块明代泉州书法家陈于王所书的石碑隶书“紫云屏”，两侧边以红砖垒砌，壁座为花岗岩。这座照壁把天王殿与西街杂乱的民居分隔开来。泉州崇福寺“松湾古地”照壁，为“一”字形砖照墙，庑殿顶，燕尾脊高翘，壁身两侧以红砖砌成，壁座以花岗岩垒砌。

2. 石照壁

平和三平寺的“一”字形石照壁面对外山门，壁身浮雕九龙腾飞，壁顶下施一排 14 朵一斗三升拱，两面共 28 朵斗拱，壁座采用单层须弥座，束腰 6 间，中间以石柱分隔；海沧石室禅院的石构九龙壁长 108 米，使用汉白玉、青石、印度红、黄锈石、山西黑等石材，浮雕黄、青、红、白、等黑色蛟龙和十二药叉大将及十二生肖，号称中国最长照壁。

3. 铜照壁

龙海七首岩寺的照壁为我国首个全铜影壁，中间高两旁低，庑殿顶，脊尾饰龙吻，壁身正中间刻有著名书法家赵朴初先生手书的《般若波罗蜜多心经》，两侧浮雕文殊菩萨与普贤菩萨。4 根盘龙柱气势雄浑，壁座为单层须弥座，束腰 12 间，中间以断柱分开。

（三）天王殿

天王殿又称弥勒殿、二殿、韦驮殿，是佛教寺庙的第一重殿，面阔以三间或五间为主，进深多为三间或四间。天王殿前后都设有大门，所以也作为过殿。其虽具殿的造型，却有门的功能，游人一般都从前门入，绕过圣像后从后门出。天王殿正中供奉弥勒菩萨，背后立韦驮菩萨，两侧塑四大天王。闽南有少数寺庙将弥勒菩萨与四大天王分开设殿，如鲤城承天寺就同时建有弥勒殿和天王殿。

闽南佛寺天王殿的屋顶主要有硬山顶、歇山顶和“假四垂”三种，多为三开间或五开间。一般来说，天王殿的规格不能超过主殿。

①硬山顶：鲤城承天寺天王殿为硬山顶，覆盖红瓦，面阔三间，通进深四间，插梁式木构架，彻上露明造，明间开门，两侧设隔扇窗；芗城西桥亭天王殿为三川脊硬山顶，面阔三间，通进深两间，插梁式木构架，彻上露明造；云霄白云寺天王殿为三川脊硬山顶，面阔三间，通进深两间，仿抬梁式构架。

②歇山顶：丰泽南少林寺天王殿建于高台之上，正中设石台阶，前面有一月台，中原官式建筑，重檐歇山顶，面阔五间，通进深四间，插梁式木构架，彻上露明造，明间、次间设隔扇门；诏安报国寺天王殿为单檐歇山顶，面阔三间，通进深三间；诏安青云寺天王殿为三川脊歇山顶，面阔三间，通进深两间；惠安平山寺天王殿为单檐歇山顶，面阔五间，通进深四间，插梁式木构架，彻上露明造。

图 1-4-8　金仙岩寺天王殿

③“假四垂”屋顶：龙海金仙岩寺天王殿（图 1–4–8）为“假四垂”屋顶，歇山顶正中再升起一个重檐歇山顶，这是漳州地区庙宇的特色之一。通面阔十三间，通进深三间，插梁式木构架，彻上露明造，明间与次间开门；华安平安寺天王殿采用“假四垂”屋顶，在歇山顶正中升起一个歇山顶，面阔三间，通进深三间，插梁式木构架，彻上露明造，明间与次间开门。

（四）大雄宝殿

大雄宝殿又名大雄殿、大佛殿、正殿等。大雄宝殿均建于中轴线中心位置的高台之上，等级最高，单体规模最大，以重檐歇山顶居多，面阔从三间到十一间不等。

闽南佛寺的大雄宝殿基本都建在石砌高台之上，前方有月台，殿内空间较宽敞，多采用彻上露明造，佛像布局基本采用排列式。大殿内供奉佛像主要有三种模式。①供一尊释迦牟尼佛，左右两旁为阿难尊者和迦叶尊者。②供三尊佛，有“横三世佛”或“竖三世佛”。其中横三世佛是从空间上说的，中间为释迦牟尼佛，右边为药师佛，左边为阿弥陀佛；竖三世佛又称三时佛，是从时间上说的，中间为释迦牟尼佛，右边为弥勒佛，左边为燃灯佛。③供五尊佛。东西南北中五方佛，又名五智如来，分别为中央毗卢遮那佛、东方阿閦佛、西方阿弥陀佛、南方宝生佛和北方不空成就佛。如鲤城开元寺大雄宝殿排列有五方佛，正当中塑毗卢遮那佛，具光明普照一切处之意，其他从左至右依次为东方香积世界阿閦佛代表觉性，南方欢喜世界宝生佛代表福德，西方极乐世界阿弥陀佛代表智慧，北方莲花世界成就佛代表事业。大雄宝殿室内两侧常摆放十八罗汉或二十四诸天等，殿后多供奉西方三圣。闽南一些佛道合一的寺庙，在佛像两旁还会摆放其他神灵。

闽南佛寺大雄宝殿的屋顶可分为硬山顶、悬山顶和歇山顶三种，面阔有三间、五间、七间、九间。洛江慈恩寺大殿的面阔多达十一间，通进深九间，是目前闽南地区体量最大的佛殿。

①硬山顶：硬山顶多用于空间狭窄的寺庙。如芗城东桥亭空间较局促，大雄宝殿建于清代，硬山顶，屋脊无雕刻，面阔三间，通进深三间，插梁式木构架，彻上露明造，斗拱、梁枋、随梁枋木雕丰富。其他如龙文瑞竹岩大雄宝殿因建于山石前，也为硬山顶。

②悬山顶：龙海七首岩寺大雄宝殿为砖木建筑，三川脊悬山顶，面阔三间，通进深三间，插梁式木构架，彻上露明造，明间开门，采用隔扇门，梁枋彩绘花鸟、山水图。其他如云霄南山寺大雄宝殿也为三川脊悬山顶，面阔五间，通进深四间。

③歇山顶：鲤城铜佛寺大雄宝殿为单檐歇山顶，正脊上雕双龙护塔，脊堵为筒子脊，镂空砖雕，面阔三间，通进深五间，插梁式木构架，彻上露明造。其他如云霄白云寺、德化西天寺等的大雄宝殿都为单檐歇山顶。丰泽南少林寺、鲤城承天寺和崇福寺、同安梵天寺和梅山寺、永春惠明寺、龙文聚奎岩寺、龙海龙池岩寺、云霄开元寺等的大雄宝殿均为重檐歇山顶。其中，同安梵天寺大雄宝殿为两重檐歇山顶，屋脊饰剪粘，面阔五间，通进深五间，插梁式木构架，彻上露明造，明间与次间开隔扇门；同安梅山寺大雄宝殿为三重檐歇山顶，面阔五间，通进深五间，插梁式木构架，彻上露明造，四面明间均开隔扇门。

（五）法堂（藏经阁）

法堂又名藏经阁，是寺院讲经说法、藏经的场所。其一般为两层楼，楼下演说佛法，楼上藏匿经论。据《历代三宝纪》《景德传灯录》等记载，我国佛寺历来都设有法堂。唐代高僧百丈怀海禅师定禅苑之规制，遂模仿皇宫太极殿建立法堂，堂内中央设一高台，四方均得仰望。法堂的地位仅次于大雄宝殿，多采用歇山顶。

图 1－4－9 南普陀寺法堂

晋江南天寺、惠安灵山寺等的法堂为单檐歇山顶。其中，晋江南天寺法堂为单檐歇山顶两层楼阁，面阔五间，明间开门，次间、梢间辟拱形或方形石窗。思明南普陀寺法堂（图 1–4–9）是中轴线上地理位置最高的建筑，重檐歇山顶两层楼阁，正脊脊刹立五层宝塔，两端燕尾脊高翘，脊堵浮雕瑞兽，翼角饰卷草纹，面阔五间，一层通进深五间，二层通进深四间，并设有平台。其他如鲤城承天寺、丰泽海印寺、晋江灵源寺与龙山寺、思明太平岩寺、芗城南山寺等的法堂均为重檐歇山顶。

（六）观音殿

观音殿又称观音阁、大士殿、圆通宝殿、大悲坛、大悲殿。如果仅供观音，称作圆通宝殿；中间供奉观音、左侧供奉文殊菩萨、右侧供奉普贤菩萨的殿堂，又称作三大士殿。闽南一些大中型佛寺中轴线上常建有高大的观音阁。闽南佛寺观音殿的屋顶可分为五种：

①硬山顶：芗城塔口庵观音殿（圆通宝殿）为断檐升箭口式硬山顶，面阔三间，通进深三间，插梁式木构架，彻上露明造。其他如泉港虎岩寺，芗城南山寺、西桥亭与东桥亭等的观音殿均为硬山顶，

②悬山顶：龙海七首岩寺观音殿为砖木建筑，悬山顶，屋脊饰剪粘，正脊脊刹置宝塔，两侧雕蛟龙，面阔三间，通进深三间，插梁式木构架，

图 1－4－10　承天寺观音殿

彻上露明造。其他如思明虎溪岩寺观音殿为悬山顶，面阔与通进深各一间。

③歇山顶：鲤城崇福寺观音殿建于石砌台基之上，重檐歇山顶，正脊脊刹置三法轮，脊堵浮雕瑞兽，面阔五间，通进深五间，插梁式木构架，彻上露明造。其他如龙文瑞竹岩寺、丰泽福清寺、晋江灵源寺、安溪东岳寺、龙海云盖寺、云霄白云寺等的观音殿为重檐歇山顶，云霄开元寺观音殿为三川脊重檐歇山顶，丰泽海印寺观音殿为断檐升箭口式歇山顶。

④攒尖顶：鲤城承天寺观音殿（图 1–4–10）建于石台之上，三重檐八角攒尖顶，覆盖红瓦，剪边为绿色，平面八边形，四周环廊。类似的还有丰泽南少林寺观音殿也为三重檐八角攒尖顶。

⑤特殊屋顶：思明南普陀寺的大悲殿（观音殿）原为施琅将军所建，1930 年重建时改为钢筋水泥仿斗拱外观，其屋顶较为特殊，为八角形歇山顶，使原本歇山顶的 9 条脊变成 13 条脊，将歇山顶与攒尖顶有机结合起来，体现了闽南民间工匠的创造性。

（七）钟鼓楼

钟楼与鼓楼首先在民居中使用，佛寺中的钟鼓楼是在元代之后开始出现的，坐落于山门内侧两边，相互对称。清晨先击钟，后击鼓应和；傍晚先击鼓，再撞钟附和，称作“晨钟暮鼓”。钟鼓楼一般均为两层建筑，有利于声音向远处传播。有的佛寺在一层楼顶上建一座小亭作为钟鼓楼，如南安天香禅寺。有的佛寺在城楼上建钟鼓楼，如丰泽南少林寺。闽南有些大型佛寺没有建钟鼓楼，如鲤城开元寺、芗城南山寺等，这主要与丛林制度和寺庙布局有关。闽南佛寺钟鼓楼的屋顶样式主要有攒尖顶和歇山顶两种。

①攒尖顶：鲤城承天寺钟鼓楼为红砖白石木构官式建筑，重檐四角攒尖顶，覆盖红瓦，面阔三间，通进深三间，插梁式木构架，彻上露明造；龙海金仙岩寺钟楼为圆形攒尖顶两层楼阁，以柱子分割成八面，每面采用隔扇门，鼓楼为四角攒尖顶两层楼阁。

②歇山顶：诏安报国寺钟鼓楼为两层楼阁，单檐歇山顶，覆盖红色琉璃瓦，面阔一间，通进深一间。其他如鲤城崇福寺钟鼓楼、鲤城宿燕寺钟鼓楼和龙海紫云岩寺钟鼓楼等，则为重檐歇山顶。

（八）伽蓝殿与祖师殿

伽蓝殿与祖师殿通常位于大雄宝殿左右两侧。近代中国佛教界常以关羽为伽蓝神。祖师殿是供奉禅宗祖师的地方，正中为达摩禅师，左为禅宗六祖慧能禅师，右为百丈怀海禅师。有些寺庙供奉本寺的开山祖师。闽南有些寺庙将伽蓝殿、祖师殿与钟鼓楼合并，通常一层为伽蓝殿和祖师殿，二层为钟鼓楼，如南安灵应寺鼓楼一层即为伽蓝殿。闽南伽蓝殿与祖师殿主要有四种屋顶样式。

①硬山顶：芗城南山寺祖师堂为硬山顶，面阔三间，通进深三间，插梁式木构架，彻上露明造；厦门万石莲寺的伽蓝殿为硬山顶，面阔三间。

②悬山顶：龙海林前岩寺祖师殿（师祖楼）为两层红砖楼阁，悬山顶，一层面阔五间，通进深三间，二层设平座。其他如龙海古林寺的祖师殿和伽蓝殿也为悬山顶。

③歇山顶：德化龙湖寺祖师殿建于石台之上，两侧设有石阶，三川脊歇山顶，面阔五间，通进深五间，插梁式木构架，彻上露明造。

④“假四垂”屋顶：德化香林寺祖师殿为“假四垂”屋顶，层次感强烈，面阔五间，通进深五间，插梁式木构架，彻上露明造。

闽南民间有祖师崇拜的传统，因此有些寺庙的祖师殿供奉当地公认的祖师公，如德化灵鹫岩寺祖师殿供奉开山祖师——邹公祖师的肉身浮雕像。

（九）拜亭

拜亭是为了参拜的方便而设置的，通常位于主殿的正前方或正后方。

泉州佛寺的拜亭体量较小，四周通透无墙，多为卷棚式歇山顶，屋顶或与主殿相连，或独立，但高度均低于主殿。

晋江定光庵拜亭在大雄宝殿正前方，卷棚式歇山顶，面阔、进深各一间，插梁式木构架，彻上露明造；鲤城开元寺拜亭又称拜香亭，紧靠着天王殿之后，卷棚式歇山顶，面阔一间，通进深一间，穿斗式木构架，彻上露明造。其他如云霄南山寺拜亭（图 1–4–11）位于大殿之后，单檐歇山顶，面阔、通进深一间，穿斗式木构架，彻上露明造。

图 1－4－11　南山寺拜亭

（十）其他建筑

除了前文提及的那些殿堂外，闽南佛寺中还有三圣殿、卧佛殿、地藏殿、文殊殿、药师殿、方丈室、斋堂、僧舍（寮房）、功德堂、厢房、廊庑、凉亭、碑楼等建筑。而有些佛道合一的寺庙还建有土地庙、关帝庙、福德正神殿等。现代佛寺除了保留传统寺庙建筑外，还增加了博物馆、美术馆、纪念馆、接待室、老人院、商店、茶室等。闽南一些大型寺庙中，几乎包揽当地大多数的传统建筑形式，堪称传统建筑博物馆。

四、闽南佛教寺庙建筑特征与营造过程

（一）闽南佛教寺庙建筑的主要特征

①建筑类型多样。闽南佛寺建筑有官式建筑、“皇宫起”建筑、山地式建筑、寨堡式建筑、洋楼式建筑、附岩式建筑以及融汇多种风格的建筑。同一座寺庙中往往拥有多种样式的建筑，这在江南和中原地区的佛寺中是比较少见的。如鲤城开元寺的天王殿、五观堂、祖堂、檀越祠等为“皇宫起”建筑，大雄宝殿为官式建筑，藏经阁、佛教博物馆为洋楼式建筑；惠安净峰寺的海月楼为具有中国式屋顶的洋楼建筑，奉献门为日式石牌坊，仙公祠、文昌祠与三宝殿则为“皇宫起”建筑；芗城南山寺大雄宝殿为官式建筑，山门、天王殿为“皇宫起”建筑。各种建筑之间通过互相组合、借鉴、折中，形成新的建筑风格，充分体现了闽南文化的多元化与包容性。

②地域建筑特色明显。闽南佛寺建筑在继承中原地区佛寺风格的同时，或多或少地吸收了当地民居的特色。如鲤城开元寺大雄宝殿整体上为中原官式建筑样式，但所用材料及屋顶装饰等，又具有“皇宫起”民居的部分特色；丰泽海印寺内多座洋楼式建筑的牡蛎壳外墙立体感强，肌理丰富，体现了当地海边的风土人情；南安天香禅寺大雄宝殿整体具有官式建筑风格，但多层式屋顶、两翼拜亭及石构外墙又具有泉州沿海地区侨乡民居的特点。

③外观色彩鲜艳。闽南佛寺建筑外观多色彩明亮，呈现出一种暖色调。如德化香林寺主体建筑屋顶为朱红色，在四周翠绿色植物的映衬下，显得特别鲜艳夺目；鲤城宿燕寺和集美圣果院殿堂屋顶与外墙为暖烘烘的红色，使人心情愉悦；丰泽海印寺和赐恩岩寺的牡蛎壳外墙，在阳光照射下极为明亮。

④建筑体量适宜。受当地气候和民居的影响，闽南佛寺建筑体量适宜，令人倍感亲切舒适。如芗城东西桥亭和塔口庵、云霄龙湫岩寺、漳浦海日岩寺、长泰玉珠庵、南靖紫云寺和登云寺、思明日光岩寺、集美圣果院、鲤城泉郡接官亭和释迦寺、晋江中亭禅寺和朵莲寺、德化西天寺和虎贲寺、惠安浮山寺和岩峰寺等，其建筑体量虽偏小，却使人感到亲切与舒适。

⑤装饰丰富多彩。闽南佛寺建筑的装饰极为复杂，有石雕、砖雕、木雕、剪粘、交趾陶、灰塑、泥塑、彩画、漆画、瓷板画等门类，令人眼花缭乱，具有明显的世俗化倾向。

（二）闽南主要佛教寺庙单体建筑特征

笔者将本书重点研究的 138 座闽南佛寺主要单体建筑的风格特征进行了系统梳理，这些佛寺基本上代表了目前闽南地区佛寺建筑的整体面貌。

表 1-4-2 笔者重点研究的 138 座佛教寺庙单体建筑特征

城市	区域	寺庙名称	天王殿（弥勒殿）	大雄宝殿	法堂（藏经阁）	观音殿（大悲殿、圆通宝殿）	钟鼓楼	其他重要建筑
泉州市	鲤城区	开元寺	硬山顶，面阔五间，通进深四间，插梁式木构架，彻上露明造。	重檐歇山顶，面阔九间，通进深九间，插梁式木构架，彻上露明造。	歇山顶两层楼阁，面阔五间，通进深三间。			甘露戒坛为三重檐屋顶，面阔五间，通进深六间，插梁式木构架，彻上露明造。
		承天寺	硬山顶，面阔三间，通进深四间，插梁式木构架，彻上露明造。	重檐歇山顶，面阔五间，通进深七间，插梁式木构架，彻上露明造。	重檐歇山顶，面阔五间，通进深六间，插梁式木构架，彻上露明造。	三重檐八角攒尖顶，平面八边形，四周环廊。	重檐四角攒尖顶面阔三间，通进深三间，抬梁式木构架，彻上露明造。	宏船法师纪念堂为八角攒尖顶三层楼阁。
		崇福寺	重檐歇山顶，面阔五间，通进深四间，插梁式木构架，彻上露明造。	重檐歇山顶，面阔五间，通进深六间，插梁式木构架，彻上露明造。		重檐歇山顶，面阔五间，通进深五间，插梁式木构架，彻上露明造。	重檐歇山顶两层楼阁，面阔三间，通进深一间。	
		泉郡接官亭		单檐歇山顶，面阔五间，通进深三间，插梁式木构架，彻上露明造。		单檐歇山顶，面阔三间，通进深三间，插梁式木构架，彻上露明造。		正殿为“十”字形结构，其中主殿为单檐歇山顶。
		铜佛寺	单檐歇山顶两层洋楼，面阔五间，设有外廊。	单檐歇山顶，面阔三间，通进深五间，插梁式木构架，彻上露明造。				“凹”形厢房为硬山顶。

续表

城市	区域	寺庙名称	天王殿（弥勒殿）	大雄宝殿	法堂（藏经阁）	观音殿（大悲殿、圆通宝殿）	钟鼓楼	其他重要建筑
泉州市	丰泽区	南少林寺	重檐歇山顶，面阔五间，通进深四间，插梁式木构架，彻上露明造。	重檐歇山顶，面阔七间，通进深八间，插梁式木构架，彻上露明造。	歇山顶两层楼阁，面阔七间，通进深六间，仿穿斗式木构架。	三重檐八角攒尖顶，平面八边形，插梁式木构架。	重檐歇山顶两层楼阁，第一层为城门，第二层面阔五间。	文殊殿与普贤殿均为重檐歇山顶，面阔三间，通进深三间，插梁式木构架，彻上露明造。
		南台寺		庑殿顶，面阔五间，通进深三间，抬梁式木构架，彻上露明造。				山门殿为单檐歇山顶，面阔三间，通进深两间，抬梁式木构架，彻上露明造。
		福清寺			重檐歇山顶两层楼阁，第一层面阔五间，通进深四间，第二层面阔三间，通进深三间。	重檐歇山顶，面阔三间，通进深三间，插梁式木构架，彻上露明造。		山门为牌楼式建筑，歇山顶，面阔三间，通进深两间，插梁式木构架，彻上露明造。
		青莲寺				重檐歇山顶，面阔五间，通进深五间，插梁式木构架，彻上露明造。		三圣殿为单檐歇山顶两层楼阁，面阔三间，通进深三间。
		瑞像岩寺						石室的四角形屋顶上再升起一个盝顶，面阔一间，通进深一间。
		赐恩岩寺		单檐歇山顶，面阔三间，通进深三间，插梁式木构架，彻上露明造。		牵手规做法，硬山顶，主殿面阔三间，通进深三间，插梁式木构架，彻上露明造。		许氏宗祠为一进四合院，主殿为硬山顶，面阔三间，通进深三间，插梁式木构架，彻上露明造。

续表

城市	区域	寺庙名称	天王殿（弥勒殿）	大雄宝殿	法堂（藏经阁）	观音殿（大悲殿、圆通宝殿）	钟鼓楼	其他重要建筑
泉州市	丰泽区	宝海庵	三川脊硬山顶，面阔三间，通进深三间，插梁式木构架，彻上露明造。	硬山顶，面阔三间，通进深五间，插梁式木构架，彻上露明造。		硬山顶，面阔三间，通进深三间，插梁式木构架，彻上露明造。		
		千手岩寺		硬山顶，面阔三间，通进深三间，插梁式木构架，彻上露明造。				弘一法师舍利塔石室为重檐攒尖顶，面阔三间，通进深三间。
		海印寺	三川脊硬山顶，面阔五间，通进深两间，插梁式木构架，彻上露明造。	重檐歇山顶，面阔五间，通进深四间，插梁式木构架，彻上露明造。	重檐歇山顶两层楼阁，面阔七间，通进深五间。	断檐开箭口式歇山顶，面阔七间，插梁式木构架，彻上露明造。		
		碧霄岩寺						凉亭为三川脊歇山顶，面阔三间，通进深三间，插梁式木构架，彻上露明造。
		弥陀岩寺		单檐歇山顶，面阔三间，通进深五间，插梁式木构架，彻上露明造。				弥陀岩石室的四角形屋顶上再升起一个盝顶，面阔一间，通进深一间。
	洛江区	慈恩寺		三重檐歇山顶，面阔十一间，通进深九间，插梁式木构架，彻上露明造。			重檐四角攒尖顶两层楼阁，第一层面阔三间，通进深两间。	如来阁为重檐四角攒尖顶纯石构建筑，面阔三间，通进深三间。

续表

城市	区域	寺庙名称	天王殿（弥勒殿）	大雄宝殿	法堂（藏经阁）	观音殿（大悲殿、圆通宝殿）	钟鼓楼	其他重要建筑
泉州市	洛江区	龟峰岩寺		重檐歇山顶，面阔五间，通进深五间，插梁式木构架，彻上露明造。			重檐歇山顶三层楼阁，面阔一间，通进深一间。	钟英庙为一进四合院，主殿为硬山顶，面阔三间，通进深两间，插梁式木构架，彻上露明造。
		圆觉寺		三川脊硬山顶，面阔三间，通进深两间，插梁式木构架，彻上露明造。				三宝大殿为三川脊硬山顶，面阔三间，通进深两间，插梁式木构架，彻上露明造。
	泉港区	天湖岩寺	硬山顶，面阔三间，通进深三间，抬梁式石构架，彻上露明造。	硬山顶，面阔三间，通进深四间，抬梁式木构架，彻上露明造。		重檐歇山顶，面阔五间，通进深五间，插梁式木构架，彻上露明造。	重檐歇山顶，面阔三间，通进深两间，插梁式木构架，彻上露明造。	
		虎岩寺		硬山顶，面阔三间，通进深三间，插梁式木构架，彻上露明造。		硬山顶，面阔一间，通进深一间。		清泉石室为岩洞建筑。
		山头寺		三川脊硬山顶，面阔五间，通进深三间，插梁式木构架，彻上露明造。				南云正殿为三川脊硬山顶，面阔三间，通进深四间，插梁式木构架，彻上露明造。
		重光寺		重檐歇山顶两层楼阁，面阔五间，通进深四间。				山门为独立小门楼，歇山顶，面阔一间，通进深两间。

续表

城市	区域	寺庙名称	天王殿（弥勒殿）	大雄宝殿	法堂（藏经阁）	观音殿（大悲殿、圆通宝殿）	钟鼓楼	其他重要建筑
泉州市	石狮市	法净寺	重檐歇山顶，面阔五间，通进深四间，抬梁式木构架，彻上露明造。			重檐歇山顶，面阔七间，通进深七间，插梁式木构架，彻上露明造。	重檐歇山顶两层楼阁，第一层通面阔三间，通进深两间，第二层面阔一间，通进深一间。	西方三圣殿与药师殿位单檐歇山顶，面阔五间，通进深三间。
		凤里庵		主殿为两层楼阁，面阔三间，具中西合璧建筑风格。				
		虎岫禅寺		单檐歇山顶，面阔三间，通进深四间，硬山搁檩造。		硬山顶，面阔三间，通进深三间，插梁式木构架，彻上露明造。		文昌祠为中西结合建筑，面阔三间，通进深三间，硬山搁檩造。
	晋江市	灵源寺		重檐歇山顶，面阔五间，通进深五间，插梁式木构架，彻上露明造。	重檐歇山顶，面阔七间，通进深六间。	重檐歇山顶，面阔五间，通进深五间，插梁式木构架，彻上露明造。	重檐歇山顶两层楼阁，面阔三间，通进深三间，插梁式木构架，彻上露明造。	天坛为三间八柱三楼式石木牌楼，重檐歇山顶，插梁式木构架，彻上露明造。
		龙山寺	三川脊歇山顶，面阔五间，通进深三间，插梁式木构架，彻上露明造。	三川脊歇山顶，面阔五间，通进深四间，插梁式木构架，彻上露明造。	重檐歇山顶两层楼阁，第一层面阔七间，通进深六间，二层面阔五间，通进深四间。	重檐歇山顶，面阔七间，通进深五间，插梁式木构架，彻上露明造。	重檐歇山顶，面阔三间，通进深两间，插梁式木构造，彻上露明造。	祖堂为洋楼式建筑，面阔三间。
		西资岩寺	三川脊硬山顶，面阔五间，通进深两间，抬梁式木构架，彻上露明造。	重檐歇山顶，面阔五间，通进深三间，插梁式木构架，彻上露明造。				蔡公祠主殿为硬山顶，面阔三间，通进深三间。

续表

城市	区域	寺庙名称	天王殿（弥勒殿）	大雄宝殿	法堂（藏经阁）	观音殿（大悲殿、圆通宝殿）	钟鼓楼	其他重要建筑
泉州市	晋江市	定光庵	三川脊硬山顶，面阔九间，通进深三间，插梁式木构架，彻上露明造。	重檐歇山顶，面阔五间，通进深四间，插梁式木构架，彻上露明造。		“假四垂”屋顶，面阔三间，通进深三间，插梁式木构架，彻上露明造。	歇山顶两层楼阁，面阔一间，通进深一间，插梁式木构架，彻上露明造。	
		金粟洞寺		三川脊硬山顶，面阔五间，通进深四间，插梁式木构架，彻上露明造。				补陀岩为硬山顶，面阔一间，通进深一间。
		水心禅寺				重檐歇山顶，面阔三间，通进深四间，插梁式木构架，彻上露明造。		澄渟院为硬山顶。
		南天寺	重檐歇山顶，面阔五间，通进深五间，插梁式木构架，彻上露明造。	重檐歇山顶，面阔七间，通进深七间。	歇山顶两层楼阁，面阔五间。	重檐歇山顶，面阔五间，通进深四间，插梁式构架，彻上露明造。	单檐歇山顶两层楼阁，面阔一间，通进深三间，插梁式木构架，彻上露明造。	旧大殿为重檐歇山顶，面阔五间，通进深四间，插梁式木构架，彻上露明造。
		龙江寺	三川脊硬山顶，面阔五间，通进深三间，插梁式木构架，彻上露明造。			重檐歇山顶，面阔五间，通进深四间，插梁式木构架，彻上露明造。	重檐歇山顶两层楼阁，其中钟楼第一层面阔三间，通进深两间，鼓楼第一层为通道。	
		福林寺		单檐歇山顶，面阔三间，通进深三间，插梁式木构架，彻上露明造。				门厅为三川脊硬山顶，面阔三间，通进深两间，插梁式木构架，彻上露明造。

续表

城市	区域	寺庙名称	天王殿（弥勒殿）	大雄宝殿	法堂（藏经阁）	观音殿（大悲殿、圆通宝殿）	钟鼓楼	其他重要建筑
泉州市	南安市	延福寺	单檐歇山顶，面阔三间，通进深四间，插梁式木构架，彻上露明造。	重檐歇山顶，面阔五间，通进深四间，插梁式木构架，彻上露明造。				
		天香禅寺		重檐歇山顶，面阔五间，通进深五间，抬梁式石木构造，彻上露明造。			八角形攒尖顶凉亭。	仙祖殿主殿为“假四垂”屋顶，面阔三间，通进深六间，插梁式木构架，彻上露明造。
		雪峰寺	三川脊硬山顶，面阔五间，通进深四间，插梁式木构架，彻上露明造。	重檐歇山顶，面阔五间，通进深五间，插梁式木构架，彻上露明造。	硬山顶，面阔三间。	重檐歇山顶，面阔五间，通进深四间。	重檐歇山顶。	“雪峰”门亭为三川脊硬山顶，面阔三间，通进深三间。
		凤山寺		重檐歇山顶，面阔五间，通进深四间，插梁式木构架，彻上露明造。			歇山顶两层楼阁，第一层面阔三间，通进深三间。	中殿为三川脊硬山顶，面宽三间，通进深四间，插梁式木构架，彻上露明造。
		灵应寺	重檐歇山顶，面阔五间，通进深三间，插梁式木构架，彻上露明造。	重檐歇山顶，面阔五间，通进深六间，插梁式木构架，彻上露明造。		歇山顶与攒尖顶结合，平面八边形，四周环廊。	重檐歇山顶两层楼阁，面阔、进深各一间。	祖师公大殿为三川脊硬山顶，面阔五间，通进深四间，插梁式木构架，彻上露明造。
		云从古室	重檐歇山顶，面阔一间，通进深一间。	重檐歇山顶，面阔三间，通进深三间，插梁式木构架，彻上露明造。			重檐歇山顶两层楼阁。	祖师殿为硬山顶，面阔三间，通进深三间，插梁式木构架，彻上露明造。

续表

城市	区域	寺庙名称	天王殿（弥勒殿）	大雄宝殿	法堂（藏经阁）	观音殿（大悲殿、圆通宝殿）	钟鼓楼	其他重要建筑
泉州市	南安市	五塔岩寺		重檐歇山顶，面阔三间，通进深一间，插梁式木构架，彻上露明造。				桃源亭为石砌四边形小屋。
		白云寺	重檐歇山顶，面阔五间，通进深四间，插梁式木构架，彻上露明造。	重檐歇山顶，面阔五间，通进深六间，插梁式木构架，彻上露明造。				旧大殿为硬山顶，面阔三间，通进深两间，插梁式木构架，彻上露明造。
		飞瓦岩寺		单檐歇山顶，面阔三间，通进深三间，插梁式木构架，彻上露明造。				玉佛殿为重檐歇山顶，面阔五间，通进深四间，插梁式木构架，彻上露明造。
		宝湖岩寺	单檐歇山顶，面阔一间，通进深一间，插梁式木构架，彻上露明造。	单檐歇山顶，面阔三间，通进深四间，插梁式木构架，彻上露明造。		三川脊重檐歇山顶，面阔七间，通进深三间，插梁式木构架，彻上露明造。		
		石亭寺	重檐歇山顶两层楼阁，面阔三间，通进深三间。				重檐歇山顶凉亭	石亭为正方形屋顶正中升起一个硬山顶，面阔三间，通进深四间。
		石室岩寺		三川脊悬山顶两层楼阁。				药师殿为重檐歇山顶，面阔七间，通进深五间，插梁式木构架，彻上露明造。

续表

城市	区域	寺庙名称	天王殿（弥勒殿）	大雄宝殿	法堂（藏经阁）	观音殿（大悲殿、圆通宝殿）	钟鼓楼	其他重要建筑
泉州市	惠安县	净峰寺		三川脊硬山顶，面阔三间，通进深两间，插梁式木构架，彻上露明造。		重檐歇山顶，面阔一间，通进深一间。		海月楼为中西合璧建筑，单檐歇山顶。
		岩峰寺		硬山顶，面阔三间，通进深一间，仿抬梁式结构。		硬山顶，面阔一间，通进深一间。		
		平山寺	单檐歇山顶，面阔五间，通进深四间，插梁式木构架，彻上露明造。	重檐歇山顶，面阔五间，通进深五间，插梁式木构架，彻上露明造。		重檐歇山顶，面阔五间，通进深四间，插梁式木构架，彻上露明造。	重檐歇山顶，面阔一间，通进深一间，插梁式木构架，彻上露明造。	纪念堂与藏经堂均为硬山顶，面阔三间，通进深三间，插梁式木构架，彻上露明造。
		虎屿岩寺		重檐歇山顶，面阔三间，通进深四间，插梁式木构架，彻上露明造。		岩洞建筑。		
		灵山寺		三川脊硬山顶，面阔三间，通进深四间。	单檐歇山顶两层楼阁。	三川脊硬山顶，面阔三间。		
		一片瓦寺						片瓦古地殿与一片瓦祖殿均为岩洞建筑。
	安溪县	东岳寺				重檐歇山顶，面阔五间，通进深五间，插梁式木构架，彻上露明造。		吴公檀越祠为悬山顶，面阔三间，通进深四间，抬梁式木构架，彻上露明造。

续表

城市	区域	寺庙名称	天王殿（弥勒殿）	大雄宝殿	法堂（藏经阁）	观音殿（大悲殿、圆通宝殿）	钟鼓楼	其他重要建筑
泉州市	安溪县	补陀岩寺		“假四垂”屋顶，面阔五间，通进深四间，插梁式木构架，彻上露明造。				下楼为单檐歇山顶。
		清水岩寺	“假四垂”屋顶，面阔五间，通进深两间，插梁式木构架，彻上露明造。	“假四垂”屋顶，面阔七间，通进深六间，插梁式木构架，彻上露明造。		重檐歇山顶，面阔三间，通进深三间，插梁式木构架，彻上露明造。		蓬莱祖殿为歇山顶三层楼阁，呈“帝”字形结构。
		达摩岩寺	重檐歇山顶，面阔三间，通进深三间，插梁式木构架，彻上露明造。	重檐歇山顶，面阔五间，通进深五间，插梁式木构架，彻上露明造。				文昌殿为重檐歇山顶，面阔三间，通进深三间，插梁式木构架，彻上露明造。
		九峰岩寺				单檐歇山顶，面阔五间。		祖师殿为重檐歇山顶，面阔五间，通进深五间，插梁式木构架，彻上露明造。
	永春县	魁星岩寺		三川脊歇山顶，面阔五间，通进深四间，插梁式木构架，彻上露明造。				乡贤祠为悬山顶。
		乌髻岩寺	三川脊悬山顶，进深两间。	三川脊悬山顶，面阔五间，通进深六间，插梁式木构架，彻上露明造。			六角攒尖顶两层楼阁。	左侧护厝为两层楼阁，三川脊悬山顶，面阔三间，通进深两间。右侧护厝为三山脊悬山顶，面阔五间，通开深两间。

续表

城市	区域	寺庙名称	天王殿（弥勒殿）	大雄宝殿	法堂（藏经阁）	观音殿（大悲殿、圆通宝殿）	钟鼓楼	其他重要建筑
泉州市	永春县	惠明寺	三川脊悬山顶，面阔五间，通进深一间，插梁式木构架，彻上露明造。	重檐歇山顶，面阔五间，通进深六间。				
		普济寺		重檐歇山顶，面阔七间，通进深七间，抬梁式木构架，彻上露明造。			四角攒尖顶两层楼阁，面阔一间，通进深一间。	内山门为独立式小门楼，单檐歇山顶，面阔三间，通进深两间，插梁式木构架，彻上露明造。
	德化县	西天寺		单檐歇山顶，面阔三间，通进深一间，插梁式木构架，彻上露明造。		观音殿为断檐升箭口式悬山顶两层楼阁。		
		灵鹫岩寺		重檐歇山顶，面阔五间，通进深三间。			重檐四角攒尖顶两层楼阁，面阔一间，通进深一间。	邹公祖师殿为重檐歇山顶，面阔五间，通进深两间。
		五华寺	重檐歇山顶，面阔五间，通进深两间，插梁式木构架，彻上露明造。	重檐歇山顶，面阔五间，通进深五间，插梁式木构架，彻上露明造。		重檐歇山顶，面阔五间，通进深三间，插梁式木构架，彻上露明造。	单檐歇山顶两层楼阁，面阔一间，通进深一间。	旧大殿为三川脊悬山顶，面阔五间，通进深四间，插梁式木构架，彻上露明造。
		程田寺	三川脊歇山顶，面阔五间，通进深两间，插梁式木构架，彻上露明造。	单檐歇山顶，面阔五间，通进深五间，插梁式木构架，彻上露明造。				祖师殿为重檐歇山顶，面阔五间，通进深四间，插梁式木构架，彻上露明造。

续表

城市	区域	寺庙名称	天王殿（弥勒殿）	大雄宝殿	法堂（藏经阁）	观音殿（大悲殿、圆通宝殿）	钟鼓楼	其他重要建筑
泉州市	德化县	戴云寺		断檐升箭口式悬山顶，面阔五间，通进深四间，插梁式木构架。				祖师殿为断檐升箭口式悬山顶，面阔三间，通进深四间。
		香林寺	“假四垂”屋顶，面阔五间，通进深三间，插梁式木构架，彻上露明造，横架为六椽栿。	重檐歇山顶，面阔五间，通进深四间，插梁式木构架，彻上露明造。				祖师殿为“假四垂”屋顶，面阔五间，通进深五间，插梁式木构架，彻上露明造。
		蔡岩寺						祖师殿为单檐歇山顶，面阔五间，通进深三间，插梁式木构架，彻上露明造。
		狮子岩寺		三川脊悬山顶，面阔五间，通进深四间，插梁式木构架，彻上露明造。				释迦殿为悬山顶，面阔三间，通进深四间，穿斗式木构架，彻上露明造。
		龙湖寺	三川脊歇山顶，面阔五间，通进深两间，插梁式木构架，彻上露明造。	重檐歇山顶，面阔五间，通进深六间，插梁式木构架，彻上露明造。			单檐歇山顶两层楼阁，面阔一间，通进深一间，插梁式木构架，彻上露明造。	祖师殿为三川脊悬山顶，面阔五间，通进深五间，插梁式木构架，彻上露明造。
		大白岩寺	三川脊歇山顶，面阔五间，通进深三间，插梁式木构架，彻上露明造。	重檐歇山顶，面阔五间，通进深三间，插梁式木构架，彻上露明造。		单檐歇山顶，面阔五间，通进深三间，插梁式木构架，彻上露明造。	四角攒尖顶凉亭。	

续表

城市	区域	寺庙名称	天王殿（弥勒殿）	大雄宝殿	法堂（藏经阁）	观音殿（大悲殿、圆通宝殿）	钟鼓楼	其他重要建筑
厦门市	德化县	永安岩寺		三川脊悬山顶，面阔五间，通进深四间，插梁式木构架，彻上露明造。		两层楼阁，单檐歇山顶，面阔三间，通进深三间，插梁式木构架，彻上露明造。		祖师殿（正殿）屋顶为悬山顶正中再升起一个悬山顶，面阔五间，通进深四间，插梁式木构架，彻上露明造。
	思明区	鸿山寺	单檐盝顶，面阔三间，通进深两间。	重檐歇山顶，面阔五间，通进深三间，插梁式木构架。		重檐歇山顶，面阔五间，通进深三间，插梁式木构架。		四恩楼为庑殿顶四层楼阁。
		万石莲寺		重檐歇山顶，面阔五间，通进深五间，插梁式木构架，彻上露明造。				念佛堂为硬山顶，面阔三间，通进深五间，插梁式木构架，彻上露明造。
		南普陀寺	重檐歇山顶，面阔五间，通进深四间，插梁式木构架，彻上露明造。	重檐歇山顶，面阔五间，通进深五间，插梁式木构架，彻上露明造。	重檐歇山顶两层楼阁，面阔五间，第一层通进深五间，二层通进深四间。	八角形歇山顶，平面八边形，四周环廊。	重檐歇山顶两层楼阁，面阔三间，通进深三间，插梁式木构架，彻上露明造。	普照寺为岩洞建筑。
		日光岩寺	盝顶，面阔三间，通进深三间。			单檐歇山顶，面阔三间。	重檐歇山顶两层楼阁，面阔三间，通进深两间。	大雄殿为盝顶，面阔三间，通进深三间。
		虎溪岩	单檐歇山顶，面阔三间，通进深一间。	重檐歇山顶，面阔五间，通进深五间，插梁式木构架，彻上露明造。		悬山顶，面阔一间，通进深一间。		棱层洞门厅为庑殿顶，面阔三间，通进深一间。

续表

城市	区域	寺庙名称	天王殿（弥勒殿）	大雄宝殿	法堂（藏经阁）	观音殿（大悲殿、圆通宝殿）	钟鼓楼	其他重要建筑
厦门市	思明区	太平岩寺	重檐歇山顶，面阔三间，通进深一间，抬梁式木构架，彻上露明造。	重檐歇山顶，面阔三间，通进深三间。	重檐歇山顶，面阔三间，通进深三间。	三重檐攒尖顶圆形建筑。	重檐歇山顶两层楼阁，面阔一间，通进深两间。	
		中岩寺	平屋顶	硬山顶，面阔五间，通进深两间，插梁式木构架，彻上露明造。			四角形凉亭。	地藏殿为三川脊悬山顶，面阔三间，通进深两间。
		白鹿洞寺		重檐歇山顶，面阔五间，通进深四间，插梁式木构架，彻上露明造。		岩洞建筑。		卧佛岩为岩洞建筑。
		天界寺		重檐歇山顶，面阔三间，通进深三间，插梁式木构架，彻上露明造。			六角攒尖顶两层楼阁。	地藏殿为硬山顶，面阔一间，通进深一间，插梁式木构架，彻上露明造。
	同安区	梵天寺	重檐歇山顶，面阔五间，通进深四间，插梁式木构架。	重檐歇山顶，面阔五间，通进深五间，插梁式木构架，彻上露明造。	单檐歇山顶两层楼阁，面阔五间。	平面八角形歇山顶，平面八边形。	重檐歇山顶两层楼阁，面阔三间，通进深三间。	旧钟楼为单檐歇山顶，四角亭式两层建筑。
		梅山寺	屋顶由三个重檐歇山顶组成，面阔五间，通进深五间，插梁式木构架，彻上露明造。	三重檐歇山顶，面阔五间，通进深五间，插梁式木构架，彻上露明造。				功德堂为八角攒尖顶三层楼阁，平面八边形。

续表

城市	区域	寺庙名称	天王殿（弥勒殿）	大雄宝殿	法堂（藏经阁）	观音殿（大悲殿、圆通宝殿）	钟鼓楼	其他重要建筑
厦门市	同安区	慈云岩寺		重檐歇山顶，面阔三间，通进深四间，插梁式木构架，彻上露明造。			单檐歇山顶，面阔、通进深各一间。	豪山石书房为岩洞建筑。
		太华岩寺		单檐歇山顶，面阔五间，通进深四间。		单檐歇山顶，面阔三间，通进深两间。	六角攒尖顶凉亭。	慈济堂为单檐歇山顶，面阔三间，通进深两间。
	翔安区	香山岩寺		硬山顶，面阔三间，通进深四间，插梁式木构架，彻上露明造。		“假四垂”屋顶，面阔三间，通进深三间。		徽国文公祠为一进四合院，硬山顶两层楼阁。
	海沧区	石室禅院	三川脊硬山顶，面阔五间，通进深三间，插梁式木构架，彻上露明造。	屋顶为两个重檐歇山顶相连，两层楼阁，面阔五间。			单檐歇山顶两层楼阁，一层面阔三间，通进深三间，二层面阔、通进深各一间。	
	集美区	圣果院	三川脊悬山顶，面阔五间，通进深两间，插梁式木构架，彻上露明造。	重檐歇山顶，面阔五间，通进深五间，插梁式木构架，彻上露明造。				祖祠为硬山顶，面阔三间，通进深三间，插梁式木构架，彻上露明造。
		寿石岩寺		重檐歇山顶，面阔三间，通进深四间，插梁式木构架，彻上露明造。				寿石岩庙为岩洞建筑。

续表

城市	区域	寺庙名称	天王殿（弥勒殿）	大雄宝殿	法堂（藏经阁）	观音殿（大悲殿、圆通宝殿）	钟鼓楼	其他重要建筑
漳州市	芗城区	南山寺	三川脊硬山顶，面阔七间，通进深四间，插梁式木构架，彻上露明造。	重檐歇山顶，面阔五间，通进深六间，插梁式木构架，彻上露明造。	重檐歇山顶两层楼阁，面阔五间，通进深五间。	硬山顶，面阔五间，通进深三间，插梁式木构架，彻上露明造。		祖师堂为硬山顶，面阔三间，通进深三间，插梁式木构架，彻上露明造。
		西桥亭	三川脊硬山顶，面阔三间，通进深两间，插梁式木构架，彻上露明造。	单檐歇山顶，面阔三间，通进深三间，插梁式木构架，彻上露明造。		硬山顶，面阔三间，通进深三间，插梁式木构架，彻上露明造。		地藏王殿为硬山顶，面阔三间，通进深三间，插梁式木构架，彻上露明造。
		东桥亭		硬山顶，面阔三间，通进深三间，插梁式木构架，彻上露明造。		硬山顶，面阔三间，通进深三间，插梁式木构架，彻上露明造。		西方三圣殿为硬山顶，面阔三间，通进深三间，插梁式木构架，彻上露明造。
		塔口庵	硬山顶，面阔三间，通进深两间，插梁式木构架，彻上露明造。			断檐升箭口式硬山顶，面阔三间，通进深三间，插梁式木构架，彻上露明造。		
		宝莲寺	三川脊悬山顶，面阔三间，通进深三间，插梁式木构架，彻上露明造。	重檐歇山顶，面阔三间，通进深三间，插梁式木构架，彻上露明造。		单檐悬山顶，面阔三间，通进深三间，插梁式木构架，彻上露明造。		门厅为三川脊悬山顶，面阔三间，通进深两间，插梁式木构架，彻上露明造。
	龙文区	瑞竹岩寺	单檐歇山顶，面阔三间。	硬山顶，面阔三间。		重檐歇山顶，面阔三间，通进深四间。	单檐歇山顶两层楼阁，面阔一间，通进深一间。	华严殿为重檐歇山顶，面阔五间，通进深四间。
		石室岩寺	单檐歇山顶，面阔三间，通进深三间。	硬山顶，面阔三间，通进深四间。				闲云石室为附岩式建筑，面阔三间，进深一间。

续表

城市	区域	寺庙名称	天王殿（弥勒殿）	大雄宝殿	法堂（藏经阁）	观音殿（大悲殿、圆通宝殿）	钟鼓楼	其他重要建筑
漳州市	龙海市	龙池岩寺	三川脊歇山顶，面阔五间，通进深三间，插梁式木构架，彻上露明造。	重檐歇山顶，面阔三间，通进深三间，插梁式木构架，彻上露明造。		重檐歇山顶，面阔五间，通进深四间，插梁式木构架，彻上露明造。		地藏殿为重檐歇山顶两层楼阁。
		七首岩寺		三川脊悬山顶，面阔三间，通进深三间，抬梁式木构架，彻上露明造。		悬山顶，面阔三间，通进深三间，插梁式木构架，彻上露明造。		文殊铜殿为重檐十字脊式屋顶，四面各有一座歇山顶抱厦。
		白云岩寺		三川脊悬山顶，面阔三间，通进深三间，插梁式木构架，彻上露明造。		重檐歇山顶，面阔五间，通进深四间，插梁式木构架，彻上露明造。		紫阳书院为硬山顶，面阔三间，通进深三间，插梁式木构架，彻上露明造。
		龙应寺	三川脊硬山顶，面阔五间，通进深四间，插梁式木构架，彻上露明造。	三川脊歇山顶，面阔三间，通进深四间，插梁式木构架，彻上露明造。			重檐歇山顶两层楼阁，面阔、通进深各一间。	
		木棉庵	三川脊悬山顶，面阔三间，通进深三间，插梁式木构架，彻上露明造。	三川脊悬山顶，面阔三间，通进深三间，插梁式木构架，彻上露明造。				木棉亭为单檐歇山顶石亭，面阔三间，通进深一间。
		云盖寺		重檐歇山顶，面阔三间，通进深三间，插梁式木构架，彻上露明造。		重檐歇山顶，面阔三间，通进深三间，插梁式木构架，彻上露明造。		西方三圣殿为重檐歇山顶，面阔三间，通进深三间，插梁式木构架，彻上露明造。

续表

城市	区域	寺庙名称	天王殿（弥勒殿）	大雄宝殿	法堂（藏经阁）	观音殿（大悲殿、圆通宝殿）	钟鼓楼	其他重要建筑
漳州市	龙海市	金仙岩寺	“假四垂”屋顶，面阔十三间，通进深三间，插梁式木构架，彻上露明造。	重檐歇山顶，面阔五间，通进深三间，插梁式木构架，彻上露明造。			钟楼为圆形攒尖顶两层楼阁，鼓楼为四角攒尖顶两层楼阁。	
		林前岩寺		重檐歇山顶，面阔三间，通进深三间，插梁式木构架，彻上露明造。		三川脊悬山顶，面阔五间，通进深三间，抬梁式木构架，彻上露明造。		师祖楼为悬山顶两层楼阁。
		五福禅寺	三川脊悬山顶，面阔三间，通进深三间，插梁式木构架，彻上露明造。	悬山顶，面阔三间，通进深三间，插梁式木构架，彻上露明造。				
		古林寺	三川脊歇山顶的基础上再加两条垂脊，面阔五间，通进深三间。	重檐歇山顶，面阔五间，通进深六间，插梁式木构架，彻上露明造。			单檐歇山顶两层楼阁。	空门为断檐升箭口式悬山顶，面阔五间，通进深两间。
		普照禅寺		中外合璧平顶建筑。	白墙蓝顶，大门为蓝色斜屋顶。	下宽上窄的三层白色建筑，面阔十三间。	钟楼为四角攒尖顶五层楼阁。	五百罗汉堂为白墙浅蓝屋顶建筑，面阔十三间。
	云霄县	白云寺	三川脊歇山顶，面阔三间，通进深两间，仿抬梁式构架。	单檐歇山顶，面阔三间，通进深三间，插梁式木构架，彻上露明造。		重檐歇山顶，面阔三间，通进深三间，插梁式木构架，彻上露明造。		石亭为六角攒尖顶。
		南山寺		三川脊悬山顶，面阔五间，通进深四间，插梁式木构架，彻上露明造。		三川脊悬山顶，面阔五间，通进深两间，插梁式木构架，彻上露明造。		南屏书院为硬山顶，面阔三间，通进深两间，穿斗式木构架，彻上露明造。

续表

城市	区域	寺庙名称	天王殿（弥勒殿）	大雄宝殿	法堂（藏经阁）	观音殿（大悲殿、圆通宝殿）	钟鼓楼	其他重要建筑
漳州市	云霄县	龙湫岩寺		三川脊硬山顶：面阔三间，通进深两间，插梁式木构架，彻上露明造。				后殿为悬山顶，面阔三间，通进深一间，彻上露明造。
		水月楼		三川脊硬山顶，面阔三间，通进深四间，插梁式木构架，彻上露明造。				
		碧湖岩寺		断檐升箭口式屋顶，面阔五间，通进深三间，抬梁式木构架，彻上露明造。		断檐升箭口式屋顶，面阔五间，通进深两间。		
		剑石岩寺		硬山顶，面阔三间，通进深四间，插梁式木构架，彻上露明造。		三川脊硬山顶，面阔三间，通进深三间，插梁式木构架，彻上露明造。		紫阳书院为硬山顶，面阔三间。
		龙泉岩寺		硬山顶，面阔三间，通进深三间，插梁式木构架，彻上露明造。				
	漳浦县	海月岩寺		三川脊硬山顶，面阔三间。				梁山神祠与地藏殿为岩洞建筑。
		清泉岩寺	三川脊悬山顶，面阔三间，通进深一间，插梁式木构架，彻上露明造。	三川脊悬山顶，面阔三间，通进深三间，插梁式木构架，彻上露明造。				

续表

城市	区域	寺庙名称	天王殿（弥勒殿）	大雄宝殿	法堂（藏经阁）	观音殿（大悲殿、圆通宝殿）	钟鼓楼	其他重要建筑
漳州市	漳浦县	清水岩寺	三川脊硬山顶，面阔三间，通进深两间，插梁式木构架，彻上露明造。	三川脊硬山顶，面阔三间，通进深两间，插梁式木构架，彻上露明造。				正殿为三川脊硬山顶，面阔三间，通进深三间，插梁式木构架，彻上露明造。
		白云岩寺	平屋顶建筑，面阔三间，通进深一间。	悬山顶，面阔三间，通进深三间。				岩寺为岩洞建筑。
		青龙寺		悬山顶，面阔三间，通进深四间，插梁式木构架，彻上露明造。				
		仙峰岩		重檐歇山顶，面阔三间，通进深三间。		单檐歇山顶，面阔三间，通进深四间，插梁式木构架，彻上露明造。		石室面阔三间。
	诏安县	九侯禅寺		重檐歇山顶，面阔三间，通进深三间，插梁式木构架，彻上露明造。		硬山顶，面阔三间，通进深一间，插梁式木构架，彻上露明造。		门楼为“假四垂”屋顶，面阔三间，通进深两间，彻上露明造。
		南山禅寺		三重檐歇山顶，中部突出为三层四方形楼阁式屋顶，面阔三间，通进深三间，抬梁式木构架。				“小西天”为硬山顶，面阔三间，进深三间，抬梁式木构架，彻上露明造。
		慈云寺		硬山顶，面阔三间，通进深一间。				西斋为硬山顶，面阔三间，通进深一间。

续表

城市	区域	寺庙名称	天王殿（弥勒殿）	大雄宝殿	法堂（藏经阁）	观音殿（大悲殿、圆通宝殿）	钟鼓楼	其他重要建筑
漳州市	诏安县	长乐寺	单檐歇山顶，面阔三间，通进深三间，插梁式木构架。	重檐歇山顶，面阔三间，通进深四间，插梁式木构架，彻上露明造。		硬山顶，面阔三间，通进深五间，插梁式木构架，彻上露明造。		石牌坊为三间四柱三楼式，歇山顶。
	长泰县	普济岩寺		悬山顶，面阔三间，通进深三间，插梁式木构架，彻上露明造。		悬山顶，面阔一间，通进深一间，插梁式木构架，彻上露明造。		
	东山县	苏峰寺	断檐升箭口式悬山顶，面阔五间，通进深四间，插梁式木构架，彻上露明造。	重檐歇山顶，面阔五间，通进深五间，插梁式木构架。			十字脊式屋顶两层楼阁。	
		古来寺	硬山顶，面阔三间，通进深一间，彻上露明造。	硬山顶，面阔三间，通进深四间，插梁式木构架，彻上露明造。				
		恩波寺	重檐庑殿顶，面阔五间，通进深一间。	重檐歇山顶，面阔五间，通进深四间。		单檐歇山顶两层楼阁，面阔五间，通进深三间。		大悲殿为重檐八角攒尖顶，平面八边形。
		东明寺	单檐歇山顶，面阔五间，通进深三间，仿插梁式构架，彻上露明造。	重檐歇山顶，面阔五间，通进深五间，插梁式木构架，彻上露明造。	两层楼阁。	平面八边形两层楼阁，八角攒尖顶。		卧佛坛为圆形建筑，重檐圆形攒尖顶。
		宝智寺	断檐升箭口式悬山顶，面阔三间，通进深三间，插梁式木构架，彻上露明造。	单檐歇山顶，面阔五间，通进深四间，插梁式木构架，彻上露明造。	单檐歇山顶两层楼阁，面阔三间，通进深一间。			

续表

城市	区域	寺庙名称	天王殿（弥勒殿）	大雄宝殿	法堂（藏经阁）	观音殿（大悲殿、圆通宝殿）	钟鼓楼	其他重要建筑
漳州市	南靖县	石门寺		三川脊硬山顶，面阔五间，通进深四间。				地藏殿为三川脊歇山顶，面阔三间，通进深四间，抬梁式木构架，彻上露明造。
		五云寺	三川脊硬山顶，面阔五间，通进深一间，插梁式木构架，彻上露明造。	悬山顶，面阔三间，通进深三间，插梁式木构架，彻上露明造。		重檐庑殿顶，面阔三间，通进深两间，插梁式木构架，彻上露明造。		
		登云寺				硬山顶，面阔三间，通进深三间，插梁式木构架，彻上露明造，横架为六椽栿。		中殿为山地式环形建筑，面阔五间，通进深两间，插梁式木构架，彻上露明造，横架为六椽栿。
	平和县	三平寺	三川脊悬山顶，面阔三间，通进深两间，插梁式木构架，彻上露明造。	重檐歇山顶，面阔五间，通进深四间，插梁式木构架，彻上露明造。			重檐歇山顶两层楼阁，第一层面阔五间，通进深一间，二层面阔三间，通进深一间。	祖殿为悬山顶，面阔三间，通进深三间，插梁式木构架，彻上露明造。塔殿为重檐歇山顶，面阔三间，通进深三间，插梁式木构架，彻上露明造。
		灵通寺		重檐歇山顶，面阔三间，通进深三间，插梁式木构架，彻上露明造。			重檐歇山顶两层楼阁。	
		朝天寺		悬山顶，面阔三间，通进深两间，插梁式木构架，彻上露明造。				

续表

城市	区域	寺庙名称	天王殿（弥勒殿）	大雄宝殿	法堂（藏经阁）	观音殿（大悲殿、圆通宝殿）	钟鼓楼	其他重要建筑
漳州市	平和县	天湖堂		断檐升箭口式悬山顶，面阔三间，通进深四间，插梁式木构架，彻上露明造。			庑殿顶两层楼阁。	
	华安县	平安寺	“假四垂”屋顶，面阔三间，通进深三间，插梁式木构架，彻上露明造。	重檐歇山顶，面阔三间，通进深三间，插梁式木构架，彻上露明造。			单檐歇山顶两层楼阁。	

由表 1–4–2 可知，在本书重点研究的 138 座闽南佛寺中，有 123 座建有大雄宝殿，有 67 座建有观音殿，有 66 座建有天王殿，有 44 座建有钟鼓楼，只有 17 座建有法堂。

（三）闽南佛教寺庙建筑名词

笔者在前言中已经指出，本书基本采用清官式建筑的通用名词，只有少数特殊的构件使用闽南当地的建筑名词，如“弯枋”“连拱”“牌头”“看牌”“立仙”“印斗”“四寸盖”等。表 1–4–3 为闽南传统建筑名词与清官式建筑名词、《营造法式》建筑名词的对照简表。

表 1–4–3 闽南传统建筑名词与清官式建筑名词、《营造法式》建筑名词对照简表

闽南传统建筑名词	清官式建筑名词	《营造法式》建筑名词
步柱、副点柱、青柱、点金柱	檐柱、金柱	外柱、内柱
通、帅杆	梁	栿、角梁
脊圆	脊檩、脊桁	脊槫
桷枝	檐椽	檐椽
大眉、弯枋连拱	大额枋	阑额、襻间
斗仔、拱仔	斗拱	斗、拱
吊筒、木筒	垂莲柱	虚柱
束木、束仔		劄牵
托木	雀替	绰幕方

续表

闽南传统建筑名词	清官式建筑名词	《营造法式》建筑名词
通随	随梁枋	
鸡舌		替木
瓜筒	童柱	蜀柱、侏儒柱
石鼓	抱鼓石	门砧
垂珠	滴水	
花头	瓦当	
牌头	垂兽	
龙柱	盘龙柱	盘龙柱
帅杆	戗脊、角脊	合脊
印斗	吻座	
规带	垂脊	
出规起	悬山	不厦两头造
包规起	硬山	
四导起	庑殿	五脊殿
四垂顶	歇山	厦两头造

资料来源：曹春平：《闽南传统建筑》，厦门大学出版社，2006。

（四）闽南佛教寺庙建筑营造过程

笔者依据杨莽华研究员的《闽南民居传统营造技艺》等相关文献资料以及实地考察情况，把闽南传统佛寺建筑的施工过程分为以下八个主要步骤：

①施工前期：由寺庙住持等人成立筹备组，选择施工队，绘制平立面图等，再择吉日举行动土仪式。

②挖地基：首先平整建筑场地，然后用毛石和黏土进行浅基础垫层，以块石砌墙基，放置条石，安放柱础等。

③安放柱子：首先按照先下后上、先中间后两边的次序架设梁枋，然后选择吉日上梁，再安装檩条和椽子等。

④砌墙体：以条石砌下碱，同时砌内外墙，并在内外墙之间填入石块和沙土，然后对墙体上的门窗、裙堵、水车堵等进行装饰。

⑤屋顶瓦作：从屋顶一侧开始，从下往上铺设琉璃瓦。

⑥装饰工艺：对各建筑构件进行装饰。

⑦小木作：小木作又称装修，在宋《营造法式》里包括门、窗、隔断、

栏杆、外檐装饰、地板、天花、楼梯等，在清《工程做法》中被称为装修作，分为外檐装修和内檐装修。

⑧铺地砖：首先夯实地面，然后铺上细沙，再铺设石条与地砖。

本章小结

中国佛寺作为一种独特的建筑形式，具有特殊的宗教内涵与意义，是佛教思想的重要载体与外化。经过近两千年的发展演变，中国佛寺形成了独具特色的中式建筑风格。中国佛寺建筑的种类非常丰富，有殿堂、楼阁、亭台、佛塔、廊庑、轩榭、牌坊、石窟等，几乎包括中国传统建筑的所有单体类型。

闽南佛教寺庙建筑主要有官式建筑、“皇宫起”建筑、山地式建筑、寨堡式建筑、洋楼式建筑、附岩式建筑，以及其他类型建筑七种。其中，官式建筑严格按照封建礼制进行设计，具有森严的等级与肃穆的形式，闽南许多佛寺主要殿堂在继承中原地区佛寺建筑风格的同时，吸收闽南建筑的部分特色，是南北建筑的结合体；“皇宫起”建筑是闽南地区最有特色的民居样式，造型朴素，色彩和谐明亮，整体规制严谨，闽南佛寺中拥有大量“皇宫起”建筑；山地式建筑多采用土、木、竹、石、砖等天然材料，外观纯朴，闽南佛寺山地式建筑还借鉴了“皇宫起”建筑的部分特征；寨堡式建筑兼具围廊式土楼和院落式民居的特点，闽南佛寺寨堡式建筑规模宏伟，比一般民居寨堡更加高大与华丽；闽南洋楼式建筑主要模仿南洋建筑风格，又有欧式的巴洛克与洛可可建筑特征，还融入当地民居的一些特点；附岩式建筑是依附于山崖而建的，闽南佛寺附岩式建筑多建于岩洞之前，是一种“非独立式结构建筑”；闽南佛寺中还有一些融汇多种建筑风格的殿堂，体现了闽南文化的多样性与包容性。

闽南佛寺主要单体建筑有山门、照壁、天王殿、大雄宝殿、法堂（藏经阁）、观音殿、钟鼓楼、伽蓝殿、祖师殿、拜亭等，其他还有三圣殿、卧佛殿、文殊殿、药师殿、方丈室、斋堂、僧舍、功德堂、厢房、廊庑、凉亭、碑楼等，几乎包揽当地绝大多数传统建筑形式。其中，山门主要有牌坊式山门、殿堂式山门、独立式小门楼和城楼式山门等；照壁有砖照壁、石照壁和铜照壁等；天王殿主要有硬山顶、歇山顶和“假四垂”屋顶等；大雄宝殿主要有硬山顶、悬山顶和歇山顶等；法堂多采用歇山顶；观音殿主要有硬山顶、悬山顶、歇山顶、攒尖顶和特殊屋顶等；钟鼓楼主要有攒尖顶和歇山顶；伽蓝殿与祖师殿主要有硬山顶、悬山顶、歇山顶和“假四垂”屋顶；拜亭多为卷棚歇山顶。

闽南佛寺建筑具有建筑类型多样、地域建筑特色明显、外观色彩鲜艳、建筑体量适宜、装饰丰富多彩等特征。

闽南佛教寺庙建筑营造过程主要包括施工前期、挖地基、安放柱子、砌墙体、屋顶瓦作、装饰工艺、小木作和铺地砖等步骤。

闽南佛寺建筑既受到佛教教义仪轨的影响，又继承了中原官式建筑的基本特征，同时吸收了闽南建筑乃至东南亚建筑的部分特色，体现了佛教建筑的世俗化特性，丰富了中国佛寺的建筑形制。

第五章　闽南佛塔的类型与特征

塔起源于古印度，是印度梵文“Stupa”（窣堵波）的音译，原意是坟冢、圆丘，用于珍藏佛家舍利子和供奉佛像、佛经。塔有着宗教的神圣性与象征性，充满了佛教徒对佛陀的信仰和崇拜，蕴含着极为丰富的历史文化信息，被称为活的“文化档案”与“历史档案”。关于佛塔形状的来历，据《大唐西域记》记载：释迦牟尼佛的两个弟子在与他离别时，曾向他询问供养“佛物”之法。释迦不语不答，而是脱下僧衣，叠成正方形，在上倒覆钵，钵上再立锡杖。佛塔的形状充分体现出佛教对“天圆地方”的空间阐释，蕴含着深邃的宗教内涵。最初的窣堵婆式塔从下而上分别为塔基、覆钵、围栏、台座与伞盖。在山东嘉祥宋山出土的汉画像石上，就出现了这种半球状覆钵，上方立一个类似于树木的塔刹，四周有跪拜的信徒，可视为印度佛塔最初传入中国时的基本造型。

一、中国佛塔发展历程概述

东汉时期，塔随着佛教传入我国后，译经者根据窣堵婆的造型与含义，创造出“塔”这一名称。“塔”字最早出现于东晋葛洪的《字苑》中，其对“塔”的解释是：“塔，佛堂也，音他和反”。“塔”字以“土”为偏旁，象征土冢之义，表示舍利等埋藏在土层下方。中国佛塔的造型在印度佛塔的基础上有了更大的创新与发展，我国是世界上佛塔类型最丰富的国家之一，至今仍保存有3000多座千姿百态、造型各异的佛塔。从建筑类型来看，中国佛塔主要分为楼阁式塔、密檐式塔、宝箧印经式塔、金刚宝座塔、喇嘛塔、五轮塔、亭阁式塔、窣堵婆式塔、经幢式塔、文笔塔、异形塔等。

东汉末期是我国佛塔的萌芽成长期，大都为方形楼阁式木塔，如今皆已不存。另外，考古人员在新疆地区发现了一些建于东汉前后的土塔，如楼兰土塔、密兰土佛塔以及尼尔河佛塔。

三国时期吴国建都建业（今南京）时，开始建塔，为江南造塔之始。

南北朝时期随着佛教信仰的普及，佛塔数量逐渐增多，如西晋慧远法师塔、东晋北凉石塔、北魏云冈石窟楼阁式塔、北魏永宁寺塔、北魏长秋寺塔、北魏景明寺塔以及保留至今的北魏嵩山嵩岳寺塔等。据《洛阳伽蓝记》记载，当时仅洛阳城内就有将近 20 座佛塔。这一时期，塔作为寺庙里最重要的建筑，都建在佛寺的中心位置。建塔材料主要为木材，此外还有石材、砖材等，形制基本上为四方形多重楼阁式建筑。

隋代建有不少塔，如隋文帝杨坚下令建造了 113 座舍利木塔，为楼阁式造型。目前保留下来的隋塔中，最著名的当属山东历城神通寺的石造四门塔。

唐代既是佛教发展的高峰期，也是建寺造塔的高峰期。唐代佛塔主要集中在陕西西安、河南、山西、山东和北京房山等地，如西安大雁塔与小雁塔、陕西蒲城崇寿寺塔与慧彻寺塔、河南登封法王寺塔、山西沁水玉溪石塔与高平羊头山清化寺石塔群、山西运城招福寺塔等。唐代大型塔以砖塔为主，小型塔大多数为石塔，形制主要为楼阁式与密檐式，平面多为四方形，还有少量六边形、八边形和圆形塔，塔心室多为空筒式结构。唐代佛塔具有朴实雄健的建筑风格。

五代十国时期，社会长期动乱，人们为了求福纷纷建造佛塔，而江南地区的造塔最为兴盛，著名的有苏州云岩寺塔、南京栖霞山舍利塔、杭州雷峰塔以及吴越国王钱弘俶造的大量金属宝箧印经塔。

宋辽时期，佛塔建造进入繁荣期，不论是雄伟的北方塔，还是秀丽的南方塔，都体现出典雅细致的文人气息。八边形塔大量出现，如江苏吴江慈云寺塔、浙江杭州六和塔、福建泉州开元寺东西双塔、河南开封祐国寺琉璃塔、山西应县释迦塔、河北正定广惠寺多宝塔、河北定县开元寺塔、江苏苏州北寺塔等。为了适应佛教的世俗化，佛塔已经从佛寺中心位置移往大殿之后或两侧，有的建在寺庙外面。

金元时期的塔在继承宋辽佛塔的建筑风格的基础上，还开创了藏式喇嘛塔，如北京妙应寺白塔、江苏镇江昭关石塔等。特别是元代因奉行藏传密宗，建造了许多金刚宝座塔和覆钵式塔。

明清佛塔延续了宋元时期塔的建筑造型，如山西太原永祚寺双塔、陕西延安岭山寺塔、河北承德须弥福寿庙琉璃塔、浙江宁波天童寺塔、北京北海白塔、北京西黄寺清净化城塔、福建福州鼓山万寿塔等。明代制砖业发达，因此大多数佛塔都为砖塔，平面以八边形、六边形居多。明清佛塔的雕刻除了原有的佛教题材外，还出现许多民俗故事，体现了佛教此时更加世俗化。

民国时期，我国出现了一些水泥塔。如福建莆田萩芦溪大桥塔为密檐式水泥塔，其他还有云南鸡足山楞严塔、浙江宁波少白塔、黑龙江哈尔滨极乐寺塔、江西庐山天池塔、福建三明证觉寺舍利塔群等。

佛塔传入中国后，建筑构造与功能性质都发生了很大变化，逐渐被赋予导航引渡、登高览胜、振兴文运、纪念名人等世俗化功能。也就是说，随着佛教的不断中国化和世俗化，佛塔也由最初的佛教建筑演变成具有浓郁中国传统文化内涵的建筑了，体现了不同时期、不同地域的民众的人文追求。

二、闽南佛塔建筑类型

截至目前，闽南共留存有近 200 座瑰丽多姿、造型各异的古塔，向人们诉说着闽南久远而灿烂的文化历史。限于篇幅，这里主要阐述坐落于闽南佛寺内外的 88 座古佛塔。

按照建筑类型，可将闽南佛塔分为楼阁式塔、中国窣堵婆式塔、宝箧印经式塔、五轮式塔、幢式塔、亭阁式塔、喇嘛式塔。

（一）楼阁式塔

楼阁式塔的建筑形式来源于中国传统的楼阁，是中国佛塔中数量最多、最能代表中国文化特色的一种塔式。楼阁式塔的整体外轮廓似锥形，塔檐各角为起翘之势，有着层层叠叠之美感。其最大的特色是具有台基、基座，有木结构的柱、枋、梁、斗拱、出檐、平座等构件。由于北方汉人大量南迁入闽，因此闽南的楼阁式塔既保留了中原地区楼阁式塔稳健厚实的遗风，又具有南方佛塔挺拔清秀的特征，有着鲜明的多元文化特色。

楼阁式塔可分为空心楼阁式塔与实心楼阁式塔，空心塔可以登高远眺，实心楼阁式塔的内部为实心，无法登临。

图 1－5－1　姑嫂塔

鲤城东西塔为平面八角五层楼阁式空心石塔，其建筑设计、施工技术和雕刻工艺均堪称我国楼阁式空心石塔的经典之作；石狮虎岫禅寺姑嫂塔（图 1–5–1）为平面八角外五层内四层楼阁式花岗岩空心塔，高 21.65 米，塔身逐层收分；惠安平山寺塔为平面八角六层楼阁式实心石塔，高 7.2 米，层间仿木叠涩出檐，雕刻瓦垄、瓦当，檐口弧形、檐角翘起，八角攒尖收顶，宝葫芦式塔刹；丰泽清源山石塔为圆形五层楼阁式实心石塔，高约 3.2 米，塔座为单层八边形须弥座，塔身虽为圆形，但每层形状都不一样，有圆鼓形、圆柱形、覆钵形等，塔刹为宝葫芦。

闽南楼阁式塔比例均称，既有北方塔的雄壮厚实，又有南方塔的秀丽端庄，雕饰精美华丽，建造技术严谨成熟。

（二）中国窣堵婆式塔

窣堵婆式塔是最原始的佛塔，外形像一座圆冢，用于供奉佛祖或高僧的舍利、经文或法器等圣物，充分体现了印度早期佛塔的独特风格。闽南历史上佛教兴旺，高僧众多，因此留下了许多墓塔。这些墓塔大多数是窣堵婆式塔，但在外形上与当地建筑风格相互交融，如将原先的半圆形下半部分拉长，形成一种无棱、无缝、无层级的钟形建筑，有专家称之为“中国窣堵婆式塔”或“无缝塔”。因造型如卵，又称“卵塔”。关于无缝塔何时作为墓塔，《五灯会元：六祖大鉴禅师旁出法嗣南阳慧忠国师》中记载道：“师以化缘将毕，涅槃时至，乃辞代宗。代宗曰：师灭度后，弟子将何所记？师曰：告檀越，造取一所无缝塔。”

中国窣堵婆式塔分为两种，一种有塔刹，另一种无塔刹。如德化龙湖寺三代祖师塔为有塔刹中国窣堵婆式石塔，单层六角形须弥座，束腰转角施竹节柱，钟形塔身，正面辟一浅龛，环形整石封顶，塔顶为一座五轮塔的圆形塔身，塔身上为六角形塔盖，三层相轮，宝葫芦式塔刹；安溪达摩岩寺舍利塔为无塔刹中国窣堵婆式石塔，三层六边形塔座，塔身钟形，环形整石封顶，正面浮雕坐佛。此外，鲤城开元寺祖师塔、德化大白岩寺舍利塔等均为中国窣堵婆式塔。

（三）宝箧印经式塔

宝箧印经式塔是一种较为特殊的佛塔，其造型是由公元前3世纪古印度摩揭陀国孔雀王朝国王阿育王为藏匿佛祖舍利所造佛塔以及古希腊和古罗马的墓碑、石棺演变而来的，又被称为“阿育王塔”。我国的宝箧印经式塔形制仿效古印度阿育王塔，塔基为单层或多层须弥座，塔身方形，四角各有一个山花蕉叶，正中立相轮，须弥座、塔身或蕉叶上有各种浮雕。宝箧印经式塔有大小塔之分，其中由铁、铜、银等金属材料制成的小塔又被称作“金涂塔”，一般位于佛塔的地宫或天宫中；用石材建造的大塔则立在地面上，又称“宝箧印经石塔”。此外，还有使用木、漆、砖、土等材质的宝箧印经式塔。

五代十国时期，宝箧印经式塔得到快速发展。10世纪时，吴越国王钱弘俶造了84000座宝箧印经塔（“金涂塔”），内藏《宝箧印陀罗尼经》，并分送至各地。福建的宝箧印经塔主要集中在泉州、厦门、漳州、莆田等地，而其中泉州地区数量最多。如南靖正峰寺阿育王塔，高约4米，塔座为单层须弥座，转角施三段式竹节柱，壶门雕刻龙、象、双狮戏球等，四方形塔身每面雕一尊结跏趺坐于莲花之上的佛像，四角攒尖收顶，相轮式塔刹，刹顶置宝珠；厦门梵天寺西安桥石塔（图1–5–2）从下往上分别由须弥座、塔身、德宇、塔刹四部分组成，通高4.68米，塔刹为覆莲盆刹座，刹杆为五层相轮，刹尖为葫芦形，全塔布满浮雕；平和曹岩寺四面佛塔（图1–5–3）高约3米，塔基为覆钵座，塔身由4块石头组合而成。此外，鲤城开元寺阿育王双塔、同安梅山寺西安桥石塔等均为宝箧印经式塔。

图1-5-2　梵天寺西安桥石塔

图1-5-3　四面佛塔

（四）五轮式塔

五轮式塔又称“法界五轮塔”，通常以五个轮叠垒而成。佛教经典里有五轮之说，《大日经疏》曰：“一切世界皆是五轮之所依持。世界成时，先从空中而起风，风上起火，火上起水，水上起地。”因此，五轮式塔上的宝珠、半月形、三角形、圆形、方形分别代表空、风、火、水、地。闽南五轮式塔均为石构，塔基简单，塔身为圆球体或椭圆体，上置塔檐、塔刹，造型简洁大方。

五轮塔体量较小，多建于佛寺之中，具有点景的视觉效果。如鲤城承天寺天王殿后面草坪上有一座五轮石塔，四方形基座，双层须弥座，圆形束腰以凹线分成六瓣，球形塔身一面辟佛龛，内雕坐佛，六角攒尖收顶，塔檐向上弯曲，相轮式塔刹；芗城南山寺天王殿五轮塔为单层六边形须弥座，束腰转角施三段式竹节柱，每面雕莲花、盘长、法轮、方胜等图案，塔身两层，一层椭圆形塔身，二层瓜棱形塔身下方设仰莲圆盘，六角攒尖收顶，宝葫芦塔刹。此外，鲤城开元寺舍利塔、承天寺七塔、芗城南山寺多宝塔和南安五塔岩石塔等均为五轮式塔。

（五）幢式塔

我国早期的经幢多为木结构，不易保存，后来选用质地坚固的石材，并结合我国传统的佛塔和石柱等艺术形式，形成了石经幢。因此，石经幢

图 1－5－4 塔口庵石经幢

是一种糅合了塔、旌幡和石柱等造型而创造出来的建筑形式，其既是一种造型独特的塔，又是一件精美的雕刻艺术品。随着与中国传统文化不断融合，经幢所具有的功能也逐渐增多，从最早的灭罪度亡发展到祈福、镇土地、保平安等功能，具备了风水塔的某些功用。

芗城塔口庵石经幢（图 1–5–4）为平面八角石经幢，高 7 米，幢座为三层须弥座，幢身共有六层，外形遵照一凸一凹的韵律，层层叠加并逐层收分，柱顶为八角翘角攒尖顶，六角攒尖收顶，宝葫芦式塔刹；龙海蓬莱寺石经幢设八边形双层基座，两层八边形幢身，八角攒尖收顶，宝珠式塔刹。此外，鲤城承天寺东西经幢和通天宫经幢、开元寺双经幢和水陆寺经幢等均为经幢式塔。

（六）亭阁式塔

亭阁式塔是窣堵婆式塔与我国传统的亭阁相结合的产物，基本上均为小型单层塔，塔身有方形、六角形、八角形或圆形，整体造型犹如一座亭子。亭阁式塔结构简单，与窣堵婆式塔一样，经常被用作墓塔或景观塔。早期的亭阁式塔基本为木构，其实就是在我国传统亭阁上方加一个塔刹，如隋文帝曾在全国各地建大量亭阁式木塔。

鲤城开元寺拜庭上有座亭阁式景观塔，塔基四方形，双层须弥座，一层须弥座素面，二层须弥座塔足为如意形圭角，束腰转角施竹节柱。塔身四角形，西面佛龛内雕一结跏趺坐佛像，南面刻“法”，北面刻“僧”，正好形成“佛、法、僧”三宝。

（七）喇嘛式塔

喇嘛式塔又称“藏式塔”，造型上与窣堵婆式塔相似，最早出现在元代，明清时期得到进一步发展。喇嘛塔台基较为高大，塔肚为半圆形覆钵，设有眼光门，上方竖立着刻有许多圆环的塔脖子，塔脖子上方再安置华盖与仰月宝珠。

严格上讲闽南历史上并没有喇嘛式塔，只有惠安吉贝东塔具有喇嘛式塔的部分特征。吉贝东塔的建筑构造十分特别，目前的塔基是塔心柱式结构，但塔身接近喇嘛塔的造型，而塔顶又是楼阁式塔的样式。其造型在福建佛塔中独一无二。

总体来看，闽南佛塔的建筑形制虽然受江南及中原地区佛塔的影响较为明显，但也吸收了闽南建筑的某些艺术风格。

表 1-5-1 闽南佛塔建筑类型

建筑类型	基本造型	建筑特征
楼阁式塔		建筑形式来源于中国传统建筑中的楼阁，整体外轮廓似锥形，塔檐各角为起翘之势，有着层层叠叠之美感，最显著的特点是具有台基、基座，有木结构的柱、枋、梁、斗拱、出檐、平座等构件。
中国窣堵婆式塔	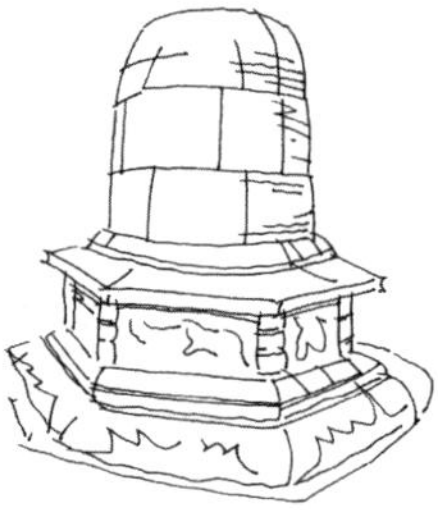	最原始的佛塔，外形像一座圆冢，充分体现了印度早期佛塔的独特风格。中国窣堵婆式塔在外形上有所改变，把原先半圆形下半部分拉长，形成一种无棱、无缝、无层级的钟形建筑。
宝箧印经式塔		形制仿效古印度阿育王塔，塔基为单层或多层须弥座，塔身四方形，四角各有一个山花蕉叶，正中立相轮，须弥座、塔身或蕉叶上有各种佛教题材的浮雕。
五轮式塔		塔身为圆球体或椭圆体，上置塔檐、塔刹，造型简洁大方，其中塔上的宝珠、半月形、三角形、圆形、方形分别代表空、风、火、水、地。

续表

建筑类型	基本造型	建筑特征
幢式塔	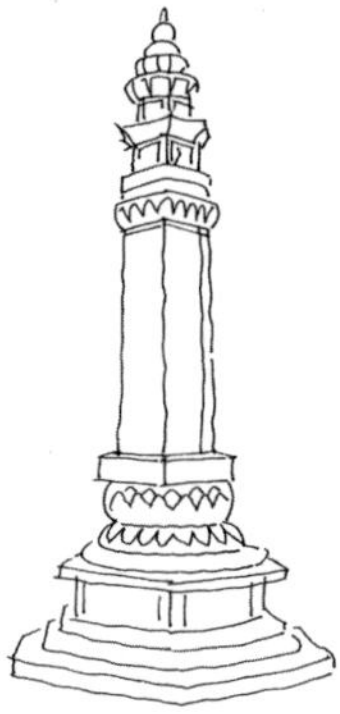	糅合了塔、旌幡和石柱等造型而创造出来的建筑形式，其既是一种造型独特的塔，又是一件精美的雕刻艺术品。
亭阁式塔		窣堵婆式塔与我国传统的亭阁相结合的产物，基本上为小型单层塔，塔身有方形、六角形、八角形或圆形，整体造型犹如一座亭子。
喇嘛式塔		台基较为高大，塔肚为半圆形覆钵，设有眼光门，上方竖立着刻有许多圆环的塔脖子，塔脖子上方再安置华盖与仰月宝珠。

说明：孙群绘制。

三、闽南佛塔的建筑特征

闽南佛塔的建筑风格可谓百花齐放，下面拟分别从建筑材料、层数与高度、平面、塔座、塔檐、门窗与佛龛、塔刹、塔心室、色彩等方面进行阐述。

（一）建筑材料

通常来说，造塔所使用的材料与当时、当地建筑通用的材料是一致的，汉魏时期的塔以木塔为主，唐宋以后开始出现砖石塔、土塔、金属塔、陶塔、琉璃塔等。鲤城开元寺东西塔前身就是木塔，但木材易损坏，原先的木塔早已不存。闽南目前遗存的基本都是石塔，少数为砖塔。

1. 石材

法国作家雨果曾说："建筑是'石头的史书'，人类没有任何一种重要的思想不被建筑艺术写在石头上。"法国建筑大师柯布西耶亦说过："建筑设计师的激情可以从顽石中创造出奇迹。"中国在南北朝时，就开始用石材造塔，因此闽南目前留存有大量石塔。

因闽南沿海地区台风较多，台风含有水汽与盐分，对木材和砖材等建筑有腐蚀作用，而闽南沿海山地花岗岩较多，质地坚固，因此现存的佛塔中绝大多数是花岗岩石塔。闽南沿海不仅台风多，而且位于地震带上，坚固的石塔能较好地抵抗强台风和地震的侵袭。如鲤城开元寺东西塔（图1–5–5）完全采用花岗岩石块筑成。据史书记载，当年造塔的石材从西街一直堆放到城郊。东西塔是我国年代最久、最高大的一对石塔。漳浦聚佛宝塔为平面四角六层楼阁式实心石塔，高 5.8 米，单层四方形须弥座，方形塔身逐层收分，每面辟欢门式券龛，层间以石板直接出檐，四角攒尖收顶，塔顶覆钵石上立三层相轮，刹顶置宝珠。其他楼阁式石佛塔还有鲤城崇福寺应庚塔、南安一片寺石塔、惠安平山寺塔、厦门董水石佛塔等。闽南其他样式的佛塔也基本采用石材，如同安梵天寺西安桥石塔、南安五塔岩寺五塔岩石塔、鲤城开元寺舍利塔等。这些形态各异的石佛塔反映了闽南地区高超的石建筑建造水平与技艺。

图 1–5–5　开元寺东塔

2. 砖材

魏晋南北朝时期，我国开始出现砖塔，明代砖塔在历史上最负盛名。使用砖材造塔有两个优点：①砖材坚固且便宜，其寿命远超木材和土材。②砖材施工方便，工期短，能较轻易地砌出斗拱、挑梁、平座、门窗以及各种纹样，有利于建造体量高大的塔。

闽南砖塔在建筑材料、色彩等方面具有独特的地域特征。闽南地方多为红色土壤，烧制的红砖坚固耐磨、防水防潮，因此造砖塔常以红砖为材料。如晋江水心禅寺瑞光塔为平面六角五层楼阁式空心砖塔，高 22.55 米，塔檐造型模仿木构传统建筑的样式，是闽南红砖建筑的代表。

（二）层数与高度

印度佛教对塔的层数有明确的规定：塔的层数应与塔的相轮数相等，最高只能建 13 层。佛塔传入中国后，受到传统“阴阳五行”学说的影响，塔的层数大多为单数。

闽南佛塔有单层、双层、五层、六层和七层，单层塔占绝大多数。闽南的七层塔有鲤城崇福寺应庚塔，六层塔有惠安平山寺塔等，五层塔有鲤城开元寺东西塔、石狮虎岫禅寺姑嫂塔等，双层塔有惠安九峰寺林前惜字塔和晋江水心禅寺安平桥双石塔等。闽南所有的中国窣堵婆式塔和宝箧印经式塔均为单层塔。

闽南最高的塔是高 48.27 米的开元寺东塔，其次是高 45.06 米的鲤城开元寺西塔再次是高 22.55 米的晋江水心禅寺瑞光塔和高 21.65 米的石狮虎岫禅寺姑嫂塔；再次是高 11.2 米的鲤城崇福寺应庚塔，其余的佛塔皆低于 10 米。

（三）平面

中国佛塔的平面有四边形、六边形、八边形、十二边形与圆形等。唐末之前的塔几乎都是四边形，五代之后才大量出现八边形塔和六边形塔。闽南佛塔以八边形、六边形和圆形居多，另外还有一些四边形塔。福建佛塔研究专家王寒枫先生认为，八边形塔“平面八角形的边缘线条曲折柔婉，每一边的立面对地基的压力比较均匀，抗震性能良好。平面八角形的每一角都是支点，从物理学的角度分析，物体的支点越多，稳定性越强，塔的内角均为 120 度，地震时受力面积大，震波分散均匀，比之 90 度角的四方形更不易受破坏”。

闽南较高大的楼阁式塔皆为八边形，如鲤城开元寺东西双塔与崇福寿应庚塔等。六边形塔有晋江水心禅寺瑞光塔、鲤城开元寺双经幢等。四方形塔的体量一般都较小，如晋江水心禅寺安平桥双石塔，而闽南所有的宝箧印经式塔均为四方形塔。圆形塔大多是塔身接近于椭圆形的窣堵婆式塔、五轮塔等小型塔，如鲤城承天寺和开元寺内的 10 多座五轮塔。闽南仅有一座圆柱形塔，即南安延福寺佛岩塔，除基座外，塔身全部做成圆柱形，塔檐为六角形。

闽南佛塔平面形式的变化，不仅体现塔在不同历史阶段的发展状况，而且蕴含着丰富的人文内涵。

（四）塔基

塔基是塔的底部基础，位于地宫之上，保证塔身的稳定。闽南佛塔大多数采用须弥座塔基，有单层须弥座、双层须弥座、四层须弥座和无须弥座。

1. 单层须弥座

闽南有不少佛塔采用单层须弥座，如鲤城开元寺西塔为单层须弥座，上下枭刻双层仰覆莲瓣，束腰雕 40 方佛传故事，每方之间施竹节柱，转角雕侏儒力士。此外，鲤城开元寺东塔、同安慈云岩寺禾山石佛塔（图 1–5–6）等也都采用单层须弥座。

2. 双层须弥座

双层须弥座多出现在中小型塔上，可以增加塔的高度和美感，如鲤城开元寺许多舍利塔的塔基为双层须弥座，一层六角形，二层瓜棱形。此外，鲤城开元寺双经幢、承天寺七塔和同安梵天寺西安桥石塔等，也都使用双层须弥座。

图1-5-6　禾山石佛塔

3. 四层须弥座

四层须弥座是形制比较复杂且规格较高的建筑构造，一般出现在石经幢中。四层须弥座稳重大方，具有强烈的节奏感，增加了塔的高度和美感。如鲤城承天寺通天宫经幢的四层须弥座塔基，层次感分明，是一种相当成熟的建筑形制。此外，芗城塔口庵经幢、鲤城承天寺东西经幢等也采用四层须弥座。

4. 无须弥座

闽南还有少数佛塔的基座比较简单，没有使用须弥座。如晋江水心禅寺瑞光塔的基座仅仅是一层低矮的石板，鲤城崇福寺应庚塔也采用简单的基座。

（五）塔檐

中国古建筑最突出的形象特征之一就是流畅优雅的大屋顶，塔的建造特别是楼阁式塔的塔檐，往往借鉴木建筑屋檐的造型与装饰。唐代佛塔塔檐以砖、石平行或以菱角牙子出檐，很少采用斗拱。直到五代和北宋初期，塔檐才开始出现曲线造型，并使用斗拱。明清时期的塔檐用砖叠涩出檐或施用斗拱，这时候的斗拱多为装饰之用。

闽南佛塔基本都有塔檐，但只有极少数塔施有斗拱。闽南楼阁式塔的塔檐一般会刻出檐子、椽子和瓦垄，每个檐面都刻有筒瓦，工艺严谨，结构规整，给人以轻盈挺秀之美感，使塔身有凌空欲飞的态势。从材质来看，闽南佛塔的塔檐主要分为石塔塔檐和砖塔塔檐。

1. 石塔塔檐

闽南绝大多数佛塔均为石塔，这些石塔的塔檐大致可分为斗拱出檐与叠涩出檐。

①斗拱出檐。鲤城开元寺东西双塔采用多样式斗拱（图 1–5–7），其中西塔柱头转角上有三朵斗拱，可增强转角的坚固性，补间为两朵斗拱。

图 1–5–7　西塔斗拱

②叠涩出檐。闽南大多数石塔没有斗拱，而是采用石构叠涩出檐。如丰泽弥陀岩寺清源山石塔以混肚石出檐，朴素简洁；石狮虎岫禅寺姑嫂塔以双层混肚石叠涩出檐；鲤城开元寺舍利塔以单层混肚石叠涩出檐。

2. 砖塔塔檐

晋江水心禅寺瑞光塔的塔檐造型为仿木构建筑样式，每层斗拱的结构与排列整齐匀称，其中每层角柱施转角斗拱，一到三层塔檐每面各施一朵补间斗拱，四、五两层塔檐补间没有斗拱。

（六）门窗与佛龛

1. 门窗

塔身上辟门窗，不仅起到观赏作用，还可通风透光，而一些实心塔则会采用假门窗。闽南佛塔的塔门主要有三种样式：

①圭角形门。如石狮虎岫禅寺姑嫂塔塔门用弧形石板叠涩做成圭角形券门。

②方形门。如鲤城崇福寺应奎塔塔身的塔门为方形。

③拱形门。如鲤城开元寺东西双塔、晋江水心禅寺瑞光塔等均使用拱形门。

闽南佛塔的窗户主要有方形和拱形，如石狮虎岫禅寺姑嫂塔为方形窗，晋江瑞光塔为拱形窗。

2. 佛龛

佛龛是一种供奉佛像或佛经的小型装饰品，通常由木材、石材、金属、陶瓷等材料制成。闽南佛塔的佛龛造型主要有三种：

①拱形龛。如晋江水心禅寺瑞光塔、南靖正峰寺阿育王塔等均为拱形龛。

②方形龛。如鲤城崇福寺应庚塔、开元寺东西双塔等均采用方形佛龛。

③圭角形龛。如芗城南山寺多宝塔为圭角形龛。

唐末五代之后，工匠们为了增强塔壁整体结构的稳固性，采用隔层开辟门窗和佛龛的方式。如晋江水心禅寺瑞光塔的门窗位置逐层错开，避免了开口集中在同一条垂直线上，使塔身应力均衡，防止塔体纵向开裂，保证砖塔的坚固持久。此外，鲤城开元寺东西双塔的门窗和佛龛也是如此排列。

（七）塔刹

塔刹位于佛塔的最高处，俗称“塔顶”，是全塔最为崇高的部分。吴庆洲教授认为，塔刹是“神圣的佛教象征意义的符号”。如果没有塔刹，佛塔便会失去许多宗教上的意义。闽南佛塔的塔刹主要有以下五种：

1. 相轮式塔刹

相轮式塔刹多出现在元代之后的佛塔上。如鲤城开元寺东西双塔为十三层相轮式金属塔刹，其相轮为两头窄中间宽的菱形。鲤城开元寺阿育王塔、鲤城承天寺七塔、同安梅山寺西安桥石塔的塔刹均为五层相轮，漳州聚佛宝塔塔刹为三层相轮。

2. 宝珠式塔刹

宝珠式塔刹又称作“宝顶”，是明清时期的风水塔中使用最多的一种塔刹。如安溪清水岩寺普同塔为宝珠式塔刹。

3. 葫芦式塔刹

葫芦式塔刹在唐、宋、明、清时期的佛塔中比较常见，而闽南佛塔基本都是葫芦式塔刹。如鲤城崇福寺应庚塔塔顶仿八角攒尖顶，刹顶仿八角塔檐，顶端为葫芦式造型。此外，德化龙湖寺三代祖师塔、南安云从古室和尚墓塔等均采用葫芦式塔刹。

4. 覆钵式塔刹

覆钵式塔刹的形制较接近于古印度窣堵婆式塔的塔刹，其较少独立使用，多位于其他类型塔刹的底部。如惠安平山寺阿弥陀佛塔为单独的覆钵式塔刹，就像一个钵盖在塔檐之上。

5. 变体式塔刹

变体式塔刹就是通过创造性地改变佛塔固有的塔刹式样，而形成的别具一格的塔刹。如鲤城承天寺通天宫经幢的幢刹比较奇特，为一个心形的空心状造型，这种造型来源于何处有待考证。

（八）塔心室

塔心室是空心塔才有的构件。一般来说，塔心室内通常建有砖石木或铁质的阶梯以便攀登。

1. 塔心柱式结构

塔心柱是我国佛塔内部构造的一种古制，其结构方法是以巨大木柱自塔顶贯通全塔，直入地内。江南与中原地区一些较早期的佛塔曾使用塔心柱，如建于隋大业六年（610）的山东历城四门塔是我国现存最古老的亭阁式单层石塔，它的内部为塔心柱式，即以一根四方正棱的中心柱支撑整座建筑，绕柱一周为回廊。闽南最标准的塔心柱式佛塔就是鲤城开元寺东西双塔，塔中为一根花岗岩块石叠砌的八角形塔心柱，直径约 4 米，从塔底直达塔顶，整体结构坚固稳定。

2. 螺旋式结构

螺旋式结构最早出现在北宋砖塔中，即在塔心室内部修建螺旋状登塔楼梯，顺着梯道盘旋能到达塔顶。这是宋代建造师对塔内部结构的改革与创新。如晋江水心禅寺瑞光塔塔心室的阶梯为螺旋式结构，如同一条向上旋绕的曲线。

3. 空筒式结构

空筒式塔心室犹如一个天井，站在底部向上望，可以看见整个塔内壁的构造。其缺点是平面上缺乏横向联系的力，抗震性能较弱。如石狮虎岫岩寺姑嫂塔的塔心室为空筒式结构，内壁石条与鲤城开元寺东西双塔一样，采用一层横向、一层纵向的丁顺砌体技术，而且在塔壁间还用数根长石条相连，一定程度上加强了塔身整体的牢固性。

4. 混合式结构

宋代之后修建的佛塔，其塔内大都采用两种以上的构造方式。如晋江水心禅寺瑞光塔塔心室虽然是螺旋式结构，但塔中央设砖砌塔心粗柱，而塔心柱内部为空心，形成一塔三结构的混合样式。

（九）色彩

塔的色彩与当地建筑材料和气候特点等，有着较大的关系。

1. 石塔色彩

闽南花岗岩有灰白色、深灰色、肉红色、青绿色、黑色等颜色，而在建筑方面，用白石较多，青石次之，其他颜色的石材较少。闽南佛塔多为石塔，一般为白色或青色，但随着气候和空气的变化，塔的颜色会发生改变。如鲤城开元寺东西双塔原为青白色，受种种因素的影响，如今呈深褐色。闽南石塔的色彩及其变化，体现了闽南当地花岗石质地与气候的特性。

2. 砖塔色彩

晋江水心禅寺瑞光塔的色彩颇为特别，整座塔身以红砖砌成，但只保留塔檐上方瓦片的红砖材质，整座塔红白相间，冷暖互补，独具美感，具有浓郁的泉州地方建筑特色。

综上所述，闽南佛塔的外轮廓变化丰富，色彩醒目，建造技术高超，具有浓郁的闽地建筑特色。

（十）闽南佛塔建筑特点

总括而言，闽南佛塔具有以下五个特点：

①建筑类型多样化。因受到中原、江南地区佛塔的影响，闽南佛塔类型较为多样，造型各异，有楼阁式塔、中国窣堵婆式塔、宝箧印经式塔、五轮式塔、幢式塔、亭阁式塔、喇嘛式塔，囊括了中国古塔的大部分类型。

②石构建筑多。闽南地区花岗岩比较多，质地坚固，用石材造塔不仅能防风、防潮，还能抗震。闽南除大部分楼阁式塔外，其他如中国窣堵婆式塔、宝箧印经式塔、五轮式塔、幢式塔等，均为石塔。

③楼阁式石塔建造技术高超。闽南楼阁式石塔特别是楼阁式空心石塔，代表了我国楼阁式空心石塔的最高建造水平。如鲤城开元寺东西双塔、石狮六胜塔和虎岫禅寺姑嫂塔等，其建造方式、技术等，均代表了当时的较高水平。

④红砖塔别具一格。晋江水心禅寺瑞光塔通体采用红砖垒砌，颇具闽南红砖文化特色。

⑤石塔雕刻丰富。闽南佛塔上的浮雕不仅题材丰富，包括人物、动物、植物、山水、文字等，还具有较高的艺术价值。如鲤城开元寺东西阿育王塔和东西双塔、石狮六胜塔、芗城南山寺多宝塔、芗城塔口庵经幢、同安梅山寺西安桥石塔等，塔身上都雕刻有大量的护法力士、花纹图案、灵禽瑞兽等，蕴含着强烈的地方特色。

（十一）闽南佛塔建筑特征一览表

表 1–5–2 至表 1–5–4 载录了泉州、厦门、漳州三地较有代表性的佛塔的名称、地址、建造年代、形制、高度、文物等级等信息。

表 1-5-2　泉州市佛塔一览表

序号	塔名	地址	建造年代	建筑形制	高度	文物等级	备注
1 ～ 2	开元寺双经幢	鲤城开元寺	唐大中八年（854）南唐保大四年（946）	平面六角经幢式石塔	约 5 米	泉州市文物保护单位	2 座
3	承天寺东经幢	鲤城承天寺	北宋淳化二年（991）	平面八角经幢式石塔	6 米	泉州市文物保护单位	
4	水陆寺经幢	鲤城开元寺	北宋大中祥符元年（1008）	平面八角经幢式石塔	约 4.3 米	泉州市文物保护单位	
5	承天寺西经幢	鲤城承天寺	北宋天圣三年（1025）	平面八角经幢式石塔	6 米	泉州市文物保护单位	
6	应庚塔	鲤城崇福寺	北宋熙宁元年（1068）	平面八角七层楼阁式实心石塔	11.2 米	福建省文物保护单位	
7	通天宫经幢	鲤城承天寺	北宋崇宁年间（1102—1106）	平面八角经幢式石塔	7 米	福建省文物保护单位	
8	真空宝塔	安溪清水岩寺	北宋	五轮式石塔	2.3 米		
9	杨道塔	安溪清水岩寺	北宋	五轮式石塔	3 米		
10	姑嫂塔	石狮虎岫禅寺	南宋绍兴年间（1131—1162）	平面八角外五层内四层楼阁式花岗岩塔	21.65 米	福建省文物保护单位	又名水关锁塔
11	瑞光塔	晋江水心禅寺	南宋绍兴年间（1131—1162）	平面六角五层楼阁式空心砖塔	22.55 米	福建省文物保护单位	又名白塔
12 ～ 14	安平桥石塔	晋江水心禅寺	南宋绍兴年间（1131—1162）	2 座平面四角两层楼阁式实心石塔，1 座五轮式石塔	5 米	全国文物保护单位安平桥附属建筑	3 座
15 ～ 16	阿育王双塔	鲤城开元寺	南宋绍兴十五年（1145）	平面四角宝箧印经式石塔	5 米	福建省文物保护单位	2 座

续表

序号	塔名	地址	建造年代	建筑形制	高度	文物等级	备注
17	五伯僧墓塔	南安市向阳乡	南宋淳熙八年（1181）	中国窣堵婆式石塔	2.3 米		
18	三代祖师塔	德化龙湖寺	南宋嘉泰二年（1202）	中国窣堵婆式塔	约 2.6 米	德化县文物保护单位龙湖寺附属建筑	
19	仁寿塔	鲤城开元寺	南宋绍兴元年至嘉熙元年（1228—1237）	平面八角五层楼阁式空心石塔	45.06 米	全国文物保护单位	又名西塔
20	镇国塔	鲤城开元寺	南宋嘉熙二年至淳祐十年（1238—1250）	平面八角五层楼阁式空心石塔	48.27 米	全国文物保护单位	又名东塔
21	吉贝东塔	惠安县洛阳镇上铺村吉贝自然村	南宋咸淳至德祐年间（1265—1276）	喇嘛式石塔	7 米	惠安县文物保护单位	
22～26	五塔岩石塔	南安五塔岩寺	南宋	五轮式石塔	6 米	全国重点文物保护单位	5 座
27	大白岩寺舍利塔	德化大白岩寺	南宋	中国窣堵婆式塔	约 1.8 米	县级文物保护单位大白岩附属建筑	
28	狮子岩寺舍利塔	德化狮子岩寺	南宋	中国窣堵婆式塔	约 1.6 米	德化县文物保护单位狮子岩附属建筑	
29	石径塔	石狮虎岫禅寺	宋	平面八角五层楼阁式实心石塔	5.2 米		
30	云从古室师姑塔	南安云从古室	宋	平面四角二层楼阁式实心石塔	1.5 米	南安市文物保护单位	

续表

序号	塔名	地址	建造年代	建筑形制	高度	文物等级	备注
31	云从古室和尚墓塔	南安云从古室	宋	平面四角二层楼阁式实心石塔	2.8 米	南安市文物保护单位	
32	一片寺石塔	南安一片寺	宋	平面八角五层楼阁式实心石塔	约 7.8 米		
33 ～ 43	开元寺舍利塔	鲤城开元寺	宋、明	1 座五轮式石塔 1 座亭阁式石塔	3 ～ 4 米		11 座
44 ～ 46	开元寺祖师塔	鲤城开元寺	元至元年间（1271—1340）	五轮式石塔	2.35 米	福建省文物保护单位	3 座
47	平山寺塔	惠安平山寺	元元统三年（1335）	平面八角六层楼阁式实心石塔	7.2 米	惠安县文物保护单位	
48	释大圭舍利塔	鲤城开元寺	元至正二十二年（1362）	中国窣堵婆式石塔	1.35 米		
49 ～ 50	清源山石塔	丰泽弥陀岩寺	元	圆形五层楼阁式实心石塔	3.2 米		2 座
51	阿弥陀佛塔	惠安平山寺	元（待考）	五轮式石塔	1.25 米		
52 ～ 53	布金院石塔	石狮法静寺	明宣德五年（1430）	中国窣堵婆式石塔	2.6 米	石狮市文物保护单位	2 座
54	佛岩塔	南安延福寺	明	平面圆形经幢式石塔	3.5 米		
55	林前惜字塔	惠安九峰寺	明	一层平面六角二层平面四角两层楼阁式空心石塔	3.2 米		

续表

序号	塔名	地址	建造年代	建筑形制	高度	文物等级	备注
56	普同塔	安溪清水岩寺	明	五轮式石塔	约 2.1 米		
57 ~ 69	承天寺五轮塔	鲤城承天寺	明—清	五轮式石塔	3 ~ 4 米		13 座
70	泉郡接官亭石塔	鲤城区泉郡接官亭	清	五轮式石塔	2.6 米		
71	智慧僧塔	安溪清水岩寺	清宣统元年（1909）	五轮式石塔	约 2.4 米		
72	真身塔	南安灵应寺	1933 年	平面六角经幢式石塔	4.2 米		

表 1-5-3　厦门市佛塔一览表

序号	塔名	地址	建造年代	建筑形制	高度	文物等级	备注
1	梵天寺西安桥石塔	同安梵天寺	北宋元祐年间（1086—1094）	宝箧印经式石塔	4.68 米	福建省文物保护单位	原址在西安桥北侧
2	梅山寺西安桥石塔	同安梅山寺	北宋元祐年间（1086—1094）	宝箧印经式石塔	4.7 米	福建省文物保护单位	原址在西安桥北侧
3 ~ 4	古石佛双塔	同安梵天寺	宋	平面八角经幢式石塔	3.6 米	同安区文物保护单位	2 座
5	禾山石佛塔	同安慈云岩寺	明永乐十一年（1413）	五轮式石塔	7.1 米	同安区文物保护单位	
6	董水石佛塔	翔安观音堂	明	平面四角三层楼阁式实心石塔	2.8 米		

表 1-5-4　漳州市佛塔一览表

序号	塔名	地址	建造年代	建筑形制	高度	文物等级	备注
1	四面佛塔	平和曹岩寺	唐	宝箧印经式石塔	约 3 米	平和县文物保护单位	
2 ～ 5	多宝塔	芗城南山寺	南唐保大十一年（953）	五轮式石塔	4 米		4 座
6	蓬莱寺经幢	龙海蓬莱寺	北宋咸平四年（1001）	平面八角经幢式石塔	1.23 米		
7	塔口庵经幢	芗城塔口庵	北宋绍圣四年（1097）	平面八角经幢式石塔	7 米	福建省文物保护单位	
8	阿育王塔	南靖正峰寺	宋	宝箧印经式石塔	约 4 米		
9	聚佛宝塔	漳浦县湖西乡赵家堡	明万历年间（1573—1620）	平面四角六层楼阁式实心石塔	9.9 米		
10	真应岩石塔	长泰真应寺	明	亭阁式石塔	2.8 米	长泰县文物保护单位	

表 1–5–2 至表 1–5–4 中收录的 88 座闽南佛塔的数量分别为：楼阁式塔 15 座，占 17%；中国窣堵婆式塔 7 座，占 7.9%；宝箧印经式塔 6 座，占 6.8%；五轮式塔 45 座，占 51%；幢式塔 12 座，占 13.6%；亭阁式塔 2 座，占 2.2%；喇嘛式塔 1 座，占 1.1%。

本章小结

佛塔起源于古印度，本是佛教高僧的埋骨之地，在东汉时期随着佛教传入我国。随着佛教不断中国化和世俗化，佛塔逐渐由单纯的佛教建筑演变为具有中国传统文化特色的多元建筑，体现了不同时期的文化内涵与人文特色。

按照建筑类型，闽南佛塔可分为楼阁式塔、中国窣堵婆式塔、宝箧印经式塔、五轮式塔、幢式塔、亭阁式塔及喇嘛式塔。其中，楼阁式塔的建筑形式来源于中国传统建筑中的楼阁，整体外轮廓似锥形，塔檐各角为起翘之势，有着层层叠叠之美感，闽南楼阁式塔既保留了中原地区楼阁式塔稳健厚实的遗风，又具有南方佛塔挺拔清秀的特征，有着鲜明的多元文化特色；窣堵婆式塔的外形像一座圆冢，体现了印度早期佛塔的独特风格，但中国窣堵婆式塔在外形上有所改变，是一种无棱、无缝、无层级的钟形建筑；宝箧印经式塔的形制仿效古印度阿育王塔，塔基为单层或多层须弥座，塔身四方形，四角各有一个山花蕉叶，正中立相轮；五轮式塔的塔身为圆球体或椭圆体，上置塔檐、塔刹，造型简洁大方，其中塔上的宝珠、半月形、三角形、圆形、方形分别代表空、风、火、水、地；幢式塔是一种糅合了塔、旌幡和石柱等造型而创造出来的建筑形式，其既是一种造型独特的塔，又是一件精美的雕刻艺术品；亭阁式塔是窣堵婆式塔与我国传统亭阁相结合的产物，基本上为小型单层塔，塔身有方形、六角形、八角形或圆形，整体造型犹如一座亭子；喇嘛式塔的台基较为高大，塔肚为半圆形覆钵，设有眼光门，上方竖立着刻有许多圆环的塔脖子，塔脖子上方再安置华盖与仰月宝珠。总体看来，闽南佛塔的建筑形制既受到江南和中原地区佛塔的影响，又具有当地建筑的风格特征。

闽南佛塔的建筑材料、层数与高度、平面、塔座、塔檐、门窗与佛龛、塔刹、塔心室、色彩等，既具有我国传统建筑的古典美，又具有浓郁的闽南建筑特色。综上所述，闽南佛塔具有建筑类型多样化、石构建筑多、楼阁式石塔技术高超、红砖塔别具一格、石塔雕刻丰富等特点，浓缩了宗教思想、历史人文、社会经济、民风民俗、建筑技术、雕刻艺术等诸多元素，是闽南地方文化遗产的重要组成部分。

第六章　闽南佛教寺庙建筑装饰艺术

佛教提倡“无相之美”“无美之美”“无乐之乐”，追求世外之境，肯定超越世俗世界的涅槃之美，但为了更好地传播教义，也需借用世俗的装饰向民众传播佛教思想。哲学家黑格尔明确指出：“宗教往往需要利用艺术来使我们更好地感受宗教的真理，或者用图像说明宗教真理以便于想象。”中国哲学家李泽厚亦指出：“宗教艺术首先是特定时代阶级为宗教宣传品，它们是信仰、崇拜，而不是单纯观赏的对象，它们的美的理想和审美形式是为其宗教内容服务的。”

一、中国佛教寺庙建筑装饰艺术概述

佛寺建筑装饰艺术是渲染佛教空间氛围的重要手段与方法，始终服务于佛教教义和思想。佛教传入我国后，其装饰图案以其新奇性开始在我国传播，《魏书·释老志》有言：“自洛中构白马寺，盛饰佛图。画迹甚妙，为四方式。”到了南北朝时期，佛教装饰得到较大发展，如甘肃敦煌莫高窟和麦积山石窟、河南龙门石窟等石窟中，均出现了一些优美的纹样。这些纹样或直接借用印度佛教题材，或与我国原有图案相互结合，虽然种类不多，但造型简洁。佛教装饰在隋唐出现明显的中国化趋势，工匠们往往把原有的佛教题材与中国传统文化融合，形成新的图案样式。唐代佛教纹饰题材极为多样，更加富贵、华丽、丰润，有佛菩萨尊者像、莲花、宝相花、石榴、葡萄、飞龙、凤凰、孔雀、鹤、蝴蝶、法轮、璎珞、华盖等，还有一些山川楼阁，而且写实性较强。宋代佛教装饰从人物题材开始，全面地中国化、程式化，出现一些民俗图案，如连理、如意、“卍”字纹、方胜等。元代佛教装饰呈现多元化趋势，明清佛教装饰充分吸收民间生活元素，纹样更加瑰丽、繁多，体现了浓郁的世俗化特征。

二、闽南佛教寺庙建筑装饰艺术主要门类

福建佛寺建筑装饰艺术极为丰富，《三山志》在“寺观类”的“僧寺”小序中称，闽地“祠庐塔庙，雕绘藻饰，真王侯居”。闽南佛寺建筑的屋顶、山墙、立面（顶堵、水车堵、腰堵、裙堵等）、门窗、梁柱、室内墙壁、天花、神龛、供桌、地板等位置均有许多装饰作品，这些装饰作品既体现了闽南地区的人文气质，同时又融合了欧洲、东南亚等地区的装饰风格，呈现出一种多元化的面貌。

闽南佛寺建筑装饰艺术主要门类有石雕、木雕、砖雕、剪粘、交趾陶、灰塑、泥塑、油漆彩画、陶瓷、瓷板画、漆线雕、壁画、漆画等，涵盖了闽南地区大部分的民间工艺。因此可以说，一座佛寺就是一座庞大的民间美术馆，反映了闽南人的审美追求、性格特质、文化信仰等。

（一）石雕

闽南石雕历史悠久，明清时期还被称作“石雕之乡”，其中惠安石雕号称“南派石雕艺术”，2006 年 5 月被列为国家级非物质文化遗产。闽南地区的白色花岗岩、青色辉绿岩等，均是上等的石雕材料。闽南石雕早期多服务于宗教，凡有佛寺之地就有石雕。闽南佛寺石雕主要有两大类，一类是依附于建筑物的装饰类石雕，另一类是独立于建筑的宗教类石雕。闽南石雕工艺主要流程有选石（选择石材的品种、质地、大小、外形、色泽等）、构思（依据石材进行构想与设计）、出坯（雕刻出大体造型）、细雕（深入雕琢）、精雕（雕刻细节）、抛光（表面打磨）等。

1. 装饰类石雕

闽南佛寺的石阶、条石墙体、石门框、门梁、窗框、窗台、抱鼓石、石柱、石栏杆等建筑构件上均有许多雕刻精美、造型生动的石雕作品。如晋江龙山寺、鲤城开元寺和承天寺、南安飞瓦岩寺、平和三平寺、龙海龙池岩寺等佛寺建筑上，均雕刻有丰富而精美的装饰纹样。

晋江龙山寺天王殿的身堵、裙堵、对看堵布满各种石浮雕与透雕，有天神武士、戏曲故事、蛟龙出海、麒麟奔跑、猛虎下山、各种花木等，题材丰富，令人目不暇接。龙山寺观音殿正面身堵与裙堵石浮雕民间传说、龙、狮、麒麟、博古及暗八仙等，其中外檐柱有一对辉绿石龙，雕工技艺精巧，龙爪各抓一鼓一磬。

鲤城开元寺大雄宝殿前方有一宽大的石砌月台，其须弥座嵌有 72 幅狮身人面像和狮子的辉绿岩浮雕，这些浮雕颇具古印度的雕塑风格，据说它们是明代修殿时，从已毁的元代古印度教寺庙移来的。大雄宝殿后檐正中立两根元代十六角形石柱（图 1–6–1），为当地婆罗门教寺庙的遗物，共雕刻有 24 幅古印度神话故事和中国传统吉祥图案，有毗湿奴骑金翅鸟、象鳄相斗、喜上眉梢、鹿含灵芝、马上封侯、彩凤祥云等，体现了泉州多元文化的包容性。

图 1-6-1　婆罗门教石雕

其他如鲤城崇福寺天王殿和大雄宝殿的外檐柱均为明代八角形石雕盘龙柱，蛟龙体型瘦长；龙海龙池岩寺天王殿门堵石雕神仙图、蛟龙出海、猛虎下山、花鸟、博古等；云霄西霞亭山门对看堵石浮雕文王为姜子牙拉车、《西游记》唐僧师徒故事；鲤城接官亭大雄宝殿两侧墙面影雕泉郡接官亭全貌图、宋代古迹笋江桥原貌；南安飞瓦岩寺玉佛殿左右两侧廊庑嵌有40幅辉绿岩彩色影雕，描绘释迦牟尼佛的生平；晋江金粟洞寺旧大雄宝殿对看堵有高浮雕仙童像，仙童服饰上涂橘黄色。

闽南最精彩的石雕作品多保留在石塔之上，如鲤城开元寺东西塔与东西阿育王塔、同安梵天寺与梅山寺的西安桥石塔、鲤城承天寺通天宫经幢、平和曹岩寺四面佛塔、芗城塔口庵经幢等佛塔上的浮雕都很精美。这些雕刻题材多样，有佛教故事、佛教人物、动植物等，具有浓厚的宗教色彩和鲜明的地方特色。

鲤城开元寺东塔代表东方娑婆世界，塔身五层，每层浮雕佛、菩萨、罗汉、高僧、金刚、力士等佛教人物，表示佛教修行的五种境界，每两人构成一组。这些高浮雕形态多样，表情栩栩如生，雕刻手法与人物性格完美结合。东塔的须弥座束腰浮雕童子求偈、青衣献花、天人赞鹤、兜率来仪、金鹿代庖、毗蓝诞瑞、太子出游、流水活鱼、经来白马、丘井狂象等佛教故事，每方故事之间施竹节柱，转角雕粗壮的侏儒力士。

鲤城开元寺西塔须弥座束腰雕刻双狮戏球、蛟龙翻腾、花卉等，踏道两边为孔雀开屏、猛龙抢珠、双龙戏珠和禽鸟花卉等。西塔代表西方极乐世界，塔身五层，每层浮雕佛、菩萨、罗汉、高僧、居士、金刚等造像，每两人形成一组。其中最独特的是塔身第四层东北面的猴行者造像，猴头人身，尖嘴鼓腮，圆眼凹鼻，目光炯炯有神，肩扛一把大刀行走着。猴行者是古印度经典《罗摩衍那》中的神猴哈奴曼，也是《西游记》中孙悟空的原型。

同安梅山寺西安桥石塔（图1–6–2）为宝箧印经式石塔，四边形双层须弥座。第一层须弥座底座四角刻如意形圭角，下枋刻覆莲花瓣，束腰转角雕侏儒力士，每面浮雕双狮戏球，上枭刻仰莲花瓣。第二层须弥座上下枋素面，束腰每面辟四座佛龛，内雕结跏趺坐佛像。塔身四面浮雕快目王舍眼、萨埵太子舍身饲虎、尸毗王割肉饲鹰救鸽、月光王捐舍宝首等佛本生故事。

图 1－6－2　梅山寺西安桥石塔浮雕

芗城南山寺大雄宝殿前有两座五轮式石塔，塔足雕成如意造型，饱满厚实。双层上下枋，每面雕卷草纹，上下枭素面无纹饰。束腰转角施三段式竹节柱，壶门每面雕刻双狮戏球、莲花、人物、“卍”字纹等图案。东侧石塔与西侧石塔造型尺寸相同，只是须弥座的雕刻有所不同。其中一幅浮雕描绘一名罗汉端坐在蒲团上，前面有一座宝箧印经式塔；另一幅浮雕描绘蹙额大腹的布袋和尚坐在地上，右手靠着大布袋，一副佯狂疯癫的神态。

此外，平和曹岩寺四面佛塔、芗城塔口庵经幢、南靖正峰寺阿育王塔等佛塔上，均有精美的浮雕。

2. 宗教类石雕

闽南佛寺内有许多形神兼备的宗教类石雕，这些石雕既是殿堂的一部分，又相对独立。

图 1－6－3　西资岩寺石雕

晋江西资岩寺大殿内的三尊晚唐时期的石佛菩萨造像（图 1–6–3），是利用天然岩石雕凿而成的，为福建最早的大型站立雕像，雕刻工艺精湛。中间为高 4.5 米、宽 1.62 米的阿弥陀佛立像。阿弥陀佛整个身躯略向前方倾斜，头顶螺髻，额头饰吉祥痣，面露慈祥，两耳垂到肩膀，身披宽袖袈裟，衣纹流畅柔和，有唐代“吴带当风”的飘逸风格；右胸袒露，左手平胸举起一朵精致的小莲花，右手手掌向外，赤足站于莲座之上。阿弥陀佛左边为高 4 米的观音像，观音身后刻以素面圆形背光，头顶着高髻，面容慈悲端庄，耳垂饰花卉，右手下垂以拇指、无名指与小指拈着花瓶，左手于胸前结手印，胸脯饰璎珞，身穿天衣，飘带绕身，线条遒劲。阿弥陀佛右边为大势至菩萨，其身后刻以素面圆形背光，神情华贵庄严，左手拈诀下垂，右手上举施说法印，身着敞胸天衣，胸饰璎珞，裙带飘垂而下。大佛两侧有高 2.86 米的石雕护法金刚像，金刚们横眉鼓眼，隆鼻阔口，披盔戴甲，威武十足。

晋江南山寺大殿内崖壁佛龛高 6.9 米，龛内依崖壁凿 3 尊通高 6.25 米的西方三圣像，三圣并排结跏趺坐于四层仰莲座之上，身后有火焰圆光。这三座佛像为泉州地区最大的石雕古佛像。中间为阿弥陀佛，头顶层层螺发，双耳垂到肩膀，披衣露乳，胸口饰“卍”字纹，双手结禅定印，身后石壁上浮雕两根盘龙柱；左边是观世音菩萨，头戴花冠，身着天衣，左手施手印，右手持净瓶，线条疏密有序；右边是大势至菩萨，头戴花冠，帛带飘逸，左手捧经书，右手施法印，胸前饰璎珞。三圣像两旁还有浅浮雕护法神，护法神神情庄重。

其他如惠安虎屿岩寺观音洞中有雕刻于元至正三年（1343）的观音坐像，观音头饰毗庐冠，身披天衣，右手放于右膝，左手靠在凸出的岩石上，两足踩着莲花，神态庄严雍容，造型柔美，两肩旁浮雕鹦鹉和柳枝净瓶，双腿两侧浮雕善财与龙女。

（二）木雕

闽南地区木材资源丰富，木雕艺术源远流长。明清时期，木雕的雕刻技术达到了空前高度，并成为独立的民间工艺，佛寺内出现了大量工艺精湛的木雕。闽南佛殿的垂花、立仙、雀替、梁枋、狮座、童柱、斗拱、隔扇门、窗户、神龛、供桌等布满各种木雕作品，题材有人物、瑞兽、花鸟、山水、博古等，有浮雕、圆雕、透雕、浅雕、阴雕、镶嵌等表现技法。闽南佛寺木雕中最常见的是金漆木雕，其外观富丽典雅，非常符合佛寺庄严神圣的氛围。此外，闽南佛寺木雕中还有集多种雕刻技法于一体的通景雕，层次丰富，题材以佛教故事与人物、戏曲人物、民间传说、吉祥图案为主。

1. 建筑物木雕

图1－6－4　开元寺“飞天乐伎”木雕

鲤城开元寺大雄宝殿的柱头斗拱上刻有24尊“飞天乐伎”（图1–6–4），是全国仅有的带翅膀的飞天，象征二十四节气。飞天们手持洞箫、拍板、琵琶、二弦等泉州南音乐器，将建筑与音乐完美结合。甘露戒坛四面立柱上也有24尊手持乐器的宋代飞天木雕，她们没有带翅膀，而是身系飘带。

泉港山头寺大雄宝殿梁枋上的清代斗拱、童柱、剳牵、随梁枋、弯枋、狮座等木构件，雕刻有蛟龙、龙首、戏狮、狮头、麒麟、凤凰、骏马、螃蟹、花卉、戏曲人物、暗八仙等，雕工细致，纹理细密，是清代泉港地区木雕工艺的代表作品。特别是随梁枋上的戏曲人物，动态各异，惟妙惟肖，块面清晰明快，线条转折有力。

其他如平和三平寺大雄宝殿的垂花、雀替、札牵、随梁枋金漆木雕神仙、蛟龙、花鸟等，雕工精细，其祖殿的雀替、剳牵、随梁枋等木雕龙首、花卉，手法严谨，线条灵动；思明净莲寺观音阁正面墙壁上用千年香樟木雕刻的万手万眼观世音菩萨像，纹理极为细致。

2. 独立木雕

闽南佛寺内的一些独立木雕，也相当精彩。

晋江龙山寺观音殿内正中供奉一座雕于明代的高2.95米、宽2.5米的千手千眼观音菩萨像。观音通身贴满纯金箔，金光灿灿，雍容华贵。其两主手戴镯，垂弯合掌于胸前；双侧向上或向前旁生1008只手，每只手的掌心都精雕着一只慧眼；手上分别持着法器、书卷、珠宝、花果、乐器等，姿势各异。现为福建省文物保护单位。

芗城西桥亭天王殿内有尊保佑儿童的明代娘妈木雕，其四肢关节皆可活动，工艺高超，为罕见的“软身”雕像。

（三）砖雕

李文杰先生认为，黏土在不同的烧制环境中，因采用氧化或还原的炉窑环境不同而产生不同颜色的砖，而闽南地区盛产黄红土壤，黏土里的三氧化二铁含量特别高，极易形成红砖，且硬度较小，易于进行雕刻。闽南红砖雕刻的渊源可追溯到汉代画像砖雕刻，其既继承了中原青砖雕刻的遗风，又具有浓郁的闽南民间传统建筑特色。

闽南红砖雕刻主要分为两种：一种是以带条纹的红色烟炙砖进行砌墙或拼图，有时会加入其他颜色的砖，常见于闽南佛寺殿堂的正面墙体或主体墙面；另一种是红砖浮雕，通常用在当地民居主体建筑的墙面、大门门堵等位置，佛寺里则很少。

图 1－6－5 龙山寺鼓楼红砖拼图

1. 烟炙砖拼图

用烟炙砖进行拼图常出现在“皇宫起”建筑上，常见的图案有福字纹、禄字纹、寿字纹、“卍”字纹、八卦形、“人”字纹、“工”字纹、海棠花纹、团花图案等。

晋江西资岩寺弥勒殿对看堵用红、蓝两色方砖砌出“卍”字纹，另在白底上以红砖砌出如意、花卉等图案；晋江龙山寺钟鼓楼的南面外墙以红、白、黑方砖拼接出“卍”字纹等几何图形（图 1–6–5）；南安飞瓦岩寺地藏殿梢间镜面墙以红砖拼成海棠花造型；海沧石室禅院天王殿梢间镜面墙以红砖拼接出八卦形图案。鲤城开元寺、晋江福林寺等寺庙中的部分“皇宫起”建筑墙面，也都采用红砖拼接进行装饰。

2. 红砖浮雕

红砖浮雕分为“窑前雕”和“窑后雕”。“窑前雕”是在入窑前进行雕刻，图案轮廓流畅圆润，变化自然，多用于大幅作品；“窑后雕”是在烧好的红砖上进行雕刻，线条古拙、硬朗，图案边缘有细小的锯齿状裂痕。

南安灵应寺祖师公大殿的拱形门框上方有红砖雕刻的花鸟图案，采用浅浮雕技法，外轮廓线弯曲流畅，图案小巧而精致。

（四）剪粘

剪粘又称堆剪、剪花、剪瓷雕，是闽南、广东北部和台湾西部等地区的一种传统建筑装饰工艺，用大小不一的彩瓷片来贴雕人物、动物、花卉、山水，装饰建筑物的屋脊、翘角、门楼、壁画等，具有色彩鲜艳、造型生动、立体感强等特点。。闽南佛寺建筑屋脊及水车堵等处有大量剪粘作品，千姿百态，五彩缤纷，令人目不暇接。

传统剪粘工艺所用材料包括瓷片、彩色玻璃等，具有较强的耐腐蚀，但由于人为和自然因素的影响，如今闽南传统剪粘作品已不多，许多新的剪粘使用半预制品和全预制品。尤其是全预制品是直接使用烧制好的成品，工序大为简单，瓷片千篇一律，已无传统剪粘工艺的艺术魅力。

晋江龙山寺天王殿的屋脊饰有大量传统剪粘。正脊四个吻头上均雕一只腾云驾雾的蛟龙，脊堵两侧浮雕双凤朝牡丹、松鹤延年、麒麟奔跑、双龙腾飞、天马行空、锦上添花等，垂脊上饰“回”字纹，牌头雕楼阁与树木，翼角饰卷草纹。这些剪粘作品造型考究，色彩和谐，工艺精湛，是闽南地区少有的精品，如牌头的树木，用粉红、翠绿、米黄、天蓝等色的圆形瓷片拼贴出树叶的效果，恍如极乐世界的宝树；脊堵上的白色骏马、绿色麒麟、枣红色战马、金黄色飞龙等，均矫健灵活。钟鼓楼屋脊也饰有许多剪粘，正脊上雕双龙戏珠，脊堵浮雕天马行空、凤戏牡丹等，两端燕尾脊高翘，垂脊脊尾饰“回”字纹，翼角饰游龙卷草纹，四寸盖嵌狮首，印斗饰花卉，围脊脊堵浮雕喜上眉梢、金玉满堂、螭龙卷草、狮子嬉戏、孔雀开屏等。这些剪粘作品的色彩非常丰富，如龙身为金黄色，麒麟鳞片为绿色，天马为朱红色，凤凰为红、黄、绿三色，狮子为土黄色或橘红色，孔雀羽毛为红、黄、绿、白、褐等。

云霄南山寺门楼屋顶饰满剪粘（图 1–6–6）。正脊脊刹置火珠，两侧各雕一只麒麟，两端燕尾脊饰游龙卷草纹，脊堵浮雕丹凤朝阳、孔雀开屏、喜上眉梢、八仙过海，垂脊牌头塑三武将与降龙，每片瓦当上嵌有一朵红色小花。这些剪粘以大红、橘红、朱红、翠绿、湖蓝、土黄、柠檬黄、橘黄、粉绿、粉紫、钛白、赭石等色瓷片拼贴，色彩缤纷，工艺精湛，呈现出欢快热闹的气氛。

平和三平寺大雄宝殿屋顶饰有朱红、金黄、翠绿、深绿、湛蓝、玫瑰、白、紫等色的剪粘作品，做工精细，令人叹为观止。正脊上雕凌空飞舞的双龙护塔，脊堵浮雕丹凤朝阳、孔雀开屏、松鹤延年、鹤鹿同春、玉兔、

图 1-6-6　南山寺门楼屋顶剪粘

博古等，两端燕尾脊高翘，垂脊牌头雕戏曲人物，下檐戗脊上雕飞龙，翼角饰卷草纹或“回”字纹。围脊与垂脊脊堵浮雕瑞鹿祥和、喜上眉梢、金鱼摇尾、金玉满堂等。

芗城西桥亭天王殿的屋脊上饰有许多剪粘。中港脊上雕双龙戏珠，小港脊上雕回首相望的行龙，脊堵浮雕凤戏牡丹、鹤鹿同春、喜上眉梢、孔雀开屏、龟鹤齐龄等，四寸盖上雕狮头。这些剪粘以粉绿、钛白、湖蓝、朱红、翠绿、橘红、金黄等色瓷片拼贴，布局和谐，色彩绚丽，反映出工匠高超的塑造能力。

闽南佛寺殿堂屋脊上的剪粘作品数量庞大，色彩丰富，布局和谐，不愧为剪粘艺术的宝库。

（五）交趾陶

交趾陶又称交趾烧、彩陶，是一种集雕塑、绘画、烧陶于一体的民间工艺，最早出现在西汉，唐代称为“唐三彩”，明末清初传入闽南、广东北部和台湾等地区，多用于寺庙建筑的屋顶、水车堵、身堵、墀头，题材有佛教典故、忠孝节义故事、吉祥图案等。闽南佛寺建筑上原有许多精美的交趾陶作品，但近百年来破损严重，如今多以普通陶瓷代替。

鲤城开元寺麒麟壁建于乾隆年间，为城隍庙的附属建筑。该壁分为三

图 1－6－7　开元寺麒麟壁交趾陶

垛，主体正中粉壁上用交趾陶镶嵌一只硕大的五彩琉璃麒麟（图 1–6–7）。这只麒麟龙首牛尾、麟身兽蹄，作步步回首顾盼状，脚踩元宝、如意、葫芦等吉祥物。

长泰普济岩寺门厅脊堵的八仙过海、天官赐福和仙女抚琴为交趾陶作品，有深绿、天蓝、蓝绿、粉绿、橘红、粉红等色，色彩华丽，雕工细腻。

（六）灰塑

灰塑又称灰批、堆灰、灰作等，台湾地区称堆花，是从砖雕和泥塑派生出来的一种建筑装饰艺术，一般用在寺庙、祠堂等建筑的山花、屋脊处，少数出现在门堵上。

闽南佛寺殿堂的山花上饰有一些精美的灰塑，如南靖清水岩寺和登云寺、诏安保林寺、鲤城开元寺和承天寺、龙海龙池岩寺、晋江灵源寺、南安凤山寺、惠安净峰寺、永春魁星岩寺等佛寺殿堂的山花上饰有灰塑狮咬花篮、夔龙、如意、花果等，线条遒劲，立体感较强，具有浓郁的闽南地方特色。

少数灰塑出现在佛寺殿堂的屋脊上。如惠安灵山寺圆通宝殿水车堵饰有灰塑山水、人物图；晋江南天寺旧大殿门厅水车堵饰有灰塑戏狮、花鸟、博古等。有的灰塑出现在门堵上，如长泰普济岩寺门厅对看堵饰有灰塑飞龙在天和猛虎下山，为高浮雕。

图 1－6－8　慈云寺门厅泥塑

（七）泥塑

泥塑发源于西汉，主要材料有塑泥、麻绳、木材、棉花、稻草等。佛寺殿堂内的泥塑造像因内部多为木材和稻草，数十年后就要进行替换，如鲤城开元寺大雄宝殿内的五方佛泥塑的部分构件，就曾在 20 世纪 80 年代进行过替换或修缮。

除了一些佛菩萨或罗汉像为泥塑外，闽南佛寺建筑的屋檐、门堵、水车堵等处也饰有一些小型的泥塑，因风化脱落严重，遗存下来的很少。德化狮子岩寺山门为独立式小门楼，屋檐垂脊的牌头饰有泥塑，其中有一文一武两名官员，动态各异，造型诙谐有趣；诏安慈云寺门厅门堵饰有泥塑杨家将等戏曲人物（图 1–6–8），其中右侧楼阁上的佘太君等人物身着朱红、土黄、湛蓝、橘黄、翠绿、雪白、煤黑等色的服饰，神情动态活灵活现；安溪清水岩寺法门的上下檐之间转角处隐藏有四尊泥塑托檐力士，四人或双脚叉开远视前方，或单脚半跪低头沉思，动态逼真，富有生趣。

（八）油漆彩画

油漆彩画俗称彩绘，在清代文献中称油饰彩画，主要绘制于雀替、斗拱、天花、椽子等处，具有装饰建筑、保护木材、展示建筑物等级等功能。

闽南佛寺建筑沿用清代宫殿建筑彩画技术，主要有和玺彩绘、旋子彩绘、苏式彩绘等三种。和玺彩画是三种彩画中等级最高的彩画，它是在明代晚期官式旋子彩画的基础上产生的，仅用于宫殿、寺庙的主殿等重要建筑，颜色以青、绿为主，并且进行沥粉贴金，图案中间绘以龙凤形象，四周衬托花卉，藻头为横“M”形，显得金碧辉煌。同安梅山寺天王殿抱厦梁枋为金龙和玺彩画，两条蛟龙金光灿灿，底色为红色。

图 1-6-9　玉珠庵门厅武门神

旋子彩画俗称“学子”“蜈蚣圈”，等级仅次于和玺彩画，其最大特点是在藻头内使用了带卷涡纹的花瓣，有时也画龙凤，或贴金，或不贴金。旋子彩画的使用范围较广，可用于皇宫次要建筑、贵族府邸、衙署、城楼、寺庙等建筑。德化五华寺新大雄宝殿梁枋采用旋子彩画，颜色以蓝、绿为主，中间绘山水、瑞兽等，两侧花瓣为卷涡纹。

苏式彩画等级最低，又名“苏州片”，其主要特征是在开间中部形成包袱构图或枋心构图，在包袱、枋心中绘有不同题材的画面，底色多采用铁红、香色、土黄色、白色等。思明天界寺“醉仙岩”殿与地藏殿的拜亭梁枋采用苏式彩画，绘有山水花鸟图，而主殿梁枋的苏式彩画绘制山水花鸟图与佛教故事，画面施以朱红、天蓝、粉绿、土黄等色。

以上三种彩画均使用在梁枋之上，闽南佛寺主要殿堂的大门上也饰有门神、武将、文官、菩萨、神仙等油漆彩画。如长泰玉珠庵门厅大门上彩画有武门神（图 1–6–9），以暗红色为底，配有朱红、金黄、土黄、橘黄、天蓝、翠绿、煤黑等色；晋江龙江寺圆通宝殿裙板彩画弥勒菩萨、南极仙翁、达摩祖师、麻姑等。

（九）陶瓷

宋元时期，同安汀溪窑规模较大，出产“珠光青窑”，明代德化白瓷号称“东方明珠”“中国白”。由于剪粘成本较高，目前闽南佛寺建筑上的陶瓷基本上都是在瓷器厂定制的。

安溪东岳寺前殿、观音殿、诸天菩萨殿、韦陀菩萨殿、池头宫等建筑屋顶均饰有大量陶瓷，如前殿中港脊上有双龙护宝塔，脊堵正中塑龙吐水、鲤鱼跳龙门，两旁饰孔雀开屏、麒麟回望、花开富贵、八仙过海等，小港脊上有麒麟奔跑，脊堵饰战将、香象等，垂脊牌头立四大天王，戗脊饰行龙、战将。其屋顶陶瓷色彩丰富，有大红、朱红、橘红、金黄、柠檬黄、深蓝、湖蓝、浅蓝、翠绿、赭石、黄绿、象牙白等色。池头宫正脊上有双龙戏珠，脊堵浮雕花卉，垂脊牌头置武将与仙阁，翼角上雕飞龙，屋檐上的看牌处立一排八仙过海造像。因此可以说，安溪东岳寺屋顶简直就是民间陶瓷艺术展览馆。

其他如安溪达摩岩寺护界殿屋脊饰有陶瓷，正脊上为双龙戏珠，脊堵嵌双凤朝阳，垂脊牌头置花篮，下檐戗脊雕行龙，翼角饰卷草纹，围脊脊堵饰花鸟，大雄宝殿正脊脊刹置宝塔，两侧雕蛟龙，脊堵饰花卉，垂脊牌头立神将，翼角饰鲤鱼吐水，围脊脊堵嵌双龙戏珠、麋鹿、仙鹤等；永春惠明寺山门屋脊饰陶瓷，正脊上雕二龙戏珠，脊堵浮雕唐僧师徒四人、麒麟奔跑、八骏马、金鱼摆尾，垂脊牌头立天官祈福，翼角饰卷草纹，天王殿屋脊饰陶瓷，中港脊脊刹置宝葫芦，两侧雕蛟龙，脊堵浮雕八仙过海、四大天王，垂脊牌头立战将与金刚；南安宝湖岩寺门厅脊堵的陶瓷八仙均身着白色服饰，或弹琵琶，或弹古筝，或吹箫，或拉二胡，生动幽默。

（十）瓷板画

瓷板画艺术最早由阿拉伯地区传入欧洲，是在烧制的砖石上绘制图案，在欧洲一般只用在教堂、王宫和贵族宅邸。闽南传统民居的瓷板画由东南亚传入，颜色以黄、绿、蓝、红为主，题材有水果、花卉、几何图案等。受闽南民居的影响，闽南佛寺殿堂也出现了一些瓷板画，主要使用在墙面、地板或屋脊上由于损坏严重，传统瓷板画越来越少见。

南安灵应寺祖师公大殿内的地板与墙壁上铺设南洋风格的彩色几何纹样瓷砖，有煤黑、橄榄绿、粉红、熟褐、象牙白、米黄、淡蓝、棕黄、玫瑰等色，色泽稳重；泉港天湖岩寺天王殿正面及侧面身堵贴彩绘瓷砖，题材包括关公参拜普静法师、八仙过海、岳母刺字、徐母骂曹、天女散花、苏武牧羊等；泉港重光寺山门身堵嵌瓷砖彩绘鸳鸯戏水、吉祥如意、孔雀开屏等；长泰普济岩寺门厅屋顶瓦当前饰有一排共 55 幅瓷板画，有《三国演义》故事、花卉等。

（十一）漆线雕

漆线雕又称“妆佛”，与佛像雕刻艺术密切相连。其起源于泉州，是闽南特有的传统工艺，凝聚了陶瓷、脱胎漆器和景泰蓝的精华，高贵典雅、光彩夺目。

思明南普陀寺天王殿内的四大天王为漆线雕作品（图 1–6–10），是漆线雕史上体量最大的作品，出自“厦门蔡氏漆线雕”第 12 代传承人蔡水况之手。四尊天王戴“五佛”金冠，着金甲彩绘戎装，饰墨绿、白、天蓝、深蓝、大红、赭石、米黄、金黄等色，金碧辉煌，衣纹流畅，体现了闽南漆线雕雍容华贵、细密繁复的艺术特色。

图 1－6－10　南普陀寺漆线雕

（十二）壁画

这里的“壁画”特指绘制在建筑物墙壁上或屋脊上的图画。唐代，闽地寺庙中已出现了许多壁画；两宋时期，闽地寺庙中的壁画多为工笔人物画；明清时期，闽地庙宇壁画已较为成熟，题材涉及儒、释、道文化等。目前，闽南佛寺壁画主要分为连环画式构图和独立式构图，题材以民间传说和故事为主。

图 1－6－11　古山莲花寺壁画

泉港山头寺南云殿两侧墙壁饰有黑白水墨画《二十四孝图》和《三国演义》故事等，祖师殿两侧墙壁彩绘《西游记》故事和陆叔事迹等；漳浦古山莲花寺天井两侧廊庑水墨壁画《隋唐演义》故事，正殿大厅正面绘有观音菩萨、注生娘娘、阎罗尊王，两侧墙壁绘有《三国演义》故事、《隋唐演义》故事、八仙过海故事等（图 1–6–11）。

其他如晋江福林寺大雄宝殿两侧彩绘十八罗汉壁画；诏安九侯禅寺门楼门堵彩绘孔雀荣都、鸣凤在竹、喜上眉梢、神仙图、博古等壁画。

（十三）漆画

漆画是以天然大漆为主要材料的绘画，除漆之外，还有金、银、铅、锡以及蛋壳、贝壳、石片、木片等材料。其技法丰富多彩，具有绘画和工艺的双重属性。福建漆画

以大漆研磨为语言特色，以独具审美情致的表现手段，成为中国漆画的典型代表。

图 1-6-12　千手岩寺漆画

鲤城承天寺法堂两旁护廊上有 12 幅精美的佛教故事漆壁画，色彩稳重清丽；丰泽千手岩寺大雄宝殿左右两侧墙壁有大型漆画——十八罗汉造像（图 1-6-12），十八罗汉动态各异，表情丰富；晋江灵源寺夫人妈宫裙板黑白漆线雕关公参普净、吕洞宾参降龙、苏东坡参佛印等，线条工整细致，色泽明朗。

随着现代装饰艺术的发展，闽南佛寺建筑装饰也融入了一些新材料与新技术，如龙海七首岩寺文殊殿前的照壁为全国首座全铜影壁，在阳光照耀下新碧辉煌，是现代技术与传统工艺的完美结合。

三、闽南佛教寺庙建筑装饰艺术题材及内涵

闽南佛寺的装饰题材极为丰富多彩，大致包括人物、动物、植物、山水、建筑等，以宣传佛教教义、表达民众对生活的美好愿景为主要内容。

（一）人物

闽南佛寺装饰中常出现的人物包括宗教人物、戏曲人物、历史人物及民间吉祥人物等。

1. 宗教人物

（1）佛教人物

闽南佛寺装饰中常出现的佛教人物有佛、菩萨、罗汉、高僧、祖师、天王、金刚、飞天、居士、供养人等，故事情节有佛本生故事、佛本行故事、《阿弥陀佛经变》《观无量寿经变》《地狱变相》、佛菩萨典故、罗汉与高僧故事、祖师故事等。

释迦牟尼佛是佛教的创始人，原本是古印度迦毗罗卫国王子，29 岁出家，80 岁涅槃。闽南佛寺大雄宝殿中经常供奉释迦牟尼佛，一般呈结跏趺坐状，高肉髻，面庞圆润，额有白毫，双眼略向下俯视，双耳下垂。

阿弥陀佛又称无量寿佛、无量光佛，为西方极乐世界教主，与观音菩萨、大势至菩萨合称“西方三圣”。闽南佛寺中的大殿往往都有阿弥陀佛造像，有的还专门设西方三圣殿进行供奉，造型高贵、肃穆、庄严、圆满。

观世音菩萨又称观自在，据说有千手千眼，心怀慈悲，关心人间疾苦，象征慈悲与智慧闽南民间极为崇信观音，热衷于造观音圣像，因此闽南佛寺中有各种造型的观音像，还有专门的观音阁。

地藏菩萨又称“大愿地藏王菩萨”。地藏信仰在闽南地区较为流行，地藏造像有坐像和立像，右手持锡杖，左手持如意。

弥勒菩萨在中国家喻户晓，其造像为满面笑容，袒胸露乳闽南佛寺内均能看到他的形象。

文殊菩萨又称“大智文殊师利菩萨”，为智慧的象征，手握宝剑，骑着一只狮子，能斩群魔。龙海七首岩寺就是专门供奉文殊菩萨的寺庙。

普贤菩萨又称“大行普贤菩萨”，骑一只大象，是理德、行德的象征。在闽南佛寺中，普贤菩萨与文殊菩萨多位于大雄宝殿内两侧角落处。

韦陀菩萨又称“韦陀天”“犍陀天”，是护持佛法的大菩萨，为南方增长天王属下八大神将之一，形象为童子面，头戴凤翅兜鍪盔，足穿乌云皂履，身披黄金锁子甲，手执金刚杵。如芗城南山寺韦陀菩萨为右手握杵拄地，表示可接待外来僧人住宿。

十八罗汉都是释迦牟尼佛的弟子，分别是降龙罗汉、坐鹿罗汉、举钵罗汉、过江罗汉、静坐罗汉、长眉罗汉、布袋罗汉、看门罗汉、探手罗汉、沉思罗汉、骑象罗汉、欢喜罗汉、伏虎罗汉、笑狮罗汉、开心罗汉、托塔罗汉、芭蕉罗汉、挖耳罗汉。十八罗汉一般摆放在大雄宝殿佛像的两侧，一边各有九尊。

四大天王是佛教的护法神，又称“护世四天王”，俗称“四大金刚”，分别为：东方执国天王，执琵琶；南方增长天王，执宝剑；西方广目天王，执蛇或龙；北方多闻天王，执伞。闽南佛寺中四大天王经常出现在天王殿内两侧，或屋顶的垂脊牌头处。

飞天又名香音神，属天龙八部之一，《洛阳伽蓝记》称之为“飞天伎乐”。闽南佛寺的飞天多在梁枋上，如鲤城开元寺大雄宝殿和甘露戒坛梁架上动人的飞天。

其他佛教人物还有金刚、武士、护法、侏儒力士、阎王等。其中十殿阎王是佛教的地狱思想与中国民间信仰的结合，以阎王为主，还有黑白无常、牛头马面及小鬼等，令人毛骨悚然，具有劝人为善的教育意义。十殿阎王多在一些佛道合一的寺庙中。

闽南佛寺中还有一些闽南民间信仰的佛教祖师公，最著名的是三平祖师和清水祖师，其他还有许公祖师、邹公祖师、陈公祖师、黄公祖师等。

（2）道教人物

闽南佛寺中的道教人物有八仙过海、天官赐福、福禄寿三星、文昌帝君、福德正神、哪吒、麻姑、刘海、门神等。这些道教人物多出现在佛道合一的寺庙中。

明代吴元泰在《东游记》中将“八仙”确定为汉钟离、张果老、吕洞宾、何仙姑、蓝采和、韩湘子、曹国舅。八仙使用的法器称“暗八仙”，其中，铁拐李浮葫芦、汉钟离踏扇子、张果老摇鱼鼓、吕洞宾持宝剑、何仙姑立荷花、蓝采和坐花篮、韩湘子踩笛子、曹国舅执玉板。闽南佛寺建筑中常装饰有八仙过海、八仙庆寿等，十分喜庆。

福禄寿三星起源于我国古代先民对星辰的自然崇拜。其造像一般为寿星乘鹿，随从举桃，天上飞着蝙蝠，其中“蝠”与“福”同音，“鹿”与“禄”同音。福禄寿三星多摆放在佛寺屋顶正脊处，或供奉在殿内。

文昌帝君为掌管功名禄位之星宿，得到广大学子的尊崇。闽南部分佛寺供奉文昌帝君，有的还建有文昌殿。

福德正神俗称“土地公”“福德爷”“大伯爷”，传说是周代人，为官清廉，死后人们建庙奉祀，周武王时，赠封后土，尊称“土地公”。其造型多为地方员外装束，笑容满面，白须白发，一手拿金元宝，另一手执如意或拐杖。闽南佛寺中经常在大殿旁边建有福德正神庙。

门神是守门之神，最早是神荼与郁垒，之后出现了各种门神，其中道教的有钟馗与王灵官，武将有秦琼与尉迟恭，文官有魏徵与包公等，因此门神应是儒道合一的神。随着佛教的世俗化与中国化，闽南许多佛寺殿堂的大门上均绘有威武的门神形象。

闽南佛寺中有一些特有的海神，如真武大帝、妈祖娘娘等，有保佑出海安全的功能。此外，还有少数地方性神灵，如蔡妈夫人为闽南护胎保育的神仙。

（3）儒教人物

闽南佛寺中还有少数儒教人物，如洛江龟峰岩寺钟英庙内供奉孔夫子；安溪清水岩寺三忠庙内供奉张巡、许远和岳飞；长泰普济岩寺内供奉文天祥、张世杰和陆秀夫。

2. 戏曲人物、历史人物及民间吉祥人物

闽南佛寺建筑的梁枋、门窗、墙壁及屋檐等处常饰有《西游记》故事、《封神演义》故事、《三国演义》故事、《隋唐演义》故事、杨家将故事、二十四孝故事等民众喜闻乐见的故事。这些故事多宣传仁义礼智信、善恶有报等思想，具有移风易俗的教化作用。

闽南佛寺中还有一些吉祥图案，如儿童与石榴象征多子多孙；儿童折桂枝象征金榜题名；四个娃娃抬起一花瓶，表示天下太平。

（二）动物

闽南佛寺建筑装饰中常见的动物有瑞兽、飞禽、水族、昆虫等。

1. 瑞兽

闽南佛寺建筑装饰中有大量龙的形象。在佛教中，龙王菩萨被认为是海洋和水域的守护神，掌管着天龙八部，负责保护佛教信仰和护法。闽南佛教装饰中的双龙戏珠图，寓意喜庆、丰收、吉祥；游龙卷草图，寓意幸福、吉祥与美好；九龙壁上的九龙飞舞图，则寓意群贤共济、蒸蒸日上的盛世景象，等等。其他还有游龙、行龙、飞龙、升龙、螭吻等，其中螭吻又名“鱼龙”“鸱吻”，为鱼和龙的结合体，能吞火喷浪，因此多出现在屋脊上。而且闽南古代属百越之地，以蛇为图腾，后来蛇慢慢进化为龙，因此闽南寺庙偏爱龙纹。

在佛教中，狮子象征着菩萨的威严和力量、修行者的智慧和勇气。闽南佛寺的山门处和主要殿堂门口常摆放一对石狮，左边的狮子是雄狮，用右爪戏弄绣球，象征权威；右边的狮子是雌狮，用左爪戏弄小狮，象征代

代相传。其他如双狮戏球图，寓意风调雨顺、喜庆吉祥。

麒麟是我国古代神话中的一种瑞兽，独角、鹿身、牛尾、通身披鱼鳞，是吉祥的象征。闽南佛寺装饰中与麒麟有关的吉祥图案有麒麟送子，为仙童骑在麒麟上，象征新婚夫妻能早生贵子；瑞应祥麟为麒麟在奔跑，象征吉瑞祥和；麟吐玉书为麒麟、八宝与宝珠组合，象征圣人出世或家里添丁。

“五福捧寿”（又称“万寿五福”），为五只蝙蝠向心环绕一篆书“寿”字或寿桃，寓意多福多寿；“喜象升平”（又称“太平有象”），为一只大象驮着一个宝瓶，寓意河清海晏、民康物阜；“万象更新”为大象驮着一株万年青，寓意人间回春；等等。

2. 飞禽

吴庆洲教授认为，闽南佛寺建筑装饰中出现许多飞禽，应与古越人奉鸟为神灵、始祖有关。

凤凰是古代神话传说中的“百鸟之王”，雄为“凤”，雌为“凰”，其形象为羽毛五彩斑斓，头上有“德”字纹，翅膀有“义”字纹，背部有“礼”字纹，胸部有“仁”字纹，腹部有“信”字纹。闽南佛教装饰中以凤凰为主题的纹样有凤戏牡丹、凤凰和合、鸣凤在竹、丹凤朝阳、彩凤朝阳、龙凤朝牡丹等。

其他还有“官上加官”为雄鸡与鸡冠花的组合，或绘一只蝈蝈落在鸡冠花上；“喜得连科”绘喜鹊站在莲花和芦苇丛中，寓意学子连连取得好成绩；“鹤鹿同春”为仙鹤与麋鹿周围围绕花卉、松树、椿树等，寓意国泰民安；“举家欢乐”为黄雀飞翔在菊花丛中；“安居乐业”绘鹌鹑穿行在荷花中；等等。

白鸽是闽南佛教建筑装饰中特有的飞禽，如鲤城开元寺大雄宝殿戗脊上立有七只白鸽，鲤城泉郡接官亭圆通宝殿戗脊上也立有数只白鸽。

3. 水族

因闽南地处江海之滨，再加上闽南佛寺殿堂内部多为木构，因此闽南佛教装饰中常出现一些水族。

如金鱼摇摆，表示吉祥欢庆；年年大吉为鲢鱼与柑橘，表示每年均大吉大利；鱼跃龙门为鲤鱼跃龙门，比喻逆流而上，奋发图强，飞黄腾达；螃蟹寓意富甲天下、八方招财或纵横天下（图 1–6–13）。

图 1-6-13　白云寺螃蟹造型

4. 昆虫

闽南许多佛寺建筑的梁枋与门窗上，常绘有昆虫图案。

如瓜瓞绵绵为蝴蝶、瓜与瓜蔓，寓意子孙后代绵绵不绝；富贵耄耋为蝴蝶、猫与牡丹，“猫”与“耄”、“蝶”与“耋”谐音，牡丹为富贵花，三者组合起来寓意长寿健康。

（三）植物、山水及建筑

闽南佛寺建筑装饰中有大量植物图案，较常见的有牡丹、莲花、桂花、菊花、忍冬、卷草、兰花、玉兰花、灵芝、芭蕉、宝相花、梅花、竹子、松树等。其中，卷草纹是出镜率最高的纹样。闽南佛教建筑的屋脊上，几乎都饰有卷草纹。

闽南许多佛寺建筑的屋顶、梁枋、大门、窗户等处都饰有山水、卷浪、建筑等图案，但多作为配景。其中卷浪纹有引水克火的寓意，而宝塔象征着智慧、吉祥。

（四）其他纹样

闽南佛寺建筑装饰中还包括博古、佛八宝、暗八仙、文字纹样等。

博古图又称博古架、钟鼎画等，是将图画绘在瓷、铜、玉、石等器物上，寓意博古通今、高雅清洁，多用于官宦之家或书香世家的建筑上。佛寺建筑上的博古图，为其增添了浓浓的书香之气。

佛八宝包括宝瓶、宝伞、双鱼、莲花、白海螺、吉祥结、经幢、法轮，它们经常出现在佛寺建筑的墙壁、梁枋等处。如同安梅山寺天王殿色彩丰富的佛八宝陶瓷浮雕。

暗八仙又称道家八宝，包括葫芦、团扇、鱼鼓、宝剑、莲花、花篮、横笛、阴阳板。其中，葫芦象征福禄；团扇象征长寿与起死回生；鱼鼓象征知天命，顺人意；宝剑象征斩妖驱魔；莲花象征纯洁无瑕；花篮象征神明广通；横笛象征万物生机勃勃；阴阳板象征内心清净。

其他如“卍”字纹，被认为是太阳或火的象征，多画在佛像胸部；“回”字纹因其构成形式回环反复，延绵不断，寓意福寿深远、吉祥绵长；中国结为我国特有的图案，寓意幸福、平安、团结；火焰纹也称佛光、背光，是指佛像头部和肩背两侧所显示的光芒，其来源于古印度犍陀罗佛教雕塑中的焰肩佛。

表 1-6-1　闽南佛教寺庙建筑装饰艺术主要题材

人物	佛教人物：释迦牟尼佛、阿弥陀佛、观世音菩萨、地藏菩萨、弥勒菩萨、文殊菩萨、普贤菩萨、韦陀菩萨、十八罗汉、四大天王、飞天、金刚、武士、护法、侏儒力士、三平祖师、清水祖师、许公祖师、邹公祖师、陈公祖师、黄公祖师、阎王 道教人物：八仙、福禄寿三星、文昌帝君、福德正神、麻姑、刘海、门神、真武大帝、妈祖娘娘、蔡妈夫人 儒教人物：孔夫子、张巡、许远、岳飞、文天祥、张世杰、陆秀夫 其他：《西游记》《封神演义》《三国演义》《隋唐演义》《水浒传》《杨家将》、二十四孝等故事、姜子牙、苏武、竹林七贤、童子
动物	瑞兽：龙、狮子、麒麟、虎、蝙蝠、鹿、马、大象 飞禽：凤凰、孔雀、喜鹊、仙鹤、鹌鹑、燕子、锦鸡、黄雀、白鸽 水族：鱼、螃蟹、龙虾、甲鱼 昆虫：蜘蛛、蝴蝶
植物、山水及建筑	牡丹、莲花、桂花、菊花、忍冬、卷草、兰花、玉兰花、灵芝、芭蕉、宝相花、梅花、竹子、松树、卷浪纹、山水画、亭台楼阁、塔
其他纹样	博古图、佛八宝、暗八仙、“卍”字纹、“回”字纹、中国结、火焰纹

四、闽南佛教寺庙建筑装饰艺术特点

闽南佛寺建筑装饰艺术具有艺术门类多样、题材豪华繁杂、色彩鲜艳丰富、构图饱满充实、造型生动活泼、世俗写真风格与地方特色相结合、宗教精神与民间审美取向相融合、多元风格融会贯通八个特点。

（一）艺术门类多样

闽南佛寺建筑装饰艺术门类众多，包括石雕、木雕、砖雕、剪粘、交趾陶、灰塑、泥塑、油漆彩画、陶瓷、瓷板画、漆线雕、壁画、漆画等，涵盖了闽南地区大部分的民间工艺。

闽南许多佛寺犹如当地民间工艺的展览馆，如晋江龙山寺建筑装饰极为丰富，有屋脊的剪粘、水车堵的石雕、门窗的木雕、垂脊的交趾陶、山花的灰塑、梁枋的彩画、墙壁的砖雕等，艺术类型多样，令人目不暇接。

（二）题材豪华繁杂

闽南佛寺建筑的装饰题材包括人物、动物、植物、山水、建筑和其他纹样等，几乎囊括了闽南民间的吉祥图案，堪称豪华繁杂。

安溪东岳寺殿堂内外布满了各种题材的装饰，有佛菩萨、八仙、福禄寿三星、战将、戏曲人物、门神、蛟龙、猛虎、麒麟、凤凰、孔雀、大象、奔马、蝙蝠、喜鹊、仙鹤、牡丹、莲花、松树、宫灯、楼阁等，琳琅满目，构成了一个热闹欢快的世界。

（三）色彩鲜艳丰富

闽南佛寺装饰中的剪粘、陶瓷、彩画、漆线雕、壁画等均色彩强烈，体现出闽南人直率的性格。单就寺庙屋顶上的剪粘来说，就有大红、朱红、橘红、暗红、紫罗兰、玫瑰红、粉红、翠绿、粉绿、墨绿、橄榄绿、土黄、柠檬黄、橘黄、淡黄、湖蓝、天蓝、深蓝、灰褐、钛白等色彩。

集美圣果院殿堂梁枋上的彩画有湛蓝、金黄、橘黄、翠绿、大红、枣红、煤黑、湖蓝、赭石、熟褐等色，色彩较为纯正饱和，体现了闽南民众独特的审美经验。

（四）构图饱满充实

闽南佛寺装饰图样以饱满充实著称，反映了民众追求圆满的观念。

如芗城西桥亭天王殿屋脊上布满了各种题材的剪粘，有凤戏牡丹、瑞应祥麟、鹤鹿同春、喜上眉梢、孔雀开屏、龟鹤齐龄等，排列紧凑，密不透风；鲤城开元寺东西双塔塔身及须弥座上饰满佛、菩萨、罗汉、高僧、将军、力士、花卉、瑞兽及佛教故事等，工匠们通过对称、等分、太极等构图手法，使这些繁复的图案变得井然有序。

（五）造型生动活泼

闽南佛寺装饰中有端庄的佛陀、慈祥的菩萨、威武的护法、幽默的八仙、神武的将军、奔跑的麒麟、勇猛的狮子、腾云的蛟龙、飞舞的凤凰、凶猛的老虎、安详的麋鹿、飘逸的仙鹤、呆萌的乌龟、盛开的花朵等，真是姿态万千，生动活泼。

南安白云寺旧大殿水车堵剪粘《西游记》《水浒传》等故事，画面中的人物或握枪，或拿斧，或执旗，或抱拳，或举剑，或游园，或抬箱，造型各异，面部表情丰富；廊庑脊堵处嵌有两只张牙舞爪的螃蟹，别有风趣。

（六）世俗写真风格与地方特色相结合

闽南佛寺装饰中的人物、动物、植物、山水等形象，都是从闽南人的现实生活中提取而来的，是艺术写真与地方特色的有机结合。

晋江龙江寺拜亭两侧山花神龛内各剪粘一名老翁和武将，老翁应该是姜太公，但见他红光满面，头戴一顶草帽，手持一把鱼竿，悠然自得地坐着，其形象和服饰颇似闽南沿海地区的渔民。

（七）宗教精神与民间艺术审美取向相融合

闽南佛寺装饰既体现了浓郁的宗教思想，体现了闽南民间艺术朴素、求全求满的审美取向，是宗教精神与民间艺术审美取向的完美结合。

鲤城开元寺阿育王塔塔身上方立四朵山花蕉叶，每朵山花蕉叶上浮雕一个佛本行故事，其中东阿育王塔山花蕉叶上的少年释迦的服饰和动态，都借鉴了南宋时期南少林武僧的形象。

（八）多元风格融会贯通

闽南佛寺装饰受到佛教文化、道教文化、儒家文化、民风民俗、世俗文化、海外文化的影响，形成了多元包容的艺术特色，反映了闽南文化兼收并蓄的特点。

鲤城泉郡接官亭建筑装饰中既有佛祖说法图、二龙戏珠、双龙护塔、护法金刚、狮子香象等佛教题材，八仙过海、南极仙翁、麻姑献寿、二十四孝等儒道内容，还有戏曲人物、孔雀开屏、喜上眉梢、金鱼摆尾、麒麟奔跑等民间题材，是多元文化的有机结合。鲤城开元寺大雄宝殿前月台须弥座束腰处，有 73 尊古印度教的狮身人面像青石浮雕，大殿后檐竖立两根雕刻有 24 幅古印度神话故事和中国传统吉祥图案的石柱，这些古印度风格的石雕充分体现了泉州文化的多元包容性。

本章小结

闽南佛寺建筑的屋顶、山墙、立面、门窗、梁柱、墙壁、天花、神龛、供桌等位置均有许多装饰作品。甚至可以说，闽南佛寺就是闽南民间建筑艺术的博物馆。从装饰类型看，有石雕、木雕、砖雕、剪粘、交趾陶、灰塑、泥塑、油漆彩画、陶瓷、瓷板画、漆线雕、壁画、漆画等，涵盖了闽南地区大多数民间工艺类型。

从装饰题材看，包括人物（包括宗教人物、戏曲人物、历史人物及神话传说人物），动物（包括瑞兽、飞禽、水族、昆虫），植物、山水、建筑及其他纹样等，极为丰富多彩。闽南佛寺建筑装饰艺术具有艺术门类多样、题材豪华繁杂、色彩鲜艳丰富、构图饱满充实、造型生动活泼、世俗写真风格与地方特色相结合、宗教精神与民间审美取向相融合、多元风格融会贯通八个特点。闽南佛寺建筑装饰体现了儒、释、道三家的文化思想与闽南民间审美取向，融合了外来文化与本土文化，既是多元文化的有机结合体，又是内涵丰富的艺术宝库。

第七章　闽南佛教寺庙景观艺术

佛寺景观将宗教、自然、建筑、人文等诸多元素相互融合，“寄情于景，寓景以情”，使人们在世外桃源般的环境中，领略佛教的教义与精神。

一、中国佛教寺庙景观艺术

中国古典园林主要分为皇家园林、私家园林与寺庙园林三种，其中寺庙园林既包括佛教寺庙和道观祠庙的建筑合成的庭院，也包括寺庙周围优美的自然景观，是寺庙建筑、寺庙文化、人工山水和自然山水的结合体。

佛寺景观是寺庙建筑、宗教景物、人工造景和天然山水组合而成的立体式综合体。晋代，我国已有较成熟的山野佛寺园林，据南朝僧人慧皎的《高僧传》记载 :“远创造精舍，洞尽山美，却负香炉之峰，傍带瀑布之壑，仍石垒基，即松栽构，清泉环阶，白云满室。复于寺内别置禅林，森树烟凝，石径苔生。”隋唐时期，我国出现了一大批风景型佛寺园林，其中最著名的当属佛教四大名山——四川峨眉山、山西五台山、浙江普陀山、安徽九华山，极尽山水之美。宋元明清时期，我国佛寺园林进入全面成熟期，佛寺景观更加文人化与世俗化，成为富有深厚文化韵味的公共园林，也成为民众游览、休闲、净化心灵的绝佳景点。

二、古文献中的闽南佛教寺庙景观

闽南佛寺园林经历了上千年的发展，积淀了大量宗教史迹、历史故事、摩崖碑刻和楹联诗文，蕴含着丰富厚重的历史文化底蕴。可惜由于种种原因，许多闽南佛寺的景观已不复当年的面貌，我们只能从各类文献中窥得一二了。

鲤城承天寺原有十景，分别是偃松清风、方池梅影、卷帘朝日、榕径午荫、塔无栖禽、瑶台明月、推蓬雨夜、啸庵竹声、鹦歌暮云、石如鹦鹉，宋代泉州太守王十朋曾为之一一赋诗，名为《承天寺十奇诗》；明代文人颜桃陵将永春魁星岩寺沿途的景致标为十二景，分别是万松巢鹤、半岭迎云、茂林幔绿、广庭秋月、梅盘仙榻、烟萝鸟道、吟台悬壁、竹坞佛泉、斗石钟灵、山阴禊迹、曲涧春流、崆峒通玄；明代文人慎蒙在《名山记》中描述了七首岩寺周边的秀美景色，其文曰："在十二、三都，峰峦奇秀，延袤数里，上多怪石，有若狮子者，有若蟾蜍者，有可梯者，有如门者，状类不一。又有半月池、罗汉峰、超然亭、宝月岩、南泉岩及圆月、石门、龙泉、妙峰、玉泉五庵，以石狮岩为最胜，故以名山。"

民国《诏安县志》记载南山禅寺后山景色曰："山为学宫文笔，大小二峰相次，当斜阳照耀，山光丹碧，悠然见之，如睹天马行空，故称'南山夕照'，为诏安二十四景之一。"

近现代一些学者也致力于探究闽南佛寺的古园林景观。陈允敦教授的《泉州古园林钩沉》按照历史顺序，介绍了泉州园林的发展轨迹，如记载鲤城释迦寺景观曰"殿后有池一泓，池与城墙间之隙地曾叠一花山。山体不大，但姿态绰约，奇石曲洞，幽中带秀，蹬道隐约，略可登临。山之南北则植灌木花树，如夜合、月桂、含笑之属"；又惠安净峰寺景观曰"屹立于若即若离之半岛腋间，周遭平畴，孤峦耸峙，加以山顶寺观点缀，形成此兀立青螺，益显雄伟……拾级而上，左顾右盼，应接不暇，岚影波光，上下掩映。扶回栏，步曲径，渐近山阿"；又记载番佛寺景观曰"西北一段原来凿有大池，池畔假山临水，树木婆娑"。

上述文献中有关闽南佛寺的古园林景观的记载，为如今重新恢复鲤城承天寺十景、永春魁星岩寺十二景等佛寺古景观提供了相当重要的参考资料。

三、闽南佛教寺庙景观布局与造景手法

计成在《园冶》中提出的造园基本原则是："有高有凹，有曲有深，有峻而悬，有平而坦，自成天然之趣，不烦人事之工。""高方欲就亭台，低凹可开池沼，卜筑贵从水面，立基先就源头。"这些原则，同样适用于寺庙园林景观的营造。下面将主要从景观布局和造景手法两方面入手，来分析闽南佛寺园林景观的营造手法。

（一）景观布局

中国园林布局受山水画影响颇深，讲究虚实结合。清代郑绩《梦幻居画学简明》曰："凡布置要明虚实，以一幅而论，如一处聚密，必间一处放疏，以舒其气，此虚实相生也。"佛寺景观是依附于建筑的，因此根据闽南佛寺建筑布局的种类，可将其景观布局分为五类。

1. 中轴线式布局

闽南佛寺建筑多采用中轴线布局，因此其园林景观也都围绕中轴线来设计，一般会在中轴线两侧设置相互对应的佛塔、树木、放生池、苗圃、廊庑、道路以及其他景观小品。丰泽海印寺、石狮法净寺、晋江龙山寺、思明太平岩寺和日光岩寺、龙海古林寺、云霄开元寺和灵鹫寺、漳浦清水岩寺、华安平安寺等寺庙的重要景观都集中在中轴线两旁。

2. 多轴线式布局

平和三平寺、鲤城开元寺和承天寺、丰泽南少林寺、同安梅山寺等佛寺采用多轴线式布局，景观分布在多条轴线上。如三平寺南北中轴线及两侧分布有三平祖师雕像、九龙壁、放生池、石桥、山坡、虎爬泉等景观，另一条轴线上有广济桥、放生池、仰圣广场、六经幢、石阶、祈福广场、尚德广场、指月泉、菩提泉、树木、丛林等景观。

3. 曲线式布局

大部分山林佛寺或少数平原寺庙中贯穿殿堂的道路蜿蜒曲折，景观也随之变化多端，形成曲线式布局。云霄龙湫岩寺、永春乌髻岩寺、思明鸿山寺、惠安净峰寺等均为曲线式布局，景观层次感强、如乌髻岩寺蜿蜒曲

折的山道旁设置有池塘、石塔、石雕、泉眼、溪流、树林、凉亭等景观。

4. 向心式布局

闽南许多佛寺都以一栋殿堂、一座佛塔、一汪池塘、一棵大树或一个山头等为主体实行景观设计。鲤城开元寺两侧园林中的树林、灌木、石雕、石碑、照壁、水池、假山、石凳及道路等，皆以东西双塔为中心进行有序布置；丰泽青莲寺的景观布局主要围绕一座人工山体展开，山体上下布置有植物、石雕、小溪、石桥、岩石、石塔、石碑、步道等。

5. 自由式布局

漳浦海月岩寺、惠安岩峰寺与虎屿岩寺、思明万石莲寺等的地形较为错综复杂，建筑群多采用自由布局，其景观也因地制宜，富于变化。如海月岩寺的放生池、石拱桥、树木、石柱、巨石、摩崖石刻等皆自由地坐落在山坡之上，富有变化。

需要指出的是，绝大多数的闽南佛寺都采用多种布局形式，其景观布局往往根据建筑布局进行设计。如丰泽南少林寺景观为多轴线布局，但局部景观也具自由式布局和曲线式布局的特点。

（二）造景手法

闽南佛寺常见的造景手法有借景、对景、框景、漏景、障景、藏景、夹景、点景等。佛寺景观设计者根据佛寺的地形特征，灵活运用各种造景手法，营造出具有宗教意义和审美意义的空间。

1. 借景

《园冶》对“借景”的描述是：“借者，园虽别内外，得景则无拘远近。晴峦耸秀，绀宇凌空，极目所至，俗则屏之，嘉则收之。不分町畽，尽为烟景，斯所谓巧而得体者也。”借景包括远借、近借、仰借、俯借、实借、虚借等，这些借景手法在闽南佛寺景观中均有应用。

如从东山东明寺天王殿前石埕可远眺大海对面山上的文峰塔，将其借入园中，形成远借（图 1–7–1）；在晋江水心禅寺里可望见晋江入口处高大的瑞光塔，形成近借；从龙海普照禅寺里抬头就可看见山上的怪石奇峰，这是仰借；站在龙海七首岩寺广场可俯视山下密集的城镇和田野，形成俯借。以上都是实借，而德化灵鹫岩寺周边山峦延绵，夏天树木郁郁葱葱，

图 1－7－1　东明寺远借

冬天的雾凇极为壮观，形成虚借。

2. 对景

对景一般是指位于园林轴线及风景视线端点的景物，可分为正对和互对。正对指的是以人的视线终点或轴线端点为基础展开设景；互对指的是人的视点或视线的一端在轴线两端展开设景。

闽南佛寺景观大量使用对景，如思明太平岩寺地藏殿正前方的岩石上有条小瀑布流向下方的池塘，池边巨石上立一尊滴水观音，周边洞奇石秀，形成良好的对景效果；德化西天寺大殿正对面原本只是普通的山坡，后种植一排山茶花，构成对景；龙海古林寺山门后方原是陡坡，后来在坡前塑一尊石雕弥勒菩萨像，构成对景，极大地丰富了视觉效果。

3. 框景

框景是利用门框、窗框、树框、山洞等，有选择地摄取空间的优美景色，形成如嵌入镜框中图画的造景方式，艺术感较强。

如思明万石莲寺内山门为三间四柱式石牌坊，站在山门外，从三个门洞中可望见寺内的大雄宝殿、山石与树木，画面感极强；石狮龙海寺石埕上有一石亭，从亭后透过石柱可远望正前方的大海、殿堂、沙滩、礁石、木麻黄等，视野开阔，构成一幅优美的海景画。

4. 漏景

漏景是透过花窗、隔扇、漏窗、漏明墙、栅栏或疏朗的树干等虚隔物摄取风景画面。

从丰泽海印寺天王殿梢间的螭龙透窗后，可望见寺外的石埕、树木、石雕等景观；云霄南山寺外墙辟有竹节柱漏明窗，从窗后能欣赏到寺前的广场、绿树与青山。

5. 障景

障景就是通过在园林中设置屏障式的景观或景物，来遮挡不好的景观或景物，或设计曲径通幽的曲折效果，引领观者感受一步一景、曲径通幽、层层叠叠的景观。

如永春普济寺山门后建有一照壁，游人需从左侧绕过照壁，方能看见寺庙内的景观；思明万石莲寺大雄宝殿右侧有一堵围墙遮挡住视线，通过墙上的门洞，才能见到念佛堂和会泉法师纪念堂，给整个寺庙增添了神秘的氛围。

6. 藏景

藏景就是用山、岩石、墙壁、植物等对景色进行一定程度的遮挡，达到出其不意和引人入胜的效果。

如南安石亭寺藏于一片树林之后，游人沿着石阶攀登而上时，眼前忽然出现一座小山门，穿过门洞后，方可看到小巧玲珑的石亭寺；漳浦海月岩寺的梁山神祠和地藏殿均隐藏在巨石之后的山洞里，进入洞穴后，别有洞天。

7. 夹景

夹景是以树木、岩石、雕塑、塔、墙体等将轴线两侧不理想的景观加以屏障，形成左右较封闭的狭长空间，从而突出空间端部的景观，有着强烈的透视感与深远感。

如鲤城承天寺山门后香道左右两侧分别为七座舍利塔、一排榕树和一堵长长的山墙，游人游览时犹如穿行在时空隧道中（图 1–7–2）；龙文石室岩寺山门后甬道两侧各塑一排石雕十八罗汉像和香樟，形成一条狭长的

图 1－7－2　承天寺夹景

景观带，有着强烈的透视感。

8. 点景

点景是把景物点出来，小到一块石头、一棵树、一座小塔、一座石桥、一汪池水，大到一座假山、一处凉亭、一栋殿堂，具有画龙点睛之效果。

如海沧石室禅院后山一片浓密的森林中，突然露出一尊巨大的金色佛祖半身像，立即把游人的视线吸引过去，起到很好的点景作用；安溪清水岩寺如觉亭旁有一株高约 31 米，外围约 7 米，号称“枝枝朝北”的古樟，牢牢吸引着游人的眼球。

四、闽南佛教寺庙景观要素分析与特点

北京大学俞孔坚教授认为，园林是“包括土地、植物、道路、水体、动物、建筑等元素在内的综合体”。闽南佛寺景观要素主要包括：水景、山石洞穴、植物、摩崖石刻、楹联与牌匾、道路与广场、声景观、光景观及其他景观小品等。

（一）水景

水是构成景观的重要因素，几乎无园不水。北宋著名画家郭熙的《林泉高致》对水进行了生动的描述："水，活物也，其形欲深静、欲柔滑、欲汪洋、欲回环、欲肥腻、欲喷薄、欲激射、欲多泉、欲远流、欲瀑布插天、欲溅扑入池、欲渔钩怡怡、欲草木欣欣、欲挟烟而秀媚、欲照溪谷而光辉，此水之活体也。"水景是园林里最活跃、最有亲和力的要素，激发了人们无限的想象力。

水在佛教中有着特殊的意义，可喻菩萨十种善法。闽南佛寺园林里的水景主要有放生池、溪流瀑布和江河湖海。

1. 放生池

放生池一般位于佛寺天王殿或大殿的前方，处朱雀之位，为严肃的佛殿增添了灵动感。同时放生池上常建有亭、桥、栈道、雕塑等，点、线、面灵活组合，视觉层次丰富。闽南大多数佛寺内都建有放生池，池内有大量游鱼可供游人观赏。闽南佛寺的放生池主要分为规则性放生池和自然式放生池，规则性水池有方形、半圆形、椭圆形、圆形、莲花形等，四周设石栏杆；自然式放生池多利用天然水潭，形式自由多变，常以岩石作为驳岸。

翔安香山岩寺正前方有一个长方形放生池，一座 3 米宽的石板桥把水池左右分开，两侧施石栏杆，池边有一巨石叠成的狮头，清泉缓缓地从狮口流出，又称作"仙尿"，背后是一眼千年不竭的山泉，水池边刻着"仙泉"两个大字，池水映衬着石塔、殿堂、石拱桥和古树倒影，环境十分静寂；龙海龙池岩寺前方山谷里有一处面积较大的放生池，池中建六角形凉亭，四周山上的古树郁郁葱葱，一片湖光山色，朱熹曾有诗赞曰"半亩方塘一鉴开，天光云影共徘徊。问渠那得清如许，为有源头活水来"；诏安九侯禅寺前的盆地中建有自然式放生池，以天然岩石为驳岸，周边绿树环绕，池中塑高约 8 米的汉白玉滴水观音立像，池上建有一座名"妙然桥"的石桥。桥名"妙然"出自白居易《唐东都奉国寺禅德大师照公塔铭序》中的"其教之大旨，以如然不动为体，以妙然不空为用"，有精妙深远的寓意。

2. 溪流瀑布

唐代诗人李白的《望庐山瀑布》曰“日照香炉生紫烟，遥看瀑布挂前川”，唐代诗人王维的《山居秋暝》曰“空山新雨后，天气晚来秋。明月松间照，清泉石上流”，宋代诗人张嵲诗曰“溪流一派碧潺潺，落蕊随溪出乱山”，可以看出，溪流和瀑布最能体现山林之野趣。闽南许多山林佛寺旁均有溪流或瀑布，瀑布可分为天然瀑布和人工瀑布，所谓“人工瀑布”，就是利用断岩峭壁、台地陡坡或人工构建的假山，营造出水流的跌落状，形成瀑布或叠水景观。

平和灵通寺上方悬崖有条瀑布从海拔 1181 米的沟壑处飞流而下，刚好挂在灵通寺前方，飞珠溅玉，号称“珠帘化雨”，如梦如幻；龙海七首岩寺文殊铜殿南面有一处精心设计的景观坡地，一条清澈的溪流从山石间涌出，溪边岩石缝种植菖蒲、艾香草、文竹等，溪上建拱桥，桥下有一块镀金巨石；丰泽青莲寺圆通宝殿前的鹿野苑为一处人造假山景观，山边有一条小溪，流向山脚下的放生池，驳岸用天然鹅卵石垒砌，池中一块岩石上立一尊释迦牟尼佛诞生石像，四周点缀数只石雕仙鹤，池边有小型石拱桥；思明鸿山寺登山道右侧有条小型人工瀑布（图 1–7–3），宛如一条白色玉带，垂挂于崖壁之上，瀑布下方有一个沿山崖而建的不规则形池塘，清澈透亮，周边种植灰莉等植物，池上建一座石拱桥通往山门。

图 1–7–3　鸿山寺人工瀑布

3. 江河湖海

计成在《园冶》“江湖地”中指出：“江干湖畔，深柳疏芦之际，略成小筑，足征大观也。悠悠烟水，澹澹云山，泛泛渔舟，闲闲鸥鸟。漏层阴而藏阁，迎先月以登台。”闽南许多佛寺坐落于江河湖海之畔，视野开阔，景色优美。唐代诗人顾况的《宿湖边山寺》曰：“群峰过雨涧淙淙，松下扉扃白鹤双。香透经窗笼桧柏，云生梵宇湿幡幢。蒲团僧定风过席，苇岸渔歌月堕江。谁悟此生同寂灭，老禅慧力得心降。”

如芗城南山寺正对面为开阔的南山湖，水平如镜，湖边为秀丽的南山水岸，犹如诗僧拾得所言“无去无来本湛然，不拘内外及中间。一颗水晶绝瑕翳，光明透出满人间”；石狮洛伽寺位于一座小岛礁上，三面临海，一面建有石桥与海岸相连，时刻都能听到海浪拍打礁石的声音，如海中仙阁；东山苏峰寺庙海拔较低，东面就是一望无际的东海，站在寺庙高处远眺大海，只见波光粼粼，水天一色，碧波万顷，使人产生林则徐那种“海到无边天作岸，山登绝顶我为峰”的感慨。

（二）山石洞穴

古代许多僧人偏爱在岩石洞穴里修行，据说达摩祖师在少林寺后山面壁九年，并作有偈颂：“外息诸缘，内心无喘，心如墙壁，可以入道，明佛心宗，等无差误，行解相应，名之曰祖。”

闽南沿海具有火山岩地质地貌特征，岩石洞穴众多，为佛寺园林提供了良好的景观元素。闽南山林佛寺常常利用岩石进行造景，平原寺庙也会通过人工叠石来营造山石气象。

1. 自然岩石与洞穴

厦门地区有很多花岗岩地貌景观，花岗岩经过风化后，造型变化多端，是建寺造园的理想素材。因此，历史上有许多僧人都选择在岩洞里建寺修行。如思明万石莲寺因建于岩石群中而得“万石”之名，山上有许多千奇百怪的石头，风光秀丽。惠安虎屿岩寺周边洞奇石秀，怪石嵯峨，有“石龟驮印”“雷公石”“仙人脚掌印”等奇石景观，岩石之间还隐藏着“虎洞”“仙翁洞”“师姑洞”等，洞中有寺，寺旁有洞，洞石相映，妙趣横生；泉港重光寺后山的山坡上怪石突兀，在山巅最高处耸立着一丛形如“五瓣莲花”的巨岩，中间是一块平坦的岩石，造型如同花蕊，旁边 5 块巨石凌空而立，犹如花瓣，其他还有“吕仙石床”“师徒坐禅椅”“天狗叼鱼”等岩石景观；漳浦紫薇寺周边有许多天然奇石，有“飞来石佛”“莲花座墩”“风动石鼓”“云间灵钟”“雄鹰威武”“仙人脚印”“水晶石笋”“石井龙泉”八大奇观。

2. 假山

闽南佛寺除利用天然岩石与洞穴塑造景观外，也常在殿堂前后、庭院中用太湖石、英德石、本地岩石等堆叠假山，形成点峰、屏峰、引峰、补峰等效果，从而营造出千山万壑之境。

如丰泽海印寺的假山是用清一色的铁沙钟乳堆砌而成的，这种石材玲珑剔透，上面还有贝壳，富有天趣；同安铜钵岩寺大殿前半圆形放生池里以数十块大小不一的深灰色岩石垒成假山景观，有的假山像老僧，有的假山像祥云，有的假山像狮首，有的假山像猛虎，有的假山像枯木，造型各异，引人入胜（图 1–7–4）。鲤城崇福寺功德堂前的草地上有用浅褐色石头垒成的假山，形成点峰效果。

图 1 - 7 - 4　铜钵岩寺假山

（三）植物

亢亮、亢羽在《风水与城市》一书中指出："植物有灵性，植物之间，植物与人之间经常存在一种场——生物场"；植物具有"超感官知觉"的功能。

闽南地区日照充足，温暖多雨，植物种类非常丰富，不仅有木棉、柳树、木麻黄、桉树、桦树等阳性植物，红豆杉、冷杉、地锦等阴性植物，还有罗汉松、毛竹、柏树、山茶花等耐阴植物。"寺因木而古，木因寺而神"，闽南佛寺植物主要有三大类：具有佛教寓意的植物、适应当地气候环境的常见植物、当地佛寺特有的古树名木。

1. 具有佛教寓意的植物

佛教中有"五树六花"之说，"五树"分别指菩提树、高榕、贝叶棕、槟榔和糖棕，"六花"分别指荷花、文殊花、黄姜花、缅桂花、鸡蛋花、地涌金莲（千瓣莲）。

2. 适应当地气候环境的常见植物

闽南佛寺内种植有大量适应当地气候环境的树木，其中较常见的有榕树、桂树、山茶树、香樟、凤凰木、相思树、柏树、枫树、柳杉、三角梅等。

3. 当地佛寺特有的古树名木

《园冶》曰"多年树木碍筑檐垣，让一步可以立根，斫数桠不妨封顶。斯谓雕栋飞楹构易，荫槐挺玉成难。相地合宜，构园得体"，道出了古树的重要作用。闽南佛寺保存有大量古树名木它们见证了寺庙的兴衰历程，透发出幽深远古的沧桑感，具有"刹那成就永恒"的禅境。

鲤城开元寺大殿西侧的桑莲古迹内，有一株势如龙蟠的古桑树，其已有1300多年的历史了，虽然树干因遭雷劈而分裂为三，但枝叶仍郁郁葱葱，造型奇特；龙海七首岩寺大殿右侧的和合树，是明代高僧容朴实禅师所种，此树的奇特之处在于：从根部出土位置分叉，长出二枝树干，看似两棵，如同夫妻紧紧依偎在一起；清源山弥陀岩寺有施琅将军的部下从台湾移植来的已300多年的洋蒲桃树，该树如今高14.63米，干围3.4米，春夏时节结粉红色果，形如小丑之鼻；安溪清水岩寺"圣泉"旁有株清水祖师所植的高约 13 米、外围约 1.35 米、枝枝朝北的罗汉松。据说该树每年长三寸、雷鸣电闪矮三分。

表 1-7-1 闽南部分佛教寺庙古树名木

城市	寺庙名称	古树名木
泉州市	开元寺	3 株 1300 多年的桑树，8 株 200 ～ 800 年的榕树
	承天寺	2 株 150 多年的榕树
	泉郡接官亭	1 株 300 多年的榕树
	福清寺	2 株 100 多年的榕树
	赐恩岩寺	1 株千年樟树
	千手岩寺	1 株 300 多年的松树
	海印寺	2 株数百年的榕树
	弥陀岩寺	1 株 200 多年的重阳木，1 株 300 多年的洋浦桃
	天湖岩寺	1 株 100 多年的榕树
	虎岩寺	1 株近千年的枷棕树
	灵源寺	1 株 500 多年的樟树，1 株 100 多年的木棉树
	龙山寺	1 株 110 多年的含笑树，1 株 100 多年的山茶花
	金粟洞寺	1 株 150 多年的枫树
	福林寺	1 株 100 多年的木棉树
	灵应寺	1 株 100 多年的荔枝树，1 株千年油杉，千年奇竹
	净峰寺	1 株近 320 年的柘树
	虎屿岩寺	3 株 650 多年的罗汉松
	一片瓦寺	1 株 120 多年的榕树
	东岳寺	1 株 300 多年的桂花树，1 株 800 多年的榕树
	清水岩寺	1 株 900 多年的樟树，1 株 900 多年的罗汉松千年古藤
	魁星岩寺	1 株 100 多年的山杜鹃，2 株 100 多年的龙眼树，1 株 100 多年的山杜荆
	西天寺	2 株 220 多年的山茶花
	五华寺	2 株 100 多年和 1 株 200 多年的柳杉
	戴云寺	1 株近千年的桂花树
	狮子岩寺	1 株近千年的罗汉松
	龙湖寺	6 株 100 多年的紫藤
	永安岩寺	1 株近 700 年的柳杉，1 株 110 多年的柳杉
厦门市	鸿山寺	数株 100 多年榕树
	南普陀寺	数株 100 多年榕树
	石室禅院	2 株 200 多年的白玉兰
	寿石岩寺	1 株 100 多年的龙眼树

续表

城市	寺庙名称	古树名木
漳州市	东桥亭	1 株 100 多年的榕树
	塔口庵	1 株 100 多年的榕树
	龙池岩寺	2 株 100 多年的木棉树
	七首岩寺	1 株 400 多的和合树
	白云岩寺	1 株 1300 多年的枫树，1 株 800 多年的枫树，1 株 700 多年的刨花润楠，1 株 200 多年的枫香树，1 株 200 多年的凤眼果，1 株 100 多年的朴树，1 株 100 多年的建润楠，1 株 100 多年的樟树，1 株 100 多年的山杜荆，1 株 300 多年的白茶花
	木棉庵	数株 100 多年的榕树
	金仙岩寺	1 株 200 多年的枫树，1 株近 1000 年的加冬树
	林前岩寺	1 株 200 多年的铁冬青
	碧湖岩寺	1 株 300 多年的榕树，四木连枝
	剑石岩寺	1 株 100 多年的榕树
	白云岩寺	1 株 500 多年的金钟荔枝
	九侯禅寺	1 株 100 多年的杧果树，阴阳树，三合树
	南山禅寺	1 株 100 多年的樟树
	长乐寺	1 株 100 多年的榕树
	宝智寺	1 株 230 多年的榆树
	五云寺	1 株 100 多年的枫树
	登云寺	1 株 100 多年的榕树
	朝天寺	1 株 100 多年的榕树

4. 植物布置手法

闽南佛寺设计者依据不同的园林空间，采用孤植、对植、列植、群植等布置植物的手法。

孤植树又称为孤赏树、赏形树或独植树，主要是利用树木优美多姿的树冠、叶色等，独立成景供人观赏。如晋江灵源寺天坛前有株 500 多年的古樟树，树干粗壮，偌大的树冠遮去了半个庭院，远远望去，就像一位护法金刚默默地守护着这座古刹。

凡乔木、灌木以相互呼应方式栽植在构图轴线两侧的，称之为对植。其主要用于公园、建筑前、道路、广场的出入口，起遮阴和装饰美化的作用。如海沧石室禅院弥勒殿前对植两株 200 多年的白玉兰，这两株树就像两名卫兵守护着大殿。

列植就是将乔木、灌木按一定的株行距成排成行地栽种，形成气势庞大、韵律感强的景观，多出现在道路、广场两侧。如云霄开元寺山门前甬道两侧列植有榕树。

群植就是将数量较多的乔木、灌木（或加上地被植物）配植在一起，形成一个整体。如云霄碧湖岩寺的左侧、右侧、后侧都群植大片树木，尽显原生态景观。

（四）摩崖石刻

摩崖石刻有广义和狭义之分，广义的摩崖石刻泛指刻在天然石壁上的各类文字石刻、石刻造像；狭义的摩崖石刻专指文字石刻。闽南佛寺的摩崖石刻数量多，内容涉及诗、词、楹联、记叙及题字等，字体包括篆书、隶书、行书、草书、楷书等，具有丰厚的文化内涵和强烈的地域特色。

思明日光岩寺后山有 80 多处摩崖石刻（图 1–7–5），其中有张瑞图、何绍基、郑成功、丁一中、许世英、蔡元培、蔡廷锴、蒋鼎文等人的诗文题刻，而泉州府同知丁一中题刻于万历元年（1573）的“鼓浪洞天”，是日光岩最早的石刻。这些石刻或笔力雄健，或意蕴精深，是日光岩上的一大文化景观。

图 1-7-5　日光岩寺摩崖石刻

东山恩波寺所在的九仙岩有明清名宦、墨客骚人、高僧题写的摩崖石刻。如福建参政程朝京于明万历三十六年（1608）题写的高 1.2 米、宽 2 米的草书《题九仙石室》；段伯炌与周光甫于明万历四十八年（1620）题的高 1.32 米、宽 1.3 米的行书《石室仙洞题咏——南溟》；福建参将李楷于明万历三十六年（1608）题的高 1.32 米、宽 1.3 米的草书《石室仙洞题咏——海邦》；福建南路参政施德政于万历三十年（1602）题的共 309 字的“横海歌”。其他石刻还有“悟石飞来”“视天门”“海天一色”“仙道皈宗”“人世仙境”“瑶台仙桥”“燕泉”等。

漳浦海月岩寺周边有 100 多处摩崖石刻，多为宋代以后的文人墨客、高僧大德所题。如仰楼法师所题的“卓石桥”，字高 48 厘米、宽 32 厘米，下面有仰楼所题的一首七绝诗“云根叠叠拥深坑，架做桥梁济客行。不用施工巧制作，共夸天地自生成”；位于寺前岩石上云光法师所题的“别有天”，字高 42 厘米、宽 30 厘米；大雄宝殿上方是性德法师所题的“海月岩”，字高 60 厘米、宽 45 厘米。

此外，龙文石室岩寺、漳浦清泉岩寺、思明虎溪岩寺、安溪达摩岩寺、南安五塔岩寺等，都有许多珍贵的摩崖石刻。

（五）楹联与牌匾

1. 楹联

闽南佛教寺庙拥有数量极多的楹联，这些楹联的内容博大精深，蕴含着丰富的哲思，是园林的点睛之笔，为佛寺景观增添了文化意趣。就内容而言，闽南佛寺楹联主要包括如下几类：

（1）宣扬佛教思想

如鲤城开元寺大雄宝殿楹联“慧海澄圆无所住，天明高广本来空”“莲座护祥云名刹宏开登净域，檀林施法雨慈航普渡指迷津”，甘露戒坛楹联“冷暖自知不必别求甘露，我人无相皆来随喜戒坛”；丰泽南少林寺观音阁楹联“真观清静观广大智慧观，梵音海潮音胜彼世界音”；泉港山头寺大雄宝殿楹联“万法皆空归性海，一尘不染证禅心”；惠安净峰寺弘一法师所题的楹联“自净其心，有若光风霁月；他山之石，厥惟益友明师”；芗城东桥亭观音殿楹联“但此往往来来事无凭，万劫总生一念；勿谓因因果果人得度，东桥直透西天”；漳浦清泉岩寺弥勒殿楹联“真诚清净平等正觉慈悲，看破放下自在随缘念佛”；等等。

（2）劝人积德行善

如漳浦青龙寺大雄宝殿楹联“心存清白方坦荡，事留余地自逍遥”；南安石室岩寺石室楹联“佛影僧影影影喻人为善，书声钟声声声劝世行仁”；漳浦海月岩寺梁山神祠楹联“入此门生惭愧想，履斯地发菩提心”等。

（3）描述佛寺景观

如丰泽千手岩寺大殿楹联“殿外月窥松色色全彰深般若，堂前风听竹声声都入大圆通”；诏安南山禅寺东山门楹联“绿水长流宝刹钟声萦古渡，青山永峙西溪月色耀祥光”；丰泽海印寺天王殿楹联“江中舟楫频来往，海上云山半有无”“海日三山观自在，印潭一月色皆空”；南安雪峰寺方丈室楹联“阶前生意风光好，座上禅心水月清”，般若堂楹联“冷冷清清雪，茫茫杳杳峰”；云霄碧湖岩寺门厅楹联“碧山耸秀，四面春风开慧眼；湖水澄清，一轮皓月印慈心”；东山东明寺天王殿楹联“潮水流长推浪归碧海，高山仰止寄目望文峰”；云霄水月楼山门楹联“门前水秀通南海，楼外月明照慧云”，大雄宝殿楹联“水漾波光浮佛阁，月移花影上楼亭”等。

（4）描述佛寺人物与历史

如南安雪峰寺殿堂有一副楹联“李唐诞圣，赵宋开岩，名山史迹千年古；梵刹恢宏，农禅克绍，盛世风光万象新”；泉州承天寺楹联"唐侯博施田千顷，宋守增题寺十奇"；泉州宿燕寺联"此地古有海岸庵，五百尼师修净业；晚清始建宿燕寺，一个道人创名山"；丰泽福清寺有赵朴初题的楹联"千古江山留胜迹，一林风月伴高僧"；鲤城承天寺宏船法师纪念堂门联“宏流渡星洲，飞锡遍游海国；船航发晋水，传灯普照炎方”等。

2. 牌匾

牌匾又称匾额，是中国独有的一种文化符号，为集汉语言、汉字书法、雕刻、建筑于一体的综合艺术，具画龙点睛之功用。从材料来看，闽南佛寺牌匾主要有木质、石材和金属三种；从底色来看，主要有黑色、紫色、红色、蓝色、绿色等；从内容来看，主要分为三类。

（1）寺庙或建筑的名称

如“雪峰寺”“千手岩寺”“西资岩寺”“天禄岩寺”“五华寺”“西华岩寺”“白鹿洞寺”“香山岩寺”“聚奎岩寺”“龙门寺”“白云岩寺”“苏峰寺”“西桥亭”“一片瓦寺”“石室岩寺”“天湖堂”“浮山寺”等，均以所在地命名；如“观音寺”“释迦寺”“弥陀岩寺”“达摩岩寺”“三平寺”“魁星岩寺”等，均以佛道人物命名；如“南少林寺”“灵鹫寺”“龙应寺”“南普陀寺”“梵天寺”“灵鹫岩寺”“紫竹林寺”“佛心寺”“真寂寺”“慈云寺”“明灯寺”“平安寺”“灵山寺”等，均以佛教名词命名。

“山门”“大雄宝殿”“天王殿”“圆通宝殿”“观音殿”“文殊殿”“普贤殿”“地藏殿”“藏经阁”“禅堂”“客堂”“钟楼”“鼓楼”“伽蓝殿”“西斋”“开山祖堂”等牌匾，直接点明殿堂的名称。

（2）宣传佛教教义、人物

如晋江龙山寺天王殿牌匾“一片慈云”，观音殿牌匾“通身手眼”，大雄宝殿牌匾“明行圆满”；平和三平寺祖殿木匾额“樟花献瑞”“鸿恩照明”等。

（3）劝人修德向善

如南安雪峰寺钟鼓楼牌匾“策进”“劝修”“破迷”“开觉”，诏安九侯禅寺黄道周所题“洗心之藏”匾额，晋江龙山寺天坛牌匾“天道福善”。

（六）道路与广场

道路和广场是园林的重要组成部分，道路相当于园林的脉络，而广场相当于园林的心脏。二者的规划布局及走向必须满足该区域使用功能的要求，同时也要与周围环境相协调。

1. 道路

道路是佛寺园林的组成部分，起着组织空间、引导游览、交通联系并提供散步休息场所等作用。道路设计应做到主次分明、曲折有序、疏密有致。闽南佛寺道路常以花岗岩、砖、卵石、瓦砾、水泥等铺设，铺地纹样多与佛教有关，有莲花纹、宝相花、“卍”字纹、“人”字纹、草席纹、十字纹、套八方等。闽南佛寺道路主要有以下三种。

①主路。闽南佛寺主路通常从山门开始，依次连接天王殿、大雄宝殿、法堂等。由于主路常被殿堂或石阶隔断，需穿过殿堂后才能继续前行。如芗城南山寺为中轴线布局，其主路依次连接山门、天王殿、大雄宝殿和法堂（藏经阁）。

②支路。支路一般分布在主路的两侧，对主路起着辅助作用。如平和三平寺主路两旁分布着大小不一的支路，这些支路将寺庙内的建筑群和园林景观有机连接起来。

③小路。小路又称游步道，是深入寺庙各处，供人们漫步游赏的路。一些山林佛寺的小路极为险峻崎岖，如丰泽南少林寺（图 1–7–6）、漳浦

图 1－7－6　南少林寺游步道

海月岩寺、诏安九侯禅寺等，崎岖的石阶盘旋在密林山岩之间，忽宽忽窄，富于变化。

2. 广场

佛寺广场是供信徒和游客集散、交流、休息的公共空间，其规划设计是由佛寺的地形地貌决定的。

同安梵天寺和梅山寺、鲤城开元寺、丰泽南少林寺、晋江灵源寺、云霄灵鹫寺位于平原或山麓地带，均设有宽敞的广场。而鲤城泉郡接官亭、南安云从古室、安溪达摩岩寺、同安斗拱岩寺、长泰玉珠庵、漳浦法泉寺和青龙寺、云霄开元寺、龙文聚奎岩寺等受到寺庙地形的限制，只设中小型广场。

（七）声景观

“声景观”理论是 20 世纪 60 年代末，由 R. Murray Schafer 教授创建的，指的是特定场景下，个人或群体所感知、体验及理解的声环境。而我国古代的造园者很早就注意运用自然界的声音和人为制造的声音进行园林造景。如计成在《园冶》中，就以雨打芭蕉之声取境。

佛寺里的钟声、鼓声、木鱼声、铃声、诵经声等，都会使信徒与游客获得内心的宁静。其中，钟声具有极强的穿透力，如《枫桥夜泊》“姑苏城外寒山寺，夜半钟声到客船”中的“钟声”，就是很好的例子。佛教认为，人有一百零八种烦恼，敲钟一百零八下便能解除忧愁。据说，寺院每日都要撞钟，是梁武帝下的诏令。佛寺中鼓的应用也较为频繁，如方丈上堂、小参、普说、入室、喝茶、普请等均需敲鼓。佛塔塔檐上悬挂的铃铛，又称风铃，具有祈福、驱邪的功用。木鱼起源于唐代，本是道教召集教众、讲经设斋用的法器，后逐渐被佛教借鉴引用。

此外，闽南许多佛寺坐落于江河湖海边，在佛寺里还能听到各类水声，如海浪的奔腾轰鸣声，瀑布的震耳欲聋声，小溪的涓涓细流声。

（八）光景观

佛教认为，供灯可以积累智慧和福报。佛堂或佛像前供养的长明灯，不仅意味着灯火长明，更是心灯不灭、佛法永续的希冀。如诏安慈云寺大殿内的灯光，将殿内的佛像、经幡、木雕映衬得金碧辉煌，让人倍感温馨。

除室内灯外，佛寺的夜景灯也十分重要。在佛寺建筑的轮廓线设置夜景灯，可以进一步凸显佛寺在夜晚的气势与风姿。晋江水心禅寺瑞光塔的点灯，是安海自古延续下来的民俗，当地流传有“白塔点灯，金榜题名”的佳话其他如鲤城开元寺东西塔、石狮虎岫禅寺姑嫂塔的夜景灯，使得整个寺庙散发出黄灿灿的光芒。

（九）其他景观小品

闽南佛寺园林中除了前述八类景观小品外，较常见的景观小品还有佛菩萨及罗汉等雕像、石狮、石象、香炉、石灯、石碑等。

佛菩萨及罗汉等雕像如思明太平岩寺北面园林为十八罗汉石像景区；诏安九侯禅寺放生池中塑有一尊高约 8 米的汉白玉滴水观音立像，观音左手向下斜握净瓶，脚踏莲花台；泉港天湖岩寺园林中塑有小沙弥雕像，他们或嬉戏，或挑水，或禅定，或托钵，十分可爱。

石狮：石狮在佛教中是镇宅、辟邪的吉祥神兽之一，闽南佛寺山门或殿堂前的左右两侧常摆放有石狮。如鲤城开元寺庭院里有许多形态各异的石狮子，它们有的俯首沉思，有的昂首仰望，有的嬉戏打闹，栩栩如生，极具艺术性与观赏性；漳浦清水岩寺门厅后天井左右各有一只高 1.2 米、

图 1-7-7　清水岩寺石狮

长 1.6 米，雕于元至正九年（1349）的青石石狮（图 1–7–7），两只狮子脚踩如意圭角石座，昂首对视，威武雄健，眼睛炯炯有神，头发卷曲，肌肉结实，尾巴翘起。

石象：在佛教文化中，大象是普贤菩萨的坐骑，也是吉祥的神兽，佛寺门口或庭院里常塑有石象。如厦门南普陀寺门口摆放有一对双面雕龙、威猛无比的仿古石雕大象。

香炉：香炉是寺庙中必不可少的物品，用于烧香敬佛。如鲤城铜佛寺大殿前的铜铸香炉，炉身为圆鼓形，下方立三足，足上刻狮首，炉身两侧有双耳，耳上刻“回”字纹，炉身上加盖八角攒尖顶小亭，檐角雕飞龙，宝顶立宝葫芦。

石灯：石灯是佛寺中常见的景观小品，其数量取决于佛寺的大小和需要照亮的面积。如同安太华岩寺庭院内的草丛里立有整排的石灯，八边形灯座，灯身正面辟方形口，八角攒尖顶，通身色泽乌黑。

石碑：石碑作为佛寺中常见的景观小品，一般立于庭院里、建筑前或殿堂中。有些位于建筑前的石碑，还具有判断时间的功能。如华安平安寺庭院左侧竖立有一排清光绪年间的石碑（图 1–7–8）；平和三平寺祖殿外墙嵌有清代名宦蔡新等篆刻的《重修三平寺碑记》和《重兴中殿碑记》，具有重要的艺术价值和历史价值。

图 1－7－8　平安寺石碑

此外，还有华表、碑亭、碑楼、碑廊、幡杆、水缸、水井、长椅、宣传栏等景观小品，作为寺庙的有机组成部分，均具有功能性、精神性、艺术性、实用性，使寺庙的整体布局更富有层次感。

（十）闽南佛教寺庙景观特点

闽南佛寺景观主要具有四个基本特点。

①浓郁肃穆的宗教气氛。闽南佛寺主要通过精美绝伦的佛教雕塑、造型不一的佛塔、极具艺术魅力的壁画、含意深刻的楹联与摩崖石刻等，营造出浓郁肃穆的宗教氛围。

东山东明寺内摆放的释迦牟尼青少年时白玉佛像与十八罗汉、四大金刚等一百余尊白玉佛像，鲤城开元寺和承天寺内数量众多的各式石塔，晋江南天寺后山石壁上高约 2 米的“泉南佛国”摩崖石刻，平和三平寺山头上高 22.88 米的三平祖师铜像，海沧石室禅院弥勒殿前方长 108 米的九龙石壁等，都极好地渲染了佛教肃穆的气氛。

②错综复杂的园林环境。闽南错综复杂的地形，为佛寺造景提供了得天独厚的条件。闽南佛寺景观有山巅景观、山坡景观、谷地景观、山脚景观、峭壁景观、岩洞景观、江海景观、平地景观等。

位于山巅的永春雪山岩寺和德化灵鹫岩寺、位于山坡的湖里天竺岩寺和龙文聚奎岩寺、位于谷地的德化永安岩寺和思明太平岩寺、位于山脚的丰泽南少林寺和同安斗拱岩寺、位于峭壁的平和灵通寺和朝天寺、位于岩洞的漳浦海月岩寺和思明白鹿洞寺、位于江湖畔的芗城瀛洲亭和鲤城铜佛寺、位于海边的东山靖海寺和石狮龙海寺、位于平原的云霄开元寺和诏安保林寺等，其景观特色都大相径庭。

③丰富多彩的景观元素。闽南拥有丰富的自然景观，为佛寺造景提供了江河湖海、茂密丛林、岩石山洞、楹联石刻等景观元素。

德化西天寺和惠安平山寺旁的高山湖泊；平和灵通寺上方，号称“珠帘化雨”的天然瀑布；思明鸿山寺的“鸿山织雨”奇观；东山苏峰寺和惠安浮山寺前浩瀚的大海；龙海白云岩寺的秋枫、建润楠、朴树等大量古树；漳浦海月岩寺和惠安岩峰寺的怪石奇岩；漳浦宝珠岩寺和思明日光岩寺的摩崖石刻等，充分反映出闽南寺庙景观元素的丰富性。

④深厚悠远的人文历史。闽南有很多千年古寺，寺内不仅有大量古建筑，还有历代文人墨客的众多遗迹，蕴含着深厚的人文历史。

南安延福寺后的九日山上保存有 75 方宋代至清代的石刻，留名者多达 250 人，石刻内容包括 15 方景迹题名、11 方登临题诗、29 方游览留名、7 方修建纪事、13 方海交祈风石刻，其中最珍贵的是祈风石刻，记载了从北宋崇宁三年 (1104) 至南宋咸淳二年 (1266) 间，泉州郡守或提举市舶使率领僚属、商贾等为航海船只举行祈风典礼，祭祀海神通远王，事毕登临览胜的情形，堪称我国古代海上丝绸之路的丰碑，是研究泉州港海外交通的珍贵史料。弘一法师曾在鲤城开元寺、承天寺和铜佛寺，丰泽青莲寺，南安灵应寺和雪峰寺，惠安净峰寺，永春普济寺，龙海七首岩寺等寺庙修行，留下许多墨宝，还赞叹普济寺“境地幽辟，风俗淳古，有如世外桃源而叹为观止”。

本章小结

佛寺园林景观是寺庙建筑、宗教景物、人工造景与天然山水的立体式综合体。闽南错综复杂的地形，为佛寺造景提供了丰富多彩的景观元素；历代文人墨客的众多遗迹，则为闽南佛寺增加了丰厚的人文底蕴。

闽南佛寺景观布局采用中轴线式布局、多轴线式布局、曲线式布局、向心式布局、自由式布局等形式，造景手法有借景、对景、框景、漏景、障景、藏景、夹景、点景等。

闽南佛寺景观通过水景、山石洞穴、植物、摩崖石刻、楹联与牌匾、道路与广场、声景观、光景观、佛菩萨造像、石狮、石象、香炉、石灯、石碑等景观小品，共同构建出具有宗教性、景观性和人文性、生态性的园林，使游人与信徒在欣赏庄严肃穆的宗教景观的同时，心灵得到了净化。

闽南佛寺景观具有四个基本特点：浓郁肃穆的宗教气氛、错综复杂的园林环境、丰富多彩的景观元素、深厚悠远的人文历史。

第八章　闽南佛教寺庙建筑与景观的保护和创新

当代佛教寺庙已经成为集建筑、雕塑、绘画、书法于一体的综合性美术馆，具有历史考古、宗教文化、科学技术、文学艺术、民风民俗与社会经济等多种文化内涵。

1993 年 10 月，中国佛教协会通过《全国汉传佛教寺院管理办法》，其中明确规定："寺院文物，包括经像、法器、供具、古建、碑碣、灵塔、壁画以及字画古玩等，均应登记造册，确定级别，建立档案，专人负责，妥善保管。对有重大价值的文物，应采取特殊措施，避免香火薰染和人为损坏。"2008 年 3 月，为了贯彻十七大报告提出的"加强对各民族文化的挖掘和保护，重视文物和非物质文化遗产保护"要求，提高寺庙佛教文物的保护水平，国家宗教局、中国佛教协会和国家文物局联合举办了"全国佛教寺庙文物保护培训班"。

闽南佛寺具有较高的历史、人文、艺术价值，特别是一些作为国家级和省级文物保护单位的佛寺，如鲤城开元寺、丰泽弥陀岩寺、晋江龙山寺和南天寺、南安五塔岩寺、永春魁星岩寺、思明南普陀寺、云霄南山寺和水月楼、诏安九侯禅寺、平和三平寺等，其建筑与景观小品尤应得到较好的保护。还有一些作为市县级文物保护单位的寺庙，因保护措施不力而遭到不同程度的破坏。更有一些未列为文保单位的古寺庙，处于无保护状态，随时可能被破坏。

一、建立历史风貌保护区

所谓“历史风貌区”，就是古迹比较集中，或能较完整地体现出某一历史时期传统风貌和民族地方特色的建筑群、古镇、街区、古村落等，而佛寺风貌区就是其中重要内容之一。在自 2008 年 7 月 1 日起施行的《历史文化名城保护规划》所列的七类情况中，许多与佛寺有所关联。

佛教寺庙所处的地方往往是一个地区历史文化比较集中的区域，具有较高的保护与开发价值，须做好宏观而长远的规划。

漳州自唐贞元二年（786）建城，宋咸平二年（999）挖掘壕沟环抱子城（图 1–8–1），壕沟上建有三座跨河的亭，分别为东桥、西桥、北桥三亭，如今只剩东、西两桥亭，均为佛庙。其中东桥亭位于修文东路，始建于唐元和十一年（816），西面就是芗城历史古街区和文庙；西桥亭位于修文西路，建于唐元和十一年（816）。芗城古城作为全国第一个国家级文化生态保护区，入选首批“中国历史文化街区”，2004 年荣获“联合国教科文组织亚太地区文化遗产保护奖——荣誉奖”，而东西桥亭则是漳州古城方位变迁的见证。如今东西两桥亭周边是以“老街情、慢生活、闽南味、民国风、台侨缘”为特色的老街区，已成为集文化、旅游、创业于一体的国际文化旅游综合体。

图 1–8–1　漳州古城风貌区

鲤城开元寺历史风貌区集聚了许多历史文化遗产，其中区内的西街坐落于泉州老城区的中心腹地，为老街区东西向的主干道。目前西街东起钟楼，包括开元寺建筑群，西至新华路，这一路段古迹众多，店铺鳞次栉比，是泉州古城最重要的保护区。开元寺与西街仅一墙之隔，由于墙体采用镂空式，走在西街上可以一目了然地观赏到寺内的古建与景色，特别是两座高大雄伟的东西塔，直插云霄。开元寺历史风貌区内还分布有其他景点，开元寺南面有旧馆驿街古建筑区、通政巷古建筑区、三朝巷、古榕巷等，西面有妙因慈济宫、奉圣宫、义城庙以及石笋公园等景区。

坐落于石狮凤里宽仁社区的凤里庵始建于隋代，据《西方杂志》记载，庵前建有一石亭，旁立一对石雕狮仔，名曰石狮亭。商旅往来，以石狮为路站标记，久之遂成惯称。凤里庵所在的石狮古街号称“八卦街”，古巷纵横交错，清初形成“九街十一巷”的格局，包括城隍街、糖房街、土地街、井子巷、布袋巷、妈宫巷、三落巷等，行走其中犹如进入“八卦阵”，极易迷失方向。笔者认为，如能对古庵、古庙和古街统一进行改造提升，必能将凤里街区打造成远近闻名的历史街区。

安溪东岳寺位于安溪县凤山，坐落于凤山山麓，始建于唐末宋初，原名东岳行宫，建有山门、前殿、观音殿、吴公檀越祠、池头宫、集贤堂、释子寺等建筑。朱熹曾多次游览凤山，并题有“凤麓春阴”，曾被列为古代安溪八景之首。寺庙后山为占地 11 亩的茶叶大观园，园内栽有 50 多种名茶，为安溪茶文化之缩影。东岳寺左侧就是安溪城隍庙。东岳寺及周边景区已初步形成较完整的历史风貌区，是人们理想的游览胜地。

其他如丰泽南台寺、千手岩寺、弥陀岩寺、碧霄岩寺和赐恩岩寺等均分布于清源山，附近还有势至岩、老君岩、弘一法师舍利塔等古迹，能够形成覆盖面较广的历史人文景区；平和三平寺是三平祖师信仰发源之地，寺内有多座清代建筑，四周群山绵绵，森林密布，现为国家 4A 级景区，更是影响深远的历史风貌区；石狮宝盖山有姑嫂塔和虎岫禅寺、朝天寺、圆通庵、五台庵四座寺庙，共同形成“一塔四寺”的宗教文化风景区。

闽南大量古佛寺都有丰厚的历史文化价值，具有旅游开发、古迹欣赏、文化传承等诸多价值，但很多历史文化底蕴深厚的佛寺都没有得到应有的保护与开发，有关部门须加强保护与管理。

二、闽南佛教寺庙古建筑的保护与修复

2009年，中国传统木结构建筑营造技艺入选联合国教科文组织的《人类非物质文化遗产代表作名录》。闽南的许多佛寺都是传统木构建筑，由于年久失修、人为破坏等因素，损毁较为严重。在运用新技术、新材料对这些佛寺建筑进行修缮时，应遵循“修旧如旧”的原则，尽量不要改变原来的样式与风格。闽南佛寺古建筑的修缮已有一些比较成功的案例值得学习。

（一）佛寺殿堂的保护与修复

思明南普陀寺大悲殿原为施琅将军所建，以独特的建筑结构和美丽的观音菩萨形象而闻名。原殿毁于1928年因香火而引起的火灾，1930年太虚法师主持重建时，改为钢筋水泥及石木建筑，不过仍保留平面八边形、三层高、八角形歇山顶的旧有样式，适当增大体量、提升高度。2015年5月再次对大悲殿进行修缮，包括修复屋顶琉璃瓦，重做剪粘，替换部分木构件，重新上漆和上彩，安装避雷设施和LED灯等，殿内佛龛与观音像重新镀金、铺设柚木地板、加设柚木门栅等。

鲤城开元寺始建于唐垂拱二年（686），历史上多次维修与扩建，特别是明洪武二十二年（1389）的重建工程，基本确立了现在的寺庙面貌。开元寺大雄宝殿建于明崇祯十年（1637），兼具唐宋官式建筑与泉州民居的特点。据古建专家方勇教授推断，大雄宝殿经过三次扩建，南宋绍兴二十五年（1155），改为面阔七间，进深五间；明洪武二十二年（1389）增加副阶周匝，变成面阔九间，进深七间；明永乐六年（1408）再次增扩，形成面阔九间，进深九间。因此，目前这座大殿主体梁架保留了1389年的旧状，而平面结合了南宋与明代重修时的样式。1924年圆瑛法师主持修复开元寺时，专门聘请傅维早主持修复法堂、甘露戒坛、功德堂、尊胜院等建筑。傅维早运用新工艺、新材料，将法堂建成砖混仿木结构的二层楼阁，同时又对东西双塔塔身进行修复。应该说开元寺近代维修的成功，在很大程度得益于这位匠师。1985年，维修大殿内的五方佛造像时，专门聘请北京故宫博物院的专家拟订方案并现场指导，先拆除掉雕像内部腐烂的木构支架，替换为不锈钢支架，再实行脱胎修缮，这样既能保护佛像，又可避免白蚁蛀蚀的问题。2012年对大殿屋檐进行维修时，拆除了屋脊

上的宝塔、石鸽、石将军、剪粘龙等饰物，将戗脊上的石鸽数量由 56 只增加到 72 只，上下屋檐之间的“桑莲法界”牌匾也重新上油漆。

鲤城承天寺曾在 1966 年遭到破坏，1982 年泉州市决定修复包括承天寺在内的一批历史胜迹，并成立承天寺修建委员会，国家文物局杜仙洲高级工程师提出“仍按寺庙原有规模进行修复”的原则，基本上按照清康熙卅三年《敕建月台承天禅林胜境全图》进行设计和施工。从 1984 年开始，聘请惠安王叔景等老师傅对天王殿、弥勒殿、大雄宝殿、法堂、钟鼓楼、文殊殿、祖师堂、一尘堂及东西廊庑等建筑进行大规模修缮。其中，大雄宝殿采用“拆西留东，仿东留西，中轴为准，东西并拢”做法，参照原有构件制作新构件。工匠们还采用闽南民间传统技术，重塑各个殿堂的大型圣像，如大雄宝殿的三世佛和天王殿的四大天王均采用泥塑；弥勒殿的弥勒菩萨和韦陀菩萨以及大雄宝殿两侧长廊的十八罗汉均采用樟木进行雕刻。

近代以来，有一大批民间优秀匠师积极参与了闽南佛寺的修复工程，如惠安人王世猛修缮了鲤城承天寺部分殿堂、鲤城开元寺甘露戒坛、同安梅山寺，安徽亳州人叶本营修缮了思明南普陀寺和同安梵天寺部分殿堂、鲤城承天寺大雄宝殿，莆田人吴庆泉修缮了鲤城崇福寺殿堂，惠安人王经民修缮了芗城南山寺部分建筑石雕，晋江人许跃进修缮了鲤城开元寺檀越祠外墙的水车堵，南安人郭地灵修缮了南安树德寺殿堂彩画等。这些匠师秉承着敬业、精进、专注、创新的精神，为闽南佛寺建筑的修护做出了一定的贡献。

（二）佛塔的保护与修复

鲤城崇福寺应庚塔历史上因地震和台风，多次发生倾斜，后又数次扶正。20 世纪 90 年代，应庚塔再次倾斜，有倒塌之险。2001 年，文物专家对应庚塔进行拆除重建，替换掉破损的石构件，部分塔基和塔檐采用新的白色花岗岩，虽然与已变成褐黄色的岩石有所差别，但做工精细。此外，还把在塔中发现的钱币、铜镜、石函等诸多文物再次放回塔里。应庚塔是福建佛塔修复中，比较成功的案例。

南靖正峰寺阿育王塔为宋代宝箧印经式石塔，2016 年进行重建，2016 年重建寺庙时，在附近菜地里发现了阿育王塔的须弥座束腰、四方形塔身、德宇及塔刹等残缺构件。塔身上的蛟龙、大象、双狮戏球、坐佛及竹节柱等浮雕保存较好，色泽呈灰褐色，另外用新石材修建了多层塔基，新旧石材结合得非常协调。

鲤城承天寺内原有多座石经幢，在 1949 年拍摄的《承天寺大雄宝殿及塔幢》图片里可以看到在大雄宝殿前屹立着四座宋代经幢式石塔，20 世纪 80 年代修复承天寺时，使用原有构件重建了这四座石经幢，尽量保留其古朴的风格。类似的还有鲤城开元寺内的十余座两宋至清代的舍利石塔，均是利用原有石构件进行重修的。

晋江水心禅寺瑞光塔建于南宋绍兴年间（1131—1162），为楼阁式空心砖石塔，近代以来，其砖质斗拱、塔檐、红瓦、塔内阶梯和部分塔身有所破损。从 2016 年开始，对瑞光塔依据修旧如旧的原则进行全面修缮。首先在塔四周搭脚手架，对塔檐、塔心木、瓦面、塔刹等进行维修，其次用新的杉木替换已腐朽的塔心木，最后重新把塔身涂上白灰，从而使其焕发出新的风姿。

2019 年国家文物局、应急管理部联合下发了《关于进一步加强文物消防安全工作的指导意见》，明确要求文物建筑上不得直接安装灯具搞“亮化工程”，在文物建筑外安装灯具的要保持安全距离。而鲤城开元寺东西双塔早在 2015 年时就卸下塔上的照明设备，而在离塔 10 多米的地方安装照明灯。

上述古塔修复工程为闽南佛寺的修缮积累了一定的经验，在此基础上还应将数字化技术与传统营建技艺相结合，从而更好地恢复佛寺建筑的原有面貌。

三、闽南佛教寺庙园林景观的维护与管理

1982 年颁布的《佛罗伦萨宪章》指出：“历史园林应是以其历史性和艺术性被广为关注的营造兼园艺作品，同时它应被视作历史古迹”，对其进行“修复必须尊重有关园林发展演变的各个相继阶段”。因此，在对古佛寺进行重修时，绝不能破坏原有的自然生态景观，对闽南佛寺内的古树名木，尤需加强保护与管理。如建立古树名木的档案，记录其树名、树龄等；由专人负责其灌浇、培土、修剪、除虫等事项。

闽南拥有大量的山林佛寺，对这些佛寺周边的山体、岩石、树木、溪流等加以有效保护也十分重要。如思明白鹿洞寺的地势落差很大，其建筑与景观极富层次感，对其进行修复时，应注意如下问题：①控制建筑的尺度。如圆通宝殿建于数块巨石之间，对其进行修复时，应注意不要破坏周

围的山体。②因地制宜地修建步道，如五观堂左侧有一悬空石阶，石阶紧贴山石，下方立有柱子，遇石头或树木则改变方向。③为了增添景观意趣，在天然岩石上雕刻莲花、佛像等。思明虎溪岩寺也建于陡坡之上，佛寺建造者不仅在山石之间修建石阶，甚至直接将殿堂建在岩洞里，殿洞合一，很好地保护了原有景观。

龙海七首岩寺依山而建，原寺已荒废，2006 年开始陆续重建。2014 年，漳州市相关部门充分利用原有的自然生态对七首岩寺的景观进行了改造与提升，特别是文殊铜殿南面新建了一个立体式园林（图 1–8–2），有溪流、岩石、植物、铜桥等，给佛寺园林增添了许多美景。丰泽青莲寺是一座千年古寺，周边 11 棵参天古榕环抱，具有独特的自然风光，古寺已被泉州市政府列入青莲寺公园规划之中。

图 1 - 8 - 2　七首岩寺园林

2017 年 10 月 20 日福建省政府通过了《安溪清水岩省级风景名胜区总体规划（修编）（2017—2030 年）》，其中明确提出严格保护文物古迹、古树清泉、峰岩石洞等景观和生态资源，加强清水祖殿建筑群、清水祖师信俗、摩崖石刻等重要景观资源的保护管理，确保风景名胜区资源的真实性和完整性；风景名胜区内严禁开山采矿、滥伐林木、污染水体、毁坏历史遗存等行为；风景名胜区外围保护地带要落实环境和景观保护措施，维护自然和文化风貌。这些指导性意见，同样适用于对其他佛寺景区的开发与规划管理。

四、闽南佛教寺庙建筑与景观的创新和展望

（一）国外宗教建筑与景观的创新

从20世纪初开始，西方宗教建筑设计师们通过运用新材料、新技术、新理念，给宗教建筑注入了新的生机与活力。如勒·柯布西耶设计的朗香教堂，其整体造型犹如一座雕塑品，突破了几千年来天主教堂的所有形制，超常变形，怪诞神秘，被誉为20世纪最为震撼、最具表现力的建筑之一；理查德·迈耶设计的千禧教堂位于意大利罗马，是典型的白色派现代建筑，其空间的开放性、天马行空的造型，使其成为西方现代教堂设计的一个典范。

近现代以来，日本建筑设计师也采用新技术与新材料，建造了许多现代化佛寺。如竹山圣设计的白莲华堂，外形仿弥勒净土的莲花蕾，线条流畅，具有极简的未来主义风格；安腾忠雄建造的水御堂，将殿堂建在莲花池下，室内墙面与立柱采用红色油漆，当阳光通过窗户照进来时，会产生一片红光，犹如佛光普照。日本建筑设计师的现代设计理念，为闽南佛寺建筑与景观的创新提供了很好的借鉴。

（二）中国当代佛教寺庙的创新

近年来，我国港台地区也涌现出一些现代化佛寺。如位于台湾南投县的中台禅寺，其设计理念将宗教、学术、文化与艺术相互结合，寺顶高耸威严，背墙是运用喷砂电脑科技所浮雕而成的万余字的《地藏王菩萨本愿功德经》，两万尊铜铸药师佛及八十八佛罗列于周围墙面，宛如一处金碧辉煌的佛国净土；香港慈山寺是一座兼具唐宋佛寺风格与日式佛寺风格的寺庙，其园林设计极具现代化气息，全寺不燃香烛，只取供水，体现了寺庙设计者对文化遗产和环境的尊重与保护。

随着中国佛教发展的人间化与现代化，现代佛寺建筑与景观唯有打破传统思维的束缚，才能满足社会发展和佛教自身发展的多元需要。

西安法门寺堪称当代佛寺建筑与景观的典范。合十舍利塔始建于

2004年，由地宫、内殿、外殿、法会广场、唐塔、五指山塔体、摩尼珠及塔刹等组成。新建的地宫应用现代科学技术，具有防地震、防腐蚀、防爆炸、防盗窃等功能。徐州水月禅寺的建设以“得风润水，古典布局；简约建筑，禅意空间”的规划理念为核心，颠覆了人们对于佛教建筑固定的思维模式设计将佛教元素与建筑艺术达到了完美结合，将佛教元素与现代建筑艺术、人文情调与生态景观等完美融合，开创了中国当代佛教寺庙的创新之路。

（三）闽南佛教寺庙的创新

目前，闽南佛寺新建殿堂多为仿明清建筑，因装饰奢华，维护成本较高，故需借鉴西方现代宗教建筑的经验与理论，通过运用新技术、新材料、现代建筑设计理念等，增强其实用性和国际化。

如今闽南也有少数佛寺采用新思路进行建设，如龙海普照禅寺的建筑群巧妙地将新加坡、马来西亚、菲律宾、泰国等国的建筑风格融合在一起，加入中国特别是闽南传统建筑的特色，将中外建筑文化和佛教文化融为一体，成为我国唯一的具有中西合璧现代建筑风格的寺庙；思明鸿山寺是座立体式寺庙，寺庙整体为一座依山而建的、高50多米的综合性大楼，建造者充分利用有限空间和地理优势，将现代建筑技术与传统佛教艺术有机融合，呈现出一个独具佛教特色、功能多元的现代佛寺。

闽南佛寺建筑与景观是宝贵的文化遗产，在对其进行保护、修缮与管理时，尤需注意三个问题。第一，对佛寺建筑与景观的保护与管理工作需规范化与科学化；第二，对佛寺内的古建筑和古树应建立档案，并由专人负责其日常维护与管理；第三，运用现代技术和手段，提升佛寺建筑和景观的品质与功能，从而实现其现代化与国际化。

本章小结

当代佛教寺庙已成为集建筑、雕塑、绘画、书法于一体的综合性美术馆，具有历史考古、宗教文化、科学技术、文学艺术、民风民俗与社会经济等多种价值内涵。

历史风貌保护区的建立，对于一些历史悠久、具有较高文化艺术价值的大佛寺有着积极的意义。如漳州古城风貌区、泉州开元寺历史风貌区、安溪东岳寺建筑群、泉州清源山佛寺区等已形成较为成熟的景区，但石狮凤里庵宽仁古街区、泉州宝海庵街区等仍需在充分结合佛寺自身特点的基础之上，整合与挖掘相关资源，科学合理地统筹对佛寺的日常保护、研究等工作。

在对闽南佛寺的古建筑进行修缮时，应该遵循“修旧如旧”的基本原则，最大限度地保留原有建筑构件。无法修补影响安全的构件时，应采用原材料、原形式、原工艺进行替换，尽量复原其原有的风貌。如思明南普陀寺大悲殿、鲤城开元寺大雄宝殿、鲤城承天寺天王殿和大雄宝殿、平和三平寺祖殿和地藏王殿、同安梵天寺西安桥石塔、晋江瑞光塔等的成功修复，均为佛寺建筑日后的修复工作积累了宝贵的经验。

目前，闽南佛寺新建殿堂多为仿明清建筑，因装饰奢华，维护成本较高，需借鉴西方现代宗教建筑的经验与理论，通过运用新技术、新材料、现代建筑设计理念等，增强其实用性和国际化。

第二编　泉州佛教寺庙建筑艺术与景观个案研究

泉州简称鲤，又名鲤城、温陵、刺桐城，北接莆田，南邻厦门，东面为台湾海峡，素有“海滨邹鲁”“光明之城”的美誉，自从东吴永安三年（260）开始设置东安县治以来，已有1700多年的历史，文化底蕴深厚，是闽南文明的源头，为海上丝绸之路的重要起点，1982年被国务院评为首批24座历史文化名城之一。泉州是一个移民地区，不仅深受中原文化影响，还融合地域文化和海外文化，形成一个复合多元文化体系，因此，联合国教科文组织将全球第一个“世界多元文化展示中心”定址泉州。2013年8月，泉州与日本横滨、韩国光州共同当选为“东亚文化之都”。截至2020年10月，泉州辖鲤城区、丰泽区、洛江区、泉港区、泉州台商投资区5个市辖区及惠安县、安溪县、永春县、德化县、金门县5个县，代管晋江市、石狮市、南安市3个县级市，属亚热带季风气候。

泉州宗教十分发达，被誉为“世界宗教博物馆”，尤以佛教最为鼎盛，号称“闽南佛国”，宋代大理学家朱熹曾称赞道：“此地古称佛国，满街都是圣人。”目前泉州佛寺数量达456座，占闽南地区佛寺总数的63.1%，著名的有开元寺、承天寺、南少林寺、南天寺、西资岩寺、龙山寺、清水岩寺、凤山寺等。

第一章　鲤城区佛教寺庙

开元寺（图 2－1－1）

图 2－1－1　开元寺

一、概况：开元寺位于鲤城区西街 176 号，始建于唐垂拱二年（686），原名莲花道场，长寿元年（692）改名为兴教寺，神龙元年（705）改为龙兴寺，开元二十六年（738）改称开元寺，元代赐名“大开元万寿禅寺”，历史上多次进行重建或扩建，为泉州三大丛林之一，傲居闽南古刹之首。

2021年，“泉州：宋元中国的世界海洋商贸中心”正式被列入《世界遗产名录》。

二、选址特征：①寺庙坐落于晋江下游平原，坐北朝南，西面是晋江，北面有西湖，东北面远望清源山，周边地势平坦，又有池塘，利于建造大型建筑物。②西街处于鲤城区的中心地带，为老区东西向的主干道，东面和东街连接，并与南北向主干道中山路形成“十”字交叉，西面与南北向干道新华路呈垂直相交后向西北延伸，通往妙因慈济宫、奉圣宫和义城庙，再往西即晋江与笋江大桥，地理位置极为优越。

三、空间布局：开元寺是闽南规模最大的古寺庙，殿堂栉比，南北长约260米，东西宽约300米，占地面积约78000平方米，主要采用主轴对称结合自由布局。

开元寺山门直对西街，南北中轴线上依次为紫云屏、天王殿（山门）、拜亭、拜庭、宋代阿育王双塔、月台、大雄宝殿、甘露戒坛、藏经阁（法堂）、祖堂，东侧有镇国塔（东塔）、放生池、开元邮局、弘一法师纪念馆、泉州佛教博物馆、古船陈列馆、檀越祠等，西侧有仁寿塔（西塔）、麒麟壁、泉州佛教协会、客堂、安养院、五观堂、水陆寺等。其中，从天王殿到甘露戒坛两侧建有长廊，围成两个庭院；寺庙东面有东门，西面有西大门。整体看来，开元寺仍然沿用我国佛寺“七堂伽蓝”的布局样式，主体建筑均建在中轴线上，两侧为附属建筑与园林区。

奇怪的是，开元寺并没有建钟鼓楼。据笔者推断，这应与丛林制度有关。东西塔相距约200米，如果连成一线，正好穿过拜庭。如果在这条线上建钟鼓楼，势必会破坏东西双塔巍峨对峙的奇观。

四、建筑艺术：开元寺主要殿堂大多建于明清时期，主要为官式建筑和“皇宫起”大厝，少数为洋楼，屋顶装饰剪粘、泥塑或灰塑，具有浓郁的闽南地域特色。开元寺建筑是闽南佛教建筑的最高典范。

紫云屏由郡丞丁一中始建于明万历四年（1576），其作为开元寺的照壁，隔着西街正对天王殿，为砖砌“一”字形照墙，歇山顶，高6米，长15米，厚0.85米。壁顶覆盖红瓦，两端燕尾脊高翘，壁身正当中嵌一方明代泉州书法家陈于王所书的隶书“紫云屏”石碑，四周涂成白色，两侧立柱以红砖垒砌，壁座为花岗岩。紫云屏主要有两个作用：①把开元寺和西街南面杂乱的古民居象征性地分隔开；②天王殿大门对面有条象峰巷斜冲过来，而紫云屏可以化解煞气。

天王殿（山门）始建于唐垂拱三年（687），明代重建。据释元贤《泉州开元寺志》记载：“山门始创自垂拱三年，有石柱生牡丹之瑞。”殿堂为红砖白石木构“皇宫起”建筑，硬山顶，覆盖红瓦，正脊脊刹立五层楼阁式宝塔，吻头雕飞龙，脊堵为实堵，剪粘或灰塑双龙戏珠、瑞应祥麟、凤戏牡丹、喜上眉梢、金鸡报晓、狮子戏球等，垂脊脊堵彩画花草纹，脊尾饰卷草纹。山花灰塑狮首、草龙、如意与花篮等。面阔五间，25.94 米，通进深四间，13.59 米，面积 427.7 平方米，插梁式木构架，彻上露明造，横架六椽栿。塌寿为双塌，明间开门，上方匾额书“紫云”，次间与梢间分别辟有八角形木花窗和方形石窗。大门石柱木楹联为朱熹所撰、弘一法师于 1939 年重题的“此地古称佛国，满街都是圣人”。梁柱上施弯枋、斗拱、垂花与雀替，雕刻蛟龙、卷草、祥云等。殿内石柱呈梭状，中间略有鼓起，外形线条流畅，具唐代风格。两侧分立密迹金刚与梵王（又被称作“哼哈二将”），具有密教的特征。天王殿两侧山墙下半部分采用“出砖入石”砌墙样式，红白相间，极具泉州民居特色。

拜亭又称拜香亭，位于天王殿正中北侧。1960 年依原址与柱础位置重建，高 5 米，长 7.4 米，宽 6 米。卷棚式歇山顶，覆盖红瓦，脊堵灰塑麋鹿、松树、果盘等，戗脊脊尾饰卷草纹，山花灰塑狮头、龙首与如意。面阔一间，通进深一间，面积 44.4 平方米，穿斗式木构架，彻上露明造。梁枋上施斗拱、雀替与垂花，雕刻花卉图案。据释元贤《泉州开元寺志》记载 ：“拜圣亭，俗呼拜香亭……不知创自何时，盖因祝嵩时，虑或阴雨，故作以便礼拜。后之改创，多与三门同。”

大雄宝殿又名紫云大殿，由僧人匡护始建于唐垂拱二年（686），曾多次重建，目前的建筑基本保留明崇祯年间郑芝龙重修时风格，既具唐宋时期大型木构建筑遗风，又有泉州民居的特点。据《温陵开元寺志》记载，大殿建成时，“有紫气盖地之瑞，因以得名”。

大殿前方有一宽 25.6 米、深 8.4 米、面积 215 平方米的方形石砌月台，正中及两侧设垂带踏跺。其须弥座束腰间嵌有 72 幅辉绿岩的狮身人面像和狮子浮雕，是明代修殿时从已毁的元代古印度教寺庙移来的，是宋元时期泉州对外贸易繁荣发达的见证。

大殿高 20 余米，面积 1338 平方米，重檐歇山顶，凹曲面屋顶覆盖红瓦，屋脊饰剪粘与泥塑。正脊脊刹立五层宝塔，脊堵正中雕龙吐水，两旁浮雕双龙戏水、花卉、果盘等，正吻上各雕一只腾云驾雾的蛟龙，燕尾脊高翘。垂脊牌头置一尊武士坐像，脊尾上雕翼狮与卷草纹，其中翼狮在古代埃及与西亚诸国的建筑装饰中较为常见。围脊脊堵饰花鸟、山水。山花灰塑狮首、草龙、如意、花篮等。上檐下方横匾书白底黑字“桑莲法界”。面阔九间，通进深九间，插梁式木构架，彻上露明造。明间与一、二次间

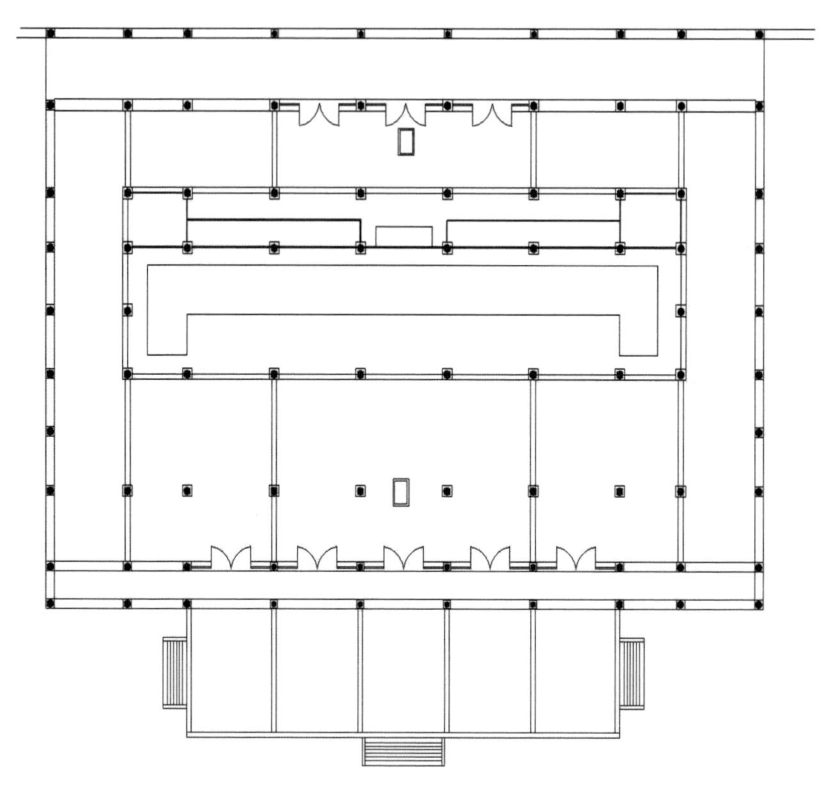

图 2－1－2 大雄宝殿正立面图

（陈丽羽绘）

开门，梢间与尽间辟圆形菱花窗，各间还辟有透雕交欢螭龙卷草纹木窗，进深各间辟方形窗。梁枋上施垂花、雀替、斗拱、弯枋、剳牵与驼峰等，木雕卷云纹、花草纹、仙鹤、麋鹿、梅花、莲花、佛教故事等。其中，全殿共有 76 朵斗拱，明、次、梢间各有 2 朵补间铺作，尽间 1 朵，多采用圆形斗、讹角斗与满置斗。坐斗造型为国内极为罕见的莲花碗状，应该是受到日本传统建筑“天竺样”的影响。殿内柱头上有 24 尊宋代“飞天乐伎”木雕，飞天们都是人身鸟翼，头戴宝冠，项挂瓔珞，臂束钏镯，背上两翼舒张。或手持南音乐器，或手持文房四宝，或手持五香斋果。其中 12 尊翼如大鹏鸟，象征白昼，另外 12 尊翼如蝙蝠，象征黑夜。这些飞天采用浮雕和透雕的表现手法，集佛教迦陵频伽与飞天造型于一身，是中外文化的完美结合。飞天上方的灯梁彩画双龙戏珠。

大殿采用减柱造，共有 86 根石柱，号称“百柱殿”。檐柱有方形、八角形、圆形、瓜棱形等，柱础有覆莲瓣、层叠莲瓣、覆盆等。其中前檐柱

图 2－1－3　甘露戒坛

明间两根为明代蟠龙柱，古旧朴拙，柱础四方形，柱上刻有捐助者的信息。后檐正中立两根高 3.75 米的元代十六角形石柱，其柱顶、柱中、柱下三部分为四方形。这两根石柱原是元代古印度教寺庙的遗物，后与月台须弥座浮雕一起被移入开元寺，柱身上雕刻有 24 幅古印度神话故事和中国传统吉祥图案，体现了泉州多元文化的包容性。檐柱楹联有隶书、行书和楷书，旨在宣扬佛教教义。

殿内供奉五方佛，五尊佛端坐于莲花座上，体态圆满，具唐代造型风格。佛像两旁胁侍有文殊、普贤、阿难、迦叶、观音、势至、韦驮、梵王、帝释、关羽等。大殿后面正中供奉密宗六观音的首座圣观音与善财、龙女，殿内两翼分列动态各异的镀金十八罗汉像。大雄宝殿和天王殿所供奉的佛像，反映了唐宋时期，密教在泉州地区的传播状况。

甘露戒坛（图 2–1–3）始建于宋天禧三年（1019），清康熙五年（1666）重建，仿宋式红砖木构官式建筑，平面四边形。屋顶做法较为特殊，在方形重檐屋顶上再升起一个八角攒尖顶，形成三重檐屋顶，形态丰富，层次感强。屋顶采用这种形式的，还有思明南普陀寺旧钟鼓楼、同安甘露亭、泉州文庙尊经阁、泉州法石真武庙拜亭等。屋面覆盖红瓦，垂脊脊尾饰卷草纹，脊堵彩画花卉图案。面阔五间，22.6 米，通进深六间，36.3 米，插梁式木构架，彻上露明造。四周环廊（又称走马廊），有 22 根外檐木柱，圆形石柱础，檐柱楹联书“冷暖自知不必别求甘露，我人无相皆来随喜戒坛”，匾额“清净法身”为明代书法家、南安人洪承畯所写。天花为八角形藻井，施如意斗拱，每朵出跳 9 层，如蜘蛛结网。四面立柱上有 24 尊手持南音北管乐器的宋代飞天木雕。与大雄宝殿飞天的“人身鸟翼”造型不同，这里的飞天完全是人的形象，以飞扬的飘带代替了翅膀有的手持南音北管乐器，有的手持托盘供奉宝物于佛前。

正中建一座平面四方形五级戒坛，高 3.7 米，底面积约 112 平方米，五级代表五分法身：第一级须弥座束腰四面共辟 64 个佛龛，其中 61 个佛龛内供奉密教神王；第二级四方各立两尊具印度风格的清代力士；第三级塑有韦陀菩萨、大楚天王、日宫天王、月宫天王等，其中南面竖立一座佛祖真身舍利石幢；第四级有文殊菩萨、普贤菩萨、金刚菩萨、观音菩萨等；第五级供奉高 1.8 米的明代卢舍那佛木雕坐像，莲花底座有 1000 片莲瓣。开元寺甘露戒坛与北京戒台寺、杭州昭庆寺并称中国三大戒坛。

图 2-1-4　藏经阁

藏经阁又名法堂（图 2-1-4）始建于元至元二十二年（1285），曾多次重修，1925 年时由圆瑛法师改建为钢筋水泥及红砖白石木结构的歇山顶两层楼阁，覆盖红瓦，正脊上剪粘双龙戏珠，垂脊脊尾饰卷草纹，山花灰塑狮头、如意、草龙，外墙砌红砖。在二楼歇山顶前建有一座彻上明造的歇山顶抱厦。藏经阁面阔五间，通进深三间。垂花、立仙、坐斗木雕宫灯、飞天、卷草纹。大门两侧石刻楹联“桑开白莲无情说法，塔涌铜佛正念当机”，外檐柱楹联书“甘露流香品超四大，紫云焕彩地辟三摩”。二层阳台宽大，采用白色花瓶式栏杆。藏经阁后门上嵌有两块石匾额，刻“藏经阁”“涌百宝光”。第一层是念经礼佛处，第二层收藏 3700 多卷经书，其中有元代如照法师刺血写的《法华经》、泰米尔文的贝叶经、数十尊不同造型的佛菩萨像和 12 口唐代至民国时期的大钟。阁内还保存有木庵法师亲笔写刻的楹联：“鹫岭三车，不离当人跬步；曹溪一指，好看孤塔云中。”整体看来，藏经阁是一座中西合璧建筑。

祖堂为清代红砖白石木构“皇宫起”大厝，硬山顶，覆盖红瓦，脊堵为实堵，燕尾脊翘起，面阔三间，明间开门，梢间辟方形窗，两侧山墙辟方形石窗。

檀越祠始建于唐代，清代重建，20 世纪 50 年代修缮，原本奉祀舍宅建造开元寺的黄守恭，现为黄氏后裔祖祠。硬山顶，覆盖红瓦，燕尾脊翘起，脊堵为镂空砖雕。大门开在右侧，左侧墙面辟两扇竹节柱圆窗，门上为明代石牌匾“檀越祠”，门厅内有石柱楹联书“同科文武魁天下，奕世桑莲溯祖风”，外墙檐下水车堵彩画人物、骏马、花卉等，墀头灰塑麋鹿、仙鹤等。第二进为前厅，梁上悬明代大学士申时行所书的“世受天恩”牌匾，中间供黄守恭木雕像。第三进为过堂，第四进为后厅。

泉州佛教博物馆（本生院）为红砖白石仿木构两层洋楼，歇山顶，覆盖红瓦，燕尾脊高翘。面阔五间，采用直棂门窗，梁枋上施垂花、雀替，二楼阳台设绿色琉璃花瓶式栏杆。馆内陈列着佛菩萨造像、铜钟及碑刻等文物。

弘一法师纪念馆原为尊胜院，虽为红砖白石木构官式建筑，但又具泉州民居特点，正前方设月台。硬山顶，覆盖红瓦，燕尾脊高翘，正脊脊堵为筒子脊，镂空砖雕。面阔三间，插梁式木构架，彻上露明造。馆内收藏弘一法师手迹及部分生活用品。

五观堂建于石台之上，周边设石栏杆。红砖白石木构“皇宫起”大厝，硬山顶，燕尾脊高翘，脊堵为实堵。面阔五间，塌寿为孤塌，明间开门，次间、梢间及山墙辟石窗。门上石匾额刻“五观堂”，两旁彩画山水图，水车堵彩画仙鹤、山水、花卉等。

安养院有两座，均为红砖白石木构建筑。一座为官式建筑，重檐歇山顶，正脊脊刹置火珠，翼角雕卷草纹。面阔五间，通进深四间，插梁式木构架，彻上露明造。明间、次间开门，梢间辟有镂空石构圆窗。另一座为

图 2－1－5　安养院

“皇宫起”大厝（图 2–1–5），硬山顶，覆盖红瓦，燕尾脊高翘，脊堵剪粘飞龙在天、喜上眉梢等，有朱红、湖蓝、柠檬黄、钛白等色。面阔三间，通进深两间，塌寿为孤塌。水车堵灰塑人物、花鸟等。

麒麟壁建于清乾隆六十年（1795），原位于泉州城隍庙前，20 世纪 70 年代初移到开元寺。“八”字形影壁，高 5 米，宽 19 米，三川脊歇山顶，壁顶覆盖绿瓦。壁身用交趾陶镶嵌一只龙首牛尾、麟身兽蹄、口咬铜钱、铜铃大眼、形态怪异、威风凶猛的五彩麒麟，有翠绿、土黄、紫红、天蓝、赭石等色。麒麟左右两侧嵌红褐色彩陶。水车堵彩绘山水花鸟图。有学者提出，影壁上的瑞兽并非麒麟，而是名为“犭贪”的独角兽，其性贪得无厌，被古代官员立于堂前门后，告诫自己廉洁奉公。

阿育王塔（图 2–1–6）共有 2 座，建于南宋绍兴元年至嘉熙元年（1131—1237），宝箧印经式石塔，高 5 米。其中，东阿育王塔塔基上设双层须弥座，其第二层须弥座保留了五代时期宝箧印经式塔须弥座的结构特征，底边雕如意形圭角，每面 4 个壶门内各雕一尊坐佛。立方体塔身四面拱形佛龛内镂刻佛传故事，塔身上方立 4 朵山花蕉叶，每一面均浮雕佛本行故事。因佛本行故事描述的是释迦牟尼在成佛之前的事迹，所以在佛像造型上较随意，东阿育王塔山花蕉叶上的少年释迦，借鉴了宋代泉州南少林武僧的形象。东阿育王塔第一层须弥座南面刻“右南厢梁安家室柳三娘，舍钱造

图 2-1-6　阿育王塔

宝塔二座，同祈平安。绍兴乙丑七月题。王思问舍钱三十贯，乙酉重修”等，反映了宋代泉州佛教的世俗化与平民化特征。西阿育王塔的整体建筑构造及雕刻题材与东阿育王塔基本相同，只是在佛龛上方德宇处刻“日光菩萨”“月光菩萨”“皇帝万岁”等文字。

东西双塔的东塔名镇国塔，建于南宋嘉熙二年至淳祐十年（1238—1250）。西塔名仁寿塔，建于南宋绍兴元年至嘉熙元年（1131—1237）。东西塔是中国最高大的一对石塔，其建筑设计、施工技术和雕刻工艺，堪称我国楼阁式空心石塔的典范。

东塔（图 2–1–7）为平面八角五层楼阁式空心石塔，高 48.27 米，用石料约 3345 立方米。平面正八角形在我国古塔中较为常见，利于抗震防风。塔基采用单层须弥座样式，高大结实。塔身每面以石柱分成三间，当心间开门或设佛龛。每扇塔门以石垒筑成拱门，全塔上下共 20 扇门，塔门和佛龛隔层互相交错，避免开口集中在同一条垂直线上，从而增强塔壁的稳定性，这是宋元时期古塔常用的建造技术。全塔石块采用丁顺砌体手法，一层横向排列，再一层纵向排列。塔身每一层转角处，有一根无卷杀圆形柱，露明柱础为素面覆盆式，柱础较大，往上略有收缩，充分体现了唐宋建筑粗壮的风格特色。这些石柱较为特殊，第二层至第五层的转角立柱并不是完整的一根柱子，而是将三段短石柱叠加成一根长柱，其中下段

图 2-1-7 东塔

石柱较长，上段次之，中段较短。这种独特的接柱方法，可以减少地震对立柱的损坏。

塔檐做成翚飞式，撩檐枋两头翘起，中间凹伏，突起的屋檐向上撅起，形成优雅的一条曲线，然后在上面雕刻檐椽与檐瓦，再铺设筒瓦，筒瓦上挂瓦当。塔檐下方刻出一排椽子，檐角下面施角梁，八檐角作吻首翘脊，上面圆雕坐佛。塔檐整体结构严谨，布局均衡，使塔身有凌空欲飞的态势。东塔采用多样式斗拱。柱头斗拱为六铺作双抄单下昂，补间 4 朵斗拱，为五铺作双抄单下昂，在斗前面均设胡孙头。斗拱之间刻有泥道拱、壶门等。塔檐上方施平座，围以石栏杆。塔盖为八角攒尖顶，塔顶置金刚宝箧式塔刹。塔刹由刹座、覆钵、宝珠、仰莲、七重相轮、水烟、受花（托花）、鎏金葫芦等从下而上串接而成，其中心则由十几米长的杉木贯通。

塔心室为塔心柱式结构，在塔心室的中央以花岗岩石筑一根从第一层直通到塔顶的八角形实心柱，并采用一顺多丁的砌筑方式，塔心柱正对塔门的一面设长方形佛龛，内置佛像。塔心柱与塔外壁分开，形成内回廊。塔心柱与塔壁之间用大石梁连接，石梁一头插入塔壁的凹角部位，另一头插入塔心柱的转角处，石梁两端下面还出一跳斗拱以承托梁柱，主要用以缩短石梁的跨度，增强抗剪力度。每层塔心室均有 8 根这样的石梁，它们与塔壁和塔心柱共同组合成一个套筒式绞结体，又称辐辏梁结构，极大地增强了塔身重心的聚向力，最大限度地坚固塔身。

东塔须弥座上下枭刻双层仰覆莲瓣，束腰浮雕佛教故事。各方故事之间施竹节柱，转角雕侏儒力士。东塔代表东方娑婆世界，塔身五层，每层

图 2-1-8　西塔

浮雕各种佛教人物，表示佛教修行的五种境界，每两人构成一组。这些浮雕动态丰富，表情逼真，雕工精湛。

西塔（图 2–1–8）高 45.06 米，用石料约 2900 平方米。西塔建筑构造与东塔基本相同，只有局部细节略有差异。①东塔塔身转角柱头上只有 1 朵斗拱，而西塔此处有 3 朵斗拱，增强了塔转角处的坚固性。②西塔斗拱交互斗结合处没有使用胡孙头。③西塔第三层到第五层的补间，只有 1 朵斗拱，而东塔是 4 朵斗拱。④西塔塔檐下有出涩单混肚形，东塔却没有。⑤东塔塔檐有设罗汉枋，西塔却没有。

西塔须弥座束腰雕刻双龙抢珠、双狮戏球、蛟龙入云等，踏道两边雕孔雀花鸟、蛟龙戏珠、禽鸟花卉等。须弥座转角雕侏儒力士，这些矮矮墩墩、雄劲有力的力士，无论是形象还是动态都栩栩如生。其中最具特色的是塔身第四层东北面的猴行者形象，猴行者猴头人身，尖嘴鼓腮，圆眼凹鼻，目光炯炯，项挂大念珠，上身皮毛直缀，衣袖卷至上臂，臂上肌肉隆起，左手执一把鬼头大砍刀，右手屈在胸前，拇指和食指捻着一颗念珠，腰围皮裙，腰带上系着一卷《孔雀王咒》和一只宝葫芦。猴行者本是印度猴神哈奴曼，后来成为《西游记》中孙悟空的原型。

泉州民间自古就有建塔补风水的做法，建东西塔就是为了刺破“渔网”，放出被困的“鲤鱼”。

开元寺石经幢共有 3 座，均位于大雄宝殿南面，分别建于唐代、南唐和北宋。一座经幢位于大雄宝殿东侧，建于唐大中八年（854），高约 5 米。双层须弥座，第一层须弥座六边形，第二层须弥座由两个覆钵式莲盆拼接而成，雕刻仰覆莲花瓣。幢身共三层，第一层六边形幢身每一面刻 7 行字，隐约可见“大唐大中岁次甲戌五月八日建”等文字；第一层、第二层幢身之间以六边形双层仰莲瓣和扁鼓形覆钵分隔；第二层幢身每面佛龛刻禅定佛像；第二层、第三层幢身之间以六边形塔檐分隔；第三层幢身每面辟券龛，浮雕坐佛。幢顶连续叠加两个仰莲座，宝葫芦式塔刹。另一座经幢位于大雄宝殿西侧，建于南唐保大四年（946），高约 5 米。双层须弥座，第一层须弥座八边形，第二层须弥座为两个覆钵式莲盆拼接而成。幢身共三层，第一层八边形，刻有经文、捐资建幢的人名和修建过程；第二层幢身刻坐佛；第三层刻壶门。幢顶为八角飞檐，宝珠式塔刹。还有一座石经幢位于大雄宝殿前拜庭的西侧，建于北宋大中祥符元年（1008），高约 4.1 米。双层须弥座，第一层须弥座八边形，上下枭刻仰覆莲花瓣，束腰由多块石板垒砌而成；第二层须弥座下枋雕海浪纹饰，下枭刻卷云图案，上枭为三层仰莲花瓣。八边形幢身篆刻《佛顶尊胜陀罗尼经》。八角攒尖收顶，塔刹为宝葫芦。

大雄宝殿前后庭院里共有 11 座舍利石塔（图 2–1–9），分别建于宋代和明代。大雄宝殿前的拜庭共有 9 座小石塔，高约 3 ～ 4 米，由 8 座五轮塔和一座亭阁式塔组成。其中 8 座五轮式塔由塔基、须弥座、塔身、塔盖、塔刹等组成。一般均为四角形塔基，双层须弥座，第一层须弥座为六角形，塔足为如意形圭角，第二层须弥座为圆鼓形。塔身椭圆形，一面辟佛龛，内雕佛菩萨头像。塔檐为六角形攒尖顶，檐口弯曲。相轮式塔刹，刹尖为宝珠式。还有一座亭阁式塔位于拜庭东南向，塔基四方形，双层须弥座，第一层须弥座素面，第二层须弥座塔足雕如意形圭角，束腰转角施竹节柱。塔身四角形，西面佛龛内雕一结跏趺坐佛像，南面刻“法”，北面刻“僧”，正好为“佛、法、僧”三宝。大雄宝殿后面还有两座石构五轮式塔，构造与其他五轮塔基本相同。这两座塔原位于打锡巷，由塔上的文字可知，这两座塔均建于南宋嘉定年间。

总体看来，开元寺红砖白石木构红瓦的殿堂样式，颇具闽南传统红砖民居的特征。开元寺内的雕刻包括石雕、砖雕、木雕、泥塑、灰塑、剪瓷雕、交趾瓷等，题材多样，是中印宗教、艺术、文化的有机融合。2021 年，开元寺作为中国唯一拥有印度教遗存的佛教寺庙，被列入《世界文化遗产名录》。

图 2－1－9　开元寺舍利塔

五、景观特色：开元寺建于平原之上，景观均为人工造景，古时候有“十奇”，分别是东西双塔、紫云盖地、桑开白莲、甘露戒坛、石柱牡丹、古龙眼井、祖膊真身、应梦罗汉、支院高僧和文殊墨迹，如今仍保留部分景观。目前的园林区主要位于大雄宝殿前的拜庭以及东西双塔周边区域。

寺内树木主要采用孤植、对植、列植或丛植，有榕树、桑树、凤凰木、木槿树、菩提树、桂花、朱缨花、佛肚竹、波罗蜜、苏铁、南洋杉、棕竹、叶子花、龙船花、米仔兰、广玉兰等。其中，大殿西侧的桑莲古迹内，有一株势如龙蟠的桑树，骨干虽已分裂为三，但枝叶仍很茂盛，它已经有 1300 多年的历史了，是我国现存最古老的一棵桑树；拜庭两旁列植有 8 株 800 多年树龄的古榕，低垂的气根苍劲飘逸，谱写着岁月的沧桑；天王殿东面有株挺拔的凤凰木，夏季开花时，整株树如燃烧的火焰，为古刹增添了绮丽的色彩。寺中还有一些珍贵树木，如檀越祠前的百年古柏、大雄宝殿后面的菩提树等。

寺内各处摆放有舍利塔、石经幢、香炉、石鳖、石狮、石碑、石亭等景观小品，特别是拜庭榕树下有一只昂头撑脚、憨态可掬的巨型赑屃，其背部有一个用来驮石碑的凹槽。这只赑屃并非开元寺的原物，而是 2000

年时从泉州城隍庙移入的。拜庭上还立有清康熙四十一年（1702）的“御书”石碑和清嘉庆十年（1805）的“重修开元寺记”石碑。佛教博物馆前庭院石亭中有一石碑，刻有1962年郭沫若游开元寺时写的《咏泉州》：“刺桐花谢刺桐城，法界桑莲接大瀛。石塔双擎天浩浩，香炉独剩铁铮铮。亚非自古多兄弟，唐宋以来有会盟。收复台澎今又届，乘风破浪待群英。”

东塔北侧建有放生池，池边筑人造假山和四角方亭，假山山势险峻，山上有一块“五龙戏彩”湖石放于特制的石盆内。池塘四周树木茂密，环境清凉，充满野趣，池旁设有石桌、石凳，可供游人休息。

开阔的拜庭是开元寺景观的一大特色。拜庭是古代官员列队朝圣和信众礼拜之地，面积约2800平方米，全部以花岗岩条石铺设。寺内还修建许多曲直相间、纵横交错的石板路与高低不一的石阶，以连接各个景点。

开元寺构景灵活，充分利用各种植物、景观小品、池塘、道路、庭院等，在平原上构建出生动而富有层次感的寺庙园林。

开元寺周边还保留了大片明清至民国时期的古建筑，寺庙前有西街古建筑区，南面有三朝巷、古榕巷、井亭巷、旧馆驿巷、象峰巷等古巷区，北面有大寺后巷，东面有台魁巷、裴巷、新街、清军驿，西面有孝感巷等古巷道。因此，可将开元寺与周边景点统筹规划，打造一个集民居民俗、宗教观光于一体的综合景区。

承天寺（图2-1-10）

图2-1-10　承天寺

一、概况：承天寺位于鲤城区南俊巷84号，始建于南唐保大末年至中兴初年（957—958），原名南禅寺，北宋景德四年（1007）改名为承天寺。寺庙在全盛时期有40多座殿堂，1700多名僧人，号称“闽南甲刹”，为泉州三大丛林之一。抗战时期，弘一法师与性愿法师曾在此讲经说法，并创办养正院。

二、选址特征：①承天寺原是泉州五代节度使留从效的南花园，坐北朝南，西面承天巷，东向释雅山，南面为施琅将军的夏园和百源清池，北枕鹦哥山，而山门正对着承天巷尾。承天巷口是唐代泉州古城中的南门——崇阳门，是泉州古城的重要地标建筑。②传说寺庙后的鹦哥山是龙穴所在地，朱元璋命人在寺庙西边设置了三根箭似的小巷——承天巷、敷仁巷、新府口，分别对准寺的大殿、中庭及寺后的鹦鹉山，以此来破坏承天寺的风水。

三、空间布局：承天寺引导空间是山门后的一条长99.6米、宽4.6米的笔直石板甬道，东侧立7座石构五轮式塔和多棵老榕树，西侧为泉州闽国铸钱遗址的围墙。从喧嚣的南俊路穿过山门进入甬道，顿感清净优雅，仿佛进入另外一个世界。

承天寺殿堂众多，采用复合轴布局，总体上可分为3条平行轴线。南北中轴线全长约300米，依次为天王殿、弥勒殿、放生池、大雄宝殿、法堂、通天宫经幢、文殊殿、鹦哥山，其中弥勒殿前石埕两侧为钟鼓楼，从钟鼓楼开始，东西两旁各有一条长约150米的长廊，连接着弥勒殿、大雄宝殿和法堂，形成三进四合院；东侧轴线建筑较为分散，分别是圆常院、般若阁、广钦和尚图书馆（藏经所）、僧舍、斋堂、客堂（法物流通处）、龙王祠、留从效南园旧址、大悲阁、一尘精舍、宏船法师纪念堂（会泉长老塔院）、香积堂、泉州女子佛学院等；西侧轴线上为檀越王公祠、泉州闽国铸钱遗址、光孝寺、禅堂、王公祠、留公祠、功德祠、许公祠、闽山堂（方丈）等。山门和甬道坐东朝西，与主轴线形成直角。承天寺以甬道、游廊、石板路、庭院、围墙等联系各个殿堂，由此构成一个主次分明、排列有序的空间。

四、建筑艺术：承天寺主要殿堂保留清代建筑样式，包括官式建筑和“皇宫起”大厝，屋顶装饰剪粘、交趾陶、灰塑、彩画等，色彩鲜艳，颇具闽南传统建筑特色。

山门为殿堂式建筑，硬山顶，覆盖红瓦，燕尾脊高翘，正脊脊刹立7层宝塔，吻头雕龙首，脊堵剪粘或灰塑瑞兽、花卉等，山花灰塑狮头与如意。面阔三间，通进深两间，抬梁式木构架，彻上露明造。明间、次间开

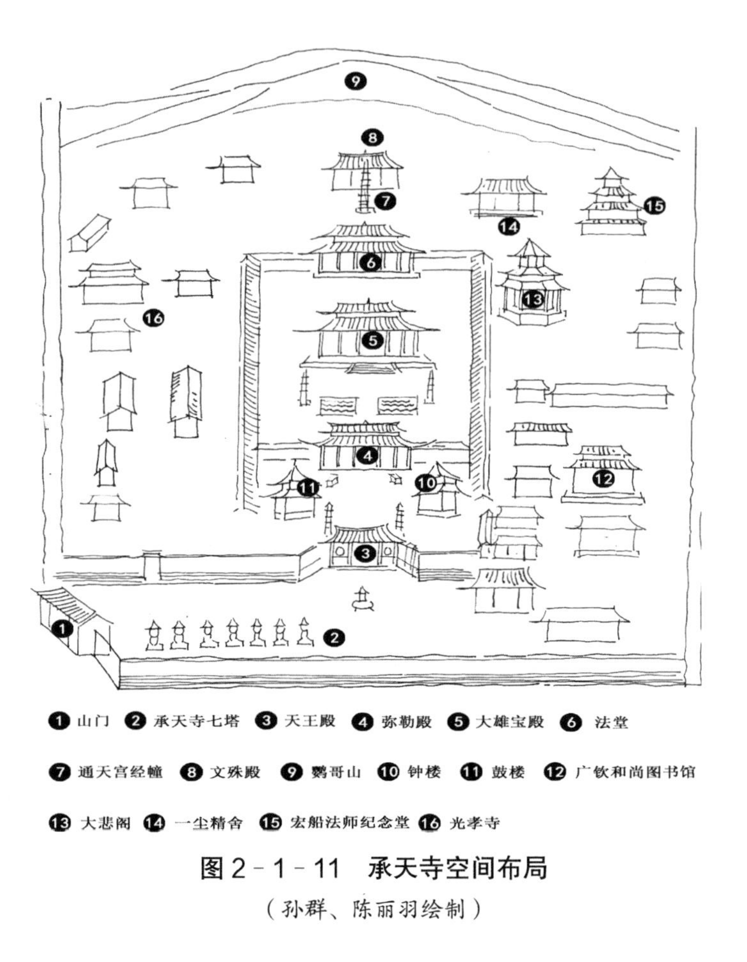

图 2－1－11 承天寺空间布局

（孙群、陈丽羽绘制）

红色板门。梁枋上的垂花、立仙、雀替、随梁枋等木雕莲花瓣、如意、卷草纹。大门上方高悬“月台”匾额，对看堵有弘一法师行书题联“入不二法门，有无量自在”。山门两侧砌红砖墙。

天王殿为红砖白石木构官式建筑，硬山顶，覆盖红瓦，燕尾脊高翘，正脊脊堵灰塑火珠、荷花等。面阔三间，通进深四间，插梁式木构架，彻上露明造。明间开门，上方匾额书“古刹重光”，两侧设隔扇窗，绦环板雕花鸟、“卍”字纹，次间辟双交四椀菱心纹圆形红砖花窗。雀替、瓜柱、随梁枋等木雕云卷纹、螭龙、花草纹。殿内供奉四大天王。

钟鼓楼为红砖白石木构官式建筑，重檐四角攒尖顶，覆盖红瓦，脊堵彩画山石、花草、翠竹等。面阔三间，通进深三间，抬梁式木构架，彻上露明造。四周环廊，梁枋上施垂花、雀替与斗拱，木雕莲花瓣、如意、卷草纹。楼顶藻井层层而上，结构复杂。

弥勒殿为红砖白石木构官式建筑，重檐歇山顶，覆盖红瓦，燕尾脊高翘，屋脊饰剪粘与灰塑。正脊脊刹立八角攒尖顶宝塔，两旁雕蛟龙，脊堵正中浮雕龙吐水，两侧饰荷花、祥云等，垂脊牌头雕护法神像，翼角饰卷草纹，山花灰塑狮头、如意纹。面阔五间，通进深四间，插梁式木构架，彻上露明造。明间、次间开门，两边隔扇窗的隔心木雕交欢螭龙卷草纹，绦环板雕花鸟、狮子、“卍”字纹，檐柱楹联书“宝筏济迷津，寺启承天三界同沾法雨；金绳开觉路，灯燃闽海众生共证菩提”。梢间辟菱心纹圆形木窗，四周雕蝙蝠、螭龙、麋鹿、骏马、麒麟、香象、“卍”字纹等。垂花、立仙、雀替、斗拱、随梁枋及瓜柱木雕莲花瓣、凤凰、龙首、草龙、狮子等。殿内供奉弥勒菩萨，两侧立哼哈二将。有意思的是，我国佛寺弥勒殿与天王殿基本都是合二为一的，承天寺却分开建造。

大雄宝殿为红砖白石木构官式建筑，高 14 米，占地 500 平方米，前方有一石砌月台，正中设垂带踏跺，须弥座束腰浮雕花草纹，应该是仿效泉州开元寺大殿的做法。重檐歇山顶，凹曲面屋面覆盖红瓦，燕尾脊高翘，屋脊饰剪粘与灰塑。正脊脊刹立七层宝塔，脊堵浮雕双龙戏珠，正吻上各雕一只蛟龙，垂脊牌头雕护法金刚，垂脊、戗脊及围脊的脊堵浮雕花草图案，翼角饰卷草纹，山花灰塑狮头、如意。上檐下方横匾为清末惠安人云果法师所书的“闽南甲刹”。面阔五间 23.8 米，通进深七间 21 米，插梁式木构架，彻上露明造。明间、次间开门，开木构菱花隔扇门，次间辟双交四椀菱心纹圆形花窗，四周雕蝙蝠、螭龙、花鸟、“卍”字纹。两侧山墙辟方形直棂木窗。大门匾额书“慈云远被”，两侧楹联书“悟尽心华蚤喜心空及地，摽来月指共看月涌承天”。梁枋上施雀替、斗拱、随梁枋等构件，木雕鱼化龙、花草纹等。殿内供奉三世佛、迦叶尊者、阿难尊者、护法诸天、四大菩萨及开山祖师等塑像。为了增加殿内的实际使用空间，将十八罗汉塑像移至大殿两侧的护廊中。

法堂为红砖白石木构官式建筑，高 13 米，重檐歇山顶，覆盖红瓦，屋脊饰剪粘与灰塑。正脊上雕双龙戏珠，脊堵浮雕双凤朝阳，垂脊牌头置护法金刚，戗脊与围脊脊堵雕一品清廉，翼角饰卷草纹，山花灰塑狮头、如意。面阔五间 22.47 米，通进深六间 17.1 米，插梁式木构架，彻上露明造。明间、次间采用菱花隔扇门，梢间辟双交四椀菱心纹圆形花窗，四周雕蝙蝠、螭龙、花鸟、“卍”字纹。前外檐柱为盘龙石柱，斗拱为五踩双翘。垂花、立仙、雀替、随梁枋等木雕飞天、花草等。堂内有高 2 米、重 1 吨多的隋代铜铸阿弥陀佛像。法堂两旁护廊墙上有 12 幅精美的佛教故事漆壁画，色彩稳重清丽。

图 2–1–12　大悲殿

文殊殿为红砖白石木构官式建筑，硬山顶，覆盖红瓦，正脊脊堵灰塑荷花、松树等，山花灰塑狮头、如意。面阔三间 22.47 米，通进深三间 17.1 米，插梁式木构架，彻上露明造。明间开门，次间辟隔扇窗。正门上牌匾书“鹫山狮吼”。

一尘精舍为红砖白石木构官式建筑，前方石台外围设石栏杆，正中设石台阶。硬山顶，正脊脊堵为镂空砖雕。面阔五间，通进深四间，插梁式木构架，彻上露明造。明间开门，次间、梢间辟隔扇门，透雕螭龙卷草纹。大门牌匾书“一尘精舍”，殿内匾额为朱熹所题的“一尘不到”。

大悲殿又名观音殿（图 2–1–12）建于石台之上，四周设踏跺。石木构官式建筑，三重檐八角攒尖顶，覆盖红瓦，剪边为绿色，翼角雕饰卷草纹与“回”字纹。平面八边形，四周环廊，采用隔扇门窗，木雕螭龙卷草纹，绦环板雕花鸟图。正门牌匾书“大悲殿”。垂花、立仙、雀替、斗拱、弯枋木雕宫灯、蛟龙、花草纹等。殿内南向供奉明代千手千眼木雕观音像，北面供奉铜铸十一面四十八手观音，东隅为如意观音，西厢是滴水观音。

宏船法师纪念堂（会泉长老塔院）建于 1996 年，为钢筋混凝土仿古建筑，覆盖绿瓦，白石为基，红砖砌墙，共有三层。第一层、第二层四边形，面阔五间，通进深五间。明间开门，次间辟螭龙纹及花瓶纹隔扇窗。大门楹联书“宏志渡星洲飞锡遍游海国，船航业晋水传灯普照炎方”。三层平面八边形，八角重檐攒尖顶，宝顶为一座五轮式塔。每层红墙均辟有绿色圆形窗。垂花、立仙、雀替、瓜柱、随梁枋木雕莲花瓣、螭龙卷草纹、缠枝花卉。第二层、第三层建有平台，设绿色竹节柱栏杆。堂内楼梯采用壁边折上式结构，空间宽敞。

广钦和尚图书馆（藏经所）建于 1992 年，为钢筋混凝土仿古建筑，白石为基，红砖砌墙，共有两层，歇山顶。面阔五间，通进深四间。明间、次间开隔扇门，梢间辟菱花窗。梁枋上施垂花、雀替与斗拱。二楼栏板正中牌匾石刻“藏经所”。

香积堂与客堂为小型四合院，红砖白石木构建筑，其中客堂左侧采用镂空红砖墙，肌理优美。

承天寺主要殿堂虽多为清代官式建筑，从材料到装饰却具有“皇宫起”大厝的特点，这也是泉州佛寺建筑的特征之一。

承天寺石经幢共有 4 座，分别是天王殿的东西经幢和大雄宝殿的双经幢，均建于两宋时期。

东经幢建于北宋淳化二年（991），为平面八角花岗岩砌成，高约 6 米，由幢座、幢身、幢顶三部分组成。幢座为四层须弥座，层层收分。第二层须弥座束腰圆鼓形，雕二龙戏珠，下枭刻覆莲瓣，上枋为缠枝花卉；第三层须弥座束腰雕金刚武士；第四层须弥座雕神将，上枋刻仰莲瓣。幢身七层，第一层至第七层幢身之间为四层宝盖加仰莲，其中第一层至第三层宝盖为八角形塔檐，檐口向上弯曲，四层为四角形塔檐。第一层幢身八角形石柱上刻《佛顶尊胜陀罗尼经》。第二层至第四层塔檐与仰莲之间分别为圆鼓形、八边形或四边形等构件。第三层、第五层幢身都雕有护法神将。幢刹为宝葫芦。西经幢建于北宋天圣三年（1025），整体结构与东经幢基本相同。东西经幢均为泉州市文物保护单位。

大雄宝殿前的两座经幢，传说是从其他地方飞到承天寺内的。东侧经幢高 5.5 米，塔基为四层须弥座，第二层圆鼓形须弥座浮雕二龙戏珠，第三层八边形须弥座每面雕手持兵器、脚踏祥云的神将。幢身为四层宝盖加仰莲。第一层八角形幢身每面刻“南无宝胜如来”“南无阿弥陀如来”“大方广佛华严经”等。幢刹为宝葫芦。西侧经幢造型与东侧经幢基本相同，第一层幢身每面刻“南无观世音菩萨”“南无弥勒菩萨”“南无妙吉祥菩萨”等。第三层须弥座上枋刻四字篆书“飞来古迹”。

通天宫经幢（图 2–1–13）原位于鲤城区北门街通天宫，建于北宋崇宁年间（1102—1106），1990 年被搬到承天寺，现为福建省文物保护单位。平面八角十三层，通高 7 米。塔座为四层须弥座。第一层须弥座正八边形，

图 2－1－13 通天宫经幢

图 2－1－14 承天寺七塔

上枭刻双层仰莲瓣，束腰雕花卉图案，转角雕侏儒力士单膝跪地，硕大的拳头按住大腿或臀部，双肩使尽全力托住幢身；第二层须弥座第束腰为二龙戏珠，下枋有两层，第一层刻海浪，第二层刻卷云，上枋刻花卉；第三层须弥座束腰每面雕护法神将，有的握剑平放于腰间，有的执剑横跨于胸前，上枋刻花卉；第四层须弥座束腰雕手执兵器的天神，上枋三层仰莲瓣。幢身共分七层，第一层至第七层幢身之间为三组宝盖加仰莲结构，宝盖与仰莲之间为鼓形幢身，宝盖做成八角形屋檐形状，下面两个仰莲为三层莲瓣，最上一个仰莲为单层。幢身第一层八角形石柱刻《佛顶尊胜陀罗尼经》。第三层、第五层幢身八边形，每面雕佛菩萨造像。第七层四边形，每面雕护法神将。幢顶四方形塔檐，四角雕迦陵频伽，每边刻云纹。幢刹为一心形空心状造型。

承天寺七塔（图 2–1–14）位于寺庙入口的香道旁，建于宋代，共 7 座，一字排列。五轮式石塔，高 5.9 米。基座为四方形，塔座为双层须弥座，第一层须弥座六角形，塔足雕如意圭角，每边刻柿蒂棱纹饰，转角为方形立柱；第二层须弥座上下枭刻双层仰覆莲瓣，束腰圆鼓形。椭圆形塔身北面辟佛龛，内雕一尊结跏趺坐佛像。塔盖六角攒尖顶，檐口弯曲，檐角翘起，五重相轮式塔刹。

承天寺舍利塔群共有 13 座小型五轮式石塔，这 13 座塔均建造于明清时期，造型结构大致相同，高度在 3 ～ 4 米。其中位于天王殿后面草坪上的一座五轮式石塔，四方形基座，双层须弥座。第一层须弥座六角形，塔足刻如意形圭角；第二层须弥座圆鼓形，上下枭刻仰覆莲花瓣，圆形束腰以凹线分成六瓣。球形塔身一面辟佛龛，内雕坐佛。六角攒尖收顶，塔檐向上弯曲，相轮式塔刹。

五、景观特色：承天寺位于市中心，闹中取静，寺院清幽。寺中原有十景：偃松清风、方池梅影、卷帘朝日、榕径午荫、塔无栖禽、瑶台明月、推蓬雨夜、啸庵竹声、鹦歌暮云、石如鹦鹉。宋代泉州太守王十朋曾作“承天寺十奇诗”描述这十景。如今承天寺正逐渐修复这些景观。

承天寺景观最具特色的，要数遍布寺庙庭院中的25座石塔和石经幢，其中石经幢4座，五轮式石塔21座，为寺庙增添了庄严肃穆的气氛。特别是山门后甬道旁7座一字排开的五轮式塔，是承天十景中的“塔无栖禽”，相传苍蝇落塔上头必朝下。王十朋曾作《塔无禽栖》诗，其诗曰：“团团七塔镇瑶台，万古清冷绝尘埃。古佛放光随代起，文殊誓愿下身来。依栖野鸟秽无触，飘泊苍蝇头不抬。自是真如常不灭，檀那永在法门开。”

寺庙内有多株百年榕树，如弥勒殿前对植的两株老榕，浓荫蔽天，均已有150多年树龄，为福建省二级保护树木。另外鹦哥山上的凤凰木，每到开花季节，那满树呈鲜红色带黄晕的花朵便如同天边的彩霞。

寺庙建有两处放生池，一处在弥勒殿与大雄宝殿之间的庭院中，中间横跨一座石桥；另一处在客堂东侧，池中有一座五角凉亭，是承天十景中的“方池梅影”。寺后的鹦哥山上以椭圆形巨石垒成假山，四周树木茂密，充满山林野趣。

寺庙里还有几处精致的景观小品，如位于留从效故园的三口龙藏井、宏船法师纪念堂右侧的弘一法师化身地、“梅花石”碑、“古铸钱遗址”碑等均为点睛之笔。其中“梅花石”碑长约1.5米，宽约0.5米，数百年来铺于地上供人踩踏，后被取出并镶嵌在白色砖墙上，表面条纹曲折如树枝，旁边配有几处红灰色点，富有水墨梅花之韵味，成为一处新景点——“梅石生香”。

承天寺虽然多为人工造景，但无论是九十九口井、苍蝇落塔上头必朝下还是梅花石的梅影等，均具有深邃的文化底蕴，令人回味无穷。

崇福寺（图2－1－15）

一、概况：崇福寺位于鲤城区崇福路，建于北宋初年，初名千佛庵，后改名崇胜寺、洪钟寺、崇福寺，与开元寺、承天寺并称为“泉州三大丛林”。据《泉州府志》记载：“崇福寺故在城外，宋初陈洪进有女为尼，以松湾地建寺，拓罗城包之，名千佛庵。”

二、选址特征：①崇福寺坐落于泉州城东北隅，坐西朝东，东北面是清源山，东南向有东湖。据说这里原为虎头山地，有4株东晋时期的松树，

图 2-1-15 崇福寺

因此号称“松湾古地”，不过这里如今已变成平原。②据《泉州府城·罗城》记载，崇福寺建成后，陈洪进特地将泉州罗城扩大，把寺庙圈入城内，并在崇福寺东面开凿一段环城河，极大地方便了民众的生活。

三、空间布局：崇福寺占地面积约10000平方米，采用主轴对称结合自由式布局。中轴线上依次为“松湾古地”照壁、天王殿、大雄宝殿、观音殿、祖堂、功德堂等，北侧为郎月亭、钟楼、客堂、应庚塔、凉亭、五观堂、僧舍等，南侧为鼓楼、报恩堂等。山门位于寺庙东面，北面有“崇福晚钟”照壁。

四、建筑艺术：崇福寺殿堂多为利用原有构件重建的红砖白石木构官式建筑，同时具闽南民居特色，屋顶覆盖红瓦，脊堵装饰剪粘、泥塑与灰塑。

山门为三间四柱三楼式石牌坊，歇山顶，正楼脊刹置三法轮，正吻上各雕一只蛟龙，翼角饰卷草纹。檐下施两跳斗拱，浮雕佛教故事。额枋上匾额书“崇福寺”，北面匾额书“松湾古地”，石柱楹联书“百世沧桑犹得松湾古禅意，千年斗换但闻崇福新梵音”。

“松湾古地”照壁正对天王殿，为“一”字形砖照墙，把寺庙与外围民房隔开。庑殿顶，壁顶覆盖红瓦，燕尾脊高翘，正脊脊堵和檐下水车堵剪粘双凤朝牡丹、松菊犹存、一品清廉、锦上添花、果盘等，主要有粉红、米黄、天蓝、翠绿等色，五彩缤纷。壁身两侧以红砖砌成，正中嵌一方清康熙年间（1662—1722）的石碑，刻“松湾古地”四字楷书。周边涂成白色，壁座以白石垒砌。

天王殿高8.6米，重檐歇山顶，屋脊饰剪粘，正脊上方雕双龙戏珠，脊堵为实堵，正中浮雕双龙，两侧灰塑荷花，围脊浮雕麒麟奔跑、喜上眉梢等，翼角饰戏狮、卷草纹，山花灰塑狮首、螭龙、如意。前檐下匾额书“兜率天宫”。面阔五间18.5米，通进深四间14.2米，插梁式木构架，彻上露明造。明间、次间开螭龙隔扇门窗，梢间辟菱花圆窗，对看堵石浮雕佛教故事。4 根外檐柱均为明代八角形石雕盘龙柱，柱上刻有捐献者的姓名，墀头彩绘山水花鸟图，垂花、立仙、雀替、斗拱与随梁枋木雕莲花瓣、花草纹、草龙等，狮座雕仰莲花瓣。两旁山墙辟方形石窗。殿内正中供奉弥勒菩萨，两侧供奉四大天王。

钟鼓楼为两层楼阁，重檐歇山顶，覆盖红瓦，燕尾脊高翘，屋脊饰剪粘。正脊脊刹置法轮，两侧正吻雕鱼化龙，脊堵浮雕麒麟奔跑、凤戏牡丹，翼角饰卷草纹。面阔三间，通进深一间。明间开券拱形石门，二楼辟方形木窗。钟楼石刻门联“晨钟一杵醒尘梦，宿业停流脱苦轮”，鼓楼楹联书“暮鼓催人生白发，禅心寂处任斜阳”。其中，钟楼里的明代大洪钟为纯铜铸成，中间刻楞严咒和 260 字《心经》，上部分刻“明·洪武二十年七月温州（平阳）黄宝起、陈显六造”。钟鼓楼前面建有拜亭，卷棚式悬山顶，脊堵彩画山水图，面阔三间，进深一间，抬梁式木构架，雀替木雕戏狮、花鸟。

大雄宝殿系清末重修，但保留明代风格，占地 430 平方米。大殿前面建有月台，重檐歇山顶，屋脊饰剪粘。正脊脊刹置七层宝塔，正吻上各雕一只回首相望的飞龙，脊堵浮雕双龙戏珠、双凤朝牡丹、狮子戏球等，垂脊牌头立一尊泥塑护法神，翼角饰卷草纹。面阔五间 22.3 米，通进深六间 23 米，插梁式木构架，彻上露明造。明间与梢间开交欢螭龙卷草纹隔扇门，次间辟圆形菱花木窗，四周雕喜上眉梢、松鹤延年、瑞应祥麟、寿居耄耋等。大门横匾为赵朴初所题行书“妙相庄严”，另一行书横匾“戒香普薰”乃弘一法师墨宝。4 根黄褐色外檐柱为明代八角形石雕盘龙柱，与天王殿龙柱相似。梁枋上垂花、雀替与斗拱木雕莲花瓣、花鸟纹、草龙等。殿内天花彩画莲花、行龙。正中供奉释迦牟尼佛、药师佛与阿弥陀佛。

观音殿（圆通宝殿）建于石砌台基之上，正面设垂带踏跺。重檐歇山顶，屋脊饰剪粘。正脊脊刹置三法轮，正吻各雕一只蛟龙，脊堵浮雕狮子戏球、瑞应祥麟等，垂脊牌头立一尊泥塑护法神，翼角饰卷草纹。围脊堵剪粘麒麟奔跑、喜上眉梢。面阔五间，通进深五间，插梁式木构架，彻上露明造。明间与梢间开螭龙隔扇门，次间辟草龙纹圆窗，四周雕蝙蝠、四季平安、双凤朝牡丹、“卍”字纹等。大门上匾额楷书“古佛示现”，两侧楹联书“色空不异法界圆融观自在，物我一如苍生可愍作慈航”。垂花、立仙、雀替、束木与随梁枋木雕莲花瓣、神仙、龙凤呈祥、麒麟奔跑、花鸟纹等，狮座雕戏狮、仰莲瓣。殿内供奉千手观音，两旁列十八罗汉。

功德堂与祖堂均为钢筋混凝土建筑，辅以红砖白石木构材料。两层楼阁，歇山顶，脊堵剪粘凤戏牡丹、麒麟奔跑、狮子戏球等。面阔五间，通进深四间。明间开门，次间、梢间辟直棂窗。二楼栏杆饰喜上眉梢、金玉满堂、一品清廉、瑞鹿祥和、孔雀开屏等。

图 2 - 1 - 16　应庚塔

应庚塔（图 2–1–16）建于北宋熙宁元年（1068），高 10.9 米，平面八角七层楼阁式实心石塔。塔基四层，第一层塔足为如意形圭角，每面刻波浪形纹饰，第四层每面刻卷云图案。塔身逐层收分，每层塔身开一门，位置层层相错，其余各面仿刻两扇长方形直棂盲窗。塔身转角施三瓣式瓜棱柱，柱头阴刻栌斗，每层额枋与柱头枋之间阴刻两个简易斗拱形状。层间单层叠涩出檐，塔檐刻瓦当、瓦垄、滴水和椽条。塔身转角斗拱为五铺作双抄，两斗拱间设撩檐枋。第二挑栌斗上方以交叉式出头，上面再设仔角梁，补间没有斗拱。这种交叉出头样式在福建古塔中绝无仅有，应该是仿计心造的形式。每层设平座，平座每面刻栏板，阴刻石柱分隔成四部分，第一层、第二层平座每面还刻有 4 个团巢纹。塔顶仿八角攒尖顶，相轮式塔刹，刹顶仿八角塔檐，顶端宝瓶式造型。应庚塔造型简洁朴素，雕刻较少，却是福建唯一雕有直棂盲窗的古石塔。2001 年对应庚塔进行全面修缮，替换掉少部分破损的石构件，是福建古塔修复中比较成功的案例。在拆除石塔时，发现许多珍贵文物。如上至西汉半两钱下至北宋治平通宝的 4417 枚钱币，其中包括数量众多的压胜钱，为研究北宋宗教习俗与民间信仰提供了珍贵实物。而最值得一提的，是在第二层塔身中间发现一只藏有琉璃器的石函，琉璃器内有套装金盒的银盒，金盒里藏匿 5 粒高僧舍利子，底部阴刻“熙宁元年戊申岁”，为确定应庚塔的建造年代提供了可靠的实物依据。据清道光《晋江县志》记载：“是塔关城废兴，历宋、元、明变迁之时，辄欹侧若坠，平治则正。国初（清初）·戊子（顺治五年，1648）、己丑（顺治六年，1649），闽海波倾，洞塔颇倾斜。有士人避地江南者，遇异僧因谈及居里所在。僧问：‘崇福寺塔犹存否？’士人以颇倾斜对。僧曰：‘寺塔未圮，泉不应兵燹也，当速返居之。’甲寅（康熙十三年，1674）后，塔乃周正，复生朴树于基座。今根柢盘绕，再无倾侧之患。”

五、景观特色：崇福寺虽然多为人工造景，但景观布局较为灵活，其“崇福晚钟”是古泉州八景之一。

寺内的植物多是近年补种的，有柏树、菩提树、樟树、榕树、白玉兰、松树、棕榈树、毛竹等。其中大雄宝殿前有两株对植的高约 10 米的菩提树，大殿背后有一排丛植的杨桃树。庭院里还摆放着许多造型各异的榕树、荷花等盆景，道路两旁多种植绿篱与灌木。功德堂前草地上有用浅褐色石头垒成的假山，如果能在假山处挖掘一处水潭，将会增添些许灵动感。

寺庙北侧有一大片园林绿地，草地西面石砌高台为应庚塔公园，东向建有一座六角石亭，四周设石栏杆，亭内竖一方“宝相智杵”石碑，刻“妙月和尚舍利塔铭”，是为纪念武僧妙月和尚而建的。寺庙北侧山墙外还建有一座“崇福晚钟”照壁，是“松湾古地”照壁的原址，照壁前有一休闲小广场。

泉郡接官亭（图 2-1-17）

一、概况：泉郡接官亭位于鲤城区临漳门西面的笋江公园旁，始建于南宋。据文献记载，南宋庆元四年（1198）时，临漳门外有甘棠、棠阴、龟山 3 座石桥，桥尽处有古接官亭，供奉观音菩萨，又名观音大士亭，被誉为“闽南活佛”，现为闽南文化生态保护区及泉州古城示范区。

二、选址特征：泉郡接官亭坐落于晋江东岸凸出的平原上，选址较为特殊。①寺庙坐西南朝东北，濒临晋江，西侧就是历史悠久的笋江桥。笋江桥建于北宋皇祐元年（1049），又名通济桥，俗称浮桥，为古泉州城十八景之一，附近有石笋古渡口。②临漳门始建于南唐，是古代泉州府通往漳州府的唯一通道，也是本地官员迎接上级官员之处。③寺庙位于清源、

图 2－1－17　泉郡接官亭

紫帽两山脉的交会处，传说是“神女坐机”之穴位。

三、空间布局：泉郡接官亭属于中轴线布局，中轴线上依次为北山门、主殿（观音亭）、中殿（圆通宝殿）、大雄宝殿，西侧为客堂，东侧为黄甲元帅殿、僧寮、藏经阁、功德堂，西北向有西山门。

四、建筑艺术：泉郡接官亭正殿保留清代“皇宫起”建筑风格，屋顶覆盖红瓦，屋脊装饰剪粘，其余殿堂为近年重修或新建的红砖白石木构官式建筑，兼具泉州民居特色，屋脊饰剪粘和泥塑。

西山门为三间四柱三楼式石牌坊，庑殿顶，正脊上置法轮，脊堵浮雕缠枝花卉，垂脊上饰卷草纹，檐下施一跳斗拱。额枋浮雕二龙戏珠、瑞应祥麟。山门两侧建石墙，墙上浮雕佛祖说法图和唐僧师徒四人取经故事。

北山门面对龟山桥，为三间四柱冲天式石牌坊，额枋浮雕双凤朝牡丹、喜上眉梢、孔雀开屏等，雀替雕香象。

主殿（观音亭）建于清代，为闽南地区红砖白石木构“皇宫起”建筑，占地面积 5880 平方米，建筑面积 746 平方米，形制较为特别，由前后左右中五亭（中亭、前亭、后亭、左拜亭、右拜亭）组成，形成“十”字形结构，近年修缮时高度增加约 1 米，但仍保留原有形制。其中，中亭与前后两亭组成主殿，单檐歇山顶，正脊上雕双龙护塔，两端燕尾脊高翘，脊堵饰两只云龙，垂脊牌头立金刚像，戗脊两侧雕花卉，翼角饰卷草纹。面阔三间，通进深三间，抬梁式木构架，彻上露明造。中亭两侧开门，殿内保存有 4 根粗壮结实的宋代梭形石柱，其中前亭石柱有明代书法家张瑞图所题楹联“火宅莲花众生非异相，金身茎草百派想归源”，后亭两侧石柱楹联书“空净罗天散花九万，光明大地藏粟三千”，柱头置木雕仰莲瓣。两侧水车堵彩画写意花鸟图案。栏额、垂花、雀替、斗拱为明代万历年间（1573—1620）所雕，有凤戏牡丹、缠枝花卉、莲花瓣、神仙等，精雕细刻，雅致而又不失高贵。南壁上嵌有清同治十二年（1873）重立的集王羲之书法的“观音大士像记”石刻。墙壁上还嵌有清道光年间（1821—1850）的 4 方石刻竹石图，清新高雅，散发着文人气息。前亭祀十八罗汉，后亭中间供奉观音菩萨，左右分别为妈祖娘娘与地藏菩萨。匾额分别书“南海慈航”“西天活佛”“梵天圣母”。

主殿左右两间拜亭为卷棚式歇山顶，脊堵剪粘八仙、凤凰、狮子、花卉，垂脊与戗脊上站立瑞鸟，垂脊牌头剪粘孔雀开屏，翼角饰卷草纹。

中殿（圆通宝殿）建于清代，1956 年被洪水所毁，20 世纪 90 年代重建，红砖白石木构建筑，正中间为主殿，两侧有廊庑，共同围成一个四合院。单檐歇山顶，覆盖红瓦，屋脊饰剪粘，正脊上雕双龙护塔，燕尾脊高翘，脊堵浮雕双凤朝牡丹，垂脊牌头置泥塑金刚，戗脊上立鸽子，翼角饰卷草纹。面阔三间，通进深三间，插梁式木构架，彻上露明造。明次间通透无门。墀头彩画金鱼摆尾、喜上眉梢，上方立一只戏狮，水车堵彩绘二十四孝图，笔法简洁。垂花、立仙、雀替、随梁枋木雕莲花瓣、麒麟奔跑、南极仙翁、麻姑献寿、花鸟图等。背面红砖墙正中嵌一刻有“佛”字的深灰色石碑，两侧各开一石门，门上书“消灾”“免难”。殿内供奉释迦牟尼佛、文殊菩萨、普贤菩萨和十八手观音。

中殿前的拜亭为卷棚式歇山顶，抬梁式木构架。檐下斗拱为五踩双翘。石柱刻楹联“笋水波涛气吞南海，浮桥风月景若西天”。垂花、立仙、雀替、弯枋木雕宫灯、武将、花卉、麒麟、喜鹊等。梁上匾额书“梵天坛”“慧风甘露”。

大雄宝殿为红砖白石木构建筑，单檐歇山顶，覆盖红瓦，屋脊饰剪粘。正脊上雕双龙护塔，脊堵浮雕蛟龙出海、瑞鹿祥和，垂脊牌头立金刚，戗脊脊堵雕喜上眉梢，翼角饰卷草纹。面阔五间，通进深三间，插梁式木构架，彻上露明造。正面通透无门，外檐柱为盘龙石柱。垂花、立仙、雀替、随梁枋木雕宫灯、武将、戏曲人物、蛟龙、花鸟图，梁枋上雕二十四孝图。殿内两侧墙壁布满影雕书法作品，多为历代名家描写泉郡接官亭的诗句，如“风光旖旎接官亭，芳草三洲紫帽屏。冠盖往来皆遇客，几多名宦史垂青”，另外还有影雕泉郡接官亭全貌和宋代古迹笋江桥原貌图。正中供奉三世佛。

黄甲元帅殿为一进四合院，白石红砖木构建筑，正前方为门厅，两侧廊庑，屋脊饰剪粘。门厅为硬山顶，正脊上为二龙戏珠，脊堵八仙过海、香象、花卉。面阔三间，通进深一间，插梁式木构架，彻上露明造。明间开螭龙纹隔扇门，梁枋木雕八骏图。帅殿为硬山顶，正脊上为双龙护塔，脊堵饰八仙庆寿、花卉等。面阔三间，通进深三间，插梁式木构架，彻上露明造。垂花、立仙、雀替、随梁枋木雕宫灯、凤凰，花草纹。

泉郡接官亭石塔建于清代，五轮式石塔，高 2.6 米。三层四角形台基。塔座为单层须弥座，束腰六边形，刻“卍”字和宝瓶图案，正面辟一佛龛，转角施三段式竹节柱，上枭与上方均素面。塔身两层，第一层圆鼓形，上下枋刻仰覆莲瓣，中间瓜棱形；第二层卵形，辟一佛龛，雕一尊结跏趺坐佛像。八角攒尖顶，檐角高翘，三层相轮式塔刹。

五、景观特色：泉郡接官亭北山门外建有大型放生池，四周树木茂盛，池正中就是笔直的龟山石桥。主殿旁边有小型水池，池旁筑假山石。正殿前后有多株高大、茂盛的榕树，其中有株 300 多年的古榕，高大古朴。庭院中还建有一座重檐八角攒尖顶石亭。

泉郡接官亭东侧就是开阔的石笋公园，一派原生态景观，种植刺桐、木棉、龙眼、榕树等。园内有著名的石笋，为福建省文物保护单位，南宋时王十朋有诗曰“刺桐为城石为笋，万壑西来流不尽”。附近还有山川坛、甘棠桥、棠阴桥、石笋古渡、古浮桥遗址、溪后古地、笋江公园等景点。

泉郡接官亭、石笋公园以及笋江公园，通过人行步道、汛防道等将各个景点串连起来，形成集宗教、文化、生态与休闲于一体的沿江景观区。

铜佛寺（图 2－1－18）

一、概况：铜佛寺位于鲤城区百源路，原名百源庵，始建年代无考，明万历四十七年（1619）杨锡玄居士舍地，由泉州知府杨胤锡拨款扩建。清顺治十二年至十六年（1655—1659）间，寺内铸造 15 尊铜佛，改名铜佛寺，现为泉州市文物保护单位。

二、选址特征：①铜佛寺坐落于市中心，坐东北朝西南，沿湖而建，东面紧邻百源清池，西面为泉州府文庙，东北面是承天寺，南面有清净寺，交通便利。②百源清池是古泉州的蓄洪湖，有“百川溯源”之意。民间传说，百源清池所处位置是古城鲤鱼的眼睛。

图 2－1－18　铜佛寺

三、空间布局：铜佛寺占地面积约 2300 平方米，采用中轴线布局，依次为大雄宝殿、先觉堂（弥勒阁），两侧及背后为厢房，围成一个“凹”字形结构。

四、建筑艺术：铜佛寺大殿为红砖白石木构“皇宫起”大厝，屋面覆盖红瓦，屋脊装饰剪粘、陶瓷和彩画。

山门为三间四柱三楼式石牌坊，额枋浮雕双龙戏珠，匾额楷书“铜佛寺”，北面楷书“百源禅苑”，两侧楹联为弘一法师所题的“是故精勤持净戒，不著尘垢如莲花”“我心无著离诸垢，智眼常明如日光”。山门两侧建围墙。

大雄宝殿占地约 400 平方米，单檐歇山顶，正脊上雕双龙护塔，脊堵为筒子脊，镂空砖雕，浮雕花卉，垂脊牌头立花瓶，翼角饰卷草纹，山花灰塑狮首、花篮、夔龙与祥云。面阔三间约 18 米，通进深五间约 19 米，插梁式木构架，彻上露明造。明间开隔扇门，隔心透雕宝瓶，次间辟石雕圆形莲花漏窗，正面身堵以红砖砌成“卍”字图案，对看堵上彩画亭台楼阁、仙鹤等，水车堵彩绘戏曲故事、花鸟图等。檐柱刻弘一法师所题楹联“戒是无上菩提本，佛是一切智慧灯”。殿内供奉释迦牟尼佛、观音菩萨、迦叶和阿难等，还保留有数尊清代铸造的铜佛。

先觉堂（弥勒阁）是一座中西合璧的钢筋混凝土单檐歇山顶两层洋楼，

正脊上雕双龙护塔，脊堵剪粘金玉满堂、花草纹，垂脊牌头雕花瓶，翼角饰卷草纹。面阔五间，设有外廊。二层为弥陀阁，阳台设镂空“卍”字形栏杆。

“凹”形厢房为硬山顶，外墙贴红砖，水车堵彩画山水、花鸟、鱼虫及武将等图案，并辟一排长方形绿色竹节柱石窗。

五、景观特色：铜佛寺紧邻百源路，空间有限，只有大雄宝殿前后一大一小两个庭院。山门旁有株参天古榕，大门两旁立石狮，大雄宝殿前左右两侧各有一只石雕香象。站在大殿前的石埕上，可望见平静的湖面。百源清池中有一座系拆泉州尊经阁（俗称魁星楼）顶层移建的八角攒尖亭，正好与寺庙隔湖面形成对景。

据陈允敦教授《泉州古园林钩沉》记载，铜佛寺后原有一处函碧园：“游园观众从东进，迎面有大型石盆景，中置玲珑石一，高与人齐，姿态绰约，旁植美人蕉衬之，乃园之迎客石也。涧北叠石为山，不求高大，只与园称。……涧中宽处，选段置石，或散或群，因势而施，块片峥嵘，各得其宜，颇具水石交融之妙。……总之，该园虽小，用料无多，而布局匀贴，且石皆太湖选，尤属难得。”1988 年扩建寺庙时，函碧园内的花石等皆移往承天寺。

第二章　丰泽区佛教寺庙

南少林寺（图 2-2-1）

图 2-2-1　南少林寺

一、概况：南少林寺位于丰泽区东岳山脚下，又名镇国东禅寺，俗称南少林。据清代蔡永蒹《西山杂志》记载“十三空之智空入闽中，建少林寺于清源山麓，凡十三落，闽僧武派之始焉”；“少林寺十三进，周墙三丈，寺僧千人，陇田百顷，树林茂郁，掩映少林寺于（清源）山麓”。清道光《晋江县志》记载“镇国东禅寺，在仁风门外东湖畔”。乾隆二十八年（1763）秋，诏焚南少林寺。20 世纪 90 年代在原址处进行重建，但面积只有原来的十分之一，现为泉州市文物保护单位。泉州南少林武术包含五祖拳、太祖拳、白鹤拳、五梅花拳等拳种，是泉州历史文化的重要内容。金庸先生曾于 2004 年来此参观，并题写“少林武功，源远流长，传来南方，光大发扬”。

二、选址特征：①南少林寺坐落于清源山南麓，古代这里地理位置偏僻，北面来龙有清源山，山势雄伟，层峦叠翠，南向面对平原，左右两侧有护山环抱，中间地势较宽阔，附近有溪流，是块理想的风水宝地。除伊斯兰圣墓外，还有著名的锡兰世氏家族墓葬群也在附近。②寺庙建在平缓的山坡之上，坐北朝南，东至东岳山麓，西至泉州东门护城河，南至东湖，北至伊斯兰墓地，四周环境极为幽静。

三、空间布局：南少林寺规模宏大，依山坡从低往高逐层而建，前后落差有 10 余米，亭台楼阁众多，富丽堂皇，主要分三组建筑群，属复合轴布局。第一组是主要殿堂，南北中轴线上依次为天王殿、大雄宝殿、观音阁、十八铜人水帘墙、佛祖说法图照壁、藏经阁，中轴线东侧依次有钟楼、文殊阁、日晖门；西侧有鼓楼、普贤阁、月德门，其中，从天王殿到观音阁与普贤阁两侧，顺着山势的增高，建有迭落式长廊，围合成 3 个大型庭院。第二组位于寺庙东侧，主要是园林区，建筑布局比较自由，有山门、演武场、延寿堂、禅亭、“少林胜迹”牌坊、五观堂、僧寮、云水阁、祖堂、弘法楼等。第三组在寺庙西侧，也是园林区，有西南门、天龙阁、清凉亭、晚风精舍、方丈楼、泷见桥、僧寮、尚云亭、香农小屋、莲花天池、禅林秋晚、达摩院、后山门等。另外，在天王殿南面和西南面还有西南门、东岳庙、急公尚义牌坊、禅院文化区、演武厅等。南少林寺殿堂鳞次栉比，道路四通八达，层次感极为丰富。

四、建筑艺术：南少林寺是 20 世纪末重建的，殿堂主体结构多采用钢筋混凝土，辅以红砖白石木构等材料，兼具官式建筑和“皇宫起”大厝特征，屋顶覆盖红瓦，装饰剪粘、陶瓷、泥塑和灰塑。

山门为殿堂式建筑，单檐歇山顶，屋脊饰陶瓷，正楼脊刹置法轮，两端燕尾脊高翘，垂脊牌头雕金刚，翼角饰卷草纹。面阔三间，通进深一间。明间与次间开券拱形门，梁枋上施斗拱、垂花与雀替，殿内两侧立哼哈二将。

“少林胜迹”牌坊为三间四柱冲天式石牌坊，前面建有垂带踏跺。大额枋顶建一座庑殿顶小石亭，小额枋浮雕二龙抢珠、双狮戏球和武僧图。大额枋匾额刻“少林胜迹”，背面刻“名喧万国”。石柱顶上为透雕圆形盘龙短柱，柱基前后均立石狮。石柱上与额枋下出三踩、五踩或九踩斗拱。

西南门建于石砌台基上，为“皇宫起”大厝，断檐升箭口式歇山顶，中央屋顶抬高，与两侧断开，使明间与梢间形成一个略有挑高的空间，出现两层屋檐，屋顶更加具有层次变化。燕尾脊高翘，脊堵为实堵，翼角饰“回”字纹与卷草纹。面阔五间，通进深两间，抬梁式木构架，彻上露明造。塌寿为孤塌，明间、次间开红色板门，大门匾额书“少林寺”，梢间红墙辟圆形竹节柱窗。外檐柱楹联书“合掌参成悲智忍，双拳打破去来今”。垂花、立仙、雀替、斗拱、童柱、剳牵、随梁枋雕饰莲瓣、花草纹、狮头、螭龙纹等。

天王殿建于高台之上，正中设石台阶，前面有一月台。重檐歇山顶官式建筑，正脊脊刹置三法轮，脊堵灰塑龙凤呈祥，围脊灰塑喜上眉梢、双狮戏球、一品清廉等，翼角饰卷草纹。面阔五间，通进深四间，插梁式木构架，彻上露明造。明间、次间设隔扇门，隔心为直棂窗，绦环板雕花鸟图，梢间辟螭龙石雕圆窗。檐下施一斗三升拱，垂花、立仙、雀替、童柱、随梁枋木雕莲瓣、神仙、缠枝花卉、麒麟、凤凰等。殿内供奉弥勒菩萨、韦陀菩萨与四大天王。2002 年重建天王殿时，在地下发现一批唐代石构件。

钟鼓楼为两层楼阁，第一层为城门，第二层为官式建筑，重檐歇山顶，屋脊饰陶瓷，脊堵浮雕花鸟纹饰，翼角饰卷草纹，山花灰塑狮头、如意。城门立面呈梯形，正面辟券拱形门洞，二楼面阔五间，设平座与木栏杆。

图 2－2－2　大雄宝殿

大雄宝殿（图 2–2–2）地势较高，前面建两层月台，月台前空旷疏朗，正面设垂带踏跺。重檐歇山顶官式建筑，屋脊饰剪粘、灰塑。正脊脊刹置七层宝塔，两侧雕双龙戏珠，正吻各雕一只飞舞蛟龙，燕尾脊高翘，垂脊牌头立金刚，围脊雕饰瑞兽、花卉。前檐重檐下正中匾额书“少林禅寺”。面阔七间，通进深八间，插梁式木构架，彻上露明造。明间与梢间为木雕交欢螭龙卷草纹隔扇门，门上匾额草书“碧潭秋月”，次间辟夔龙圆形木窗，绦环板雕暗八仙、花鸟、“卍”字纹等。檐下施一斗三升拱，垂花、立仙、雀替、斗拱、随梁枋等木雕莲瓣、神仙、草龙、凤凰、花草等。殿内正中供奉释迦牟尼佛、药师佛和阿弥陀佛，两侧列十八罗汉。大殿整体造型明显借鉴鲤城开元寺大雄宝殿，只是体量有所缩减。

观音阁位于大雄宝殿后面的山坡上，地势较高，正前方建有长长的石台阶，两侧设石栏杆。三重檐八角攒尖顶建筑，宝顶置相轮，相轮上安置法轮，翼角饰卷草纹。平面八边形，插梁式木构架。每面设隔扇门或直棂窗，门匾书“普润恩施”。檐下施一斗三升拱，垂花、立仙、雀替、斗拱等木雕莲瓣、神仙与花草纹。阁内为空筒式与壁边折上式混合结构。天花为一个巨大的八角形藻井，八层斗拱层层叠叠向上收分，井心彩画莲花图案。立柱楹联书“真观清净观广大智慧观，梵音海潮音胜彼世间音”。正中立一尊高十几米的木雕滴水观音造像，四周摆放各种样式的观音像。

文殊殿与普贤殿地势更高，均为重檐歇山顶官式建筑，屋脊饰剪粘，正脊上雕双龙戏珠，脊堵浮雕金玉满堂、喜上眉梢等，翼角饰卷草纹，围脊脊堵饰麒麟奔跑、金鱼摆尾、瑞鹿祥和、花开富贵等，山花灰塑狮头、芭蕉扇、如意。面阔三间，通进深三间，插梁式木构架，彻上露明造。明间、次间设隔扇门。上檐下转角出插拱式挑檐，垂花、立仙、雀替、随梁枋木雕宫灯、莲瓣、武将、草龙、花鸟等。

月德门与日晖门均为独立式小门楼。单檐歇山顶，屋脊饰剪粘，正脊雕双龙戏珠，正脊、垂脊及戗脊的脊堵雕饰花卉，翼角饰回纹、卷草纹，山花灰塑如意、宝葫芦，色彩鲜艳而丰富。面阔三间，通进深一间，插梁式木构架，彻上露明造。檐下出五踩斗拱。其中，月德门楹联书“千叶莲花三尺水，一弯明月半亭风”，日晖门楹联书“湖上莲花环宝座，天中月色映明台”。大门两旁辟镂空石雕盘龙圆窗，两侧红墙以红砖拼贴成“卍”字纹等多种几何图案。

藏经阁位于寺庙最高处，为歇山顶官式建筑，两层楼阁，正脊及围脊脊堵剪粘双龙抢珠、瑞应祥麟等。面阔七间，通进深六间，仿穿斗式木构架。明间、次间设隔扇门，梢间辟菱花圆形木窗。二楼平台下出一排七踩斗拱。垂花、立仙、雀替、剳牵、随梁枋木雕宫灯、神仙、戏曲人物、花鸟等，狮座雕戏狮。阁内天花彩画佛八宝、莲花等。

延寿堂为普通泉州民居建筑，硬山顶，正脊两端燕尾脊高翘，面阔五间，通进深两间，建有外廊，明间开门，次间、梢间辟窗。

其他如祖堂、五观堂、僧寮、云水阁、弘法楼等，均为钢筋混凝土仿古建筑。

总体看来，南少林寺具有泉州地区传统建筑的特色，充分利用剪粘、泥塑、灰塑、陶瓷、木雕、石雕、砖雕等艺术手法进行装饰，题材多样，色彩缤纷。

五、景观特色：历史上曾有许多文人墨客到少林寺参观游玩，并留有诗篇。如南宋王十朋赋诗曰“驻锡清源十五年，月明台静忽飘然。禅心莫为东禅起，南北东西总是禅”；明代庄一俊诗曰“谷口钟声已不闻，东禅草色碧絪缊。千家烟火随流水，几树荔阴覆古坟。山径牛羊间出牧，海门云树远将分。前村日暮横归笛，吹入荷花送客群”，等等。

南少林寺园林目前是泉州地区规模最大的寺庙景观，庭院清幽别致，逸趣横生。在庙宇东西两侧的山坡上，有大面积的园林景观，遍布楼台池苑，弯曲的石板路穿梭于山林之间，形成了“园中园”的格局。

寺内水池主要有两处，布局巧妙。一处是达摩院前面的莲花天池，采用不规则外形，充满天然野趣；另一处是十八铜人水帘墙下方的长条形池塘，池上建有一座石桥。园林中经常会以岩石垒砌成假山或随意摆放一些花岗岩，增添些许山林情趣，如“少林胜景”牌坊左侧山坡，用数十块大型花岗岩石垒成高低错落的假山。

南少林寺坐落于清源山南麓，周边植被茂盛，树木种类较多。孤植如“少林胜景”牌坊旁一株高大挺拔、盘枝交错的榕树、观音阁前的佛肚树和菩提树；对植如大雄宝殿前庭院的两株百年榕树，犹如两把擎天巨伞；列植如西南门后香道两侧各有一排郁郁葱葱的榕树；群植如寺庙两侧碧绿茂密的丛林。特别是文殊阁和普贤阁北面山坡上，种满地锦以及成片的相思林，体现了肌理种植的特色，正是“虽由人作，宛自天开”。这些树木极大地调节了寺庙内外的气候。

寺庙东侧园林中建有石板路、木桥、木亭等，起到联系与点缀的作用。殿堂前后庭院里摆放着五轮塔、小沙弥石雕、香炉、水槽、水缸、麒麟、石狮、石灯等景观小品。观音阁后高 10 多米的十八铜人水帘墙，以花岗岩垒砌，突出粗糙的质感，颇有气势；东侧的少林武僧石照壁，浮雕各种练武场面，渲染出南少林寺浓郁的习武气氛。

可以看出，南少林寺注重生态景观设计、小品设计和种植设计，是一个集武术、禅宗和自然风光于一体的旅游胜地。

南台寺（图 2-2-3）

图 2-2-3　南台寺

一、概况：南台寺位于丰泽区清源山山顶，创建于唐代，因处于中峰偏南，又名南台岩。元代，白云禅师在此禅修。2005 年被火烧毁，近年重建。

二、选址特征：①南台寺坐落于清源山右峰之巅，周边怪岩嶙峋，景色奇特，唐代时是当地民众祈雨的地方，地理位置特殊。②寺庙坐北朝南，四周为天然次生林，附近有天然湖泊，远离尘嚣。

三、空间布局：南台寺属中轴线布局，南北轴线上依次为山门殿、放生池、大雄宝殿、佛祖涅槃像，两侧为长廊，长廊东面有玉佛殿、禅堂、僧寮、斋堂等。

四、建筑艺术：南台寺殿堂仿唐代官式建筑风格，采用钢筋混凝土结构，辅以石木材料，外观极少有装饰，屋顶覆盖青灰色琉璃瓦。

山门殿为单檐歇山顶，正脊两端饰鸱吻。面阔三间，通进深两间，抬梁式木构架，彻上露明造。明间、次间均开门。外檐柱十分特别，为略带弯曲的褐色石柱，斑斑驳驳，在闽南佛寺中独一无二。梁上木匾额书“南台岩”，两侧石柱楹联书“普令众生得法喜，犹如满月显高山”。檐下斗拱为五铺作双抄。

大雄宝殿建于石台之上，正中设垂带踏跺，其中垂带设计成卷草形，浮雕莲花。庑殿顶，正脊较短，两端饰鸱吻，垂脊较长，舒展大气。面阔五间，通进深三间，抬梁式木构架，彻上露明造。明间、次间开隔扇门。外檐柱楹联书“我佛即时真自在，南台无处不清凉”。内柱楹联书“高卧南台常邀明月为禅侣，俯瞰尘世不忘初心度众生”。店内供奉三世佛

玉佛殿为两层楼阁，悬山顶，正脊两端饰鸱吻，第二层设有阳台。

五、景观特色：清源山是国家重点风景区，为花岗岩地貌，地形起伏不平，岩石暴露，呈黑褐色，气候温暖湿润，森林茂盛，植物种类繁多，具南亚热带生态景观特色。

南台寺如今面积虽然不大，但是景观设计较为精致巧妙。山门殿与大雄宝殿之间建有莲花形放生池，池上建平台，正中竖立一尊高大的滴水观音石像，四面各建一座石拱桥。大雄宝殿后的崖壁上有一尊以巨大天然花岗岩雕刻而成的佛祖涅槃像，只雕头部与右手，胸部以下只做简单雕琢。寺庙东侧庭院里塑有唐僧师徒四人石雕，其中猪八戒和沙僧造型矮胖，相当可爱。院中还建有小水池，种植莲花，四周辅以不规则岩石，形成小景观。寺庙东侧有地藏园，正中巨石上端坐一尊地藏菩萨石像，下方嵌一石雕圆形六道轮回图，两旁各有一座宝箧印经式石塔。南台岩顶的三峰，直入云霄，有“空中楼阁”和“天然图画”之美称，站在山岩旁，可极目远眺繁华的泉州城。

福清寺（图2-2-4）

图2-2-4　福清寺

一、概况：福清寺原名福清院，位于丰泽区北峰街道招丰社区石坑翠屏山脚下，乃五代时闽国刺史王延彬所建，现为泉州市文物保护单位，寺中保存有3尊来自高丽的佛像。据北宋《景德传灯录》记载："泉州福清院玄讷禅师，高丽人也。初住福清道场，传象骨之灯。"五代时福清寺规模较大，共有99座殿堂。坑尾村内的"福清潭"，就是其放生池遗迹。

二、选址特征：①翠屏山位于泉州西郊，东面是清源山，西南面为晋江。②寺庙坐落于翠屏山山麓，坐北朝南，东、北面靠山，西南面为晋江沿岸平原，离泉州市区约5公里。

三、空间布局：福清寺目前占地约1000平方米，采用中轴线布局，南北轴线上依次为山门、拜亭、圆通宝殿、后殿。其中，圆通宝殿与后殿合围成一进四合院，中间为天井，东侧廊庑是财神殿，西侧廊庑为观音殿。寺庙东面是一座三合院厢房，西面是常凯法师纪念亭、常凯长老灵塔和藏经阁。

四、建筑艺术：福清寺目前保留清代建筑风格，多为红砖白石木构的"皇宫起"大厝，屋面覆盖红瓦，屋脊装饰剪粘。

山门为牌楼式建筑，歇山式屋顶，正脊中间为筒子脊，镂空砖雕，两端燕尾脊翘起，翼角剪粘卷草纹。面阔三间，通进深两间，插梁式木构架，彻上露明造。明间开板门，门板绘门神，次间身堵彩画清荷出水图，对看堵以红、蓝两色砖拼砌出"卍"字纹。檐下出插拱式挑檐，垂花、雀替与随梁枋木雕莲瓣、花鸟图，墀头彩画花卉，上方摆放一只陶瓷狮子。

拜亭为卷棚式歇山顶，翼角剪粘卷草纹。面阔一间，通进深一间，插梁式木构架，彻上露明造。檐下出插拱式挑檐，雀替雕卷草纹。梁枋上匾额书"古刹重光"，两侧彩画花鸟图。

圆通宝殿为重檐歇山顶，屋脊饰剪粘，正脊上雕双龙护塔，中间为筒子脊，镂空砖雕，浮雕鹤庆吉祥、双凤朝牡丹，垂脊牌头立武将，翼角饰卷草纹，以翠绿、湖蓝、中黄、粉红、橘红、钛白等色瓷片拼贴而成，山花灰塑如意、花篮。面阔三间，通进深三间，插梁式木构架，彻上露明造。明间开门，次间辟石雕二龙戏珠圆窗，正中间雕一只麒麟，四周彩画彩凤祥云。外檐柱楹联书"福地慈云生法界，清池皓月照禅心"。檐下施弯枋与连拱，垂花、立仙彩色木雕莲花瓣与凤凰，雕工细致，雀替、童柱、随梁枋、束随、弯枋等彩色木雕喜上眉梢、螭龙卷草纹、缠枝花卉、狮首等。墀头彩画人物、花卉，上方摆放着一只陶瓷狮子。

后殿为两层洋楼，三川脊硬山顶，正脊脊刹置五层宝塔，两端燕尾脊高翘。面阔五间，通进深两间。一层正厅摆放三世佛像，两侧为大房，边房旁设楼梯。

藏经阁为钢筋混凝土建筑，重檐歇山顶，屋脊饰剪粘，正脊脊刹置五层宝塔，脊堵浮雕松鹤延年，垂脊牌头雕花卉，翼角饰卷草纹。一层面阔五间，通进深四间，明间开门，两侧辟窗。二层面阔三间，通进深三间。

常凯长老灵塔为经幢式石塔，三层六边形基座，第二层、第三层基座每面浮雕大海、花卉。幢身两层，第一层刻常凯法师的事迹，第二层浮雕戏狮。六角攒尖收顶，宝珠式塔刹。常凯法师（1916—1990）是晋江人，不但精通佛理，还擅长医学。曾在新加坡弘法，1985 年荣获新加坡共和国总统颁发的公共服务星章。20 世纪末重建福清寺。

五、景观特色：福清寺四周为村庄和田地，一派田园风光。山门两旁对植两株已 350 多年树龄的榕树，如同寺庙的守护神。天井右侧有一茶室，室前的庭院内摆放有水缸、枯木、石栏杆、石柱础、浮雕坐佛等。藏经阁前竖立一方《泉州福清寺重建记》石碑。

宝海庵（图 2-2-5）

图 2-2-5　宝海庵

一、概况：宝海庵原名宝林院，位于丰泽区临江街道南门后山社。始建于北宋雍熙四年（987），明崇祯年间（1628—1644）被洪水冲毁，顺治年间重建后改名为宝海庵，现为闽南文化生态保护区及泉州古城示范区、泉州市文物保护单位。

二、选址特征：①宝海庵位于古城聚宝街南面，历史上有 100 多个国家与地区的商人在此街区进行商品交易，曾是泉州对外贸易最繁华之地。②寺庙坐东朝西，面朝晋江，交通便利。

三、空间布局：如今的宝海庵占地很小，建筑面积只有 500 多平方米，为中轴线布局，从西向东依次为前殿（天王殿）、大雄宝殿、后殿（大悲殿）、僧寮，北侧有斋堂、客堂等。

四、建筑艺术：宝海庵主要殿堂为红砖白石木构“皇宫起”大厝，覆盖红瓦，屋脊装饰陶瓷、彩画与灰塑。

前殿（天王殿）是 1989 年重修的，为三川脊硬山顶，中港脊上雕双龙戏珠，小港脊上雕飞龙，脊堵浮雕双凤朝牡丹、锦上添花、五福临门、狮子戏球、如意、祥云等，垂脊牌头立四大金刚，脊堵彩画缠枝花卉，山花灰塑夔龙、如意、花篮。面阔三间，通进深三间，插梁式木构架，彻上露明造。明间设隔扇门，隔心雕四季平安，绦环板雕花鸟图，次间辟八角形交欢螭龙卷草纹假窗。对看堵以红砖拼成六角形或八角形图案。垂花、立仙、雀替、剳牵、童柱、随梁枋木雕宫灯、神仙、鱼化龙、狮头、缠枝花卉等。殿内供奉弥勒菩萨。

大雄宝殿是 1990 年重修的，硬山顶，正脊上雕双龙护塔，脊堵浮雕双龙戏珠、凤凰和合，山花灰塑夔龙、如意、花篮。面阔三间，通进深五间，插梁式木构架，彻上露明造。正面通透无门。金柱楹联书“广大寂静三摩地，清净光明遍照尊”。雀替、立仙、剳牵、童柱、随梁枋木雕花鸟、狮头。殿内供奉释迦、药师、弥陀三世佛。左侧墙壁嵌有一尊雕于清顺治年间（1644—1661）的辉绿岩石佛，石佛高 0.71 米，结跏趺坐，双手结禅定印。

后殿（大悲殿）是 1998 年重修的，硬山顶。面阔三间，通进深三间，插梁式木构架，彻上露明造。明间设隔扇门，隔心为直棂窗，裙板漆画荷花、翠竹，绦环板雕花鸟图。十分特别的是，殿内佛龛里有尊怀抱婴儿的送子观音像，据说是旧物。

五、景观特色：宝海庵空间狭小，周边民房拥挤，泉州大桥又从庵南面的上方穿过，一定程度上影响了景观。庵后原有放生池，但已被填埋。庵内竖立有清光绪三十三年（1907）的《宝海庵放生池》石碑和《重修泉南义学说》残碑。客堂前方的石埕种植大量花卉，摆设许多盆景，形成一道植物屏障。

青莲寺（图2-2-6）

图2-2-6　青莲寺

一、概况：青莲寺位于丰泽区城东街道浔美社区，始建于北宋大中祥符四年（1011），初名观音寺，南宋绍兴元年（1131）改名为普济观音禅寺。福建水师提督万正色次子际璋于清康熙三十八年（1699）重修普济桥渡时，改名为青莲寺。近年来又开始大规模扩建。

二、选址特征：①青莲寺坐落于洛江西岸平原地带，坐西北朝东南，西北面是清源山，南面为泉州湾，依山面海，古时潮汐可直抵山门。②寺前原有普济桥渡，为宋元时期泉州港主要渡口之一，贸易发达，在此建寺不仅可方便来往行人休息与朝拜，还能镇海保平安。

三、空间布局：青莲寺采用复合轴布局，主轴上依次为山门、圆通宝殿，左侧有香积堂、客堂，右侧为三圣殿；次轴上的殿堂目前正在建造。

四、建筑艺术：青莲寺原为闽南传统的红砖白石木构“皇宫起”大厝，如今殿堂的主体结构为钢筋混凝土官式建筑，并辅以砖石木等材料，屋顶覆盖红瓦，屋脊饰陶瓷、灰塑。

山门为三间四柱三楼式石牌坊，歇山式屋顶，正脊脊刹置法轮，脊尾雕行龙，翼角饰卷草纹，檐下施斗拱，额枋浮雕二龙戏珠、双狮戏球与花卉。

圆通宝殿建于石砌基座上，前方设石阶。重檐歇山顶，正脊上雕双龙护宝塔，脊堵浮雕飞龙与荷花，垂脊牌头立金刚，翼角饰卷草纹。面阔五间，通进深五间，插梁式木构架，彻上露明造。明间、次间开隔扇门，梢间辟青石透雕螭龙圆形窗，四周浮雕博古纹、书香门第、竹报平安等。垂花、随梁枋木雕花鸟图。殿内空间宽敞透亮，金柱上雕两尊飞天乐伎，仿自鲤城开元寺大雄宝殿的飞天造型。正中巍然矗立着一尊高 9 米的台湾楠木千手观音像，在灯光照耀下散发出金黄色光芒。两侧墙壁嵌大型黄杨木浮雕观世音故事图，有人物、树木、楼阁、宝塔、瑞兽、海浪、云彩等。外金柱楹联书“青史留胜迹海阔天空大观自在，莲台起梵音名寺古榕示现真如”。

殿前方建有抱厦，歇山顶，面阔三间，通进深一间。明间两根石檐柱浮雕菩萨像，外侧石檐柱刻《千手千眼观世音菩萨广大圆满无碍大悲心陀罗尼经》经文和《般若心经》经文。

三圣殿为两层楼阁，单檐歇山顶，正脊上雕双龙戏珠，翼角饰卷草纹。面阔三间，通进深三间。第一层明间开门，次间辟青石透雕螭龙圆形窗。殿内供奉西方三圣像。

宝箧印经式塔为宋代石塔，须弥座已丢失，四方形塔身正面浮雕菩萨头像，其他三面分别刻“佛”“法”“僧”三字，德宇处有破损，相轮式塔刹。笔者推断，这座石塔原位于普济桥渡口旁，后被移入寺庙内。

五、景观特色：青莲寺是一座千年古寺，依山临海，具有独特的滨海风光。

圆通宝殿前的鹿野苑为一处精心打造的人工假山瀑布景观，山上和山脚各有一条溪流缓缓地流向山前碧绿如染的小池塘，驳岸以天然岩石垒砌，池中一块突出的石头上立一尊释迦牟尼佛诞生石像，四周点缀数只石雕仙鹤，池边建一座小型石拱桥，环境赏心悦目。山石间修有石阶小道，还摆设各种动态的麋鹿、菩萨、小沙弥等石雕像，起到点景的作用。山后隐藏着两座五轮式塔和“宝塔亭路”“普济桥渡”等石碑，平添几许文化底蕴。假山上下植被茂密，万木萌发时翠色欲滴，一派生机勃勃的景象。这处景观是模仿佛陀最初说法的地方——鹿野苑建造的。

寺庙周边有 11 株参天古榕，山门后有两尊威武的石雕金刚像。

瑞像岩寺（图 2-2-7）

图 2-2-7　瑞像岩寺

一、概况：瑞像岩寺位于清源山，始建于北宋元祐二年（1087），为福建省文物保护单位。岩寺旁立有《重修瑞像岩记》石碑，记载了宋明时期扩建、重修岩寺的经过。

二、选址特征：① 瑞像岩是清源山风景名胜区“幽谷梵音”意境区内的主要景点之一，坐落于天柱峰之下，西南面可遥望泉州西湖和晋江。②岩寺坐北朝南，四周绿树成荫，山泉清澈，充满野趣。

三、空间布局：瑞像岩寺只有一座建于石砌台基上的石室，正前方为放生池，属中轴线布局。

四、建筑艺术：石室原为木构建筑，明成化十九年（1483）重建时，改为平面四角形仿木石构建筑，三面砌石墙，背面紧靠崖壁。四角形屋顶上方再升起一个小型盝顶，形成重檐顶，顶刹为宝葫芦，翼角雕卷草纹。屋顶形制与鲤城开元寺甘露戒坛屋顶类似。面阔与通进深各一间，正面辟拱形门，门上方匾额刻清代书法家庄俊元所题的“瑞像岩”三字。转角立圆形石柱，刻唐代李颀的诗句“片石孤峰窥色相，清池皓月照禅心”，下檐下方施一排五踩双翘斗拱，上檐下设一层角梁。殿内天花为叠涩方形藻井，呈空筒式结构。正中竖立一尊高 4.62 米、宽 2 米的全身镀金释迦牟尼佛石雕像。释迦牟尼佛面相丰满圆润，双目微睁，右手抬起施无畏手印，左手垂下，掌心向外，脚踏莲台。

五、景观特色：石室前方有一长方形放生池，设石栏杆。岩室对面为罗汉峰，断岩侧立，形如罗汉，构成十八罗汉朝瑞像奇观。岩寺周边森林茂密，常有薄雾缭绕，附近还有片瓦岩、寒山岩、三蟒出洞等景点。

赐恩岩寺（图 2－2－8）

图 2－2－8　赐恩岩寺

一、概况：赐恩岩寺位于清源山左侧半山腰，赐恩岩为唐代皇帝赐给刺史许稷的封地，山因此得名赐恩山，所建寺庙也名为赐恩寺。

二、选址特征：①岩寺地处清源山南面山坡，北向为泉州西湖。②寺庙坐东北朝西南，背靠山崖，面对晋江平原。

三、空间布局：引导空间为一段“之”字形的登山石阶，一路上要经过 3 个山门。寺庙采用中轴线布局，正中为大雄宝殿，右侧为许氏宗祠，左侧有圆通宝殿、功德堂、书斋、厢房等，前方山坡立七舍利塔。

四、建筑艺术：赐恩岩寺殿堂建于石砌台基上，为红砖白石木构的“皇宫起”建筑，覆盖红瓦。

外山门为一间两柱一楼式石牌坊，檐下施一斗三升拱，额枋浮雕双龙戏珠，两石柱前设抱鼓石。

中山门为独立式“八”字形小门楼，砖石结构，硬山顶，脊堵灰塑双龙腾飞。面阔一间，通进深两间，正面开一门，楹联书“天赐福禄登胜地，佛恩慈护入玄门”。

内山门为独立式小门楼，砖石结构，单檐歇山顶，脊堵灰塑蛟龙，燕尾脊高翘，翼角饰卷草纹。面阔一间，进深两间，大门两侧设抱鼓石，檐下施两跳木插拱。

圆通宝殿为牵手规做法，硬山顶，主殿高于门厅，外墙采用“出砖入石”砌筑而成，古朴美观。门厅面阔三间，通进深两间，插梁式木构架，彻上露明造。明间开门，门上匾额书“赐恩岩”，楹联书“灵光示现昭元祐，妙觉园成印补陀”，次间红砖墙辟八角形竹节柱窗，对看堵楹联书“石窟泉声应点石，云梯山色有慈云”，联上及水车堵彩绘花鸟人物画。垂花、立仙、雀替、弯枋木雕莲瓣、戏狮与缠枝花卉。厅内两侧各开一个拱形门。金柱楹联书“紫竹林中垂法雨，落伽山外现慈云”。主殿面阔三间，通进深三间，插梁式木构架，彻上露明造。金柱楹联为明代思想家李贽所题的“不必文章称大士，虽无钟鼓亦观音”。正中立一尊高 3.7 米、宽 2.5 米的镀金男相观音石像，为全国重点文物保护单位，雕于北宋元祐年间（1086—1094）。观音面颊端庄圆满，双目垂下，衣褶线条流畅遒劲。

大雄宝殿为单檐歇山顶，脊堵为筒子脊，镂空砖雕，燕尾脊高翘。面阔三间，通进深三间，插梁式木构架，彻上露明造。明间开门，次间辟直棂窗，门窗均采用原木材料，呈深褐色，质朴厚重。檐下施两跳斗拱，金柱楹联书“如来境界无有边际，普贤身相犹如虚空”，佛龛供奉三世佛。

许氏宗祠为一进四合院，为泉州市文物保护单位。门厅为硬山顶，正脊嵌陶瓷双龙戏珠。面阔三间，通进深两间，塌寿为孤塌，明间开门，次间与对看堵以红砖拼贴。主殿为硬山顶，面阔三间，通进深三间，插梁式木构架，彻上露明造。赐恩岩开闽许氏宗祠于每年冬至举行的祭祖仪轨，已被列为福建省级非物质文化遗产项目。

舍利塔为经幢式石塔，单层须弥座，浮雕力士与祥云，幢身刻佛经，上方再设一个圆鼓形，六角攒尖收顶，相轮式塔刹。

五、景观特色：自古以来，有不少文人骚客游憩赐恩山，留下许多佳作。目前寺庙前山坡建有一处长条形放生池，驳岸以巨石垒砌，石上塑十八罗汉石雕。大殿前有株千年古樟树，盘根错节，枝繁叶茂，气势雄伟。中山门左侧与内山门前面各有一堵以牡蛎壳垒砌的墙壁。后山岩石如鬼斧神工，号称罗汉峰，峰下有许多岩洞，其中一石洞上刻“高山仰止”四字，为唐代闽中甲第进士欧阳詹的少年读书处，名“欧阳洞”。附近还有邀月台、魁星楼等古迹遗址和 83 方历代摩崖石刻。

千手岩寺（图 2－2－9）

图 2－2－9　千手岩寺

一、概况：千手岩寺又名观音岩，位于丰泽区清源山上，建于北宋元祐年间（1086—1094），历代均有修缮，现为泉州市文物保护单位。

二、选址特征：①清源山是泉州四大名山之一，因拥有许多泉眼，又称泉山；因山高入云，又称齐云山。②岩寺坐落于清源山“幽谷梵音”意境区内，建于半山腰，坐东北朝西南，三面环山，西南面有一缺口，形成气口。

三、空间布局：千手岩寺为一进四合院，采用主轴对称结合自由布局，中轴线上依次为门厅、天井、大雄宝殿，两旁为廊庑，门厅前面有一石埕，左侧为山门、厢房，右侧为厢房。寺庙西北向有弘一法师舍利塔和广洽广净法师灵骨塔。

四、建筑艺术：千手岩寺殿堂为红砖白石木构“皇宫起”大厝，覆盖红瓦，在层层绿荫中显得特别醒目。

山门为独立式小门楼，悬山顶，覆盖灰瓦，正脊两端燕尾脊高翘，门上匾额石刻楷书“千手岩”。

门厅为硬山顶，正脊脊刹置宝葫芦，两端燕尾脊翘起。面阔三间，通进深一间，插梁式木构架，彻上露明造。明间开门，石刻楹联为明代乡贤何乔远所题的“地清真净土，相妙证无生”，次间辟钱币纹方形漏窗。雀替木雕花鸟，坐斗雕戏狮。厅内两侧供韦陀菩萨与关公。

大雄宝殿为硬山顶，燕尾脊高翘，正脊脊刹置宝塔。面阔三间，通进深三间，插梁式木构架，彻上露明造。梁枋上匾额书“妙应无穷”，檐柱楹联书“殿外月窥松色色全彰深般若，堂前风听竹声声都入大圆通”。殿内正中供奉雕于北宋元祐年间（1086—1094）的高 2.35 米的石雕释迦牟尼佛坐像，为全国重点文物保护单位，前方摆放一尊千手观音像。左右两侧墙壁有大型漆画——十八罗汉造像，动态奇特，表情丰富，特别是在漆画下方，共有 18 小幅白描罗汉头像，纯用线条勾勒，讲究骨法用笔，头像旁写有罗汉的名字与事迹。

弘一法师舍利塔建于 1952 年 3 月，采用当地特有的白花岗岩，仿闽南传统木构建筑样式，为福建省文物保护单位。外部为石室，内安放舍利塔。石室为方形，重檐攒尖顶，上檐为六角攒尖，檐下斗拱为五踩单翘单下昂，下檐为四角形，檐下施五踩双翘斗拱。面阔三间，通进深三间。明间开拱门，匾额书“无相可得”，次间楹联书“自净其心有若光风霁月，他山之石厥惟益友明师”，均为弘一法师所题。檐柱楹联书“万古是非浑短梦，一句弥陀作大舟”，出自安徽九华山的光明讲堂。两侧石墙辟有直棂窗。石室内为高 1.2 米的中国窣堵婆式石塔，单层六角形须弥座，如意形圭角，塔身卵形。塔后石壁上镶嵌仿丰子恺水墨画的辉绿岩线刻“弘一律师遗像”，是丰子恺先生悲切时所作的“泪墨画”。天花藻井为蜘蛛结网，层层相叠，井心雕莲花。

广洽广净法师灵骨塔为纯石构建筑，三重檐六角攒尖顶，翼角饰卷草纹。大门上匾额书“广洽广净法师灵骨塔”，门两侧楹联书“满足诸妙愿，还至本道场”，横批书“觉苑”，均为赵朴初先生所题。塔外墙东壁嵌有《广洽老和尚舍利塔碑记》石碑，塔外墙西壁上嵌有《广净上人塔铭》石碑，分别介绍两位法师的事迹。广洽法师与广净法师的灵骨塔均为五轮式石塔，四角攒尖顶，塔身与塔檐采用纯黑色花岗岩，单层须弥座则用白色花岗岩，上下枭浮雕仰覆莲花瓣，整座塔黑白相间，十分肃穆。广洽法师与广净法师均为闽南近代高僧。

五、景观特色：清源山上怪石奇岩众多，号称“闽海蓬莱第一山”。千手岩寺前有一临崖石埕，可眺望泉州市区，形成远借。四周峰峦耸翠，寺旁有株已有 300 多年树龄的古松，遮天蔽日，犹如一座天然凉亭。山门旁有一宝箧印经式石塔的四方形塔身，每面均浮雕佛本生故事，转角雕金翅鸟，应为宋代旧物。摩崖石刻有北宋书法家米芾的行书“第一山”，弘一法师临终前所书的“悲欣交集”，一旁为叶恭绰先生题的“弘一法师最后遗墨”、赵朴初先生题的“千古江山留胜迹，一林风月伴高僧”“云龙”等。弘一法师舍利塔的西侧立有《弘一大师略传》石碑，介绍了弘一法师的生平事迹。寺庙与石塔之间有蜿蜒曲折的石砌步道。

海印寺（图 2 - 2 - 10）

图 2 - 2 - 10　海印寺

一、概况：海印寺原名海印室，位于丰泽区东海街道宝觉山上，始建于宋代，朱熹曾经在此讲学传道，并题写“天风海涛”匾额。1985 年再次重建，现为泉州市文物保护单位。

二、选址特征：①宝觉山南面是晋江，江边有文兴古渡口，东南面即泉州湾。山下是清代古街——石头街。②寺庙坐落于半山坡上，主体建筑坐西北朝东南，三面环山，东南面较开阔，形成气口。

三、空间布局：海印寺位于半山腰，建筑层次感较强，属中轴线布局。中轴线上从低往高依次为照壁、弥勒殿、大雄宝殿、拜亭、大悲阁、法堂（藏经阁），西侧为往生堂，东侧有僧寮、斋堂、客堂等。

四、建筑艺术：海印寺主要殿堂为红砖白石木构的“皇宫起”大厝、官式建筑和洋楼式建筑，屋面覆盖红瓦或绿瓦，屋脊饰剪粘、陶瓷，部分建筑外墙以牡蛎壳进行装饰，体现了闽南海边的风土人情。

弥勒殿为“皇宫起”大厝，三川脊硬山顶，正脊上雕双龙戏珠，脊堵浮雕喜上眉梢，两端燕尾脊高翘。面阔五间，通进深两间，插梁式木构架，彻上露明造。塌寿为孤塌，明间、次间开门，大门两侧身堵影雕金刚、博古，石浮雕瑞应祥麟，对看堵影雕四季平安。檐柱楹联“江中舟楫频来往，海上云山半有无”“海日三山观自在，印潭一月色皆空”。梢间“人”字形红砖墙辟石雕交欢螭龙卷草纹圆形窗。垂花、立仙、雀替、弯枋、斗拱、剳牵、随梁枋金漆木雕宫灯、神仙、鱼化龙、麒麟、暗八仙、花鸟、龙首、戏曲人物等，狮座雕仰覆莲瓣。殿内正中供奉弥勒菩萨与韦陀菩萨。天王殿左侧围墙嵌有清同治年间的《重修海印寺记》石碑。

大雄宝殿为官式建筑，重檐歇山顶，正脊上雕双龙护塔，脊堵浮雕凤喜牡丹、一品清廉、狮子奔跑，燕尾脊高翘，垂脊牌头立四大金刚，翼角饰卷草纹，山花采用牡蛎壳装饰。两侧山墙顶部及博脊处饰一排白底红字的梵文咒语。面阔五间，通进深四间，插梁式木构架，彻上露明造。明间、次间与梢间采用隔扇门，隔心为“卍”字纹漏窗。檐下斗拱为五踩双翘，梁枋上施多层弯枋连拱及一斗三升拱。垂花、立仙、随梁枋、剳牵、弯枋、连拱等木雕宫灯、戏曲人物、骏马、花鸟、卷草纹等。殿内供奉三世佛。

观音殿为石木结构官式建筑，断檐开箭口式歇山顶，正脊两端燕尾脊高翘，脊堵为筒子脊，镂空红色砖雕，翼角饰卷草纹。面阔七间，插梁式木构架，彻上露明造。立面采用隔扇门，门上匾额为弘一法师所书的“住大慈悲”。拜亭紧靠观音殿正面，卷棚式歇山顶，翼角饰卷草纹。面阔一间，通进深一间，插梁式木构架，彻上露明造，檐柱楹联书“澍甘露法雨，灭除烦恼焰”。

法堂（藏经阁）地势最高，建于石砌高台之上，四周设石栏杆，正前方为垂带踏跺。钢筋混凝土两层官式建筑，辅以红砖白石木构材料。重檐歇山顶，正脊上雕双龙抢珠，燕尾脊翘起，翼角饰卷草纹。两侧山墙饰牡蛎壳，灰塑狮首、如意、夔龙。面阔七间，通进深五间。明间、次间开隔扇门，梢间辟螭龙圆形石窗。垂花、立仙、雀替木雕宫灯、花鸟。堂内两侧设楼梯，佛龛供奉汉白玉释迦牟尼佛坐像，两旁立迦叶与阿难。

往生堂为两层洋楼式建筑，除基座为白石外，通身以红砖砌成。单檐歇山顶，正脊两端燕尾脊高翘，翼角饰卷草纹。面阔三间，通进深三间，设有外廊。第一层明间开隔扇门，绦环板雕花草、果盘，次间辟交欢螭龙卷草纹八角形石窗，大门楹联书“海月当空明古刹，印香绕室悟禅心”；第二层阳台施绿色花瓶式栏杆，垂花、雀替木雕宫灯、仙人、花鸟。

五、景观特色：海印寺盘踞于半山坡上，前后地势落差较大，具有立

图 2－2－11　牡蛎壳墙壁

体式景观效果，富有层次感。

寺庙最具特色的景观是以牡蛎壳垒砌的墙壁（图 2–2–11），立体感强，肌理丰富，坚固耐热，不易透水，富有海洋文化气息。北宋蔡襄在建造泉州洛阳桥时，就在桥基上养殖牡蛎，让牡蛎壳来加固保护桥基。据《泉南杂志》记载：“牡蛎丽石而生，肉各为房，剖房取肉，故曰蛎房。泉无石灰，烧蛎为之，坚白细腻，经久不脱。”另据明《漳州府志》记载：“海中多蜃蛤之利，居民恣取不竭，烧以为灰，其用最广。可以造宫室，可以营宅兆，可以筑堤堰，可以粪田畴，较石灰为更胜也。”

大雄宝殿左后侧有假山和水池，假山上置有宝塔、盆景，植有花木；殿后的两株古榕已有数百年的树龄了。天王殿石埕前山坡上的石壁嵌有 9 条蛟龙，下方建水池。殿堂前后还摆放有香象、石狮、铁香炉、石香炉等。

碧霄岩寺（图 2－2－12）

一、概况：碧霄岩寺位于弥陀岩东南方，始建于元至元二十九年（1292），其三世佛坐像为全国重点文物保护单位。

二、选址特征：碧霄岩寺位于清源山西侧的山腰上，坐北朝南，背靠山崖，为典型的岩壁寺庙。

三、空间布局：碧霄岩寺采用中轴线布局，正中间为三世佛坐像，前方建有一座凉亭。

图 2－2－12　碧霄岩寺

四、建筑艺术：凉亭重建于1990年，紧依崖壁。三川脊歇山顶，覆盖红瓦，脊堵为筒子脊，镂空砖雕，翼角饰卷草纹。面阔三间，通进深三间，插梁式木构架，彻上露明造。檐下施一跳或两跳斗拱。

亭后即为三世佛雕像，“三世佛”是13世纪以来藏传佛教佛堂中所供奉的主要佛像。碧霄岩“三世佛”为摩崖浮雕，做长方形石龛，高3米、宽5米。“三世佛”并排趺坐在仰覆莲花座上，正中间为释迦牟尼佛，高2.55米，左手放于腿上，右手垂下；右侧为高2.45米的阿弥陀佛，左侧为高2.45米的药师佛。3尊佛像均为1.63米宽、0.7米厚。旁边碑刻上记载：“灵武唐吾氏广威将军阿沙公来监泉郡，登兹岩而奇之，刻石为三世佛像，饰以金碧，构殿崇奉。”这3尊佛像是我国现存最早、保存最完整的藏传佛教三世佛石雕造像，见证了泉州作为海上丝绸之路的一个起点，自古就是多元文化、多元宗教和谐共处。

五、景观特色：站在凉亭处，可远眺晋江下游平原。岩寺周边断岩对峙，嶙峋起伏。寺后为上碧霄，岩石上刻高4米的“寿”字。宋代诗人丘葵曾作《游碧霄石镌一寿字今七十二年》诗，其诗曰：“当时石上谁为镌，亭已荒芜字俨然。七十二年几陵谷，道人曾共字同年。”

弥陀岩寺（图 2－2－13）

一、概况：弥陀岩寺位于丰泽区清源山左峰山腰“一啸台”上，始建于元至正二十四年（1364），1961年被列为福建省文物保护单位。

二、选址特征：弥陀岩寺依石壁而建，坐东北朝西南，三面有护山，西南面视野开阔，附近有溪流。

三、空间布局：弥陀岩寺为岩壁寺庙，依石壁而建，采用自由式布局。引导空间为山门到寺庙的一段曲折石阶。主要建筑石室坐落于最高处，室前立两座石塔，右下方山坡上建有大雄宝殿和地藏殿。

图 2-2-13　弥陀岩寺

四、建筑艺术：弥陀岩石室建于元至正二十四年（1364），为仿木石构附岩式建筑，其他殿堂重建于1997年，为红砖白石木构的官式建筑与“皇宫起”大厝。

山门为“八”字形三面式红砖影壁，硬山式屋顶，正脊脊刹置七层宝塔。正面开门，两旁为明代书法家张瑞图所题楹联“每庆安澜堪纵目，时观膏亩可停骖”。两侧影壁灰塑瑞应祥麟、彩凤祥云、狮子戏球。

弥陀岩石室为平面四角形仿木石构建筑，三面砌石墙，一面靠山崖。四角形屋顶上方再升起一个四角盝顶，面阔一间，宽5.6米，通进深一间。正面开券拱形门，匾额刻“阿弥陀佛”“愿海真空”，楹联书“风烟永护天然相，云水长随不坏身”，两侧转角石柱楹联书“碧海长城悬宝刹，危泉峭壁涌名山”，正面石墙楹联书“当头忽现无生相，垂臂应提正觉人”。檐下斗拱为五铺作双抄，栏额下隐刻卷草纹。室内天花为叠涩方形藻井。室内的元代石雕阿弥陀佛立像，依天然崖壁雕凿而成，高5.77米，宽2.5米，头结螺髻，足踏莲花，左手平胸，右手下垂，造型端庄大方，为全国重点文物保护单位。

大雄宝殿为官式建筑，单檐歇山顶，覆盖红瓦，正脊脊刹置五层宝塔，两端燕尾脊高翘，垂脊脊端饰回纹，牌头泥塑金刚，翼角饰卷草纹，正脊、垂脊、戗脊脊堵彩画缠枝花卉图案，山花灰塑狮首、螭龙、花篮。面阔三间，通进深五间，插梁式木构架，彻上露明造。明间开隔扇门，次间辟交欢螭龙卷草纹圆形木窗，四周雕夔龙、蝙蝠、缠枝花卉。雀替、童柱、随梁枋木雕凤戏牡丹、狮首、花草纹。殿内佛龛供奉阿弥陀佛、观音菩萨与大势至菩萨，两侧岩石浮雕十八罗汉。

地藏殿为“皇宫起”民居，硬山顶，覆盖红瓦，正脊脊堵彩画已脱落。面阔三间，通进深两间，插梁式木构架，彻上露明造。明间开门，次间辟直棂窗。殿内供奉地藏菩萨。

弥陀岩双石塔始建于元代，为五层楼阁式圆形实心石塔，高约 3.2 米。塔座为单层八边形须弥座。塔身虽为圆形，但每层形状都不一样，每层塔檐的形状与大小也不一样，宝葫芦式塔刹。这两座石塔应是由多种石塔的构件拼接而成的。

五、景观特色：弥陀岩周边巨石嵯峨，古木参天。《晋江县志》有诗赞曰：“曾枕清泉漱石时，老僧还指壁间诗。江山无改旧游寺，十四年来鬓有丝。”

弥陀岩外有一线天、云台、连心石、泉窟观瀑等景观。寺前有株 200 多年树龄的重阳木和一棵古榕相互拥抱，树根相盘，如情深意笃的“天侣”，故美其名曰“天侣呈瑞”。几步之外，还有一株浓荫如盖的古树，相传是施琅将军的部将从台湾移植来的洋蒲桃。

岩寺周边有众多摩崖石刻，如被誉为“闽海第一佛”的、出自清乾隆年间福建陆路提督马负书之手的“佛”字；其他还有“山界”“洗心”“清如许”“泉窟观瀑”“心即是佛”“一啸台”“一线天”“寻佛经”“福”等摩崖石刻。石室右侧有一方《元代重修记事石碑》，碑文中出现的多处简化字，是汉字简化史上不可多得的珍贵史料。

第三章　洛江区佛教寺庙

慈恩寺（图 2－3－1）

一、概况：慈恩寺又名慈恩院，位于河市镇山边村，始建于北宋建隆四年（963），明代抗倭名将俞大猷曾经在这里读书。2014 年重建寺庙时出土了一批文物，有石刻“圣旨”牌、铜镜、泗洲佛造像等。

图 2－3－1　慈恩寺

二、选址特征：①慈恩寺坐落于五虎岩西面山麓，五虎岩位于清源山北面，而且东西两向均有河流穿过，山明水秀，远离尘嚣。②寺庙坐东朝西，东、南、北三面环山，西面正好留一气口，寺旁有山泉，形成山环水抱之势。

三、空间布局：引导空间入口处一侧建有3座宝箧印经式石塔，经过一段山路，即来到放生池。慈恩寺属于中轴线布局，从西往东依次为大雄宝殿、主殿、舍利塔群，北侧为弥勒殿（鼓楼）、厢房、僧寮等，南侧为药师殿（钟楼）、厢房、五观堂（藏经阁）等。寺庙北面山坡上建有如来阁和资圣僧伽塔。

四、建筑艺术：慈恩寺殿堂多为官式建筑和“皇宫起”大厝，少数为纯石构建筑。

大雄宝殿为钢筋混凝土及砖石木构官式建筑，是目前闽南地区体量最大的佛殿，殿前建有开阔的月台。三重檐歇山顶，覆盖红色琉璃瓦，屋脊饰陶瓷，正脊脊刹立七层宝塔，两侧共雕有绿色、金黄色等6只飞龙，正脊与围脊脊堵饰山水、树木、花卉、狮子等，戗脊与角脊脊堵雕蛟龙，翼角饰卷草纹。面阔十一间，通进深九间，插梁式木构架，彻上露明造。大殿共有100根柱子，为福建佛寺之最，有龙柱、方柱、方圆柱等，最特别的是门口的8根石柱，底下为大象、狮子、麒麟和龙头龟的青石雕刻，四角形柱础。檐下施弯枋、连拱与插拱式挑檐，垂花、立仙、雀替、随梁枋、斗拱、弯枋、连拱等木雕瑞兽、花鸟、卷草纹等图案。天花的八角形藻井多达10多层，上有24尊飞天木雕和24尊诸天木雕。井心是由1朵莲花和6片橄榄叶构成的图腾，它是慈恩寺的标志，其中莲花象征佛教，6片橄榄叶则分别代表佛教的“六和”。殿内供奉7尊从缅甸运来的高2.9米、重7吨的汉白玉佛像，是福建省最高的汉白玉佛陀造像。大殿明显是仿照鲤城开元寺大雄宝殿的建筑风格，不同的是多了一层屋檐，面阔多两间，石柱达到100根，是名副其实的百柱殿，而开元寺大殿只有86根柱子。

药师殿（钟楼）与弥勒殿（鼓楼）均为钢筋混凝土及砖石木构两层官式建筑，重檐四角攒尖顶。第一层面阔三间，通进深两间，明间开拱形门，梢间辟圆形石雕漏窗，浮雕坐佛；第二层设平台与寻杖栏杆，大门两旁对看堵浮雕四大天王，两侧红砖墙辟方形窗。

主殿为红砖白石木构“皇宫起”大厝，三间张双边厝，正中为一进四合院，依次为门厅、天井、主殿，两侧为廊庑，廊庑外是小天井与护厝。

门厅为三川脊硬山顶，覆盖红瓦，屋脊饰陶瓷，正脊脊刹立一小亭阁，两侧各雕一只鲤鱼和凤凰，脊堵嵌唐僧师徒四人。面阔三间，通进深两间，插梁式木构架，彻上露明造。塌寿为孤塌，明间开隔扇门，隔心雕螭龙，绦环板雕“卍”字纹，次间辟圆窗，木雕一品清廉、鹤庆吉祥。檐下施插拱，垂花、立仙、雀替、剳牵、随梁枋等金漆木雕宫灯、莲瓣、仙人、狮首、凤凰、卷草纹等。

主殿为单檐歇山顶，覆盖红瓦，屋脊饰陶瓷，正脊上雕两只反方向奔跑的麒麟，燕尾脊高翘，翼角饰“回”字纹，山花灰塑狮首、花篮与如意。面阔三间，通进深三间，插梁式木构架，彻上露明造。明间、次间开隔扇门，隔心为直棂窗，绦环板雕花鸟、暗八仙。垂花、立仙、雀替、随梁枋、束随等金漆木雕宫灯、仙人、花鸟、暗八仙等，色彩缤纷。金柱上雕有4尊“飞天乐伎”，飞天们身着粉红、墨绿、天蓝、金黄等色服装，呈现出一片欢乐祥和的气氛。

主殿左侧护厝是尊客堂，右侧护厝为净业堂，均为硬山顶，覆盖红瓦，山花灰塑如意纹。面阔五间，通进深一间，明间设隔扇门，隔心为直棂窗，绦环板雕花鸟等，檐下施插拱。

如来阁全部采用白石建成，通体雪白。重檐四角攒尖顶，刹顶置短盘龙柱。面阔三间，通进深三间。明间开门，两侧门柱浮雕佛八宝，次间辟方窗，石匾额刻“功德宝山如来阁”。前面4根石柱浮雕佛教故事，圆柱形柱础。天花为八角藻井，施8组两跳斗拱，井心浮雕莲花图。殿内供奉汉白玉千手观世音菩萨坐像，四周墙壁雕满如来佛像。

塔林共有7座气宇轩昂的石塔，其中1座为平面四角两层楼阁式石塔，塔刹为宝葫芦；1座为喇嘛式塔，单层四角形须弥座，七层相轮；5座为平面八角七层楼阁式石塔，第一层塔身浮雕金刚，第二层至第七层塔身浮雕姿态各异的罗汉，相轮式塔刹。

资圣僧伽塔为石构喇嘛塔。底层是一间梯形空心石室，正面开券拱形门，门前设石阶与抱鼓石，石室上方雕4只昂首石狮。第二层圆柱形塔基浮雕佛八宝，塔肚雕6只俯冲蛟龙，正面匾额刻“资圣僧伽塔”，七层相轮式塔刹。石室内有一座中国窣堵婆式石塔，为了性禅师舍利塔，塔后影雕了性禅师画像，两旁楹联书“了然亘古人间事，性归太虚物外天”，四周浮雕了性禅师故事。

五、景观特色：寺庙正前方地势低洼处建半月形放生池，池中塑韦陀菩萨立像，四周绿树环抱；塔林左侧有一湾溪流，清澈见底，溪底及两旁垒鹅卵石，溪上建一座石拱桥。大殿前月台处摆放有数块造型奇特的岩石，石旁植一株小榕树，颇具灵气，与庄严的殿堂形成一静一动的鲜明对比；

主殿前石埕垒一块黄褐色岩石，石上刻“五云严”三字，石旁植两株罗汉松。庭院内外还种植有榕树、菩提树、桂花、毛竹、木槿、桉树等，植物群落层次清晰。

大殿西北面建有佛祖说法雕像，主殿前广场摆放有许多动态各异的小沙弥石雕像，北侧建有石构六角真觉亭；北面山坡建有一条通往如来阁的小道，树林下有菩萨石像。寺后立有大型《金刚般若波罗蜜经》石碑，刻《金刚经》全文。寺后方有一处明代碳窑遗址，但如今仅剩下一方石碑。慈恩寺出土的唐五代时期的佛陀石像、南宋的石塔尖、清朝的佛像和碑文等，无疑是其历史的见证。

龟峰岩寺（图2-3-2）

图2-3-2　龟峰岩寺

一、概况：龟峰岩寺原名莲花庵，位于罗溪镇双溪村，始建于北宋开宝年间（968—976），现为福建省文物保护单位。

二、选址特征：寺庙坐落于龟峰山山坡之上，坐北朝南，依山傍水。

三、空间布局：龟峰岩寺采用中轴线布局，中轴线上依次为戏台、大雄宝殿（盟心堂）、桃源公园，左侧有钟英庙（文庙）、钟楼，右侧有龟峰岩（武庙）、拜亭、鼓楼、办公楼等，建筑群左面为山门。

四、建筑艺术：寺庙主体殿堂为红砖白石木构的“皇宫起”建筑，覆盖红灰色瓦，屋脊饰剪粘，古色古香。

山门为三间四柱七楼式石牌坊，每根落地柱前后各立一根青石盘龙柱，形成 12 根石柱，夹杆石采用单层须弥座，额枋浮雕双龙戏珠、祥云、花卉等。

大雄宝殿（盟心堂）为佛教殿堂，重檐歇山顶，脊刹立五层宝塔，燕尾脊翘起，脊堵为筒子脊，镂空砖雕，翼角饰卷草纹，垂脊脊堵嵌瓷板花鸟画，山花灰塑狮首、螭龙、花篮。面阔五间，通进深五间，插梁式木构架，彻上露明造，塌寿为孤塌。明间开门，楹联书“盟扬祖德江夏派，心法宗序紫云家”，次间辟拐子锦和直棂木窗，梢间红砖外墙辟圆形螭龙石窗，对看堵辟八角形竹节柱石窗。石裙堵浅浮雕或线刻蛟龙出海、彩凤祥云、麒麟送子、福禄双全、菊花麻雀等。殿内墙壁以红砖拼出多种几何造型，左右厢房木门板上绘有漆画山水、花鸟、瑞兽图，色泽稳重。剳牵、童柱、随梁枋、弯枋木雕花鸟图。金柱楹联书“盟后同心归永好，心中无妄悟真空”。正中供奉三世佛，其他还有观世音菩萨、地藏王菩萨、文殊菩萨、普贤菩萨、三代祖师、哪吒太子等，左右厢祀金溪黄氏始祖原斋公、开基祖伯斋公、三民祖清隐公和三尊樾主等。

钟英庙（文庙）为儒家殿堂，一进四合院。门厅为硬山顶，脊刹立宝葫芦，两侧各剪粘一只呆萌可爱的鱼化龙。面阔三间，通进深三间，插梁式木构架，彻上露明造，塌寿为双塌。明间开门，楹联书“钟毓启千秋文运，英灵肇百世昌期”，次间辟圆形石雕窗。外墙以红砖拼贴成“喜”“寿”等字，凹凸不平，富有肌理感。水车堵嵌瓷板画人物、山水、楼阁图。檐下施一斗三升拱，垂花、立仙、随梁枋木雕莲瓣、神仙、花鸟。主殿为硬山顶，燕尾脊高翘。面阔三间，通进深两间，插梁式木构架，彻上露明造。檐下施一跳斗拱，雀替、随梁枋、狮座木雕花鸟、戏狮，梁枋彩画瑞兽花草。殿内供奉孔子、魁星、北斗九皇星君、吕祖、朱衣神等。

龟峰岩（武庙）为道家殿堂，一进四合院。门厅面阔三间，通进深两间，明间与次间开门，门堵布满石浮雕。主殿面阔三间，通进深三间，插梁式木构架，彻上露明造。雀替、童柱、随梁枋、狮座金漆木雕花鸟瑞兽。外墙以红砖拼贴成多种几何图形，充满古韵。神龛供奉一尊明代“软身”关帝像，据说肩膀、手肘、腕、腰等关节都能自由活动。殿前有一座新建的拜亭，重檐歇山顶，屋顶饰陶瓷。另外还供奉关平、周仓将军与田都元帅。

钟鼓楼为重檐歇山顶三层楼阁，正脊上雕双龙戏珠，翼角饰卷草纹，面阔一间，通进深一间，二楼设有平座。

五、景观特色：寺庙后山顶建有桃源公园，公园内种有多株枝叶茂密的古榕，另外有摩崖石刻“忠”“义”“礼”“孝”“廉”等。站在公园最高处眺望，罗溪盆地尽收眼底。

圆觉寺（图 2－3－3）

图 2－3－3　圆觉寺

一、概况：圆觉寺位于罗溪镇云角村玉叶山上，建于明永乐十九年（1421），为福建省地方历史文化古迹研究单位。

二、选址特征：①玉叶山海拔约 600 米，山巅常年白云盖顶、云雾缭绕。②寺庙坐落于半山腰，坐东北朝西南，三面环山，西南面是低矮小丘和罗溪平原，南面一条溪流缓缓流过。

三、空间布局：圆觉寺建于山坡之上，属主轴对称结合自由布局。中轴线上依次为法宝塔、山门、拜亭、大雄宝殿、三宝大殿。其中，山门到大雄宝殿两侧建有围墙，围合成一个小天井；拜亭到大雄宝殿两侧建有榉头；三宝大殿两旁建有庑廊，形成一个平台。寺庙南侧为五观堂（念佛堂），三宝大殿北面山坡上有三代祖师殿。

四、建筑艺术：大雄宝殿保留明代闽南传统民居建筑风格，其他殿堂为近年重建。

山门为三间四柱牌坊式石木结构门楼，庑殿顶，正脊脊堵为筒子脊，镂空绿色砖雕。大门上牌匾书“圆觉寺”，两侧楹联书“弘天地正气三宝为最，效古今善人祖师当先”。额枋浮雕双龙戏珠、莲花座。明间开门，次间辟圆形石窗，透雕法轮，四周浮雕松鹤延年、博古、蝙蝠、“卍”字纹、花卉等。山门两侧建有红砖墙。

拜亭为四方形石亭，庑殿顶，脊刹置宝葫芦，吻头与翼角雕卷草纹。额枋线刻双龙戏珠、双凤朝牡丹。

大雄宝殿建于明代，砖石木构建筑。三川脊硬山顶，覆盖灰瓦，正脊脊刹置宝葫芦，两旁摆设陶瓷蛟龙，脊堵为筒子脊，镂空砖雕。面阔三间，通进深两间，插梁式木构架，彻上露明造。明间木门隔心彩画花瓶、水果、花鸟、山水图，绦环板木雕麒麟、鸟兽、花卉。檐下施一斗三升拱，童柱、随梁枋、斗拱、束随木雕狮首、象鼻、花草纹等，檩、椽之上彩画蟠龙、花卉。殿内供奉释迦牟尼佛，两侧墙壁彩画罗汉图。

三宝大殿地势较高，前面建有平台和凉亭，三川脊硬山顶。面阔三间，通进深两间，插梁式木构架，彻上露明造。明间开门，次间辟长窗，彩画花鸟图。

三代祖师殿为钢筋混凝土官式建筑，辅以砖石木构材料，一进四合院，由门厅、天井、大殿及两侧廊庑组成。

门厅为重檐歇山顶，屋顶布满五颜六色的陶瓷作品，正脊上雕双龙戏珠，脊堵上雕八仙、仙鹤、花卉等，牌头立武将与楼阁，翼角饰卷草纹。面阔五间，进深两间，插梁式木构架，彻上露明造。明间、次间开门，梢间辟螭龙圆形窗。门堵石雕神仙故事、瑞兽花草等。

大殿为重檐歇山顶，屋脊饰陶瓷，脊堵布满仙人、瑞兽、花草等，戗脊上雕蛟龙、凤凰。面阔五间，通进深三间，插梁式木构架，彻上露明造。正面通透无门。垂花、立仙、雀替、斗拱、剳牵、随梁枋、弯枋等木雕宫灯、神仙、瑞兽、花草纹等，梁上还雕有飞天。

法宝塔为平面八角七层楼阁式石塔。单层须弥座，束腰浮雕佛八宝。塔身分别浮雕金刚、菩萨等，塔檐挂有铃铛。相轮式塔刹，刹座为仰莲座。

五、景观特色：圆觉寺山门前有一宽敞的广场。三宝大殿前的平台有花岗岩垒成的假山。院落种植有白玉兰、桂花树、松树等，并摆设有香炉、盆景等。山门和三宝大殿前各建有一座七层石塔，其中大殿之后立一尊滴水观音石雕像。

第四章　泉港区佛教寺庙

天湖岩寺（图 2－4－1）

一、概况：天湖岩寺原名水月亭，位于泉港区南埔镇天湖村天湖岩山，始建于唐中和五年（885）。相传明武宗朱厚照下江南时，慕名前来游览，并御书“天湖福地”，水月亭改称“天湖岩寺”。现为泉港区文物保护单位。

二、选址特征：①天湖岩寺东、北、南三面被湄洲湾环绕，东望五公山，南为净峰山，西面远眺观音山，风景绝佳。②寺庙建在天湖岩山半山

图 2－4－1　天湖岩寺

坡的平地上，坐东朝西，背枕山丘，面朝开阔地带。寺前有天然湖泊，周边是良田沃野。

三、空间布局：天湖岩寺规模较大，采用中轴线布局。中轴线上从西向东依次为山门、天湖放生池、天王殿、大雄宝殿、观音阁，南侧为厢房、云水堂、钟楼等，北侧为厢房、鼓楼等。其中，天王殿、大雄宝殿以及两侧庑廊围合成一进四合院，庑廊两侧还建有两层楼护厝，大殿左右两边有曲折形阶梯通往地势较高的观音阁与钟鼓楼。

四、建筑艺术：天王殿、大雄宝殿及两侧护厝建于明清时期，为石构建筑，具“皇宫起”大厝的部分特征；而观音殿、钟鼓楼为新建的钢筋混凝土及砖石木构官式建筑。

山门为三间四柱五楼式石牌坊，庑殿顶，正脊两端雕鸱吻，翼角饰卷草纹。额枋浮雕二龙戏珠、凤戏牡丹、骏马奔腾，枋下施一排一斗三升拱。门前立石狮与抱鼓石，大门楹联刻“西天竹叶千年翠，南海莲花九品香”。

天王殿为硬山顶，覆盖红瓦，脊堵为筒子堵，镂空砖雕，燕尾脊高翘。面阔三间，通进深三间，抬梁式石构架，彻上露明造。外墙、檐柱、内柱、梁枋、雀替、童柱等均为石构件，檩、椽为木构件，其中柱础有八边形和莲瓣形，柱顶置仰莲瓣和覆钵形。明间、次间开门，大门牌匾书“天湖禅寺”，次间楹联为六祖慧能悟道诗“菩提本无树，明镜亦非台。本来无一物，何处惹尘埃”，书卷额刻“正德留芳”。正面身堵及对看堵贴彩画瓷砖画，有“关公参拜普净法师”“八仙过海”“文公聘太公”“岳母刺字”“徐母骂曹”“天女散花”“苏武牧羊”等。殿内供奉弥勒菩萨，两侧墙壁彩画四大天王。

大雄宝殿为硬山顶，覆盖红瓦，脊堵为筒子堵，镂空砖雕。面阔三间，通进深四间，抬梁式木构架，彻上露明造。立面通透无门，檐柱与内柱均为圆形石柱，圆鼓形柱础。檐下施两跳斗拱，雀替雕卷草纹，狮座雕莲花座。大殿前檐两侧辟拱形石门通往护厝，门上书卷额刻楷书“留东土”“传佛法”。殿内供奉三世佛，两旁列十八罗汉。

观音阁地势较高，门前有石埕，四周以石栏围护。重檐歇山顶，屋脊饰剪粘，正脊脊刹置七层宝塔，两侧雕飞龙，翼角饰卷草纹。面阔五间，通进深五间，插梁式木构架，彻上露明造。明间、次间开隔扇门，隔心为破子棂窗，绦环板雕花鸟，裙板彩画山水花鸟图，梢间辟八角形石窗。正中两根外檐柱为盘龙石柱。垂花、雀替、随梁枋金漆木雕莲瓣、缠枝花卉。天花为八角形藻井，斗拱层层叠叠。内柱楹联书“梵宇耸洲中一水迎来台岛浪，法延启天末好风伴送海潮音”。殿内神龛供奉一尊高 5.68 米的净瓶观世音塑像，善财与龙女侍立两旁，两侧是 24 尊梵天王神像。

钟鼓楼为重檐歇山顶，正脊上雕双龙戏珠，脊堵为筒子堵，镂空砖雕。面阔三间，通进深两间，插梁式木构架，彻上露明造。明间开隔扇门，次间辟槛窗，均采用龟背锦窗棂格，绦环板雕花鸟。檐下施两跳斗拱，垂花、立仙、雀替金漆木雕莲花瓣、凤凰、卷草纹，狮座雕戏狮。

大殿两侧护厝为两层楼石构建筑，硬山顶，覆盖红瓦，脊堵为实堵，朴实无华。

五、景观特色：天湖放生池位于天王殿前，池边残碑上刻楷书“天湖放生”，为北宋端明殿大学士蔡襄任泉州太守时所题。传说放生池中有被称为“天湖三奇”的三种生物：无尾螺、红体虾和半边鱼。古人有诗赞曰：“天湖高挂碧空流，鱼放岩头得所游。有石恰如银汉月，无波不似洞庭秋。”山门左后侧有株苍翠茂盛的百年榕树，寺后山有成片的松林。

山门前方有一座八角形石凉亭，重檐八角攒尖顶，据说是为了纪念水月亭所建；山门后面有两座铜铸九层宝鼎，檐角铃铛在微风中叮当作响。北面小池中竖立一组“童子拜观音”雕像，园林绿地中还有许多小沙弥石像，小沙弥们或嬉戏，或砍柴，或挑水，或合十，或禅定，或沉思，或托钵，活泼可爱。殿堂前后天井里摆设有石麒麟、香炉、石桌、石凳、盆景等。

寺庙背后为天湖岩山，顺着弯曲的石阶可登上山顶。山巅有一块刻“王帽盖顶”的巨石，其他石刻还有“净心见佛”“莲花宝座”等。寺内怪石林立，有金锁镇天湖、金龟背印、丹凤吸水、莲花宝座、灵龟饮露、龟蛇相会等。明洪武十二年（1379），泉州府在岩寺背后的山巅建烽火台，以抵御倭寇的侵扰。现遗址尚存，为泉港区重要历史文物。

虎岩寺（图 2－4－2）

一、概况：虎岩寺原名昆山寺，又名伏虎岩寺，位于泉港区涂岭镇虎岩山，始建于北宋大中祥符年间（1008—1016）。相传蔡襄早年曾与舅舅卢锡在清泉石室内读书，并亲笔题写“伏虎胜境”碑。岩寺历代均有修缮，现存建筑是 1983 年修复的，为泉港区文物保护单位。

二、选址特征：①虎岩山位于湄洲湾西侧，海拔 322 米，四面群山环抱，森林密布，清泉、峭壁与岩洞众多。②寺庙坐落于虎岩山半山腰悬崖与岩洞处，坐东朝西，前方视野开阔。

三、空间布局：虎岩寺引导空间为近百米的曲折石板古道，两旁古木苍天，浓翠蔽日。寺庙面临山崖，崖下砌层层花岗岩，占地面积 413 平方米，属主轴对称结合自由布局。中轴线上只有一座大雄宝殿，左侧为观音

图 2－4－2　虎岩寺

殿，右侧为斋厨，再外各有一间禅房，形成一个三合院，各殿堂以游廊彼此相通，大殿南面是清泉石室。观音亭位于虎岩寺下方，面对放生池，左边为观音殿，右边有两间厢房。虎岩寺是典型的山崖岩洞寺庙，尽量利用有限的空间安排各类建筑。

四、建筑艺术：虎岩寺主体殿堂为石木结构建筑，具官式建筑与当地民居特征，外墙多以花岗岩垒砌，内部梁枋、童柱、斗拱等使用木材，体现出泉州沿海建筑的特点。

大雄宝殿为硬山顶，覆盖红瓦，脊上嵌陶瓷双龙戏珠，脊堵为筒子脊，镂空砖雕。面阔三间，通进深三间，插梁式木构架，彻上露明造。明间开隔扇门，大门楹联书“虎啸龙吟坦荡襟怀成正果，岩高壁峭巍峨宝殿发春华”，梢间辟竹节柱窗，四周石浮雕人物、花鸟。垂花、雀替、剳牵、童柱、随梁枋木雕莲花瓣、卷草纹、双龙戏珠、狮头、花鸟等，狮座雕戏狮。殿内供奉三世佛、观音菩萨和伏虎祖师，两侧墙壁彩画十八罗汉。

清泉石室其实是一处岩洞，面积约 30 平方米，较为低矮，顶上是一块长 12 米、刻有楷书“水岩洞”三字的巨大磐石，石壁上爬满植物，叶子密集油亮，覆盖大半块岩石。洞内岩石千奇百怪，并开凿有曲折石阶。洞顶有一条天然石缝，一缕阳光照进原本漆黑的岩洞，犹如佛光。洞内冬暖夏凉，有泉水沿着洞壁流淌，发出淙淙之声，故又名水岩洞。据说洞顶磐石又称作钟鼓石，如以石块敲打左侧会有“咚咚”之声，敲打右侧则会发出

"当当"的响声，如遇大雨，岩洞顶上会有好几道瀑布飞泻而下，十分神奇。

观音殿为硬山顶，覆盖红瓦，面阔一间，通进深一间，殿内供奉观世音菩萨。

五、景观特色：虎岩山上怪石峭岩较多，泉涧流水，幽静古朴，充满天然野趣。明代泉港文人黄元亨作诗描绘了虎岩寺的夜景，其诗曰："徒倚依林末，轻风送夜熏。山开疑有月，树隐半为云。流水人偏静，谭经虎共闻。落花兴未倦，挥尘看星文。"

虎岩寺周边洞奇石秀，有"雷公石""山米石""群龟竞走石""石龟驮印""仙人脚掌印"等奇石景观。岩石之间还隐藏有几处洞穴，除清泉石室外，还有"仙翁洞""师姑洞""虎洞"等。

寺庙附近保留了一些历代名人石刻，如蔡襄所题的"伏虎胜境　崇祯辛巳年重建"，但已有所残缺；泉港爱国绅士章寿卿于1935年所题的"再扣禅门秋已深，岩花零落菊溜金。人情险处从头诉，佛也低眉感不禁"；寺庙右侧岩石上刻有伏虎禅师所作的一首自勉诗："昔日方壶老应玄，谪来人世不知年。玉皇未有催归诏，且隐昆山作地仙。"这些摩崖石刻赋予岩寺以深厚的文化底蕴。清泉石室旁浮雕地藏菩萨坐像，一旁岩石上刻"地狱未空，誓不成佛。众生度尽，方证菩提"。

大雄宝殿左侧的枷棕树据说已有千年历史，至今仍巍然挺立，树盖纷披，浓荫覆寺。寺旁还种植有松柏、山茶花、榕树、香樟等。

山头寺（图2-4-3）

图2-4-3　山头寺

一、概况：山头寺又名南云寺、陆化寺，位于泉港区涂岭镇莲石山，始建于南宋景炎三年（1278），清乾隆三十年（1765）重修，1989 年再次进行修复。现为泉港区文物保护单位。

二、选址特征：①莲石山又称山头，位于泉港区北部，东临湄洲湾，山峦起伏，奇岩怪石众多，如海外仙境。传说观音菩萨从南海移来一块莲石安置于山顶，并赋诗曰“净土立石，雨泽苍生”，故名莲石山。②寺庙坐西朝东，四周山峦环抱。

三、空间布局：山头寺采用中轴线布局，中轴线上依次为南云殿、大雄宝殿、观音苑，紧挨着大雄宝殿左侧为祖师殿，中轴线左面有陆叔殿。

四、建筑艺术：山头寺主要殿堂为清代建筑，石木结构，覆盖红瓦，具“皇宫起”大厝特征，其余为近年新建的官式建筑。

南云殿建于清代，一进四合院，中线上为门厅、天井、正殿，两侧为廊庑。门厅为三川脊硬山顶，脊堵为筒子堵，镂空砖雕，正脊两端燕尾脊高翘。面阔五间，通进深两间，插梁式木构架，彻上露明造。塌寿为孤塌，明间、次间开门。大门两侧楹联书“南云灵修一圣佛，庄严盛兴三宝地”。大门两旁身堵影雕《三国演义》故事，对看堵与梢间镜面墙彩画瓷砖山水图。明间两根外檐柱为盘龙石柱。垂花、雀替、斗拱、童柱、剳牵、随梁枋及弯枋金漆木雕宫灯、花鸟、螭龙、戏曲人物等。

南云正殿为三川脊硬山顶，脊堵为筒子堵，镂空砖雕，正脊两端燕尾脊高翘。面阔三间，通进深四间，插梁式木构架，彻上露明造。立面通透无门。殿内两侧墙壁黑白水墨画二十四孝图、《三国演义》故事等，彩画《西游记》故事。

大雄宝殿建于清代，石木建筑，位于石砌台基之上，正中设踏跺，殿前有一小型月台。三川脊硬山顶，中港脊脊刹置宝葫芦，脊堵为筒子脊，镂空砖雕，燕尾脊高翘。面阔五间，通进深三间，插梁式木构架，彻上露明造。明间、次间、梢间均开门，并设隔扇直棂窗或花窗，绦环板雕夔龙。大门上方木质书卷额刻“山头寺”，檐柱石刻佛教楹联，檐下施如意斗拱。殿内供奉三世佛，两侧列十八罗汉。

大殿最精彩的是梁枋上的斗拱、童柱、剳牵、随梁枋、弯枋、狮座等木构件，雕刻有蛟龙、龙首、戏狮、狮头、麒麟、凤凰、骏马、螃蟹、花卉、戏曲人物、暗八仙等，雕工精湛，反映了清代泉港地区高超的木雕工艺水平。特别是随梁枋上的众多戏曲人物，或手举刀枪，或骑马奔驰，或互相打闹，动态活灵活现，刀法熟练流畅，线条清晰明快。

大殿左侧梢间为祖师殿，供奉陆叔祖师，匾额书“参悟菩提”。两侧墙壁彩画《西游记》故事和陆叔事迹。

陆叔殿为钢筋混凝土官式建筑，辅以红砖白石木质材料，重檐歇山顶，覆盖红瓦，正脊脊刹置火珠。面阔三间，通进深四间，插梁式木构架，彻上露明造。明间开门，梢间辟石雕螭虎圆形漏窗。殿内供奉陆叔禅师造像及舍利。

五、景观特色：南云殿前的山坡下建有椭圆形放生池。殿前对植两株160多年树龄的古榕，其他还种植有罗汉松、芙蓉菊、松树等。

大雄宝殿后山建有一处大型园林——观音苑，苑内有一尊高约8米的观音像，右侧建有六角石亭。寺后500米处，有明代烽火台遗址。寺庙附近还有莲石岩、“龟蛇马口”、孝子井、莲花池等景观。

重光寺（图2－4－4）

图2－4－4　重光寺

一、概况：重光寺位于泉港区南埔镇南埔村重光山，始建于明泰昌元年（1620），现为泉港区文物保护单位。

二、选址特征：①重光山海拔只有100多米，东面是湄洲湾，属沿海丘陵地带。②寺庙坐落于半山腰的坡地上，坐北朝南，三面环山，后方山势平缓，正好形成一个气口，寺旁有清泉。

三、空间布局：引导空间为长约50米的石阶，两旁绿树成荫，顺台阶而上，就来到山门。重光寺基本采用中轴线布局，南北轴线上依次为庭院、大雄宝殿，两侧为护厝及厢房，山门位于中轴线右侧。

四、建筑艺术：重光寺旧建筑均为石构，体现了泉州沿海民居的特色。

山门为花岗岩与红砖垒砌的独立小门楼，歇山式屋顶，覆盖红瓦。面阔一间，通进深两间。正面开石门，匾额刻“重光寺”，两侧楹联书“历千劫而不古，偕万物以同春”，身堵嵌瓷砖彩画鸳鸯戏水、吉祥如意、孔雀开屏等。门后屋檐下立两根石柱，莲瓣状柱础。

大雄宝殿为官式建筑，钢筋混凝土仿木构两层楼阁，重檐歇山顶，屋脊饰剪粘，正脊上雕双龙戏珠，脊堵浮雕花鸟，垂脊牌头置金刚，翼角饰卷草纹。面阔五间，通进深四间。第一层明间、次间开门，梢间辟石雕螭龙圆窗。垂花、雀替雕莲瓣、卷草纹，额枋、门额、剳牵等彩画山水、花鸟图。殿内供奉三世佛。

左侧护厝为石构两层建筑，平屋顶，面阔五间，二楼阳台设花瓶式栏杆，体现了泉州沿海民居的特色。

五、景观特色：重光寺周边环境清幽，具农家乡野气息。山门前下方地势低洼处建有小型放生池，汇集山上的清泉。寺庙内外植被茂密，如石阶左边有株龙眼树，其他还种植有朱槿花、木瓜树，红龙草、铁树、桂花、棕榈树等。寺后是成片的松柏林。

重光寺后山的山坡上怪石突兀，岩石或浑圆似莲花，或笔直如屏风，或缩头似龟鳖。在山巅最高处耸立着一丛形如“五瓣莲花”的巨岩，中间是一块平坦的岩石，造型如同花蕊；旁边 5 块巨石凌空而立，外形流畅，犹如花瓣。周边还有“吕仙石床”“师徒坐禅椅”“天狗叼鱼”等岩石景观。

寺庙周围共有 5 处行楷碑刻，如放生池旁有曾国藩所书的“鉴影池”，其他还有山坡石壁上的“知足常乐”，松柏林中的“松径岩扉”“石屏古寺”等。庭院内立有数方重修重光寺功德石碑，寺庙前建有一座六角形凉亭——平安亭。

第五章　石狮市佛教寺庙

法净寺（图2－5－1）

图2－5－1　法净寺

一、概况：法净寺原名法华寺，唐代改名为布金院，位于石狮市宝盖镇仑后村，始建于隋大业十年（614），《晋江县志》《泉州府志》和《福建通志》等文献都曾记载过此寺。明末清初时因“迁界”被毁，1994年在遗址上重建寺庙，易名法净寺。

二、选址特征：①法净寺北面泉州湾，东面东海，南面远眺宝盖山。②寺庙坐东北朝西南，地势平坦，地理位置优越。

三、空间布局：法净寺采用中轴线布局，中轴线上依次为山门、天王殿、放生池、圆通宝殿、藏经阁，东南侧为钟楼、福德正神殿、西方三圣殿，西北侧有布经院石塔、鼓楼、药师殿。其中，天王殿两侧到钟鼓楼建有廊庑。

四、建筑艺术：法净寺殿堂为钢筋混凝土建筑，辅以红砖白石木构材料，屋顶覆盖金黄色或绿色琉璃瓦，装饰剪粘、陶瓷、灰塑与彩画，具官式建筑与闽南传统建筑特色。

山门为三间四柱三楼式石牌坊，庑殿顶，正楼屋脊上雕二龙抢珠，次楼屋脊上雕行龙，脊堵浅浮雕缠枝花卉，翼角饰卷草纹。额枋浮雕升龙、唐僧师徒、丹凤朝阳、瑞应祥麟等。石柱楹联书“法力无边普众生，净洁万圣显真灵”。4根石柱前后设抱鼓石，浮雕瑞兽与法轮。

天王殿建于石砌高台之上，正前方设19级台阶。重檐歇山顶，屋脊饰剪粘，正脊上雕双龙戏珠，两端燕尾脊高翘，脊堵浮雕丹凤朝阳、双狮嬉戏，围脊灰塑双龙抢珠，彩画花鸟图，戗脊脊堵饰狮子、花鸟，垂脊牌头立天王，翼角饰卷草纹。面阔五间，通进深四间，抬梁式木构架，彻上露明造。明间、次间开门，身堵与裙堵石浮雕瑞应祥麟、四季平安、竹林七贤、五老观图、万事如意、加官进爵、天官赐福、锦上添花等，并辟圆形交欢螭龙卷草纹石窗。大门楹联书“我佛西来布金法净，鳌江东去震旦春长”。4根外檐柱为盘龙石柱。垂花、立仙、雀替、剳牵、随梁枋、狮座金漆木雕宫灯、花鸟、戏狮、《三国演义》故事等。店内供奉弥勒菩萨、韦陀菩萨及四大天王。

圆通宝殿建于石台之上，重檐歇山顶，屋脊饰剪粘，正脊上雕双龙护塔，两端燕尾脊高翘，脊堵浮雕双龙抢珠、孔雀开屏、凤戏牡丹，围脊脊堵灰塑金玉满堂、狮子戏球、瑞应祥麟。面阔七间，通进深七间，插梁式木构架，彻上露明造。明间、次间开隔扇门，梢间辟圆形交欢螭龙卷草纹，身堵及群堵石浮雕双龙戏珠、四大金刚、博古纹、节节高升、骏马奔腾、松鹤延年、双狮嬉戏、《封神演义》故事等，影雕山水图。垂花、立仙、雀替、弯枋、随梁枋、狮座金漆木雕宫灯、仙人、凤凰、缠枝花卉、《三国演义》故事等。殿内空间宽阔，梁枋彩画花鸟、山石、树木、飞龙、猛虎等。正中供奉高7.3米的观音菩萨坐像，两旁为文殊菩萨与普贤菩萨，两侧列十八罗汉。

钟鼓楼为两层楼阁，重檐歇山顶，屋脊饰剪粘，正脊上雕双龙戏珠，脊堵浮雕双狮戏球，垂脊牌头浮雕武将，围脊脊堵饰麋鹿、花鸟，翼角饰卷浪纹，山花灰塑如意纹。上下檐之间辟菱花木窗。第一层面阔三间，通进深两间。第二层施平座，设石栏杆，面阔一间，通进深一间，门两旁浮雕天王，两侧山墙辟圆形窗。垂花、立仙、雀替木雕宫灯、瑞兽、花草纹。

药师殿为单檐歇山顶，正脊上剪粘双龙戏珠，翼角饰卷浪纹，山花灰塑狮首、螭龙、如意。面阔五间，通进深三间，供奉药师如来、日光菩萨与月光菩萨。

西方三圣殿为单檐歇山顶，正脊上剪粘双龙抢珠，翼角饰卷浪纹，山花灰塑狮首、螭龙、如意。面阔五间，通进深三间，供奉西方三圣。

福德正神殿为硬山顶，正脊上剪粘二龙戏珠，脊堵剪粘花卉，山花灰塑如意、花篮。面阔一间，通进深一间。正门两侧身堵影雕山水图。殿前建一拜亭，单檐歇山顶，正脊脊刹置宝葫芦，脊堵剪粘麒麟与凤凰，翼角饰卷浪纹。

布经院石塔共有两座，建于明宣德五年（1430）。近年工人施工时在地下挖出两座标有“布经院”的明代圆形墓塔，并请了古建专家对石塔进行修复。石塔为圆形双层僧人墓塔，高 2.6 米，采用条石砌成，内部为砖砌，第二层塔身开有一个洞口。圆形攒尖收顶。塔刹已毁，重修时以石宝珠为塔刹，刹座仰莲瓣。保存较好的那座石塔的塔身上阴刻“大明宣德庚戌年二月布金院住山释立”等楷书文字，注明建塔时间。布金院石塔造型比较特别，有些像蒙古包。

五、景观特色：法净寺园林为人工造景。圆通宝殿前的广场上建有大型放生池，池中塑一尊滴水观音像。庭院里对植、列植或丛植有榕树、桂花、铁树、胡桃等。

寺庙右侧为布经院石塔园，在石塔周边设八边形石栏杆，还铺设草坪与石板。塔旁一块岩石上立有一尊孙悟空高举金箍棒的石像。福德正神殿旁竖立有《法净寺史志》《重修法净寺功德碑》等石碑。殿堂前后摆放有石狮、石香炉、石灯笼、小型楼阁式石塔等，其中有一个高 4.1 米、直径 1.8 米、重 4.5 吨的铸铜大香炉，炉脚是 3 只蹲姿雄狮，两侧和炉身浮雕蛟龙。

凤里庵（图 2 - 5 - 2）

图 2 - 5 - 2　凤里庵

一、概况：凤里庵又名观音宫、石狮亭，位于石狮市凤里宽仁社区，始建于隋代。据《西方杂志》记载，庵前有只石狮子，外来商人在此贸易。凤里庵是石狮繁荣商业的最早见证，现为石狮市文物保护单位。

二、选址特征：①凤里庵坐北朝南，北面是泉州湾，西南面是雄伟的宝盖山，东面为永宁鳌城，再向东就是台湾海峡。②相传明洪武年间，周德兴奉命筹建永宁卫城时，见凤里庵正好位于“凤穴”之上，而西面的小山岗又是“狮首”之穴，认为此地“狮舞凤翔，日后必昌”。③庙宇前方曾是一条古驿道，是永宁、深沪等沿海地区通往泉州府城的必经之路，在此建寺方便过往行人游览与参拜。

三、空间布局：凤里庵在清代鼎盛时，占地达 2000 多平方米，但如今其面积只有 460 平方米，殿内空间狭小，四周为集市。

四、建筑艺术：凤里庵目前的建筑建于 1934 年，是一幢钢筋混凝土及砖石木构的两层楼阁，屋顶剪粘一只飞翔的凤凰，两旁雕花卉，牌匾楷书“凤里”，两侧剪粘花鸟图。

整体面阔三间，正门彩画门神，牌匾刻楷书“凤里古地”四个大字，两旁楹联书“莲花普照千家庆，紫竹遥开万户春”。大门两侧辟透雕圆形双龙戏珠石窗，身堵石浮雕双凤朝阳、麒麟奔跑、孔雀开屏、一品清廉等。右侧边门彩画麻姑献桃，两侧灰塑花开富贵等，匾额楷书“善以法闻”，楹联书“阅古视今开慧眼，化人度世现婆心”；左侧边门两边灰塑喜象升平、四季平安等，匾额楷书“福由心造”，楹联书“十地圆通开觉路，三乘教化渡迷津”。庵内供奉释迦牟尼佛、观音菩萨、弥勒菩萨、地藏菩萨等。

五、景观特色：凤里庵是石狮的发源地，自隋代以来便商业发达，清初已初步形成“九街十一巷”的构架，包括城隍街、井子巷、布袋巷、糖房街、土地街、妈宫巷、三落巷等。凤里庵大门右侧有一只披红挂彩的隋代石狮，石狮憨态可掬，质朴敦厚，被当地民众视为石狮的“圣物”。

虎岫禅寺（图2-5-3）

图2-5-3 虎岫禅寺

一、概况：虎岫禅寺原名真武宫，位于石狮市宝盖镇宝盖山，始建于唐贞观年间（627—649），明嘉靖年间被敕封为“虎岫禅寺”，后来逐渐发展成为儒、释、道合一的寺庙，是泉南四大名胜之一，现为石狮市文物保护单位。

二、选址特征：①宝盖山海拔200多米，三面环海，北面泉州湾，南面深沪湾，东眺碧波荡漾的东海，因四周无其他山峦，又称大孤山。②寺庙位于宝盖山东麓半山腰处，依山傍海，坐北朝南，背枕宝盖山，东面与南面均为滨海平原，地势开阔，再往外就是东海。

三、空间布局：虎岫禅寺目前的规模是在明嘉靖年间（1522—1566）奠定的，寺庙于1934年扩建后，新旧殿堂混杂，没有明显的中轴线，形成自由式布局。

寺庙正中位置为真武大殿，大殿中间是真武宫，东边是聚星阁，西边是观音殿。大殿东侧穿过东山门有大雄宝殿、森罗宝殿、祈嗣妈堂、夫子殿、法苑舍利塔等，西侧为碑记亭、僧寮、摩崖石刻等，南面有半月池、飞来塔，北面后山坡建有幸福苑、太岁宫、文昌祠、老君祠等。寺庙西北面的山巅耸立着姑嫂塔。

四、建筑艺术：虎岫禅寺殿堂样式较为多样，有官式建筑、“皇宫起”大厝、中西合璧建筑、多种样式融合建筑等。屋顶装饰题材极为丰富，兼具儒、释、道三家文化内涵。

山门重建于1988年，为三间八柱三楼式石牌坊，歇山式屋顶，覆盖绿色琉璃瓦，屋脊饰剪粘。正楼屋脊上雕双龙护塔，两端燕尾脊上雕鱼化龙，脊堵浮雕狮子戏球、花卉，四寸盖嵌狮首，翼角饰卷草纹。次楼屋脊上雕麒麟与雄狮，脊堵浮雕花鸟，翼角饰卷草纹。山门通进深一间，所以形成8根石柱。明间大门匾额为赵朴初先生所题的“虎岫禅寺”四字，次间边门匾额书“闽南独秀”“泉南胜迹”“虎啸”“狮吼”等。石柱楹联书“虎然有生气，岫霭出瑞云”“花时自谓香雪海，月夕疑是清虚宫”。额枋线刻丹凤朝阳、双龙戏珠、松鹤延年等。

山门两侧凉亭为歇山顶，西侧凉亭面阔与通进深各一间，东侧凉亭面阔四间，通进深一间，覆盖红色琉璃瓦，正脊脊堵嵌陶瓷瑞鹿祥和、金玉满堂、骏马奔腾等，翼角饰卷草纹。

碑记亭重建于20世纪90年代，为三间八柱三楼式石牌坊，歇山顶，覆盖红色琉璃瓦，屋脊饰剪粘。正楼屋脊脊堵浮雕双凤朝牡丹，翼角饰卷草纹，次楼屋脊脊堵雕瑞应祥麟，翼角饰卷草纹。亭四周设花瓶式栏杆。额枋牌匾书“虎岫碑记”。亭内立有南宋绍兴二十五年（1155）和清同治八年（1869）的《重修虎岫禅寺碑记》。

真武大殿具官式建筑与闽南民居特色，“假四垂”屋顶，在硬山顶正中升起一个歇山式屋顶，屋脊饰有各种陶瓷作品。大殿前建有歇山顶腰檐，屋檐上雕麒麟奔跑。

真武宫屋脊上雕双龙护塔，两端燕尾脊上饰卷草纹，印斗雕龙首，脊堵中间浮雕龙吐水，两旁各有一只飞舞蛟龙。垂脊牌头立四大天王，翼角饰卷草纹，两侧山花灰塑狮咬花篮、如意、夔龙纹。面阔三间，通进深三间，插梁式木构架，彻上露明造。宫内两侧墙壁泥塑道教神仙、水墨山水图和仙女图。正中为建于南宋绍兴年间（1131—1162）的六角形真武石窟塔，两层混肚石出檐，塔身嵌“碑记”。真武大帝是福建的海神之一，有保佑航海平安的作用。

观音殿正脊上雕双龙戏珠，燕尾脊饰卷草纹，印斗雕龙首，脊堵浮雕凤喜牡丹、麒麟奔跑、喜上眉梢、太平有象、骏马奔腾，垂脊牌头立武将与楼阁，翼角饰卷草纹。面阔三间，通进深三间，插梁式木构架，彻上露明造，横架为八椽栿。明间开门，次间身堵以红砖拼成“人”字形，裙堵石浮雕麒麟奔跑。檐下施两跳斗拱，垂花、立仙、剳牵、随梁枋木雕宫灯、戏狮、神仙、瑞兽花鸟。殿内供奉观世音菩萨。聚星阁与观音殿样式相同，供奉三夫人、财神爷、福德正神。

真武宫前建有拜亭，歇山顶，屋脊饰陶瓷，正脊上雕双龙戏珠，垂脊牌头立仙童，戗脊脊堵浮雕花卉，翼角饰卷草纹，山花饰狮首、仙童与如意。面阔三间，通进深一间，抬梁式木构架，彻上露明造。垂花、立仙、雀替、斗拱、剳牵、童柱、随梁枋、弯枋木雕宫灯、凤凰、鱼化龙、花草纹、狮头、骏马等，狮座雕戏狮。额枋彩画八仙过海，色泽清淡优雅。

东山门为假三间红砖门楼，歇山顶，屋脊上剪粘双龙戏珠、瑞应祥麟，两端燕尾脊翘起，脊堵剪粘喜上眉梢，戗脊上雕丹凤朝阳。其中蛟龙以粉红、墨绿、柠檬黄、蓝绿等色瓷片组成，麒麟以翠绿、朱红、湖蓝、土黄等色瓷片组成，凤凰以橘红、翠绿、土黄、象牙白、天蓝等色瓷片组成。中间开拱券门，匾额书“留芳”。额枋彩画博古纹、缠枝花卉。

大雄宝殿（图 2–5–4）为红砖白石木构建筑，具官式建筑与“皇宫起”民居特色，单檐歇山顶，覆盖绿瓦，屋脊饰剪粘。正脊上雕双龙护塔，燕尾脊上雕鱼化龙，脊堵浮雕凤喜牡丹、瑞应祥麟，垂脊牌头为楼阁，上方立一尊罗汉，翼角饰卷草纹。屋檐看牌处摆放交趾陶十八罗汉像，有红、黄、蓝、绿等色，动态活灵活现。面阔三间，通进深四间，硬山搁檩造。明间开门，次间辟六角形竹节柱窗。垂花、立仙、雀替、剳牵、随梁枋金漆木雕宫灯、仙人、鱼化龙、花鸟、缠枝花卉，狮座雕戏狮。顶堵彩画山水花卉、麟凤呈祥、锦上添花，色彩艳丽。殿内石柱上直接架石梁。供奉三世佛，两侧列十八罗汉。

图 2－5－4　大雄宝殿

森罗宝殿具“皇宫起”民居特色，硬山顶，覆盖红瓦，正脊脊刹置七层宝塔，燕尾脊上剪粘鱼化龙，脊堵中间为筒子脊，镂空砖雕，两侧剪粘瑞鹿祥和、宝葫芦、花草等，山花灰塑狮咬花篮、如意、夔龙。面阔三间，通进深四间，插梁式木构架，彻上露明造。明间开门，次间辟透雕凤凰方形窗。水车堵、身堵彩画山水图、狮虎下山、招来百福，扫去千灾等。殿内两侧墙壁水墨画十八地狱图。宝殿前拜亭为单檐歇山顶，正脊剪粘双龙戏珠，翼角饰卷草纹，山花灰塑如意、彩结。

祈嗣妈堂为闽南民居中的牵手规做法，前后两间均为硬山顶，覆盖红瓦，正脊上剪粘丹凤朝阳、双龙护塔，脊堵剪粘狮子戏球、花鸟图，山花灰塑狮首、螭龙、如意。面阔三间，通进深四间，硬山搁檩造。明间开门，次间辟透雕花鸟窗。身堵彩画山水、招来百福，扫去千灾。堂前拜亭为单檐歇山顶，面阔一间，通进深一间。

夫子殿具“皇宫起”民居特色，硬山顶，覆盖绿瓦，正脊上剪粘双龙戏珠。面阔三间，通进深三间。明间开门，次间辟六角形竹节柱窗，裙堵石浮雕瑞应祥麟。大门楹联书“志在春秋功在汉，心同日月义同天”，外檐石柱楹联书“万古英明垂竹柏，千秋义勇镇山河”。

幸福苑为“皇宫起”民居建筑，硬山顶，覆盖绿瓦，正脊脊刹置宝葫芦，燕尾脊上剪粘鱼化龙，脊堵剪粘麒麟奔跑、花卉，山花灰塑螭龙、如意。

太岁宫具“皇宫起”民居特点，硬山顶，覆盖红瓦，正脊上剪粘鱼化龙，燕尾脊高翘，山花灰塑狮咬花篮、夔龙、如意。面阔三间，进深三间，硬山搁檩造。明间开门，次间辟六角形竹节柱窗。身堵彩画双凤朝牡丹、竹报平安、锦上添花、暗八仙等，裙堵浮雕麒麟奔跑。

文昌祠为中西结合建筑，闽南传统红砖建筑两侧对称伸出欧式亭子，采用多立克柱式和闽南传统柱础，并带有古典主义风格。硬山式屋顶，屋脊饰剪粘，正脊上雕双龙戏珠，燕尾脊上立鱼化龙，脊堵浮雕双狮嬉戏、花鸟。面阔三间，通进深三间，硬山搁檩造。塌寿为孤塌，明间及对看堵开门，大门楹联书“泗水文章昭日月，杏坛礼乐冠华夷”，次间辟八角形石窗。祠内供奉文昌帝君与魁星爷。

老君祠具“皇宫起”民居特征，硬山顶，屋脊饰剪粘，正脊上雕双龙戏珠，燕尾脊上立鱼化龙，脊堵浮雕金玉满堂、喜上眉梢，翼角饰卷草纹，山花灰塑狮咬花篮、夔龙、如意。面阔三间，通进深四间。明间开门，次间辟石雕交欢螭龙卷草八角形漏窗。身堵浮雕花鸟，影雕亭台楼阁、山水、道教神仙等。垂花、雀替、剳牵、随梁枋金漆木雕宫灯、卷草、戏曲人物等，狮座雕戏狮。

飞来双塔建于明嘉靖年间（1522—1566），为五轮式石塔。三层须弥座，第一层六角形素面，第二层六角形，束腰刻有铭文“飞来双塔建于明嘉靖年间”，第三层圆形，浮雕双层仰莲瓣。椭圆形塔身辟浅佛龛，龛内浮雕结跏趺坐佛像。六角攒尖收顶，宝葫芦式塔刹。

法苑舍利塔为亭阁式实心石塔，单层四角形须弥座，底座转角雕豹足。两层塔身，第一层塔身四边形，正面影雕法苑头像，左右两侧浮雕花鸟；第二层塔身圆柱形，浮雕仰覆莲花瓣；两层塔身之间设四角塔檐。四角攒尖收顶，宝珠式塔刹。

姑嫂塔又称关锁塔、万寿塔，位于宝盖山之巅，建于南宋绍兴年间（1131—1162），现为全国重点文物保护单位。姑嫂塔为平面八角外五层内四层楼阁式花岗岩空心石塔，通高 22.86 米，塔身逐层收分。第一层西北面建一间抱夏，共立三排 12 根石柱。第一排设 4 根方形石柱，其中中间两柱上刻“胜地有缘方可进，名山无福不能游”，柱头栌斗上施单下昂，转角柱头施双下昂，外侧下昂上再设角昂，形成龙首状；第二排设 4 根方形石柱，柱头安置栌斗，左右两石柱间再施一根横柱；第三排还是 4 根石柱，紧靠塔身。抱夏的撩檐枋上刻“泉南胜地”，屋檐是用扁形条石拼接而成，再设正脊、角脊。塔身第二层至第五层各开有门窗，第二层门额上刻“万寿宝塔”，顶层外壁辟有方形石龛，龛内刻姑嫂两尊女像。每层塔身转角倚柱做成瓜棱状，柱头置方形栌斗，没有斗拱。层间双层混肚石叠涩出檐，塔檐以石板拼接而成，垂脊端头翘起。第二层以上设平座，四周围以栏杆，每个转角立一根望柱，中间再立一根石柱，柱之间为一根长条石寻杖。塔身第二层至第五层每面还用两根石柱顶住一根倒梯形石梁，用以承托混肚石，使得塔身更加坚固。八角攒尖收顶，宝葫芦式塔刹。塔身通体浅灰色，局部透着淡黄色。塔心室较为特别，第一层塔壁有内外两层，从副阶进入塔内，建有一圈环绕第一层内塔壁的廊道，再登七级台阶进入中间的塔心室。塔心室为空筒式结构，犹如一个大天井，可以直接看到塔顶层，内壁条石采用一层横向、一层纵向的丁顺砌体技术，极大地加强了塔身整体的牢固性。塔心室正中位置供奉观世音菩萨像。登塔石梯较为隐蔽，藏在内层塔壁里，可盘旋而上。姑嫂塔大气、稳重，如一座小山耸立在山顶之上，有关锁水口、镇守东南的气势。

五、景观特色：虎岫岩寺地势高低不平，道路蜿蜒曲折、四通八达。真武大殿前建有一半月形放生池——月池，池四周设石栏杆，华板上刻泉州文人苏濬所题的“古刹倚嶒霄，乘风独听潮”。月池中垒有假山，并立有石仙鹤与石灯笼。山门左后侧种植有一片古榕，树下数块顽石林立，石上建有一座六角凉亭——水龙亭。

真武大殿西侧悬崖上，有历代名家题写的摩崖石刻。明代诗人庄一俊、苏濬、黄克晦、朱梧，清代状元吴鲁、翰林庄俊元等人都曾游历虎岫寺，留下诗作和对联。如庄一俊诗：“天风吹落海云关，岩穴虚明渐可攀。时风凌空诸鹤下，更闻说法一僧闲。鳌城吞吐中秋月，虎岫逍遥落日山。释子若逢相借问，近来俯仰在间。”

虎岫寺的自然环境和人文环境交相辉映，不愧为“泉南胜概”。

第六章　晋江市佛教寺庙

灵源寺（图 2－6－1）

图 2－6－1　灵源寺

一、概况：灵源寺位于晋江市安海镇灵源山，始建于隋开皇九年(589)。开八闽文教之先河的晋江人欧阳詹曾在此潜心苦读 3 年，宋仁宗嘉祐元年，御史吴中复、吴中纯昆仲于此隐居修道。此外，黄克晦、王慎中、陈让、张瑞图等明代名士都作有赞美灵源山的诗篇。

二、选址特征：①灵源山海拔305米，北延罗裳山、华表山、象鼻山，西面远眺大帽山，西南面为五里桥，东面为宝盖山与东海。②寺庙建于灵源山半山腰平缓的山坡上，坐东北朝西南，四面环山，周边地势开阔，适宜建大型寺庙。

三、空间布局：灵源寺依山就势，建筑高低错落有序，属复合轴布局，包括主次两条中轴线。主轴线上依次为天坛、圆通宝殿、大雄宝殿、法堂，东南侧为钟楼、厢房、地藏殿、功德堂，西北侧为鼓楼、厢房、夫人妈宫；次轴线上依次为藏书阁、泰伯庙。寺庙东面有山门和关帝庙。

四、建筑艺术：灵源寺殿堂多为近年重建，为钢筋混凝土及红砖白石木构的官式建筑，同时又具有闽南“皇宫起”民居特色，屋面覆盖红色琉璃瓦。

山门为三间四柱三楼式石牌坊，重檐庑殿顶，正楼屋脊上剪粘双龙护塔，脊堵剪粘丹凤朝阳等，额枋灰塑飞天、狮子嬉戏。

关帝庙为重檐歇山顶，屋脊饰剪粘，正脊上雕双龙护珠，脊堵浮雕花卉，围脊脊堵浮雕锦上添花、丹凤朝阳，翼角饰卷草纹。面阔三间，通进深三间，插梁式木构架，彻上露明造。明间设隔扇门，次间辟螭龙石圆窗，正面及两侧身堵与裙堵石浮雕麒麟、凤凰、牧牛、和合二仙、《三国演义》故事、招财进宝等。垂花、立仙、雀替等木雕宫灯、卷草纹，梁枋彩画龙凤呈祥、山水、龙虾、翠竹等。内柱楹联书“正气长留宇宙，丹心直贯古今”。庙内供奉关帝。

天坛为三间八柱三楼式石木牌楼，精雕细刻，色彩鲜艳，金碧辉煌。正楼为重檐歇山顶，屋脊饰剪粘，正脊上雕二龙戏珠，脊堵浮雕双凤朝牡丹，垂脊脊尾饰回纹，牌头立神仙与楼阁，翼角饰卷草纹。面阔三间，通进深一间，插梁式木构架，彻上露明造。8根青石柱分别为盘龙柱、罗汉柱和花鸟柱。梁枋上采用叠斗，以层层叠置的斗拱代替童柱承托屋檐，结构复杂。垂花、立仙、雀替、斗拱、梁枋、随梁枋、弯枋等金漆木雕宫灯、莲瓣、武将、仙人、花鸟、鱼化龙、夔龙、龙虾、奔马、缠枝花卉、《三国演义》故事、博古纹等，狮座雕香象、戏狮、螃蟹、金鱼。匾额“天坛”二字为彭冲先生所题。

圆通宝殿（图2–6–2）为重檐歇山顶，屋脊饰剪粘。正脊上雕双龙护塔，脊堵浮雕双龙戏珠、骏马奔腾，垂脊脊尾饰回纹，牌头立武将，戗脊上雕蹲兽，翼角饰卷草纹，围脊脊堵浮雕八仙过海、狮子嬉闹、喜上眉梢、凤戏牡丹、一品清廉，山花灰塑狮首、夔龙、如意与仙人。面阔五间，通

图 2－6－2　圆通宝殿

进深五间，插梁式木构架，彻上露明造。明间、次间设隔扇门，隔心木雕《三国演义》故事，绦环板雕博古纹，梢间辟螭龙八角形石窗，身堵浮雕四大天王等。4 根石构外檐柱为盘龙柱和罗汉柱。大门匾额为赵朴初所题的“灵源寺”三字，外檐柱楹联为宋代宰相曾公亮所题的“灵山好作西天界，源水能通南海潮”。檐下施多层弯枋与连拱，垂花、立仙、雀替、剳牵、随梁枋、弯枋等金漆木雕宫灯、莲瓣、卷草、凤凰、蝙蝠、夔龙、戏曲人物等，狮座雕戏狮、蛟龙、香象。殿内正中高悬的匾额“古佛”为清代翰林庄俊元所书。神龛内供奉观音菩萨、普贤菩萨与文殊菩萨。

钟鼓楼为两层楼阁，重檐歇山顶，屋脊饰剪粘，正脊上雕双龙戏珠，脊堵浮雕花卉，垂脊脊尾饰回纹，翼角饰卷草纹。面阔三间，通进深三间，插梁式木构架，彻上露明造。明间开隔扇门，梢间辟方形石窗。

大雄宝殿（图 2–6–3）位置较高，重檐歇山顶，屋脊饰剪粘和陶瓷。正脊上雕双龙护塔，宝塔两侧各有一只金鱼，脊堵正中雕蛟龙，两侧为丹凤朝阳、瑞应祥麟、骏马奔腾，垂脊脊尾饰回纹，牌头立武将，翼角饰卷草纹，围脊脊堵浮雕凤戏牡丹、双狮戏球、松鹤延年，戗脊上雕飞龙。面阔五间，通进深五间，插梁式木构架，彻上露明造。明间、次间开隔扇门，身堵与裙堵石浮雕蛟龙出海、猛虎下山、八仙过海、《三国演义》故事、竹林七贤等，并影雕花瓶。门柱楹联书“万古灵山昭史迹，千秋梵刹共沧桑”。6根外檐柱均为雕刻繁杂的盘龙石柱。檐下施弯枋与连拱，垂花、立仙、雀替、剳牵、斗拱、童柱、随梁枋、弯枋金漆木雕宫灯、莲瓣、卷草、夔龙、戏曲人物、龙首、狮头、鱼化龙、暗八仙等，狮座雕戏狮、蛟龙、香象。殿内神龛供奉三世佛。

图 2-6-3　大雄宝殿

地藏殿与夫人妈宫均为单檐歇山顶，屋脊饰剪粘或陶瓷，正脊上雕双龙护塔，脊堵浮雕武将、螃蟹，垂脊脊尾雕凤凰，牌头立武将、楼阁。戗脊上雕行龙，翼角饰卷草纹。面阔三间，通进深四间，插梁式木构架，彻上露明造。明间开隔扇门，隔心木雕夔龙，裙板黑白漆线雕“关公参普净”“白侍郎参鸟窠”“吕洞宾参降龙”“苏东坡参佛印”等。次间辟螭龙八角形窗，身堵浮雕花卉、博古、罗汉、戏曲人物等。

功德堂为单檐歇山顶，垂脊牌头剪粘神仙。面阔三间，通进深四间，插梁式木构架，彻上露明造。两侧墀头石雕飞天。明间开门，次间辟窗。裙堵石雕采用减地平钑，刻麒麟、凤凰、双龙与花鸟。

法堂为重檐歇山顶，正脊脊刹置法轮，屋脊饰剪粘和陶瓷，两侧雕行龙，脊堵饰蛟龙吐水、狮子戏球、松鹤延年、瑞鹿祥和等。面阔七间，通进深六间。明间、次间设隔扇门，梢间辟螭龙八角形石窗，梁枋彩画佛教故事。

玉佛殿为重檐歇山顶，屋脊饰剪粘与陶瓷，正脊饰双龙护塔，脊堵浮雕金玉满堂、花开富贵，垂脊牌头雕武将，翼角饰螭虎卷草纹。面阔三间，通进深四间，插梁式木构架，彻上露明造。明间开门，身堵与裙堵石浮雕骏马奔腾、凤戏牡丹、麒麟奔跑、招财进宝、太平喜象、福寿双全等。

藏书阁为城楼式建筑，三川脊重檐歇山顶，屋脊饰陶瓷，中港脊上雕双龙戏珠，小港脊雕飞龙，脊堵浮雕双凤朝牡丹，垂脊牌头饰花卉，翼角饰卷草纹，山花灰塑狮咬花篮、蝙蝠、如意。面阔三间，通进深一间，插梁式木构架，彻上露明造。四面设隔扇门。

泰伯庙为重檐歇山顶，屋脊饰陶瓷，正脊上雕双龙戏珠，脊堵浮雕瑞应祥麟，垂脊雕武将与楼阁，翼角饰卷草纹或回纹。面阔五间，通进深五间，插梁式木构架，彻上露明造。明间、次间设隔扇门，梢间辟螭龙圆窗。

五、景观特色：灵源寺占地面积大，园林比较分散。大雄宝殿前有1500平方米的临山崖广场，藏书阁前也设有开阔的庭院，院中垒有几块不同造型的岩石，石旁植有矮树。圆通宝殿两侧各有一处八角形放生池，池中垒叠有玲珑剔透的假山，栏板影雕山水楼阁图；灵源古井位于古罗汉松西南角处的橘林里，系东山五大古井之一。

寺庙种植有大量古树名木，其中大雄宝殿前有株已1500多年、高20多米的罗汉松，其树干粗壮，犹如九龙盘旋而上，被当地民众视为“神灵树”。寺庙主轴线南坡以花岗岩垒成梯田式景观，并种植一片罕见的青冈栎、卡氏栲和巨樟等常绿阔叶林，中间一条古道穿越而上，偶有岩石突兀，行走林间，倍感清凉。

天坛前庭院塑大型观音菩萨坐像，两旁有善财、龙女、关公、韦陀菩萨立像等。寺内园林中的摩崖石刻有“灵山圣地”“悟”“好善最乐”“佛”等。周边山坡建有坝上亭、慈济亭、四达亭、西霞亭、紫云亭等7座凉亭。寺庙东北方有一块巨大的岩石，被称为“望江石”，站在石上远眺，可隐约看到石狮六胜塔、宝盖山姑嫂塔和金门岛。

灵源寺周边还有步云关、望江石、石境道人之塔、紫云室、灵泉井、七星墩、公婆石、狮仔石、灵壶天等胜迹。

龙山寺（图2-6-4）

一、概况：龙山寺初名普现寺，又名天竺寺，俗称观音殿。位于晋江市安海镇海八中路，始建于隋皇泰年间（618—619），明天启三年（1623）

图 2-6-4 龙山寺

重修。清康熙二十三年（1684），施琅等捐资修葺，建山门、华表、殿堂门、钟鼓楼。1983 年被列为全国汉传重点佛教寺院，2013 年被列为全国重点文物保护单位。

相传，古时这里有一巨樟，浓荫盖地，夜发祥光，时人崇之。东汉时，高僧一粒沙请工匠把它雕成一尊千手千眼观音菩萨。隋代时建寺供奉。唐宋以来，随着海上丝绸之路的兴发，龙山寺的香火便随着安平商贾的足迹传播海外。

二、选址特征：①龙山寺坐落于龙山南麓，西南面就是全国重点文物保护单位——安平桥。②寺庙坐北朝南，地势开阔，水源充足。

三、空间布局：龙山寺占地面积 4250 平方米，虽然原有的甬道已被民居和商铺所包围，但还保留中轴线布局。南北中轴线上依次为放生池、九龙壁、天王殿、天坛（拜亭）、观音殿（圆通宝殿）、大雄宝殿、法堂，东侧有山门、拜亭、钟楼、客堂、伽蓝殿、金炉、祖堂、斋堂等，西侧有鼓楼、祖师殿、禅堂等。另外，东面有东门，法堂左侧有后门。由于空间有限，整体建筑布局较为紧凑，殿堂之间的庭院较小。

四、建筑艺术：龙山寺主要殿堂保留清代样式，为红砖白石木构“皇宫起”大厝，少数新殿堂为官式建筑或洋楼，装饰艺术类型多样，题材丰富，令人目不暇接，是闽南地区佛教寺庙建筑的代表。

山门建于清乾隆四十二年（1777），为三间四柱石牌坊，造型简洁朴实。石柱设有夹杆石，中间两根立柱顶上雕石狮，外侧两根立柱顶上雕宝葫芦。正面额枋刻楷书“龙山古地”，落款“康熙癸酉立”“民国乙酉重修”，背面刻楷书“天竺钟梵”，落款“康熙癸酉施韬建”“乾隆丁酉重修”。

图 2－6－5　钟楼

钟鼓楼（图 2–6–5）扩建于康熙五十七年（1718），清嘉庆二十年（1815）与 1982 年曾重修，为红砖白石木构建筑，重檐歇山顶，覆盖红瓦，屋脊饰剪粘。正脊上雕双龙戏珠，脊堵浮雕瑞应祥麟、天马行空、凤戏牡丹等，两端燕尾脊高翘，垂脊脊尾饰“回”字纹，翼角饰游龙卷草纹，四寸盖嵌狮首，印斗饰花卉。围脊脊堵浮雕喜上眉梢、金玉满堂、螭龙卷草、狮子嬉戏、孔雀开屏。山花灰塑狮咬花篮、夔龙、如意。剪粘瓷片色彩搭配合理，其中龙身为金黄色，麒麟鳞片为绿色，天马为朱红色，凤凰为红、黄、绿三色，狮子为土黄色或橘红色，孔雀羽毛为红、黄、绿、白、褐等色。比较特别的是，钟鼓楼屋檐正面朝南，大门却开在西面，而南面是墙壁。西面面阔三间，通进深两间，插梁式木构架，彻上露明造。明间开石门，梢间辟石窗，门匾额“梵音觉晓”刻于 1982 年，檐柱刻“大清嘉庆乙亥年立”。南面外墙以红、白、黑等色的方砖拼接出多种几何图形，正中辟竹节柱圆形石漏窗，雕刻喜上眉梢。水车堵为青石高浮雕《西游记》故事，人物与动物栩栩如生。上下檐之间设格子窗，能使室内光线较明亮，檐下施三踩单翘斗拱。楼内保留有清代瓜棱形石柱，石柱上方再接木柱，木柱上再架梁枋。其中，钟楼内供奉弥勒菩萨，顶端横架一根早年由华侨从菲律宾专程送来的檀香木，据说可以悬挂千斤重的铜钟。外墙嵌一石碑，刻楷书“龙山宝地”；鼓楼供奉关公，悬于空中的大鼓据说系隋代原物。钟鼓楼外墙嵌有 3 方功德石碑。

天王殿为石木建筑，三川脊歇山顶，屋脊饰剪粘。正脊脊刹置法轮，4 个吻头上均雕一只腾云驾雾的蛟龙，脊堵两侧浮雕双凤朝牡丹、松鹤延年、麒麟奔跑、双龙腾飞、天马行空、锦上添花等，垂脊上饰“回”字纹，牌头雕楼阁与树木，翼角饰卷草纹。剪粘作品造型考究，动态丰富，色彩搭配协调，工艺十分精湛，是闽南地区少有的精品，如牌头的树木，用粉红、翠绿、米黄、天蓝等色的圆形瓷片拼贴出树叶的效果，恍如极乐世界的宝树；脊堵有一只由白色瓷片拼贴的骏马，骏马昂首腾跃，张开双翅，从天而降，气势逼人；其他如绿色麒麟、枣红色战马、金黄色飞龙等，均矫健灵活。面阔五间 22.8 米，通进深三间 8.85 米，插梁式木构架，彻上露明造。明间开门，两旁有青石石狮、石鼓各一对，门额悬“一片慈云”木匾。明间、次间、梢间的身堵、裙堵与对看堵布满各种石浮雕与透雕，有民间故事、天神武将、蛟龙出海、麒麟奔跑、猛虎下山、花卉树木、博古纹等，琳琅满目。外檐柱刻佛教楹联。檐下施有一斗三升拱或七踩三翘斗拱，坐斗采用方形或圆盘形。垂花、立仙、雀替、随梁枋、斗拱金漆木雕莲花瓣、仙人、狮子、夔龙、花鸟等。殿内正中立一扇朱红色木门，门上彩画蛟龙，楹联书“净水池无非南海，龙山寺即是陀山”，两侧门板彩画仙童。梁枋上彩画观音菩萨故事。两旁神龛供奉四大天王。

天坛（拜亭）紧挨在观音殿正前方，是一座亭榭，卷棚式歇山顶，屋脊饰剪粘。正脊脊刹泥塑楼阁，两侧雕飞龙，垂脊牌头雕唐僧师徒四人与亭台楼阁，翼角饰游龙卷草纹。面阔一间，通进深一间，抬梁式木构架，彻上露明造。4 根亭柱上方嵌有一狮首，亭柱楹联书“龙势起罗裳特开宝宇，山峰屏紫帽永护琳宫”。亭内“龙山寺”匾额为赵朴初先生所书。垂花、立仙、雀替、剳牵、随梁枋、童柱、狮座金漆木雕宫灯、神仙、武将、花卉、二龙戏珠、戏狮等。

图 2－6－6　观音殿

观音殿又称圆通宝殿（图 2–6–6）是龙山寺最重要的殿堂，始建于隋代，清末重建，为红砖白石木构建筑，通高 11.3 米，面积 493 平方米。重檐歇山顶，屋脊饰剪粘，正脊脊刹立七层宝塔，两旁雕双狮与双龙，脊堵浮雕瑞兽花草等，垂脊与戗脊上立蹲兽，垂脊牌头立武将骑麒麟与文官骑马，翼角饰游龙卷草纹或“回”字纹，围脊脊堵剪粘瑞兽花鸟，山花灰塑狮首、螭龙、如意纹。其中剪粘以金黄、朱红、天蓝、翠绿、粉红、橘红、象牙白、土黄、米黄等色瓷片拼贴。面阔七间 22.8 米，通进深五间 16.8 米，插梁式木构架，彻上露明造。明间、次间设隔扇门，梢间辟圆形交欢螭龙卷草纹石窗。正面身堵与裙堵石浮雕四大天王、八仙庆寿、龙、狮、麒麟、蝙蝠、博古纹与暗八仙等。外檐柱有一对辉绿石龙，龙爪各抓一鼓一磬，以细铁条击之，鼓传鼓声，磬发磬音。外檐柱楹联书“东汉初兴光佛刹，南朝重建迓神庥”，檐柱楹联书“鳌海作舟航恩叨万汇，龙山开法界愍念群生”。檐下施有一斗三升拱或七踩三翘斗拱，坐斗采用方形或圆盘形。垂花、立仙、雀替、斗拱、随梁枋、束木金漆木雕戏曲人物、花草纹等，狮座雕戏狮、香象，双步梁彩画佛教故事。观音殿两侧外墙内设有通道。

殿内正中供奉一根雕于明代的高 2.95 米、宽 2.5 米的千手千眼观音菩萨像。观音头戴花冠，面部丰盈慈祥，两手胸前合十。两侧雕有 1008 只手，如两扇羽翼，错落有致，姿态各异，现为福建省文物保护单位。相关部门在2016年采用三维激光扫描仪技术对观音像进行测绘，发现观音最长的手有30～40厘米，最短的手仅为10厘米。佛龛上方匾额为明代书法家张瑞图所提行书“通身手眼”。观音像两侧列十八罗汉。

大雄宝殿前建有一座拜亭，与天坛造型相似，卷棚式歇山顶，脊堵剪粘二龙戏珠，垂脊牌头剪粘戏台与武将，翼角饰卷草纹，山花灰塑法轮、如意。大殿于1984年重修，为砖石木建筑，外墙以条状花岗岩砌成，两侧与后墙辟方形石窗。三川脊歇山顶，覆盖绿色琉璃瓦，屋脊饰剪粘，中港脊脊刹置五层宝塔，两侧雕蛟龙，正吻上雕凤凰，脊堵浮雕麒麟奔跑、狮子嬉戏、金鱼摆尾、骏马奔腾、喜上眉梢等，垂脊牌头立武将。面阔七间22.8米，通进深三间11.8米，插梁式木构架，彻上露明造。明间、次间设隔扇门，梢间辟窗，两旁漆线雕佛教典故、山水花卉。外檐柱正中有两根石雕盘龙柱。檐下施一斗三升拱，垂花、立仙、雀替、童柱、剳牵、随梁枋、束木金漆木雕宫灯、仙人、狮首、花鸟、戏曲人物。殿内佛龛供奉三世佛，匾额书“明行圆满”“具足菩提”“究竟清净”。

法堂（藏经阁）为钢筋混凝土及石木两层楼阁，重檐歇山顶，正脊剪粘双龙戏珠，翼角饰卷草纹或回纹，山花灰塑狮首、夔龙、如意。第一层面阔七间，通进深六间。明间、次间设板门，梢间辟圆窗。身堵与裙堵布满浮雕与透雕，有佛教故事、麒麟奔跑、花鸟等。第二层面阔五间，通进深四间。

祖堂为红砖白石洋楼式建筑，共两层，三川脊歇山顶，正吻雕卷草纹，脊堵剪粘瑞应祥麟、狮子嬉戏、凤戏牡丹。面阔三间，一楼设外廊，大门上匾额书“开山祖堂”，二楼阳台施花瓶式琉璃栏杆。

禅堂为红砖白石洋楼式建筑，共两层，单檐歇山顶，面阔三间，二楼阳台施花瓶式琉璃栏杆。

五、景观特色：龙山寺空间有限，庭院较拥挤，只能营造一些小型景观。

天王殿前建有石板铺地的庭院，东西两侧各建有一座歇山顶四角凉亭。寺庙最南面有一方形放生池，四周设石栏杆，池北面为九龙壁；金炉旁还有一小型放生池，池中垒假山石。植物主要采用列植与孤植，如东面通道边种植一排高10余米的凤凰木，树冠宽大，像一把把巨伞，每到五六月间，满树火焰般的花朵便成为龙山寺最醒目的景观；观音阁后面庭院有株110多年的含笑树和100多年的山茶花；大雄宝殿东侧有株100多年的木棉树。殿堂前后摆放有榕树、文竹、山茶花、柏树等盆景。庭院中摆设一些铸铁香炉、石狮、碑刻等。

西资岩寺（图2－6－7）

图2－6－7　西资岩寺

一、概况：西资岩寺又名大佛寺，位于晋江市金井镇岩峰村卓望山，始建于隋代，是闽南地区少有的石窟寺。大雄宝殿内遗存的3尊唐代大石佛，于2013年被列为全国重点文物保护单位。

二、选址特征：①卓望山位于半岛之上，三面环海，西面为围头湾，东、南两面为东海，东南向是金门岛。②寺庙建在山脚的小山坡上，坐北朝南，背枕山峦，南面为开阔地带，再往南即为大海。

三、空间布局：西资岩寺平面布局呈“同”字形，中轴线布局，南北轴线上依次为双石塔、天王殿（三通门）、拜亭、大雄宝殿，东侧为放生池、香积堂、僧舍等，西侧为蔡公祠、土地公宫，山门在广场西面。其中，天王殿与大雄宝殿两侧建有庑廊，共同形成一进四合院。大雄宝殿东侧山坡上还有朱子祠、玄武殿、阎王殿等。

四、建筑艺术：西资岩寺主要殿堂为红砖白石木构的“皇宫起”大厝，屋面覆盖红瓦。

天王殿（三通门）为三川脊硬山顶，正脊上剪粘二龙戏珠，脊堵为筒子脊，镂空砖雕，两侧燕尾脊各剪粘一条鱼化龙，燕尾脊高翘。面阔五间，通进深两间，抬梁式木构架，彻上露明造。塌寿为孤塌，明间、次间开门。

大门两边抱鼓石浮雕夔龙与花草纹，槛墙辟“寿”字形圆窗，裙堵浮雕蛟龙出海、猛虎下山、松鹤延年、龟鹤齐龄、瑞应祥麟。对看堵用蓝、红两色砖砌出“卍”字纹，另在白底上以红砖砌出如意、花卉等图案，精美细致。水车堵彩画凤戏牡丹、山石等。匾额是由清光绪举人蔡谷仁所书的“西资古地”，两边楹联为清道光进士蔡德芳所题。雀替、斗拱、插梁木雕凤凰、花卉、龙首等。殿内正中神龛供弥勒菩萨，背面为韦驮菩萨，两庑立四大天王。

拜亭为石构建筑，单檐歇山式屋顶，正吻与翼角饰卷草纹，垂脊脊尾雕龙首。面阔一间，通进深一间。

大雄宝殿于1935年重修，为钢筋水泥仿木建筑，重檐歇山顶，两檐之间安装3米高的百叶格扇，使得殿堂内通透明亮。正脊脊刹立五层宝塔，两端燕尾脊上剪粘鱼化龙。面阔五间，通进深三间，插梁式木构架，彻上露明造。明间、次间开门，梢间辟六角形窗。外檐柱有一对明代瓜棱形花岗石柱，柱上浮雕蟠龙戏珠，外侧两根外檐柱楹联书“古佛意云何，记否一千年前石上现身初说法；名贤来隐此，赢得三百载后山中历劫有遗书”。雀替木雕凤凰、花草、山石等。

西资岩寺最具文物价值的为大殿石窟内3尊晚唐时期的石佛菩萨造像，是利用一块天然岩石雕凿而成的，为福建最早的大型立像，雕刻工艺精湛。

中间为高4.5米、宽1.62米的阿弥陀佛立像。佛身背靠崖壁，身后刻以素面圆形背光，身体略微向前倾，头顶螺髻，额头有吉祥痣，双眼微闭，两耳垂到肩膀。身着宽袖袈裟，衣纹流畅柔和，颇具唐代“吴带当风”之飘逸风格。右胸袒露，左手平胸托举一朵精致的小莲花，赤足立于莲座之上。阿弥陀佛左手边为高4米的观音造像，身后刻以素面圆形背光，头顶着高髻，面容慈祥端庄，双目微启，耳垂带花饰，右手下垂以拇指、无名指和小指夹着花瓶，左手结手印于胸前。胸前饰璎珞，身穿天衣，飘带绕身，线条遒劲。右边为大势至菩萨造像，身后刻以素面圆形背光，面带慈光，左手拈诀下垂，右手上举施说法印，身着敞胸天衣，胸饰璎珞，裙带飘垂而下。阿弥陀佛足下莲台较高，观音与大势至菩萨足下的莲台较低，莲台下浮雕海潮纹。大佛两侧有高2.86米的石雕护法金刚像，金刚们横眉鼓眼，隆鼻阔口，披盔戴甲，威风凛凛。

大佛像右岩壁有清乾隆二十九年（1764）重修寺宇的摩崖石刻。石佛两侧石柱楹联书“过南海游普陀，顶礼三尊仿佛此间气象；笠故乡瞻卓望，心香一瓣归来重整规模”“六百余载萧寺，重兴画栋雕梁府迟卓山霞彩；四十二章象教，复振火珠贝叶映来东海日光”。

庑廊为红砖木构建筑，卷棚式硬山顶。西侧庑廊竖立有清乾隆年间（1736—1795）的《重修西资岩记》和《重修西资岩功德碑》，以及20世纪80年代的《重修西资岩大佛寺》。东侧庑廊嵌有清道光年间（1821—1850）重修的碑石，底色漆黑，白色字体娟秀。

香积堂为平顶建筑，屋顶设绿色花瓶式栏杆，面阔四间，墙面砌以红砖。

蔡公祠为一进三合院，红砖白石仿木构“皇宫起”大厝，中轴线上依次为门厅、天井、主殿，两侧建有廊庑。门厅为独立小门楼，单檐歇山顶，正脊脊堵剪粘丹凤朝阳，门上匾额书“明先贤无能蔡公祠”。主殿为硬山顶，脊堵剪粘蛟龙出海、双狮嬉戏、花卉等，翼角饰卷草纹。面阔三间，通进深三间。两侧廊庑外墙开券拱形门。蔡公即蔡鼎，字无能，因得罪魏忠贤，在故里隐居，于寺西畔建造观易亭专心探究《易经》，著有《易蔡集解》。

土地公宫为红砖白石仿木构建筑，硬山顶，面阔一间，通进深三间，供奉土地爷。

双石塔为平面六角七层楼阁式实心石塔，其中东侧石塔刻“药师如来塔”，西侧石塔刻“多宝如来塔”，其余各面浮雕佛像。塔刹为十三层相轮。

五、景观特色：西资岩寺属海滨景观，是观日出的好去处。天王殿前大广场的东侧建有方形放生池，周边设石栏杆，栏板刻“阿弥陀佛”四字。卓望山是座花岗岩山，山峦低缓，树木均是次生林，因在海边，树木均较矮。山崖高处刻有“泉南胜概”。山上还有许多遗留下来的采石窟，犹如人造的悬崖峭壁。

定光庵（图2-6-8）

一、概况：定光庵位于晋江市龙湖镇衙口村，始建于唐至德年间（756—758），历代均有修缮，1988年再次重修，现为晋江市文物保护单位。寺内有一口大钟，传说是施琅收复台湾后捐造的。

二、选址特征：定光庵属于滨海寺庙，三面环海，东面紧邻深沪湾。在海湾内建寺，能减少台风、海浪的侵袭与破坏。寺庙坐东北朝西南，前方明堂开阔。

三、空间布局：定光庵采用中轴线布局，中轴线上依次为天王殿（门厅）、拜亭、大雄宝殿，两侧为钟鼓楼、关帝庙、城隍庙、廊庑等，建筑

图 2-6-8　定光庵

排列较为紧凑。

四、建筑艺术：寺庙主体殿堂保留了清代风格，为红砖白石木构“皇宫起”大厝，屋面覆盖红色琉璃瓦，屋顶以剪粘、灰塑、彩画进行装饰。

天王殿（门厅）为“皇宫起”建筑，三川脊硬山顶，中间略有抬高，正脊剪粘双龙戏葫芦、二龙戏珠，脊堵剪粘双龙戏珠、双凤朝牡丹、喜上眉梢等。面阔九间，通进深三间，插梁式木构架，彻上露明造。塌寿为孤塌，明间、次间设隔扇门，隔心木雕花鸟、山石、博古。两侧墙各辟一扇交欢螭龙卷草纹八角形石窗和竹节柱圆形石窗，镜面墙以红砖拼成几何图案。水车堵剪粘瑞应祥麟、喜上眉梢、狮子戏球，彩画草龙纹。对看堵石浮雕伏虎罗汉与降龙罗汉，并刻有佛教偈语。外檐柱木刻楹联“定圆万德法弘无遮会，光照十方佛度有缘人”。檐下施五踩双翘斗拱。垂花、立仙、雀替、剳牵、随梁枋、束随木雕宫灯、金刚、仙童、花鸟、骏马、鲤鱼、缠枝花卉等，狮座雕戏狮。殿内两侧塑四大天王。

拜亭为单檐歇山顶，正脊脊堵剪粘喜上眉梢，垂脊脊堵彩画花卉，戗脊脊堵剪粘花草纹，翼角饰卷草纹，山花灰塑如意、花篮。面阔一间，通进深一间，插梁式木构架，彻上露明造。檐下为四踩单翘斗拱。亭内供奉弥勒菩萨与韦陀菩萨。

钟鼓楼为两层楼阁，歇山顶，正脊上剪粘二龙戏珠，脊堵嵌陶瓷花鸟，翼角饰卷草纹。垂花、立仙、雀替木雕宫灯、莲瓣、凤凰、戏狮、卷草。面阔一间，通进深一间，插梁式木构架，彻上露明造。正面开门，两侧木雕门。二楼回廊设木栏杆。

大雄宝殿为重檐歇山顶，屋脊饰剪粘，正脊脊刹置露盘，两侧雕蛟龙，脊堵浮雕双龙戏珠、花鸟，垂脊脊尾饰“回”字纹，牌头立武将与亭阁，戗脊脊尾雕凤凰。面阔五间，通进深四间，插梁式木构架，彻上露明造。明间、次间、梢间设隔扇门。木檐柱楹联书“观彻宏微真自在，音宣圆妙大慈悲”。垂花、立仙、雀替木雕莲花瓣、坐佛、花卉。天花为八角形藻井，斗拱层层叠叠，井心饰莲花。殿内供奉三世佛、地藏菩萨、文殊菩萨等。大殿前建有廊式抱厦，单檐歇山顶，正脊脊堵嵌陶瓷福禄寿三星与花鸟。面阔三间，通进深一间，插梁式木构架，彻上露明造。

关帝庙为一进三合院，正中为主庙，前方及左右以红砖砌成围墙。围墙水车堵嵌陶瓷麒麟、金鱼、龙虾与花鸟等。主殿为单檐歇山顶，正脊上剪粘双龙戏珠，脊堵剪粘凤戏牡丹、瑞应祥麟。面阔三间，通进深四间，插梁式木构架，彻上露明造。明间、次间设隔扇门。供奉关帝君与朱衣公。殿前建有拜亭，歇山顶，脊堵嵌陶瓷喜上眉梢，面阔与通进深各为一间。城隍庙建筑形制与关帝庙相同，均为一进三合院，围墙水车堵饰戏狮、花鸟。

大悲阁为“假四垂”屋顶，在硬山顶上升起一个歇山顶，屋脊饰陶瓷。歇山顶正脊上雕双龙护塔，脊堵浮雕双凤朝牡丹，垂脊脊尾饰“回”字纹，牌头雕武将与亭阁，翼角饰卷草纹，围脊饰天王、花鸟。硬山顶屋脊上雕双龙腾飞，脊堵饰花鸟。面阔三间，通进深三间，插梁式木构架，彻上露明造。明间、次间设隔扇门。梁枋上施弯枋与连拱。殿内供奉观音菩萨。

五、景观特色：定光庵天王殿前有一开阔的广场，广场左侧长方形神龛内塑阿弥陀佛立像与十八罗汉石雕像。殿堂前后摆放有石狮、铁香炉、供台、盆景等。关帝庙外墙边放置有许多旧柱础，给寺庙增添了沧桑的氛围。

金粟洞寺（图 2-6-9）

一、概况：金粟洞寺位于晋江市紫帽镇紫帽山上，始建于唐代，宋宁宗赵扩曾御笔亲题“金粟之洞”四字，后勒刻于石。民间有“不到金粟洞，就不算到紫帽山”之说。

二、选址特征：①紫帽山地处晋江、南安、鲤城交界处，主峰海拔 500 多米，山高路险，为泉州四大名山之一。②寺庙坐落于接近山顶的缓

图 2-6-9　金粟洞寺

坡之上，坐东北朝西南，附近有泉水。

三、空间布局：金粟洞寺属中轴线布局，中轴线上依次为天王殿、新大雄宝殿、旧大雄宝殿，旧大殿右侧护厝为功德堂、祖师堂，左侧护厝为新建的两层厢房，后山有补陀岩和凌霄塔。天王殿到旧大殿两侧建有迭落式长廊，使整个寺庙形成一个大院落。

四、建筑艺术：金粟洞寺现存老殿堂为僧觉津于清宣统二年（1910）重修的，是典型的闽南红砖白石木构“皇宫起”大厝，覆盖红瓦或绿瓦。

旧大雄宝殿为三川脊硬山顶，燕尾脊翘起，正脊上剪粘双龙护宝塔，脊堵剪粘二龙戏珠、花鸟图，由中绿、金黄、钛白、朱红、湖蓝等色瓷片拼贴而成。面阔五间，通进深四间，插梁式木构架，彻上露明造。塌寿为孤塌，明间开门，次间辟青石透雕螭龙圆窗，正面门堵浮雕麒麟奔跑、狮子嬉戏等。垂花、立仙、雀替、随梁枋、剳牵金漆木雕莲花、仙人、狮子、缠枝花卉、戏曲人物，封檐板彩绘缠枝花卉。大门上牌匾楷书“金粟洞”三字由泉州举人、书法家曾遒所书。佛龛供奉释迦牟尼佛，两侧列十八罗汉。

功德堂与祖师堂均为红砖白石木构建筑，硬山顶，以红砖砌墙，外墙辟圆形、方形花窗，书“南无阿弥陀佛”。主堂面阔三间，对看堵彩绘花鸟、博古图，木窗雕螭龙交欢卷草纹、“卍”字纹、佛八宝。

新大雄宝殿为官式建筑，重檐歇山顶，屋脊饰陶瓷，正脊上雕双龙护塔，脊堵浮雕飞龙，垂脊牌头饰交趾陶金刚，翼角饰卷草纹。面阔五间，通进深五间，插梁式木构架，彻上露明造。明间、次间开门，梢间辟青石透雕螭龙圆窗。

补陀岩为红砖白石木构建筑，硬山顶，正脊上剪粘双龙护宝塔，脊堵剪粘蛟龙。面阔一间，通进深一间。正面开门，门板彩画门神，门两旁辟圆窗。殿内供奉卧佛。

凌霄塔傲立于山巅之上，为台堡式实心石塔，高 8 米，平面六角五层，宝葫芦式塔刹，是古泉州港重要航标之一。目前这座塔是近年重修的。

五、景观特色：金粟洞寺周边山峦起伏，补陀岩四周崖壁上有 6 方宋代至清代的摩崖石刻，记载泉州名宦游览紫帽山之事，现为泉州市文物保护单位。庭院内摆放有铁香炉、石狮、石柱础、浮雕石板、盆景等。

紫帽山上有十二峰、金粟洞、盘古洞、凌霄塔等胜景。其中耸立于山顶的凌霄塔号称“紫帽凌霄”，为古泉州十景之一。站在塔旁放眼望去，满山苍翠，峭壁生辉，云雾袅绕，使人油然而生“会当凌绝顶，一览众山小”之豪气。

水心禅寺（图 2－6－10）

图 2－6－10　水心禅寺

一、概况：水心禅寺位于晋江市安海镇安平桥，建于南宋绍兴年间（1131—1162），现为全国重点文物保护单位——安平桥的附属建筑。

二、选址特征：①水心禅寺坐落于安平桥东桥头，坐西朝东，南面是围头湾。②安平桥位于晋江安海镇和南安水头镇之间的海湾上，享有“天下无桥长此桥”之美誉。

三、空间布局：水心禅寺以笔直的安平桥为轴线，轴线东端屹立有瑞光塔，北侧依次为圆通宝殿、地藏殿、澄渟院，南面是门亭、旧山门、观音殿、新山门。其中，圆通宝殿与门亭之间建有廊庑，使两座建筑连为一体。

四、建筑艺术：寺庙殿堂为红砖白石木构的“皇宫起”大厝和官式建筑，屋面覆盖红瓦。

新山门为三间四柱牌坊，重檐歇山顶，正脊上雕二龙戏珠，脊堵浮雕瑞兽花卉，翼角饰游龙卷草纹。

旧山门为独立式小门楼，单檐歇山顶，覆盖红瓦，屋脊饰剪粘，正脊脊刹置宝葫芦，两侧各雕一只鱼化龙，燕尾脊高翘，脊堵浮雕骑马武将，翼角饰游龙卷草纹。面阔一间，匾额书“水心古刹”，两侧剪粘骑马或骑鹤武将，其中以白色瓷片拼贴成仙鹤，以米黄色瓷片拼贴成战马，以粉红、淡黄和粉绿色瓷片拼贴成武将，构思巧妙，手法细致。大门门板彩画门神，两边楹联书“桥跨五里海，寺镇晋南界”，撩檐枋木雕花鸟图，垂花木雕宫灯。

圆通宝殿为硬山顶，正脊上剪粘双龙护宝塔，脊堵剪粘花鸟图。面阔三间，通进深两间，插梁式木构架，彻上露明造。明间、次间开隔扇门，隔心木雕博古纹。石柱楹联书“水底窥天空色相，心中有佛悟禅机”“水月松风多妙谛，心灵手敏赞天功”。檐下出单翘斗拱，随梁枋、束随木雕缠枝花卉。

门亭为硬山顶，正脊上剪粘双龙戏火珠，脊堵剪粘双狮戏球，山花灰塑如意纹。面阔三间，通进深两间，插梁式木构架，彻上露明造。正面通透无门，背面明间辟圆窗，次间开门。中柱石刻楹联“远水近山环古刹，明心见性到空门”。门亭两侧各建有一间硬山顶耳房。

地藏殿为硬山顶，燕尾脊高翘，面阔三间，通进深两间。明间设直棂窗隔扇门，裙板漆画“二十四孝”图。

澄渟院为硬山顶。大门牌匾刻“澄渟院”，两侧石刻楹联“如来境界无有边际，普贤身相犹如虚空”。

观音殿建于石砌须弥座上，重檐歇山顶，正脊上剪粘双龙戏珠，翼角饰卷草纹。面阔三间，通进深四间，插梁式木构架，彻上露明造。明间开隔扇门，次间辟窗。

瑞光塔又称白塔、西塔、文明塔，始建于南宋绍兴二十二年（1152），既是守护安平桥的风水塔，又是船舶出入的航标塔。平面六角五层楼阁式空心砖石塔，通高 22.55 米。塔座为六角形石构须弥座，转角各有一尊侏儒力士承托塔身。只有第五层开 6 个拱门，其余四层只有对着安平桥的西面筑一拱门，其余 5 面只辟拱形佛龛。塔檐借鉴木檐的样式，做成翚飞状，然后在上面铺瓦片。三层平行叠涩出檐。每层角柱施转角铺作，一至三层塔檐每面补间各施一朵补间铺作，四、五两层塔檐补间没有铺作。塔心室结构在福建古塔中独一无二，为六角形空心塔心柱，上方再竖一根大木柱以托塔盖，塔心柱与外墙之间建有台阶可绕上，在底层还开了一个小口，可能是为修复塔顶而保留的。塔刹为宝葫芦造型，刹顶置一颗宝珠。瑞光塔塔身为白色，塔檐瓦片与刹顶的宝珠为红色，整体上红白相间，颇具特色。

五、景观特色：寺庙西面即著名的安平桥，安平桥既是中国古代最长的石梁桥，也是中国第一座跨海长桥。桥上共建有 5 座亭子，西边是海潮庵，东边是水心亭，桥中央是中亭，三亭之间还有两座雨亭。中亭前两侧塑有两尊石雕武士像，武士身披铠甲，手执长剑，威风凛凛，是宋代石雕中的珍品。

南天寺（图 2－6－11）

图 2－6－11　南天寺

一、概况：南天寺俗称石佛寺，位于晋江市东石镇许家坑村岱峰山，始建于南宋嘉定九年（1216）。据清康熙《重兴南天禅寺碑》记载："宋嘉定丙子（1216）一庵净师过此，夜见峭壁灿光三道，是山萃众岳之灵，遂募镌弥陀、观音、势至三尊，建造殿宇，因就石佛为号。"

二、选址特征：①南天寺坐落于岱峰山西南面山麓。岱峰山又名石佛山，海拔 76.6 米，西北面为安平桥，来脉为龙源山，山前有龙江、鸿江、围头湾和深沪湾环绕。②岱峰山的地形像头卧牛，而南天寺正好位于卧牛的前胸位置。③寺庙位于山坡上，坐东朝西，西面地势开阔。

三、空间布局：南天寺依山坡而建，为主轴对称结合自由布局。中轴线上依次为山门、放生池、天王殿、七舍利塔、新大雄宝殿、佛祖诞生石壁、旧大雄宝殿，南侧为钟楼、石林精舍、法堂（念佛堂）、镇南宫、南天寺理事会等，北侧为鼓楼、海会塔、凉亭、摩崖石刻等，其中从天王殿到大雄宝殿两侧建有迭落式庑廊。主体建筑群南面还有放生池、观音亭、僧寮等，北面为园林区。

四、建筑艺术：南天寺新殿堂为钢筋混凝土及红砖白石木构官式建筑，旧殿堂为传统红砖白石木构的“皇宫起”大厝。

山门为五间六柱冲天式石牌坊，气势宏伟。中间额枋上置大法轮，横额上悬挂清代吴英将军的题匾“南天禅寺”，背面刻“震旦灵山”“演大乘法”“开甘露门”，额枋上浮雕二龙戏珠、法轮等。

天王殿为重檐歇山顶，屋脊饰剪粘，正脊脊刹置露盘，两侧雕飞龙，垂脊脊尾饰“回”字纹，牌头立天王，翼角饰卷草纹，围脊脊堵浮雕一品清廉、宝相花等。面阔五间，通进深五间，插梁式木构架，彻上露明造。明间、次间开隔扇门，次间辟圆形窗，透雕法轮，四周浮雕佛教故事。大门楹联“自奇石显灵光，海宇声传三宝佛；溯宋时修古刹，山门法护四金刚”。垂花、立仙、雀替、斗拱、弯枋、连拱、剳牵、随梁枋金漆木雕宫灯、天官、戏曲人物、蛟龙、夔龙、花鸟等。天王殿两侧建有红砖山墙，墙上辟镂空石雕螭龙方形窗。

钟鼓楼为两层楼阁，单檐歇山顶，正脊脊刹置宝葫芦，脊堵剪粘瑞应祥麟、祥云，翼角饰卷草纹。面阔一间，通进深三间，插梁式木构架，彻上露明造。正面设隔扇门，两侧山墙辟方形石窗。垂花、立仙、雀替木雕莲瓣、仙人、卷草纹。

新大雄宝殿建于石砌高台之上，前方建有一宽大的月台。重檐歇山顶，屋脊饰剪粘，正脊上雕双龙护法轮，正脊与围脊脊堵浮雕中国结、一品清廉、鲤鱼摆尾、喜上眉梢、麒麟奔跑、骏马奔腾等，垂脊牌头立四大天王，戗脊上立蹲兽，翼角饰卷草纹。山花灰塑狮咬花篮、夔龙、如意。面阔七间，通进深七间，四面设隔扇门。檐下施弯枋与连拱、一斗三升拱或七踩三翘斗拱。垂花、立仙、雀替、梁斗拱、随梁枋、弯枋木雕莲瓣、宫灯、飞天、武将、龙首、狮子、麋鹿、鲤鱼、仙鹤、花草纹等。平棋式天花，彩画六字大明咒“唵嘛呢叭咪吽”。殿内空间十分开阔，供奉三世佛大型石雕。

旧大雄宝殿（图 2–6–12）保留清代建筑格局，为泉州传统“皇宫起”大厝，一进四合院，中轴线上为门厅、天井、大殿，两侧廊庑。

图 2－6－12　旧大雄宝殿

门厅为三川脊硬山顶，覆盖红瓦，正脊脊刹置宝葫芦，脊堵为实堵，两端燕尾脊高翘。面阔五间，通进深两间，插梁式木构架，彻上露明造。塌寿为孤塌，明间开门，两旁各有一个抱鼓石，门上匾额为福建陆路提督马负书题写的“自在佛”三字，字高约 1.6 米，气势磅礴。次间辟圆形蓝色菱花木窗，两侧楹联书“梵宇清幽高居岱山视万籁，惠洒山川但愿苍生安乐土”“慈怀大地预期万象享升平，南天霞蔚遥临石水览千帆”。身堵木板上彩画山水图，裙堵石浮雕麒麟奔跑、双狮戏球，对看堵嵌影雕博古图，水车堵灰塑戏狮、花鸟、博古纹。檐下施一斗三升拱与弯枋，垂花、立仙、雀替木雕莲瓣、戏狮、花草纹。

大殿属于石窟寺，重檐歇山顶，正脊脊刹置五层宝塔，两旁各剪粘一只飞龙，燕尾脊翘起。面阔五间，通进深四间，插梁式木构架，彻上露明造。明间、次间设直棂窗隔扇门，梢间辟八角形螭龙木窗，四周木雕蝙蝠、博古、花鸟等。檐下施多层弯枋与连拱，垂花、立仙、雀替木雕莲瓣、仙人、花鸟，剳牵彩画山水图。大门对联为明代诗人黄伯善所撰“寂寞空门不贪金色相，慈悲菩萨原是石肝肠”，前檐重檐下牌匾楷书“石上异光”，殿门上方牌匾楷书“南天禅寺”。

大殿内崖壁佛龛通高 6.9 米，龛内有僧人守净于南宋嘉定九年（1216）依崖壁凿的 3 尊高 6.25 米的石佛（图 2–6–13），这三尊石佛是泉州现存摩崖造像中，规模最大的石刻佛像。中间是阿弥陀佛，身后刻以素面圆形背光，头上螺发，耳朵垂到双肩，睁目而视，披衣露乳，胸口有“卍”字纹，双手结禅定印，后面崖壁上浮雕两根盘龙石柱。左边是观世音菩萨，头戴

图 2－6－13　石佛

花冠，身饰天衣，左手施手印，右手持净瓶。右边是大势至菩萨，头戴花冠，左手执佛经，右手施手印，胸部饰瓔珞。两侧浅浮雕护法神。这 3 尊造像具有宋代佛像的三个特征：一是佛像具有很强的写实性，形体刻画完美；二是服饰的衣褶流畅，凹凸有致；三是佛像面庞丰润，宽额丰颐，头顶肉髻呈螺式发型，螺发与肉髻之间的髻珠更加明显。3 尊造像上方刻“心”字，下方刻“放下全无事，提起万般生”。

石林精舍为三层楼阁式砖石建筑，悬山顶。面阔三间，通进深五间。明间开门，次间辟窗。大门上方匾额书“石林精舍”，外檐柱上方匾额书“曹洞正宗”。

法堂为歇山顶两层楼阁，面阔五间，明间开门，次间、梢间辟拱形或方形石窗。

镇南宫前建有拜亭，拜亭为三川脊歇山顶，屋脊饰剪粘，正脊上雕二龙戏珠，脊堵浮雕花鸟，垂脊牌头立武将，翼角饰卷草纹，看牌立八仙庆寿。面阔三间，通进深一间，抬梁式石木构架，彻上露明造。前面 4 根石柱为盘龙柱。镇南宫为一座三合院，中间有一小天井，两侧为庑廊。大殿为三川脊歇山顶，屋脊剪粘飞龙，面阔三间，通进深三间，梁枋上匾额书“南天十二大巡”。

观音亭为重檐歇山顶，屋脊饰剪粘或陶瓷，正脊脊刹立五层宝塔，两旁雕蛟龙，戗脊上饰妙音鸟，翼角饰卷草纹。面阔五间，通进深四间，插梁式构架，彻上露明造。明间开门，正面门堵浮雕观音说法、蛟龙出海、麒麟奔跑、凤凰仙女、天官赐福、孔雀开屏、锦上添花、《三国演义》故事等。檐下施多层弯枋与连拱，垂花、立仙、雀替、随梁枋金漆木雕宫灯、瑞兽与花鸟。

观音亭前建有拜亭，拜亭为三川脊歇山顶，屋脊饰剪粘或陶瓷，中港脊上雕二龙戏珠，小港脊上雕麒麟奔跑，脊堵浮雕花鸟、香象。面阔三间，通进深一间，抬梁式木构架，彻上露明造。垂花、立仙、雀替、斗拱、随梁枋木雕宫灯、莲瓣、仙人、龙、凤、麒麟、民间故事等，金碧辉煌。檐下 8 根盘龙石柱雕刻精致。

七舍利塔均为五轮式石塔，双层须弥座，第一层须弥座八角形，下枋浮雕九山八海，束腰浮雕花卉；第二层须弥座圆鼓形，上下枭为仰覆莲花瓣，束腰浮雕螺发。塔身圆鼓形，浮雕祥云，正面佛龛内为一尊坐佛。八角攒尖顶，七层相轮式塔刹，刹座为仰莲瓣。7 座舍利塔一字排开，蔚为壮观。

海会塔为经幢式石塔，塔身八角三层，第三层幢身较长。八角攒尖顶，相轮式塔刹。

五、景观特色：南天寺园林规模较大，主要有两处水景。①天王殿前广场建有大型椭圆形放生池，池面波光粼粼。②观音亭前建有半月形放生池，池中建六角凉亭，池里立一尊石雕滴水观音像。

寺庙东西侧为大型园林区，绿油油的草地上种植有毛竹、柏树、黄杨、紫藤、垂叶榕、桂花、铁树、相思树等，树木间点缀着几块景观石，园林中还有“宝藏”“见性”等石刻小品。寺庙西侧巨岩石坡上刻有南宋泉州知府王十朋楷书“泉南佛国”，“泉南佛国”石刻东侧有清泉州知府李增霨题的“崧岳降神”。殿堂之间的庭院里摆放有石水缸、石碑、石塔、石龟等景观小品，水缸里还栽有荷花。

龙江寺（图 2-6-14）

一、概况：龙江寺又名西山寺，位于晋江市东石镇凉下村龙江大道东侧，建于明天顺年间（1457—1464），现为晋江市文物保护单位。据文献记载：“龙江禅寺为龙霞寺之遗址，寺建于明天顺间，明季海氛不靖，寺遂坍塌。……迨民国十六年，僧妙振、禅光诸师躬渡南洋，向各乡侨募捐，成天王殿。”

图 2－6－14　龙江寺

二、选址特征：龙江寺西面为石井江入海口，西北面为安平桥。寺庙坐东北朝西南，四周地势平坦。

三、空间布局：龙江寺属中轴线布局，中轴线上依次为放生池、天王殿、圆通宝殿、念佛堂，各殿堂之间有庭院，东南侧有钟楼、厢房，西北侧有鼓楼、厢房，四周建有围墙。

四、建筑艺术：龙江寺殿堂为传统红砖白石木构“皇宫起”大厝，但又具有官式建筑特征，屋脊保留许多传统的剪粘作品，异彩纷呈。

山门为独立小门楼，歇山式屋顶，覆盖绿瓦，屋脊饰剪粘，正脊上雕狮子嬉戏、瑞应祥麟，脊堵浮雕花鸟，翼角饰卷草纹。屋脊上有一只以赭石色瓷片拼成的回首张嘴的石狮，还有一只由绿色瓷片拼成的脚踩祥云的麒麟。石门上匾额石刻“慈光遍照”，楹联书“龙池扑面经新雨，江水回头为晚潮”。山门两侧建有围墙。

天王殿为五间张双边厝，三川脊硬山顶，覆盖红瓦，屋脊饰剪粘，中港脊上雕双龙戏珠，脊堵浮雕双凤朝牡丹、狮子戏球、太平有象、喜上眉梢、金玉满堂，小港脊上雕蛟龙，脊堵浮雕麒麟奔跑、花鸟。其中飞龙使用朱红、中黄、橄榄绿、大红等色瓷片，凤凰使用粉红、柠檬黄、象牙白、翠绿等色瓷片，狮子使用金黄和粉红瓷片，大象使用朱红和粉红色瓷片。面阔五间，通进深三间，插梁式木构架，彻上露明造。塌寿为孤塌，明间、次间开门，门上漆画门神，梢间以红砖砌成八卦窗。大门两侧辟交欢螭龙卷草纹圆形镂空石窗，正面门堵石浮雕天官赐福、高僧典故、鹬蚌相争、戏曲人物、四季平安等，对看堵贴花纹瓷砖。门上匾额“敕赐龙江”是清光绪举人曾遒所书。檐柱楹联书“无我无人观自在，非空非色见如来”“古寺有僧皆佛印，名山无客不东坡”等。水车堵彩画或剪粘山水花鸟图。垂花、立仙、雀替、随梁枋、束随金漆木雕莲瓣、宫灯、戏狮、花鸟、夔龙、骏马、博古、戏曲人物等，狮座雕戏狮。殿内供奉弥勒菩萨与四大天王。

图 2－6－15　钟楼

钟楼（图 2–6–15）为两层楼阁，重檐歇山顶，覆盖红瓦，屋脊饰剪粘，正脊两端雕鱼化龙，脊堵浮雕花鸟，翼角饰卷草纹，围脊彩画鲤鱼摆尾。第一层为纯石构建筑，面阔三间，通进深两间。明间开门，檐柱楹联书“佛国钟鸣警世梦，经楼鼓响净尘心”。第二层外墙以红砖砌成，面阔一间，通进深一间，正面开拱门，两侧辟八角形竹节柱窗，顶堵灰塑神仙图、花瓶。上檐下方施两跳石斗拱，垂花、雀替木雕宫灯、花鸟。平台设绿色花瓶式栏杆，栏杆下排水口剪粘鲤鱼。天花为八角形藻井，供奉注生夫人。

鼓楼为重檐歇山顶，正脊剪粘鱼化龙，脊堵剪粘花鸟，翼角饰卷草纹。第一层为石构建筑，却是一条通道，有内外两门，可通向寺外，形成过街门楼。石刻楹联“暮鼓三通集众圣，晨钟一响伏群魔”“不尽江山罗海底，无边风月入诗中”。外大门匾额楷书“山海大观”。通道一侧立《龙江法雨禅寺》石碑。第二层外墙以红砖砌成，面阔与通进深各一间，正面开拱门，两侧辟八角形窗。顶堵灰塑神仙图、花瓶。檐下施两跳斗拱，八角形藻井天花。

拜亭为单檐歇山顶，翼角饰卷草纹。两侧山花灰塑狮首、如意，较为特别的是狮首下塑一神龛，龛内剪粘一位老翁与一位武将，其中的老翁应是姜太公，其形象颇似泉州沿海地区的渔民。面阔一间，通进深一间，抬梁式木构架，彻上露明造。檐下施两跳斗拱，雀替、斗拱、剳牵、随梁枋、束随金漆木雕花鸟、凤凰、龙首、缠枝花卉。

圆通宝殿为重檐歇山顶，屋脊饰剪粘，正脊上雕双龙护塔，脊堵浮雕喜上眉梢、瑞应祥麟，垂脊牌头雕金刚，上檐翼角饰卷草纹，下檐翼角饰凤凰卷草纹。面阔五间，通进深四间，插梁式木构架，彻上露明造。明间、次间开隔扇门，隔心木雕花鸟，裙板彩画弥勒菩萨、南极仙翁、达摩祖师、麻姑献桃等，绦环板雕佛八宝、博古。水车堵彩画《三国演义》故事。檐下施两跳斗拱，上方出一耍头。垂花、雀替、剳牵、随梁枋、束随金漆木雕莲花、花鸟、螭龙等。门上“大雄宝殿”和“阖都延禧”两匾为清同治进士黄抟扶所题，“境超罗卫”为清道光进士庄俊元所题。殿内供奉观音菩萨，两侧列十八罗汉。宝殿后墙左右两侧开门。

后殿为三川脊硬山顶，正脊两端燕尾脊高翘，脊堵为筒子堵，镂空砖雕。面阔七间，通进深四间，插梁式木架构，彻上露明造。檐下施两跳斗拱。石柱楹联有弘一法师所题的“如来境界无有边际，普贤身相犹如虚空”“教化无量众生海，安住一切三昧门”等。

后殿两侧有廊庑，廊庑为卷棚式硬山顶，面阔、通进深各一间，山花灰塑如意，水车堵彩画牡丹花。殿前有石埕，设绿色花瓶式栏杆。

念佛堂为钢筋混凝土两层楼阁，重檐歇山顶，正脊上雕双龙护法轮，垂脊牌头立金刚，戗脊上雕行龙，翼角饰卷草纹。面阔三间，二楼平台设花瓶式栏杆。

五、景观特色：龙江寺均为人工造景，主要有两处放生池。①一处在天王殿前大石埕，为半月形放生池，周围设石栏杆，栏板刻“七宝莲池”“八功德水”，池前建波浪形围墙。②另一处在后殿之后，为长方形放生池，设绿色花瓶式栏杆。圆通宝殿前庭院种植有柏树、棕榈树、桂花树等，摆放有石狮、香炉、盆景等。

福林寺（图 2－6－16）

图 2－6－16　福林寺

一、概况：福林寺位于晋江市龙湖镇檀林村，始建于清同治五年（1866）。檀林村原名福林，据《福林移溪并建福林堂记》碑记载，清同治三年（1864），溪旁旧有福林堂，已废为墟基。同治五年（1866）重建，改名为福林寺，现为晋江市文物保护单位。近代著名漫画家丰子恺先生曾专程到该寺拜访弘一法师，并为其画像。

二、选址特征：①福林寺坐落于深沪湾西侧沿海平原上，离晋江市区约 16 公里。②寺庙坐西朝东，左面有条溪流，四周为村庄。

三、空间布局：福林寺采用中轴线布局，中轴线上依次为门厅、大雄宝殿、后殿，两侧为护厝与花园，寺庙左边新建有观音苑广场。

四、建筑艺术：寺庙保留清代建筑风格，门厅、大雄宝殿及护厝为红砖白石木构“皇宫起”大厝，组成一进四合院，屋面覆盖红瓦。

门厅为三川脊硬山顶，脊堵剪粘各种花鸟，燕尾脊高翘。面阔三间，通进深两间，插梁式木构架，彻上露明造。塌寿为孤塌，明间开石门，门板彩画门神，匾额石刻“福林古地”四字，两侧身堵以红、蓝两色砖拼成“卍”字纹，对看堵以红砖拼成“人”字纹。次间红砖镜面墙辟绿色透雕圆形窗。檐下出一跳斗拱，垂花、雀替、随梁枋金漆木雕莲瓣、花鸟、麒麟等。水车堵剪粘花鸟图，花朵由粉红和淡黄两色瓷片拼成。

大雄宝殿为单檐歇山顶，脊堵剪粘花鸟，燕尾脊翘起。面阔三间，通进深三间，插梁式木构架，彻上露明造，横架为六椽栿。檐下出两跳斗拱。木檐柱楹联书“于一毫端现宝王刹，坐微尘里转大法轮”，另两根檐柱为漆线雕盘龙木柱，底色全黑，以金线刻出蛟龙。中间供奉三世佛，两旁为观音、地藏，两侧水墨画十八罗汉、达摩祖师、济公活佛等。

大殿右侧门匾石刻“离垢地”及两侧行书楹联“胜福无边岂惟人天福，檀林安立是谓功德林”，均为弘一法师所书；左侧门匾刻“清凉园”，楹联“福德因缘一一殊胜，林园花木欣欣向荣”等也是弘一法师所题。匾额上方剪粘花鸟。

弘一亭为六角形凉亭，亭柱楹联书“弘法度生妙果秋丰佛光普照，一如梦觉花枝春满天心月圆”。

五、景观特色：福林寺空间狭小，左侧有一条溪流，溪上是由民国时期爱国华侨许经撇先生独资兴建的石拱桥，名曰“孝端桥”，其儿孙多次重修，俗称“三代桥”。寺前有开山祖师开凿的一处放生池，四周建白石栏杆，栏板上挂多副佛教对联。

观音苑广场正中石砌须弥座高台上塑一尊端坐于莲台之上的镀金石雕观音菩萨，须弥座束腰饰飞天，周边摆设有韦陀菩萨石像、关公石像、四大天王石像、石塔、石灯、龙柱等。

第七章　南安市佛教寺庙

延福寺（图 2－7－1）

图 2－7－1　延福寺

一、概况：延福寺又名建造寺，位于南安市丰州镇九日山，始建于晋太康九年（288），是有文献记载的泉州最早的寺庙，被誉为八闽最古老的寺庙。据清乾隆《泉州府志·坛庙寺观》记载，延福寺“晋太康年间建，去山二里许。唐大历三年（768），移建今所，寺额欧阳詹所书。大中五年（851）赐名建造寺”。唐会昌年间（841—846）寺庙被毁，大中初年重建，后唐宣宗赐寺额“大中建造寺”，北宋乾德年间（963—968）改名为延福寺。

南朝梁普通中（520—527），印度高僧拘那罗陀泛海来中国，曾驻锡延福寺三年，翻译《金刚经》。北宋元丰年间（1078—1085）延福寺已拥有 54 个院落、50 余支院，被誉为“东南之美”“幽人之窟宅”。明清时期逐渐衰落，20 世纪 80 年代再次重建。

二、选址特征：据延福寺碑文记载，延福寺初建时距今址二里许，唐代宗大历三年（768）才移建于九日山南麓，其选址特征有：①丰州镇位于晋江中下游，在宋代，是海上丝绸之路遣舶祈风祭典之地。②寺庙坐落于九日山南麓，坐北朝南，北面靠山峦，南面是平原。

三、空间布局：延福寺如今只是一座小型寺庙，采用中轴线布局。南北轴线上依次为天王殿、大雄宝殿，东侧为厢房，西侧为延寿堂。寺后山坡上建有佛岩塔。

四、建筑艺术：延福寺殿堂具官式建筑与“皇宫起”大厝特征，采用红砖白石木质材料，屋面覆盖金黄色琉璃瓦。

天王殿为单檐歇山顶，屋脊饰剪粘，正脊脊刹置仙阁，两侧雕蛟龙，燕尾脊高翘。脊堵浮雕双龙戏珠、狮子戏球，垂脊牌头雕楼阁，翼角饰卷草纹。山花灰塑狮咬花篮、夔龙、如意。面阔三间，通进深四间，插梁式木构架，彻上露明造。明间开门，两侧辟如意龟背纹隔扇门。对看堵浮雕双狮戏球，影雕南极寿星、麻姑献寿。檐柱楹联书“延承建造乃八闽第一禅寺，福溥人天真九日无双佛门”“延誉八闽山光兜九日，福绥四境神运溥千秋”。垂花、立仙、剳牵、随梁枋木雕莲花瓣、仙人、戏曲人物、缠枝花卉。外墙采用红砖拼成“人”字纹。殿内正面供奉弥勒菩萨，后立一堵红砖隔断墙，墙后供奉韦陀菩萨，两侧墙壁挂白描四大天王像。

大雄宝殿为重檐歇山顶，屋脊饰剪粘，正脊上雕双龙护塔，脊堵浮雕一品清廉，垂脊牌头雕天王，翼角饰卷草纹。面阔五间，通进深四间，插梁式木构架，彻上露明造。明间、次间开隔扇门，梢间辟圆形交欢螭龙卷草纹，四角饰蝙蝠。垂花、立仙、随梁枋木雕莲花瓣、仙人、夔龙、缠枝花卉。上檐与下檐之间辟木窗，使得殿内光线明亮。殿内保留数根原有的旧石柱。正中供奉三世佛，两侧列十八罗汉。

佛岩塔位于延福寺后山的半山腰，建于明代，是为纪念在此修行的无等禅师而建，现为南安市文物保护单位。圆形经幢式石塔，高 3.5 米。双层须弥座，第一层须弥座方形素面，第二层须弥座圆形，束腰圆鼓形，圆形上枋已有所残缺。塔身圆柱形，六角攒尖收顶，塔刹为圆形短柱。

五、景观特色：延福寺前建有开阔的广场，内外种植多株榕树和菩提树，庭院中摆放有宋代侏儒力士石雕、《重建九日山延福寺碑记》石碑、香炉、盆景等。

延福寺后的九日山上保存有 75 方宋代至清代的石刻，留名者多达 250 人，石刻内容包括 15 方景迹题名、11 方登临题诗、29 方游览留名、7 方修建纪事、13 方海交祈风石刻，其中最珍贵的是祈风石刻，记载了从北宋崇宁三年（1104）至南宋咸淳二年（1266）间，泉州郡守或提举市舶使率领僚属、商贾等为航海船只举行祈风典礼，祭祀海神通远王，事毕登临览胜的情形，堪称我国古代海上丝绸之路的丰碑，是研究泉州港海外交通的珍贵史料。此外，还有清乾隆三十二年（1767）福建提督马负书所题的“九日山”；北宋庆历四年（1044）翰林学士苏坤题刻的“姜相峰”“泉南佛国”“无名木”等石刻。

西峰峰顶上有陈洪进于北宋乾德三年（965），利用天然岩石雕成的高 4.5 米、宽 1.5 米的阿弥陀佛像。附近山林中还有昭惠庙、东台庙、菩萨泉、出米石、远眺石、无等岩、无等洞、风雨亭、石砚盘、三贤祠等景点。

天香禅寺（图 2-7-2）

图 2-7-2　天香禅寺

一、概况：天香禅寺位于南安市水头镇琼花山，始建于隋代，是南安地区三大古刹之一，赵朴初先生称之为“泉南圣迹”。

二、选址特征：①天心洞群山吐翠，拥有幽谷瀑布，东面为东海沿岸的丘陵和平原，西面是雄伟的大帽山，西北面有大湖水库。②天香禅寺坐落于半山腰，坐北朝南，三面被高山环抱，南面山峦有一缺口，形成气口。

三、空间布局：天香禅寺采用主轴对称结合自由布局，中轴线上从下往上依次为仙祖殿、大雄宝殿，两侧为厢房，西侧有仙祖公殿等。

四、建筑艺术：天香禅寺殿堂为官式建筑与闽南传统民居相结合，内外石墙浮雕密集，屋顶装饰剪粘和灰塑。

仙祖殿为一进四合院，钢筋混凝土及石木结构两层楼阁，整体构造比较特别，中轴线上依次为门厅、天井、主殿，主殿两侧为钟鼓楼。其中，门厅和天井在第一层，位置靠前；主殿与钟鼓楼位于第二层，位置靠后。中间天井两侧有封闭式石阶可通往主殿，门厅与主殿有近6米落差。

门厅屋顶为“假四垂”屋顶，断檐升箭口式歇山顶正中再升起一个歇山顶，极为繁复华丽。正中歇山顶正脊脊刹置宝葫芦，两侧雕蛟龙，燕尾脊高翘。脊堵浮雕龙吐水、瑞应祥麟、凤凰飞舞、鹤鹿同春，垂脊牌头雕戏曲故事与亭台楼阁，翼角饰卷草纹。山花灰塑狮咬花篮、夔龙、如意。其中剪粘以天蓝、朱红、象牙白、翠绿、中黄、淡蓝、赭石、粉绿、玫瑰、群青等色瓷片拼贴。面阔七间，通进深两间，插梁式木构架，彻上露明造。明间、次间开门，正门门板彩画门神。门堵布满石浮雕，有伏虎罗汉、降龙罗汉、蛟龙出海、麒麟奔跑、民间故事、博古图等，影雕花鸟图，辟交欢螭龙卷草纹圆窗。檐柱楹联有“仙源碧水千秋泽，福地名山万古隆”“瀑声鸟语迎游客，松茂竹苞慕洞天”等。檐下施大量弯枋与连拱，垂花、立仙、雀替、随梁枋、剳牵、弯枋、狮座等金漆木雕宫灯、神仙、瑞兽、花鸟等。殿内两侧墙壁影雕神仙故事、孔雀开屏、喜上眉梢等。

天井三面石墙布满《三国演义》故事、天官赐福、瑞兽花鸟等浮雕与影雕作品，如“凤仪亭”“马超战许褚”“留守荆州”等。

主殿地势较高，“假四垂”屋顶，屋脊饰剪粘与陶瓷，正脊脊刹置宝葫芦，两侧雕蛟龙，垂脊牌头雕武将与楼阁，翼角饰卷草纹、凤凰与飞龙。面阔三间，通进深六间，插梁式木构架，彻上露明造。立面通透，内檐柱为一对花鸟石柱，花瓶式柱础，外檐柱为盘龙石柱。檐下施弯枋与连拱，垂花、立仙、雀替、弯枋、随梁枋等金漆木雕宫灯、神仙、莲瓣、花鸟、戏曲人物，狮座雕蛟龙、凤凰、戏狮，梁枋彩画山水图。殿内两侧墙壁影雕“雷震子退纣兵”“文王夜梦飞熊”“云中子收徒”“哪吒出世”等《封神演义》故事以及八仙庆寿。

仙祖公殿为重檐歇山顶，屋脊饰剪粘与陶瓷，正脊上雕双龙护宝塔，脊堵浮雕花卉，燕尾脊高高翘起，戗脊脊尾饰卷草纹或飞龙。面阔三间，通进深三间，插梁式木构架，彻上露明造。殿内两侧影雕八仙造像。殿前建有拜亭，拜亭的屋顶较为特别，前面是单檐歇山顶，正脊上雕二龙戏珠，戗脊脊尾雕凤凰。歇山顶后面再升起一个六角攒尖顶，脊刹置宝葫芦。整个殿堂屋顶形成单檐歇山顶、六角攒尖顶、重檐歇山顶三个层次，极具层次感和节奏感。

图 2－7－3　大雄宝殿

大雄宝殿（图 2–7–3）主体结构为石材，重檐歇山顶，屋脊布满剪粘，正脊脊刹置七层宝塔，两侧雕蛟龙腾飞，脊堵饰双龙戏珠，采用翠绿、金黄、天蓝、橘红、象牙白等色瓷片拼贴。面阔五间，通进深五间，抬梁式石木构造，彻上露明造。明间、次间开门，梢间辟交欢螭龙卷草纹石圆窗，门堵石浮雕二龙戏珠、猛虎下山、《三国演义》故事、八仙祝圣、山水花鸟等。殿内的金柱、梁枋等采用石木结合，其中柱、横梁、插拱等为石构，浮雕花鸟图；额枋、弯枋、连拱、立仙、檩条等为木构，金漆木雕瑞兽花鸟、神仙等，彩画《西游记》故事。金柱楹联书“禅机玄妙长生海，心地光明不夜灯”。殿内神龛供奉三世佛，龛前摆放观音菩萨与弥勒菩萨。

从大雄宝殿两梢间处各凸出一间两层拜亭作为钟鼓楼，拜亭与中间的大殿形成“凹”字形。每间拜亭有前后两个屋顶，前屋顶为重檐歇山顶，正脊脊刹雕一只展翅的凤凰立于宝珠之上，两旁为鱼化龙，垂脊牌头各雕一只昂首向前的麒麟，戗脊饰卷草纹。梁枋彩色灰塑麒麟奔跑、孔雀开屏、松鹤延年、鲤鱼跳龙门、凤戏牡丹、骏马奔腾、石狮嬉戏、博古纹等。面阔三间，二楼建有阳台，有 4 根石柱采用花瓶式造型；拜亭的后屋顶为单檐歇山顶，直接插入大雄宝殿的大屋顶，正脊上剪粘凤凰飞舞。大殿内两侧有阶梯可通往拜亭的二楼。这种建筑样式在闽南佛寺中较为少见，传统的拜亭均位于大殿的正前方，而此处的拜亭却位于大殿左右梢间处，拜亭的后屋顶又有抱厦的部分特征，是工匠对传统建筑的一种改进与创新。

整体看来，天香禅寺是闽南佛寺中屋顶变化最为丰富的寺庙。

五、景观特色：天心洞周围是广袤无垠的森林，溪流飞瀑众多，具有独特的地理位置与景观。延寿禅师作偈曰：“孤猿叫落中岩月，野客吟残半夜灯。此境此时谁得意，白云深处坐禅僧。”

仙祖公殿旁有一道瀑布从山岩间流向下方的龙潭，潭边有两只石雕蛟龙穿行于岩石与溪流之间，潭周边还修有栈道和石桥。仙祖公殿右侧还有一座巨石垒成的假山，山上建有六角攒尖顶凉亭。大雄宝殿周边种植许多龙眼树，四周山上种有成片的相思林，其他还有榕树、香樟、松树、木棉等，形成序列分明的植物景观。摩崖石刻有赵朴初先生题的“泉南胜迹”，其他还有“觉路”“心镜”“龙吟”“缘”等。庭院中摆放有香炉、供台、石狮、盆景等。

雪峰寺（图 2-7-4）

图 2-7-4 雪峰寺

一、概况：雪峰寺位于南安市康美镇杨梅山，始建于唐乾宁元年(894)，历代均有扩建，现为南安市文物保护单位。义存禅师晚年安葬父母于杨梅山，并在山中建庙守孝 3 年。后来樗拙和尚因仰慕义存禅师，于南宋淳祐三年（1243）对原有寺庙进行扩建，取名为“小雪峰寺”。

二、选址特征：①杨梅山海拔 547 米，山顶有相连的 5 座山峰，号称“五僧朝佛”。山上最多时共有 18 座寺庙，而雪峰寺正好位于中心位置。②雪峰寺坐落于杨梅山半山腰的开阔地带，坐东北朝西南，三面环山，西南向地势较开阔。

三、空间布局：雪峰寺雄踞于山腰之上，采取主轴对称结合自由布局。中轴线上依次为天王殿、大雄宝殿，左侧为六合室、钟楼、藏经阁、般若堂等，右侧为功德堂、鼓楼、禅堂、方丈室等。这些殿堂共同围成一进四合院，通过廊道与阶梯相连，层次较为丰富。大雄宝殿东南向有华严宝殿、瑞今长老纪念堂、晚晴亭等。南面有伽蓝殿，西北面有观音殿、僧寮、办公楼等，主体建筑群正前方的山脚下为山门和回龙阁。

四、建筑艺术：雪峰寺规模较大，建筑众多，旧殿堂为“皇宫起”大厝，屋顶装饰剪粘、灰塑，新殿堂多为官式建筑，同时具闽南传统建筑的部分特征。

山门为五间六柱冲天式石牌坊。石柱顶雕狮子昂首坐于仰莲之上，额枋上雕镀金法轮、麋鹿、戏狮，额枋浮雕二龙戏珠、飞天、佛八宝、缠枝花卉，雀替饰卷草纹。匾额刻“雪峰禅寺”“不二门”“三摩地”等。石柱柱基为单层须弥座，束腰浮雕双狮戏球，基座前后立石雕香象、雄狮。山门前后建大型石阶步道。

回龙阁为钢筋混凝土建筑，重檐歇山顶，覆盖红色琉璃瓦，正脊脊刹置宝葫芦，脊尾雕龙吻，翼角饰卷草纹。面阔三间，通进深一间，侧面开门。上檐下方匾额书“回龙阁”。上下檐之间辟花窗，阁四周设石栏杆。

伽蓝殿为红砖白石木构建筑，单檐歇山顶，覆盖红色琉璃瓦，正脊两端雕龙吻，翼角饰龙首。面阔三间，通进深三间，插梁式木构架，彻上露明造。明间、次间开门，大门两侧辟交欢螭龙卷草纹石圆窗。石门堵浮雕瑞应祥麟，影雕花鸟图。垂花、立仙、雀替、剳牵金漆木雕莲花瓣、仙人、凤凰、鲤鱼、缠枝花卉。殿内供奉关公、姜武大将军、观音菩萨等。

天王殿为红砖白石木构“皇宫起”大厝，三川脊硬山顶，覆盖绿色琉璃瓦，脊堵为筒子脊，镂空砖雕，山花灰塑如意纹。面阔五间，通进深四间，插梁式木构架，彻上露明造。塌寿为双塌，明间、次间设隔扇门，隔心为直棂窗，梢间辟方窗。檐柱楹联有朱熹所题的“地位清高，日月每从肩上过；门庭开豁，江山常在掌中看”。垂花、立仙、雀替、童柱、剳牵、随梁枋、束随木雕宫灯、莲瓣、凤凰、夔龙、麒麟、香象、狮头、花鸟等，水车堵彩画花鸟。殿内两侧木门彩画博古，正中神龛供奉弥勒菩萨，两侧

图 2-7-5 大雄宝殿

塑四大天王。

大雄宝殿（图 2–7–5）为钢筋混凝土及砖石木构建筑，共有两层。第一层是万福堂，面阔七间，明间、一次间设隔扇门，二次间、梢间辟方窗。大门楹联书“雪后绍遗微觅得安心堪述祖，峰中谈妙法拈花悟指表为师”，木牌匾书“万福堂”“法界藏身”“香光庄严”。佛龛供奉汉白玉释迦牟尼佛坐像，两旁为各位祖师像，两侧墙壁摆放千尊佛像。上方匾额书“是什么”。殿内地板铺设闽南特有的六边形红砖。

第二层为主殿，重檐歇山顶，覆盖绿色琉璃瓦，屋脊饰剪粘，正脊脊刹置七层宝塔，脊堵雕瑞兽与花卉，垂脊牌头雕仙人，翼角饰卷草纹。面阔五间，通进深五间，插梁式木构架，彻上露明造。明间、次间设隔扇门，隔心木雕交欢螭龙卷草纹，绦环板雕花鸟，梢间辟方窗。垂花、立仙、随梁枋木雕宫灯、仙人、花鸟、香象。殿内供奉三世佛，上方匾额书“大雄宝殿”。

钟楼为钢筋混凝土及砖石木构建筑，重檐歇山顶，覆盖绿色琉璃瓦，正脊、垂脊及戗脊脊尾饰卷草纹，围脊彩画缠枝花卉，山花灰塑祥云纹。上檐下匾额书“梵钟清韵”。正面开拱形门，两侧辟六角形竹节柱窗，匾额书“破迷”“开觉”。鼓楼形制与钟楼相同，匾额书“天鼓妙音”“策进”“劝修”。

方丈室为石构建筑，硬山顶，覆盖灰瓦。面阔与进深各一间，正门两侧为清代石刻楹联“阶前生意风光好，座上禅心水月清”“古刹重光千载盛，宗风永振万年清”。般若堂与方丈室建筑样式相同，正门两侧为清代石刻楹联“泠泠清清雪，茫茫渺渺峰”，清代石刻匾额刻“般若堂”。殿内横梁刻“正法眼藏”。

禅堂与藏经阁为硬山顶，正脊为筒子脊，覆盖灰瓦，面阔三间，明间开门。

图 2－7－6　门亭

“雪峰”门亭（图 2–7–6）为红砖白石木构“皇宫起”建筑，三川脊硬山顶，覆盖绿色琉璃瓦，燕尾脊翘起。中港脊上剪粘二龙戏珠，脊堵中间为镂空红色砖雕，嵌泥塑双凤朝阳和剪粘花鸟图，小港脊上剪粘仰天长吟的蛟龙，四寸盖泥塑骑鹤仙人，垂脊牌头泥塑骑孔雀仙人等，还有两尊面带微笑、展开双翅蹲着的西方小天使，体现中西合璧之特色。面阔三间，通进深三间，插梁式木构架，彻上露明造。塌寿为孤塌，明间开门，次间辟方窗。正门两侧为清代石刻楹联“雪白霜清证果，峰青峦翠悟禅”，横批为“雪峰古刹”。其他清代楹联还有“雪满山中翻世界，峰飞天外幻文章”“雪洁冰清成佛国，峰回路转开禅关”。门堵石浮雕博古、双狮戏球、双龙戏球、戏曲人物等，线刻螭龙、花鸟，彩画神仙故事。梁上木牌匾书“镜月妙明”。垂花、立仙、雀替、随梁枋木雕莲花瓣、卷草纹、夔龙，狮座雕香象。

观音殿为钢筋混凝土及砖石木构建筑，重檐歇山顶，覆盖红色琉璃瓦，正脊脊尾雕鸱吻。面阔五间，通进深四间。明间、次间设隔扇门，梢间辟螭龙圆形窗。平棋式天花。正中供奉观音菩萨，两侧人造山石间摆放有各种陶瓷观音像。

华严宝殿为钢筋混凝土及砖石木建筑，重檐歇山顶，覆盖红色琉璃瓦，正脊脊尾雕鸱吻。面阔三间，明间设隔扇门，次间辟圆形石窗。额枋彩画龙凤图。平棋式天花，墙上浅浮雕佛教故事。正中供奉铜铸华严三圣像。

瑞今长老纪念堂为钢筋混凝土及砖石木构建筑，单檐歇山顶，覆盖红色琉璃瓦，正脊脊尾饰鸱吻。面阔三间，明间设隔扇门，两侧辟石窗。

五、景观特色：雪峰寺周边重峦叠嶂，古木参天，其中尤以回龙阁旁数株高大挺拔的枫树最为醒目，其他还有罗汉松、香樟、白玉兰、棕榈树、桂花树、榕树、铁树等。

从回龙阁到伽蓝殿建有迭落式爬山廊，将山林景色与寺庙建筑紧密联系在一起，形成一道奇特的景观。伽蓝殿前有一平台，台上建六角攒尖亭，台下即悬崖。寺旁摩崖石刻有“玉笏”“朝天”等。

雪峰寺内外有四景八趣，四景分别是“洗心泉”“缓步径”“芭蕉阪”“山月楼”；八趣分别是“晴窗晓日”“花坞晓雾”“萝薜凝烟”“北牖凉风”“苔阶邑露”“山楼夜月”“石窦鸣泉”“香庭蕉雨”。

凤山寺（图2-7-7）

图2-7-7 凤山寺

一、概况：凤山寺原名郭山庙，又名将军庙、威镇庙，位于南安市诗山镇西北角凤山麓，始建于五代后晋（936—947），主要供奉郭圣王，属于三教合一的寺院。郭圣王俗名郭忠福，因生前侍母至孝，殁后被乡人奉为神明，并建庙祭祀。南宋开庆元年（1259），被加封为“威镇忠应孚惠威武英烈广泽尊王”，并赐建寺宇以祀。目前在新加坡、印尼、马来西亚、泰国、缅甸、菲律宾等地都有分寺，仅在台湾地区就有一百多座分寺。

二、选址特征：①文章山麓因山形如凤翥，也称凤山，因山名寺。②寺庙坐西北朝东南，背枕文章山，面揖高盖山，龟山、育浆二山耸于左，魁躔、天柱两峰峙于右，秀丽如画。

三、空间布局：凤山寺依陡峭的山坡而建，主体建筑集中在山顶，采用中轴线布局，中轴线上从下往上依次为外山门、内山门、前殿、中殿、大雄宝殿，左右两侧分别有钟鼓楼、回廊、拜亭、禅房、斋堂、迎宾室、藏经阁、聚金亭等。凤山寺后山是新建的凤山圣王文化园，中轴线上为山门、广场、圣王大型雕像、圣王殿，两侧建有偏殿。

四、建筑艺术：凤山寺殿堂为官式建筑与“皇宫起”大厝相结合，多为钢筋混凝土结构，辅以砖石木材料。

外山门为钢筋混凝土建筑，三间四柱三楼式牌楼，但与传统牌坊不同的是，两侧边楼的高度超过正楼，而且边楼为三重檐歇山顶，高大雄伟。大门牌匾书“凤山胜览”四字，边楼浮雕龙凤呈祥、瑞应祥麟、双狮戏球。外山门边楼设石台阶通往山顶。

内山门为砖石木建筑，重檐歇山顶，覆盖绿色琉璃瓦，屋脊饰剪粘。正脊上雕二龙护塔，脊堵中间为筒子脊，镂空砖雕，垂脊牌头雕四大天王、神仙、凤凰，翼角饰卷草纹，围脊脊堵浮雕战将、花卉，山花灰塑如意纹。面阔一间，通进深三间，插梁式木构架，彻上露明造。正面开三门，正门楹联书“凤髻钟灵留圣迹，山林佳气绕王宫”，匾额为赵朴初先生所题的“凤山古寺”。门堵浮雕武将，两侧拱门门板彩画二十四节气图，分别以人物形象来代表节气。垂花、立仙、雀替、剳牵、随梁枋金漆木雕宫灯、莲瓣、神仙、卷草、凤凰、麒麟、《三国演义》故事，狮座雕戏狮。山门内两旁墙壁彩画三国人物、八仙过海。

山门两侧建护厝，三川脊歇山顶，覆盖绿瓦，屋脊饰剪粘。中港脊上雕双凤朝阳，小港脊上雕蛟龙，脊堵浮雕花鸟，垂脊上雕飞龙，垂脊牌头立金刚。墙面辟圆窗或方窗。护厝外建长廊。

前殿主体为木构建筑，重檐歇山顶，覆盖红色琉璃瓦，屋脊饰剪粘。正脊上雕双龙戏珠，脊堵浮雕龙吐水，垂脊牌头立罗汉与神将，上檐戗脊上雕凤凰，下檐戗脊上雕飞龙。这些剪粘以翠绿、墨绿、天蓝、橘黄、大红、米黄、中黄、赭石、熟褐等色瓷片拼贴。面阔五间，通进深四间，插梁式木构架，彻上露明造。四周无墙，完全通透，外檐柱均为石柱。檐下施两跳斗拱或一斗三升拱，垂花、立仙、雀替、剳牵、随梁枋等金漆木雕宫灯、神仙、瑞兽与花鸟等。殿内较为宽敞，正中神龛供奉广泽尊王，旁祀崇德侯、显佑侯、陈将军等。

图 2－7－8　中殿

中殿（图 2–7–8）始建于后晋天福三年（938），现存建筑为 1979 年重建，三川脊硬山顶，覆盖绿色琉璃瓦，屋脊饰剪粘。中港脊上雕双龙戏葫芦，小港脊上雕飞龙，脊堵浮雕龙吐水、猛虎下山、双狮嬉戏、孔雀开屏、博古纹，垂脊牌头饰凤凰、孔雀与亭阁，四寸盖嵌两仙人。剪粘多以蓝绿、湖蓝、朱红、群青、土黄、玫瑰、赭石、柠檬黄、钛白等瓷片拼贴，其中孔雀羽毛以绿色长条形瓷片与黄色圆形瓷片组成，在阳光的照耀下，犹如一把碧纱宫扇。面宽三间，通进深四间，插梁式木构架，彻上露明造。明间、次间均设隔扇门。垂花、雀替、剳牵、随梁枋、弯枋、连拱、狮座木雕宫灯、卷草、蛟龙、花鸟、骏马、武将、戏狮等，雕工细致。两侧墙壁木板水墨画神仙与山水图，笔墨潇洒。神龛供奉广泽尊王与妙应仙妃。

大雄宝殿为砖石木构建筑，重檐歇山顶，覆盖红色琉璃瓦，正脊上雕双龙护塔，脊堵浮雕龙吐水、蛟龙出海、神仙，垂脊牌头立武将，翼角饰卷草纹。面阔五间，通进深四间，插梁式木构架，彻上露明造。明间、次间设隔扇门，梢间辟交欢螭龙卷草八角石窗。垂花、雀替、剳牵、随梁枋、弯枋、连拱木雕宫灯、卷草、花鸟。殿内梁枋上木雕飞天，漆线雕佛教故事、花鸟图。佛龛供奉三世佛，两侧列十八罗汉。

钟鼓楼为两层楼阁，歇山顶，屋脊饰剪粘，正脊上雕二龙戏珠，翼角饰卷草纹。第一层面阔三间，进深三间，四周通透无门。

五、景观特色：文章山四面青山为屏、绿水成带，明代被列为“诗山十八景”之冠。

凤山寺是闽台地区以及世界各地广泽尊王宫阙庙宇的祖庙。凤山寺外山门后面石埕两侧影壁上影雕广泽尊王故事，有“太子金身”“共结天盟”“抗倭保民”“治病救世”“皇帝加封”“海外显圣”“万代封侯”等。石埕后面山坡上有大型浮雕壁画双凤朝阳。

灵应寺（图2-7-9）

图2-7-9　灵应寺

一、概况：灵应寺位于南安市洪梅镇玳瑁山，始建于五代，现为泉州市文物保护单位。

二、选址特征：①戴帽山海拔660米，因山峰峭拔，时有云雾盘绕峰巅，像戴着一顶大帽子，故名“戴帽山”，雅称“玳瑁山”。②寺庙坐北朝南，东邻大琦，西面水云洞，南至梅溪水系，北至玳帽山尖。

三、空间布局：灵应寺共有两条主线，属复合轴布局。主轴线上为旧殿堂群，依次为放生池、天王殿、拜亭、祖师公大殿，东面为敬灵亭、钟楼、先觉堂，西面为诚应亭、鼓楼、香积堂；次轴线上为新建殿堂，依次为大雄宝殿、观音阁、观音广场，两侧为五百罗汉回廊。寺庙西侧山林里有弘一法师纪念堂和真身塔。

四、建筑艺术：灵应寺旧大殿为明清时期的"皇宫起"大厝，新殿堂为官式建筑。

外山门为中西合璧建筑，整体采用假三间做法，中间开拱券门，两侧假两间为闽南传统红砖建筑立面。上面为一字三山的女儿墙，两旁设绿色花瓶式栏杆，墙面饰有彩色瓷砖。女儿墙上部的装饰既有砖石建筑叠涩出檐的简洁美，又有巴洛克的小涡卷。石匾额刻"灵山法苑"四字，身堵石刻楹联"法力超三界，庄严镇十方"，背面身堵楹联书"山水开圣地烟云护法门"。

内山门为一间两柱单楼式牌坊，单檐歇山顶，正脊上雕二龙护塔，脊堵为镂空砖雕，两侧饰花卉，垂脊牌头雕金刚，翼角雕丹凤朝阳。大门两侧采用青石盘龙柱。内山门两侧各建一排厢房。

天王殿建于石砌高台之上，为红砖白石木构建筑，重檐歇山顶，屋脊饰剪粘。正脊上雕双龙戏珠，脊堵浮雕龙吐水、喜上眉梢、猛虎下山，垂脊上饰卷草纹，垂脊牌头雕武将，戗脊脊堵浮雕花卉，戗脊脊端雕神仙，翼角饰丹凤朝阳，山花饰狮咬花篮、夔龙、如意。面阔五间，通进深三间，插梁式木构架，彻上露明造。明间、次间开券拱形石门，大门两旁设抱鼓石，梢间辟交欢螭龙卷草纹石圆窗。门堵石浮雕麒麟、花鸟、戏曲人物等。垂花、立仙、雀替、剳牵、随梁枋木雕莲瓣、戏狮、《三国演义》故事、凤凰、花卉。殿内供奉弥勒菩萨与韦陀菩萨。

钟鼓楼为红砖白石木构建筑，重檐歇山顶两层楼阁，屋脊饰剪粘。正脊上雕双龙戏珠，脊堵浮雕花鸟、猛虎下山、钱币纹，垂脊脊端饰回纹，牌头雕仙人，戗脊脊堵浮雕花卉，翼角饰卷草纹，下檐围脊浮雕武将，角脊上雕蛟龙。正面开门，两侧辟竹节柱石窗。其中，鼓楼第一层为伽蓝殿，钟楼第一层为地藏殿。

拜亭为单檐歇山顶，屋脊饰剪粘，正脊上雕八仙过海、花卉，垂脊脊尾饰卷草纹，戗脊脊尾雕麒麟，两侧山花饰狮头、如意。面阔三间，通进深一间，抬梁式木构架，彻上露明造。前面 4 根檐柱均为盘龙石柱。垂花、立仙、雀替、剳牵、随梁枋木雕宫灯、莲瓣、仙人、卷草、花鸟、金鱼。

图 2-7-10　祖师公大殿

祖师公大殿（图 2–7–10）为砖石木构“皇宫起”大厝，外墙以红砖和灰砖砌成。三川脊硬山顶，覆盖灰瓦，屋脊饰剪粘，中港脊上雕双龙护塔，脊堵浮雕双龙戏珠，小港脊上雕龙鱼，脊堵浮雕麒麟、罗汉等。面阔五间，通进深四间，插梁式木构架，彻上露明造。明间、次间、梢间开隔扇门，隔心为菱花窗，裙板漆线雕佛本行故事，人物栩栩如生，雕工细致精美。大门楹联书“天下大丛林似此亦当古刹，个中佳山水由来始驻真人”“宝相庄严发宏愿现身说法，菩提灵应听众生合掌弥陀”。外檐柱楹联书“灵承帝事昭神化，应感人心奏佛力；为悯众生多灵应，长存万古大真身”，横批为“果然灵应”。垂花、立仙、雀替、随梁枋木雕莲瓣、卷草、缠枝花卉，剳牵彩画花鸟山石图。对看堵开拱形红砖门，门框红砖雕刻花卉图案，门上书卷额彩画水墨山水画，墨韵淡雅清幽。殿内地板与墙壁铺设南洋风格的彩色几何纹样瓷砖，有煤黑、橄榄绿、粉红、熟褐、象牙白、米黄、淡蓝、棕黄、玫瑰等色。殿内神龛供奉祖师公。

香积堂为明清建筑风格，一进三合院。门厅为独立红砖小门楼，硬山式屋顶。正面开门，两侧门堵题有佛教诗词。门厅后为长条形天井，东侧为祖师公大殿外墙，西侧为主堂。主堂为红砖木构“皇宫起”民居，硬山顶，面阔三间，明间开门，两侧辟窗，门堵以六角形红砖拼成连续图案。窗户两侧有 4 幅水墨画翠竹图，十分雅致，侧面门堵书王维的“山河天眼里，世界法身中”。主堂外侧有弘一法师寝室。

大雄宝殿为钢筋混凝土结构的官式建筑，辅以砖石木材料，重檐歇山顶，屋脊饰剪粘，正脊上雕双龙护塔、鲤鱼跳龙门，脊堵浮雕双凤朝牡丹、瑞应祥麟，垂脊脊端饰卷草纹，牌头立天王，戗脊脊尾雕凤凰。面阔五间，通进深六间，插梁式木构架，彻上露明造。明间、次间开拱形门，梢间辟螭龙圆窗。门堵石浮雕花鸟及戏曲人物。殿内供奉三世佛。

观音阁为砖石木构的官式建筑，其屋顶较为特殊，为八边形歇山顶，有 13 条脊，是歇山顶与攒尖顶的有机结合。屋脊饰剪粘，正脊上雕双龙护塔，翼角饰凤凰、蛟龙。平面八边形，四周环廊，设石栏杆。

护界公庙为钢筋混凝土及石木结构的官式建筑，尖山式硬山顶，屋脊饰剪粘，正脊上雕双龙护葫芦，脊堵浮雕喜上眉梢、金玉满堂，山花灰塑花篮、如意。面阔一间，通进深一间，插梁式木构架，彻上露明造。庙前建有拜亭，为单檐歇山顶，脊堵剪粘喜上眉梢、麋鹿，翼角饰卷草纹。

灵应寺真身塔为平面六角石经幢，高 4.2 米，单层六角形须弥座。五层幢身，塔身第一层阴刻弘一法师所书《唐神僧灵应祖师真身塔》与《唐神僧灵应祖师现化记》。层间施以六角塔檐，檐角飞翘。六角攒尖收顶，相轮式塔刹。

五、景观特色：灵应寺依陡峭山坡而建，主体建筑群层次分明，各殿堂之间以宽窄不一的石阶连接。

天王殿前下沉石埕建有长方形放生池，池两旁有敬灵亭和诚应亭，并列植成排的柏树，环境极为肃穆、静谧；大雄宝殿两侧有长方形放生池，池中摆放有许多水缸，缸里植荷花，栏板书“色荷光珠”。寺内古树名木众多，如祖师公大殿前对植两株高大的柏树，西侧有千年奇竹，东北向有千年油杉。其他还有波罗蜜、菩提树、铁树、棕榈树等，营造出幽静雅致的观景氛围。

一尊高 25.7 米的花岗岩观音雕像矗立在观音广场的最高处。放生池旁有一组奔马雕塑，拜亭后石墙浮雕九龙壁。祖师公大殿右侧有平安洞，拱形洞口以不规则岩石垒筑。

灵应寺规模壮观，气势宏伟，雕像石塔、流水瀑布、亭阁小榭、栏杆花木、山门曲径错落其间，是典型的山林佛寺。

云从古室（图2-7-11）

图2-7-11　云从古室

一、概况：云从古室位于南安市英都镇良山村，始建于五代时期，南宋端平年间（1234—1236）乡人在此建造龙山书院，明成化间年间（1465—1487）改名为云从古室，现为南安市文物保护单位。

二、选址特征：①云从古室坐落于龙山北部，周围群山逶迤，北面就是英溪。②古室坐西南朝东北，背山面水，是英都人文的发祥地。

三、空间布局：云从古室属主轴对称结合自由布局，主体建筑群为二进四合院，中轴线上依次为门厅、天井、祖师殿、天井、大雄宝殿，西北侧为护厝、廊庑、钟楼、观音殿，东南侧为廊庑、护厝、鼓楼、西方三圣殿。其中中轴线上有两个大天井，护厝还有两个小天井，每个小天井中间建有过水廊。大雄宝殿东面有凝碧亭、翁山精舍、僧寮、斋堂等，寺庙前的山坡上建有师姑塔、和尚墓塔，寺庙后的山坡上有凉亭。

四、建筑艺术：云从古室主要殿堂为红砖白石木构的“皇宫起”大厝。

外山门为红砖小门楼，重檐歇山顶，屋脊饰剪粘，正脊上雕二龙戏葫芦，脊堵浮雕双凤朝阳、麒麟奔跑，下檐脊堵浮雕花鸟，翼角饰卷草纹。门上匾额为赵朴初先生所书的“云从古室”。

内山门为红砖小门楼，单檐歇山顶，屋脊饰剪粘，正脊上雕二龙戏珠，脊堵浮雕凤喜牡丹，垂脊牌头为观音与侍女，翼角饰卷草纹。面阔三间，通进深两间，塌寿为孤塌，明间开门。

弥勒殿为混凝土砖砌建筑，重檐歇山顶，屋脊饰剪粘，正脊上雕双龙戏葫芦，脊堵浮雕双凤朝阳，翼角饰卷草纹。面阔一间，通进深一间，两侧墙壁嵌陶瓷山水彩画。

门厅（图 2–7–12）为“皇宫起”建筑，硬山顶，覆盖红色琉璃瓦，屋脊饰剪粘。正脊上雕双龙戏珠，脊堵为筒子脊，嵌浮雕瑞应祥麟、瑞鹿祥和、彩凤祥云等，印斗嵌戏狮，垂脊牌头饰福禄寿三星、戏曲人物。面阔三间，通进深两间，插梁式木构架，彻上露明造。明间开门，门上漆画门神，两侧辟交欢螭龙卷草纹窗，两边设抱鼓石，梢间辟竹节柱窗。对看堵浮雕戏狮与蛟龙，水车堵石浮雕或剪粘戏曲故事。大门楹联书“云深藏古室，水净见真人”。垂花、立仙、雀替、剳牵金漆木雕宫灯、莲瓣、凤凰、麒麟，墀头上立石狮。

图 2 - 7 - 12　门厅

祖师殿为砖石木“皇宫起”建筑，硬山顶，覆盖红色琉璃瓦，屋脊饰剪粘，燕尾脊高翘，正脊上雕双龙戏葫芦，脊堵中间为镂空砖雕，浮雕双龙戏珠，两旁饰丹凤朝阳。面阔三间，通进深三间，插梁式木构架，彻上露明造。立面通透无门，檐柱楹联书“祖从清水垂今古，师从真人护国家”“神思如日月长照，佛法似江河永流”。雀替、随梁枋、剳牵、狮座等木雕凤凰、戏曲人物、夔龙、花草、戏狮、螃蟹。佛龛供奉释迦牟尼佛、祖师公等。

门厅与祖师殿两侧廊庑为硬山顶，正脊中间为筒子脊，镂空绿色砖雕，两侧脊堵剪粘喜上眉梢。

门厅两侧护厝为砖石木建筑，一进四合院。其中门厅为硬山顶，覆盖红瓦，燕尾脊高翘，屋脊饰剪粘，正脊上雕双龙戏珠，脊堵浮雕花卉。正门侧面墙壁红砖拼成“人”字，中间辟竹节柱石窗。水车堵剪粘丹凤朝阳、《隋唐演义》故事等，以朱红、金黄、钛白、墨绿、天蓝、粉绿等色瓷片拼贴。正门楹联书“龙山永波蓬莱水，古室常绕天竺云”。

大雄宝殿为钢筋混凝土及砖石木构的官式建筑，重檐歇山顶，覆盖红色琉璃瓦，屋脊饰剪粘，正脊上雕双龙戏宝塔，脊堵浮雕花鸟，垂脊牌头为护法神将，戗脊上雕蛟龙与凤凰，印斗嵌武将。面阔三间，通进深三间，插梁式木构架，彻上露明造。立面通透无门。垂花、立仙、雀替木雕宫灯、神仙、飞龙、凤凰、武将。

西方三圣殿为钢筋混凝土及砖石木构的官式建筑，重檐硬山顶，覆盖红瓦，屋脊饰剪粘，正脊上雕双龙戏珠，垂脊牌头立仙人。面阔三间，通进深三间，插梁式木构架，彻上露明造，立面通透。观音殿与西方三圣殿建筑样式相同。

钟鼓楼为钢筋混凝土及砖石木构建筑，两层楼阁，重檐歇山顶，正脊上剪粘双龙戏葫芦，垂脊牌头雕仙人。二楼平台设花瓶式栏杆。

翁山精舍为钢筋混凝土及砖石建筑，两层楼阁，三川脊硬山顶，屋脊饰剪粘，中港脊上雕双龙戏宝塔，垂脊上雕飞舞的凤凰。面阔五间，明间开门，次间、梢间辟石窗。第二层平台设花瓶式栏杆。

凝碧亭为平面六边形，六角攒尖收顶，刹顶为宝塔，塔顶立一只飞鹰。

师姑塔建于宋代，为窣堵婆式石塔，2002 年遭盗，后来将石构件复原移建现址。塔座为双层须弥座。第一层须弥座六边形，塔足为如意形圭角，每面刻柿蒂棱纹饰，双层下枭，束腰转角施三段式竹节柱。第二层须弥座束腰为瓜棱形，顶为覆钵石。塔身钟形，塔顶以寰形整石封盖。现为南安市文物保护单位。

和尚墓塔（图 2–7–13）与师姑塔并列，始建于宋代，平面四角两层楼阁式实心石塔，高 2.8 米。基座共六层，一层至五层为八边形，第六层为圆形。第一层塔身每面雕护塔金刚与双龙戏珠等，第二层塔身每面雕端坐于莲盆之上的禅定佛。宝葫芦式塔刹。现为南安市文物保护单位。

图 2－7－13　和尚墓塔

五、景观特色：云从古室有三处水景。①祖师殿门厅前方下层石埕建八角形放生池，中间塑莲花瓣雕塑，设花瓶式栏杆，池两旁各塑一匹石雕骏马，具“白马驮经”之意涵。②翁山精舍前下方有椭圆形放生池，池中建一座六角形凉亭，并修有一座小巧的拱形桥通往岸边。寺庙右边有一股潺流不绝的清泉。③古室前有数株古老苍翠的大榕树，皮若裂岩，盘根错节，如同巨大的绿伞。

云从古室景观具有开阔、明净、疏朗的特色。

五塔岩寺（图 2－7－14）

图 2－7－14　五塔岩寺

一、概况：五塔岩寺又名龙水寺，位于南安市官桥镇竹口村龙水山，始建于北宋年间（960—1127）。据清代《五塔岩志》记载："龙水寺连泉、晋、南三郡邑，其背山面水，气势磅礴，虎崆雄峙，五塔巍峨，地处边陲，而名播海宇。"

二、选址特征：①龙水山属于紫帽山脉，海拔 572 米，东面泉州湾，北向九日山，山上巨石嶙峋，洞奇石秀。②寺庙坐落于龙水山半山腰，坐西朝东，两侧山峰环绕，东面山势较低，正好形成一个气口。

三、空间布局：引导空间是一条曲折蜿蜒的石阶，两旁怪石纵横。五塔岩寺利用岩石与洞穴之间有限的地方建造殿堂，属自由式布局。从南向北依次为大雄宝殿、新殿、报恩堂、松根桥。大殿前方为平台，平台前的山坡上耸立着五塔岩石塔，后山有桃源亭、卧佛殿、定光祖师殿等。各殿堂之间以盘旋、狭窄的石阶相连。

四、建筑艺术：五塔岩寺原属于岩洞寺庙，有上下两个洞穴，洞外殿堂具闽南传统民居特色。

大雄宝殿前建有拜亭，为三川脊歇山顶，屋脊饰剪粘和陶瓷，正脊雕二龙戏珠，脊堵嵌狮子嬉戏、喜上眉梢、金鱼摆尾，垂脊牌头立天兵天将与亭台楼阁，翼角饰卷草纹。面阔三间，通进深一间，抬梁式木构架，彻上露明造。垂花、立仙、雀替、随梁枋、弯枋、剳牵金漆木雕宫灯、莲瓣、仙人、香象、凤凰、鱼化龙、龙首、花鸟。石柱楹联书"龙水创蓝启宋世，虎崆竖刹溯元时"。

大雄宝殿为砖石木建筑，外墙全以花岗岩砌成，重檐歇山顶，屋脊饰剪粘。正脊脊刹立五层宝塔，塔上雕两条飞龙，两侧又各雕一只蛟龙，脊堵浮雕太平有象、金玉满堂，围脊饰战将、花卉等，山花剪粘狮咬花篮、如意。面阔三间，通进深一间，插梁式木构架，彻上露明造。明间、次间开门，大门上石匾额刻"五塔岩"，正面门堵布满石浮雕，对看堵浮雕指日高升、竹报平安、黄飞虎出关、百年好合等。大门楹联书"五塔峰前留法雨，九莲座下降慈云"。垂花、立仙、雀替、随梁枋金漆木雕宫灯、莲瓣、神仙、《三国演义》故事、花卉等，梁枋彩画凤凰、鸳鸯、花卉、法轮等。殿内供奉三世佛，两侧列十八罗汉。大殿左侧建有一间护厝，墙壁采用"出砖入石"做法，波浪形红砖与不规则石材交垒叠砌，古朴美观。

新殿建于一座石构建筑的平台之上，为红砖白石"皇宫起"大厝，硬山顶，正脊两端燕尾脊翘起，脊堵为筒子脊，镂空砖雕。塌寿为孤塌，面阔三间，明间开门，门两旁及梢间辟方形石窗。

报恩堂为砖石建筑，两层楼阁，面阔五间，二楼阳台设花瓶式栏杆。

桃源亭为石砌四边形小屋，立面接近梯形，屋顶建一座亭阁式石塔，单层四角形须弥座，塔身四边形。亭内供奉八仙之一的铁拐李。

卧佛殿其实是一个巨大的岩洞，大门匾额书“龙水寺”三字，两侧楹联书“客至莫嫌茶味淡，僧家不比世情浓”。卧佛殿以一块巨大岩石为顶，洞内别有洞天。殿内供奉卧佛。

定光祖师殿位于山洞内，石门上匾额书“定光祖师”，两侧楹联书“定鼎一方钟胜地，光昭千古庇斯民”。洞内空间较为狭小，供奉定光祖师像。

五塔岩石塔（图 2–7–15）建于南宋，为 5 座形制相同的五轮石塔，与宝塔并排立于寺前的岩石间。中间那座塔高 5.5 米，其余 4 座高 5.3 米。每座塔都是四边形基座，双层须弥座，第一层须弥座为六边形，下枋浮雕卷草纹饰，上枋与上下枭均素面无雕刻，束腰为狮子戏球。第二层须弥座为圆鼓形，上下枭雕仰覆莲瓣。束腰为金瓜形。椭圆形塔身由两块石头拼接而成，面对寺庙的方向辟欢门式佛龛，内浮雕结跏趺坐佛像。塔檐为六角攒尖，檐口弧形，檐角高翘。五层相轮式塔刹，宝葫芦式塔尖。寺中一副门楹上刻的“宋塔巍峨溯龙水，虎崆雄峙栖狮岩”，描述的就是这 5 座石塔。

图 2 - 7 - 15　五塔岩石塔

五、景观特色：五塔岩寺最奇特的景观就是千奇百怪的岩石，有虎形、猴形、蛇形、鼓形、靴形、草帽形、船形、蘑菇形等，充分体现了大自然的鬼斧神工。山顶有“三石列峙”，名“三公石”。

岩石上有许多摩崖石刻，如元大德七年（1303）的记事石刻还有“灵水”“古禅”“龙吟虎啸”“第一山”“盘古洞”等石刻。大殿下岩石上篆刻一方《五塔岩造路碑记》石碑，记载了五塔岩寺的修建经过。

寺前岩石下有一小井，名“潮汐井”，井水常年不涸。据说郑成功曾在此饮水。新殿背后的松根桥是以数根石板条架在两块巨石上，两侧设低矮的石栏杆，造型古朴简洁。

白云寺（图 2 - 7 - 16）

图 2 - 7 - 16　白云寺

一、概况：白云寺原名碧云寺，位于南安市溪美镇大帽山，始建于北宋，明代改名为白云寺，是八闽最早从南海分香的三座古刹之一，现为南安市文物保护单位。

二、选址特征：白云寺坐落于大帽山南面的白云山。白云山巍峨雄峻，常年云雾缭绕。寺庙坐西北朝东南。

三、空间布局：寺庙建筑采用主轴对称结合自由布局，中轴线上依次为天王殿、大雄宝殿，左侧为旧大雄宝殿。

四、建筑艺术：白云寺旧大殿为“皇宫起”大厝，新殿堂为官式建筑，采用钢筋混凝土及砖石木材料。

天王殿为重檐歇山顶，覆盖金黄色琉璃瓦，屋脊饰剪粘和陶瓷，正脊上雕双龙护塔，脊堵浮雕二龙戏珠，下檐戗脊上为蛟龙，翼角饰卷草纹。面阔五间，通进深四间，插梁式木构架，彻上露明造。明间、次间开隔扇门，隔心与绦环板木雕花鸟、金鱼等，裙板彩画天官赐福、父子同朝、指日高升等，梢间辟石雕圆窗螭龙窗。垂花、立仙、雀替、随梁枋金漆木雕莲瓣、宫灯、仙人、花鸟。供奉弥勒菩萨、韦陀菩萨与四大天王。

大雄宝殿建于石砌高台之上，石台两侧设左右阶。重檐歇山顶，覆盖金黄色琉璃瓦，屋脊饰剪或陶瓷，正脊上雕四龙护宝塔，脊堵浮雕双凤朝阳，围脊浮雕花鸟，翼角饰卷草纹。面阔五间，通进深六间，插梁式木构架，彻上露明造。明间、次间开隔扇门，梢间辟石雕圆窗螭龙窗。檐下施弯枋与连拱，垂花、立仙、雀替、随梁枋木雕莲瓣、宫灯、仙人、花鸟。

旧大雄宝殿为典型的闽南红砖白石木构“皇宫起”建筑，保留明清建筑风格，三间张双边厝，门厅与大殿组成一进四合院，覆盖红瓦。

门厅为三川脊硬山顶，屋脊饰剪粘。中港脊上雕双龙护塔，小港脊上雕游龙，燕尾脊高高翘起，脊堵浮雕戏曲人物、凤戏牡丹、瑞应祥麟等，垂脊牌头雕戏曲故事，翼角饰卷草纹。面阔三间，通进深两间，插梁式木构架，彻上露明造。明间开门，次间辟八角形竹节柱石窗。身堵与对看堵线雕山水花鸟图，线条纤细有力。水车堵剪粘《西游记》《水浒传》等故事，人物造型各异，以粉蓝、深灰、浅黄、浅蓝、熟褐、粉红、浅灰、粉绿、玫瑰等色瓷片拼贴，背景绘山水画，是闽南剪粘作品中的精品。水车堵上方彩画山水图，色彩淡雅。

大殿为硬山顶，脊堵剪粘花鸟，燕尾脊高翘。面阔三间，通进深两间，插梁式木构架，彻上露明造。木檐柱上出两跳斗拱，采用圆形石柱础，随梁枋、束随等木雕花卉纹。殿内两侧墙壁布满白描《西游记》等故事。梁上匾额书“慈心广泽”。

中间天井两侧廊庑脊堵处，嵌以蓝色和绿色瓷片拼贴的剪粘螃蟹，张牙舞爪地横行着，具富甲天下之意，别有风趣。天井上建有拜亭，插梁式木构架，彻上露明造。雀替、随梁枋、剳牵、束随、狮座木雕缠枝花卉、戏狮。

右厝为李贽读书处，一进四合院，硬山顶，外墙以不规则岩石垒砌。门厅面阔三间，塌寿为孤塌，明间开门，次间石墙辟圆窗。左厝为一进四合院，硬山顶，以石垒墙，正面开一门。

五、景观特色：旧大殿前有株桑树，是 1997 年从鲤城开元寺的千年古桑培育出来的，附近还种有数株老榕。殿堂前后摆设有香炉、石碑、盆景等。

飞瓦岩寺（图 2-7-17）

图 2-7-17　飞瓦岩寺

一、概况：飞瓦岩寺位于南安市水头镇新营村熊山，始建于元代，现为南安市文物保护单位。

二、选址特征：熊山山势雄伟，东面和南面为沿海丘陵与平原。飞瓦岩寺建于熊山山巅的坡地上，坐东北朝西南，四周视野开阔。

三、空间布局：引导空间为 1200 余级的石阶，两旁丛林密布，浮岚暖翠。寺庙采用中轴线布局，中轴线上依次为大雄宝殿、玉佛殿，东南面为地藏王殿，西北面为善财殿、功德堂。玉佛殿后石埕建有般若塔。

四、建筑艺术：飞瓦岩寺殿堂为红砖白石木构“皇宫起”大厝，覆盖红色或绿色琉璃瓦。

善财殿为一进四合院，采用牵手规做法，前后两间均为硬山顶。门厅为三川脊硬山顶，覆盖红色琉璃瓦，屋脊饰陶瓷，中港脊上雕双龙戏珠，小港脊上雕凤凰飞舞，脊堵浮雕双凤朝阳、金玉满堂、太平有象、暗八仙等，两端燕尾脊高翘，垂脊牌头雕武将与亭阁，翼角饰卷草纹，山花灰塑如意纹。面阔三间，通进深两间，插梁式木构架，彻上露明造。明间开门，两侧辟交欢螭龙卷草纹八角形窗和竹节柱圆窗。门堵布满石浮雕，有降龙罗汉、伏虎罗汉、神仙故事、三狮戏球、瑞应祥麟、一品清廉、喜上眉梢、飞天奏乐等。

善财殿主殿为硬山顶，覆盖红色琉璃瓦，屋脊饰陶瓷，正脊上雕双龙护宝塔，脊堵浮雕瑞兽花卉。面阔三间，通进深两间，插梁式木构架，彻上露明造。正面通透无门，狮座雕香象、戏狮。院落中间为天井，两侧廊庑为硬山顶，脊堵浮雕花鸟、戏狮。

功德堂为一进四合院，牵手规做法，前后两间均为硬山顶。门厅为硬山顶，覆盖红色琉璃瓦，屋脊饰剪粘，正脊上雕双龙戏珠，两端燕尾脊高翘，脊堵浮雕喜上眉梢、狮子嬉戏。水车堵石雕罗汉故事，山花灰塑如意纹。面阔三间，通进深两间，插梁式木构架，彻上露明造。塌寿为孤塌，明间开门，次间辟竹节柱圆窗。门堵石浮雕二十四孝图、麒麟奔跑。梢间镜面墙以红砖拼成海棠花墙面，并辟有圆形石窗。门厅内两侧墙壁书佛教劝世偈语，如“不经一番寒彻骨，怎得梅花扑鼻香”等。

功德堂主殿为硬山顶，覆盖红色琉璃瓦，屋脊饰剪粘，正脊上雕双龙护塔，脊堵饰花鸟。面阔三间，通进深两间，插梁式木构架，彻上露明造。正面通透无门，垂花、立仙、雀替木雕宫灯、仙人、花鸟。院落中间为天井，两侧建廊庑。

大雄宝殿为一进四合院，由门厅、天井、主殿和廊庑组成。门厅为三川脊硬山顶，屋脊饰剪粘，中港脊上雕双龙戏珠，小港脊雕行龙，脊堵浮雕双狮嬉戏、金鱼摆尾、松鹤延年、双凤朝牡丹等，燕尾脊高翘，垂脊牌头雕神仙。面阔三间，通进深两间，插梁式木构架，彻上露明造。明间、次间开门，中间为漆画门神，两侧辟镂空螭龙方窗。门堵石浮雕麒麟奔跑、太平有象、猛虎下山、蛟龙出海、一品清廉、二十四孝、花鸟等。垂花、立仙、雀替、随梁枋、束随木雕宫灯、莲瓣、仙人、花鸟、《三国演义》故事。

大雄宝殿主殿外墙为花岗岩，单檐歇山顶，正脊上剪粘双龙护宝塔，脊堵饰花鸟。面阔三间，通进深三间，插梁式木构架，彻上露明造。明间通透，次间设隔扇门，隔心为菱花心屉窗，裙板彩画博古图。檐柱有两根清代盘龙石柱。垂花、立仙、雀替、随梁枋、束随等木雕宫灯、仙人、卷草纹、《三国演义》故事，水车堵灰塑山水楼阁。殿中正面供奉释迦、药师、弥陀三世尊，附祀观音菩萨和善财、龙女，两厢分列十八罗汉，背景为观音道场洛迦山。

地藏王殿为一进四合院。门厅为三川脊硬山顶，屋脊饰剪粘，正脊上雕双龙戏珠，脊堵浮雕狮子奔跑、飞鸟花卉等。面阔三间，通进深三间，插梁式木构架，彻上露明造。塌寿为孤塌，明间开门，门堵石浮雕佛教故事、麒麟奔跑、狮子嬉戏。次间境面墙以红砖拼成海棠花造型，正中辟有圆形镂空竹节柱石窗。

地藏殿主殿为硬山顶，正脊上剪粘双龙护宝塔。面阔三间，通进深三间，插梁式木构架，彻上露明造。正面通透无门，殿内神龛供奉地藏菩萨。院落中间为天井，两侧建廊庑。

玉佛殿为重檐歇山顶，屋脊饰剪粘，正脊上雕双龙护宝塔，脊堵饰双龙吐水。面阔五间，通进深四间，插梁式木构架，彻上露明造。明间、次间开门，门堵石浮雕佛教典故、《西游记》故事等。殿内供奉缅甸迎请来的长 3.8 米的玉卧佛。玉佛殿左右两侧廊庑嵌有 40 幅辉绿岩彩色影雕，描绘了释迦牟尼佛的一生，雕工精湛。

般若塔为平面六角五层楼阁式空心石塔，逐层收分，每面辟有门与佛龛，宝珠式塔刹。

七舍利塔共七座，为五轮式石塔，双层四边形基座，双层须弥座，椭圆形塔身正面佛龛内浮雕结跏趺坐佛像，六角攒尖收顶，五层相轮式塔刹，刹顶立宝珠。

五、景观特色：飞瓦岩位于山巅之上，属山顶景观，东面可俯视山脚下的平原、村庄和大海，形成远借效果。

般若塔周边种植有一排整齐的侧柏，普同塔后也有一排柏树，映衬出塔的肃穆。地藏殿左侧开辟静心园，园内摆放石桌、石凳，种植炮仗花、榕树等，并建有六角凉亭供游客休息与观景。

宝湖岩寺（图 2－7－18）

图 2－7－18　宝湖岩寺

一、概况：宝湖岩寺原名湖内岩寺，位于英都镇芸林村龙湖山，始建于元末明初，1985 年再次重修，现为闽南文化重点研究单位、南安市文物保护单位。

二、选址特征：宝湖岩寺坐落于龙湖山西侧山麓，四周重峦叠嶂，北面为西溪。寺庙坐南朝北，北面地势较宽阔平坦，形成山环水抱之势。

三、空间布局：宝湖岩寺依山而建，随山势逐渐增高，采用中轴线布局，中轴线上依次为弥勒殿、门厅、大雄宝殿、大悲殿，左右为天王殿、护厝与廊庑。其中，门厅与大雄宝殿围成一进四合院，两侧为廊庑，形成五间张双边厝，共有 3 个天井；大悲殿与两侧廊庑围成一进三合院。

四、建筑艺术：宝湖岩寺主体建筑为红砖花岗岩木构的“皇宫起”大厝。

山门为三间四柱三楼式石牌坊，正楼上雕二龙戏珠，额枋浮雕花鸟，翼角饰卷草纹，雀替雕龙首。

弥勒殿是座四方形凉亭，单檐歇山顶，覆盖红色琉璃瓦，屋脊饰剪粘，正脊上雕双龙抢珠，脊堵浮雕双凤朝阳、狮子嬉戏、金玉满堂，垂脊牌头饰端坐的天官，一手放胸前，一手高举，戗脊上雕飞龙。面阔一间，通进深一间，插梁式木构架，彻上露明造，横架为四椽栿。垂花、雀替、剳牵、弯枋金漆木雕宫灯、仙人、鱼化龙、飞天、卷草，狮座雕香象。比较特别的是，垂花位于亭内檩条两端，中间的 4 条檩共有 8 个垂花。亭内供奉弥勒菩萨与韦陀菩萨。

天王殿共有两座，分列在弥勒殿左右，单檐歇山顶，覆盖红色琉璃瓦，屋脊饰剪粘和陶瓷。正脊脊刹立福禄寿三星，两侧雕回首相望的腾龙，脊堵饰喜上眉梢、骏马奔腾、年娃娃，垂脊牌头置武将，戗脊上雕飞龙，山花饰花卉与如意。面阔一间，通进深一间，插梁式木构架，彻上露明造。檐柱楹联书“昔日如来开教诲，今朝护法镇禅林”。雀替、弯枋金漆木雕鱼化龙与花卉纹，狮座雕戏狮。殿内塑四大天王。

门厅（图 2–7–19）为三川脊硬山顶，覆盖红色琉璃瓦，屋脊饰剪粘与陶瓷，中港脊上雕双龙戏珠，小港脊上饰飞龙，脊堵浮雕瑞应祥麟、狮子嬉戏、凤戏牡丹、八仙祝寿，垂脊牌头置罗汉与亭阁，翼角饰游龙卷草纹。面阔五间，通进深两间，插梁式木构架，彻上露明造。明间设隔扇门，隔心为木雕菱花纹，裙板彩画花鸟图，次间开板门，门上彩画门神，梢间辟交欢螭龙卷草纹石圆窗。门堵石浮雕麒麟奔跑、狮子戏球、武将骑马。石檐柱楹联书“宝篆香烟留佛座，湖光山色印禅心”。垂花、立仙、雀替、随梁枋、束随金漆木雕莲瓣、神仙、戏曲人物、花鸟。

图 2-7-19　门厅

门厅两侧护厝为硬山顶，覆盖红瓦，屋脊饰剪粘，正脊上雕行龙，脊堵饰花鸟瑞兽，其中一只以浅玫瑰色和土黄色瓷片拼贴而成的小麒麟，张嘴摇尾，特别可爱。镜面墙以红色烟炙砖拼成“卍”字纹，正中辟方形石窗，水车堵剪粘戏曲人物。石门两侧楹联书“鸟叫禅窗静，花开佛国香”“有诚堪拜佛，无志莫求神”。

大雄宝殿为单檐歇山顶，覆盖红色琉璃瓦，屋脊饰剪粘和陶瓷，正脊上雕双龙护宝塔，脊堵浮雕蛟龙出海、龟鹤齐龄、彩凤祥云、喜上眉梢，垂脊牌头为唐僧师徒四人、观音、仙人与亭阁，翼角饰游龙卷草纹。面阔三间，通进深四间，插梁式木构架，彻上露明造。檐柱楹联书“一尘不染清修地，十景争奇极乐天”。檐下施两跳斗拱，雀替、随梁枋木雕卷草、武将、夔龙，狮座雕香象、戏狮。殿内供奉三世佛。

两侧廊庑为悬山顶，正脊上剪粘双凤朝阳，脊堵嵌牡丹花。

大悲殿为三川脊重檐歇山顶，覆盖红色琉璃瓦，屋脊饰剪粘，中港脊上雕四龙戏宝塔，小港脊上雕凤凰，脊堵浮雕瑞应祥麟、孔雀开屏，垂脊牌头雕战将与亭阁，翼角饰卷草纹。面阔七间，通进深三间，插梁式木构架，彻上露明造。正面通透无门。垂花、立仙、雀替、剳牵、弯枋、随梁枋金漆木雕宫灯、瑞兽、卷草、丹凤朝阳、《三国演义》故事，狮座雕戏狮与飞天。殿内梁枋上圆雕许多飞天与神仙，彩画童子图。神龛供奉观音、地藏、达摩、注胎娘娘、伽蓝尊者等，两侧墙壁水墨画佛教故事。

大悲殿两侧廊庑为凉亭，三川脊悬山顶，覆盖红瓦，屋脊饰剪粘，屋脊上雕双龙戏葫芦、麒麟奔跑、彩凤祥云，脊堵浮雕双凤朝阳、喜上眉梢。面阔三间，通进深一间，供奉十八罗汉。

五、景观特色：宝湖岩寺天王殿前方下沉式广场建有“8”字形放生池，周边设花瓶式栏杆；天王殿右后侧有一处天然泉水，巨石上雕一龙首，龙首上刻“龙泉圣水”四字，下方有一石槽用以接水，形成一个精致的水景观小品。通往弥勒殿石阶的两侧，对植两株南洋杉，其他还种植有白玉兰、相思树、榕树、香樟、圆柏、松树等。寺庙右侧有一尊以天然岩石雕成的大肚弥勒佛造像。周边摩崖石刻有“题宝湖岩”“闻香心境空，闲坐小楼中。自在来听雨，逍遥去任风”等。宝湖岩寺后山森林密布，常有薄雾缭绕，隐约能见到半山腰建有一座凉亭，起到点景的作用。整座庙宇掩映在丛林之中，一派庄严清净的气象。

站在宝湖岩寺前广场极目远眺，可欣赏到“举首千峰收眼底，回眸万象入岩前”之佳景。附近还有龙宫洞、护界寨、虎啸涧、歇困石、皇帝墓、竹林谷、山野石门、倚天怪石、枫林夕照、二泉映月等景观。

石亭寺（图 2－7－20）

图 2－7－20 石亭寺

一、概况：石亭寺位于南安市丰州镇桃源村莲花峰，始建于明正德元年（1506），据说晋代时这里已有寺庙，现为闽南文化生态保护区，周边的莲花峰摩崖石刻为福建省文物保护单位。

二、选址特征：①莲花峰海拔虽然只有120米，但峰峦奇峭，宛如一朵八瓣莲花。②寺庙坐西北朝东南，背靠山峦，面朝晋江沿岸平原。

三、空间布局：石亭寺采用主轴对称结合自由布局，中轴线上为石亭，左侧有钟楼、栖禅小阁，右侧有鼓楼、曹洞祖师堂、客堂、舍利塔、厢房等，殿堂排列紧凑。

四、建筑艺术：石亭为纯石构建筑，其余建筑多为白石红砖木构，覆盖红色琉璃瓦，具“皇宫起”大厝与闽南洋楼的特征。

山门为石砌独立式小门楼，硬山顶，正脊两端泥塑鱼化龙，燕尾脊高翘。大门楹联书“西天紫竹千年翠，南海莲花九品香”。

石亭又名不老亭，为石材仿木结构建筑，原为八角形，清光绪二十二年（1896）改成方形。屋顶为重檐，正方形屋顶正中升起一个硬山顶，屋面由石板拼成，覆盖石筒瓦。亭高4.66米，面阔三间，通进深四间，各5.33米。亭内石柱上架有石横梁与额枋，上方再铺设石板条作为屋顶，第四排石柱采用倒梯形栌斗，整体构架简洁而又严密。佛龛有刻于明万历三十三年（1605）的坐姿观音石像，莲座高1.4米，坐像高1米，两旁随侍双手合十的善财与玉女石像。这3尊明代石像目前均已镀金进行保护。

门楣刻“不老亭”，前石梁书“一尘不染”，二架梁书“心理了悟”，四梁上有明正德年间（1506—1521）公修主事阴刻楷书题名。亭柱及神龛扁柱有10副清康熙以来的石刻楹联，分别是清代庄俊元所题的“几时太华飞来，诧奇石开成莲界；谁似斯亭不老，叹衰颜空入桃源”；清代石门吴成熙所题的“亭子竖虚空，洗古磨今，独向玄黄支浩劫；莲华藏法界，种因得果，似将开落数恒沙”；陈家英所题的“藕绿峰青，开放几更今古；亭高石净，醉醒一样乾坤”；杨寿书题所题的“山号莲花，即是陀山再现；亭名不老，直从考亭传来”；余应诏所题的“紫雾弄莲影，白云绕茶香”；余应诏所题的“妙法三乘，谷音松涛说不尽；宝座九品，天空海阔涌何年”；章廷华所题“仙境柳城开，云物护持亭自在；佛根莲瓣净，沧桑饱阅石常新”；傅奉璋所题“岩石峥嵘，地脉钟灵亭不老；莲峰错落，天葩呈瑞佛长生”“亭卧三生石，峰开八瓣莲”；弘一法师所题的“勤修清净波罗蜜，恒不忘失菩提心”。亭内右壁还立有一方明正德初太常寺卿黄河清撰的《不老亭记》碑记。

钟鼓楼为四角形凉亭，重檐歇山顶，正脊脊刹置楼阁，两侧各剪粘一只蛟龙，燕尾脊高翘，翼角饰卷草纹。

栖禅小阁依山势而建，为“皇宫起”式两层洋楼，属中西合璧建筑，整体结构比较特别。第一层厢房东南向面阔三间，明间开门，塌寿为孤塌，石门匾额刻“莲花峰”，楹联刻“莲台菩萨千年在，花果佛前四季香”。第二层为弥勒殿，重檐歇山顶，屋脊饰剪粘，正脊上立双龙戏珠，脊堵浮雕戏狮与花鸟，围脊彩画麋鹿与花鸟。西南面与东南面均为面阔三间，塌寿为孤塌，明间各开一门。其中，西南面次间红砖镜面墙辟圆形石窗，东南面门外设阳台，施花瓶式栏杆。殿内通进深三间，上方为插梁式木构架，彻上露明造。正中供奉弥勒菩萨。

曹洞祖师堂屋顶较有特色，在方形屋顶上做出一个硬山顶，应是参照旁边石亭的屋顶结构。正脊上剪粘双龙戏珠，脊堵彩画荷花，翼角饰卷草纹。面阔三间，大门楹联书“一亭天地老，八石古今青”。

客堂为两层楼阁，单檐歇山顶，正脊上剪粘双龙戏珠，面阔三间，明间开门，次间辟圆窗，第二层阳台设花瓶式栏杆。

舍利塔为五轮式石塔，双层须弥座，椭圆形塔身，六角攒尖收顶，相轮式塔刹。

五、景观特色：石亭寺园林虽小，但四周怪石奇岩较多，最重要的景观是朱熹等文人留下的23方摩崖石刻，已被列为省级文保护单位。如东晋时期所题的“莲花茶襟　太元丙子”为福建最早的关于茶的文字记载，比陆羽的《茶经》早问世了300余年。“岩缝茶香”“斗茶而归”等茶事石刻，充分表明唐宋时期丰州的茶叶种植已相当繁荣。

石亭前的庭院有一块倾斜巨石——三生石，石上刻“古朝唐寺”，岩石前方为悬崖，站于石上可眺望丰州古镇。山门两旁以天然巨石垒成假山，通往石亭步道左侧以大小不一的花岗岩砌成波浪形围墙，登山石阶旁建有六角形石构洗心亭，部分殿堂外墙与岩石紧密结合，颇有意趣。

石室岩寺（图2－7－21）

一、概况：石室岩寺位于南安市官桥镇梅花岭岭兜观音山，因由天然巨石叠成石室，故称作“石室岩”。石室岩寺不仅是寺庙，还是书院，历史上不少名人在此隐居读书。在土地革命战争时期、抗日战争时期、解放战争时期，石室岩都是中国共产党地下革命活动的重要据点。在石室岩门前立有一块石碑，上刻“中共晋南县委机关旧址”。现为南安市文物保护单位。

二、选址特征：①观音山地形犹如一条长蛇，而石室岩寺正好位于蛇

图 2-7-21　石室岩寺

口处。②岩寺坐北朝南，背靠观音山，俯瞰岭兜村，寺前飞泉如雪，环境清幽。

三、空间布局：引导空间是一条沿着观音山蜿蜒而上的道路，路两旁屹立着 108 尊罗汉造像，罗汉们造型、神态各异，惟妙惟肖。岩寺采用自由式布局，主体建筑是石室，东侧依次为地藏殿、药师殿，西南面有厢房等，山门在东南向。

四、建筑艺术：石室岩寺的石室原为一处天然岩洞，其他殿堂具官式建筑与闽南民居的风格。

山门为三间八柱三楼式石木结构牌坊，正脊两端燕尾脊高翘，翼角饰卷草纹，檐下施弯枋与连拱，雀替木雕飞天。匾额书“入三摩地”“出解脱门”。

紧挨着石室的洞口处建有两层楼阁，为仿五间直虎头厝，中间为三川脊悬山顶，中港脊上剪粘双龙戏珠，脊堵饰蛟龙出海。第一层明间、次间开隔扇门，第二层明间、次间与梢间辟窗。殿内第一层为石构，采用四方形石柱，石柱较为密集，空间有限，柱顶置倒梯形栌斗，栌斗上架石梁，底边铺设石条。外檐石柱楹联书“佛影僧影影影喻人为善，书声钟声声声劝世行仁”。楼阁后方即洞穴，顶上横着一块巨大的岩石，石上绘有凤凰。洞内光线昏暗，左侧有狭窄石阶通往二楼。石壁上嵌清光绪年间（1875—1908）的《重修石室岩碑记》、1915 年的《石室岩碑记》。二楼主体为木构建筑，彻上露明造，后面以数块巨石为墙，石上有明嘉靖年间（1522—1566）的“友松读书处”石刻。

药师殿为钢筋混凝土及砖木结构建筑，重檐歇山顶，覆盖金黄色琉璃瓦，正脊两端雕龙吻。面阔七间，通进深五间，插梁式木构架，彻上露明造。明间、次间开门，梢间辟窗，供奉药师如来。

地藏殿为钢筋混凝土及砖木结构建筑，重檐歇山顶，覆盖红色琉璃瓦，屋脊饰陶瓷，正脊上雕双龙戏珠，脊堵饰八仙过海。面阔三间，通进深三间，插梁式木构架，彻上露明造。明间开门，次间辟透雕螭龙八角形窗，门堵浮雕四大天王、瑞兽花鸟、戏曲故事等。

五、景观特色：石室前方有一处利用天然溪流打造的滨水生态景观，水流层层而下，因有一定落差，形成小型瀑布，还有几处不规则的水潭，驳岸由参差的天然岩石垒成。溪上建石拱桥和水坝，环绕水潭建有曲折的石道和凉亭，还立有一尊滴水观音石像，溪流下游两侧石岸上各建有一排石经幢和五轮塔。

寺庙附近有化龙洞、宝珠泉、莺歌念佛、朝阳钟、香炉石、石龟听法、雄狮戏球、石鼓传音、黑熊母子石、莲花生春、“佛”字青蛙石、佛影、镜台石、石蛇听法、青龙戏珠等景观。

第八章　惠安县佛教寺庙

净峰寺（图2-8-1）

图2-8-1　净峰寺

一、概况：净峰寺位于惠安县净峰镇净峰山，始建于唐咸通二年(861)，现为闽南文化生态保护区惠东示范区、惠安县文物保护单位。

二、选址特征：①净峰山东临惠女湾，南临大港湾，北与莲城卫城相遥望。②寺庙建于半山坡，坐西朝东，背山面海，风景极佳。

三、空间布局：通往寺庙的引导空间为一条弧形水泥路，左侧有大型浮雕惠女风情及百龙图，右侧为海明亭、观世音及十八罗汉造像。

由于净峰山岩石较多，地形高低不平，寺庙建筑分布完全打破一般佛寺的布局，采用自由式布局，寺内山道四通八达。中心位置是一字排开的仙宫祠、文昌祠、三宝殿（大雄宝殿）和弘一法师故居，东面山坡上有海月楼、弘一法师纪念堂、奉献门、弘一法师雕像、凌云亭、醒园、放生池及寺庙出入口等，南面有观音阁，西面后山上有观景台、云梯、钱洞、观日亭、仙迹等，北面有塔林，东北面山腰为仙公大殿。

四、建筑艺术：净峰寺现存建筑多为清光绪二十八年（1902）重建，既有闽南传统民居和官式建筑，又有西式洋楼，为中西合璧的庙宇。

山门为三间四柱三楼式石牌坊，庑殿顶，石柱前后设石狮与石象。

奉献门为日式石牌坊，造型简洁明朗，石柱楹联书“净土无尘东溟碧水连洛伽，峰峦有路南山彩霞卷潮音”。

“醒园”大门为中式红砖木构小门楼，三川脊歇山顶，覆盖绿瓦，脊堵为筒子脊，镂空砖雕。面阔三间，采用西式拱门，中间大门为券拱形，两侧为火焰门。大门上匾额为弘一法师所题行书“醒园”二字。檐下施五踩双翘斗拱，雀替、垂花、弯枋木雕宫灯、卷草、武将、花鸟，精雕细刻，线条流畅。

图 2-8-2　海月楼

海月楼（图 2–8–2）为花岗岩与砖砌建筑，具“出砖入石”特征，古朴浑厚，虽体量较小，但融合中国传统建筑样式与欧式风格。单檐歇山顶，覆盖红色琉璃瓦，剪边为绿色，脊堵为筒子脊，镂空绿色砖雕，两侧燕尾脊高翘，封闭式山花。三面均开马蹄式券拱形门，两侧采用罗马柱。石墙辟多扇火焰形窗，具有马鞍形变异形态，栏杆为竹节柱。二楼建有一红砖小阳台，设绿色琉璃花瓶式栏杆。

观音阁为花岗岩红砖建筑，重檐歇山顶，覆盖红瓦，正脊上剪粘双龙戏珠，翼角饰卷草纹，山花灰塑狮头与如意。面阔一间，通进深一间。正面开门，牌匾行书“静观自得”，两旁辟八角形窗，对看堵影雕山水图，两侧山墙辟圆窗，墀头上立石狮。阁内佛龛供彩色泥塑观世音菩萨。

仙公祠、文昌祠与三宝殿三殿平列，一字排开，花岗岩红砖木构建筑。其中，仙公祠与文昌祠前面建有并排相连的拜亭，歇山顶，覆盖红瓦，绿色剪边，脊堵为筒子脊，镂空绿色砖雕，燕尾脊高翘。面阔三间，通进深两间，插梁式木构架，彻上露明造。雀替、剳牵、随梁枋、童柱金漆木雕狮首、花鸟等。

仙公祠为三川脊硬山顶，屋脊饰剪粘，中港脊上雕双龙戏珠，小港脊上雕鱼化龙，垂脊脊尾饰花卉，燕尾脊高翘，山花灰塑如意纹，并辟有一圆窗。面阔一间，通进深两间，插梁式木构架，彻上露明造。明间、次间设隔扇门，正面门堵辟螭龙圆窗，石浮雕麒麟奔跑、太平有象、山水花卉，对看堵石浮雕蛟龙出海。大门石刻楹联书“境看西土无双净，势压东溟第一峰”“净眼空天地，山头倏古今”。弯枋、斗拱、童柱与束木等木雕花鸟图，灯梁、脊檩彩画蛟龙、荷花。

文昌祠为三川脊硬山顶，脊堵为筒子脊，镂空砖雕。面阔两间，通进深两间，插梁式木构架，彻上露明造。梁架装饰与仙公祠相似。

三宝殿（大雄宝殿）立面类似于三间直虎头厝，明间为三川脊硬山顶，正脊脊刹立七层宝塔，两侧剪粘蛟龙，脊堵为筒子脊，镂空砖雕，垂脊脊堵彩画卷草纹。面阔三间，通进深两间，插梁式木构架，彻上露明造。塌寿为孤塌，门堵彩画瓷砖山水壁画和石浮雕花卉，两侧红砖外墙辟八角形竹节窗。大门楹联为弘一法师书题行书“自净其心有若光风霁月，他山之石厥惟益友明师”，横批“净心”。水车堵灰塑佛本行故事，有释迦牟尼佛骑马出家及众人礼拜佛陀的情景，背景的山水树木施以色彩。殿内供奉三世佛。

弘一法师故居为一间石木结构简易建筑，仅10余平方米，现为福建省文物保护单位。弘一法师《将去净峰留题》诗曰：“我到为植种，我行花未开。岂无佳色在，留待后人来。”

弘一法师纪念堂为两层建筑，歇山式屋顶，二楼设置平座。

弘一法师纪念塔为平面六角两层楼阁式石塔，四角形单层须弥座。第一层塔身线刻弘一大师坐像，第二层塔身刻篆书“弘一法师纪念塔”。

仙公大殿为红砖白石木构官式建筑，重檐歇山顶，屋脊饰陶瓷，正脊雕双龙戏葫芦，脊堵嵌花鸟瑞兽，翼角饰卷草纹。面阔五间，通进深四间，插梁式木构架，彻上露明造。明间、次间开隔扇门，梢间辟圆形螭龙石窗。垂花、立仙、雀替、弯枋、随梁枋等木雕宫灯、仙人、花鸟瑞兽等。供奉铁拐李等众神。

五、景观特色：净峰寺巉岩林立，多有如水啮射状的怪石，石缝中常能见到贝壳，体现了沿海岩石的特点。寺庙保存有许多摩崖石刻，如山门石蹬西侧岩石上王庄的题诗“登山联袂乐吾曹，绝顶方知出处高。□迈脚跟难立稳，看来危险尽波涛”；郑板桥所题的“天然图画”。其他还有“无逸”“觉路”“净峰寺题壁”“灵云道人居此”等石刻。

铁拐李是净峰山的镇山仙公，山上的“仙洞”“仙迹”“仙井”“钱洞”“云梯”等遗迹，相传均与铁拐李有关。其中“仙洞”位于观音阁与海月楼之间，口阔3米，进深18米，高2米，顶上覆盖紫色斑块巨岩；寺后山的“仙迹”长25厘米，宽11厘米，传说系李铁拐从山寺陡坡登山顶，留在磐石上的独足印迹。

除了引导空间两旁的观世音造像、十八罗汉造像和惠女浮雕外，醒园前还立有弘一法师石像，旁边为平面六角的凌霄亭与观日亭。

岩峰寺（图2-8-3）

图2-8-3　岩峰寺

一、概况：岩峰寺位于惠安县黄塘镇后郭村白岩山，始建于唐代，现为惠安县文物保护单位。

二、选址特征：①白岩山位于洛阳江上游，东面为东海，黄塘溪缓缓地从山脚下流过，山上多白色花岗岩，山下多平原。②岩峰寺坐落于白岩山山顶，坐东朝西，殿堂建筑依山而建，高低错落。附近岩壁下有一深0.47米的小池清泉，终年不涸。

三、空间布局：寺庙的引导空间为一条长约800米的古道。岩峰寺规模较小，属自由式布局，主要分为前殿（清光会众堂）与后殿，其中前殿左侧有护厝，两侧山石间建有寮房、客房和禅堂等。

四、建筑艺术：岩峰寺原有建筑只剩前殿和后殿，属附岩式建筑，外观具“皇宫起”民居特征。

前殿（清光会众堂）即大雄宝殿，是依着山势而建的花岗岩建筑，硬山顶，覆盖红瓦，屋脊饰剪粘，正脊脊刹置七层宝塔，两旁雕鱼化龙，两端燕尾脊高翘，山花灰塑如意、花篮。面阔三间，通进深一间，仿抬梁式结构。塌寿为孤塌，明间开门，上方两块匾额刻“清光会众堂”“南无阿弥陀佛”，两旁浮雕神仙造像。正面门堵贴瓷砖画，侧面门堵嵌“重修岩峰寺”碑刻。梁柱皆为石构，石柱上彩绘蛟龙出海。殿内空间较小，内柱彩画蟠龙，殿后壁为天然岩石。正面岩壁上有一尊阿弥陀佛立像，高1.75米。旋螺法顶，神态凝重庄严，跣足立于莲座上，左手横胸托珠，右手下垂，五指并拢向外。两旁为清代碑刻，左壁刻楷书《观无量寿经》，右壁刻楷书《回向偈》。

后殿（观音殿）为花岗岩建筑，紧靠着岩石而建，大门正好面对一块巨石，殿前方空间狭窄。硬山顶，燕尾脊高翘。面阔一间，通进深一间。门上匾额刻楷书“唐代画雕”。

殿后壁为一巨石，正龛壁上雕一尊高2米的宋代观世音菩萨的浮雕像，跣足立于卷云之上，冠披垂肩，敞襟宽袖，左手搭在右腕上，垂于胸下。右下角刻“唐吴道子作”，应是仿吴道子的观音画像而雕刻的。两旁石刻佛经。

五、景观特色：岩峰寺地势崎岖不平，景观比较分散。通往前殿的石阶旁种植有10多株袅娜多姿、遮天蔽日的大榕树，寺后山坡上有成片的相思林和松林等。寺旁保留有宋代至明代的摩崖石刻，有“梅笑”“心”“因果”“佛”“知恩报恩”“磐泉”等。寺庙附近还有元末红巾军山寨古遗址。

平山寺（图 2-8-4）

图 2-8-4 平山寺

一、概况：平山寺原名乾峰寺，位于螺城镇小坪山，始建于后梁贞明二年（916），明代重建时改名为平山寺。1988 年再次重修，现为惠安县文物保护单位。

二、选址特征：①小坪山距惠安县城 2 公里，峰峦秀丽，林海茫茫，环境极为幽静。②平山寺坐落于小坪山山坳里，坐西朝东，三面环山，一面对着山口。

三、空间布局：平山寺依山势而建，属中轴线布局。中轴线上从东往西依次为照壁、放生池、天王殿、大雄宝殿、拜亭、观音殿，北侧为尊客堂、钟楼、法物流通处、藏经堂等，南侧为香积堂、鼓楼、报恩堂、纪念堂等。寺庙北面密林中还有元代石塔、晚晴亭、朝晖亭、磊亭、六角亭等，寺庙左前方为万佛塔。

四、建筑艺术：平山寺主要殿堂多为红砖白石木构的“皇宫起”大厝和官式建筑，其余为花岗岩建筑，屋脊嵌有 40 多条具闽南特色的剪粘蛟龙，动态各异，五彩斑斓。

照壁为砖砌“一”字形照墙，壁顶覆盖红瓦，脊上剪粘四龙戏珠，脊堵剪粘凤戏牡丹、麒麟奔跑。正面壁身书“南无阿弥陀佛”，背面壁身浮雕光环、祥云与大海。壁前立一尊滴水观音立像，两侧楹联书“开慈瓶施甘露，广润人天登净门；悟佛性引法舟，普度众生脱苦海”。

天王殿为“皇宫起”大厝，单檐歇山顶，覆盖红色琉璃瓦，屋脊饰剪粘，正脊脊刹置法轮，两侧各雕一只飞舞的蛟龙，脊堵为实堵，两侧塑4只相望的飞龙，垂脊脊尾雕花卉，翼角饰卷草纹。面阔五间，通进深四间，插梁式木构架，彻上露明造。塌寿为孤塌，明间、次间开门，梢间辟交欢螭龙石圆窗。大门石匾额书“平山寺”，两侧楹联书“平地起精蓝，昔有名贤于兹脱白；山川多瑞气，久荒梵宇又见重新”，皆由赵朴初先生所题。正中两根外檐柱为辉绿石透雕蟠龙柱，对看堵各剪粘一只奔跑的麒麟。檐下施一斗三升拱，垂花、立仙、雀替、剳牵、随梁枋、童柱、狮座、弯枋等木雕宫灯、神仙、飞天、狮头、龙首、凤凰、麒麟、金鱼、马、花草、戏狮等，雕工细致。殿内供奉弥勒菩萨、韦陀菩萨与四大天王。

钟鼓楼分别建于报恩堂与尊客堂之上，红砖白石木构建筑，重檐歇山顶，脊堵彩画花鸟图，翼角饰卷草纹。面阔一间，通进深一间，插梁式木构架，彻上露明造。垂花、立仙、雀替、弯枋、斗拱木雕宫灯、神仙、花草纹、龙首等。

大雄宝殿为红砖白石木构建筑，具“皇宫起”民居与官式建筑风格，重檐歇山顶，覆盖红色琉璃瓦，屋脊饰剪粘。正脊脊刹立七层宝塔，两侧塑6条蛟龙，垂脊、戗脊脊尾饰卷草纹，山花灰塑如意纹。面阔五间，通进深五间，插梁式木构架，彻上露明造。塌寿为孤塌，明间、次间设隔扇门，隔心为菱花纹，梢间辟竹节柱六角形石窗。正中两根外檐柱为辉绿石透雕蟠龙柱。檐柱楹联书“菩提树茂荫遮百万人天，般若澄明光照大千世界”。梁枋上垂花、立仙、雀替、斗拱、束木、童柱、随梁枋等木雕宫灯、神仙、狮子、龙首、卷草。脊檩与灯梁彩画二龙戏珠、一品清廉、飞天。殿内佛龛供奉由缅甸运来的释迦牟尼佛玉雕像。

拜亭为四角方亭，卷棚式歇山顶，覆盖红瓦，翼角饰剪粘卷草纹，山花灰塑如意纹。面阔一间，通进深一间，插梁式木构架，彻上露明造。梁枋上施三跳或四跳丁头拱。檐下施四跳斗拱，垂花、立仙、雀替、随梁枋、弯枋等木雕宫灯、莲瓣、仙人、鱼化龙、缠枝花卉、博古，狮座雕戏狮或仰覆莲瓣。

观音殿为红砖白石木构的官式建筑，重檐歇山顶，覆盖红瓦，屋脊饰剪粘，正脊上塑蛟龙，戗脊脊尾雕飞龙。面阔五间，通进深四间，插梁式木构架，彻上露明造。明间、次间设直棂窗隔扇门，绦环板木雕博古、瑞兽，梢间辟石雕交欢螭龙卷草纹八角形漏窗。大门匾额为弘一法师所题

图 2-8-5 平山寺塔

“光显华严”，檐柱楹联书“平原学法三无漏，山为传音五蕴空”。垂花、立仙、雀替、随梁枋等木雕戏曲人物、喜上眉梢、彩凤祥云、夔龙卷草、花鸟图。正中供奉观世音菩萨，两侧塑十八罗汉。

纪念堂与藏经堂均为“皇宫起”大厝，硬山顶，覆盖红瓦，正脊脊堵剪粘花鸟图。面阔三间，通进深三间，插梁式木构架，彻上露明造。塌寿为孤塌，明间开门，次间辟石雕竹节柱六角形窗。檐下施一斗三升拱，水车堵灰塑花鸟图。

平山寺塔（图 2-8-5）坐落于寺庙北侧岩石上，建于元元统三年（1335），惠安县文物保护单位。平面八角六层楼阁式实心石塔，高 7.2 米。塔基已被水泥覆盖一部分，只留下一个圆形圭角层，雕有六个圭角。第一、第二层塔身下方为双层覆莲瓣。第一层塔身雕直棂窗或辟券龛。第二、第三、第四层塔身的八面雕护塔力士或文字，第五、第七层塔身雕结跏趺坐的佛像，共有 32 尊。第三层塔身镌有“元统三年岁次乙亥腊月庚申日立”塔铭，第四层刻有八字梵文，意为“祈愿宝珠在莲花上”。层间枋木叠涩出檐，雕刻瓦垄、瓦当，檐口弧形、檐角翘起。八角攒尖收顶，宝葫芦式塔刹。

阿弥陀佛塔就在平山寺塔旁边，建于明代，为五轮式石塔，高约 1.25 米。塔座为一个莲花瓣造型，塔身椭圆形，正面辟佛龛，六角形攒尖收顶，覆钵式塔刹。阿弥陀佛塔建在一块大型岩石之上，小巧玲珑，颇有趣味。

万佛塔为平面八角七层楼阁式石塔。第一层建有环廊，檐下斗拱为五铺作。每层建有平台和栏杆，塔身浮雕佛、菩萨及罗汉造像。八角攒尖顶，相轮式塔刹。

五、景观特色：平山寺照壁后建有椭圆形放生池，池边设花瓶式栏杆。除了隐藏于山林中的平山寺塔和阿弥陀佛塔外，天王殿前石埕的左右两侧各建一座宝箧印经式石塔，其他还摆放有石狮、石槽、香炉、“菩提道”石刻等景观小品。山腰上有建于明清时期的“甘雨”“青雨”“登云”“志灵”等石亭，周边保存有宋明以来的 20 多处摩崖石刻。

平山寺及其周边目前已形成寺庙景观、石文化景观、惠安女景观、木文化景观、水文化景观等。

虎屿岩寺（图 2－8－6）

图 2－8－6　虎屿岩寺

一、概况：虎屿岩寺又称三世佛堂，位于惠安县辋川镇的虎屿岩，始建于宋代。1999 年再次重建，现为惠安县文物保护单位。

二、选址特征：虎屿岩寺坐落于山巅开阔处，西为惠安最高峰大雾山，东为湄洲湾。岩寺原建在岩洞里，远离尘世。

三、空间布局：虎屿岩寺采用自由式布局，以观音洞为主体，左前方建有凉亭，右侧依次为大雄宝殿、放生池、僧寮等。

四、建筑艺术：虎屿岩寺是典型的岩洞寺庙，新建殿堂为钢筋混凝土建筑，并辅以砖石木等材料。

观音洞前石壁高处有1米见方的楷书“佛国”二字，岩洞中又有洞穴，幽邃渺冥，别有洞天，称作“龙喉”，号称“十八巷陌”。洞中有惠安保存得最为完整、雕刻于元至正三年（1343）的浮雕观音坐像。观音高1.15米，宽1米，头饰毗庐冠，身披天衣，右手放于右膝，左手靠在凸出的岩石上，两足踩莲花，两肩旁浮雕鹦鹉和柳枝净瓶，双腿两侧浮雕善财与龙女。观音像旁摆设妈祖像，反映了闽南沿海居民多神信仰的特点。

大雄宝殿重建于1999年，为砖石木构官式建筑，重檐歇山顶，正脊上雕双龙戏珠，翼角饰卷草纹。面阔三间，通进深四间，插梁式木构架，彻上露明造。梁枋上施斗拱、雀替与垂花等。大门楹联书“罗汉松风扬觉海，莲花皓月照慈舟”。

五、景观特色：虎屿岩寺最具特色的景观是千奇百怪的岩石。观音洞附近奇石嶙峋，其中较具特色的有“石莲绽苞”“金鸡报晓”“供果”“印石”“石猪母”“天门”等。摩崖石刻有“佛国”“试剑”等。大雄宝殿右侧设放生池，池中立一尊滴水观音像。大殿旁有3株已有年树龄的罗汉松，苍古矫健，树叶呈螺旋状排列。观音洞前方围栏上摆放有十八罗汉雕像、小沙弥雕像。

灵山寺（图2-8-7）

一、概况：灵山寺原名鲎壳寺，位于螺阳镇锦东村崎坑山，建于明代，清光绪二十四年（1898）重修时改名为灵山寺，现为惠安县文物保护单位。

二、选址特征：①崎坑山又名灵山，北面崧洋山，西面眺望清源山，东、南两面是大海，山上削壁巉岩，风光旖旎。②灵山寺坐落于崎坑山接近山顶之处，坐北朝南，惠安县志有“平山寺钟声传灵山”的记载。

三、空间布局：灵山寺依山势而建，殿堂较为零散地分布在岩石洞穴之间，属主轴对称结合自由布局。中轴线上从低往高大致为山门、照壁、圆通宝殿、大雄宝殿、僧舍、风动石、醉观音石、舍利塔等，前后落差较大，左侧有“孝泣幽明”石刻、小花园、客堂、法堂（五观堂）、“一片冰心”石刻、“西天印象”山门、望江亭，右侧有千年古道、梦仙亭、“灵山仙境”石刻、鲎壳石、通天路等。

四、建筑艺术：灵山寺主要殿堂为“皇宫起”大厝样式，在建筑内藏

图 2－8－7　灵山寺

有洞穴。

山门建于清代，三间四柱石牌坊，简洁、朴素、大方，石柱前后设夹杆石。正门匾额楷书“仙佛世界”四字，两侧分别刻有“贞烈”二字，石刻楹联“灵气清高依然天竺十方界，山川秀丽的是蓬莱三岛峰”，背面楹联书“碧山有口桃源辟，玉版悦心笋味清”。

圆通宝殿为红砖白石建筑，三川脊硬山顶，覆盖红瓦，绿色剪边，燕尾脊高翘，屋脊无装饰。面阔三间，塌寿为孤塌。明间石门匾额刻“灵山寺”“普度众生”，两侧楹联书“曲水朝堂钟灵我佛，梵光映蘖广济斯民”，次间辟方形石窗。水车堵灰塑山水、人物图，上方彩画卷草纹等。殿内以大小不一的石柱支撑，柱上架有石横梁。正中神龛供奉观世音菩萨。右侧有一下行石阶通往“仙洞”，而“仙洞”就是连洁禅师圆寂处。

大雄宝殿为红砖白石建筑，三川脊硬山顶，覆盖红瓦，绿色剪边，燕尾脊高翘，屋脊无装饰。面阔三间，通进深四间。塌寿为孤塌，明间大门上匾额书“香光庄严”，次间辟八角形石窗。水车堵灰塑山水、人物图，上方彩画卷草纹等。殿内四方形石柱上架有石梁。神龛供奉三世佛与郭氏神像。

法堂（五观堂）为两层钢筋混凝土建筑，单檐歇山顶，覆盖红瓦，燕尾脊高翘，第二层平台设有石栏杆。

五、景观特色：灵山寺属于岩洞寺庙，其殿堂、巨石、洞穴与树木完美结合。

寺庙四周峭壁巉岩，奇石耸立，犹如鬼斧神工，有“静则灵慧石”“鲎壳石”“灵山仙境”“天马驭仙”“神龟听经”“醉观音”“心有灵山”“风动石”“仙足”等奇岩怪石。特别是“鲎壳石”高达10余米，上端凸出的弧形薄片如鲎背壳，在雨水的冲刷下，岩石的肌理、颜色极为丰富，犹如一幅彩色抽象画。有许多榕树生长于岩石之上，如“节孝洞”旁的古榕，树根已与石头紧密结合。

山门右后侧有一山洞，石壁上书“节孝洞”，两旁楹联书“节贞全妇道，孝至格天心”。其他古代摩崖石刻还有“西天气象”“云影光”等。现代石刻有吴作人先生的“芳草天涯”、钱绍武先生的“心有灵山”、文坛巨匠谢冰心的“一片冰心”等。

寺庙附近有碧玉洞、通天路、龙衔古珠、千年岩榕、等景观。

一片瓦寺（图2-8-8）

图2-8-8　一片瓦寺

一、概况：一片瓦寺又名张后室、高士岩，位于惠安县紫山镇南安村西边的一片瓦山顶峰，因巨石覆盖如瓦而得名。明代惠安乡贤戴一俊、戴卓峰辞官在此隐居修行，后人把天然洞穴改为寺庙，现为惠安县文物保护单位。

二、选址特征：①一片瓦山又称石室山，山上有岩洞，据明嘉靖《惠安县志》记载，片瓦山“青松覆道，异卉错蔚，南薰过处，时有花气袭人。疏松影落斜门静，细草香开小洞幽。登科山外，引为特胜焉”。②寺庙坐落于山顶的坡地上，坐北朝南，东面是科山公园，西北面为仙公山。

三、空间布局：一片瓦寺属自由式布局，引导空间是从山门到文祠之间的一段石阶。顺着石阶依次为山门、文祠、片瓦古地殿、一片瓦仙祖殿。寺庙南面有一宽大的石埕，后山有天开石室。

四、建筑艺术：一片瓦寺主要殿堂为附岩式建筑，具闽南民居特色。

山门为三间四柱三楼式石牌坊，脊上饰剪粘，正楼脊刹置五层宝塔，两侧各塑两只蛟龙，边楼脊上雕飞龙，翼角饰卷草纹。正门牌匾楷书“一片瓦室”“奉旨特祭”，两侧楹联书“石空修径悟真谛，名山卧狮出奇观”。额枋彩画双凤朝阳、喜上眉梢。

文祠为砖石建筑，采用牵手规做法，前后两间均为硬山顶，覆盖红色琉璃瓦，正脊上雕双龙戏珠，脊堵灰塑彩凤祥云、鲤鱼跳龙门。面阔三间，通进深三间，塌寿为孤塌。梁枋均为石材，天花板全以石板铺成，正中佛龛供奉文昌帝君。

“片瓦古地”殿是在一天然岩洞外建的一座石构建筑，硬山顶，覆盖红色琉璃瓦，屋脊饰剪粘。脊刹置宝葫芦，两侧各雕一只蛟龙，脊堵浮雕双凤朝阳，山花灰塑夔龙、花篮、如意。面阔一间，通进深一间。正面开门，两侧辟螭龙圆窗。殿内两侧墙壁彩画山水、花鸟、神仙图。穿过大殿，即进入幽暗的山洞。

一片瓦祖殿建于岩洞里，洞顶覆石 600 多平方米，最高处 10 多米，主洞室深广，尤为奇异。洞门建有一石门，匾额书“一片瓦古寺”，两侧楹联书“世事难瞒观世眼，来人应有如来心”。门堵浮雕四大天王，并辟有两扇竹节柱圆窗。洞内顶上有一倾斜的巨石，空间狭小。

五、景观特色：一片瓦寺独具特色的景观就是怪石、岩洞与石刻。寺庙如今还保留有戴氏摩崖诗刻、题刻及清代以来的题刻 10 多处。

祖殿通道左侧岩石刻有明万历十七年（1589）戴一俊所题的诗句“天开石室倚云端，碧水丹崖历大观。百里列屏争拱揖，千年佳气自盘桓。喜瞻南极瑞光炯，遥指上台龙势蟠。兴到不妨频着履，时看绿野长芝兰”。还有石刻“石润丹丘”“石门”“一问何处访丹丘”等。殿内石壁上有戴一俊所题诗《题天柱石》“一柱峰头势擎天，翠微深处望岿然。两仪位奠分高下，四极鳌悬辨后先。好向朝中当砥石，谁移洞口插云烟。危层直上来丹穴，千仞时栖彩翼联”。戴一俊所书的“一片瓦”刻在寺洞的左壁上，落款为“万历辛卯春石洞主人题”。

一片瓦寺后山西侧石壁间，有戴一俊的摩崖石刻《题高士岩》“壮节当年辞帝阁，金章紫绶等浮云。翛然高卧羲皇上，行乐相看绮里群；一局松声韵空谷，千峰竹叶送斜曛。栖迟犹讶鹿门近，却笑北山虚勒文”。洞外右侧的天柱石上有戴一俊题“石门天柱”。

寺庙四周随处可见乌黑色的奇岩怪石，在寺庙下方岩石旁，建有一座六角攒尖顶的高士亭。寺庙南面视野开阔，可俯瞰低矮的丘陵和纵横的田野，形成借景。

第九章　安溪县佛教寺庙

东岳寺（图 2－9－1）

图 2－9－1　东岳寺

一、概况：东岳寺原名东岳行宫，又称东岳庙，位于安溪县凤山，始建于唐末宋初。初为道观，奉祀东岳大帝；清末民初，又供奉释迦牟尼佛与观世音菩萨，成为佛道合一的寺庙，现为安溪县文物保护单位。

二、选址特征：①凤山位于安溪县北部，山势巍峨雄伟，层峦叠嶂，西溪从山脚下缓缓流过。②东岳寺坐落于凤山山麓，坐北朝南，背枕凤山，东、南、西三面环水，南面为沿江平原，正好被西溪围成一座凸出的半岛。

三、空间布局：寺庙依山势从低往高而建，采用主轴对称结合自由布局，南北中轴线上依次为前殿、观音殿，东侧为韦陀菩萨殿，西侧为诸天菩萨殿，共同围成一进四合院。寺庙东面隔巷有檀越祠、释子寺，后偏左为晦翁亭，西面为池头宫、集贤堂。庙宇前石埕西侧为外山门，东侧是内山门，通过内山门即安溪城隍庙。

四、建筑艺术：东岳寺现存的主体殿堂建于康熙至乾隆年间，主要为官式建筑与"皇宫起"大厝相结合，屋檐轻盈舒展，饰满绚烂的陶瓷和剪粘作品。

外山门为钢筋混凝土城楼式建筑，大门两侧石浮雕瑞应祥麟、丹凤朝阳、戏曲人物等。城楼上建一座四方形木构凉亭，重檐歇山顶，覆盖红瓦，屋脊饰剪粘，正脊脊刹置宝葫芦，两侧各塑一只蛟龙，燕尾脊高翘，脊堵浮雕瑞鹿祥和，围脊脊堵饰国色天香，背景彩画山水画，翼角饰卷草纹。面阔三间，通进深一间，抬梁式木构架，彻上露明造。凉亭两旁为平台，设花瓶式栏杆，正面栏板石浮雕花鸟图。

前殿为三川脊歇山顶，屋脊饰陶瓷，中港脊上雕双龙护宝塔，脊堵正中塑龙吐水、鲤鱼跳龙门，两旁饰孔雀开屏、麒麟回望、花开富贵、八仙过海等。小港脊上雕麒麟奔跑，脊堵饰战将、香象等。垂脊牌头立四大天王，戗脊饰行龙、战将。屋顶装饰色彩丰富，有大红、朱红、橘红、金黄、柠檬黄、深蓝、湖蓝、浅蓝、翠绿、赭石、黄绿、象牙白等色。面阔五间，通进深四间，插梁式木构架，彻上露明造。明间、梢间开门，门板漆画门神，次间设窗，门窗上木雕交欢螭龙纹、四季平安、暗八仙等，坎墙石浮雕麒麟、夔龙、蝙蝠等。垂花、立仙、雀替木雕宫灯、莲瓣、鱼化龙、喜鹊。殿内两侧墙上彩画二十四孝及地狱图等。正中供奉东岳大帝和两尊阎君塑像，左龛祀福、禄、寿三星君，右龛祀伽蓝尊王。

观音殿前的拜亭为单檐歇山顶，屋脊饰陶瓷，正脊上饰福禄寿三星，两旁塑蛟龙，脊堵浮雕八仙过海，翼角饰卷草纹。面阔一间，通进深一间，插梁式木构架，彻上露明造。4 根亭柱均为盘龙青石柱。

观音殿为重檐歇山顶，屋脊饰陶瓷，正脊上塑双龙戏珠，脊堵浮雕龙凤呈祥、瑞应祥麟、骏马奔腾等，垂脊牌头置武将与楼阁，翼角饰卷草纹。面阔五间，通进深五间，插梁式木构架，彻上露明造。立面通透无门。殿内两侧墙壁彩画菩萨、尊者造像。殿中祀观音菩萨，背后为释迦牟尼佛立像，左右为文殊菩萨与普贤菩萨。殿左厢奉地藏王，右厢奉注生夫人。

诸天菩萨殿与韦陀菩萨殿其实是拜亭两侧的廊庑，均为断檐升箭口式悬山顶，屋脊饰陶瓷，脊堵浮雕松鹤延年、节节高升、金玉满堂和国色天香，垂脊牌头置武将与楼阁。面阔两间，通进深一间，插梁式木构架，彻上露明造。殿内分别摆放钟与鼓。

吴公檀越祠为一进四合院，天井两侧为廊庑。悬山顶，覆盖灰瓦。面阔三间，通进深四间，抬梁式木构架，彻上露明造。明间设厅堂，次间为厢房。梁上牌匾楷书“渤海高风”。

池头宫（图 2–9–2）为单檐歇山顶，覆盖灰瓦，屋脊饰陶瓷，正脊上塑双龙戏珠，脊堵浮雕花卉，垂脊牌头置武将与仙阁，翼角上雕飞龙，屋檐上的看牌处立一排八仙过海造像，颇有意趣。面阔一间，通进深一间，插梁式木构架，彻上露明造。檐柱楹联“池中无楫神能化，头上有天心莫欺”。宫内两侧墙壁彩画蛟龙出海、猛虎下山，神龛供奉池头夫人，后面墙壁彩画麒麟回望。

集贤堂为重檐歇山顶，覆盖灰瓦，屋脊饰陶瓷，正脊脊刹置宝葫芦，两端塑龙首。面阔五间，明间开门，两侧辟圆窗木雕交欢螭龙纹，梢间辟六角形石窗。梁上浅浮雕缠枝花卉。集贤堂是为纪念刘乙、詹琲两贤士而

图 2－9－2　池头宫

建造的。

释子寺为三川脊悬山顶，脊堵为镂空砖雕，两端燕尾脊高翘。面阔三间，通进深两间，插梁式木构架，彻上露明造。塌寿为孤塌，明间开门。奉祀历代祖师。

五、景观特色：东岳寺所在的凤山，因状如凤凰展翼而得名。朱熹曾多次登临凤山观赏，并题写“凤麓春阴”，是为古代安溪八景之首。

寺内保留有多株古树，如吴公檀越祠天井有株300多年的桂花树，为福建省古树名木；寺后山坡有株800多年树龄高约20米，树冠面积达300多平方米的老榕树，树叶覆盖慈缘亭和半座释子寺，树下石缝有泉水涌出。传说此树为朱熹所植，因此又名“晦翁榕”。晦翁榕旁有座晦翁亭，亭柱上刻朱熹所题“地位清高日月每从肩上过，门庭开豁江山常在掌中看”。

后山为占地11亩的茶叶大观园，分为观赏园、茶作坊和凤苑，栽有50多种名茶，是安溪茶文化之缩影。

补陀岩寺（图2-9-3）

图2-9-3　补陀岩寺

一、概况：补陀岩寺原名普陀岩寺，位于安溪县长坑乡大香山脉凤形山麓，始建于北宋咸平五年（1002）。岩寺几经兴废，1980年重新修葺，现为安溪县文物保护单位。

二、选址特征：补陀岩寺两旁山峰如凤翅将其环抱。左右有两条小涧，于寺前汇合后向东流去，一派水绿山青之景象。

三、空间布局：引导空间是从山门到寺庙的一条曲折的石板小路，一路山泉一路景，路旁建有护界亭。庙宇建于陡峭的山坡上，属自由式布局。正中间只有一座大雄宝殿，两侧为护厝，庭前有一道五尺多高的围墙，围墙下隔山路为下楼，离寺数百米的公路上建有内外两座山门。

四、建筑艺术：补陀岩大殿为“皇宫起”大厝建筑，下楼为闽南山地式建筑。

外山门为三间四柱三楼式石牌坊，正脊上雕二龙戏珠，檐下施两跳斗拱，石柱楹联书“岩号补陀天赐南闽胜境，神为施女世传大士化身”。

内山门为一间二柱一楼式石牌坊，正脊脊刹置宝葫芦，檐下施两跳斗拱，石柱楹联书“补运必心诚祈求皆有应，陀宫甚佛圣遐迩尽闻名”。

大雄宝殿建于石砌平台之上，正前方砌 12 级台阶。“假四垂”屋顶，歇山顶正中升起一个歇山顶，屋脊饰剪粘。正脊上塑双龙护塔，塔下雕龙吐水，脊堵浮雕双狮嬉戏、骏马奔腾、瑞鹿祥和、荣华富贵等，垂脊牌头为仙阁，翼角饰卷草纹。面阔五间，通进深四间，插梁式木构架，彻上露明造。明间开门，次间与梢间辟圆形或方形石雕窗。门堵布满石雕龙、凤凰、花卉、罗汉、麒麟、神仙、四大金刚、《三国演义》故事、武松打虎等。垂花、雀替、随梁枋木雕双龙、花卉，梁枋彩画寿星献瑞、天官赐福等。墙壁上楹联书“水作潮音风引到，岩如鹫岭石飞来”。正中香案摆放一明代青草石香炉，雕四只虎脚，正面雕饰狮头与八卦图，两边对联书“香燃北山环龙案，炉置南海莲花台”。此外还保留有清代漆金辇轿、瓷香炉等。中殿供奉显化观音大士，后面佛龛供奉如来佛祖及十八罗汉。

下楼为闽南山地传统民居建筑，砖木结构，单檐歇山顶，白墙灰瓦。脊堵密密麻麻地布满剪粘，如麒麟奔跑、金鸡报晓、骏马奔腾、花开富贵等，有蓝色、绿色、橘黄色、橘红色、白色等，其中有只麒麟正抬头仰望，四蹄生风，仿佛奔驰在云间；还有数只英姿勃勃的公鸡正昂首挺胸地站立着。戗脊脊尾立一只陶瓷白色戏狮。山花处书“西楼”二字。

护界亭为四角形方亭，单檐歇山顶，屋脊饰陶瓷，正脊脊刹置宝葫芦，两侧雕蛟龙，脊堵浮雕各种花卉、蝴蝶，垂脊与戗脊脊端为仙人与花卉，翼角饰卷草纹，印斗雕戏狮，山花饰仙鹤、麋鹿、花卉等。面阔一间，通进深两间，插梁式木构架，彻上露明造。亭内供奉护界将军。

五、景观特色：补陀岩寺隐藏于深山幽谷之中，具山谷景观特色。岩寺左右有两条小涧，在山脚下汇成一池塘，池上建有石拱桥。大雄宝殿前石埕有蓄水池，汇集山上的泉水。寺庙周边种植有红豆杉、龙柏、润楠、栲树、毛竹、铁树、月季花、山茶花等。山门前引导空间两侧塑有石雕十八罗汉像。补陀岩寺保留了原生态的自然景观，具有清高淡雅、情致绝尘的气质。

清水岩寺（图2-9-4）

图2-9-4　清水岩寺

一、概况：清水岩寺位于安溪县蓬莱镇清水岩，由清水祖师创建于北宋元丰六年（1083），现为全国重点文物保护单位、全国首批涉台文物保护工程之一。“清水祖师信俗”已被列为国家级非物质文化遗产，蓬莱祖殿建筑群的“帝”字形商标被评为福建省著名商标。

清水祖师信仰不仅在台湾地区广为流行，在马来西亚、新加坡、缅甸、泰国、印度尼西亚等建有清水祖师公庙。

二、选址特征：①清水岩群峰耸峙，峰峦回环，叠翠披丹，云烟缥缈，美如“蓬莱仙境”。②清水岩寺坐北朝南，背靠狮形山脉，面临深壑，北面山峦挡住北方的寒冷空气，南面能接收南方的潮湿气流。

三、空间布局：清水岩寺现存建筑为清代修建，采用主轴对称结合自由布局，规模恢宏，中轴线上依次为蓬莱祖殿、真空塔，两侧为观音阁、檀越祠、芳名厅、厢房等。祖殿和南侧的法门共同形成一组庞大的建筑群，而三忠庙、觉亭、纶音坛、海会院、舍利塔群等均分布在从入口通往祖殿的道路两侧。

四、建筑艺术：清水岩寺旧殿堂为红砖白石木构建筑，新殿堂为钢筋混凝土及砖石木构建筑，具有闽南传统民居与中原官式建筑的特征。

蓬莱祖殿群包括祖殿、观音阁、檀越祠、厢房与法门等，是清水岩寺的主体建筑群。

法门为花岗岩红砖木构独立式小门楼，重檐歇山顶，覆盖灰瓦，屋脊饰剪粘，但瓷片多已脱落。正脊上雕双龙戏火珠，翼角饰卷草纹，有的卷草顶端还立有小型宝塔。上下檐之间转角处隐藏有 4 尊泥塑托檐力士，或双脚叉开抬头远视；或单脚半跪低头沉思。面阔三间，通进深两间，插梁式木构架，彻上露明造。明间开板门，彩画门神，次间辟方形石窗，石刻楹联“众山旋绕朝清水，四将庄严护法门”。

蓬莱祖殿为清水岩寺最重要的建筑，始建于宋代，历代均有修缮。祖殿依山坡而建造，前方为高大的石砌平台，下临深渊，层楼叠榭，红墙褐瓦，整体布局呈“帝”字形，将高大的建筑与自然山岩相融，气势恢宏。大殿右侧为观音阁，左侧为檀越祠，其他还有各类厢房与僧舍，据说共有 99 间房。祖殿为三层楼阁，下宽上窄，歇山式屋顶，屋脊饰剪粘，正脊上雕双龙护宝塔，脊堵浮雕瑞兽与花鸟，垂脊牌头立武将，高翘的燕尾脊及翼角饰卷草纹，四寸盖嵌狮首。

第一层为昊天口，面阔七间，通进深四间。明间设石阶通往主殿，次间立面青石浮雕戏曲故事、蛟龙出海、喜上眉梢、一品清廉、博古纹等。石檐柱刻有清代楹联“无是无非花自笑，即空即色棒当头”“法龙叩雨归残照，野鹤穿花出晓云”。外檐虚设一层，形成廊道，开一排券拱形门，施绿色花瓶式栏杆。垂花、立仙、弯枋等金漆木雕宫灯莲瓣、神仙武将、蛟龙出海、凤凰和合、双狮戏球、鹤庆吉祥、鲤鱼摆尾等，热闹非凡，雕工精湛。正中神龛供奉弥勒菩萨。昊天口殿内两侧设石阶可通往祖师殿。

第二层为祖师殿（中殿），面阔五间，通进深四间，插梁式木构架，彻上露明造。殿前有两根雕工细腻,线条流畅的蟠龙石柱。补间两朵斗拱，当心间施如意斗拱。垂花、立仙、弯枋、剳牵、随梁枋、雀替、狮座等木雕宫灯莲瓣、戏曲人物、龙凤戏狮、花鸟图案等，梁枋彩画戏曲故事，两侧墙壁水墨画清水祖师故事。檐柱有清代楹联“地踞蓬莱一览众山皆小，师称菩萨万年灯火长光”“望慰云霓，祷雨曾迎真太守；威降魔鬼，化身犹记宋元丰”等。殿内神龛摆设清水祖师塑像，中间为正身，两旁为副身。

祖师殿内左右两侧配殿分别供达摩祖师与坚牢地神。祖师殿内两旁有曲折形石阶通往释迦殿。

第三层为释迦楼（顶殿），面阔三间，通进深三间，插梁式木构架，彻上露明造，后墙依山石而建。檐下施弯枋与连拱，剳牵、随梁枋、童柱、斗拱、狮座等金漆木雕戏曲故事、戏狮、武将等。殿内主奉释迦牟尼佛与观音菩萨。

整座蓬莱祖殿的窗户造型多样，有方形、三爪窗、竹叶窗、螭虎窗、拱形窗、六边形窗等。

观音阁为重檐歇山顶，屋脊饰剪粘，正脊上雕双龙戏珠，燕尾脊上饰卷草纹，脊堵浮雕双凤朝阳、榴开百子，垂脊牌头雕亭台楼阁，翼角饰卷草纹。面阔三间，通进深三间，插梁式木构架，彻上露明造。明间、左次间开门，右次间设过道。门板、梁枋彩画花鸟纹、观音菩萨等，并采用阴刻线条填漆。檐下施如意拱，剳牵、随梁枋等木雕缠枝花卉。檐柱有清代楹联“功德洪波须弥第一，妖邪斩断佛国无双”等。

檀越祠与观音阁样式相同，屋脊剪粘双龙戏珠、凤戏牡丹等。檐柱有清代楹联“清水灵泉通白水，芝山檀树荫蓬山”等。

蓬莱祖殿群整体建筑主次分明，对称整齐，整体外观呈“帝”字形，其中，殿后山坡上的真空宝塔是“帝”字形最上面的一点，第三层释迦楼是“立”字的一横两点，第二层祖师殿是“立”字覆下的一横，昊天口与左侧的檀越祠、右侧的观音阁与直通昊天口正门的阶梯就构成了“帝”字下的“巾”字。

三忠庙、觉亭与纶音坛隐于树林之中，相距较近，体量虽小，但颇有情趣。

三忠庙为红砖青石木构建筑，始建年代无考，1988年重修，重檐歇山顶，覆盖绿瓦，屋脊饰剪粘，正脊脊刹置宝葫芦，两侧雕蛟龙，脊堵为镂空砖雕，两旁饰花卉，垂脊牌头立仙人，翼角饰卷草纹。面阔一间，通进深一间，抬梁式木构架，彻上露明造。立面通透无门，檐下出三踩斗拱。据旧版《岩志》记载：“庙在觉亭之外，祀唐宋三忠臣。”庙原供奉张巡、许远和伍子胥，后来明太祖朱元璋将伍子胥请出，将岳飞请入。

觉亭（图2–9–5）原为茶亭，邑令廖同春改建于明万历十四年（1586），题额“觉亭”。1981年按照原样再次重建，采用钢筋混凝土及砖石结构，三重檐歇山顶，覆盖绿色琉璃瓦，正脊脊刹置宝葫芦，脊堵为筒子脊，镂空砖雕，翼角饰卷草纹。面阔三间，通进深三间，插梁式木构架，彻上露明造。外围设环廊，施花瓶式栏杆。明间开门，两侧楹联书“贻封宋基室，

图 2-9-5　觉亭

膜拜仰真人”，石柱楹联书“梦觉无双路，禅林第一关”“客插尘中脚，人昂天外头”。檐下出五踩斗拱。

绝音坛又名石柜坛，位于一块巨石之上，建于元延祐四年（1317），纯石构建筑，小巧玲珑。坛高 3.3 米，上方立有一座小石塔，坛正面阴刻清水祖师四次荣受敕封的纶音牒文，浮雕飞龙和“皇帝诰命”及“敕赐昭应广惠慈济善利大师”的阴刻篆字。左边垛阴刻延祐年间岩宇重建的记事。石塔平面为四角形，浮雕坐佛与“佛”字，六角攒尖收顶，相轮式塔刹。

海会院（图 2–9–6）始建于民国时期，近年重建，为二进四合院，中轴线上从低往高依次为天王殿、大雄宝殿、西方三圣殿，有两个天井，建筑前后落差较大，屋脊饰五彩缤纷的陶瓷或剪粘。

天王殿为“假四垂”屋顶，单檐歇山顶正中升起一个三川脊歇山顶，节奏感强烈。中港脊上雕双龙戏珠，小港脊上雕凤凰飞舞，脊堵浮雕丹凤朝阳、骏马奔腾、花鸟图案等。面阔五间，通进深两间，插梁式木构架，彻上露明造。殿内弥勒菩萨与四大金刚均为汉白玉雕塑。大雄宝殿为“假四垂”屋顶，正脊脊刹置法轮，两侧雕蛟龙。面阔七间，通进深六间，插梁式木构架，彻上露明造。天花正中设八角形藻井。西方三圣殿为重檐歇山顶，面阔七间，通进深一间。殿内供奉汉白玉西方三圣像及十八罗汉像。

图 2-9-6 海会院

天王殿两旁为钟鼓楼，均为重檐歇山顶，面阔三间，通进深三间。海会院两翼的叠落式廊庑顺着石阶层层升高。

清水岩寺遗存有多座舍利塔，见证了寺庙沧桑的历史。

真空宝塔位于清水祖殿后的半山坡上，是清水祖师的舍利塔，建于北宋建中靖国元年（1101）。真空塔为五轮式石塔，高 2.3 米。单层六边形须弥座，塔足雕如意形圭角。下枋刻卷草纹饰，下枭覆莲瓣，束腰瓜棱状，以凹线分成 6 瓣，上枭仰莲瓣。须弥座上方安置覆钵式莲花瓣，上立椭圆形塔身，南面刻“佛”字。六角攒尖收顶，塔檐向上鼓起。宝葫芦式塔刹。1988 年建石亭以保护石塔，亭高 10 米，亭内四方柱各高 3.05 米。

杨道塔位于海会院右侧山坡前，是杨道圆寂后的墓塔，建于北宋，1997 年曾重修。五轮式石塔，高约 3 米。单层须弥座，六边形圭角，每个转角雕如意形塔足。上下枭刻仰覆莲瓣，束腰为圆鼓形。塔身椭圆形，正面铭文阴刻“宋杨道先祖塔”六字。六角攒尖收顶，檐角翘起，宝葫芦式塔刹。杨道是清水祖师的大弟子，祖师圆寂前令其接受衣钵。民国时期陈家珍有诗曰：“蓬山首代受传灯，警绝禅机悟大乘。忆自皈真成塔后，至今衣钵犹相承。”

普同塔位于海会院右侧，建于明代。五轮式石塔，塔基六边形，正面刻“大明普同塔”。塔身圆鼓形，正面阴刻“佛”字。六角攒尖收顶，塔檐翘起，宝葫芦式塔刹。整体造型比较饱满。

智慧僧塔位于海会院右侧，建于清宣统元年（1909）。五轮式石塔，塔座六边形，长满青苔。两层圆鼓形塔身，第一层塔身正面阴刻“智慧禅师塔”，第二层塔身正面刻“佛”字，第一、第二层塔身层间为六角塔檐出跳。六角攒尖收顶，宝葫芦式塔刹。智慧僧俗名“呙公”，光绪年间（1875—1908）曾经是清水岩寺住持，道行高深。

五、景观特色：清水岩山明水秀，林木青翠，鸟语花香，景色秀丽。宋代朱熹弟子、安溪知县陈宓有诗赞曰“岩岫方从认，松徨恰得醒。草花多掩敛，岸竹半伶俜”。

清水岩寺坐落于半山腰处，从景区入口到蓬莱祖殿修建有一条长数百米的石板路，右面靠山林，左面临山崖，构成4处景观区。①入口前方不远处就是弘法广场，广场上塑有一尊高达15米的大型清水祖师石雕坐像，雕像前竖立4座石经幢和多个石灯。广场周边还建有照壁和长廊，照壁上书“南国蓬莱仙境”“清水祖师道场”“佛光普照”等。②从弘法广场到海会院是一条依山坡而建的石板路，一面临山，另一面设木栅栏，栅栏上绑有红、黄两色布条。③从海会院到三忠庙是一条相对宽敞的石板路，右侧山坡绿树成荫，左侧建有迭落式长廊，一直延伸到三忠庙。④从三忠庙到法门为一条较狭窄的蜿蜒山路，两旁森林密密层层，形成夹景。这4处既相连又独立的景点，构成了变化多端的山地园林景观。

寺庙附近有两处泉水景观，设计精巧。①法门左前方靠近山体处有一半圆形水潭——方鉴塘，又名浮杉池，潭中塑一尊滴水观音石像，四周设石栏杆。潭边岩石上立一方形石碑，刻“方鉴塘浮杉池”。有诗赞曰：“一旧壑方塘一鉴开，骚人逸客共徘徊。山光石影中现，坐看流觞逐水来。”②方鉴塘左侧为北宋古迹——圣泉，涓涓泉水从石缝里涌出，终年不涸，味清且冽，泉水上方立一方刻有“圣泉”二字的石碑。陈希实在《圣泉序》中称：“正出曰泉，通明曰圣，亦以见大师谦让通灵之意。”

清水岩寺内外种植有大量古树，多株已被列为福建省古树名木或福建省树木奇观。如觉亭旁有一株据说是清水祖师亲植的古樟，如今这株古樟高约31米，外围约7米，弯曲的树枝均朝北面伸展，号称“枝枝朝北”。主干粗壮挺拔，中间空心，从树洞中抬头向上仰望，穿过两洞眼可看见蓝天白云，颇有意趣。树前立一方刻有“枝枝朝北”的石碑。真空宝塔左侧山坡上还有株尾梢已断，高约10米，外围约6.6米的古樟，主干空心，形成直径约1.86米的树洞，从洞中可窥见苍天，俗称“窥天古樟”。“圣泉”旁有株清水祖师所植的高约13米，外围约1.35米，苍劲青翠的罗汉松，据说每年仅长 3 寸，但遇到电闪雷鸣时又会矮 3 寸，颇为奇特。如今在树后建一段弧形石墙进行保护，树前立一方刻有“罗汉松”的石碑。

寺庙内外保留有许多石碑与摩崖石刻。如纶音坛前方石壁上有一方高 2.25 米、宽 0.98 米的明代石碑，记录了六位进士同游清水岩寺的盛事；纶音坛下方岩壁竖有一长方形明代石碑《郡志安溪清水岩》，全文共 200 多字，四周以条石相嵌，石碑旁盘石犬牙，石上长有蕨类植物，与碑上红字形成红绿相间的效果；觉亭旁有一宋代古迹——出米石，为一块嶙峋的巨石，石上凿碑，刻有 33 字。其他还有明代功德林碑，清代“喜舍缘银”石碑，民国“人间天上”石碑等。摩崖石刻有“佛”“灵渊”“鬼洞”“魔氛一扫，清水如来”“曲径”“试剑石”“蓬莱仙境”“清水灵岩”“名山胜景，气势壮观”“幽静”“清水佑民”等。这些石碑与摩崖石刻为清水岩寺增添了深厚的人文底蕴。

寺庙周边奇石怪洞较多，有石船、石蒸笼、小鬼弄金狮、仙脚迹石、丹臼、药砧、袈裟石、无字天碑、石笋、九曲十八洞、一线天等景观。

清水岩寺巧妙利用山体、树林、岩石、清泉等，打造出立体式的山地园林景观，堪称闽南山林佛教寺庙的典范。

达摩岩寺（图 2－9－7）

图 2－9－7　达摩岩寺

一、概况：达摩岩寺位于安溪县长坑乡长坑村狮峰山，由达摩第二十一代传人普惠禅师创建于宋代，现为安溪县文物保护单位。明万历《泉州府志·舆地志》记载："达摩岩山，本名玳瑁岩，宋僧达摩创居，故又名达摩岩。有石狮。（宋）令陈宓匾'狮子峰'三字。"

二、选址特征：①狮峰山自古有"独秀无双"之称号，南观朝天，北看凤髻，东眺五阆，西望太湖，风光旖旎。②寺庙坐落于狮子峰山巅之上，坐北朝南，附近树林中有清泉。

三、空间布局：因地势高低不一，寺庙采用自由式布局，正中间为大雄宝殿，右翼建有文昌阁，两殿并排，左下方半山腰为护界殿，左后方有钟鼓楼、僧舍、诚寰阁等。庙宇右侧山林里隐藏着舍利塔，殿堂间以转折的石阶相互连接。

四、建筑艺术：达摩岩寺主要殿堂为砖石木建筑，屋顶装饰交趾陶，具闽南"皇宫起"民居特色。

护界殿（天王殿）为重檐歇山顶，屋脊饰陶瓷，正脊上雕双龙戏珠，脊堵嵌双凤朝阳，垂脊牌头置花篮，下檐戗脊雕行龙，翼角饰卷草纹，围脊脊堵饰花鸟。面阔三间，通进深三间，插梁式木构架，彻上露明造。明间开门，次间辟石雕螭龙圆窗，石门堵布满浮雕与影雕，有夏荷情趣、梅开百福、秋菊佳色、加官进爵、扫去千灾、五福临门、孔雀迎春、荷花翠鸟、竹报平安、莲生贵子等。垂花、立仙、雀替、随梁枋、剳牵木雕宫灯、狮子、花鸟等。殿内供奉护界公与四大天王。

大雄宝殿为重檐歇山顶，屋脊饰陶瓷，正脊脊刹置宝塔，两侧雕蛟龙，脊堵饰花卉，垂脊牌头立神将，翼角饰鲤鱼吐水，围脊脊堵嵌双龙戏珠、鹿竹同春、松鹤延年等。面阔五间，通进深五间，插梁式木构架，彻上露明造。明间、次间开门，次间辟石雕螭龙圆形窗，浮雕蛟龙出海、双狮戏球等。正门上匾额为赵朴初先生所书的"达摩岩"三字，两侧是清代楹联"万峰齐俯地，千佛喜朝天"。垂花、立仙、雀替、剳牵、随梁枋、束随、狮座木雕宫灯、武将、缠枝花卉、戏狮、香象等，梁枋上彩画十八罗汉。殿内神龛雕饰精致，中祀释迦牟尼、文殊菩萨、普贤菩萨等佛像，以及普惠祖师、清水祖师等神像，两侧偏殿则祀有达摩初祖、南海观音等，左右壁厢内列十八罗汉。

文昌殿为重檐歇山顶，屋脊饰陶瓷，正脊脊刹置宝葫芦，两侧雕飞龙，垂脊牌头雕金刚，翼角饰鲤鱼吐水。面阔三间，通进深三间，插梁式木构架，彻上露明造。明间、次间与梢间开隔扇门。垂花、立仙、雀替、剳牵、随梁枋、狮座等木雕宫灯、仙人、戏曲人物、狮子、凤凰、玉兔、花卉等，梁枋彩画渔樵耕读。殿内供奉文昌帝君、魁星星君、朱衣神君、纯阳帝君、文衡帝君，号称“五文昌帝君”，皆为道中掌管士人功名禄位之神。

舍利塔建于宋代，中国窣堵婆式石塔，双层六边形塔基，第一层每面刻有圭角，第二层刻花卉，转角浮雕侏儒力士。单层六角形须弥座，覆钵式塔身，正面浮雕佛像。

五、景观特色：达摩岩寺属山顶景观。护界殿前方有一中型悬空广场，四周绿树环抱。文昌殿前有聚金亭，护界殿后为弥勒亭，寺庙后方山林里隐藏有长龙亭、揽结亭和长康亭，后山还有一处五百罗汉园。

庙宇周边有不少奇石，如观音石、禅帽石、枕石、青蛙石等。其中较为特别的是，“出米石”上石笋兀立，上刻“独秀峰”三字。另有“达摩岩”石刻，每字高 1.5 米，宽 1.2 米，是安溪县境内最大的宋代石刻。石刻下有一株高 10 余米、树围 2.5 米的“三色树”，树下有一汪清泉，四时不涸。

九峰岩寺（图 2－9－8）

图 2－9－8　九峰岩寺

一、概况：九峰岩寺位于安溪县蓬莱镇上智村三笏山，始建于明永乐十三年（1415），是德化龙湖寺在安溪的主要分炉之一，主祀三代祖师，现为安溪县文物保护单位。

二、选址特征：①三笏山峰峦叠翠，古树参天，怪石嶙峋。有“九峰攒汉”“三笏摩天”“巨石飞腾”等八景，自然景观奇特。②九峰岩寺坐落于三笏山第三秀峰山麓之阴，坐南朝北，背靠山峦，附近有清泉，环境幽静。

三、空间布局：寺庙采用中轴线布局，依山坡递升，中轴线上依次为门厅、拜亭、祖师殿、观音殿，两侧有厢房、斋堂等。

四、建筑特征：九峰寺殿堂具“皇宫起”大厝样式，多为红砖白石木构建筑。

新山门为独立式小门楼，悬山式屋顶，覆盖绿瓦，屋脊饰陶瓷，正脊脊刹置宝葫芦，脊堵饰花卉与水果，有西瓜、葡萄、石榴等。面阔一间，通进深一间。正面开一石门，两侧辟圆窗。正中供奉伽蓝菩萨与韦陀菩萨，两旁墙壁石浮雕四大天王。两侧各建有一间护厝，墙上书“佛日增辉”“法轮常转”。

旧山门为单檐歇山顶，覆盖绿瓦，屋脊饰陶瓷，正脊上雕二龙抢珠，脊堵浮雕喜上眉梢、瓜果，垂脊牌头立仙人与战将，戗脊上雕飞龙，翼角饰卷草纹。面阔一间，通进深一间。正面开石门，两侧辟螭龙纹圆窗，门堵浮雕麒麟奔跑，影雕麋鹿、花瓶。大门楹联书“九峰佛国炉分四海，三代神恩泽惠万民”。

门厅为三川脊式悬山顶，覆盖蓝色琉璃瓦，屋脊饰剪粘，正脊上雕双龙戏珠，脊堵浮雕锦上添花、凤戏牡丹、瑞鹿祥和等，垂脊牌头立战将。面阔七间，通进深两间，插梁式木构架，彻上露明造。塌寿为孤塌，明间、次间开门，门上漆画门神，门窗木雕交欢螭龙卷草纹、暗八仙。石门堵浮雕麒麟奔跑、南极仙翁、麻姑献寿、一品清廉。垂花、立仙、雀替、剳牵、随梁枋等木雕宫灯、莲瓣、神仙、螭龙、花草、鸟兽、《三国演义》故事，狮斗雕戏狮、香象。

拜亭为单檐歇山顶，屋脊饰剪粘，正脊上雕二龙戏珠，戗脊上雕飞龙，翼角饰卷草纹。面阔五间，通进深两间，插梁式木构架，彻上露明造。4根亭柱为石柱，檐下施插拱，梁枋上木雕花鸟图。

祖师殿建于石砌高台之上，屋脊饰剪粘，重檐歇山顶，脊刹置宝葫芦，两侧雕蛟龙。面阔五间，通进深五间，插梁式木构架，彻上露明造。立面通透无门，檐下施插拱。垂花、立仙、雀替、剳牵、随梁枋、弯枋等金漆木雕宫灯、仙人、龙凤、花鸟、博古、《三国演义》故事等，狮斗雕戏狮。梁上高悬“真相”古匾，出自明代著名书法家张瑞图之手，黑底金字，“真”字如美女梳妆，“相”字有弥勒现肚之状，极具神韵。神龛内供奉三代祖师。

观音殿地势最高，为钢筋混凝土建筑，单檐歇山顶，正脊上剪粘双龙戏珠，面阔五间，檐下施两跳斗拱，殿内供奉观音菩萨。

五、景观特色：九峰岩寺隐藏于山谷之中，寺旁有清泉，同一容量的泉水较它处为重，古称“佛泉”。旧山门前两侧列植罗汉松；门厅后石埕有株古榕，枝叶茂盛，遮蔽半院。庭院摆设有石狮、石象、石香炉、石碑、石桌椅、水缸、盆景等小品。

第十章　永春县佛教寺庙

魁星岩寺（图 2 - 10 - 1）

图 2 - 10 - 1　魁星岩寺

一、概况：魁星岩寺位于永春县石鼓镇桃场村奎峰山，始建于隋开皇九年（589）。岩寺是全国两大供奉魁星的寺庙之一，现为福建省文物保护单位。

二、选址特征：①奎峰山地处永春县西南部，隐于葱郁林木之中，风光秀丽。在此远眺永春县城，可见山川缭绕，丛林染碧。②魁星岩寺坐落于奎峰山半山腰的山坳里，坐西朝东，背靠丛林，东面桃溪，藏风得水。

三、空间布局：引导空间为一段崎岖的石阶。寺庙采用主轴对称结合自由布局，中轴线上依次为魁星殿、乡贤祠，东面山脚下有外山门、文昌台、御笔亭等，东南山腰处为魁星文化广场，西南向山腰为魁星岩文化园、静心亭等。其中魁星殿左右两侧有中山门和内山门，共同组成三合院。

四、建筑艺术：魁星岩寺为闽南传统“皇宫起”大厝与山地式建筑相结合，采用砖土木材料，屋面覆盖灰瓦或红瓦，屋脊装饰剪粘、彩画。

外山门为三间四柱冲天式石牌坊，额枋浮雕二龙抢珠、瑞应祥麟、骏马奔腾、喜上眉梢，雀替饰凤凰。石柱楹联书“詹岩古地宋哲明贤留逸韵，桃邑故场韩诗盛记溯遗踪”。

中山门为独立式红砖小门楼，悬山顶，覆盖红瓦，正脊脊堵彩画山水图，两端燕尾脊高翘。正门门板漆画门神。

内山门为独立式红砖小门楼，悬山顶，覆盖红瓦，正脊脊堵彩画诗圣杜甫及山水图，燕尾脊高翘。正门门板漆画门神。正面匾额书“桃源古刹”，背面书“广亭秋月”。

图 2－10－2　魁星殿

魁星殿（图 2–10–2）保留清代“皇宫起”大厝建筑样式，建于石台之上，土木结构。三川脊歇山顶，屋脊饰剪粘，中港脊脊刹置七层宝塔，两侧各雕一只蛟龙，龙首抬起，龙尾高翘，脊堵浮雕双龙戏珠、狮子戏球、花鸟等。面阔五间，通进深四间，插梁式木构架，彻上露明造。塌寿为孤塌，明间、次间设隔扇门，梢间为厢房，辟竹节柱方窗。明间两根前檐柱为蟠龙石柱。檐下施一跳斗拱或一斗三升拱，雀替、童柱木雕卷草纹与莲瓣。殿中供奉释迦牟尼佛、达摩祖师，匾额书“佛泉法界”，两侧木楹联书“岩幽自有桂枝招隐犹然惭圣代，吾老未窥石室著书安得副名山”。大殿左厅祀魁星，匾额书“光昌文运”；右厅祀清水祖师，匾额书“慈津慧业”。

乡贤祠重建后改为混凝土建筑，悬山顶，正面开门，两侧辟圆形窗，门上匾额书“乡贤祠”，两旁楹联书“乡崇博雅文风美，贤应魁星地气钟”。供奉明左史颜廷榘。颜廷榘（1519—1611），明代诗人、书法家，为官清正廉洁，有德于民，民众尊称其为“颜佛”。

魁星岩墓塔建于明嘉靖十五年（1536），三级塔埕，两摆手。中国窣堵婆式石塔，单层八边形须弥座，如意形圭角，上下枋、上下枭和束腰均为圆形。塔身钟形，正面辟佛龛，寰形整石封顶。

五、景观特色：明代永春文人颜桃陵曾把魁星岩分为十二景——万松巢鹤、半岭迎云、茂林幔绿、广庭秋月、梅盘仙榻、烟箩鸟道、吟台悬壁、竹坞佛泉、斗石钟灵、山阴禊迹、曲涧春流、崆峒通玄。这些景观目前正在逐步恢复中。

外山门左后侧有一椭圆形放生池，池边垒叠假山。周边古树名木众多，如魁星殿前有株百年树龄的龙眼树，乡贤祠旁有百年树龄的山杜荆和龙眼树。其他还种植有毛竹、棕榈树、香樟、桉树、枫树、荔枝树、千年桂花树等。

岩寺后的绝壁间雕有华严三圣像，佛像左侧崖壁上勒诗两首：“桃源穷览胜，携伴陟层岩。山志魁星号，碑余佛迹嵌。嫩藤牵薜荔，浓黛老松杉。眺赏情何极，半峰落照衔。”“云锁峰头白，霞气树梢红。数声清磬响，一望海天空。城廓秋烟外，村墟暮霭中。兴来贫觅句，谁剪碧纱笼？”其他还有“迎云”“佛迹”“吟台”“崆峒元石”“文曲华世”“吉祥道”等石刻。山门左侧立一方明代诗人颜廷榘手书的“文昌台”石碑，高 1.38 米，宽 0.55 米。魁星广场旁的百魁壁上收集有颜真卿、苏东坡、黄庭坚与康有为等名家所写的“魁”字，其中尤以清代福建陆路提督马负书所写的“魁”字最为精妙。魁星广场中央立有醒目的魁星雕像，魁星右手上举，提笔点斗，一足踩鳌，一足踢斗，相貌狰狞却不觉凶恶。通往大殿的山道旁还建有五福亭、静心亭等。

乌髻岩寺（图 2-10-3）

图 2-10-3　乌髻岩寺

一、概况：乌髻岩寺位于永春县锦斗镇飞凤山，始建于唐开元年间（713—741），现为永春县文物保护单位。

二、选址特征：①乌髻岩又名灵应岩，山后一乌石形似古代仕女美髻而得名。据清乾隆《永春州志》记载："乌髻山势若文笔，林木荟蔚，望之如云髻。"②乌髻岩寺坐南朝北，两侧山峦夹峙，北面缺口形成气口。

三、空间布局：引导空间为一条弯曲的林荫小道，两旁绿树成荫，飒飒风响。寺庙采用主轴对称结合自由布局，中轴线上为主殿，西侧为钟楼，东侧为鼓楼。其中主殿为一进四合院，由门厅（天王殿）、大雄宝殿和护厝组成。主殿北面山腰有观音池、凤旦塔、弥勒殿、山门，西侧有放生池、倚云阁，南面山坡上有同心桥、后殿等。

四、建筑艺术：乌髻岩寺殿堂具有"皇宫起"古厝及山地民居风格，采用砖石木材料，屋面覆盖红瓦。

山门为三间四柱三楼式石牌坊，庑殿顶，正楼脊上雕二龙戏珠，翼角饰卷草纹，檐下施两跳斗拱，雀替雕龙首。

主殿建于石台之上，为一进四合院。

门厅（天王殿）建于高台上，三川脊悬山顶，屋脊饰陶瓷，中港脊脊刹置七层宝塔，两侧雕蛟龙，脊堵嵌唐僧师徒四人、八仙祝寿、狮子戏球等，瓦当饰狮首。这些陶瓷作品有朱红、翠绿、玫瑰、米黄、粉红、橘红、天蓝、煤黑、赭石、深蓝等色。次间开门，通进深两间，门前设石阶。两侧厢房间数不等，外墙辟有方窗，下半部分影雕山水瑞兽图。

大雄宝殿地势更高，三川脊悬山顶，中间略有升高，屋脊饰陶瓷，正脊脊刹置七层宝塔，两侧雕蛟龙，脊堵嵌八仙庆寿、锦上添花，侧脊雕飞龙，垂脊牌头饰花卉。面阔五间，通进深六间，插梁式木构架，彻上露明造。立面通透无门，明间前方设石阶，次间与梢间设木栏杆。殿内梁架简洁明了，除了少数几根童柱外，檐柱、梁枋、劄牵等无雕饰，体现了永春山地民居朴素的特色。两侧墙壁悬挂罗汉画像。匾额有明万历年间（1573—1620）李廷机所书的“慈悲航渡”、清光绪年间（1875—1908）吴鲁所书的“珠散香阁”、清代吴应元所书的“莲花自在”等。供奉黑脸观音（乌髻观音），“乌髻观音”佛号“显化大士”，昵称“乌髻妈”，被敬为“吉祥女神”，驰誉于八闽，蜚声于海甸。

左侧护厝为两层楼阁，三川脊悬山顶，屋脊饰陶瓷，正脊上雕二龙戏珠、麒麟，脊堵浮雕仙鹤、花卉等，垂脊牌头饰神仙。面阔三间，通进深两间。二楼设花瓶式栏杆。右侧护厝建于高台之上，三川脊悬山顶，屋脊饰陶瓷。面阔五间，通进深两间。

钟鼓楼为平面六角两层楼阁，六角攒尖收顶，刹顶为宝葫芦。

五、景观特色：乌髻岩属峡谷景观，山水殊胜、景观幽绝，大致分为乌髻宗教文化、乌髻溪戏水、怡情屏休闲、情人谷度假、望仙坪探险五大旅游景区，有乌髻慈航、弥勒迎宾、紫竹甘霖、村姑皈道、樟波倩影、倚云览胜、凤旦衍祥、莲池清趣、神龟护溘、曲径双檀、天风来瑞、滴水琼珠、薜萝证果、桃坪春晓、天梯励志、猴灯酿慧、仙醪益寿、云海望山、观音赏樱、神仙足迹 20 处胜景。

乌髻岩寺旁有条跳跃明澈的溪流，溪上建有两座石拱桥，沿溪形成 4 处亲水景观。①香道旁的天然池塘，以鹅卵石垒砌驳岸，池中立一座七层楼阁式石塔，池边还有两座楼阁式石塔，并塑有许多天真的小沙弥石雕。②大雄宝殿前有椭圆形放生池，池中立滴水观音立像。③大殿旁有一泉水，号称“龙泉”，特意雕一龙首，让泉水从龙口流入下方的水槽，形成龙吐水，别有意趣。④大雄宝殿左侧有一处半圆形池塘，池水清澈见底。

乌髻岩属于次生林，生态良好。山门周边山坡上种植成片的杉木；寺庙周围种有大片的毛竹林；后山坡有成片的海桐和树干笔直、叶茂荫浓的竹柏。大雄宝殿后山有两条平行的陡峭石阶通往后殿，如天梯一般，颇为险峻。

庙宇后山还有怡情屏、一览亭、观景亭、龙凤亭、成林亭、观音送子雕像、励志亭、苦菜坑、青云亭、凤翼亭、凤冠亭、化身亭、化身石、仙脚迹、仙泉窟、望仙亭、仙景亭、辉翔亭、天梯等景观。

惠明寺（图 2－10－4）

图 2－10－4　惠明寺

一、概况：惠明寺原名临水寺，又名小开元寺，位于永春县南郊桃溪西畔的花果山下，始建于唐代（817—859），是永春现存最早的古寺庙之一，现为永春县文物保护单位。

二、选址特征：惠明寺坐西朝东，靠山面水，附近有山泉。

三、空间布局：寺庙采用中轴线布局，轴线上依次为天王殿、天井、大雄宝殿，两侧为廊庑，左前方为山门。

四、建筑艺术：惠明寺殿堂为“皇宫起”大厝，采用钢筋混凝土结合石木材料，屋面覆盖红色琉璃瓦。

山门为石木建筑，单檐歇山顶，屋脊饰陶瓷，正脊上雕二龙戏珠，脊堵浮雕唐僧师徒四人、麒麟奔跑、八骏马、金鱼摆尾，垂脊牌头立天官祈福，翼角饰卷草纹。面阔一间，通进深一间。大门两侧辟石雕螭龙漏窗，门堵石浮雕《三国演义》故事、石狮、香象、花鸟图。大门楹联书“桃源胜迹梵宇庄严构甲刹，惠明德性法音远播出山门”。檐下施一斗三升拱，垂花、立仙、雀替木雕宫灯、武将、缠枝花卉。

天王殿为三川脊悬山顶，屋脊饰陶瓷，中港脊脊刹置宝葫芦，两侧雕蛟龙，脊堵浮雕八仙过海、四大天王，垂脊牌头立战将与金刚。面阔五间，通进深一间，插梁式木构架，彻上露明造。塌寿为孤塌，明间开门，次间、梢间分别辟螭龙圆形石窗与竹节柱圆窗，镜面墙以红砖砌成各种“卍”字纹。垂花、立仙、雀替、剳牵木雕宫灯、武将、缠枝花卉，狮座雕仰莲瓣。佛龛供奉弥勒菩萨。

大雄宝殿为重檐歇山顶，屋脊饰陶瓷和剪粘，正脊脊刹置七层宝塔，两侧雕蛟龙，戗脊脊尾雕行龙与卷草纹。面阔五间，通进深六间。明间、次间开隔扇门，垂花木雕莲瓣，随梁枋彩画山水图。殿内保存有一方光绪十八年（1892）孟冬立所题的“开元寺”牌匾。佛龛供奉三世佛。

廊庑为悬山顶，屋脊饰陶瓷，正脊上雕鱼化龙，脊堵饰天兵天将、鲤鱼摆尾，垂脊牌头置仙女与仙童。面阔三间，通进深一间，摆放有十八罗汉。

五、景观特色：慧明寺左厢房后有一条终年不歇的山泉，泉水清冽甘甜。寺后有 3 株枝繁叶茂的荔枝树，周边竹林环抱，环境清幽。天王殿前石埕左侧有北宋嘉祐年间（1056—1063）打造的两个石槽，槽内种植多种花木，石槽边立有一方明万历十六年（1588）颜廷榘所写的《重修惠明寺记》石碑。庭院摆放有石狮、施食台、香炉、盆景等。

普济寺（图 2－10－5）

图 2－10－5　普济寺

一、概况：普济寺又名普济禅院，隐于永春县蓬壶镇美山村五班山中，始建于五代时期（907—960）。据文献记载，明代时普济寺已颇具规模，“朝圣有殿，栖禅有室，香积有厨，放生有池，望远有亭，开涧有泉”，号称“桃源甲刹”，现为永春县文物保护单位。

二、选址特征：①五班山峰峦竞秀，环境幽静，远离尘嚣，犹如世外桃源。②普济寺坐落于五班山半山腰处，坐北朝南，背枕青山，南面视野开阔。

三、空间布局：普济寺采用中轴线布局，为一进四合院，中轴线上依次为内山门、天井、大雄宝殿，两侧为钟鼓楼、廊庑与厢房，寺庙西南向为客堂，前方山坡立外山门。

四、建筑艺术：普济寺殿堂具“皇宫起”大厝与官式建筑风格，采用砖石木材料，屋面覆盖橘红色琉璃瓦。

外山门为三间四柱三楼式石牌坊，正脊两端饰龙吻，翼角饰卷草纹，檐下施一斗三升拱。

客堂为红砖白石木构“皇宫起”大厝，单檐歇山顶，正脊脊堵中间为筒子脊，镂空砖雕，两端燕尾脊高翘，其中正脊、垂脊与戗脊两侧均贴瓷板画山水图。面阔五间，塌寿为孤塌。前后明间开门，门上匾额书“云山一览”“浩然正气”。

内山门为独立式小门楼，单檐歇山顶，正脊脊刹置火珠，屋脊饰剪粘和灰塑，脊堵浮雕花草纹、香象、麋鹿，垂脊牌头雕仙阁、凤凰，两端燕尾脊高翘，翼角饰卷草纹。面阔三间，通进深两间，插梁式木构架，彻上露明造。匾额“普济寺”为赵朴初先生所题。垂花、雀替木雕宫灯、莲瓣、缠枝花卉。

大雄宝殿为红砖白石木构官式建筑，建于石砌台基上，正中设垂带踏跺。重檐歇山顶，屋顶饰剪粘或灰塑，正脊脊刹置七层宝塔，两侧雕蛟龙，脊堵浮雕双龙抢珠、花草纹，上下檐之间饰双凤朝阳、一品清廉。面阔七间，通进深七间，抬梁式木构架，彻上露明造。明间、次间开隔扇门。檐下施叠斗，垂花、剳牵、随梁枋、束随木雕莲瓣、唐僧师徒四人、博古、凤戏牡丹、喜上眉梢、缠枝花卉等。正中供奉如来佛，两旁为文殊菩萨与普贤菩萨，主殿两侧列十八罗汉。大殿匾额“普济寺”以及檐柱楹联均为弘一法师所书。

钟楼（鼓楼）为红砖白石木构两层楼阁，四角攒尖顶，顶刹为宝葫芦，翼角饰卷草纹。面阔一间，通进深一间。明间开板门，二楼采用全透明玻璃窗，光线明亮。

五、景观特色：普济寺内山门前的下沉式广场有半圆形放生池，池中塑剪粘双龙戏水，四周设石栏杆。寺庙植被良好，内山门两侧对植两株龙柏；客堂外以花盆摆放成圆形，盆内种植大藨；大雄宝殿前石埕对植两株茂盛的桂花树；香道旁有黄葛树。庭院摆放有石槽、石香炉、铁香炉、石狮、盆景等。

普济寺周边“闽南富士山，闽南金字塔”之称，弘一法师称此地“境地幽辟，风俗淳古，有如世外桃源”。

第十一章　德化县佛教寺庙

西天寺（图 2 - 11 - 1）

图 2 - 11 - 1　西天寺

一、概况：西天寺原名西天室，又名西天岩，位于德化县浔中镇祖厝村西天山，创建于唐末宋初，现为德化县文物保护单位。

二、选址特征：①西天寺地处海拔 920 米的西天山北山坡上，四周层林叠翠，景色清幽秀美。②寺庙坐东北朝西南，背靠西天山主峰，面对 3 座小山，正前方有湖泊。

三、空间布局：西天寺采用主轴对称结合自由布局，中轴线上为主殿，依次为门厅、天井、大雄宝殿，两侧为护厝，包括执事房、僧舍等，形成五间直虎头厝，一进四合院，中间有天井。主殿右侧有厢房，右前方为观音殿，西北向的山坡上有三圣殿和送子观音殿。

四、建筑艺术：主殿建于清代，2008 年按照原样修复，采用砖木结构，屋面覆盖灰瓦，房屋低矮，具有闽南传统山地式民居特征。

山门为三间四柱三楼式石牌坊，庑殿顶，正楼正脊上雕二龙戏珠，次楼脊上雕行龙，翼角饰卷草纹，额枋浮雕金玉满堂、双凤朝阳等。檐下施两跳斗拱，石匾刻“西天寺”。

主殿的五间直虎头厝建筑样式多出现在闽南的安溪、德化、华安、长泰等山区。因其屋顶平直，故名“五间直”。两侧虎头厝的三层落阶较有特征，当地名“龙虎塔楼”，形似猛虎的两只耳朵。

主殿门厅为三川脊悬山顶，屋脊饰剪粘和陶瓷，中港脊上雕双龙戏珠，两端燕尾脊高翘，脊堵浮雕神仙、花卉，印斗与四寸盖嵌牡丹、凤凰。面阔三间，通进深一间，插梁式木构架，彻上露明造，横架为四椽栿。明间开门，次间、梢间素面白墙，极为朴素。

大雄宝殿为单檐歇山顶，屋脊饰剪粘或陶瓷，正脊上雕双龙护宝塔，两端燕尾脊高翘，脊堵为筒子脊，镂空砖雕，两侧浮雕有神仙，垂脊牌头饰亭台楼阁，施以墨绿、淡绿、朱红、淡黄、玫瑰、天蓝、淡黄、土黄、橘黄等色。面阔三间，通进深一间，插梁式木构架，彻上露明造，横架为八椽栿。立面通透无门，殿内供奉观世音菩萨，左侧奉普明祖师，右侧奉西天寺第一代至第四代住寺僧古檀木牌，并保存有清代地藏王菩萨像。

大殿廊柱有明天顺年间（1457—1464）贡生曾观生、曾乃生，清乾隆七年（1742）进士曾重登及曾清杨、乾隆二十二年（1757）进士曾西元等人所题的 7 对木板楹联。

两侧虎头厝为悬山顶，饰陶瓷，正脊脊堵浮雕神仙，屋脊脊尾上立雄狮、武将，山花饰童子嬉戏图、狮首、棋盘、钱币，印斗饰鲤鱼，施以淡蓝、湖蓝、米黄、金黄、粉绿、朱红、大红等色。

观音殿为两层楼阁，断檐升箭口式悬山顶，正脊雕双龙戏珠。殿内有 100 多尊陶瓷、铜铸或木刻的形态各异的观音造像，最矮的有 40 厘米，最高的有 50 厘米。

送子观音殿为单檐歇山顶，面阔一间，通进深一间。三圣殿为三间张双边厝，单檐歇山顶，正脊上雕二龙护塔。

五、景观特色：西天寺地处山谷之中，周边奇峰罗列，清泉流淌，层林叠翠，具空山幽谷之美景。

寺庙正前方有一如镜的半月形放生池，碧绿如茵，池旁植满山茶花；送子观音殿后山有一池塘，名“鸳鸯池”，但已干枯。主殿天井中对植两株220多年树龄的“十八学士”茶花，这两株山茶花可同时开出深红、粉红、桃红、乳白、红里透白等色的花朵，堪称极品。主殿右侧立数方石碑，前方庭院摆设有铁香炉。

寺庙附近山上有慈心亭、沁春亭、沐慈亭、金碧亭、大寨坑、猕猴园、丞相墓、科荣堂等景点。

灵鹫岩寺（图2-11-2）

图2-11-2　灵鹫岩寺

一、概况：灵鹫岩寺位于德化县赤水镇九仙山，始建于唐开元四年(716)。岩寺初名临峰石室，传说无比趺化前，曾于说法台绝食打禅49天，期间常有灵鹫鸟前来朝拜。无比圆寂后，改寺名为灵鹫岩寺。明清时期在此开设“九仙社学”，培养了大量名士。2003年再次进行重修，赵朴初先生亲笔题写寺匾，现为德化县文物保护单位。

二、选址特征：①九仙山地处赤水镇、大铭镇和上涌镇三镇交界处，主峰海拔1658米，其年均雾日达300天，是泉州地区观赏云海的首选之地。②灵鹫岩寺坐西朝东，东南面有一气口。寺前有山泉，常年不涸。

三、空间布局：寺庙采用主轴对称结合自由布局，中轴线上依次为外山门、放生池、大雄宝殿、邹公祖师殿，地势逐渐升高，两侧为钟鼓楼、厢房、寮房等。古山门在放生池左侧，大雄宝殿东南向竖立一座喇嘛塔，东北向有露天大佛。

四、建筑艺术：灵鹫岩寺殿堂是21世纪初重建的，具官式建筑样式，主体结构采用钢筋混凝土材料，屋面覆盖金黄色琉璃瓦。

外山门为混凝土及石木建筑，三间八柱三楼式牌坊。单檐歇山顶，屋脊饰剪粘，正脊上雕二龙护宝塔，燕尾脊高翘，脊堵饰凤戏牡丹，戗脊上雕蛟龙，翼角饰卷草纹。面阔三间，通进深一间，门前两侧各有一只石狮。檐下施弯枋与连拱，垂花、雀替雕莲花瓣、缠枝花卉。

古山门为三间四柱三楼式石牌坊，右侧一间为明代原物，色泽乌黑，古香古色，其余两间为近年重建。正脊两端雕鸱吻，额枋两侧浮雕龙首。石柱前后设抱鼓石，正面牌匾刻“一方净土”，整体造型极为古朴。

大雄宝殿为重檐歇山顶，正脊上雕双龙戏珠，两端雕鸱吻，翼角饰卷草纹。面阔五间，通进深三间。明间开隔扇门，次间辟螭龙交欢透雕圆窗，次间外墙彩色泥浮雕《西游记》故事、八仙过海、喜上眉梢、山水楼阁等。12根石构方形外檐柱为明代原物，其中两心间檐柱石刻楹联“石室峰悬云带冷，天池莲舞水传香”。殿内供奉3尊缅甸玉佛和3尊泰国金铜佛像。

邹公祖师殿建于石砌台基上，地势较高。重檐歇山顶，屋脊饰剪粘和陶瓷，正脊上雕双龙护塔，两端雕鸱吻，脊堵正中饰龙吐水，其余饰花鸟、金鱼、奔马等，戗脊上雕麒麟与行龙，围脊脊堵饰仙鹤、金鱼、花卉等。面阔五间，通进深两间。正面开门，次间辟一圆形窗，周边浮雕佛教故事。牌匾“灵鹫岩寺”为赵朴初先生所题。垂花、雀替雕莲瓣、卷草。殿内供奉开山祖师僧无比的肉身浮雕像。

钟鼓楼为重檐四角攒尖顶两层楼阁，平面正方形，屋脊饰陶瓷，葫芦式宝顶，上檐垂脊脊端雕凤凰，下檐垂脊脊端饰卷草纹。面阔一间，通进深一间。第一层下半部分为石砌，正面开门；第二层正面开门，两侧山墙辟八角形窗，四周施平座，设花瓶式栏杆。

喇嘛塔为单层须弥座，束腰饰法轮。覆钵式塔肚底座置金刚圈，正面辟眼光门，门上装饰“卍”字及卷草纹，上方立一根长形塔脖子，十三层相轮，最上方置华盖和仰月宝珠。

五、景观特色：九仙山是闽南名山，素以“奇如黄山，秀如泰山，险如华山”而著称。

大雄宝殿前有一处泉水不绝的甘泉池，池中植荷花，中间竖立一尊拜佛小童，曾有诗赞其景曰：“秋深珠树笼云影，亭午琪莲映日华。”寺庙附近有许多奇石异洞，奇石有仙桃石、寿龟石、夫妻跷跷石、旋转石等洞有蛇岳洞、九十九洞、齐云洞、弥勒洞、摩云洞等。

寺庙东北面山头上有一尊端坐于莲座之上的露天阿弥陀佛石雕像，四周设宽敞的平台，正面有石阶。大雄宝殿后面山坡上还竖立有数根唐代石柱，如果能以这些唐柱为构件，重建一座仿唐建筑，将会成为灵鹫寺新的一景。附近有 40 多处诗刻和题刻，是九仙山文化遗产。

寺庙海拔 1500 多米，常出现云海、云瀑、佛光等气象景观。清代进士李道泰有诗赞曰：“地接天河不住倾，烟云缥缈众星明。仙人顶上簪花落，冷艳香浮削玉轻。”

五华寺（图 2－11－3）

图 2－11－3　五华寺

一、概况：五华寺位于德化县盖德乡吾华村五华山，始建于唐咸通年间（860—874）。据《福建通志》记载：“唐咸通间，无晦禅师凿石为室，与虎同居，又号虎蹲岩。”又据《闽书》记载：“山苦无水，无晦穴土数十丈，得泉，味甚甘洌……名端午泉。”20 世纪 80 年代末重建寺庙时，出土石雕柱础、浮雕力士等唐代建筑构件。

二、选址特征：①五华山海拔 1196 米，因“五峰并列，状如莲花”，而得名“五华”。②五华寺坐落于五华山巅，坐北朝南，两侧山峰犹如一对凤凰，寺庙像凤凰口中的宝珠。③寺旁有端午泉，寺前有大片田地。

三、空间布局：寺庙采用复合轴布局，中轴线上为新大雄宝殿，两侧为钟鼓楼与芳名亭；东面轴线上为正殿，包括山门、门厅、旧大殿及廊庑；西面轴线上依次为天王殿、陆禅师祖师殿、观音殿等。寺前有一大型广场。

四、建筑艺术：五华寺正殿保留明清时期的样式，具闽南山地民居特点，覆盖灰瓦，现为福建省历史文化古迹研究单位、德化县文物保护单位。新殿堂均为官式建筑，采用钢筋混凝土及砖木材料，覆盖金黄色琉璃瓦。

正殿为一进四合院，由门厅、天井、大殿和左右廊庑组成，右前方为山门，山门两侧建院墙。

山门为独立式小门楼，悬山顶，屋脊饰剪粘，但瓷片已破损严重。正脊脊刹饰宝珠，两侧雕鸱吻，两端燕尾脊高翘，脊堵浮雕花卉，垂脊四寸盖嵌狮首，牌头饰仙人与楼阁。面阔一间，通进深两间，抬梁式木构架，彻上露明造。童柱之间以梁和剳牵连接，檐下施两跳插拱。这座小门楼借鉴了德化普通民居的院门样式，朴素无华。

门厅建于石砌台基之上，三川脊歇山顶，屋脊剪粘已破损严重，正脊上雕双龙戏珠，两端燕尾脊高翘，垂脊牌头雕戏曲人物，两侧山花凹处灰塑耕田场景，背景彩绘山水图，凸起处剪粘花鸟。面阔五间，通进深三间，插梁式木构架，彻上露明造，横架为六椽栿。明间开门，次间辟圆形窗。两童柱间以横梁和剳牵连接，檐下施一跳斗拱。

旧大殿位置较高，明间与两侧梢间均设有石阶。三川脊悬山顶，正脊脊刹置宝葫芦，两端脊尾处雕蛟龙，两侧山墙嵌钉护甲，护甲间彩绘人物山水图，色彩斑驳。值得注意的是，这种钉护甲墙面大多出现在福州永泰和莆田地区。面阔五间，通进深四间，插梁式木构架，彻上露明造。明间设石阶通往大门，次间辟窗，梢间开侧门。檐下施一斗三升拱，雀替雕卷草纹。两侧墙壁绘有清代山水人物水墨画，并书有对联和诗词，如“五朵花开金布地，一源泉涌日中天”。殿内供奉陆禅祖师，高悬明万历五年（1577）“陆禅祖师”牌匾。大殿左右两侧山墙还建有断檐升箭口式屋檐伸出墙外。这种做法通常只在德化等山区出现。

天井两旁廊庑为悬山顶，正脊脊堵剪粘花卉，垂脊牌头泥塑文官武将，施以土黄、湖蓝、煤黑、中黄等色。插梁式木构架，彻上露明造。

新大雄宝殿为重檐歇山顶，屋脊饰剪粘，正脊上雕双龙戏珠，脊堵浮雕仙人、花卉，垂脊牌头置楼阁，下檐戗脊上雕麒麟奔跑，翼角饰卷草纹。

面阔五间，通进深五间，插梁式木构架，彻上露明造。明间、次间开隔扇门，梢间辟石雕螭龙圆窗，外檐柱为 6 根盘龙石柱。垂花、立仙、雀替、狮座等木雕莲花、宫灯、卷草、戏狮，梁枋采用旋子彩画，殿内照壁板彩画山水、花鸟等。佛龛供奉三世佛，两侧列十八罗汉。

钟鼓楼为平面正方形两层楼阁，单檐歇山顶，屋脊饰剪粘，正脊上雕二龙护葫芦，垂脊牌头饰楼阁，戗脊上雕龙凤呈祥。面阔一间，通进深一间，右侧设石阶通往第二层。

天王殿为重檐歇山顶，屋脊饰剪粘，正脊上雕双龙护塔，脊堵浮雕花卉。面阔五间，通进深两间，插梁式木构架，彻上露明造。明间开隔扇门，次间辟螭龙圆窗，四周嵌浮雕瑞兽、花鸟图。供奉弥勒菩萨与四大天王。

陆禅师祖师殿为重檐歇山顶，屋脊饰剪粘，正脊上雕双龙戏珠，脊堵浮雕花卉。面阔五间，通进深三间，插梁式木构架，彻上露明造。明间开隔扇门，次间、梢间嵌浮雕瑞兽、花鸟图。殿内供奉 3 尊祖师公像。

观音殿为重檐歇山顶，屋脊饰剪粘，正脊上雕双龙戏珠，脊堵浮雕花卉。面阔五间，通进深三间，插梁式木构架，彻上露明造。明间开隔扇门，次间、梢间木浮雕瑞兽、花鸟图。殿内供奉观音菩萨、文殊菩萨与普贤菩萨。

五、景观特色：五华寺左右及后方的山坡有大片高山草坪，寺前有数百亩良田。

正殿前有端午泉汇集而成的长方形放生池，相传每年端午日，泉水会涌上井口。池塘中垒巨石，池旁立 3 株百年柳杉，其中一株树龄达到 200 多岁，树皮呈赤褐色，全树呈塔形，直指苍穹。周边还种植有千年红水杉、石楠、龙柏、毛竹等。庭院摆设有千年石药臼、坐化石、石塔、明万历古石碑、盆景等景观小品。

程田寺（图 2 - 11 - 4）

一、概况：程田寺位于德化县城德新街，始建于北宋淳化四年（993 年），因村民程国知献田建寺，故名“程田寺”。其与戴云寺、香林寺、龙湖寺并称德化四大古寺 1939 年被白机炸毁，20 世纪的 80 年代复式，现为德化县文物保护单位。

二、选址特征：①程田寺原坐落于东薜萝峰下、浐溪南端，坐东南朝西北，背山面水。②如今寺庙位于十字街头，正前方为德新街，右侧为浔东路，周边车水马龙。

图 2-11-4　程田寺

三、空间布局：寺庙采用中轴线布局，中轴线上依次为前殿、大雄宝殿、祖师殿，两侧为东西廊屋、厢房和栖莲室等。

四、建筑特征：程田寺大雄宝殿为闽南山地建筑，屋面覆盖灰瓦。新殿堂为官式建筑，屋面覆盖金黄色琉璃瓦。

前殿（天王殿）为三川脊歇山顶，屋脊饰剪粘，中港脊上雕双龙戏珠，燕尾脊高翘，脊堵浮雕瑞兽、花卉，垂脊牌头雕武将与楼阁，翼角饰卷草纹。面阔五间，通进深两间，插梁式木构架，彻上露明造。明间开门，次间、梢间辟螭龙石窗。垂花、立仙、雀替、剳牵、随梁枋、弯枋、童柱木雕宫灯、莲花、武将、花鸟、行龙与狮首。殿内两侧立哼哈二将。

大雄宝殿建于清康熙年间（1662—1722），单檐歇山顶，两侧山花嵌凸形钉护甲。面阔五间，通进深五间，插梁式木构架，彻上露明造，横架为十二椽栿。明间开门，次间、稍间设隔扇窗，绦环板木雕暗八仙。屋檐下方采用菱形木条窗，可增加殿内光线。檐下施一跳或两跳斗拱，外檐柱柱础为石雕覆莲瓣。横梁较为饱满，两端做成卷杀，插入木柱之中。梁、枋、剳牵等无雕刻，极为朴素，少数雀替雕有卷草纹。正中供奉三世佛。

祖师殿建于石砌台基上，重檐歇山顶，屋脊饰剪粘，正脊上雕双龙护宝塔，燕尾脊翘起，脊堵浮雕双龙。面阔五间，通进深四间，插梁式木构架，彻上露明造。明间、梢间开门，次间辟螭龙圆窗，浮雕罗汉、瑞兽、花鸟、博古等。垂花、立仙、雀替、随梁枋木雕宫灯、卷草、戏曲人物。檐下施弯枋与连拱或一斗三升拱。供奉陈行端祖师像。

五、景观特色：程田寺被马路和民房包围，空间有限。庭院内种植有桂花、香樟等，摆设有石香炉、铁香炉、铜钟、盆景等景观小品。

戴云寺（图 2-11-5）

图 2-11-5　戴云寺

一、概况：戴云寺位于德化县戴云山南麓半山腰的平地上，始建于后梁开平二年（908），近年重建，现为德化县文物保护单位。

二、选址特征：①戴云山海拔 1856 米，被誉为“闽中屋脊”。戴云峰“一柱撑空”，高出云表，常年被云雾所覆盖。②戴云寺坐北朝南，背靠戴云雄峰，前方明堂极为开阔。

三、空间布局：戴云寺采用中轴线布局，中轴线上依次为门厅、祖师殿、大雄宝殿，两侧为厢房、禅房、寮房、天井等。主殿与配殿通过廊道连成一个整体，外设围墙。

四、建筑艺术：戴云寺为钢筋混凝土及红砖白石木构“皇宫起”大厝，五间张双边厝，屋面覆盖红瓦，屋顶装饰剪粘。

山门为三间四柱三楼式牌楼，正楼脊刹置法轮，两旁莲花雕浮雕，脊堵浅浮雕花卉图案。

门厅为断檐升箭口式悬山顶，屋脊饰剪粘，中港脊脊刹置法轮，两侧雕荷花，小港脊上置宝珠，燕尾脊高翘，脊堵浮雕花卉，垂脊立四大金刚。面阔五间，通进深三间，插梁式木构架，彻上露明造。塌寿为双塌，明间开门，门楣与门框影雕花鸟虫草，匾额“戴云寺”三字为福建近代著名画家陈明谋先生所书，楹联书“戴顶如来业，云水润众生”。次间辟石雕螭龙窗，立面影雕瑞兽、花鸟图。檐下施弯枋与连拱。

祖师殿为断檐升箭口式悬山顶，屋脊饰灰塑，脊刹置法轮，两旁雕卷草，脊堵饰浅浮雕花卉图案。面阔三间，通进深四间。明间开隔扇门，次间辟直棂木窗。垂花、雀替、随梁枋、剳牵、童柱木雕莲花、盘龙、戏曲人物、奔马、戏狮等。正中供奉慈感、祖膊二位祖师，左右壁分别绘慈感祖师说法图、祖膊祖师祈雨图。

大雄宝殿建于石台之上，断檐升箭口式悬山顶，屋脊饰灰塑，中港脊脊刹置宝塔，两侧雕卷草纹，脊堵浮雕花卉。面阔五间，通进深四间，插梁式木构架。明间、梢间开隔扇门，次间辟直棂木窗。垂花、雀替、随梁枋、剳牵木雕莲花、麒麟、戏曲人物。天花为四方形藻井，四周施七踩斗拱，顶棚饰“卍”字纹。供奉有释迦牟尼、阿弥陀佛和药师佛，左右两室供奉地藏王菩萨与观音菩萨。

五、景观特色：戴云寺前宽阔的广场上建有半圆形放生池，右侧竖立有 7 方石碑，有《重修戴云寺碑记》《芳名录》等。寺庙东面有株近千年，高约 7 米，名“八月桂”的桂树。庙宇后方群峰竞秀，风光旖旎。

明人将戴云山的风光景物概括为戴云秋景、迎雪春潮、一柱撑空、七里盘谷、六朝真僧、石帽顶冠、凤髻通玄、涧畔石舟、天池洒雪、石壁悬松、天外线泉等十六景。

香林寺（图 2－11－6）

图 2－11－6　香林寺

一、概况：香林寺原名湖山寺，位于德化县葛坑镇湖头村，始建于五代。据《香林风物志》记载，鲤城开元寺第三代名僧释守珍法师在后周显德二年（955）来到德化贵湖山创建湖山寺，北宋景祐元年（1034）迁址重建，改名为香林寺。明建文二年（1400），寺庙东楼创办香林社学，传授“四书”“五经”等。香林寺号称德化四大古寺之首，现为德化县文物保护单位。

二、选址特征：①香林寺坐落于戴云山和九仙山之间的涌溪河畔，藏风纳气，负阴抱阳。②寺庙背山面水，坐北朝南，对面是莲花峰，整体地形呈太师椅状。

三、空间布局：香林寺建筑群依山而建，采用中轴线布局，中轴线上的殿堂前后落差约 5 米，中部与两侧有 3 条主通道。南北中轴线上依次为山门、金刚殿、大雄宝殿、祖师殿，东西两侧为迭落式配殿，逐层而上，包括香山书院、厢房等。整体来说，全寺由 3 个呈“口”字形的四合院组成，气势恢宏。

四、建筑艺术：香林寺属寨堡式建筑，目前除山门及部分配殿为清代山地式建筑外，其余均为近年按照原貌重建的官式建筑，屋顶轮廓变化极为丰富，充满韵律感。

山门为独立式小门楼，重檐悬山顶，覆盖灰瓦，屋脊饰剪粘，但瓷片多已剥落。正脊上雕双狮嬉戏，两端燕尾脊高翘，脊堵饰花卉、“卍”字纹，围脊脊堵浮雕八仙、瑞兽。最特别的是下檐两侧屋面又升起一个三角形屋檐，如一把利剑刺向天空。这是德化山区民居特有的做法，在闽南佛寺中仅此一例。面阔一间，通进深两间，插梁式木构架，彻上露明造，横架为四椽栿。正面开门，垂花木雕莲瓣，梁枋素面无雕刻。两童柱之间以横梁和剳牵相连接。

天王殿（金刚殿）为“假四垂”屋顶，在三川脊悬山顶正中再升起一个歇山顶，屋脊饰剪粘。歇山顶正脊上雕双龙戏珠，燕尾脊高翘，脊堵浮雕凤戏牡丹、瑞应祥麟、金鱼摆尾，垂脊牌头立四大金刚，翼角饰卷草纹，屋檐看牌雕福禄寿三星。悬山顶正脊上雕鱼跃龙门，脊堵雕瑞鹿祥和、狮子嬉戏、喜上眉梢等。围脊脊堵饰八仙祝寿、松鹤延年、鹿竹同春等。面阔五间，通进深三间，插梁式木构架，彻上露明造，横架为六椽栿。明间开门，次间、梢间嵌满石浮雕，有二龙戏珠、双狮戏球、丹凤朝阳、麒麟奔跑、《三国演义》故事等。垂花、雀替、随梁枋、剳牵、童柱木雕宫灯、龙鱼、凤凰、戏曲人物、香象、花卉、狮首。殿内两侧为韦陀与肩驮两大金刚像，盔甲为漆线雕，金碧辉煌。

大雄宝殿建于高台之上，重檐歇山顶，屋脊饰剪粘，正脊上雕双龙护宝塔，上檐戗脊脊端饰卷草纹，下檐戗脊上雕蛟龙。面阔五间，通进深四间，插梁式木构架，彻上露明造。明间开门，次间辟圆形螭龙石窗，四周嵌石浮雕。檐下弯枋与连拱层层而上，垂花、立仙、随梁枋、剳牵、狮座木雕宫灯、神仙、凤凰飞舞、麒麟奔跑、香象、戏狮等。殿内正中供奉如来佛、文殊、普贤及弥勒菩萨，两侧墙面浮雕十八罗汉。

祖师殿的屋顶较为特别，在三川脊重檐歇山顶正中再升起一个歇山顶，屋脊饰剪粘。歇山顶正脊上雕双龙护塔，脊堵饰二龙戏珠，翼角饰卷草纹。面阔五间，通进深五间，插梁式木构架，彻上露明造。明间、梢间开隔扇门，次间嵌浮雕吉祥图案，匾额书“香林祖殿”。4 根外檐柱为盘龙石柱，檐下施弯枋与连拱。殿内空间宽敞，两侧墙壁彩色影雕壁画有“郭子仪拜寿”“桃园三结义”“孟姜女哭倒长城”“齐天大圣战红孩儿”等。天花上设八角形藻井，斗拱层层叠叠，四周雕 8 尊飞天。正中奉祀许、郑二祖师与清水祖师。

图 2－11－7　香山书院

香山书院（图 2–11–7）为三川脊悬山顶，覆盖灰瓦，脊堵彩绘花卉，燕尾脊高翘。面阔三间，通进深四间，穿斗式木构架。明间为厅堂，两侧厢房，为典型的德化山地式砖木民居建筑。

迭落式配殿均为砖木结构建筑，悬山顶，覆盖灰瓦，正脊为实堵，脊堵彩绘花卉，燕尾脊翘起。

五、景观特色：香林寺地处涌溪河畔，周边群峰拱护，碧水环绕。

山门前石埕建有半月形放生池，号称“赤脚龙潭”。据说水深莫测，龙神甚灵，乡人祷雨则应。寺前有一大片水稻田，整座庙宇犹如镶嵌在田野中的宝珠。祖师殿正面台基嵌有巨幅石浮雕九龙壁。山门两旁各有一个清代抱鼓石，上面雕刻祥云纹。

蔡岩寺（图2-11-8）

图2-11-8 蔡岩寺

一、概况：蔡岩寺位于德化县桂洋乡彭坑村，始建于北宋元祐五年(1090)。后毁，1982年重建，现为德化县文物保护单位。

二、选址特征：①蔡岩寺坐落于钟山北麓，距香林寺3里许，是香林寺的附属寺之一。②寺庙背山面水，紧靠山崖，前方为山坡，空间较狭窄。

三、空间布局：蔡岩寺采用中轴线布局，中轴线上依次为前殿、正殿(祖师殿)、后殿，右侧为横厝。主殿与横厝之间修一石阶，主殿右侧山坡上建有山门。

四、建筑艺术：蔡岩寺殿堂属闽南山地式砖木结构建筑，屋面覆盖灰瓦，屋脊饰剪粘。

山门为三间八柱三楼式牌楼，重檐歇山顶，覆盖绿瓦，正脊上雕二龙戏珠，翼角饰卷草纹。面阔三间，通进深一间。檐下施三排连拱，天花为四角形藻井，斗拱层层叠叠，井心饰八卦图。

前殿为两层楼阁，斜屋顶，面阔三间。外墙彩画凤戏牡丹、麒麟奔跑、猛虎下山、花瓶以及仙人等。

正殿（祖师殿）为单檐歇山顶，屋脊饰剪粘，正脊上雕双龙护宝塔，两端燕尾脊高翘，脊堵浮雕花卉图案，垂脊牌头雕戏曲人物，翼角饰卷草纹，两侧山花灰塑喜上眉梢、仙人等。在歇山顶两侧再伸出一侧檐，这种做法与五华寺旧大殿有些相似。歇山顶与侧檐之间有一段长条形外墙，剪粘花瓶与花卉。面阔五间，通进深三间，插梁式木构架，彻上露明造。随梁枋、剳牵木雕缠枝花卉。殿内正中供奉盘膝趺坐、外饰金箔、头戴红帽的许公祖师、郑公祖师塑像。祖师肉身佛像于20世纪90年代初被盗，现在的祖师造像是近年重塑的。

后殿建于岩洞前，单檐歇山顶。面阔与通进深各一间，穿斗式木构架，彻上露明造，垂花木雕莲花瓣。檐柱上有清代楹联"梵语沉沉通性寂，佛灯耿耿照心明"。

横厝为两层楼阁，悬山顶，脊堵剪粘花鸟，正脊两端燕尾脊高翘。

五、景观特色：蔡岩寺后的钟山与桂洋的莲花峰对峙，周围群山环绕，苍林密布，松荫竹影，世称"钟莲竞秀"。寺前奇花异木千姿百态，被誉为"林海神山""佛国乐园"。

狮子岩寺（图2－11－9）

图2－11－9 狮子岩寺

一、概况：狮子岩寺位于德化县春美乡新阁村狮子岩，始建于南宋淳熙十六年（1189），现为德化县文物保护单位。

二、选址特征：①狮子岩是闽南名山，海拔 1176 米，四周丛林密布，奇石、奇竹、奇洞散布其中，或自成一景，或相映成辉。②寺庙紧靠山崖，坐西朝东，东面视野开阔。

三、空间布局：狮子岩寺面积较小，采用中轴线布局，正中间为大雄宝殿，南面为释迦殿、山门，北面建有数间护厝。

四、建筑艺术：狮子岩寺殿堂为闽南山地式砖木结构建筑，屋面覆盖灰瓦，屋脊装饰剪粘、泥塑，古色古香。

山门为独立式小门楼，三川脊悬山顶，中间升起，屋脊饰剪粘或泥塑，正脊上雕二龙护宝塔，燕尾脊高高翘起，脊堵浮雕戏曲人物、花鸟等，垂脊牌头饰戏曲人物与凤凰。面阔三间，通进深两间，穿斗式木构架，彻上露明造。明间开门，次间砌白墙。

大雄宝殿建于石台之上，正面设垂带踏跺，三川脊悬山顶，中间升起，中港脊上剪粘双龙护宝塔，小港脊剪粘蛟龙，燕尾脊高翘。面阔五间，通进深四间，插梁式木构架，彻上露明造，横架为八椽栿。明间、次间与梢间均开隔扇门，绦环板木雕花卉纹。檐下施一跳斗拱，劄牵、随梁枋木雕卷草纹、花鸟。正门楹联书“步上高峰红日近，荣登戴岳白云低”。殿内两侧彩画观音菩萨、弥勒菩萨、罗汉等。殿内牌匾书“威灵显赫”“莲座生辉”，神龛供奉陈公祖师与黄公祖师。

释迦殿为悬山顶，正脊剪粘双龙护葫芦，燕尾脊高翘，垂脊脊端高高翘起。正脊与建筑的正立面不在同一平面，形成“十”字交叉。面阔三间，通进深四间，穿斗式木构架，彻上露明造，横架为六椽栿。明间开隔扇门，次间辟方形窗，两侧山墙各开一扇边门，正门外设有阳台。金柱楹联书“有缘皆佛法，无碍皆禅心”。佛龛供奉三世佛、观音菩萨与地藏菩萨等，两侧列十八罗汉。

舍利塔建于岩寺右侧山坡，为中国窣堵婆式石塔，单层须弥座，钟形塔身，正面辟拱形佛龛，寰形整石封顶。

五、景观特色：狮子岩寺周边布满奇石，有狮喉、狮舌等。附近还有仙人迹、狮子寨等景点。

狮子岩寺有山有水，有花有草，有果园，有菜地，颇具农禅之味。

龙湖寺（图 2－11－10）

图 2－11－10 龙湖寺

一、概况：龙湖寺位于德化县美湖镇上漈村龙湖山，由高僧林自超创建于南宋庆元四年（1198）。龙湖寺既是德化四大名刹之一，也是闽台地区众多三代祖师庙的发祥地，现为德化县文物保护单位。

二、选址特征：①龙湖山古名太湖山，又名金碧峰，海拔 1350 米，山顶平凹如船，旁有十二峰罗列，风景幽雅。②寺庙坐落于山谷地带，坐南朝北，四面环山，北面明堂较开阔，附近有山泉。

三、空间布局：龙湖寺规模宏大，采用主轴对称结合自由布局，中轴线上依次为天王殿、大雄宝殿、祖师殿，两侧为钟鼓楼和厢房等。主体建筑前方山坡上有龙兴殿，后山有卧佛殿、碧天亭和舍利塔。

四、建筑艺术：龙湖寺殿堂虽然整体上具有寨堡式建筑的特征，但独立的建筑又有“皇宫起”大厝和官式建筑的特征。其主体殿堂围合成一个二进四合院，采用钢筋混凝土及砖石木结构，屋面覆盖金黄色琉璃瓦。

山门为三间八柱三楼式石牌坊，正脊上雕二龙护宝塔，燕尾脊翘起，大门牌匾书“龙湖圣地”。

天王殿为三川脊歇山顶，中间略有升起，屋脊饰剪粘，中港脊上雕双龙戏珠，小港脊上雕凤凰飞舞，燕尾脊高翘，脊堵浮雕唐僧师徒四人、花鸟图等，垂脊牌头置楼阁，翼角饰卷草纹。面阔五间，通进深两间，插梁式木构架，彻上露明造。明间、次间开隔扇门，梢间辟石雕圆形螭龙窗。垂花、立仙、雀替、随梁枋、束随木雕宫灯、莲瓣、神仙、花鸟等。供奉弥勒菩萨、韦陀菩萨与四大天王。

大雄宝殿为重檐歇山顶，屋脊饰剪粘，正脊上雕双龙护宝塔，脊堵浮雕两只相对的蛟龙，垂脊牌头置戏曲人物与楼阁，翼角饰卷草纹。面阔五间，通进深六间，插梁式木构架，彻上露明造。明间、次间开隔扇门，绦环板浮雕海鱼、龙虾、螃蟹等，梢间辟石雕圆形螭龙窗。垂花、立仙、雀替、随梁枋、束随木雕宫灯、莲瓣、神仙、瑞兽、花草等，檐下施弯枋与连拱，雕刻各种花鸟图案。殿内正中供奉汉白玉三世佛像、木雕地藏菩萨与达摩尊者，两侧列汉白玉十八罗汉像。

祖师殿建于石台之上，地势较高，两侧设有石阶。三川脊悬山顶，屋脊饰剪粘，中港脊上雕双龙护宝塔，小港脊上饰凤凰飞舞。面阔五间，通进深五间，插梁式木构架，彻上露明造。明间、次间、梢间开隔扇门，隔心、绦环板木雕佛教故事、戏曲人物、花鸟鱼虫等。檐下施弯枋与连拱，垂花、立仙、雀替、随梁枋等木雕宫灯、神仙、缠枝花卉、戏曲人物。天花正中为八角形藻井，井心饰莲花。殿内匾额书“尘雨普济”“檀越生祠”“一脉相承”。正面供奉三代祖师。

钟鼓楼为两层楼阁，单檐歇山顶，屋脊饰剪粘，正脊上雕双龙戏珠，翼角饰卷草纹。面阔一间，通进深一间，插梁式木构架，彻上露明造。垂花木雕莲瓣、神仙。第二层平座四周设石栏杆。

龙兴殿为混凝土建筑，一进院落，仿三川脊硬山顶，面阔三间，通进深两间，外墙涂成米黄色。大门楹联书“龙腾依佛法宏开净域，兴起以禅心普度迷津”。

卧佛殿为单檐歇山顶，正脊较弯曲，上方雕双龙护宝塔，脊堵饰花卉。面阔三间，通进深四间，插梁式木构架，彻上露明造。明间、次间开隔扇门。殿内供奉玉雕卧佛。

三代祖师塔建于南宋，为中国窣堵婆式石塔，单层六角形须弥座，钟形塔身，塔刹为一座五轮式塔的圆形塔身。

五、景观特色：龙湖寺主要有 3 处水源。①前方山林中建有椭圆形放生池，一碧如镜，名“青草湖”。②放生池北面有一处清泉，泉水从石涧流注，点滴如珠，名“碧水池”。③后山有浮杉池，池中斜插一棵高出水面 1 米多、表皮虽朽但内里坚硬的杉木。这株杉树据说是林自超创建寺庙时栽种的。庙宇周边古木参天，除有 6 株百年紫藤外，还有枫香树、侧柏、柳杉、山茶花、紫薇、天竹桂、桂花等。

龙湖寺附近有迎客亭、碧水坑、坐化台等景点。其中坐化台是三代祖师坐化之地，如今还遗存有一座莲花台。

大白岩寺（图 2－11－11）

图 2－11－11　大白岩寺

一、概况：大白岩寺位于德化县美湖镇阳山村与永春县桂洋镇岐山交界处的白岩山主峰，始建于南宋嘉定年间（1208—1224），现为永春与德化两县文物保护单位，是泉州唯一一座双文保寺庙。民间传说明朝正德皇帝夜宿集仙岩，远看群山岚烟，近看白牡丹盛开，触景生情，不禁赞曰“集仙岩顶不见仙，却是一片大白岩”，于是改岩名为“大白岩”。

二、选址特征：①大白岩山峰形如鲤鱼朝天，据说大白岩是鲤鱼头，泉州鲤城是鲤鱼尾。②寺庙建于山坳里，坐东朝西，四面环山，西面明堂较开阔，寺旁有泉水。

三、空间布局：寺庙采用主轴对称结合自由布局，中轴线逐层升高，依次为天王殿、大雄宝殿，两侧为钟鼓楼，大殿右侧山坡上有观音殿，左侧密林里有旧山门、舍利塔。寺庙左侧山坡下为新山门。

四、建筑艺术：大白岩寺殿堂为官式建筑，但屋顶具“皇宫起”大厝风格，屋面覆盖灰瓦，外墙为红色。

新山门为三间四柱三楼式石牌坊，正楼正脊上雕二龙戏珠，翼角饰卷草纹。

旧山门为独立式小门楼，单檐歇山顶，屋脊饰陶瓷，正脊上雕二龙戏珠，脊堵浮雕喜上眉梢、麒麟奔跑，垂脊牌头雕鲤鱼，翼角饰卷草纹。面阔一间，通进深一间。

天王殿建于石砌台基之上，正中设踏跺。三川脊歇山顶，屋脊饰陶瓷，中港脊上雕双龙戏珠，小港脊上饰蛟龙，脊堵浮雕八仙庆寿、喜上眉梢、双狮戏球等，垂脊上雕凤凰飞舞，牌头饰楼阁与树木，翼角饰卷草纹，瓦当与滴水分别浮雕花朵、狮首。面阔五间，通进深三间，插梁式木构架，彻上露明造。塌寿为孤塌，明间开门，次间、指间辟圆形或方形窗，其中圆形透窗嵌陶瓷瑞应祥麟，施以大红、橘黄、墨绿、黄绿、米黄、湖蓝、粉红、象牙白等色彩。大门楹联书"大施恩德映日月，白寺神光耀乾坤"。垂花、雀替、梁枋等木雕宫灯、莲花、卷草纹、花鸟、八仙等。殿内牌匾书"永德大白岩"，正中供奉弥勒菩萨与韦陀菩萨，两侧为四大天王。

大雄宝殿建于石台之上，地势较高，重檐歇山顶，屋脊饰陶瓷，正脊上雕双龙护宝塔，燕尾脊高翘，脊堵浮雕双凤朝阳，翼角饰卷草纹。面阔五间，通进深三间，插梁式木构架，彻上露明造。明间、次间辟窗，梢间开门，门前设石阶。照壁板上水墨画双龙戏珠、孙悟空三借芭蕉扇、孙悟空三打白骨精等。横梁上有 4 根童柱特别长，抬高了屋顶高度。殿内佛龛供奉释迦牟尼佛，前面摆放多尊祖师公像，两侧墙壁彩墨画十八罗汉像。

钟鼓楼其实是建于二层平台上的四角攒尖顶凉亭，翼角饰卷草纹。插梁式木构架，檐下施两跳斗拱或一斗三升拱，天花为八边形藻井，施四跳斗拱。

观音殿为单檐歇山顶，屋脊饰陶瓷，正脊上雕双凤朝阳，脊堵浮雕八仙祝寿，垂脊牌头雕戏曲人物与楼阁，翼角饰卷草纹。面阔五间，通进深三间，插梁式木构架，彻上露明造。明间开门，次间、梢间辟窗，殿内供奉观音菩萨。

舍利塔建于宋代，为中国窣堵婆式石塔，单层八角形须弥座，束腰浮雕八卦图，钟形塔身，寰形整石封顶。

五、景观特色：大白岩寺地处深山幽谷之中，寺庙右侧的山泉中生活着数十条四脚鱼，水面上漂浮着荷叶。庙宇内外巉岩林立，怪石嶙峋，大雄宝殿右侧岩石上有"百僧福田碑""大白岩""佛"等石刻。通往舍利塔的元代石板小道，形如盘龙，路两旁以不规则花岗岩垒成矮墙，行走其间，犹如穿行于时空隧道。

永安岩寺（图 2 - 11 - 12）

图 2 - 11 - 12　永安岩寺

一、概况：永安岩寺位于德化县赤水镇九仙山南麓，始建于明弘治年间（1488—1505）。唐代高僧邹无比曾在此垦种荇菜，故旧称“荇菜岩”。永安岩寺作为县城保存较为完整的寺庙之一，被列为德化县第一批文物保护单位。

二、选址特征：永安岩寺坐落于九仙山南部的山谷之中，坐北朝南，北面龙脉峰峦雄伟，南面山峦有一缺口，附近有山泉。

三、空间布局：引导空间为一条崎岖的石板古道。岩寺采用中轴线布局，为五间张双边厝，两进四合院，前低后高，中轴线上依次为放生池、山门殿（下殿）、前天井、大雄宝殿（中殿）、后天井、祖师殿（正殿），天井两翼为迭落式廊庑，中轴线右侧为地藏殿、厢房、右天井等，左侧为观音殿、厢房、左天井等。其中，山门殿与地藏殿和观音殿之间建有悬空过水廊，岩寺左前方山坡下为碑亭与护界殿。

四、建筑艺术：永安岩寺殿堂保持明代建筑风格，具“皇宫起”大厝与德化山地式民居的特点。

山门殿（下殿）为两层楼阁，第一层为石木结构，第二层为砖木结构。三川脊歇山顶，覆盖灰瓦，燕尾脊高翘，屋脊饰剪粘和泥塑，中港脊上雕双龙抢珠，小港脊上雕飞龙，脊堵浮雕唐僧师徒四人、戏曲人物、凤戏牡丹、喜上眉梢、花篮等，垂脊牌头置仙人、楼阁、花卉，其中剪粘以翠绿、粉绿、米黄、粉红、橘红、深蓝、熟褐、钛白等色瓷片拼贴。面阔五间，通进深三间，抬梁式木构架，彻上露明造。只有明间开一石门，并设石阶通往上一层的前天井，大门两侧石柱楹联书“永成佛国大千界，安镇仙山第一峰”。次间、梢间上下两层均为厢房，辟方形与圆形木窗，二楼设有狭窄平座，平座外设腰檐。比较特别的是，明间上方屋檐处向前再伸出一个歇山顶，檐下施三排一斗三升拱。

图 2 - 11 - 13　大雄宝殿

大雄宝殿又称中殿（图 2–11–13）建于石砌台座之上，正中及两边设石台阶。三川脊悬山顶，覆盖灰瓦，屋脊饰剪粘，正脊上立宝塔，两旁雕短身飞龙，脊堵浮雕花卉，垂脊牌头置端坐于楼阁中的高僧。面阔五间，通进深四间，插梁式木构架，彻上露明造。正面通透无门，檐下施一斗三升拱，雀替、坐斗木雕缠枝花卉、鱼化龙等，梁枋彩绘松鹤延年、山水图、翠竹、卷草纹等。佛龛供奉三世佛。佛龛前摆放一张木雕供桌，雕刻神仙图、暗八仙等，桌脚圆雕戏狮，施以红、绿、黑、金等色，稳健而不失活泼。

祖师殿（正殿）保留明代纯木构建筑样式，“假四垂”屋顶，覆盖灰瓦，屋脊饰剪粘。正脊脊刹立一长形宝葫芦，两旁各雕一只飞舞的蛟龙，脊堵为镂空砖雕，垂脊牌头置端坐于楼阁中的高僧，上方饰一只飞翔的凤凰，四寸盖嵌一名骑鹤武将。面阔五间，通进深四间，插梁式木构架，彻上露明造。明间、次间辟窗，梢间开门。檐下施一斗三升拱和一跳斗拱，雀替、坐斗木雕花卉、卷草纹等，梁枋、弯枋彩绘松鹤延年、喜上眉梢、二龙戏珠等。天花正中为明代纯木构藻井，下层四边形，施三层一斗三升拱，斗拱间拱眼壁板金漆木雕花卉纹；上层圆形，施螺旋状斗拱，共有五层，层层旋转而上，井心彩绘太极图，造型优美。正面梁上清代匾额书“别一洞天”，墙壁上楹联书“云路附仙班，史不及书为脱朱衣成释祖；济公施佛法，公而能大成钦青饭本儒师”。正中间神龛供奉史公祖师，龛上匾额书“活佛”，左边供奉蛇岳尊王、伽蓝佛，右边供奉檀越主周进宗、周琼六的塑像。

地藏殿为两层楼阁，第一层为法堂，第二层为地藏殿。单檐歇山顶，覆盖灰瓦，燕尾脊高翘，正脊上剪粘双龙戏珠，脊堵剪粘花卉，泥塑戏曲故事，垂脊牌头置仙人与凤凰，戗脊上剪粘飞龙。面阔三间，通进深三间，插梁式木构架，彻上露明造。地藏殿明间开窗，并设栏杆，室内光线明亮，次间木墙辟圆窗。横梁施一斗三升拱，童柱施一跳斗拱，横梁彩绘山水花卉。

观音殿为两层楼阁，第一层为禅堂，第二层为观音殿，整体构造与地藏殿相似。

迭落式廊庑为悬山顶，脊堵与截水墙端头保留多幅明清彩绘作品，有官员礼拜、加官晋爵、祖师故事、千秋节义、山水图等，色泽古雅，四寸盖嵌剪粘骑鹤文官。

碑亭为一座木构凉亭，单檐歇山顶，燕尾脊高翘，正脊脊刹立宝葫芦，两侧剪粘蛟龙，脊堵泥塑战将，剪粘喜上眉梢。垂脊牌头彩绘花草，戗脊翼角饰卷草纹。面阔三间，通进深三间，插梁式木构架，彻上露明造。四周通透，亭内竖立清乾隆十六年（1751）的《记功碑》《永安岩》等4方石碑。

护界殿是一座木构凉亭，屋顶比较特别，在四方形屋顶正中再升起一个重檐四角攒尖顶，覆盖灰瓦，宝顶立一座五层宝塔，翼角饰剪粘飞龙、凤凰、鱼龙，围脊泥塑《西游记》故事、戏曲人物、花鸟等，彩绘山水图。面阔三间，通进深两间，穿斗式木构架。四周通透，殿内神龛供护界将军。

五、景观特色：永安岩寺周边景色秀美，明代张士宾赋诗赞曰：“涧环万竹翠交加，磐如台高转法华。夜半岩头风雨作，化龙疑是葛洪家。白日松风韵野涛，虬枝压径出平皋。抠衣欲觅知音者，弘景当年兴自高。”

岩寺左侧建有一小亭，匾额书“泉石烟霞”。亭边有一小石桥，桥下涧水飞流，涧水中立有一巨石，上刻“玉液泉”；亭旁另一巨石上刻“法水流香”，为妙应禅师圆寂之处。明代官员颜廷榘作诗赞曰：“小涧飞流万玉鸣，空林霁色落霞明。几回扫石林中坐，无数风花扑面轻。”

岩寺前方百米处有株近700年树龄的柳杉王，又名长叶孔雀松，原本高达40米，但在2005年被台风吹断，如今高约28米，被当地民众视为神树；柳杉王旁边有四树共生奇观，高约15米，冠幅约10米，中间为甜槠，其他为漆树、枫香和深山含笑；“法水流香”石刻旁种植有四方竹，高3～8米，直径1～4米，竹茎四方，形态奇特，翠叶多姿。

岩寺附近有蛇岳洞、永安翠竹、松劲风涛、第一山、玉液等景观。

第三编　厦门佛教寺庙建筑艺术与景观个案研究

厦门简称鹭，别称鹭岛、新城、嘉禾里等，北接泉州，西界漳州，东南与大小金门和大担岛隔海相望，扼台湾海峡之要冲，历来都是军事重地及海防重镇。《民国厦门志》称其“实屏蔽澎、台，控制浙、粤”。厦门现辖思明区、湖里区、同安区、翔安区、海沧区和集美区，属亚热带海洋性季风气候。

厦门现有佛寺51座，其中较著名的有南普陀寺、日光岩寺、虎溪岩寺、万石莲寺等。

第一章　思明区佛教寺庙

鸿山寺（图 3－1－1）

一、概况：鸿山寺位于思明区思明南路的鸿山公园，始建于南朝时期，明万历年间（1573—1620）重建，清初因“迁界”而被毁，乾隆至光绪年间均有修缮与扩建，20 世纪 80 年代再次扩建，为南普陀寺的下院。

二、选址特征：①鸿山寺位于鸿山公园广场处，属于市中心的山林式寺庙。大雄宝殿坐北朝南，东面是万石山，西面隔鹭江就是鼓浪屿。②寺庙原位于鸿山与虎头山夹峙之间的山坡上，清代在两山间建镇南关。1928 年，厦门政府将镇南关隘口辟为马路，整体下挖十余米，使鸿山寺悬于马路上。寺前建有高大的护堤，成为临崖寺庙。

三、空间布局：鸿山寺是一座典型的立体式空中寺庙，远远望去，如同一座琼楼玉宇悬浮在山麓之上。

图 3－1－1　鸿山寺

引导空间是从山脚的外山门到内山门的一条曲折的石阶，石阶上建有长廊或石拱桥，两旁绿树成荫，瀑布飞溅。鸿山寺采用立体式的建筑布局，整体为一座高 50 多米，共 11 层，紧靠着山体的综合性大楼，另外还建有两层地下停车场。第一层有天王殿、六度书屋、佛经流通处、上客堂等。第二层为五百罗汉堂、鸿山慈善会、两岸艺术品交流会。第三层有鸿山讲堂、会客堂、护法之家等。第四层为素食馆。第五层为开放式平台转换层。

平台转换层东侧靠山，西侧与思明南路的街道垂直落差达 14 米，从南向北依次为山门殿、大雄宝殿（观音殿）、六合楼，东侧为四恩楼。其中六合楼的第一层即整栋建筑的第五层，为斋堂和大寮，第六层有延寿堂、净土坛、土地庙等，第七层至第九层为僧寮和树边楼，第十层有妙华长老纪念堂、会客厅、云居室，第十一层为藏经阁和观景平台。四恩楼第一层为客堂、服务部等，第二层为祖堂和会客堂，第三层为功德堂和烧金炉，第四层为三圣殿和香灯寮。四恩楼北面建有长廊通往六和楼。

鸿山寺有些类似于重庆的洪崖洞，依山就势，沿街而建，开间灵活、形无定式，通过分层筑台、错叠、临崖等山地建筑手法，将各种殿堂有机整合在一起。

四、建筑艺术：目前的鸿山寺为钢筋混凝土及砖木构现代仿古建筑，屋面覆盖灰色琉璃瓦，屋脊饰陶作，具有明代风格，部分殿堂与背后的山崖完美融合。

外山门为一间两柱三楼式木牌坊，庑殿顶，屋檐覆盖绿瓦，屋脊脊尾饰卷草纹。檐柱前后设木构抱鼓石，檐下施五踩双翘斗拱，雀替木雕花草纹，额枋牌匾书“鸿山”二字。

内山门为三间四柱冲天式石牌坊。4 根石柱前后设抱鼓石，楹联刻“鸿图纪鹭江胜地平分八景，山光连碧海慈航普度众生”“鸿山传正法，鹭岛涌祥云”。两边门的额枋上浅浮雕祥云石，雀替饰如意纹。

山门殿为单檐盝顶，屋脊脊尾饰鸱吻。面阔三间，通进深两间，前面一间为山门殿，后面一间为电梯口，之间以墙壁隔开。明间两根檐柱为青石盘龙柱，两侧檐柱楹联书“大将军有雷霆气势，真护法显菩萨心肠”。殿内供奉韦陀菩萨，两侧立哼哈二将，均以黑色花岗岩雕成。

大雄宝殿为两层木构建筑，第一层为大殿，第二层为观音阁，并设有平台与栏杆。重檐歇山顶，正脊脊刹置火珠，脊尾饰鸱吻，垂脊牌头雕龙首。面阔五间，通进深三间，插梁式木构架。明间与次间开隔扇门，梢间、大殿两侧及背后辟隔扇窗。屋檐与平座下施七踩三翘斗拱。第一层大殿采用平棋式天花，供奉汉白玉三世佛像；第二层为彻上露明造，供奉汉白玉观音菩萨像，两侧摆放各种造型的汉白玉观音像。

四恩楼为四层楼阁式建筑，庑殿顶，屋脊脊尾饰鸱吻，二层至四层设有平台和栏杆。

六合楼为七层楼阁式建筑，庑殿顶，屋脊脊尾饰鸱吻。

五、景观特色：鸿山寺原本在两山夹峙之间，四面通风，每当雨季来临，雨丝交穿如织，会出现"鸿山织雨"的奇观，为厦门八大景之一。遗憾的是，自从山坡被凿开削平后，"鸿山织雨"的奇观就不复存在了。现在寺庙内外设置池塘水榭、亭台楼阁、花圃草坪和天然石景，大平台西侧是临街楼顶，整体空间通透。

寺庙左侧登山道旁有条瀑布，宛如一条白色玉带，垂挂于崖壁之上。瀑布下有一个临山崖而建的不规则形池塘，清澈透亮，周边种植灰莉等植物，池上建有一座石拱桥通往内山门。四恩楼的楼梯间以鹅卵石垒砌小水池，池中种植龟背竹。寺后众多岩石突起，凹凸的棱角透露着沧桑的轮回。在巨石与建筑之间，修有曲折形阶梯，空间变化丰富。六合楼边的山石间，有数株郁郁葱葱、袅娜多姿的百年榕树，树荫下常成为人们休闲的地方。其他还种植有玉兰树、香樟、黄梁木、芭蕉、南洋杉、文竹、鹅掌柴、五爪金龙、三角梅、桂花树、龙血树、百合竹、佛肚竹、黄槐决明等。

寺旁保留的摩崖石刻有厦门重点文物保护单位，明天启二年（1622）福建都督徐一鸣和赵颇攻剿"红夷"（荷兰殖民者）的石刻碑文。另外还有民国三十一年（1942）的石刻楹联"江山聚秀春云暖，奎辟联辉织雨深""鸿山古寺""南无阿弥陀佛""鸿山织雨"等。山门左侧供财神爷石雕像，两旁种植凤尾竹。

万石莲寺（图3－1－2）

一、概况：万石莲寺位于思明区万石植物园的万石岩内，因建于岩石丛中而得"万石"之名。寺庙始建于唐代，是厦门岛上最早的寺庙之一。施琅将军曾于清康熙二十二年（1683）重修，1933年，会泉法师在寺内创办万石佛学研究社。

二、选址特征：①万石岩上遍布奇峰怪石，林木繁茂，古迹众多，历史上先后建有24座寺庙。②万石莲寺坐落于狮山接近山顶的一小块平地上，四周山峦蜿蜒起伏，西南面的山体有一缺口，可远眺九龙江入海口。

三、空间布局：万石莲寺的引导空间是一条曲折的石阶，两旁树木、

图 3－1－2　万石莲寺

岩石众多，接近山门处有一座石拱桥。寺庙坐落于山石岩洞之间，属自由式布局。大雄宝殿坐北朝南，后侧为观音立像，东面为伽蓝殿，东南向有内山门与外山门，西面有宏船法师舍利塔、地藏殿、会泉法师纪念堂、念佛堂、僧寮等。内外山门之间有建于岩石边的石道，大殿与会泉法师纪念堂之间以月洞墙隔开，墙上开一圆拱门。

四、建筑艺术：万石岩寺主要殿堂为石木结构的官式建筑，兼具闽南民居特征，屋面覆盖金黄色琉璃瓦。

外山门为石构独立小门楼，前面设石台阶。屋顶为庑殿顶，正脊脊尾饰鸱吻，垂脊上立蹲兽，额枋彩画山海图。大门匾额刻“万石莲寺”，楹联刻“万中参一法，石上悟三生”“弥陀手接莲池客，含识命归极乐天”。山门两侧石墙辟方形条石窗，墙上石刻“阿弥陀佛”，背面刻“释迦文佛”。

内山门为三间四柱三楼式石牌坊，庑殿顶，屋脊脊尾饰鸱吻，垂脊上立蹲兽，额枋彩画青绿山海图。匾额刻“选佛场”“法苑”“林师”“万石岩”等，两侧楹联书“一句弥陀声传鹭岛，千年常住业绍庐山”。

大雄宝殿建于石砌台基之上，前方设御路踏跺，陛石浮雕云龙，上方石刻“小西天”。重檐歇山顶，正脊脊尾饰鸱吻，垂脊前端饰龙首，戗脊上立蹲兽。上檐下横匾书“香光庄严”。面阔五间，通进深五间，插梁式木构架，彻上露明造。6 根外檐柱为石雕盘龙柱。明间、次间开门，两侧楹联书“万灯炜烨洞然深固三摩地，石笏峥嵘回出妙高第一峰”。梢间辟长方形夔龙漏窗，石槛墙浮雕瑞应祥麟、双龙戏珠等。大殿后面檐柱楹联刻“佛即是心心即佛，人当自度度当人”“墨池水滴星花雨，清磬声传贝叶风”。檐下施五踩双翘斗拱，垂花、立仙、雀替、随梁枋、剳牵及束随木雕莲花瓣、神仙、狮头、花鸟、龙首等。正中供奉西方三圣立像。

伽蓝殿为硬山顶，正脊上雕双龙护葫芦，两端燕尾脊高翘。面阔三间，大门楹联书“功过心中可自知，公私份上如深省”，两侧辟八角形空窗，槛墙浮雕麒麟。殿前建有拜亭，卷棚歇山式屋顶，脊尾饰卷草纹。檐柱楹联书“佛敕钦承翰屏琳宇，神威明鉴严净戒香”。

念佛堂为硬山顶，正脊为实堵，两端燕尾脊高翘。面阔三间，通进深五间，插梁式木构架，彻上露明造。明间、次间开门，隔扇门绦环板彩画山水图。檐下施丁头拱，垂花、雀替与随梁枋木雕神仙与花卉等。殿内匾额书“佛心相印”。佛龛供奉西方三圣。

地藏殿是一处天然岩洞，洞内凉风习习，左侧有一狭窄的弧形石阶通往大雄宝殿前的庭院，正前方开拱形门。殿顶是一块巨大凸出的岩石，石上刻“常行谦下”，殿内供奉地藏菩萨。

会泉法师纪念堂为两层楼阁，四角攒尖顶，第一层面阔五间，第二层设有平台。大门两侧檐柱楹联书“最胜寂静真实法，清静福德智慧身”。

宏船法师舍利塔为石构喇嘛塔，单层四方形须弥座，上下枭雕仰覆莲花瓣，束腰刻“宏船老法师塔铭”。圆肚形塔身，正面眼光门内影雕宏船法师坐像。七层相轮，穿珠式塔刹，刹座为仰莲盘。

五、景观特色： 万石莲寺内外石刻如林，清代诗人黄日纪赞曰：“鹭江富名寺，万石独称最。”

外山门前有天然岩石形成的半月池，泉流如练，注入池中，池水穿过岩石穴隙，泻入深谷。

寺庙位于“万笏朝天”巨石的下方。“万笏朝天”是厦门旧二十四景中小八景之一，因山上成排的岩石均朝向同一个方向，似群臣手持“笏板”朝拜天子，故得名“万笏朝天”。明代诗人黄克晦游览草庵，并作《万石峰草庵得家字》诗：“结伴遥寻太乙家，峨峨万石映孤霞。坐中峰势天西折，衣上萝阴日半斜。风榭无人飘翠瓦，云岩有水浸苔花。何年更驻苏杭鹤，静闭闲房共转砂。”其他石刻还有“般若波罗蜜多心经”全文、“步入云霄”“听沙”“流水高山”“真心净土”等。

大殿后山崖下方立一尊滴水观音石雕像，后面岩石刻一巨大的镀金“佛”字。内山门旁有一方《重修万石莲寺功德碑》，记载了会全法师重建万石莲寺，以及 1984 年宏船法师捐资重修寺院的事迹。会泉法师纪念堂旁的石林是一块独立的巨石，石上凿有简易石阶，沿石阶攀登到石顶之上，空间豁然开朗。

南普陀寺（图3-1-3）

图3-1-3　南普陀寺

一、概况：南普陀寺位于思明区思明南路五老峰下，始建于唐末五代。初称泗洲院，北宋高僧文翠改建称“无尽岩”。元代被毁，明洪武十八年（1385）僧觉光重建，改名为普照寺。清康熙二十二年（1684），施琅将军捐资修建寺院，并增建大悲阁供奉观世音菩萨。因寺院位于浙江普陀山观音道场之南，故更名为“南普陀寺”。1925年，会泉法师在此创办中国最早的佛教学府——闽南佛学院。南普陀寺是汉族地区佛教全国重点寺院、福建省文物保护单位 。

二、选址特征：南普陀寺坐落于五老峰南麓，坐东北朝西南，三面护山环抱，南面是滨海平原，地势开阔，并有流水环绕。

三、空间布局：南普陀寺在清光绪二十一年（1895），便已建成“三殿七堂”规模，属于主轴对称结合自由布局。中轴线上依次为莲花池、放生池、天王殿、大雄宝殿、大悲殿、法堂（藏经阁），东侧有钟楼（地藏殿）、客堂、念佛堂等，西侧有鼓楼（伽蓝殿）、方丈室、闽南佛学院、佛教养正院等。放生池两侧各有一座万寿塔，西南面为七舍利塔；寺后山有太虚大师纪念塔、喜参和尚塔、景峰和尚塔、广洽和尚塔及普照寺等；中轴线东西两侧各有一座山门；天王殿至大雄宝殿两侧建有迭落式长廊。

四、建筑艺术：南普陀寺主要建筑群落的形态既沿袭了中原地区官式建筑的脉络，又具有地域特性。屋面覆盖绿色琉璃瓦，屋脊布满光彩夺目的剪粘。

东西两山门均为三间四柱三楼式石牌坊，正楼为庑殿顶，正脊脊堵为实堵，两端及垂脊与戗脊的脊尾饰卷草纹，檐下施两跳斗拱。匾额为赵朴

图 3－1－4　天王殿

初先生所题的“鹭岛名山”。其中，东山门楹联书“喜瞻佛刹连黉舍，饱听天风拍海涛”，西山门楹联书“广厦岛连沧海阔，大心量比五峰高”。

天王殿（图 3–1–4）由会泉法师重建于民国十四年（1925），重檐歇山顶，屋脊饰剪粘。正脊为实堵，两端燕尾脊高翘，脊刹置覆钵，刹顶立宝珠，正脊两侧各有一只蛟龙回首相望，两端燕尾脊高翘。脊堵浮雕麒麟奔跑、双凤朝牡丹、狮子戏球等，垂脊牌头雕骑鹤仙人、武将、亭台楼阁等，戗脊脊堵雕花鸟，翼角饰卷草纹。这些剪粘以翠绿、中绿、天蓝、土黄、紫红、朱红、象牙白、中黄、赭石等色瓷片拼贴。面阔五间，通进深四间，插梁式木构架，彻上露明造。明间、次间开拱形门，梢间辟方形石雕夔龙窗，两旁彩色浮雕翠竹图，对看堵彩雕瑞兽与花鸟。檐下施一跳斗拱，垂花、立仙、雀替、随梁枋、童柱木雕宫灯、神仙、花鸟、缠枝花卉、草龙纹、狮首等。前殿正中供奉弥勒菩萨，两侧立四大天王，殿后有韦陀菩萨覆掌按杵而立。殿内的四大天王是 20 世纪 80 年代初重修的，金碧辉煌，工艺精湛，为厦门蔡氏漆线雕作品中体量最大的，体现了闽南漆线雕雍容华贵、细密繁复的艺术特色。

天王殿正面门堵及檐柱刻满饱含佛教法理与禅机的文字，如外檐柱楹联书“分派洛伽开法宇，隔江太武拱山门”，内檐柱楹联书“手执金鞭降伏心猿意马，按琵琶弦弹破苦空色壳”“张蛟龙口吞来离垢珍珠，眼看宝座分明宝相法身”“一佛南来天为洛伽开别岛，大江东去我从浮屿望慈航”“太武峙前屏尘世大千皆梦幻，洛伽分一派法门不二此因缘”“怒目金刚任是千魔顿伏，低眉菩萨由来万行齐修”“南望极沧溟波覆澜翻，何如独坐莲花真成自在；普天蒙尘瘴烟迷云暗，安得同登宝筏托庇弥陀”“四大本无情，随循环桃红柳绿翻新世界；天王原有道，护国土摧邪辅正镇定乾坤”。门堵上有行书题诗，右侧题诗“民国甲子年，佛心圆觉耀中天，烁破群昏镇日乾；及早回头谁是我，钟声撞彻未生前。晋江曾遒书、许缨权敬”，左侧题诗“为十方常住，四十九年说向谁，扬眉瞬目悟真机；青山欲吐本来面，绿水长留性月迟。住山印月撰、王凯臣、王地臣敬”。天王殿两侧石墙各开一扇八角形门，匾额刻“水带恩光”与“山含瑞气”。殿内石柱楹联书“入此门先参兜率一古佛，登斯殿后礼须弥四天王”“看六度波罗蜜多尽除有漏烦恼，念一声阿弥陀佛趋入无余涅槃”。

钟楼（伽蓝殿）和鼓楼（地藏殿）建于民国十年（1921），为两层楼阁，第一层分别是伽蓝殿与地藏殿，第二层为钟鼓楼。重檐歇山顶，屋脊饰剪粘，正脊脊刹置宝葫芦，两端燕尾脊高翘，脊堵浮雕各种花卉，翼角饰卷草纹。面阔三间，通进深三间，插梁式木构架，彻上露明造。垂花、立仙、雀替木雕宫灯、四大天王、行龙、花鸟等。

大雄宝殿建于1926年，2007年重修，重檐歇山顶，屋脊饰剪粘，正脊脊刹置覆钵，两侧各雕一只蛟龙，脊堵浮雕双龙戏珠、凤凰展翅、九鲤化龙、瑞应祥麟、骏马奔腾等，垂脊牌头置骑鹤仙人、战将与亭台楼阁，戗脊上雕飞龙或卷草纹，脊堵雕狮子、仙鹤、花卉等，围脊脊堵雕瑞兽花鸟。剪粘以蓝绿、翠绿、中黄、钛白、赭石、大红、湖蓝、枣红等色瓷片拼贴。面阔五间，通进深五间，插梁式木构架，彻上露明造。明间、次间开门，梢间辟窗。殿内地板采用苏州传统工艺制作的青砖。正中供奉三世佛，殿后供奉西方三圣。内外檐柱刻满佛教楹联，大殿外墙两侧廊庑列有镀金十八罗汉。

大悲殿（图3–1–5）原为施琅将军捐资修建，为纯木构建筑，完全通过木榫木钉固定。1928年毁于火灾，1930年太虚法师重建，改为钢筋水泥及石木建筑。大悲殿屹立在高大的石砌基座上，高20米，屋顶为八边形歇山顶，但是有13条脊，是歇山顶与攒尖顶的有机结合。正脊脊刹置七层宝塔，两侧各雕一只蛟龙，翼角饰游龙卷草纹。平面八角形，四周环廊，设石构寻杖栏杆。八面均采用隔扇门窗，隔心在“卍”字图案上嵌花鸟、花瓶等，裙板浮雕花鸟。檐柱刻有楹联，如“真观清净观广大智慧观，妙音海潮音胜彼世界音”“五老此留形，清净为心皆补怛；普门无定相，

图 3-1-5　大悲殿

慈悲济物即观音”等。檐下施七踩三翘斗拱，垂花、立仙、斗拱、弯枋、连拱等雕刻凤凰、花草等。殿内天花藻井由斗拱层层迭架而成，无一根铁钉，构造精巧。殿内供奉 4 尊观音，正面为双手观音，其余三面为 48 臂观音。

法堂（藏经阁）是中轴线上地势最高的建筑，为两层楼阁，重檐歇山顶，屋脊饰剪粘。正脊脊刹置五层宝塔，两端燕尾脊高翘，脊堵浮雕麒麟奔跑、松鹤延年、喜上眉梢等，垂脊牌头雕骑鹤仙人、武将、楼阁等，戗脊脊堵雕花鸟，翼角饰卷草纹。面阔五间，第一层通进深五间，第二层通进深四间，并设有平台。其中第一层为法堂，第二层为藏经阁，内供 28 尊缅甸玉佛，并藏有数万卷中外佛经及一些珍贵的文物。

普照寺是一处天然岩洞，相传为宋僧文翠所建的普照寺原址，空间狭小。洞外建一座四角拜亭，歇山顶，正脊脊堵瓷板画锦上添花、松鹤延年等，两端燕尾脊翘起，垂脊牌头瓷板画花鸟图，戗脊脊堵彩卷草纹。面阔与通进深各一间，插梁式木构架，彻上露明造。檐下施两跳斗拱。正面设石阶，三面施寻杖栏杆。

转峰和尚塔建于 1957 年，为平面六角两层楼阁式实心石塔，单层六角形须弥座，第一层塔身正面刻“转峰和尚之塔”，第二层塔身正面佛龛中浮雕坐佛，瓜棱形刹座，五层相轮式塔刹。

喜参和尚塔和景峰和尚塔均为 1982 年重建的喇嘛式石塔，单层四边形须弥座，束腰分别刻“喜参老和尚塔铭”和“景峰老和尚塔铭”，七层或五层相轮，穿珠式塔刹。

万寿塔建于 1993 年，为平面八角十一层石构密檐式塔，高约 10 米，第一层塔身每面佛龛内均浮雕坐佛。相轮式塔刹。

七舍利塔建于 1994 年，7 座塔均为五轮式石塔，双层须弥座，椭圆形塔身佛龛内分别浮雕过去七佛。八角攒尖收顶，相轮式塔刹。

广洽和尚塔为喇嘛式石塔，太虚和尚塔为宝箧印经式石塔。

五、景观特色：南普陀寺不仅是一座历史悠久、文化内涵深厚的佛教寺庙，而且风景绝佳。

天王殿前有建于清光绪三十年（1904）的正方形放生池，水面清澈，犹如一面宝镜将四周美景纳入其中。池壁四周围栏镌有“南无广博身如来”“南无妙色身如来”“南无宝胜如来”“南无多宝如来”“南无甘露王如来”等佛陀名号。普照寺旁有一泓悠然而下的溪流，名“般若池”。

寺庙内外有许多玲珑奇秀的岩石以及内涵丰富的摩崖石刻。如放生池西面的“涅槃藏”；寺庙后山高 4.6 米、宽 3.3 米的行书“佛”字；憨山大师作的《醒世歌》“红尘白浪两茫茫，忍辱柔和是妙方，到处随缘延岁月，终身安分度时光”等石刻。

寺庙内保存有数方清代石碑，其中最著名的是天王殿外的“乾隆御制碑”，共有 4 方，每碑以石龟为座，护以黄瓦碑亭。其不仅是厦门市文物保护单位，还是厦门涉台文物古迹。其他还有清乾隆五十六年（1791）的《功德碑》，光绪十三年（1887）的《重修南普陀》石碑等。

寺庙后山上还有兜率陀院、太虚台、碧泉、净业洞、须摩提国等景点。

南普陀寺集宗教文化、闽台文化、侨乡文化于一身，不愧是厦门市的一颗璀璨明珠。

日光岩寺（图 3 - 1 - 6）

图 3 - 1 - 6　日光岩寺

一、概况：日光岩寺位于思明区鼓浪屿晃岩路，始建于明万历十四年(1586)，现为厦门市文物保护单位。

二、选址特征：①日光岩俗称“岩仔山”，别名“晃岩”，海拔 92.6 米，是鼓浪屿的最高峰。又因地处鹭江与九龙江入海口，故在此建寺有镇煞保平安的作用。②岩寺位于日光岩东面山腰，坐西朝东，依山面海，视野极为开阔。

三、空间布局：日光岩寺规模较小，属主轴对称结合自由布局，中轴线上为圆通宝殿，北面为钟楼、弥勒殿，南面为鼓楼、大雄宝殿。前山门位于鼓楼的东南面，后山门在弥勒殿北侧，鼓楼南面为弘一大师纪念园。

四、建筑艺术：日光岩寺殿堂为钢筋混凝土结构，辅以红砖白石木质材料，屋顶覆盖绿色琉璃瓦，屋脊装饰剪粘，具有官式建筑与闽南传统民居的特征。

前山门为三间四柱三楼式石牌坊，歇山顶，屋脊饰剪粘。正脊脊堵为筒子脊，镂空砖雕，两端燕尾脊高翘，脊堵下方嵌花卉。垂脊四寸盖雕狮头，牌头饰仙鹤、果盘，戗脊脊堵雕花卉，正楼翼角饰卷草纹，边楼翼角饰蛟龙。檐下施两跳丁头拱，弯枋与连拱彩画缠枝花卉。大门匾额刻“日光岩寺”，楹联书“日光普照三千界，岩势高凌尺五天”“善入音声海，坚住菩提心”，背面匾额刻“圆通之门”。山门两侧以红砖砌墙，覆盖绿瓦，辟竹节柱窗。

圆通宝殿始建于明万历十五年（1587），正前方建有一座四角拜亭，歇山顶，脊堵剪粘双凤朝阳、瑞应祥麟、狮子戏球。圆通宝殿其实是一块巨岩覆盖的山洞，又称“一片瓦”，洞口处建一单檐歇山顶附岩式建筑，屋脊饰剪粘，正脊为筒子堵，镂空砖雕，两端燕尾脊高翘，脊堵下方嵌花卉。垂脊四寸盖雕狮头，牌头为仙鹤，戗脊脊堵饰花卉，翼角饰卷草纹。面阔三间，明间开门，次间辟圆窗。洞内保存有数根刻有楹联的明清时期石柱，如“浪击龙宫鼓，风敲梵刹钟”“日出西天鼓浪兴，光出南海普陀山”“日色呈祥岩地秀，光辉发亮洞天清”“身从南海化，神自西天来”等。顶部的一段石梁上，刻有“莲花庵”和“明万历丙戌季冬重建”字样。正中供奉观世音菩萨，两旁为文殊菩萨与普贤菩萨，观音像后凹凸不平的岩石上摆放有十八罗汉。

钟楼（地藏殿）为重檐歇山顶，第一层是地藏殿，第二层为钟楼。屋脊饰剪粘，正脊两端燕尾脊高翘，脊堵为实堵，浮雕麒麟奔跑、凤戏牡丹。垂脊四寸盖雕狮头，牌头雕仙鹤、花篮，戗脊脊堵雕牡丹花，翼角饰卷草纹。面阔三间，通进深两间。明间、次间辟隔扇门，大门楹联刻“惊醒世间名利客，唤回苦海梦中人”。重檐前檐下施两跳丁斗拱。垂花、雀替木雕宫灯、卷草纹，梁枋彩画山水、翠竹、花草图。鼓楼（伽蓝殿）与钟楼样式相同，大门楹联刻“妙音能除三世苦，威震远彻九霄云”。

大雄宝殿建于1926年，屋顶为盝顶，脊堵为筒子脊，镂空砖雕，翼角饰卷草纹。面阔三间，通进深三间。明间、次间采用隔扇门，大门楹联刻“日月照临海山楼阁今依旧，光明晃耀梵宇琳宫又一新”。垂花、斗拱、雀替木雕宫灯、花卉、“回”字纹，阑额彩画佛教故事。殿内天花有一个八角形水泥藻井，井心彩画莲花，藻井八面辟有窗户。正中供奉三世佛。弥勒殿建于1926年，建筑样式与大雄殿相似，大门楹联书“旭日蒸红宝树千花光梵宇，群峦叠翠海涛万顷壮山门”。

五、景观特色：日光岩寺最著名的人文景观，就是附近的80多处摩崖石刻，张瑞图、何绍基、郑成功、丁一中、许世英、蔡元培、蒋鼎文等名人都曾留下题刻，有篆书、隶书、楷书、行书及草书。

圆通殿上方的巨石上刻有明代泉州同知丁一中题的“鼓浪洞天”，这是日光岩最早的题刻，旁边还有清同治十年（1871）长乐人林鍼题的“鹭江第一”和民国四年（1915）福建许世英题的“天风海涛”。寺庙后山的岩石上有大量石刻，如蔡廷锴诗云“心存只手补天工，八闽屯兵今古同。当年故垒依然在，日光岩下忆英雄”。跋语为“此岩为明郑成功将军屯兵举义之地，每一登临，辄思前贤，爰题数言，以志不朽。蔡廷锴题，二十二年”；蔡元培诗云“叱咤天风镇海涛，指挥若定阵云高。虫沙猿鹤有时尽，正气觥觥不可淘”，诗后署跋款“中华民国十六年一月来此凭吊，十九年十二月应李汉青先生之请补题。蔡元培”；庄善远诗云“筑垒乌衣学意而，江山风月画中诗。菊花三径浮樽酒，香草高轩富鼎碑。谈笑鸿儒座常满，狎游鸥侣水之湄。吟成好句惊神助，欹枕西堂怅别离”。

2008年在日光岩寺西侧兴建弘一大师纪念园，正中立弘一法师坐像，两旁各立一座五轮式石塔，两侧还有石灯笼。圆通殿后方一块巨石顶上立一尊高大的滴水观音石像。寺庙后山上尚有郑成功操练水师的山寨遗迹。

站在日光岩顶极目远眺，厦门、鼓浪屿以及大担、二担、圭屿与青屿等岛，尽收眼底。

虎溪岩寺（图3－1－7）

一、概况：虎溪岩寺原名玉屏寺，位于思明区虎溪岩路玉屏山，创建于明万历四十五年（1617）。清康熙四十年（1701），福建水师提督吴英重修寺庙，改名为虎溪岩寺，1984年再次进行修缮。

图 3－1－7　虎溪岩寺

二、选址特征：①玉屏山位于万石岩西南面，东面是万石植物园，西面是鹭江，山上遍布奇岩怪洞。②虎溪岩寺坐落于玉屏山东麓半山腰，三面环山，东北面有一缺口，形成气口。

三、空间布局：虎溪岩寺利用山石间有限的平地建造殿堂，没有明确的中轴线，属自由式布局，殿堂散建于山坡各处。

引导空间从东山门开始，沿着依山崖而建的石阶前行，再跨过渡虎桥，便可到达天王殿。主体建筑是大雄宝殿，左侧为棱层洞、摩崖石雕群，右侧有五方佛殿、报恩堂、功德堂、宏船法师纪念堂、茶楼、僧寮等，右后侧有地藏殿、卧佛殿、观音殿等。

四、建筑艺术：虎溪岩寺主要殿堂为官式建筑，又具有闽南传统民居特色，采用混凝土及红砖白石木质材料，屋面覆盖绿瓦或金黄色琉璃瓦。

东山门为三间四柱三楼式石牌坊，歇山顶，正楼与次楼脊堵浮雕缠枝花卉，两端脊尾饰卷草纹，垂脊脊尾与翼角饰卷草。檐下施两跳或三跳斗拱。明间、次间开拱形门，采用铜铸大门，门上方镂空石雕缠枝花卉，石匾额刻“虎溪禅寺”，门柱楹联刻“虎溪映月朗中天佛光含大地，龙藏明心彻法界禅理透万机”。

天王殿属附岩式建筑，单檐歇山顶，正脊脊堵为实堵，正吻、垂脊脊端与翼角饰卷草纹。面阔三间，通进深一间，明间开门，次间辟石雕交欢螭龙卷草纹圆形漏窗，其中右侧次间被岩石占去一半面积，檐下施一跳斗拱，雀替、连拱雕刻卷草纹。外檐柱楹联书“石耸崇山佛教同天久，泉流碧水禅心映月明”。殿内顶上为一块巨大岩石，左右为岩壁，空间狭小。正中供奉弥勒菩萨，两侧立四大天王。

大雄宝殿为重檐歇山顶，覆盖金黄色琉璃瓦，正脊脊堵为实堵，两端为龙吻，垂脊牌头雕龙首，戗脊上立蹲兽。面阔五间，通进深五间，插梁式木构架，彻上露明造。明间开木门，门板上绘有黑底镀金漆画，有花卉、山水、飞鸟等，次间、梢间辟窗。檐柱楹联、梢间石墙上均刻有佛教偈语。垂花、立仙、雀替木雕莲花、神仙、卷草纹，栏额、门额上彩画山水图。殿内墙上绘有佛教故事、山水图，梁枋彩画青松、墨竹、柳树、仙鹤、梅花、山水图等。正中供奉西方三圣，两侧列十八罗汉。

图 3－1－8　棱层洞

棱层洞又称伏虎洞（图 3–1–8），洞口外建一石门，属附岩式建筑，庑殿式屋顶，垂脊比较平直，雕刻卷草纹。面阔三间，通进深一间，明间开门，檐柱楹联刻“千处祈求千处应，苦海常作渡人舟”。洞中有猛虎雕像。洞口朝东，每当满月东升之时，月光入洞，直射虎头，虎神如生，又称“虎溪夜月”。洞顶为一巨石，刻有“虎溪夜月　住山会泉立”。洞内供奉千手观音，石壁凸起处摆放十八罗汉造像。

地藏殿、卧佛殿和观音殿为三间并排的单层石木建筑，悬山顶，面阔一间，通进深一间，设直棂窗隔扇门。殿顶皆为岩石，殿内分别供奉地藏菩萨、卧佛和观音菩萨。其中，卧佛身后为菩提树壁画；观音像后为木刻《心经》全文。

石塔建于山岩之上，为平面六角五层楼阁式实心石塔，塔身层层收分，每层每面浮雕坐佛。六角攒尖收顶，相轮式塔刹。

宏船法师纪念堂为三层仿古楼阁式建筑，屋顶为盝顶，第二层、第三层设平台与栏杆。

五、景观特色：虎溪岩寺充分利用幽深险峻的地形和奇险天成的岩石，打造出独特的岩寺景观。

虎溪山上岩壑幽邃，怪石嶙峋，寺内外有许多摩崖石刻，如山门旁有一巨石如芽，其上镌刻“先露一芽”；棱层洞顶有字径数尺、苍劲有力的“棱层”“摩天”石刻，洞周围还有20余处明清至近代的名人题刻，以林懋时、何乔远、邓会、黄日纪等的题刻最为著名；一线天附近还有“虎溪”“为善是乐”“忘归”“三笑”“渐入佳境”“夹天径”等石刻。

山门前对植两株枝叶繁茂的榕树，许愿池旁的巨石上有株盘根错节的古榕，天王殿后有一株长于岩石上的古榕，大雄宝殿前列植一排笔直的罗汉松。棱层洞左侧山岩顶上有尊镀金滴水观音像。庭院中摆放有石狮、小沙弥、石灯笼等景观小品。

太平岩寺（图3－1－9）

图3－1－9　太平岩寺

一、概况：太平岩寺位于思明区万石植物园西南麓，始建于明万历年间（1573—1620），祀玉皇大帝，名太平观。清乾隆初年（1736—1745），南普陀寺住持如渊和尚募资重建，改名为太平岩寺。郑成功曾在此读书，弘一法师曾在此静修。清代诗人黄日纪有诗赞曰："太平古刹建何年，秋色凄凉冷暮烟。洞口木棉飘坠叶，云头石笕引流泉。卷簾遥岫层层出，望海轻帆片片悬。花落鸟啼无客到，老僧扶杖倚檐前。"

二、选址特征：①太平岩寺坐落于万石岩西南面的山坳里，与鼓浪屿相对，隔海相望。寺院林木环抱，泉水叮咚，飞檐雀瓦与丛林磊石相互掩映，环境幽深静谧。②寺庙坐东南朝西北，三面环山，一面留有气口。

三、空间布局：寺庙采用中轴线布局，中轴线上依次为天王殿、五观堂、圆通宝殿，南侧依次为钟楼（伽蓝殿）、客堂、地藏殿、法堂、功德堂（祖堂），北侧为鼓楼（延寿堂）、寺务处、僧寮、方丈楼，法堂东侧有上客堂和炼金炉。

四、建筑艺术：太平岩寺主要殿堂为官式建筑，采用混凝土及红砖白石木质材料，屋面覆盖深灰色琉璃瓦，几乎没有装饰。

天王殿为重檐歇山顶，正脊为实堵，两端为鸱吻，檐下施一排斗拱。面阔三间，通进深一间，抬梁式木构架，彻上露明造。明间开拱形门，次间墙面辟镂空螭龙石窗，裙堵浮雕事事如意。大门两侧设抱鼓石，楹联刻"岩石微笑太平盛世悬佛日，心海波澄草木山河演法音"。殿内供奉弥勒菩萨、韦陀菩萨与四大天王。

圆通宝殿为木构建筑，平面圆形三重檐攒尖顶，檐下施五踩双翘单昂斗拱。门窗上方木浮雕有法轮、凤凰、喜鹊、仙鹤、金鱼、荷花、竹、山石、宝瓶、博古等。檐柱楹联书"过去是如来具足无边功德，现在为菩萨常示卅二应身"。天花采用八角形藻井，斗拱层层叠叠向上缩进，顶心为莲花。殿内供奉千手千眼观世音菩萨。

大雄宝殿位于最高处，重檐歇山顶，正脊两端翘起，檐下施七踩双翘单昂斗拱。面阔三间，通进深三间。门上木匾额书"万德庄严""法门龙象""得大自在"。金柱楹联书"如来境界无有边际，普贤身相犹如虚空"。殿内供奉结跏趺坐于莲花座之上的三世佛，两侧及后面的墙面设 15 层木格，每层又分隔成若干小格，每一小格内摆放一尊坐佛，共有 10000 尊佛像，有万佛朝宗的气势。

钟鼓楼为两层楼阁，重檐歇山顶，脊堵为实堵，檐下施七踩双翘单昂斗拱，面阔一间，通进深两间。

五观堂位于圆通宝殿前石埕下的地下室，堂前石柱为明代原物，上刻楹联“太古石有头能点，平安竹无心故虚”“山僧居处有云飞，俗客来斯防石笑”，堂内供奉一尊卧佛。

法堂为重檐歇山顶，檐下施七踩双翘单昂斗拱，面阔三间，通进深三间。

五、景观特色：与万石植物园内的其他寺庙相比，太平岩寺的环境最为幽深静谧。

寺庙南侧有一条溪流，形成两处天然水潭。一处在地藏殿前，驳岸山石刻“放生池”三字，池边巨石顶上立一尊滴水观音像；另一处地势较低，在天王殿前石埕的下方，周围巨石环抱，植被茂密。

寺庙北面为十八罗汉石像景区，景区内除有十八罗汉塑像外，还有弥勒菩萨雕像、小沙弥雕像等。

寺庙内外的摩崖石刻有《大悲咒》全文；寺前4块巨石天然叠合，状如笑口大开，上镌“石笑”二字。其他还有“佛”“海上云根”“海云洞”“眼中沧海”等石刻。

中岩寺（图3－1－10）

图3－1－10 中岩寺

一、概况：中岩寺位于思明区万石植物园内，始建于明代。因处于万石莲寺与太平岩寺之间，故名中岩寺。清代曾两次重修，20世纪90年代再次修缮。

二、选址特征：中岩寺地处万石岩腹地，坐东北朝西南，四面环山，西面两山间有一缺口，形成天然气口。

三、空间布局：中岩寺傍山建寺，属自由式布局。引导空间有 3 道山门，过万石岩寺海会塔后是前山门，顺着台基而上会经过中山门，经过澎湖阵亡将士祠碑往下走是后山门。大雄宝殿左侧有综合楼、僧舍、地藏殿、澎湖阵亡将士墓等，右侧有弥勒殿、钟鼓楼、三宝塔等。弥勒殿和三宝塔前有一平台，平台下建有厢房。

四、建筑艺术：中岩寺主要殿堂采用混凝土结构，并辅以石木等材料，屋顶覆盖金黄色琉璃瓦，部分屋脊装饰剪粘，具官式建筑与闽南传统民居的特色。

前山门为花岗岩砌成的小门楼，庑殿顶，覆盖金黄色琉璃瓦，正脊两端雕鸱尾，垂脊脊尾饰卷草纹。门上牌匾为清道光五年（1825）李应瑞所题的“中岩”，两侧楹联为清光绪四年（1878）僧绍觉重修山门时所题的“结庐在人境，流心叩玄扃”。山门两侧依山势建构石墙。

中山门为石砌小门楼，庑殿顶，门上匾额书“放开眼界”。

后山门为石砌小门楼，庑殿顶，覆盖绿色琉璃瓦，大门匾额刻“欢喜地”。

弥勒殿紧依岩壁而建，檐柱楹联刻“片石孤云窥色相，清池皓月照禅心”。正中靠墙处供奉弥勒菩萨，左侧摆放千手观音像。

大雄宝殿为硬山顶，正脊上雕双龙戏珠，脊堵雕麒麟奔跑、丹凤朝阳、金玉满堂等。面阔五间，通进深两间，插梁式木构架，彻上露明造。明间开隔扇门，隔心透雕喜上眉梢、丹凤朝阳、锦上添花、松鹤延年，次间辟夔龙八角形石窗。外檐柱楹联书“中天皓月真禅境，岩瓦云扉即佛堂”。垂花、雀替、随梁枋、弯枋木雕宫灯、武将、花鸟等。

地藏殿为三川脊悬山顶，燕尾脊高翘。面阔三间，通进深两间。明间、次间开隔扇门，隔心透雕花鸟，绦环板木雕花鸟图。供奉地藏菩萨。

钟鼓楼为两座四角形凉亭，葫芦式宝顶，垂脊脊尾饰卷草纹。其中鼓楼楹联书“妙音能除三世苦，威震远彻九霄云”。

三宝塔建于高台之上，为平面八角七层楼阁式实心石塔，单层四角形须弥座，上下枭刻仰覆莲瓣，正面刻“三宝塔”。塔身收分较大，每层每面当心间辟券拱形佛龛，六角锥体塔刹。塔两侧建有石栏杆。

五、景观特色：中岩寺傍山建寺，随势错落，形成多层次立体式景观。

岩寺内外有许多摩崖石刻，如大雄宝殿左边巨石上题的“玉笏”，是厦门小八景中的“中岩玉笏”；清道光二十一年（1841）立的《重建云中岩大殿功德碑铭》，记载了中岩寺重修的历史。其他还有“松石间意”“非顽”“真心净土”“佛国”等石刻。

三宝塔前的临崖平台上塑一尊端坐于须弥座上的泰国镀金四面佛，两侧各有一只石雕大象。岩寺左下方山坡处有厦门市文物保护单位——澎湖阵亡将士祠碑，立一方“澎湖阵亡将士之灵”石碑，碑旁岩石上刻雍正十一年（1733）李铨《癸丑仲夏谒将士祠有感》诗，其诗云：“诸君死难报君恩，血战功成名久存。提帅有心怜将士，建祠崇奉慰忠魂。”

白鹿洞寺（图 3-1-11）

图 3-1-11　白鹿洞寺

一、概况：白鹿洞寺位于思明区白鹿路玉屏山西南坡，与虎溪岩寺背向。明万历年间（1573—1620）厦门名士林懋时开拓岩洞后，在洞侧建文昌殿，祀朱熹神像，将岩洞命名为“白鹿洞”。清康熙四十四年（1705），苇江老和尚将白鹿洞改建成佛寺。

二、选址特征：①玉屏山位于万石岩西侧，山形似屏风，石奇岩峻，谷深洞幽。②白鹿洞寺坐落于玉屏山西侧陡峭的山坡上，坐东朝西，三面靠山，西面是平原，视野开阔。

三、空间布局：白鹿洞寺采用自由式布局，大雄宝殿居中，东北面山坡上是圆通宝殿、卧佛岩、八角亭、阿弥陀佛石窟、地藏菩萨石窟等，北面是僧寮，东南面山坡上为功德堂、元果法师舍利塔，南面是寺务处、五观堂。殿堂之间以蜿蜒曲折的石阶相连。

四、建筑艺术：白鹿洞寺殿堂主要为官式建筑，采用钢筋混凝土结构，并辅以石、木等材料，屋面覆盖金黄色琉璃瓦，脊堵饰剪粘、彩画。

前山门为三间四柱三楼式石牌坊，正楼为重檐庑殿顶，正脊脊刹置火珠，翼角雕卷草纹。匾额书“白鹿洞寺”，石质楹联书“胜地有缘方可住，名山无福不能游”，背面匾额书“同登觉岸”。

大雄宝殿为重檐歇山顶，屋脊饰剪粘，正脊上雕双龙护塔，两端燕尾脊高翘，脊堵浮雕双龙戏珠，垂脊牌头立战将与楼阁，翼角饰卷草纹，山花灰塑夔龙、如意、法轮。面阔五间，通进深四间，插梁式木构架，彻上露明造。明间、次间开隔扇门，隔心木雕花卉，梢间身堵布满石浮雕佛教故事，裙堵浮雕花鸟。垂花、立仙、雀替、束木、随梁枋、束随、童柱及斗拱木雕宫灯、神仙、凤凰、缠枝花卉、狮头、龙首、鱼化龙、大象等，狮座雕戏狮。匾额书“总持佛刹”“智光无量”，金柱楹联书“佛日高悬光明世界，法轮大转普利人天”“一池荷叶衣无尽，几树松花食有余”。殿内供奉三世佛。

大殿正前方建一座四角形拜亭，歇山顶，屋脊饰剪粘，正脊脊刹置法轮，两侧雕蛟龙，垂脊牌头雕护法神，翼角饰卷草纹，其中两只蛟龙的身体以金黄色瓷片拼贴。面阔一间，通进深一间，抬梁式木构架，彻上露明造。垂花、立仙、弯枋、随梁枋等木雕宫灯、暗八仙、缠枝花卉、戏曲故事等。

圆通宝殿外建有一座两层四角形拜亭，被数块巨石围绕，歇山顶，屋脊饰剪粘，正脊上雕双龙戏珠，两侧燕尾脊高翘，翼角雕卷草纹。面阔一间，通进深两间，抬梁式木构架，彻上露明造。雀替雕鱼化龙、松鹤延年。檐柱石刻楹联书“引人登彼岸，渡众出迷津”“阁前风响竹声声都入大圆通，殿外月窥榕树色色皆深般若”。圆通宝殿的前身为宛在洞，一块巨大的岩石自洞顶斜插而下，石壁上有清乾隆二十八年（1763）的石刻“乾坤普照”“幻身应现”。殿内空间狭小，供奉观世音菩萨。

卧佛岩为一处狭窄的天然洞穴，洞顶为一块倾斜的巨石，洞内供奉一尊镀金释迦牟尼佛卧像。释迦牟尼佛右手曲肱而枕，左手直伸放在左腿上，谓之“吉祥卧”。

元果法师舍利塔为喇嘛式石塔，单层四角形须弥座，束腰每面浮雕麒麟，眼光门内影雕元果法师像，相轮式塔刹。塔后立一长方形石碑，刻楷书“元果法师舍利塔铭”，记载了法师一生的事迹。

五、景观特色：据《厦门志》记载：“白鹿洞左右多崩崖立石，中有亭树掩映，旧建有大观楼、宛在洞、接因亭。乾隆间又开拓六合洞、朝天洞、御山亭。”寺庙建在陡峻的山坡之上，从最低处的前山门到最高处的后山门，地势落差很大。

白鹿洞寺四周群峰迤逦，洞穴玲珑，留存有 30 多处碑记、诗刻、题刻等摩崖石刻。如寺后山坡上有刻于明天启三年（1623）的福建省文物保护单位——“朱一冯攻剿红夷”石刻，石刻高 1.3 米，宽 0.6 米，其文曰“天启癸亥年十一月廿日，广陵朱一冯以督师剿夷至”，记载了明天启三年

（1623）十一月，荷兰殖民者侵犯厦门曾厝垵、鼓浪屿等地，厦门军民痛歼来犯之敌，后福宁道参政朱一冯为之刻石纪事，其是研究明代海防和反侵略斗争的珍贵史料；宛在洞附近有一方由寺僧性灯直题的楷书石刻，字幅高 2.5 米，宽 3.3 米，记录了清乾隆八年（1743），成盛和尚与显亲王探讨内心与外境关系的两段问答；六合洞前有刻于清同治六年（1867），由曾宪德题的隶书“三巡鹭江”，其左侧有刻于清同治八年（1869），由刘明灯篆书直题的“重游鹿洞”。其他还有朱以德所题的“鹿洞书声”，清道光四年（1824）的《重修白鹿洞序》，以及“豁然”“印月流云”“莲壶曲径”“壶中天”“天风海涛”“卧佛岩”等石刻。

寺前原有半月形池塘，号称龙泉、琤琮泉，为厦门名泉，如今已移位。因洞壑湿度较高，泉水冒发的烟气缭绕在山间凝聚不散，呈“白鹿衔烟”景象，为厦门小八景之一。寺庙后山崖壁上凿有两个拱形大佛龛，龛内分别浮雕阿弥陀佛立像和地藏菩萨坐像。

天界寺（图 3－1－12）

图 3－1－12　天界寺

一、概况：天界寺位于思明区万石植物园醉仙岩，清初由月松和尚募化兴建，清乾隆六年（1741）更名为天界寺，民国时期重新修缮。

二、选址特征：①醉仙岩南面是九龙江入海口，西面隔鹭江与鼓浪屿相望。②寺庙坐落于醉仙岩接近山顶的山坡上，坐东南朝西北，四周丘陵环抱，西北面地势相对开阔，形成一个气口。

三、空间布局：天界寺依山势层层升高，采用中轴线布局。引导空间的起点是般若亭，沿着笔直的石板路前行就可到达外山门。外山门至内山门需攀登一段曲折的石阶，道路两旁有浮雕壁画与醴泉洞（仙公殿）。中轴线上依次为内山门、大雄宝殿，西侧有钟楼、寺务处、地藏殿等，东侧有鼓楼、斋堂、“醉仙岩”殿等。其中地藏殿与“醉仙岩”殿分列大雄宝殿左右两翼。

四、建筑艺术：天界寺殿堂多为20世纪80年代重建的，为白石红砖木构建筑，屋顶覆盖绿色琉璃瓦，装饰有色彩鲜艳的剪粘，具官式建筑与闽南传统民居特色。

外山门为三间四柱三楼式石牌坊，正楼为单檐歇山顶，正脊脊堵为筒子脊，镂空砖雕，垂脊牌头雕仙鹤与花卉，戗脊脊堵饰喜上眉梢。正楼翼角饰卷草纹，边楼翼角雕飞龙。檐下施一跳斗拱，弯枋木雕莲花。大门匾额书“天界寺”，石刻楹联“天凌云月小鹭岛，界满十方大华藏”，背面匾额书“灵机妙化”。

内山门为一间两柱石砌门楼，歇山顶，正脊脊尾、垂脊牌头及翼角雕卷草纹。正侧面门堵布满石浮雕，有双狮戏球、蛟龙出海、龙凤呈祥、猛虎下山、佛教故事、博古等。大门石刻楹联“慈云普被法雨频施，鳌日通明祥光遍照”。山门两侧以红砖砌成“人”字纹院墙，水车堵瓷板画山水、花竹。

大雄宝殿建于石砌台基之上，重檐歇山顶，屋脊饰剪粘，正脊上雕双龙护塔，脊堵浮雕双凤朝阳，戗脊脊堵雕花鸟，翼角饰游龙卷草纹。面阔三间，通进深三间，插梁式木构架，彻上露明造。明间与次间采用隔扇门，木雕瑞兽花草。外檐柱为4根盘龙石柱，边上的两根深灰色石柱为清代原物。檐下施弯枋与连拱，垂花、雀替、弯枋、连拱木雕莲花、神仙、各式花卉等。殿内金柱楹联书“墨池水瀹昙花雨，顽石真教头自点”。神龛供奉三世佛，两侧列十八罗汉。

“醉仙岩”殿与地藏殿前均建有平面四角形拜亭，单檐歇山顶，抬梁式木构架，彻上露明造，梁枋上彩画山水花鸟图。两殿均为硬山顶，脊刹置宝葫芦，翼角饰卷草纹。面阔一间，通进深一间，插梁式木构架，彻上露明造。梁枋上彩画山水花鸟图及佛教劝善故事，对看堵嵌彩瓷松鹤延年、麻姑献桃、山水图等。

醴泉洞又名仙公殿，是由一块巨石掩覆而成的岩洞，洞中有口井，名曰“仙井”，洞内供奉何氏九仙神像。

五、景观特色：天界景区由五部分组成，分别是醴泉洞、天界寺、黄亭、长啸洞和旷怡台。昔日，天界寺僧人每日晨间撞钟 108 下，声闻遐迩，故有“天界晓钟”之称，为厦门小八景之一。

寺庙内外有许多摩崖石刻，如临近绝顶处有一石洞，名“长啸洞”，洞壁有明代平倭将领施德政等人的 3 首七律唱和诗，现为厦门市文物保护单位；醴泉洞上方岩石上有明万历十一年（1583）傅钺所题的“醴泉洞”三字；大雄宝殿后有清乾隆年间（1736—1795）廖鹏飞所书行楷《荔崖黄先生读书处》；寺庙后山顶峰巨石上有傅钺所题的“天界”“仙岩”等石刻。

内山门两侧长廊内立有多方石碑，有清光绪四年（1878）和清光绪二十四年（1898）的《重修醉仙岩碑记》、清光绪三十三年（1907）的《重修天界寺碑记》《重建天界寺功德碑记》等。沿寺后山道拾级而上，有问仙路、仙迹石、石棋局、灶浴盆等景观。

第二章　同安区佛教寺庙

梵天寺（图3-2-1）

图3-2-1　梵天寺

一、概况：梵天寺原名兴教寺，位于同安区大轮山南麓，始建于隋开皇元年（581），北宋熙宁二年（1069）改名为梵天禅寺，为福建省最早的佛教寺庙之一。寺中保存的宋代西安桥石塔为福建省文物保护单位。

二、选址特征：①大轮山层峦起伏，横亘数里，状如车轮滚动，故名。山上美景甚多，有“轮峰叠翠”“东溪塔影”“圣迹泉流”“诗海归航”“幽岩月色”“梵寺钟声”“绿沼荷香”“瞻亭石刻”，史称“轮山八景”。②梵天寺坐落于大轮山南麓，坐西北朝东南，三面环山，东南面地势开阔。

三、空间布局：梵天寺规模宏大，采用中轴线布局，中轴线上依次为外山门、梵天寺广场、放生池、金刚殿、天王殿、大雄宝殿、大悲殿、法堂，东北侧为财神殿、钟楼、药师殿、客堂、伽蓝殿、斋堂等，西南侧为尊客堂、济公殿、鼓楼、奎星殿、弥陀殿、图书馆、关帝庙、方丈等。寺庙后山有文公书院、千佛阁和魁星阁，东北面还有旧钟楼、厚学和尚塔园、旧大殿等。

四、建筑艺术：梵天寺主要殿堂采用钢筋混凝土结构，并辅以砖、石、木等材料，屋面覆盖金黄色琉璃瓦，屋脊装饰剪粘，具官式建筑和“皇宫起”大厝风格。

外山门为五间六柱大型石牌坊，有正楼、次楼与夹楼，歇山顶，檐下施五踩双翘斗拱。横匾书“梵天禅寺”“国泰民安”，楹联书“大轮秋风宝刹呈祥，大慈大悲欲渡众生登彼岸；紫阳春雨金莲献瑞，千手千眼还从诸法悟前因”，额枋浮雕祥云、卷草纹等。石柱基座采用单层须弥座，束腰浮雕莲花图案。

照壁为庑殿顶，施四踩单翘斗拱，壁身正中书“庄严国土、利乐有情”，底面饰“卍”字连续纹，两侧浮雕佛本传故事。

金刚殿为三川脊硬山顶，屋脊饰剪粘与陶瓷。中港脊上雕双龙戏珠，火珠正中立一尊宝鼎，两侧小港脊再各雕一只蛟龙，脊堵饰罗汉、山水、树木等，垂脊脊端饰回纹，两侧嵌花卉，牌头立高僧。山花灰塑花篮、如意纹。面阔五间，通进深三间，入口为孤塌，插梁式木构架。明间、次间开拱形门，门两侧为抱鼓石，大门楹联书“智慧照十方庄严诸法界，大慈念一切无碍如虚空”。垂花、立仙、雀替、弯枋木雕高僧、花鸟等，额枋彩画山水图。殿内供奉金刚像。

天王殿为重檐歇山顶，屋脊饰剪粘。正脊上雕双龙戏珠，脊堵浮雕蛟龙、奔马、祥云等，翼角饰卷草纹，山花灰塑如意纹。面阔五间，通进深四间，插梁式木构架。明间、次间开拱形门，门两侧设抱鼓石，梢间辟圆窗。外檐柱楹联书“梵宇钟声经文千卷照佛国，天光云影净土十方乐众生”。檐下施弯枋与连拱，垂花、立仙、雀替木雕宫灯、花鸟。殿内供奉弥勒菩萨、韦陀菩萨，两侧立四大天王。

钟鼓楼为重檐歇山顶两层楼阁，面阔三间，通进深三间。正脊雕双龙戏珠，垂花、雀替木雕宫灯、花卉等。

大雄宝殿为重檐歇山顶，屋脊饰剪粘。正脊脊刹置七层宝塔，两侧雕蛟龙，脊堵浮雕蛟龙出水、麒麟奔跑、香象过河、孔雀开屏、白鹤飞舞等，垂脊牌头为武将与楼阁。面阔五间，通进深五间，插梁式木构架，彻上露明造。明间与次间开隔扇门，梢间槛窗上方木雕麒麟、梅兰竹菊、荷花等，梢间脊两侧山墙槛窗下方石浮雕书礼传家、百吉千祥、事事如意、佛八宝等。檐下施弯枋与连拱，垂花、立仙、雀替、随梁枋、束随、狮座木雕人物、瑞兽、花卉等。殿内供奉三世佛。

图 3－2－2　旧钟楼

大悲殿建于石砌平台之上，屋顶为平面八边形的歇山顶，屋脊饰剪粘。正脊上雕双龙戏珠，垂脊牌头立神仙，翼角饰卷草纹，脊堵浮雕花卉。檐下施七踩斗拱，垂花、立仙、斗拱、弯枋、连拱等雕刻花卉与鸟兽。殿堂四周有环廊环绕，殿内正中供奉观世音菩萨，北面为 48 臂观音。

法堂为两层楼阁式建筑，单檐歇山顶，屋脊饰剪粘。正脊上雕蛟龙出海、鲤鱼跳龙门，脊堵浮雕双凤朝牡丹、骏马奔腾等，翼角饰卷草纹。面阔五间，明间、次间开门，梢间辟圆形窗。堂内供奉一尊汉白玉释迦牟尼佛。

文公书院又名紫阳书院，是厦门最早的官办书院。为一进四合院，门厅为硬山顶，面阔五间，通进深两间。明间开门，两侧檐柱楹联书“轮峰挺秀源远流长，紫阳过化祠院轩然”，次间辟八角形木构螭虎窗，梢间辟圆形窗。书院建于石砌高台之上，硬山顶，覆盖红瓦，燕尾脊高翘。面阔五间，通进深两间，书院后进正中墙壁嵌置一幅朱熹石刻半身画像，高 2 米，宽 0.89 米，周边饰以缠枝花纹。

千佛阁为砖石木构建筑，重檐歇山顶，面阔三间，通进深三间，明间开门，次间辟窗。垂花、立仙、雀替木雕莲瓣、宫灯、花草纹。

魁星阁为近年重建，主体采用钢筋混凝土结构，为四角五层楼阁式建筑，高 48 米，十字脊屋顶，每层设平座。

旧钟楼（图 3–2–2）建于明代，为四角亭式的双层石木建筑，第一层

图 3-2-3　梵天寺西安桥石塔

以花岗岩砌成，第二层为木构，单檐歇山顶，屋脊饰剪粘。正脊脊刹置七层砖塔，两旁雕昂首翘尾的蛟龙，脊堵浮雕花卉，垂脊牌头立神将，翼角饰卷草纹，山花处饰花鸟。楼内原有重 650 多公斤的铜铸古钟，上刻“明洪武二年造”字样，今已无存。

旧大殿为砖石木构建筑，硬山顶，屋脊饰剪粘。正脊脊刹置五层砖塔，两旁雕蛟龙，脊堵浮雕凤戏牡丹等，山墙墀头泥塑戏曲人物。面阔三间，进深两间，插梁式木构架，彻上露明造。明间、次间开隔扇门。随梁枋、剳牵木雕拐子龙、花草纹。殿内供奉释迦牟尼佛。大殿前建有拜亭，面阔三间，通进深一间，雀替木雕花鸟，梁枋彩画民间传说故事。

梵天寺西安桥石塔（图 3-2-3）建于北宋元祐年间（1086—1094），原立于同安城区西安桥桥头，后迁移到梵天寺内，如今竖立在寺院旧钟楼旁的草地上。西安桥石塔为宝箧印经塔，由须弥座、塔身、德宇、塔刹四部分组成，通高 4.68 米，立面呈下宽上窄的梯形，全塔布满浮雕。《厦门文物志》《新编福建省地图册》等文献都称其为“婆罗门佛塔”，笔者认为这一命名并不准确，而应称作“梵天寺西安桥石塔”。同理，同安梅山寺的西安桥石塔应称作“梅山寺西安桥石塔”。

西安桥石塔全部由石材建造，整体造型古朴淳厚，具有传统宝箧印经式塔的基本特征。塔基为双层四边形须弥座，须弥座底边四角设如意形圭角，既稳重又轻巧。第一层须弥座束腰每一面均浮雕双狮戏球，四转角各立一尊侏儒力士，上枋素面无雕刻。第二层须弥座每一面刻四尊坐佛。塔身为立方体造型，四个面均凿有一个拱形佛龛，内雕刻佛本生故事，其中塔身东面为快目王舍眼，南面为萨埵太子舍身饲虎，西面为尸毗王割肉饲鹰救鸽，北面为月光王捐舍宝首。塔身四个转角的上半部分各浮雕一只金翅鸟。塔刹为整根石柱雕刻而成，笔直挺拔，底座为覆莲座，向上五层相轮，相轮上方为倒莲座，顶部为宝葫芦造型。整座石塔的造型类似于金字塔，有利于防风抗震。

需要指出的是，梵天寺西安桥石塔的塔身上并没有宝箧印经式塔独有的四朵山花蕉叶。笔者经过调研发现，如今同样没有山花蕉叶的泉州洛阳桥月光菩萨塔，其早年拍摄的图片上显示，塔身之上立有四朵山花蕉叶，据此推断，西安桥石塔原来应该有山花蕉叶，只是不知何时遗失了。

古石佛双经幢位于梵天寺钟楼附近，建于宋代，均高 3.6 米，塔基为三层须弥座。第一层须弥座下枭为三层仰莲瓣，束腰圆鼓形，雕刻风化严重，上枭雕刻海浪纹样。第二层须弥座束腰八边形，每面均浮雕护塔神将，八角形上枋每面均刻莲花图案。第三层须弥座下枭为扁圆鼓形，束腰八边形，每面均辟券龛，龛内浮雕一尊乐伎供养造像，上枋为三层仰莲瓣。幢身浅浮雕结跏趺坐的佛像。八角形翘檐攒尖收顶，塔刹为葫芦形。

厚学和尚塔为喇嘛式石塔，单层四边形须弥座，转角雕侏儒力士，束腰浮雕佛教故事。钟形塔身正面佛龛刻“厚学和尚塔”。七层相轮，葫芦式塔刹。

舍利塔群共有 7 座造型相同的五轮式石塔，单层须弥座，基座为仰覆莲花瓣，下枋雕螭龙，上枭雕仰莲瓣，六角形束腰浮雕四大金刚与莲花。塔身椭圆形，正面辟一佛龛，内雕一尊坐佛。塔刹为十三层相轮。

千佛宝塔位于天王殿前，共有两座，为平面八角七层楼阁式实心石塔，塔身逐层收分，塔檐雕瓦垄、瓦当，每层塔身均设假平座，每面均浮雕两尊佛像。八角攒尖顶，相轮式塔刹。

五、景观特色：梵天寺因“群峰自北奔跃如车轮”而得名，整体建筑庄严肃穆，宏伟壮观。

厚学和尚塔园是目前厦门地区最壮观的僧人墓园，石塔正前方有石构四角凉亭，两侧建石构福善亭与福慧亭，四周设石栏杆，栏板浮雕吉祥图案。山门广场平台须弥座束腰有大型石浮雕神仙图。

梅山寺（图 3－2－4）

一、概况：梅山寺位于同安区梅山西麓，始建于隋代，与岭下黄佛寺、轮山梵天寺同为隋朝同安三大古寺。现为同安区文物保护单位，寺内有福建省体量最大的摩崖石刻和宋代的西安桥石塔。

二、选址特征：①梅山古名同山，山虽不高却险峻，为同安城东面的天然屏障。②寺庙坐落于梅山西麓，坐东朝西，背山面水，东、南、北三面环山，西面地势开阔，形成气口，东溪从寺庙前方缓缓流过。

三、空间布局：寺庙采用复合轴布局，中轴线上从西向东依次为梅山寺广场、山门，南侧轴线上为天王殿、大雄宝殿，北侧轴线上有海会塔、

图 3-2-4　梅山寺

观音山、功德堂、办公楼，后山有西安桥石塔。

四、建筑艺术：梅山寺主要殿堂为官式建筑，采用钢筋混凝土结构，辅以砖、石、木等材料，屋面覆盖金黄色琉璃瓦。

山门是由 60 名惠安石雕工匠耗时 3 年建成，为三间四柱三楼式石牌坊，高 23 米，宽 23.6 米，全部采用花岗岩雕刻而成，总石方用量达 680 多立方米，居我国现存石质山门中石方用量之首。庑殿式屋顶，正楼与两边楼的正脊两端雕蛟龙，脊堵镂空，透雕花卉，垂脊脊端雕龙首。正楼下施七踩三翘斗拱，边楼下施五踩双翘斗拱。额枋浮雕佛教典故与神仙故事。前后 8 根戗杆雕盘龙柱支撑住巨大的牌坊，圆形柱础，龙柱与山门构成三角形状，异常坚固。石牌匾刻“佛光普照”“共登彼岸”“会赴龙华”“法界无边”“同入玄门”“人天同归”等。柱基为单层须弥座，束腰雕螭龙卷草纹，上下枋饰缠枝花卉。整座山门精雕细刻，巧夺天工。

天王殿建于高台之上，屋顶由 3 个重檐歇山顶组成，正脊两端为龙吻，垂脊脊端雕龙首，戗脊上立蹲兽，山花装饰佛八宝。面阔五间，通进深五间，插梁式木构架，彻上露明造。上下檐下方均施有一排斗拱，为七踩单翘重昂。明间开门，四面墙辟菱花木雕窗，槛墙上陶瓷浮雕佛八宝，色彩丰富。殿内梁枋布满五彩缤纷的花卉图案，令人目不暇接。殿内供奉弥勒菩萨、观音菩萨与四大天王。殿堂前后均建有抱厦，两抱厦前檐柱采用 4

图 3-2-5　梅山寺西安桥石塔

根盘龙石柱。

大雄宝殿为三重檐歇山顶，正脊两端为龙吻，垂脊脊端雕龙首，戗脊上立蹲兽，山花装饰佛八宝。面阔五间，通进深五间，插梁式木构架，彻上露明造。四面明间均开隔扇门，次间、梢间辟菱花木雕窗，槛墙上陶瓷浮雕佛八宝，有朱红、红橙、柠檬黄、金黄、墨绿、粉绿、群青、蓝紫等色，底色均为蓝色。殿内释迦牟尼玉佛为全国最高最大的缅甸白玉造像，总高 9 米，由莲花座、法像、背光三部分组成。其中法像高 5.65 米，宽 4 米，厚 3 米，重达 65 吨。大殿前后左右均建有抱厦，前檐立两根盘龙石柱。

功德堂为平面八边形三层楼阁式木构建筑，八角攒尖收顶。四周环廊，正面采用隔扇门，门上雕花瓶、暗八仙等。檐下施插拱，垂花、立仙、雀替、随梁枋雕刻宫灯、神仙、戏曲人物、龙、狮子、马、鸟、花卉等。

梅山寺西安桥石塔（图 3–2–5）与梵天寺西安桥石塔同为西安桥的附属风水塔，通高 4.7 米，形制与梵天寺西安桥石塔相同。石塔为四边形双层须弥座。第一层须弥座底座四角刻如意形圭角，下枋刻覆莲花瓣，束腰转角雕侏儒力士，每面均浮雕双狮戏球，上枭刻仰莲花瓣；第二层须弥座上下枋素面，束腰每面均辟 4 个佛龛，内雕结跏趺坐佛像。塔身四面浮雕快目王舍眼、萨埵太子舍身饲虎、尸毗王割肉饲鹰救鸽、月光王捐舍宝首等佛本生故事。原有的山花蕉叶已丢失。五层相轮式塔刹，底部覆钵石，塔顶在仰莲盘盖上立宝葫芦。

海会塔建于高台之上，为喇嘛式石塔。八角形须弥座转角雕侏儒力士，上下枋雕满蛟龙与卷草纹，束腰浮雕佛教故事。钟形塔身基座上枭浮雕三层仰莲瓣，下枭雕飞龙。塔身四面辟四佛龛，龛内圆雕盘腿坐于莲花瓣上的高僧，周边浮雕祥云图案，塔身上篆刻《般若波罗蜜多心经》全文。八角形仿木构塔檐，檐下施一斗三升拱，8 条垂脊上各雕一龙首，五层相轮，宝珠式塔刹。

五、景观特色：梅山寺山门处建有大型广场，前方为东溪，溪边为滨江公园。面对寺庙建有一座石拱桥，横跨东溪两岸。

大广场两旁丛植成片的菩提树，孤植香樟、榕树，列植油杉等；后山群植成片的相思树。寺庙前后还种植有南洋杉、黄金串钱柳、胡椒木、黄槿、龙柏、麻楝、羊蹄甲、紫檀、三角梅、白杜、毛竹等。

观音山为人造小山丘，以巨大的条石垒成，山顶竖立有一尊滴水观音立像，四周条石上布满佛菩萨、罗汉、力士、护法神等造像。大雄宝殿前庭院设有多排圆形铸铜转经筒，上面雕刻经文与佛像。寺后南麓岩壁上有宋代朱熹手书的“同山”，后山崖壁上刻有“离苦得乐”四字。

慈云岩寺（图3-2-6）

图3-2-6　慈云岩寺

一、概况：慈云岩寺又名禾山石佛塔，位于同安区新民镇禾山。始建于南宋端平年间（1234—1236），现为同安区文物保护单位。

二、选址特征：①禾山又名端平山、圣水泉山，岩前有方石数丈，岩后有石蛤坑深洞。②寺庙建于山坡之上，坐北朝南，南面山峦有一缺口，形成入气之口。

三、空间布局：慈云岩寺只有一排建于高台之上的建筑，属中轴线布局，正中间是大雄宝殿，两侧分别是钟鼓楼。寺庙后山有禾山石佛塔、豪山石书房等。

四、建筑艺术：慈云岩寺为红砖白石木构的官式建筑，又具闽南民居特色，屋面覆盖红色琉璃瓦。

大雄宝殿为重檐歇山顶，屋脊饰剪粘。正脊脊刹置七层宝塔，两旁雕蛟龙，垂脊牌头立神将，翼角饰卷草纹，山花灰塑花篮、如意纹。面阔三间，通进深四间，插梁式木构架，彻上露明造。明间、次间采用隔扇门，隔心雕刻花卉图案，梢间辟镂空石雕螭龙窗，檐柱楹联书“慈云广覆炎佛国，圣水洗濯净凡身”。檐下施弯枋与连拱，垂花、立仙、雀替木雕宫灯、仙人、缠枝花卉、莲瓣等，梁枋彩画山水瑞兽图。佛龛供奉三世佛，两侧列十八罗汉。

钟楼和鼓楼建于一层楼顶平台之上，单檐歇山顶，屋脊饰剪粘。正脊脊刹置宝葫芦，两旁雕蛟龙，脊堵浮雕丹凤朝阳、瑞应祥麟等，垂脊牌头雕凤凰飞舞，翼角饰卷草纹。面阔与通进深各一间，檐下施一跳斗拱。四周平台设花瓶式栏杆。

豪山石书房在石佛塔西面 300 米处的山头上，巨石为顶，两面砌墙，墙上开有一个窗户和门，房内有石砌的床和桌。

禾山石佛塔又名豪山石佛塔，建于明永乐十一年（1413），现为同安区文物保护单位。塔建于一块巨大的岩石之上，造型接近于五轮式塔，高 7.1 米，是目前福建地区最高最大的五轮式塔。石塔底层为一座四方形佛心室，西面开一拱门，室内供奉观音菩萨、土地爷、送子娘娘与齐天大圣。禾山石塔为单层八边形须弥座，底座八个塔足刻如意形圭角，每边均刻柿蒂菱纹饰，束腰转角为三段式竹节柱，每面刻一字，共八字，为“皇明永乐诸佛法典”。塔身呈腰鼓状，每面浮雕一尊坐莲佛像。八角翘檐攒尖收顶，塔刹已丢失。在禾山石佛塔石室下方不远处，还有一座慈云石室。

五、景观特色：慈云岩下有井，其泉从石中涌出，名曰圣泉井。其东麓盘石有空穴，深尺余，积水不干涸，传闻与海潮相通。

石佛塔周边尚存 3 处摩崖石刻，刻于上下相叠的岩石上。上石镌明代湖广提学刘汝南行楷书直题六言诗《题端平岩二首》，下石刻广东潮州知府李春芳所题《游慈云岩次刘学宪汝南韵》，两诗均表达了回归自然、禅悟求静之心怀。

太华岩寺（图3-2-7）

图3-2-7 太华岩寺

一、概况：太华岩寺位于同安区莲花镇后埔村西北的莲花山，始建于宋代。清代晋江名士倪鸿范游太华岩时，留下“为怜西岳高堪仰，聊把莲花拟岱宗”的佳句。太华岩寺内遗存的石柱、石盘、石阶、佛座、石磨、石碾、石槽等建筑构件，经文物专家考证，应是宋代原物。

二、选址特征：①莲花山为同安名山，因山峰层叠，耸立云际，石瓣嵌空如莲花而得名。②太华岩寺坐落于莲花山山坳，坐北朝南，三面环山，南面山峦较矮，视野开阔。

三、空间布局：太华岩寺采用主轴对称结合自由布局，中轴线上从低往高依次为放生池、无量光殿，两侧有斋堂、湛然堂、客堂、僧寮等。主殿后面山坡有慈济堂和观音殿，中轴线左侧为山门、普利堂。

四、建筑艺术：太华岩寺主要殿堂为钢筋混凝土及砖木结构建筑，屋面覆盖深灰色琉璃瓦，具有官式建筑特征。

山门为独立式门楼，重檐歇山顶，正脊脊刹置仰莲瓣，脊尾施鸱吻。面阔一间，通进深一间。大门楹联书“道场庄严从不二门入，智慧究竟依菩提心圆”。门内墙壁上题有诗句“到此处静坐须臾，好把尘劳为净土。归究竟回光返照，顿忘烦扰即菩提”“手把青秧插满田，低头便见水中天。六根清净方为道，退步原来是向前”。山门两侧各建一间耳房。

无量光殿为单檐歇山顶，正脊脊刹置宝珠，脊尾饰鸱吻，山花饰法轮。面阔五间，通进深四间。明间、次间开门，檐下施五踩双翘斗拱，平棋式天花，每个格心饰一朵红色七瓣莲花，花瓣上书“南无阿弥陀如来”，殿内供奉三世佛。殿前建拜亭，单檐歇山顶，面阔一间，通进深一间，四面通透，檐下施一排七踩三翘斗拱。

钟鼓楼其实是位于无量光殿前月台上的两座六边形凉亭，每面均嵌透明玻璃，六角攒尖收顶，显得小巧玲珑。

慈济堂建于石砌高台之上，单檐歇山顶，屋脊饰剪粘。正脊上雕双龙戏葫芦，脊堵浮雕凤戏牡丹、麒麟奔跑，翼角饰卷草纹。面阔三间，通进深两间。明间、次间设隔扇门。堂内供奉释迦牟尼佛。

观音殿为单檐歇山顶，正脊脊刹置火珠，两端脊尾饰“S”形鸱吻。面阔三间，通进深两间。明间、次间设隔扇门，大门楹联书“闻尘清净入三摩地，觉海慈航普利人天”。

五、景观特色：太华岩寺周围崇山峻岭，奇石异洞，清涧甘泉，水秀山明。

寺庙前方山坡上建有一个圆形放生池，池边围以宝瓶式栏杆。庙宇左侧山林中有潮汐泉，因泉随潮汐盈虚而名。泉旁有“灵源”石刻，字幅高0.65 米，宽 0.38 米，字径约 0.3 米，为朱熹手迹。

无量光殿前下方山坡上有一块状如芙蓉的巨石，石上镌刻有“太华岩”三个擘窠大字，每字高 1 米，宽 0.79 米，是厦门地区时间最早、字体最大、保存得最好的摩崖石刻，是朱熹游览莲花山时所题的。石刻北面 1 公里处有天然石洞，名石释洞，由两块天然巨石横卧成上、下两个山洞，其中下洞奉祀莲山大人，洞壁立有 5 方并列石刻，上刻传经祖师刻写的禅诀。从石释洞到山巅有 18 块天然岩石，形似莲瓣环成一朵莲花，当地流传有“莲花无心叠叠叶”的俚语。

慈济堂前的草地上遗存有宋代的数根石柱、柱础、3 个石砌须弥座等。其中须弥座束腰浅浮雕“卍”字纹、卷草纹等，转角施三段式竹节柱。寺庙前后庭院摆放有石狮、香象、施食台、石灯、铜香炉、石经幢等景观小品。

莲花山因拥有丰富的自然景观和人文景观，被厦门市列为“十五”岛外重点旅游项目。

第三章　翔安区佛教寺庙

香山岩寺（图3-3-1）

图3-3-1　香山岩寺

一、概况：香山岩寺位于翔安区新店镇香山，始建于南宋建炎元年(1127)，主奉清水祖师，是厦门、南安、金门等地清水祖师总坛，现为翔安区文物保护单位。每年农历正月初六，香山岩寺都会举办庙会，庙会上的歌仔戏、布袋戏、拍胸舞等民间曲艺表演，可谓独具特色。

二、选址特征：①香山位于鸿渐山脉南麓，东面是围头湾，可远眺金门岛。朱熹任同安县主簿时，曾数次到此地游玩，闻草木皆香，于是改山名为“香山”。②寺庙建于接近山顶的缓坡上，原本坐西朝东，明代重建时改为坐东南朝西北。

三、空间布局：香山岩寺采用中轴线布局，前低后高，属“两落猛虎下山势”重檐建筑。中轴线上从低往高依次为大广场、放生池、石经幢、小广场、门厅、旧大雄宝殿、观音殿、清水祖师像、新大雄宝殿、海会塔，两侧为厢房、钟鼓楼等。其中，门厅、旧大雄宝殿与两侧厢房为三间张双边厝，围合成一个完整的四合院，中间与两侧留有天井；大殿南面的徽国文公祠为一进四合院。

四、建筑艺术：香山岩寺旧殿堂为“皇宫起”大厝，为三间张双边厝，采用红砖白石木构材料。新殿堂为官式建筑，主体结构采用钢筋混凝土，辅以砖木材料，屋面覆盖红色或金黄色琉璃瓦。

门厅为砖石木建筑，断檐升箭口式硬山顶，覆盖红色琉璃瓦，屋脊饰剪粘。正脊上雕二龙抢珠，火珠下还雕宝葫芦，脊堵为实堵，浮雕麒麟奔跑、蛟龙出海、凤戏牡丹，垂脊牌头雕楼阁与人物，翼角饰卷草纹。面阔三间，通进深两间，插梁式木构架，彻上露明造。明间开大门，楹联书“香宇森严清水慈济防范御灾赫赫英灵昭日月，山门壮丽祖师善利降祥来福巍巍厚泽派乾坤”。大门两侧辟石雕交欢螭龙卷草纹圆形漏窗，门堵辉绿岩浮雕二十四孝故事，对看堵石浮雕蛟龙出海、猛虎下山、骑大象和麒麟的天兵天将等。这些石雕均为清同治年间（1862—1874）的作品，雕工精巧。檐下施弯枋与连拱。垂花、随梁枋、剳牵、童柱、狮座等雕刻宫灯、莲花、荷池、如意、卷草、戏狮等，梁枋、斗拱彩画八仙庆寿、《三国演义》故事、花鸟图等。

旧大雄宝殿建于明代石台之上，中间设踏跺。砖石木建筑，硬山顶，覆盖红色琉璃瓦，屋脊饰剪粘。脊刹置七层宝塔，两端雕行龙，脊堵浮雕瑞应祥麟、丹凤朝阳、锦上添花、骏马奔腾、孔雀开屏、鹤鹿同春等，垂脊牌头雕神将，以金黄、米黄、橘黄、粉绿、翠绿、朱红、大红、玫瑰、天蓝、钛白等色瓷片拼贴。面阔三间，通进深四间，插梁式木构架，彻上露明造。立面通透无门，垂花、雀替、剳牵、随梁枋、弯枋、童柱金漆木雕花卉、鸟兽等，梁枋彩绘戏曲故事。殿内有数根明代石柱，石柱上再接木柱。正中供奉释迦牟尼佛，两旁分立韦陀菩萨与关公。佛前摆放分别呈黑面、红面、金面的 3 位祖师神像。其中，中央为清水祖师（饰黑脸），右为二祖师蓬莱人彭普仲（饰红脸），左为三祖师广东罗溪人杨义郡（饰金脸）。神龛横匾书“慈光普照”，楹联书“香气缈氤氲铅汞修真呈色相，山源探奥妙阴阳善鉴颂闾阎”。两侧列四大天王与十八罗汉，墙面壁画为白描历史故事及神话传说。

两侧护厝为硬山顶，覆盖红瓦，外墙以花岗岩垒砌，墙上辟方窗，与大殿之间建有过水廊。

观音殿地势较高，为钢筋混凝土及砖石木构建筑，屋顶较为特殊，为闽南地区特有的“假四垂”，屋脊饰剪粘。正脊上雕双龙戏珠，脊堵浮雕战马奔腾、《三国演义》故事、麒麟嬉戏、花开富贵等，垂脊牌头为神将与楼阁，翼角饰卷草纹，围脊脊堵饰戏曲人物、瑞兽花鸟等。面阔三间，通进深三间。明间、次间开门，门堵石浮雕瑞兽、花卉、博古等。平棋式天花，天花正中为四角形藻井中再套一个八角形藻井，斗拱层层叠叠，富有节奏感。正中供奉观音菩萨。

新大雄宝殿位置最高，主体为钢筋混凝土结构，重檐歇山顶，屋脊饰剪粘。正脊上雕双龙戏珠，翼角饰卷草纹。面阔五间，通进深四间，明间，次间开门。

徽国文公祠始建于明正统年间（1436—1449），为“皇宫起”大厝，一进四合院，中间是条石铺成的天井，两侧廊庑采用砖石材料。门厅为硬山顶，正脊两端饰鸱吻，面阔三间，通进深两间，立面为孤塌，水车堵彩绘人物典故图。文公祠为两层建筑，硬山顶，正脊两端饰鸱吻，第一层正面开圆形石门，第二层设阳台，施花瓶式栏杆，具西式洋楼风格。

石经幢共有两座，形制相同，均设三层须弥座。第一层八角形须弥座采用如意形圭角，束腰转角雕侏儒力士，壶门浅浮雕花卉，上枭雕单层仰莲瓣；第二层须弥座八角形下枋雕海浪，圆形下枭雕祥云，圆鼓形束腰浮雕青龙，八角形上枋雕道八仙；第三层须弥座的八角形束腰每面浮雕神将，上枭雕双层仰莲瓣。幢身共有五层，外形遵照一凸一凹的韵律，层层叠加并向上收分，富有节奏感，其中第一层石柱最高，第二层每面浮雕金刚，第三层、第四层每面浮雕菩萨像，第五层每面浮雕佛像。第一层、第二层顶部的宝盖做成屋檐状，分别有八个翘角，第三层、第四层顶部宝盖为仰莲瓣，第五层顶部宝盖为四角屋檐。椭圆形幢刹。

五、景观特色：香山岩寺建于缓坡之上，利用丰富的山岩丘陵景观和环绕溪水景观，结合人工造景，打造成山林生态旅游景区（图 3–3–2）。

香山岩寺前方有一长方形放生池，一条 3 米宽的石板通道将水池左右分开，通道两侧设石栏杆，望柱头为宋代小石狮雕刻，旁边还有清代的牌匾碑记，非常珍贵。池边有一巨石叠成的狮头，狮口流出清泉，村人称之

图 3-3-2 生态景观

为“仙尿”。出了殿门右拐，后面就是一眼千年不竭的山泉，水池边醒目地刻着“仙泉”两个大字。

寺庙周边奇石林立，有许多岩石景观。如文公祠不远处有块巨石，石上镌“真隐处”三字，相传为朱熹手迹；寺前草坪上有一块刻有不同字体的“香”字的岩石；寺前山坡上有块重 200 吨、形如狮子头的巨石，名“狮球石”，石下有神秘的仙人洞，不远处还有仙脚迹、通天蜡烛、乐谷窝、“真隐处”石刻等景观。

第四章　海沧区佛教寺庙

石室禅院（图3－4－1）

图3－4－1　石室禅院

一、概况：石室禅院位于海沧区新阳街道霞阳村玳瑁山，始建于唐垂拱二年（686）。据《厦门佛教志》载，石室禅院是闽南刚开发时兴建的寺院之一，历经多次重建，现为海沧区文物保护单位。

二、选址特征：①石室禅寺坐落于玳瑁山半山腰，山上林木葱翠、飞瀑流泉、怪石嶙峋。②禅寺坐南朝北，后山有高山天湖、试剑石、仙脚石、石鼓、石旗、观音崖、三魁岭古道等景观。

三、空间布局：石室岩寺属主轴对称结合自由布局，中轴线上从低往高依次为九龙壁、弥勒殿（石室书院）、大雄宝殿（药师密坛）、祈福钟殿，西侧有钟楼（祖师殿）、福慧楼、客堂、斋堂、福寿楼、抄经堂、弘法讲堂等，东侧有鼓楼（伽蓝殿）、地藏殿、琉璃宝塔、僧寮等。西面有外山门与内山门（金刚殿）。

四、建筑艺术：石室禅院旧殿堂为红砖白石木构的“皇宫起”建筑，新殿堂为钢筋混凝土及砖石木构的官式建筑。

外山门为三间四柱三楼式石牌坊，每根石柱顶上各有四尊狮子，面朝四方，威风凛凛。檐下施一排两跳斗拱，额枋浮雕二龙戏珠，匾额书“石室禅院”。石柱正面楹联书“石磬灵山圣境金桂沁心幽静禅，室馨药师道场玉兰飘香证果院”，背面楹联书“阿育王立狮柱扬菩萨道遍百千国土，三归岭建道场修药师法度万亿众生”。

内山门（金刚殿）为仿城楼建筑，开 3 道拱形门，正门上牌匾书“广严化城”，两旁书“东方净土”“琉璃世界”。门内为金刚殿，两旁立高大魁梧的哼哈二将。城墙上建有单檐庑殿顶建筑，覆盖金黄色琉璃瓦，正脊两端饰鸱尾，面阔三间，通进深两间，檐下施人字拱。

弥勒殿（石室书院）始建于后唐同光三年（925），原有 64 间僧舍，后被毁，如今为红砖白石木构的“皇宫起”大厝，五间张双边厝。三川脊硬山顶，覆盖红瓦，屋脊饰大量剪粘，中港脊脊刹置火珠，两端雕蛟龙，中脊、小脊、垂脊的脊堵浮雕二龙戏珠、瑞应祥麟、骏马奔腾、凤戏牡丹、鹤鹿同春等，垂脊牌头雕神将、神仙与花篮。这些剪粘以玫瑰、大红、翠绿、米黄、土黄、橘红、淡黄、朱红、湖蓝、钛白、粉红、赭石等色瓷片拼贴而成。北面脊堵彩画松鹤延年、瑞鹿祥和。两侧山花灰塑拐子龙，中间彩画鲤鱼跳龙门与凤凰飞舞，色彩清淡。面阔五间，通进深三间，插梁式木构架，彻上露明造。立面为孤塌，明间、次间及侧面门堵均开门。两边门楣分别书“兰若”“菩提”，两厢门楣则分题“水流花径”“关松度云”。大门两侧楹联书“石塔藏精轮相开千百年香火，室灯照暗灵光度亿万众迷途”。梢间镜面墙以红砖拼接成八角形连续图案，墙上辟石窗。石门堵彩雕博古纹、八仙、文武官员及唐诗典故，水车堵上泥塑山水图。外檐柱楹联书“本来觉路三皈岭，回向慈门万福田”。檐下施五踩双翘斗拱。垂花、立仙、雀替、随梁枋、束木、狮座、童柱雕刻麒麟、戏狮、花鸟等。殿内供奉弥勒菩萨和二十四诸天。

弥勒殿两侧有护厝，为一进院落，硬山顶，覆盖红瓦，屋脊脊堵彩画猛虎、花卉等，檐下施插拱。

大雄宝殿（药师密坛）共两层，屋顶为前后两个重檐歇山顶相连，前低后高，覆盖金黄色琉璃瓦，正脊两端饰鸱吻。第一层为大雄宝殿，面阔五间，明间、次间开门，梢间辟圆形木窗。墙面和天花全部为金黄色，正中供奉释迦牟尼佛、药师如来、阿弥陀佛、地藏菩萨、观音菩萨、文殊菩萨与普贤菩萨，两侧浮雕十八罗汉。第二层为药师密坛，面阔五间，正面辟直棂窗，殿内供奉药师如来、日光菩萨、月光菩萨、八大菩萨、四大天王等，两旁列十二药叉大将。

祈福钟殿为单檐歇山顶，覆盖金黄色琉璃瓦，面阔三间，通进深三间，四周通透。殿内悬挂一口重 24 吨的万福万寿和平钟，钟上铸有不同写法的一万个“福”字与一万个“寿”字，据说是世界上独一无二的。

琉璃宝塔为平面六角七层楼阁式塔，塔身层层收分，第二层以上设有平座与栏杆。其中，第一层为功德堂，第二层为普同塔，第七层为藏经阁。

钟鼓楼为两层楼阁式建筑，单檐歇山顶，覆盖金黄色琉璃瓦，正脊两端施鸥吻。第一层是祖师殿和伽蓝殿，面阔三间，通进深三间。第二层设有平台与栏杆，面阔与通进深各一间。其中，钟楼内的青铜钟上刻《药师经》全文。

位于天王殿前的九龙壁长 108 米，据说是全国最长的照壁，选用青石、汉白玉、印度红、黄锈石等石料精心雕刻而成。正中心是一条最大的黄龙，正对着禅院中轴线，昂首向前，目光炯炯有神。黄龙左右各有青、红、白、黑四龙相向，作对称分布。九龙壁两侧浮雕十二药叉大将与十二生肖。

五、景观特色：石室禅院内有两株近 200 百年树龄的玉兰树与金桂，两树均为厦门同类树种中树龄最长的。有诗赞云“室馨金桂幽静禅，石磬玉兰清香院”。

图 3－4－2　罗汉石雕

寺院内道路两边所立的500尊罗汉石像（图3–4–2），均是按照真人比例雕刻而成的。罗汉们或坐或立，相貌神态各异，妙趣横生。

寺庙内外有许多摩崖石刻，如一诚法师所题的“药师佛道场”，其他还有“天雨虽宽，不润无根之草。佛门广大，难度不善之人”“天乐人和，人善年丰”“世间万事何时足，留取栽培待后贤”“敬天”“一身正气，一尘不染”“福禄寿喜”等石刻。

天王殿左侧天井内保存有明代抗倭名将戚继光建马寨于玳瑁山时，留下的石槽、石臼等。此外，禅寺内还竖立有明清时期的《重修石室院碑》《皇明石室禅院碑记》《重修石室禅院碑记》等石碑，其中《皇明石室禅院碑记》记录了禅寺在明代的格局，具有很高的历史价值。寺后山上仍保留有戚继光抗倭时留下的“游城古寨”与“尖山古寨”遗址。

第五章　集美区佛教寺庙

圣果院（图 3 - 5 - 1）

图 3 - 5 - 1　圣果院

一、概况：圣果院位于集美区后溪镇后垵村，始建于唐代。原名泗州堂，供奉泗州大圣，后因寺旁的龙眼树在腊月结果而改名“圣果院”。现为集美区文物保护单位。

二、选址特征：圣果院坐东北朝西南，背靠山峦，面对平原，属城郊寺庙。

三、空间布局：圣果院采用中轴线布局，中轴线上依次为前殿（弥勒殿）、中殿（大雄宝殿）、后殿，两侧有廊庑，形成二进四合院。院落西侧为祖祠。

四、建筑艺术：圣果院殿堂为砖石木构建筑，覆盖红瓦，建筑内外的装饰极为丰富，具官式建筑与“皇宫起”大厝特色。

前殿（弥勒殿）为三川脊悬山顶，屋脊饰剪粘。中港脊上雕双龙戏珠，小港脊上各雕一只回首相望的飞龙，脊堵浮雕蛟龙出海、凤戏牡丹、麒麟奔跑、松鹤延年等，垂脊牌头为陶瓷八仙祝寿与楼阁。面阔五间，通进深两间，插梁式木构架，彻上露明造。明间、次间开门，门板上高浮雕文官和武将，梢间辟石雕蛟龙圆形漏窗。大门匾额书“龙山流芳”，楹联书“泗洲堂来自北唐，圣果院成于南宋”。门堵石浮雕双狮戏球、锦上添花、麻姑献寿、孔雀开屏、福禄寿三星、天官赐福、四季平安、《三国演义》故事等。檐下施夔龙拱，垂花、立仙、雀替、剳牵、随梁枋、束随木雕宫灯、莲瓣、神将、花篮、暗八仙、花鸟、戏曲人物等，狮座雕狮头，梁枋彩画山水楼阁。殿内供奉弥勒菩萨。

中殿（大雄宝殿）为重檐歇山顶，屋脊饰剪粘。正脊脊刹置宝葫芦，两端雕鱼化龙，脊堵浮雕瑞应祥麟、凤戏牡丹、孔雀开屏、松鹤延年，垂脊牌头雕仙人、仙鹤等，戗脊脊端饰卷草纹。面阔五间，通进深五间，插梁式木构架，彻上露明造。明间、次间开门，梢间辟石雕蛟龙圆窗。大门楹联书“龙真圣绍钦赐佛宝殿，山异果真推庐易立院”。梁枋彩画佛教故事、山水花鸟。殿内供奉三世佛、迦叶尊者与阿难尊者。

后殿为三川脊悬山顶，屋脊饰剪粘。中港脊上雕双龙戏珠，两侧小港脊上各雕一只回首相望的飞龙，垂脊牌头为武将与楼阁。面阔五间，通进深三间，插梁式木构架，彻上露明造。梁枋彩画张天师、陶天君等道教人物。正中供奉护国尊王，两侧墙壁彩画道教故事。

祖祠始建于元至正十七年（1357），近年重修，为一进四合院。前厅为“皇宫起”建筑，硬山顶，屋脊饰剪粘、陶瓷。正脊上浮雕麒麟奔跑、丹凤朝阳、八仙过海。面阔三间，通进深两间，插梁式木构架，彻上露明造。塌寿为孤塌，明间开门，门板漆画门神。门堵影雕五福呈祥、花鸟图。祖祠为硬山顶，屋脊饰剪粘。正脊上浮雕双凤朝阳。面阔三间，通进深三间，插梁式木构架，彻上露明造。梁枋上彩画道教故事、山水图。

五、景观特色：圣果院后广场上有株树根如盘龙的大榕树，硕大的树冠犹如巨伞，遮天蔽日。中殿后墙外立面嵌有元至正十九年（1359）的《龙山圣果院祠堂内碑记》、明天启三年（1623）的《重立圣果院祠堂内碑记》和清宣统三年（1911）的《重修圣果院碑》等。庭院前后摆放石香炉、石狮、盆景等。

寿石岩寺（图3－5－2）

图3－5－2　寿石岩寺

一、概况：寿石岩寺又名岩内宫，位于后溪镇岩内村，始建于北宋仁宗年间（1023—1063），清雍正年间（1723—1735）重建，1989年全面修缮，现为集美区文物保护单位。

二、选址特征：①寿石岩寺坐落于岩内水库东侧半山坡上，是古同安“五龙抢珠”山脉发源地之一，地理位置颇为重要。②岩寺原是利用天然岩洞砌筑而成的，坐东南朝西北，三面环山，西北面为开阔的盆地，盆地内有岩内水库。

三、空间布局：寿石岩寺采用中轴线布局，中轴线上依次为大雄宝殿、寿石岩庙，左侧为寺务处、僧寮、土地庙等，右侧是观音殿、夹酣泉。大雄宝殿前有一平台，平台中央的佛龛内供奉弥勒菩萨与韦陀菩萨，神龛两侧设有石阶通往寿石岩庙。

四、建筑艺术：寿石岩庙利用岩洞构筑而成，其他殿堂多为钢筋混凝土及砖石木构建筑。

大雄宝殿为官式建筑，重檐歇山顶，屋脊饰剪粘。正脊上雕双龙戏珠，脊堵浮雕蛟龙出海、麒麟奔跑、凤戏牡丹、麋鹿灵龟、花鸟等，垂脊牌头雕八仙，戗脊脊端饰卷草纹，围脊有福禄寿三星、戏曲人物、花鸟等。其中脊堵嵌一只金黄色瓷片的蛟龙，还有只黑色瓷片的灵龟，憨态可掬地畏缩在龙爪之下。面阔三间，通进深四间，插梁式木构架，彻上露明造。4根外檐柱为盘龙石柱，八角形柱础。明间、次间开门，大门两侧辟长方形夔龙石窗，楹联书“五百年前我辈是同堂罗汉，三千界里问谁能安坐须

图 3－5－3 寿石岩庙

弥”。门堵石浮雕戏曲人物、狮子、麒麟、马、花鸟等。檐下施弯枋与连拱。垂花、立仙、雀替、剳牵、随梁枋及狮座木雕莲瓣、神仙、花鸟、金鱼、凤凰、戏狮等，梁枋木雕狮子、麒麟、鸟、马、道八仙等。殿内供奉三世佛及普贤菩萨与文殊菩萨。

寿石岩庙（图 3–5–3）是利用一处高 1.5 ～ 4 米、宽 7.8 米、深 3.85 米的天然岩洞砌筑而成的，顶上为一块斜插而下的巨大岩石，岩洞外建一玻璃房，用以保护殿内的造像与器物。岩壁上有 3 处明清时期的石刻，洞内佛龛供奉三宝佛与观世音菩萨。洞口较大，岩洞里较明亮。

五、景观特色：寿石岩寺四周山明水秀，古木参天，怪石兀立。

寿石岩庙旁的石洞内有天然山泉，洞壁上刻楷书“夹酣泉”，泉水水位常年保持不变。夹酣泉旁有株百年龙眼树，每年均会结果。其他还种植有枫树、樟树、相思树、榕树等。除了寿石岩庙内的 3 处摩崖石刻外，寺庙西南侧巨石上刻有“蟠龙山”，石刻前塑一尊弥勒菩萨造像。

寺庙地势较高，站在大雄宝殿前的平台上远眺，但见山下波光潋滟的岩内水库、绿油油的田野，形成远借效果。

第四编 漳州佛教寺庙建筑艺术与景观个案研究

漳州东濒台湾海峡，与厦门隔海相望，东北与泉州接壤，西北与龙岩相接，西南毗邻广东的潮州地区。漳州是闽南文化的发祥地之一，素有“海滨邹鲁”的美誉。漳州现辖芗城区、龙文区、龙海市、云霄县、漳浦县、诏安县、长泰县、东山县、南靖县、平和县、华安县。

据明万历《漳州府志》称：“漳州古称佛国，自唐以至于元，境内寺院至六百余所。”如今仍有215座佛寺，其中较著名的佛寺有南山寺、龙池岩寺、三平寺、灵通寺、瑞竹岩寺等。

第一章　芗城区佛教寺庙

南山寺（图 4 - 1 - 1）

图 4 - 1 - 1　南山寺

一、概况：南山寺原名“报劬崇福禅寺”，位于芗城区九龙江南畔的丹霞山麓，始建于唐开元年间（713—741）。南山寺是漳州八大名胜之一，现为漳州市文物保护单位，石佛阁内的阿弥陀佛造像为福建省文物保护单位。

二、选址特征：南山寺坐落于九龙江南岸，背靠丹霞山，面朝九龙江。寺庙坐南朝北，西溪从寺前缓缓流过。

三、空间布局：南山寺规模宏大，采用中轴线布局，南北中轴线上依次为山门、天王殿、大雄宝殿、法堂（藏经阁），西侧有客堂、地藏殿、福日斋、念佛堂、祖师堂等，东侧有图书馆、观音殿、德星堂、净业堂（石佛阁）、太傅殿、方丈楼、泰清寺等。寺庙东面有城隍庙，后山有塔院，从山门到太傅殿和祖师堂两侧建有长廊。

四、建筑艺术：南山寺殿堂以红砖白石木构的“皇宫起”大厝、官式建筑为主，屋面覆盖红色琉璃瓦，屋脊装饰剪粘。

山门为“皇宫起”建筑，断檐升箭口式歇山顶，屋脊饰剪粘。正脊上雕双龙戏珠，脊堵浮雕鲤鱼跳龙门，孔雀开屏、凤戏牡丹，侧脊上雕降龙，脊堵浮雕瑞应祥麟、松鹤延年、国色天香，两端燕尾脊高翘，垂脊牌头置花篮，翼角饰游龙卷草纹。剪粘以朱红、深红、大红、土黄、金黄、翠绿、天蓝、钛白、蓝紫、玫瑰等色瓷片拼贴，在阳光的照耀下显得光彩夺目。面阔五间，通进深两间，抬梁式木构架，彻上露明造。明间与次间

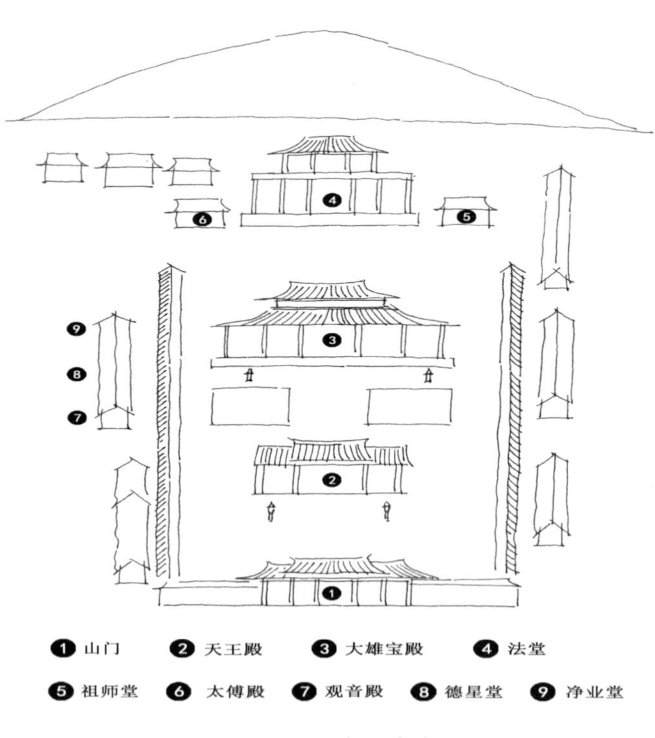

图 4－1－2　南山寺布局

（孙群、陈丽羽绘制）

开门，梢间辟石雕交欢螭龙卷草纹圆窗，大门匾额上的“南山寺”三字为黄道周所书。檐下施五踩双翘斗拱和十一踩五翘斗拱，梁枋上施弯枋与连拱，彩画荷花、松树等。天花彩画蝙蝠、祥云、“卍”字纹、卷草纹等。

天王殿为“皇宫起”建筑，通高 8 米，三川脊硬山顶，屋脊饰剪粘。正脊上雕双龙护塔，脊堵浮雕龙首、花卉，山花灰塑如意。面阔七间，通进深四间，插梁式木构架，彻上露明造。明间与一次间开门，二次间辟镂空红砖雕窗，梢间辟石雕螭龙圆窗。梁枋彩画山水图，天花彩画宝相花、飞天。中间供奉弥勒菩萨与韦陀菩萨，两旁塑四大天王。四大天王造像前的 4 张石供桌采用单层须弥座样式，束腰浅浮雕佛八宝、猕猴、玉兔、花卉等。韦陀菩萨前的石香炉为单层须弥座，以狮头为脚，上下枭为仰覆莲花瓣，束腰浮雕麋鹿、花卉等，转角施竹节柱。供桌和香炉应为清代原物。

图 4－1－3　大雄宝殿

大雄宝殿（图 4–1–3）为官式建筑，通高 10 米，重檐歇山顶，屋脊饰剪粘。正脊上雕双龙护塔，脊堵浮雕二龙戏珠、狮子戏球、骏马奔腾、花鸟等，垂脊牌头雕金刚，围脊脊堵浮雕瑞应祥麟、花鸟等，翼角饰卷草纹。面阔五间，通进深六间，插梁式木构架，彻上露明造。明间与次间开隔扇门，隔心木雕交欢螭龙卷草纹、喜象升平、聚宝盆、平安如意等，绦环板木雕拐子龙。大门匾额上的“妙相庄严”四字为弘一法师所书。垂花、雀替、梁枋、随梁枋、束随等木雕莲花、神仙、《三国演义》故事、花鸟瑞兽等，狮座雕香象、牛与戏狮。外檐斗拱下方雕身穿米黄色和桃红色服饰的飞天，天花彩画腾云驾雾的蛟龙。殿内供奉三世佛，两旁的阿难和迦叶为宋代原物。后殿供奉观音菩萨、文殊菩萨与普贤菩萨。

法堂（藏经阁）为重檐歇山顶两层楼阁，面阔五间，通进深五间。明间与次间开隔扇门，隔心木雕博古纹，绦环板木雕拐子龙，裙板漆线雕山水、花鸟图，梢间辟窗。檐柱楹联书“得一向意勤求佛道，说微妙法饶益众生”。堂内供奉一尊由整块纯白大理石雕成的石佛，重 4000 公斤，系 1904 年时妙莲法师从缅甸募化而来的。

祖师堂为硬山顶，屋脊饰剪粘。正脊上雕双龙护塔，脊堵中间为镂空砖雕，两旁浮雕花鸟。面阔三间，通进深三间，插梁式木构架，彻上露明造。明间开门，次间辟圆形竹节柱窗。抱头梁与穿插枋前端雕成龙首状。垂花、雀替木雕莲花、花草，梁枋饰以彩色木雕神仙、四季平安等。堂内供奉历代祖师像。

太傅殿为硬山顶，屋脊饰剪粘。正脊上雕双龙护葫芦，脊堵中间为镂空砖雕。面阔三间，通进深三间，插梁式木构架，彻上露明造。明间开门，次间辟竹节柱圆窗，檐下施五踩双翘斗拱。雀替、剳牵、随梁枋木雕缠枝花卉、博古纹。殿内原供有一尊陈太傅铜像，铜像于 1930 年被盗，如今的泥像是按照同安陈太傅祠塑像重塑的。神龛两旁楹联书“修文育才繁荣海内外，弘释勤善流芳闽粤台”，两侧木雕螭龙纹。

观音殿为硬山顶，面阔五间，通进深三间，插梁式木构架，彻上露明造。明间与次间为大厅，供奉观音菩萨，梢间为厢房。檐下施一跳斗拱。观音殿与前方的过水廊及两侧廊庑，构成一进四合院。

德星堂为硬山顶，面阔五间，通进深三间，插梁式木构架，彻上露明造。明间与次间为大厅，梢间为厢房。德星堂与前方的过水廊及两侧廊庑，构成一进四合院。

净业堂（石佛阁）为硬山顶，面阔三间，通进深三间，插梁式木构架，彻上露明造。明间开门，梁上施一斗三升拱，雀替、剳牵、随梁枋木雕缠枝花卉，坐斗雕戏狮。堂内石柱楹联书“无人我众生万念皆空归佛域，有戒定禅悦一心不乱奉弥陀”。堂内供奉西方三圣石雕像。其中，位于正中间的立身弥陀佛造像，是由天然石笋雕成的，高 6 米，脸相丰圆，身形壮硕，左手托珠曲于胸前，右手自然垂于体侧，赤足立于巨大的莲花座上，已被列为福建省的省级文物保护单位。净业堂与前方的过水廊及两侧廊庑和门厅，共同形成一进四合院，廊柱楹联书“慧日慈云色即是空空是色，金光宝相新而还旧旧还新”。

图 4－1－4　石塔

大雄宝殿前有两座五轮式石塔（图 4–1–4），建于南唐保大十一年（953），原位于芝山东麓的净众寺，1970 年被移入南山寺。两塔均高 4 米，其中西侧石塔的基座为正方形，单层六边形须弥座。塔足为如意形，饱满厚实。双层上下枋，每面雕卷草纹，上下枭素面。束腰转角设三段式竹节柱，壶门雕刻双狮戏球、莲花、人物、“卍”字纹等。塔身共有两层，第一层椭圆形，正面辟欢门式佛龛，龛内浮雕坐佛；第二层塔身瓜棱形，以凹线分成 6 瓣。第一层塔身下方为仰覆莲圆盘，第二层塔身下方为仰莲圆盘。六角攒尖收顶，相轮式塔刹。东侧石塔的造型与西侧石塔相同，只是须弥座的雕刻有所不同。其中一幅描绘一名罗汉端坐在蒲团上，前面立一座宝箧印经式塔；另一幅描绘蹙额大腹的布袋和尚坐在地上，右手靠着大布袋；其他几幅描绘了翩翩起舞的飞天和手执拂尘、端坐入定的老僧。

天王殿前还有两座五轮式石塔，始建于南唐保大十一年（953），高 4 米，单层六边形须弥座，塔足为如意造型。双层上下枋，第一层每面雕卷草纹饰，第二层下枋向内收分；上枋每面均刻卷草图案。束腰转角施三段式竹节柱，每面均雕莲花、盘长、法轮、方胜等图案。两层塔身，第一层椭圆形塔身辟 4 个欢门式佛龛，内雕坐佛，下方设仰覆莲圆盘；第二层瓜棱形塔身下方设仰莲圆盘。六角攒尖收顶，宝葫芦塔刹。

两侧廊庑为悬山顶，覆盖红瓦。墙壁嵌有木雕佛教故事壁画，人物众多，有佛、菩萨、罗汉、天王、金刚、护法等，形象栩栩如生。

五、景观特色：南山寺主要采用人工造景，殿宇间古树参天，宝炉紫烟。寺内保存有元延祐大钟、血书《华严经》《重修清泰寺碑》等珍贵文物。

南山寺山门前广场上植有多株古榕和槐树；大雄宝殿及法堂左右对植两株荫翳蔽日的古榕；太傅殿旁孤植一株龙眼树，其他还种植有杏树、桂花树、棕榈树、米仔兰、小叶榕等。

寺庙旁边是南湖，有莲心禅韵、长桥卧波、花影争妍、丹霞映台、岸柳阶花、水岸栖凰、白鹭于飞、横堤栖霞、平湖影月、旷达游目等景点。

西桥亭（图 4－1－5）

图 4－1－5　西桥亭

一、概况：漳州古城原有一条宋代修建的护城河，河上建有 3 座跨河的亭子，分别为东桥亭、西桥亭、北桥亭，如今只剩下东桥亭、西桥亭。其中，西桥亭位于芗城区修文西路，始建于唐元和十一年（816），光绪年间被冲毁，1934 年重建，1990 年再次迁址重建，现为漳州市文物保护单位。

二、选址特征：西桥亭原为西桥上的桥亭，宋代移至桥头。

三、空间布局：西桥亭采用中轴线布局，中轴线上从南向北依次为天王殿（门厅）、圆通宝殿、地藏王殿、圆觉宝殿，两侧为廊庑，其中圆觉宝殿底层为斋堂。

四、建筑艺术：如今的西桥亭是2006年时，利用拆除的原构件在原寺庙后面的壕沟上重新建造的，为砖石木构建筑，屋面覆盖红色或金黄色琉璃瓦，具官式建筑与“皇宫起”大厝特征。

天王殿（门厅）为三川脊硬山顶，屋脊饰剪粘。中港脊上雕双龙戏珠，小港脊上雕回首相望的行龙，脊堵浮雕凤戏牡丹、瑞应祥麟、鹤鹿同春、喜上眉梢、孔雀开屏、龟鹤齐龄等，四寸盖上雕狮头。剪粘以粉绿、钛白、湖蓝、朱红、翠绿、橘红、金黄等色瓷片拼贴，其中孔雀尾巴羽毛以长条形瓷片进行拼接，绚丽多彩。面阔三间，通进深两间，插梁式木构架，彻上露明造。明间与次间均开门，门板彩画降龙，窗户为镂空木雕，雕刻唐僧师徒、八仙过海、双凤朝牡丹、鸳鸯戏水、锦上添花等，槛墙石浮雕麒麟奔跑。对看堵石浮雕降龙、伏虎。檐柱上楹联书“四大鸿功归造化，三元福曜荫生灵”。檐下施弯枋与连拱，垂花、雀替、随梁枋、束木等彩色木雕莲花瓣、神仙、螭龙、卷草、花鸟等，狮座雕戏狮，梁枋彩画罗汉观鲤鱼、罗汉戏麒麟等。殿内石柱楹联书“南海分区广布慈云法雨，西桥永镇群跻寿域”。殿内供奉弥勒菩萨与韦陀菩萨，左侧祀伽蓝爷、土地公与杨联芳，右侧祀娘妈。其中保佑儿童的娘妈木雕是20世纪70年代在桥下发现的，四肢关节均可以活动，是较为少见的“软身”雕像，系明清原物，具有较高的文物价值。

圆通宝殿为硬山顶，屋脊饰剪粘。正脊上雕双龙护塔，脊堵浮雕花鸟。面阔三间，通进深三间，插梁式木构架，彻上露明造。雀替、剳牵、穿插枋、随梁枋木雕鱼龙、凤戏牡丹、瑞应祥麟等，狮座雕戏狮，童柱下方雕宫灯，梁枋彩画暗八仙、金玉满堂、罗汉图、茶壶等。石柱楹联书“戒是无上菩提本，佛为一切智慧灯”“诸佛常护念，百福自庄严”。殿内墙壁嵌石刻《般若波罗蜜多心经》全文和《大悲咒》全文。殿内供奉观音菩萨，左侧为文殊菩萨，右侧为普贤菩萨。

地藏王殿为硬山顶，屋脊饰剪粘。正脊上雕双龙戏葫芦，脊堵浮雕龙凤呈祥。面阔三间，通进深三间，插梁式木构架，彻上露明造。雀替、随梁枋、弯枋木雕凤凰、麒麟、螭龙、金鱼、花卉等。梁枋彩画鹌鹑、孔雀、罗汉图、山水。石柱楹联书“出生无上菩提树，长养最胜智慧门”。殿内供奉地藏菩萨、三平祖师，左侧配祀道明尊者，右侧配祀闵公尊者，两侧列十二生肖。

圆觉宝殿（大雄宝殿）建于高台之上，前方有石埕，设石栏杆，浮雕花鸟图。单檐歇山顶，屋脊饰剪粘。正脊上雕双龙护法轮，脊堵浮雕花鸟。

面阔三间，通进深三间，插梁式木构架，彻上露明造。明间与次间开隔扇门，隔心木雕喜上眉梢、万象更新、瑞应祥麟、丹凤朝阳、骏马奔腾等，门柱楹联“般若慈源西土近，菩提觉路法轮圆”。梁柱上施弯枋与连拱，垂花、随梁枋、剳牵、弯枋木雕莲花瓣、济公、花鸟、暗八仙等，狮座雕戏狮，梁枋彩画龙虾、花鸟、罗汉戏麒麟、空城计、山水图等。殿内石柱楹联书“漳西现毫光经传贝叶，州桥浮宝地水漾莲花”。殿正中供奉释迦牟尼佛、药师佛、阿弥陀佛与观音菩萨，左侧供奉韦驮菩萨，右侧供奉一大一小两尊伽蓝菩萨，两侧列十八罗汉。其中小尊的伽蓝菩萨（关公）为宋代木雕，是西桥亭的镇庙之宝。

五、景观特色：西桥亭面积较小，殿堂前后空间比较拥挤，共有 3 个小天井。寺庙右侧丛植纤细柔美的毛竹，左侧列植一排绿油油的香樟树。地藏王殿后面天井的墙上嵌有九龙石雕。

东桥亭（图 4-1-6）

图 4-1-6　东桥亭

一、概况：东桥亭位于芗城区修文东路，始建于唐元和十一年（816），20 世纪 90 年代两次重修，现为漳州市文物保护单位。寺中原有一尊明代七宝铜观音像，被鉴定为国家级文物后，收藏于漳州市博物馆。

二、选址特征：①东桥亭寺地处漳州古城区的东边，南面是九龙江，西面为漳州文庙和漳州历史古街区。②东桥亭寺坐东北朝西南，依桥而建，前桥后庙。这种桥亭、宋河融于一体的寺庙建筑，是漳州古城特有的一景。

三、空间布局：东桥亭采用中轴线布局，中轴线上从西南向东北依次为门厅、观音殿、西方三圣殿、大雄宝殿，两侧为廊庑，整体上为三进四合院。

四、建筑艺术：东桥亭主要殿堂为砖石木构建筑，屋面铺设红色琉璃瓦，屋脊装饰各种题材的剪粘，具“皇宫起”建筑风格。

门厅为三川脊硬山顶，屋脊饰剪粘。中港脊上雕双龙戏珠，脊堵浮雕瑞应祥麟、双凤朝牡丹，小港脊上雕蛟龙，脊堵浮雕唐僧师徒四人、戏曲人物，四寸盖嵌狮头。面阔五间，通进深两间，插梁式木构架，彻上露明造。明间与次间采用隔扇门，槛窗木雕镂空交欢螭龙卷草纹。雀替、随梁枋、束随金漆木雕缠枝花卉，狮座雕戏狮。右侧墙上嵌有立于 1999 年的《重修东桥亭碑记》石碑。

观音殿始建于唐代，硬山顶，屋脊饰剪粘。正脊上雕双龙护宝塔，脊堵浮雕双龙戏珠、凤戏牡丹、瑞应祥麟、狮子戏球、锦上添花、玄武、香象等。面阔三间，通进深三间，插梁式木构架，彻上露明造。殿内两根石柱为明代镀金盘龙柱，另两根石柱上刻楹联“但此往往来来事无凭，万劫总生一念；勿谓因因果果人得度，东桥直透西天”。斗拱为五踩双翘，雀替、剳牵、随梁枋、束随木雕鹤鹿同春、丹凤朝阳、喜上眉梢、宝相花等，狮座雕戏狮，雕工精细。正中供奉观音菩萨，两侧壁画为线描十八罗汉。

西方三圣殿始建于明代，硬山顶，屋脊无雕刻。面阔三间，通进深三间，插梁式木构架，彻上露明造。外檐柱楹联书“法雨均沾漳土恍成乐国，慈云遍覆东桥若透西天”，佛龛两侧石柱楹联书“宝筏长舟跨东桥无双道岸，慈航永渡通南海不二波流”。雀替、剳牵、随梁枋、束随金漆木雕鳌鱼、拐子龙、暗八仙、花草等。佛龛供奉西方三圣，两旁墙壁木雕壁画十八罗汉。

大雄宝殿建于清代，硬山顶，屋脊无雕刻。面阔三间，通进深三间，插梁式木构架，彻上露明造。斗拱、梁枋、随梁枋、束随金漆木雕武将、双龙戏珠、双凤朝牡丹、喜上眉梢、《三国演义》故事、荷花等，狮座雕戏狮，梁枋彩画水墨山水人物画。石柱楹联书“慧眼灵心超世界，慈云法雨护沙门”。佛龛供奉释迦牟尼佛。

五、景观特色：东桥亭前后均为狭窄的河道，该河道原为古城内的船舶通道，可通往九龙江西溪，两岸布满亭台楼阁。天王殿前有一株根深叶茂的百年老榕，漳州古城内有“九街十三巷、三庵二院、一株榕树不见天”

之说，其中的榕树，就是指这株大榕树。大殿后天井旁立《重修东桥亭碑记》石碑，上方正中刻“亭廊”二字，下方刻捐资者姓名。

如今东桥亭周边已被打造成以“老街情、慢生活、闽南味、民国风、台侨缘”为核心特色的漳州古城。

塔口庵（图 4-1-7）

图 4-1-7　塔口庵

一、概况：塔口庵位于芗城区大同路，始建于元至正二十六年（1366）。其中塔口庵经幢建于北宋绍圣四年（1097），现为福建省文物保护单位。

二、选址特征：①塔口庵位于三条街道交叉汇合处，坐北朝南，南面是九龙江。②塔口庵所在的大同路为漳州古城南北走向的一条主要街道，历史文化内涵丰富。

三、空间布局：塔口庵采用中轴线布局，中轴线上从南向北依次为石经幢、天王殿（门厅）、圆通宝殿，两侧为廊庑，中间设天井，为一进四合院。

四、建筑艺术：塔口庵殿堂为砖石木构建筑，屋面覆盖金黄色琉璃瓦，屋脊装饰剪粘，具闽南传统民居特色。

天王殿（门厅）为硬山顶，屋脊饰剪粘。正脊上雕双龙戏珠，脊堵浮雕凤戏牡丹、瑞应祥麟，四寸盖雕狮头，狮口衔一幅“驱邪消灾”的泥塑字，墀头彩画山水图。面阔三间，通进深两间，插梁式木构架，彻上露明造。明间与次间开门，门板彩画蛟龙出海、天王像，大门两旁设抱鼓石，浮雕群狮图，两侧门联书“塔藏七宝有缘至此皆获福慧，口绽莲花如来妙法普利众生”。照壁板彩画佛教典故及飞天、莲花，脊檩彩画双龙戏珠。殿内供奉弥勒菩萨、韦陀菩萨、孙悟空、哪吒、福德正神及伽蓝神等。

圆通宝殿为断檐升箭口式硬山顶，正脊上剪粘双龙戏珠。面阔三间，通进深三间，插梁式木构架，彻上露明造。前檐柱为两根清代盘龙石柱，雀替、剳牵、狮座木雕祥龙、丹凤朝阳、戏狮。神龛供奉三世佛、观音菩萨等。

塔口庵经幢原立于芝山东麓的净众寺山门前，为平面八角石经幢，高 7 米。幢座为三层须弥座，第一层须弥座下枋与下枭已被水泥封住，束腰八角形，素面无雕刻，上枭圆盘形，刻仰莲瓣，上枋刻海浪纹；第二层须弥座下枭覆钵形，刻卷云图案，束腰圆鼓形，浮雕双龙戏珠，上枭刻仰莲瓣，上枋八角形，每面刻菱形图案；第三层须弥座下枋即为第二层须弥座上枋，束腰浮雕护塔神将，上枭刻双层仰莲瓣。六层幢身，外形遵照一凸一凹的韵律，层层叠加并逐层收分。第一层幢身下方为八角形基座，每面刻栏杆，幢身为八角形石柱，南面刻建造时间及捐资者姓名，其余七面均刻竖排六字楷书“南无阿弥陀佛”，柱顶为八角翘角攒尖顶。第二层幢身底座圆盘刻卷云纹饰，幢身圆鼓形，八角攒尖顶。第三层幢身四方形，每面刻禅定佛像，底座为双层仰莲瓣。第三层与第四层之间置八边形塔盖，转角处略有凸出。第四层幢身八边形，每面刻佛像，八角形塔檐。第五层幢身圆鼓形，四角塔盖。第六层幢身圆鼓形。六角攒尖收顶，宝葫芦式塔刹。整座经幢由 24 块石头砌筑而成，古朴沧桑。

五、景观特色：塔口庵经幢雕琢浑古，前有巨大榕树覆盖，后有塔口庵为衬，风貌别具一格。经幢北面不远处就是“七星古井”，它实际上是一眼六孔水井。据方志载，以石投井，井内会传出敲击铁甲板的声响。

第二章　龙文区佛教寺庙

瑞竹岩寺（图 4－2－1）

图 4－2－1　瑞竹岩寺

一、概况：瑞竹岩寺位于龙文区蓝田镇梧浦村东的岐山西南麓，由僧人楚熙创建于五代。20 世纪 80 年代末，新加坡龙山寺广洽、广净法师捐资重建大雄宝殿等，现为龙文区文物保护单位。

二、选址特征：①岐山又名马岐山，据《名山记》记载："岐山与鹤鸣山联峙，二峰秀耸龙江之上，延袤十里余，中为万松岭。"明代吏部尚书陆完与理学家蔡烈同游瑞竹岩时曾题诗曰："万松关外瑞竹岩，峰峰峙峙列层嵌。偶来石上凭南眺，一望江上挂远帆。"②瑞竹岩寺坐落于岐山西南麓的半山腰，坐北朝南，背靠高耸的山脉，面朝西溪平原，视野极为开阔。③据说当年楚熙剖竹引山泉，而泉水流过之地，枯竹居然生笋，故命名为"瑞竹岩"。

三、空间布局：瑞岩寺殿堂随山势高低而建，采用主轴对称结合自由布局，主要分两部分。第一部分中轴线上依次为天王殿、圆通宝殿、八角楼等，东侧为广洽阁、钟楼（地藏殿）、客堂，西侧为鼓楼（伽蓝殿）、寮房、斋堂。第二部分位于大悲殿东侧，从西向东依次为功德堂、大雄宝殿、卧佛殿（藏经阁）、祖堂，后山还有华严殿、祖师塔、茶楼等。各殿堂之间以曲折的石阶连通。

四、建筑艺术：瑞竹岩寺如今的殿堂多是20世纪80年代末重建的官式建筑，采用钢筋混凝土和砖木材料，红瓦黄墙，屋顶装饰陶瓷。

天王殿为单檐歇山顶，正脊上雕双龙戏珠，两端脊尾饰龙吻，戗脊上立蹲兽。面阔三间，明间开门，次间辟窗。大门上悬赵朴初先生所书的“瑞竹岩”木匾。殿内正中供奉弥勒佛，左右祀四大天王，背后祀韦陀菩萨。天王殿两侧建有围墙。

圆通宝殿为重檐歇山顶，正脊上雕双龙戏珠，两端脊尾饰龙吻，戗脊上立蹲兽。面阔三间，通进深四间。外檐柱楹联书“圆满十方观千手千眼而济渡，通达三世具大慈大悲以舟航”。明间开门，次间辟窗。平棋式天花，彩画莲花图案，正中设圆形藻井。殿内供奉千手观音，左右各配祀12尊护法菩萨。

钟楼（地藏殿）为两层建筑，单檐歇山顶，坐东朝西，面阔一间，通进深一间。殿内供奉地藏王菩萨、明道法师、闵公法师。鼓楼（伽蓝殿）与钟楼相对，坐西朝东，建筑样式与钟楼相同。殿内供奉关帝圣君、周仓、关平。

大雄宝殿原为宋大觉琏禅师建，明代住持绝尘禅师重建，后屡次兴废。现为硬山顶，正脊上雕双龙戏珠，两端脊尾饰龙吻，戗脊上立蹲兽。面阔三间，明间开门，两边楹联为清代刑部郎中陈文芳所题的“临三江跨万松结茆即成名刹，掖百法超十地刳竹蚤喻禅机”，次间辟圆形窗。中间檐柱楹联为明代东阁大学士林釬所题“夙根有慧皆森发，上善无声自广长”，外侧檐柱楹联为明代进士陈天定所题“风静潮初满，山空月正中”。平棋式天花，彩画蛟龙，正中设圆形藻井，四角饰天女。殿中供奉释迦牟尼佛、东方药师佛与西方阿弥陀佛。

广洽阁是为纪念广洽和尚而建的，为平面六角四层塔形建筑，六角攒尖收顶，宝葫芦式塔刹。第一层四周环廊，第二层至第四层设有平座，采用绿色花瓶式栏杆。第四层匾额书“广洽阁”三字。

卧佛阁原建于明万历年间（1573—1620），后毁坏，现为两层楼阁，坐东朝西，庑殿顶。第一层供奉白玉卧佛，第二层为藏经阁。外檐柱楹联为清代刑部郎中张雄所题的“翠竹无心穿石壁，海潮有意泛慈航”。

华严殿为重檐歇山顶，正脊上雕双龙戏珠，两端施龙吻，垂脊脊尾雕龙首，戗脊上立蹲兽。面阔五间，通进深四间。外檐柱楹联书“法镇三江溪山广说无尽意，教施八闽竹音遍唱不二门”。明间、次间开门，梢间辟交欢螭龙卷草纹圆窗。梁枋彩画山水图，平棋式天花。殿内供奉释迦牟尼佛、文殊菩萨与普贤菩萨。

祖堂为三层楼阁，庑殿顶，面阔七间。内供奉本寺历代祖师——开山楚煦祖师、重兴绝尘祖师、广洽和尚和广净和尚。

竹林丈室为两层楼阁，屋顶较为特殊，在歇山顶正中再升起一个八角攒尖顶，面阔三间。

五、景观特色：瑞竹岩寺地势落差较大，临崖修建多处观景平台，站在天王殿、华严殿、卧佛阁前的广场，可凭栏远眺山下波澜壮阔的三江口平原。

寺庙周边峰群竞秀，巨石峥嵘，岩洞众多。如迴龙亭边的无尽石门是上山的必经之路，原是一处天然石洞。走出石洞，便来到了高大雄伟的华严殿。寺内有 10 多处摩崖石刻，如大殿后的危岩之上刻有“归依佛、归依法、归依僧”三行大字；庙左有石室，室外悬岩上刻有“海日江景”四个大字。室内有石禅床，据说是楚熙入定处。其他还有“南天佛国”“瑞竹岩寺”“洗尘”等石刻。

石室岩寺（图 4－2－2）

图 4－2－2　石室岩寺

一、概况：石室岩寺位于龙文区梧桥村三峰山，创建于明万历年间(1573—1620)，现为龙文区文物保护单位。

二、选址特征：①石室岩又称石厝岩、闲云石室，是漳州东郊外七首岩之一，是明代高僧樵云国师开辟讲经之地。②石室岩寺坐落于三峰山西北麓的半山腰，坐东朝西，闲云石室洞口有清泉。

三、空间布局：石室岩寺依山而建，采用中轴线布局，中轴线上从西向东依次为天王殿（国师殿）、大雄宝殿，北侧为闲云石室，南侧有地藏殿、舍利塔。其中大雄宝殿正前方的悬崖下有一座四层楼房，第一层是库房，第二层是客房，第三层为国师殿，第四层是天王殿，天王殿正面建有桥梁通向大雄宝殿。

四、建筑艺术：除闲云石室为附岩式建筑外，其余殿堂为钢筋混凝土或石构建筑，屋面覆盖金黄色琉璃瓦，具闽南民居特色。

闲云石室（图4–2–3）为一处天然岩洞，顶上覆盖一块巨石，名曰“一片瓦”，形状似螃蟹壳，两边的岩石犹如一对巨螯，又称作“螃蟹穴”。洞口外建石构廊庑，面阔三间，通进深一间。明间开门，匾额刻楷书“闲云石室”，门框楹联刻行书“观空有色西方景，听世无声南海潮”，两侧辟竹节柱窗。外廊石柱顶设倒梯形栌斗，楹联有明代东阁大学士林釬所题的行书“云封片瓦乾坤古，月渡三峰世界清”，明代右佥都御史颜继祖所题的行书“无树非台还是佛，枕流漱石即为禅”。廊庑横梁的下面刻楷书

图4-2-3　闲云石室

“常接清静界，聚归淡空亭”，需抬头方能看见，颇为奇特。整座外廊仿佛长在了岩石之上，与周边的自然景观完美融合。石室内空间狭小，供奉三世佛。

天王殿为单檐歇山顶，正脊上雕双龙戏珠，两端脊尾雕龙吻，翼角饰卷草纹。面阔三间，通进深三间。明间开门，次间辟石雕螭龙圆窗。背面设平台，施花瓶式栏杆。殿内供奉弥勒菩萨、韦陀菩萨与四大天王。国师殿面阔三间，通进深三间，供奉龙裤国师。

大雄宝殿为石构建筑，硬山顶，屋脊饰剪粘。正脊上雕双龙护塔，脊堵浮雕瑞应祥麟、凤戏牡丹、孔雀开屏，两端燕尾脊高翘，翼角饰卷草纹。面阔三间，通进深四间。正面开一门，两侧辟交欢螭龙圆形窗。外檐石柱楹联书“佛日增辉光明世界，法转常转普利人天”。

功德堂为石构建筑，硬山顶，正脊脊尾饰龙吻。面阔三间，通进深三间。明间开门，次间辟窗。堂内石柱上直接架设石梁，应是借鉴了欧式建筑的楣梁结构。

飞来塔据说是龙裤国师从皇宫御花园带回来的，为平面四角亭阁式石塔，通高 5 米。塔基四转角雕如意形圭角，每边刻柿蒂纹。塔身四周阴刻七佛名号、佛教咒语、“保国佑民”等。塔身下基座为线刻覆莲瓣。塔身上方有四层逐渐收分的刹座，第一层刹座比较特别，平面四边形，中间凸出，四面正中开拱形门或圆窗，两侧浅浮雕仙鹤与祥云，其造型在福建古塔中是独一无二的。第二层为瓜棱形；第三层、第四层为圆盘，盘上置宝葫芦式塔刹。塔四周设有石栏杆。

舍利塔建于 1990 年，为平面六角五层楼阁式实心石塔，塔身逐层收分，宝葫芦式塔刹。第一层塔身正面辟一拱形佛龛，匾额刻“中兴石室”；第二层塔身刻“比丘尼释满筹之塔”。

五、景观特色：石室岩寺周边洞奇石秀，呈现出立体式景观（图 4–2–4）。特别是天王殿两侧通往大雄宝殿的陡峭石阶犹如天梯，顺着石梯而上，便能欣赏到雄奇险秀的山景。

闲云石室前建有小型八角形放生池，四周设石栏杆。寺内植被良好，飞来塔旁孤植一株高大雄伟的古榕；闲云石室前对植两株桂花树；舍利塔周边有数株挺拔的南洋杉，其他还有香樟、米仔兰、棕榈树、翠竹、芭蕉树、荷花木兰、菩提树等。

寺庙内外有许多奇形怪状的岩石，有的小巧玲珑，有的气势磅礴。如通往大殿的山路左侧有一大一小两块石头露出水泥地面，大的那块状似卧牛，称为“石牛”。“石牛”上方山坡有一大石，上镌“湛寂真空”。

图 4-2-4　石室岩寺景观

石室岩寺依山势而建，虽然规模不大，但错落有致，实乃清幽之地。

第三章　龙海市佛教寺庙

龙池岩寺（图 4－3－1）

图 4－3－1　龙池岩寺

一、概况：龙池岩寺又名文圃禅林，位于龙海市角美镇白礁村文圃山，始建于南朝宋永初年间（420—422），是闽南现存最早的寺庙，也是福建最古老的寺庙之一，现为龙海市文物保护单位。民间传说，唐武宗会昌四年（844），太子李忱随高僧断济禅师云游到此，并赋诗云："惟爱禅林秋月空，谁能归去宿龙宫。夜深闻法餐甘露，喜进莲花世界中。”据《泉州府志》《同安县志》记载，唐宣宗李忱龙潜时，曾与黄檗禅师观瀑吟诗于真寂寺。但李忱是否到过龙池岩寺，史籍中并无确切记载。

二、选址特征：①文圃山海拔 422 米，南面是九龙江入海口，西南面是九龙江下游平原。②龙池岩寺位于文圃山的山腰处，坐东北朝西南，四周景致优美。

三、空间布局：龙池岩寺建于陡坡之上，采用主轴对称结合自由布局。中轴线上依次为放生池、天王殿、大雄宝殿、大悲殿，北侧为厢房、观音殿，南侧为厢房、地藏殿。其中，天王殿与大雄宝殿组成一进四合院，中间有天井，两侧有廊庑。寺庙北面新建有五观堂、念佛堂、僧寮等。

四、建筑艺术：龙池岩寺主要殿堂为“皇宫起”大厝或官式建筑风格，保留明清重修时的部分特征。

山门离寺庙较远，为三间四柱石牌坊，正门额枋上置宝葫芦，额枋刻“溪上第一”。

西山门为红砖白石建筑，单檐歇山顶，覆盖金黄色琉璃瓦，屋脊饰剪粘。正脊上雕双龙戏珠，脊堵浮雕凤戏牡丹、狮子戏球等，垂脊牌头立神将与楼阁，翼角饰卷草纹。面阔一间，通进深两间，开一石门。门堵以红色砖拼成“卍”字花纹墙。

天王殿为砖石木建筑，三川脊歇山顶，覆盖金黄色琉璃瓦，屋脊饰剪粘。中港脊上雕双龙护法轮，小港脊上雕飞龙，脊堵为实堵，翼角饰卷草纹。面阔五间，通进深三间，插梁式木构架，彻上露明造。明间与次间开木门，门上高浮雕四大天王，梢间辟螭龙方形石窗。门堵石雕神仙图、蛟龙出海、猛虎下山、花鸟、博古等。两根前檐柱为青石盘龙柱，左侧楹联书“溯帝子潜踪增辉若兰，仰佛光普照默佑苍生”，右侧楹联书“胜地接文山佛原称士，梵宫临华圃释可通儒”。垂花、雀替、随梁枋木雕莲瓣、宫灯、花鸟等。殿内 4 根石柱浮雕花鸟、狮子、麋鹿、山石等，极为珍贵。殿内正中供奉弥勒菩萨与韦陀菩萨，左右分别为地藏菩萨和伽蓝菩萨。

大雄宝殿建于石砌台基上，为砖石木建筑，重檐歇山顶，覆盖金黄色琉璃瓦，屋脊饰剪粘。正脊上雕双龙护塔，两旁雕卷草纹，两端饰龙吻，翼角饰卷草纹。面阔三间，通进深三间，插梁式木构架，彻上露明造。正面通透无门，垂花、雀替、随梁枋木雕宫灯、花鸟等。主神龛上悬挂清乾隆年间（1736—1795）的“大雄宝殿”匾额和“紫阳遗迹”匾额。殿内正中供奉释迦牟尼佛、东方琉璃药师佛、西方阿弥陀佛，两侧塑十八罗汉坐像。

大悲殿为纯石构仿木建筑，重檐歇山顶，覆盖绿色琉璃瓦，正脊两端饰龙吻。面阔五间，通进深四间，四面均开门，四周环廊，并设石阶与栏杆。

地藏殿为重檐歇山顶两层楼阁，覆盖红色琉璃瓦。一楼面阔五间，通进深四间，插梁式木构架，彻上露明造。明间开隔扇门，次间石浮雕花鸟瑞兽。二楼面阔三间，通进深两间。四周设平台，围以石构栏杆。

观音殿为砖石木建筑，重檐歇山顶，屋脊饰剪粘。正脊上雕双龙戏珠，脊堵浮雕花鸟，垂脊牌头立武将，翼角饰卷草纹，下檐垂脊上雕蛟龙。面阔五间，通进深四间，插梁式木构架，彻上露明造。正中两根外檐柱为盘龙石柱。明间与次间开隔扇门，裙板漆线雕花鸟图案，梢间辟圆形螭龙石窗，门堵石雕麒麟、人物、花卉等。垂花、雀替、随梁枋木雕莲花、武士、龙鱼、花鸟等。

舍利塔为平面四角六层楼阁式石塔，单层须弥座，素面无雕刻。塔身层层收分，每面都辟圭形佛龛，各龛内均浮雕一尊佛像。四角攒尖收顶，宝珠式塔刹。

五、景观特色：据《同安县志》记载："龙池岩有印月池、磊石、穿云峡、拜笏轩……十二胜景。文圃之胜，遂甲邑中。"后来又有"龙池十八景，景景醉人心"之誉。朱熹任同安主簿时，曾在龙池岩开设玉屏讲堂。讲学期间因观书有感，题诗曰："半亩方塘一鉴开，天光云影共徘徊。问渠那得清如许，为有源头活水来。"

龙池岩寺四周保存有历代摩崖石刻20多处，具有较高的历史价值，现为龙海市文物保护单位。如朱熹的"溪山第一""拍门""寒竹风松"题刻，王楷的"丹灶石"书刻，清黄文川的"名疆脱解事从容，卜筑贤山踵旧踪。海日天云清老眼，徘徊不尽画图中"诗刻，其他还有《重修华圃书院碑记》等石碑。

七首岩寺（图4-3-2）

一、概况：七首岩寺位于龙海市九湖镇南岩山，始建于南朝梁大同六年（540），为文殊菩萨道场，素有"北五台，南七首"之说。寺庙几经兴废，2010年被列为福建省第二批对台交流重点寺庙，现为龙海市文物保护单位。

二、选址特征：①南岩山位于九龙江南岸，呈南北走向，拥有罗汉岩、虎屿岩、石狮岩、普陀岩、玉泉岩、紫云岩、日照岩七岩，呈北斗七星布局，号称"漳州普陀山"。②七首岩寺坐落于重峦叠嶂的南岩山半山坡，坐西朝东，三面环山，东面是平原和丘陵，寺旁有山泉。

图4－3－2　七首岩寺

三、空间布局：七首岩寺殿堂依山而建，错落有致地分布在山林之间，属自由式布局。中心位置为大雄宝殿，左侧为榆庐，左后方为千手观音殿，两侧有七首岩文殊学院、厢房、寮房，中间为庭院，东北面山坡为文殊铜殿、照壁、同心智慧桥、药师殿、七首岩广场。各个殿堂之间有曲折石阶连通。

四、建筑艺术：七首岩寺较具特色的景观有文殊铜殿、铜桥与铜铸《心经》照壁，其余殿堂为山地式砖木结构建筑。

文殊铜殿是福建省第一座铜殿，同时也是全国最大的文殊铜殿。殿堂采用全铜铸造，以故宫角楼为原型，同时又结合龙海当地建筑风格，在宽度上有所增加。在阳光的照射下，整座殿堂灼灼生辉，具有浓烈的宗教感染力和震慑力。

铜殿基座为单层须弥座，束腰浮雕花草纹，四周建有平座，正面与两侧面设台阶，其余围以栏杆，栏板上浮雕花卉，望柱头雕狮子。重檐十字脊式屋顶十分炫目，椭圆形宝顶，正脊4个脊尾上施龙吻，戗脊立戗兽，山花饰如意形悬鱼。大殿四面各建一凸出的歇山顶抱厦，脊尾施龙吻，戗脊立戗兽，山花为如意形悬鱼。整体平面呈多边形，每面向内凹进两层，正面与两侧面开门，其余立面采用隔扇门窗。檐柱和柱础上布满莲花与祥云图案，檐下一排斗拱为五踩单翘单昂或七踩单翘重昂，垂花雕刻覆莲瓣。殿内四周铜墙上刻有千余尊小型文殊菩萨坐像，梁枋上浮雕佛教故事。四方形平棋式天花，每边施一排斗拱，正中为八边形藻井，井内装饰莲花卷草纹，井心为莲花瓣。殿内正中供奉目前世界上最高、最大的贴金五方文殊铜像。文殊菩萨端坐在莲花瓣上，手持智慧剑、青莲花等，头冠上的仰莲瓣上再塑一尊结跏趺坐的菩萨像。整座造像慈悲威猛，庄严殊胜。

大雄宝殿为砖木建筑，三川脊悬山顶，屋脊饰剪粘。中港脊上雕双龙戏珠，小港脊上雕飞龙，垂脊牌头立武将，脊堵雕蛟龙出海、狮子戏球、天马行空、一品高升等。面阔三间，通进深三间，抬梁式木构架，彻上露明造。明间开门，梁枋彩画花鸟、山水图。殿内供奉释迦牟尼佛、阿弥陀佛与药师佛。

观音殿为砖木建筑，悬山顶，屋脊饰剪粘。正脊脊刹置宝塔，两侧雕蛟龙。面阔三间，通进深三间，插梁式木构架，彻上露明造。明间开门，匾额书“悲深愿重”，梢间辟圆形窗，对看堵辟券拱形门。檐下施五踩双翘斗拱，梁枋木雕双龙戏珠。殿内供奉端坐于莲花瓣上的千手观音。

药师殿为砖木建筑，悬山顶，屋脊饰剪粘。正脊上雕双龙戏珠，两端及垂脊脊尾饰卷草纹。面阔三间，通进深两间，插梁式木构架，彻上露明造。明间开门，两侧辟圆形窗。檐下施两跳斗拱，殿内供奉药师佛。

照壁为全国首座全铜影壁，壁座为单层须弥座，束腰浮雕缠枝花卉。庑殿顶，脊尾饰龙吻。壁身正中刻赵朴初先生手书的《般若波罗蜜多心经》，颜筋柳骨，铁画银钩。两侧浮雕文殊菩萨与普贤菩萨。

五、景观特色：七首岩寺依山而建，因地造景，是一座以弘扬“智慧”文化为主题，集宗教朝圣、禅修体验和生态休闲于一体的佛教文化园林。

文殊铜殿南面有一片精致的山坡景观（图 4–3–3），溪水从山石间缓慢地流下，溪边岩石间种植菖蒲、艾香草、文竹等，溪上建有同心智慧桥。同心智慧桥为纯铜拱桥，铜栏杆外浮雕“善财五十三参”的故事，与2007 年杭州灵隐寺捐赠给台湾中台禅寺的同源铜桥遥相呼应。

图 4 - 3 - 3　景观山坡

大雄宝殿旁边有株高 10 多米的和合树，已有 500 多年树龄。和合树旁还有用不锈钢锻造的鼓楼《善古》，巍然挺立，充满古韵。

七首岩寺的铜元素景观十分丰富，有文殊铜殿、铜桥、铜壁、铜钟、铜亭、铜像等。金碧辉煌的铜景观与苍翠的青山古木交相辉映，自然风光与人文景观完美融合。

白云岩寺（图 4 - 3 - 4）

图 4 - 3 - 4　白云岩寺

一、概况：白云岩寺亦称白云禅寺，位于龙海市颜厝镇洪坂村白云山，由唐代虔诚禅师开岩建寺。宋代大儒朱熹在白云岩设紫阳书院。现为漳州市对台交流重点寺庙、龙海市文物保护单位。

二、选址特征：①白云山地处九龙江下游的丘陵地带，北面是九龙江，东面为入海口，西面是漳州城区。因山中古木参天，白云袅绕，得名“白云岩”。②白云岩寺坐南朝北，周边群山环绕，附近有山泉，是漳州地区唯一的“三教合一”的寺庙。

三、空间布局：白云岩寺坐落于白云山山腰处，采用主轴对称结合自由布局，中轴线上从低往高依次为百草亭、意果园、紫阳书院、大雄宝殿，左侧为观音阁、舍利塔等，右侧有石寨、土寨等。其中，大雄宝殿正前方建有小山门，两侧为厢房，共同围成独立的一进四合院。

四、建筑艺术：紫阳书院、大雄宝殿等旧殿为山地式砖木结构建筑，屋脊饰剪粘，其余殿堂多为近年重修。

外山门为三间四柱三楼式石牌坊，歇山顶，正楼屋脊雕双龙戏珠，翼角饰卷草纹，中柱前后立石狮，边柱前后设抱鼓石。

百草亭为一座四角形凉亭，单檐歇山顶，覆盖红色琉璃瓦，绿色剪边，正脊上雕双龙戏珠，垂脊牌头与戗脊脊尾饰蛟龙。面阔一间，通进深一间，插梁式木构架，彻上露明造。4根石柱分别刻楹联“百草亭中留胜迹，白云山下隔尘缘”“解经明道踪犹在，过化尊神泽未湮”。檐下施五踩双翘斗拱，剳牵木雕花果，梁枋彩画花草。亭内塑一尊朱熹石像，石像后立有刻有“紫阳夫子解经处”的石碑。

紫阳书院建于石砌基座上，为明代山地式砖木结构建筑，硬山顶，覆盖红砖，正脊两端燕尾脊高翘，脊上雕卷草纹。面阔三间，通进深三间，插梁式木构架，彻上露明造。明间开隔扇门，匾额书“古道照人”，对看堵装饰红、黑两色如意纹。雀替木雕凤凰、戏狮、花草纹。殿内供奉朱熹神像。书院两翼带有护厝，硬山顶，覆盖红瓦，圆弧形山墙，山花处彩绘螭龙、如意。

图4-3-5 大雄宝殿

大雄宝殿（图 4–3–5）建于石砌基座上，为明代山地式砖木结构建筑，三川脊悬山顶，覆盖红色琉璃瓦，屋脊饰剪粘，瓷片已破损或脱落。中港脊上雕双龙护塔，小港脊雕飞龙，脊堵浮雕唐僧师徒四人、神将、花卉等。面阔三间，通进深三间，插梁式木构架，彻上露明造。明间、次间设隔扇门，裙板彩画花鸟图，对看堵水墨画蛟龙出海、猛虎下山。雀替、随梁枋、束随木雕拐子龙，梁枋彩画瑞应祥麟、双龙朝珠等。殿内明代石柱上刻“太学生林文顺舍”，两侧墙壁白描十八罗汉、韦陀尊者。正中供奉三世佛。

观音阁为钢筋混凝土及砖石木构建筑，覆盖红色琉璃瓦，重檐歇山顶，屋脊饰剪粘。正脊上雕双龙戏珠，脊堵浮雕花鸟，垂脊牌头立神将，戗脊脊尾雕凤凰，围脊脊堵饰陶瓷八仙过海。面阔五间，通进深四间，插梁式木构架，彻上露明造。梁枋上施一斗三升供，正中供奉观音菩萨。

五、景观特色：白云岩寺右侧的洗砚池为朱熹洗笔之处，池水清澈，水中生活着无尾石螺和红壳虾等。无尾石螺和红壳虾是白云岩七奇中的二奇。

紫阳书院前方山坡上有座长方形的意果园，原为朱熹开垦的果蔬园。除意果园外，白云山上与朱熹有关的遗迹还有“紫阳夫子解经处”石碑、“朱子祠”“百草亭”“洗砚池”“朱子讲授‘诚意章’旧址”等。

龙应寺（图 4–3–6）

图 4–3–6　龙应寺

一、概况：龙应寺原名龙眼院、灵景院，位于龙海市东园镇过田村俊美社，始建于五代后唐天成三年（928）。1990 年时俊美陈氏族人集资重建寺庙，现为龙海市文物保护单位。

二、选址特征：龙应寺坐落于九龙江北岸山麓地带，坐西北朝东南，背靠连绵山峦，面朝九龙江，附近有山泉。

三、空间布局：龙应寺殿堂采用中轴线布局，中轴线上依次为放生池、观音立像、石埕、天王殿、大雄宝殿。其中，天王殿前石埕两侧为钟鼓楼，天王殿与大雄宝殿围合成一进四合院，两侧有廊庑、天井与厢房。

四、建筑艺术：龙应寺殿堂为混凝土及砖石木构建筑，屋顶覆盖金黄色琉璃瓦，具官式建筑与闽南传统民居特色。

天王殿为三川脊硬山顶，屋脊饰剪粘。中港脊脊刹雕一只麒麟，两侧雕回首相望的蛟龙，小港脊与垂脊上雕昂首翘尾的飞龙，燕尾脊高翘，脊堵浮雕蛟龙出海、双凤朝牡丹、骑马战将等，垂脊脊尾饰行龙，牌头立神仙与亭台楼阁。剪粘以桃红、橘红、深红、钛白、米黄、淡绿、天蓝等色瓷片拼贴而成，光彩夺目。面阔五间，通进深四间，插梁式木构架，彻上露明造。4 根外檐柱为盘龙青石柱。明间与次间开石门，梢间辟螭龙圆窗。门堵浮雕瑞应祥麟、丹凤朝阳、双龙戏珠、猛虎下山等。檐下施插拱，殿内梁枋处彩画有“薛仁贵征东”“温酒斩华雄”“郭子仪平安禄山”等故事以及山水图。殿内供奉弥勒菩萨，两侧塑四大天王。

大雄宝殿为三川脊歇山顶，屋脊饰剪粘。中港脊上雕双龙戏珠，垂脊牌头饰武将与楼阁，脊堵雕天兵天将、花卉等。面阔三间，通进深四间，插梁式木构架，彻上露明造。明间与次间开隔扇门，隔心木雕戏曲人物等，裙板彩画山水花草及假山图。垂花、雀替木雕莲花瓣、缠枝花卉等。殿内两侧墙壁彩色影雕《西游记》故事，殿内正中供奉观音菩萨、地藏王菩萨与注生娘娘，两侧列十八罗汉。

钟鼓楼为重檐歇山顶两层楼阁，屋脊饰剪粘。正脊脊刹置七层宝塔，两侧雕蛟龙，脊堵浮雕花卉，垂脊牌头饰武将与楼阁，翼角饰游龙卷草纹。面阔一间，通进深一间。垂花、雀替木雕莲花瓣、瑞兽、花草纹等。

两侧厢房为硬山顶，覆盖红瓦，燕尾脊高翘。

五、景观特色：寺庙前方宽阔的广场正中建有圆形放生池，四周设石栏杆，栏板浮雕花鸟，池上架拱形石桥，池后方立高大的石雕四面观音像。寺内保存有 5 方清代石碑，如嵌于大殿外墙的“桃源深处”石碑，清光绪年间（1875—1908）的抱鼓石。

木棉庵（图 4－3－7）

图 4－3－7　木棉庵

一、概况：木棉庵位于龙海市九湖镇九龙岭木棉村口，始建于南宋德祐元年（1275），现为福建省文物保护单位。庵外榕树下竖立一长方形石碑，上刻“宋郑虎臣诛贾似道于此”十个大字，由此产生了一系列关于木棉庵虎臣诛似道的诗歌、戏曲与小说。

二、选址特征：①木棉村位于漳州南门外 13 公里处，地形犹如一俯状琵琶，古来素有“琵琶穴”之称。②木棉庵位于木棉村南面的入口处，坐西朝东。宋淳熙三年（1176），郡守傅伯寿在漳州至汾水关沿途设置十三庵，以利行人，如今仅存木棉庵。

三、空间布局：木棉庵规模较小，采用中轴线布局，中轴线上依次为山门、天王殿、大雄宝殿。其中，天王殿与大雄宝殿围合成一进四合院，两侧建有廊庑、厢房与天井；木棉庵右前方有木棉亭，为郑虎臣诛杀贾似道之处。

四、建筑艺术：木棉庵为砖石木构建筑，三间张双边厝，屋顶覆盖灰瓦或红瓦。

山门为三间四柱三楼式石牌坊，庑殿顶，正脊脊尾雕龙吻，脊堵浮雕缠枝花卉，翼角饰卷草纹。额枋浮雕双龙戏珠、山石花卉等。石柱前后设有抱鼓石。牌匾书“紫气东来”，背面书“城南胜境”，石柱楹联书“山后闻不断莺歌燕舞，门前流不尽车水马龙”。

天王殿为三川脊悬山顶，屋脊饰剪粘。中港脊上雕双龙戏珠，小港脊上雕两只回首相望的蛟龙，脊堵浮雕凤戏牡丹、蛟龙出海、瑞应祥麟、骑马战将、八仙祝寿等，垂脊牌头为三武将、树木、楼阁及戏曲人物等，四寸盖分别书“吉祥”“如意”。剪粘以中黄、土黄、钛白、湖蓝、翠绿、粉红、枣红、大红等色瓷片拼贴而成。面阔三间，通进深三间，插梁式木构架，彻上露明造。塌寿为双塌，明间开门窗，门两边设抱鼓石，次间辟交欢螭龙卷草圆形石窗，两旁浮雕博古图案。檐下施五踩双翘斗拱，垂花、雀替、剳牵、弯枋木雕莲花瓣、龙鱼、花鸟等，狮座雕戏狮。梁枋彩画佛祖说法、天官赐福、嫦娥奔月、招财进宝等。殿内供奉弥勒菩萨与韦陀菩萨，两侧塑四大天王。

大雄宝殿为三川脊悬山顶，屋脊饰剪粘。中港脊上雕双龙戏珠，小港脊上雕蛟龙，脊堵浮雕龙飞凤舞、骏马奔腾等，垂脊牌头立武将，层次丰富。面阔三间，通进深三间，插梁式木构架，彻上露明造。前檐柱为盘龙青石柱，檐柱楹联书“矫矫虎臣为国除奸真爽快，明明活佛显身说法本慈悲”“均是人，宋郑虎臣诛贾似道忠奸流芳遗世成千古；同为地，花锦亭木棉庵分明生死去迹来踪判两途”。雀替、狮座木雕凤凰、戏狮，梁枋彩画人物、山水，殿内两侧辟拱形门。神龛供奉三世佛、地藏菩萨、观音菩萨和清水祖师，两侧列十八罗汉。

廊庑为卷棚硬山顶，屋脊饰剪粘。脊堵浮雕锦上添花、雄鸡报晓、松鹤延年等，其中两只雄鸡分别以大红、淡红、橘红、钛白、土黄、墨绿等色瓷片拼贴而成，栩栩如生。梁枋彩画山水图。石柱楹联书“慈航不渡奸雄汉，慧眼长临信善门”“奸相早随花锦落，明神永庇木棉新”。

木棉亭为四方八柱石亭，单檐歇山顶，覆盖绿色琉璃瓦，垂脊上立蹲兽。面阔三间，通进深一间，檐下施一跳斗拱。石柱楹联书“为天下除奸，明春秋大义”。

五、景观特色：木棉庵门前有数株浓荫蔽天的百年古榕，如巨大的天然盆景。庵旁有 6 方石碑，其中最有名的是“宋郑虎臣诛贾似道于此”碑刻，原碑乃明代名将俞大猷亲立，后废，现存碑刻为清乾隆年间（1736—1795）龙溪知县袁本濂重立。石碑旁边立一方诗碑，刻明人所作的七言诗，诗曰“当年误国岂堪论，窜逐遐方暴日奔。谁道虎臣成劲节，木棉千古一碑存”。旁边还有《木棉亭记》碑刻。

云盖寺（图4-3-8）

图4-3-8　云盖寺

一、概况：云盖寺位于龙海市浮宫镇田头村，始建于宋代，相传寺名乃宋端宗赵昰所赐。明清时期重修，现为龙海市文物保护单位。

二、选址特征：①云盖山海拔563米，东、南两面是绵延的群山，西面是平原与丘陵，北面是九龙江南岸入海口。②云盖寺原本靠石壁（狮子石）而建，明代前移重建，后陆续修缮。寺庙坐东朝西，三面环山，西北面地势开阔，可远眺九龙江入海口。

三、空间布局：云盖寺的引导空间分为三段：外山门—友谊关；友谊关—观音像；观音像—内山门。

云盖寺采用主轴对称结合自由布局，共有3座主殿，中轴线上为大雄宝殿，北侧为大悲殿，南侧为西方三圣殿，前面是一个临崖而建的庭院。庭院下为隐蔽的岩洞，有地藏殿、宋王故居、大觉禅师隐居处等。主体建筑北侧有新大雄宝殿，两侧建有厢房。殿下山洞有八十八佛殿、十八罗汉殿等。

四、建筑艺术：云盖寺原是岩洞寺庙，后来陆续扩建。如今的殿堂主要为钢筋混凝土及砖石木构建筑，屋面覆盖红色琉璃瓦，具官式建筑与闽南民居特色。

外山门为三间四柱三楼式石牌坊，庑殿顶，覆盖绿瓦，屋脊饰剪粘。正脊上雕双龙护塔，脊堵雕花鸟瑞兽，翼角饰卷草纹。

友谊关建于2010年，拱形城门两侧分立韦陀菩萨与关公，城楼上建三层楼阁。整体造型仿照广西友谊关式样，集纪念馆、英烈室、陈列室为一体。

大雄宝殿（图4–3–9）为重檐歇山顶，覆盖红色琉璃瓦，屋脊饰剪粘。正脊雕双龙护塔，脊堵浮雕双凤朝阳，垂脊牌头立武将，翼角饰卷草纹。面阔三间，通进深三间，插梁式木构架，彻上露明造。明间开门，两侧辟隔扇门，隔心木雕螭龙纹，裙板彩画荷花图。檐下施弯枋与斗拱，梁枋彩画《封神演义》故事、飞天等。殿内供奉三世佛。

大殿正前方建一座四角形拜亭，单檐歇山顶，屋脊饰剪粘。正脊上雕双龙戏珠，脊堵浮雕凤戏牡丹，垂脊牌头饰戏曲人物、亭台楼阁，翼角饰卷草纹。面阔一间，通进深一间，插梁式木构架，彻上露明造。4根亭柱均为盘龙青石柱。雀替木雕缠枝花卉，狮座雕戏狮，梁枋彩画八仙过海、福禄寿三星、麟凤呈祥等。

图4-3-9 大雄宝殿

大悲殿为重檐歇山顶，屋脊饰剪粘。正脊上雕双龙戏珠，脊堵浮雕凤戏牡丹。下檐戗脊脊端饰武将与楼阁，围脊与戗脊脊堵饰八仙祝寿、瑞应祥麟、花卉等，翼角饰卷草纹。面阔三间，通进深三间，插梁式木构架，彻上露明造。明间开门，门板彩画降龙，两侧辟交欢螭龙卷草木窗，次间彩画天官赐福。檐下施插拱，梁枋彩画观音、罗汉、飞天。殿内供奉一尊卧佛。西方三圣殿与大悲殿样式相同，殿内供奉西方三圣，梁枋彩画西方极乐世界、观音、地藏、飞天、凤凰等。

地藏殿、宋王故居、大觉禅师隐居处、八十八佛殿和十八罗汉殿，均隐藏于幽深的岩洞之中，洞内一步一景。

五、景观特色：云盖寺倚崖而建，周边奇石幽洞众多，有“仙人洞府”“连环十八洞”“亲吻情石”“金猴抱子”“金鸡下蛋”“石笋刺天”等。

寺庙左边有一处天然储水石臼，山上清泉经数十条石沟蜿蜒而下，流入大石臼。寺庙内外植被茂盛，佳木葱茏。如大雄宝殿前种植有秋枫，左侧对植两株柏树，其他还有相思树、白兰树、桉树、蒲桃树、棕榈树等。

寺庙周边摩崖石刻众多，有清乾隆四十年（1775）所题的“云盖寺”三字，其他还有“觉海慈航　渡己渡人”“云盖山”“云梯独步”“同登彼岸”“醉翁石”“南无阿弥陀佛”等。寺旁保留有《云盖寺缘田碑记》和《云盖寺功德碑》。寺庙南面为白云水库，西北侧山上为烘炉寨。该寨是郑成功驻守厦门期间一处重要的外围防御据点。如今尚存外寨、内寨、中心指挥台、暗道机关和集义厅等遗址。

金仙岩寺（图 4－3－10）

图 4－3－10　金仙岩寺

一、概况：金仙岩寺位于龙海市白水镇玳瑁山北麓，始建于元至正十九年（1359），明万历二十四年（1596）重修，现为龙海市文物保护单位。

二、选址特征：①玳瑁山又名大帽山，海拔 794 米，与梁山、皂山、太武山并列为闽南四大名山，素以“石、洞、刻”奇异闻名遐迩。②金仙岩寺坐南朝北，左右护山环抱，南面为绵延不绝的山脉，北面有一开阔地带，附近有山泉，环境极为清幽。

三、空间布局：金仙岩寺依山势而建，属中轴线布局，中轴线上从低往高依次为广场、天王殿、放生池、门厅、大雄宝殿，西侧为钟楼、伽蓝殿，东侧为鼓楼、祖师殿，大殿东面建有僧寮等。其中，门厅与大雄宝殿围成一进四合院。

四、建筑艺术：金仙岩寺殿堂具有官式建筑与“皇宫起”大厝特征，为砖石木构建筑，屋面覆盖暗红色琉璃瓦。

山门为三间四柱三楼式砖砌牌坊，额枋上彩画暗八仙图案。

天王殿建于石砌高台上，前方设有宽大的石阶，采用“假四垂”屋顶。正脊两端施龙吻，垂脊脊尾雕龙首，戗脊上立蹲兽。面阔十三间，但每间宽度不一，通进深三间，插梁式木构架，彻上露明造。塌寿为孤塌，明间与次间开门，门堵木板书“佛光普照”，外墙木板连续书 12 个“佛”字。梁柱上施叠斗与一斗三升拱，层次丰富，剳牵、随梁枋、弯枋、狮座木雕花鸟、戏狮等。神龛供奉弥勒菩萨与韦陀菩萨，两侧塑四大天王。

门厅为城门式石木建筑，单檐歇山顶，正脊两端施龙吻，垂脊脊尾雕龙首，戗脊上立蹲兽。檐下施弯枋与连拱。正门开一券拱形石门，门上竖匾书“金仙岩”三字。

大雄宝殿建于石台之上，两侧设石阶。重檐歇山顶，正脊两端饰龙吻，垂脊脊端雕龙首，戗脊上立蹲兽。面阔五间，通进深三间，插梁式木构架，彻上露明造。明间开隔扇门，次间与梢间为槛窗。梁枋上施弯枋、连拱，梁枋为和玺彩画，绘有双龙戏珠、花卉等。佛龛上方木雕花鸟图案，供奉释迦牟尼佛。

钟楼为两层圆形楼阁，圆形攒尖顶，以柱子分割成八面，每面采用隔扇门。鼓楼为两层方形楼阁，四角攒尖顶。钟楼与鼓楼特意设计成圆形与方形，应是为了避免单调。

土地庙是一座凉亭，四面通透。“假四垂”式屋顶，歇山顶上再升起一个歇山顶。正脊脊尾饰龙吻，垂脊脊端雕龙首，戗脊上立蹲兽。面阔三间，通进深一间，抬梁式木构架，彻上露明造。梁枋上施弯枋、斗拱。上檐下方匾额书“山灵土地”。

五、景观特色：玳瑁山素以“石、洞、刻”奇异而闻名，有八岩十四景。其中，“八岩”分别是天湖、悟道、普陀、金仙、碧石、龙云、石狮、弘道。

天王殿后面有面积较大的椭圆形放生池，四周设石栏杆，栏杆上摆放有盆景。寺庙山门前有 4 株参天古树，名曰“甘棠”，已有千年树龄，据说最早的金仙岩寺就是依此树而建的，有古诗为证：“千年古树荫岩峰，金仙古刹祥灵通。”金水潭上方有张瑞图手书的“金水潭”石刻，颜继祖所书的“枕流漱石”，颜先如所书的“濠濮间想”等。

岩寺附近有品茶亭、傅霖潭、仙骑鹤、狮头崎、风动石、猪哥洞、十八罗汉壁、神仙脚印等景观。

林前岩寺（图 4－3－11）

图 4－3－11　林前岩寺

一、概况：林前岩寺又名乌石岩寺，位于龙海市九湖镇林前村太湖山，始建于元代，清代重修，现为龙海市文物保护单位。

二、选址特征：林前岩寺坐落于太湖山北麓的山腰处，坐南朝北，东接寨山，西临九龙岭，南靠双第农场，北面俯瞰漳州平原，附近有山泉。

三、空间布局：林前岩寺采用中轴线布局，中轴线上从南向北依次为大悲殿、大雄宝殿，西侧为广济祖师殿、三圣殿，东侧为师祖楼、地藏殿。

四、建筑艺术：林前岩寺旧殿堂为山地式砖木结构建筑，新殿堂为钢筋混凝土建筑，屋面覆盖红瓦或灰瓦。

大悲殿为三川脊悬山顶，屋脊饰剪粘，正脊上雕双龙戏珠，脊堵浮雕双凤朝阳、麒麟奔跑等。面阔五间，通进深三间，抬梁式木构架，彻上露明造。外檐柱楹联书“心清至圣瑞气结成乌石岩，山明水秀有求必应半山亭”。殿内右侧墙壁有明代大理寺卿郑昆贞的题诗“手种梅花二十秋，今来重作故山游。荒荒白日平原暮，飒飒寒风群籁悠。六博得呼游客醉，半龛时住散仙留。山河渐改遗声在，此地犹堪日月流”，上方木牌匾刻“御史醉笔”。神龛供奉观世音菩萨、伽蓝菩萨、大势至菩萨。

大雄宝殿为砖木建筑，重檐歇山顶，屋脊饰剪粘。正脊上雕双龙护塔，垂脊牌头雕神仙与楼阁，翼角饰卷草纹。面阔三间，通进深三间，插梁式木构架，彻上露明造。两根前檐柱为盘龙石柱，对看堵泥塑浮雕蛟龙出海、猛虎下山。明间与次间开石门，正门两侧辟交欢螭龙卷草木窗。梁枋施弯枋与连拱，彩画九仙观太极、三顾茅庐等。殿内两侧山墙彩画十八罗汉，神龛供奉玉雕释迦牟尼佛坐像与卧佛。

师祖楼为两层红砖楼阁，悬山顶。第一层面阔五间，通进深三间，第二层施平座，设花瓶式栏杆。正门匾额书“天上圣母”，两旁楹联书“佛光普照天下福，光辉遍处地上香”。第一层供奉林前岩“菜姑”第一代太祖陈四海，第二层供奉第二代师祖吴玉华。

广济祖师殿为硬山顶，正脊上剪粘双龙护宝塔，两端燕尾脊高翘。面阔三间，通进深三间，抬梁式木构架，彻上露明造。两根前檐柱为彩画蟠龙石柱。殿内两侧山墙彩画《三国演义》《封神演义》故事。殿内供奉三坪祖师公、关圣帝君。

地藏殿为钢筋混凝土建筑，三川脊硬山顶，屋脊饰剪粘。中港脊上雕双龙戏珠，小港脊上雕飞龙，脊堵浮雕八仙过海、凤戏牡丹，垂脊牌头立武将、神仙与楼阁。面阔三间，通进深三间，插梁式木构架，彻上露明造。前檐柱为两根盘龙石柱，门堵彩色影雕龙腾虎跃，隔扇门彩画花鸟图，梁枋彩画山水花鸟。殿内供奉地藏菩萨。三圣殿建筑样式与地藏殿相似，供奉西方三圣。

五、景观特色： 林前岩寺翠林围绕，景致怡人，古有鸣玉映泉、花径沁春、山坪鸟瞰、沉香证古、空竹掩门、曲松迎客、红楼夕照、古梅鉴真八景错落相映。

山门后建有日池与月池，池上各建一座拱桥，名彩虹桥。岩寺内古树较多，如大悲殿前石埕左侧有一株只剩树干的铁冬青，已有 200 多年树龄，树皮裂痕斑斑，布满岁月的皱纹；大悲殿左侧有株百年树龄的秋枫，树枝重重叠叠，苍劲有力。

寺内保存有一口铸于元泰定元年（1324）的莲花大钟；一尊铸于元至正九年（1349）的铁香炉；一方立于清嘉庆十八年（1813）的《和尚缘田》碑。

五福禅寺（图4－3－12）

图4－3－12　五福禅寺

一、概况：五福禅寺又名仙殊庵、仙庵、万寿讲堂，位于龙海市石码镇仙庵路，始建于明成化七年（1471），明清至民国时期多次修缮，现为龙海市文物保护单位。

二、选址特征：①五福禅寺坐落于九龙江下游南岸的平原之上，坐南朝北，面对九龙江。②古时候，凡逢朔望之日，石码地区的官员皆至“万寿讲堂”听讲。

三、空间布局：五福禅寺属中轴线布局，中轴线上从南向北依次为天王殿、大雄宝殿、五观堂。中轴线左右两侧为廊庑，廊庑外侧有功德堂、僧寮、寺务处等。

四、建筑艺术：五福禅寺主要殿堂具“皇宫起”大厝与官式建筑风格，采用砖、石、木材料，屋面覆盖金黄色琉璃瓦。

天王殿为三川脊悬山顶，屋脊饰剪粘。中港脊上雕双龙戏珠，小港脊上雕蛟龙，脊堵浮雕八仙祝寿、孔雀开屏等，垂脊牌头雕戏曲人物与楼阁。这些剪粘以金黄、大红、朱红、中黄、翠绿、柠檬黄、橘黄、天蓝、湛蓝等色瓷片拼贴而成。面阔三间，通进深三间，插梁式木构架，彻上露明造。明间与次间开门，大门门板彩画四大天王、降龙，两旁槛窗木雕观音说法、岁岁平安、拐子龙等，槛墙与对看堵影雕双狮戏球、双龙戏珠、双凤朝牡丹、龙吟虎啸、缠枝花卉等。前檐柱有两根明代凤戏牡丹青石柱，每根石柱上下分别雕一只凤凰，之间穿插牡丹花，雕工精湛。门两侧檐柱楹联书“佛号一声云开法界天地宽，经诵三遍皓月圆光乾坤大”。随梁枋、弯枋、雀替木雕戏曲人物、花鸟、螭龙，梁枋彩画花草山石。墙面嵌有清光绪八年（1882）的功德石碑。正面神龛供奉弥勒菩萨，屏风后面供奉三官大帝：紫微大帝、清虚大帝、洞阴大帝。

大雄宝殿为悬山顶，屋脊饰剪粘。正脊脊刹置七层宝塔，两侧雕蛟龙，脊堵浮雕凤戏牡丹等。面阔三间，通进深三间，插梁式木构架，彻上露明造。明间通透，次间隔扇门的隔心透雕花瓶、花鸟等，裙板漆画山水花鸟、寿比南山不老松等图案。雀替、弯枋、随梁枋、剳牵金漆木雕花鸟图，狮座木雕戏狮或莲瓣。檐下施五踩双翘斗拱，梁枋彩画佛菩萨、罗汉、王母娘娘等道家神仙、龙凤呈祥、麟吐玉书、八仙过海、喜上眉梢、招财进宝等。殿堂正中供奉三世佛，两侧供奉观世音、伽蓝神及十八罗汉。

廊庑为悬山顶，屋脊剪粘花鸟图。檐下施两跳斗拱，梁枋彩画花草纹，墙上嵌《重修五福禅寺碑记》，神龛供奉清水祖师。

五、景观特色：五福禅寺是石码地区第一大古寺，寺内原有巨钟，近处闻之声殊不宏，愈远则声愈清越，名曰“仙钟”，不知毁于何时。

古林寺（图 4－3－13）

图 4－3－13　古林寺

一、概况：古林寺位于龙海市石码街道林坑社麒麟山，创建于清康熙八年（1669）。因古树成林而得名，现为龙海市文物保护单位。

二、选址特征：古林寺位于麒麟山半山腰处，坐南朝北，背靠一条从西向东延伸的山脉，面朝九龙江下游平原，东、南、西三面环山，北面有一长条形山口，形成气口。

三、空间布局：古林寺建在陡峭的山腰上，采用中轴线布局，中轴线上从北向南依次为山门、弥勒佛像、七宝如来塔、放生池、石桥、照壁、空门、天王宝殿、大雄宝殿、万佛宝塔、西方三圣园，东侧为土地庙、香积厨、钟楼（地藏殿）、旃檀院（誉海楼）、尊客堂、弘法综合楼、古林三塔、云林别院，西侧为伽蓝庙、古林茶楼、仰圣亭、鼓楼（关圣殿）、禅净院、三圣殿、法华院、法堂、仰圣书院、兰若静院，前后殿堂有石阶相连。

四、建筑艺术：古林寺主要殿堂为官式建筑、“皇宫起”大厝与现代仿古建筑结合，采用钢筋混凝土及砖木材料，墙体多为黄色。

山门位置最低，为一门三楼式砖砌牌坊，悬山顶，覆盖灰瓦，屋脊饰剪粘或陶瓷。正楼脊上雕二龙戏珠，两端脊尾饰卷草纹，边楼脊上雕行龙，脊堵浮雕瑞应祥麟、喜上眉梢、国色天香等。山门两侧建有围墙。

空门地势远高于山门，为断檐升箭口式悬山顶，覆盖灰蓝色琉璃瓦，剪边金黄色。中港脊两端雕龙吻，垂脊脊尾雕龙首。面阔五间，通进深两间。明间开石门，实塌大门上布满门钉，次间与梢间为厢房。垂花、雀替木雕莲瓣与螭龙。

天王宝殿屋顶较为特别，在三川脊歇山顶的基础上再加两条垂脊，层次丰富，覆盖红色琉璃瓦，屋脊饰剪粘或陶瓷。中港脊脊刹置七层宝塔，两侧各雕 3 只行龙，脊尾饰卷草纹，脊堵浮雕凤戏牡丹、国色天香等。中间两条垂脊牌头立护法神将，两边垂脊脊尾雕凤凰。两侧山花浮雕龙狮与如意。面阔五间，通进深三间。明间开三扇门，隔心木雕花瓶，裙板雕刻莲花，次间辟螭龙圆窗，梢间开边门。前檐柱为 6 根盘龙青石柱。天花正中为八角形藻井，11 层斗拱之间采用弯枋，井心雕盘龙，藻井四周彩画佛八宝、蝙蝠等。供奉弥勒菩萨与韦陀菩萨，两侧塑四大天王。

大雄宝殿地势较高，前方设 55 级台阶，表 55 位妙菩提路。重檐歇山顶，覆盖红色琉璃瓦，正脊上雕双龙戏珠。面阔五间，通进深六间，插梁式木构架，彻上露明造。明间与次间开隔扇门，梁柱施弯枋与连拱，梁枋彩画山水花鸟图。佛龛供奉三世佛。

钟鼓楼位于空门两侧。钟楼（地藏殿）为平面四方形两层楼阁，单檐歇山顶，覆盖蓝灰色琉璃瓦，垂脊上立蹲兽。一楼是地藏殿，采用钢筋混凝土结构，立面为下宽上窄的梯形，正面开门，两侧辟交欢螭龙卷草纹圆形石窗。二楼是钟楼，采用纯木结构，设有平座与围栏，墙面全部采用直棂窗，屋檐及平座下方均施木斗拱。鼓楼（关圣殿）的造型与钟楼相同。

弘法楼为四层楼阁，单檐歇山顶，覆盖蓝灰色琉璃瓦。其中，第一层为五观堂，第二层为妙法讲堂，第三层为养心斋，第四层为禅堂。

伽蓝殿与土地庙均为仿悬山顶混凝土建筑，覆盖蓝灰色琉璃瓦，正脊上浮雕花鸟，面阔一间，通进深一间。

古林三塔（图 4–3–14）分别为法华宝塔、陀罗尼宝塔、楞严宝塔。法华宝塔为宝箧印经式石塔，平面四角三层，每层设有平座，每面辟佛龛，龛内浮雕结跏趺坐佛像，塔檐上立四朵山花蕉叶，宝葫芦式塔刹；陀罗尼宝塔为平面六角七层楼阁式实心石塔，单层须弥座，束腰隔面浮雕金刚，塔身层层收分，一层和二层塔身隔面浮雕佛像，相轮式塔刹；楞严宝塔为平面八角七层楼阁式实心石塔，单层须弥座，塔身层层收分，一层和二层塔身隔面浮雕佛像，相轮式塔刹。

图 4－3－14　古林三塔

七宝如来塔为 7 座形制相同的五轮式石塔，双层八角形须弥座，第一层束腰浮雕宝相花，第二层上下枭均为仰覆莲瓣。椭圆形塔身浮雕 4 尊坐佛。八角攒尖顶，宝葫芦式塔刹，刹座为仰莲瓣。

五、景观特色：古林寺以“禅净”为设计理念，打造集山林美景、品茶参禅、健身休闲于一体的山林绿岛。（图 4–3–15）。

从山门到空门之间，共有 5 个不断升高的平台，分别是山门平台、如来塔平台、照壁平台、茶艺居平台和空门平台。顺着石阶而上，便能欣赏到山门、伽蓝殿、土地庙、古榕、弥勒像、七宝如来塔、放生池、石桥、照壁、茶艺居以及空门。

图 4－3－15　古林寺景观

寺庙外围还有洗心亭、护心亭、妙莲台、茶园等景点。伫立于大寨屋顶峰，便可欣赏日出奇景。

普照禅寺（图 4－3－16）

图 4－3－16　普照禅寺

一、概况：普照禅寺位于龙海市港尾镇南太武山脚下，其前身是始建于明洪武年间（1368—1398）的福德寺，又名关刀寺。1995 年，新加坡普照禅寺开山住持广玄大和尚重建寺庙。该寺是福建唯一一座南洋风格的现代寺庙。

二、选址特征：①南太武山坐落于九龙江入海口南岸，东北濒临大海，与厦门、金门鼎立相望 。②普照禅寺三面环山，面朝大海，北面与厦门南普陀寺隔海相望。

三、空间布局：普照禅寺采用复合轴布局，自然意义的南北中轴线与宗教意义的东西中轴线交汇于讲堂，罗汉山与护法峰遥相对应，互为怀抱，庙宇就坐落在两山的拱卫之中。

其中，从西往东，中轴线上依次为五百罗汉堂、广场、半圆形花台、石塔、一层平台、二层平台、普照寺大门、三层平台、法堂、大雄宝殿，南侧为长廊、普照寺办事处、钟楼等，北侧为长廊、龙海佛教协会办事处、鼓楼等。大雄宝殿外左右两侧各有一列厢房，左为“法海”餐厅，右为“慧光”接待室。从南往北，中轴线上有大门、休闲区（茶艺楼、咖啡厅）、宿舍、山门、知归堂、华严山庄、舍利塔、藏经阁、十八罗汉山、莲会池、大佛区，休闲区东面有方丈楼。其中，大佛区自成一个建筑群，有一条 278 级的石阶直达阿弥陀佛立像。大佛区东侧有普供堂、许愿亭、普同塔、万佛塔等，西侧有广玄上人纪念堂、地藏殿、许愿亭、普同塔、千佛塔等。

寺庙的每座建筑都有独特的主色调，相同色调的建筑形成独立的建筑群。其中，深蓝色及浅蓝色建筑群，与红色建筑群组合成两条巨大的彩鱼，一阴一阳，宛如太极图；而黄色建筑群和绿色建筑群，犹如游鱼戏水形成的两条巨大的波纹。

四、建筑艺术：普照禅寺巧妙地融合马来西亚、新加坡、菲律宾、泰国等东南亚国家的佛寺建筑风格，并添加中国特别是闽南传统建筑元素，因此是一座中西合璧的现代寺庙。

普照寺大门采用浅橘黄色调，正中间立一根上宽下窄的石柱，以向上弯曲的曲线型为屋顶。石柱下半部分为保安室，上半部分嵌石浮雕猴子、花鸟、假山图案。左侧墙壁采用斜屋顶，墙上白底黑字书“普照禅寺”，旁边嵌一尊红色镂空坐佛，黑、白、红相间，特别醒目。

山门为 4 根仿华表样式的石柱，中间两柱楹联书“山沿太武建琳宫梵宇，门对五峰怀普照祖庭”。

法堂大门采用蓝色斜屋顶，白墙黑柱，面阔一间。门上黑色匾额书鎏金“普照禅寺”，柱上楹联书“创造禅林庄严梵宇导民向善，慈悲喜舍佛漉净业宗趣广达”。大门两侧建有长廊，采用花瓶式栏杆，长廊顶设有平台。

法堂为白墙蓝顶，堂前建有长廊，采用花瓶式栏杆，廊柱顶两侧各有一小块雀替。大门两旁各设一高一矮两个抱鼓石。门上方以黑色大理石做底，嵌蓝色隶书“法堂”二字。大门两侧墙上辟镂空法轮式圆窗，两旁石柱楹联书“开发众生智慧海，得见如来清净身”。殿内石构硬山顶神龛内供奉弥勒菩萨，弥勒菩萨后面两侧各摆放一座石灯笼。堂内左右两边各有一小单间，左“慈悲”堂为休息室，右“喜舍”堂为资料室。法堂左右两旁半通透空间内供奉石雕四大天王，四大天王后面设玻璃幕墙，墙上方装饰花瓶式栏杆。楼顶设平台，围以花瓶式栏杆。

大雄宝殿位于法堂后面，二者隶属于同一栋建筑。大门两侧楹联书“百福骈臻千祥云集皆由勤修利生道，诸恶莫作众善奉行方是精进学佛人”，立面墙上方浮雕飞天。殿内正中主供奉释迦牟尼佛、普贤菩萨和文殊菩萨，两旁列十八罗汉。

大悲殿为一座下宽上窄的三层白色建筑，面阔十三间，大门两边各雕两只仙鹤。正中间凸出一部分作为大堂，面阔七间，殿内供奉观世音菩萨坐像。

五百罗汉堂为白墙浅蓝屋顶建筑，屋顶中间为五层，两边依次递减，面阔十三间。橘黄色外墙上嵌一块黑色竖匾，嵌蓝色楷书“五百罗汉堂”。五级石台阶两边各立有镂空四角形石灯塔。堂内空间极为开阔，正中供奉释迦牟尼佛，佛像上方匾额书红底金字“灵山一会”，四周墙壁上罗列神态各异、形态逼真的镀金五百罗汉，气势恢宏。

钟楼为平面四角五层楼阁式浅黄色空心建筑，每层收分较大，第一层四面通透，第二层至第五层每面辟窗，四角攒尖顶。

广玄上人纪念堂为三层建筑，红顶黄墙，二、三楼设有阳台，墙面布满长条形窗户，肃穆庄重。纪念堂对面也有一座与其造型相同的殿堂。

地藏殿为红瓦黄墙，仿庑殿顶。面阔七间，明间开门。殿内地藏菩萨端坐于高台之上，两旁设有石阶。菩萨像上方的墙壁浮雕蔓草纹样，并涂成蓝绿色。天花正中开天窗，室内空间明亮、通透。普供堂与地藏殿建筑样式相同。

万佛塔为泰式建筑，平面四角七层空心式楼阁，红檐黄墙。五层至七层塔身设有泰式塔檐，相轮式塔刹。千佛塔造型与万佛塔相同。

知归楼为一栋四层建筑，白墙灰柱，面阔七间。

藏经阁为单层建筑，灰墙浅黄色屋顶，屋顶中间高，两侧依次递减。正面开一门，匾额草书“藏经阁”。

舍利塔为仿宝箧印经式塔，塔身四边形。塔身上方再立一座四角形经幢式塔。

图 4－3－17　阿弥陀佛立像

阿弥陀佛立像（图 4–3–17）采用花岗岩雕成，立于巨大的莲花座上，高 28 米，为福建最高的佛像。两侧各有一栋方柱形八层楼阁，楼阁正面牌匾书“发菩提心，一向专念”。两栋楼阁顶之间为一巨大的合十造型，正好罩住佛像，气势磅礴。合十造型应是借鉴了西安法门寺的合十舍利塔。

普照禅寺的中西合璧建筑风格，为我国现代宗教建筑空间的设计提供了崭新的思路。

五、景观特色：普照禅寺依山傍海，殿堂错落有致，五彩斑斓，其“不拘一格”的布局及建筑色彩，给人一种清静高远的感觉。

普照禅寺主要有 4 处水景：①寺庙大门入口处，迎面是一座具新加坡风格的橘红色狮头鱼身雕塑喷泉造景，后方为一堵倾斜水幕墙。②大悲殿前面建有大型放生池，池上有座 3 孔的高大石拱桥，桥上刻“莲池会”三字。池中有艘仿木构石船，池边黑色石照壁上刻《佛说大乘无量寿庄严清静平等觉经》全文。③咖啡厅后有一池塘，池边岩石上立数只悠闲自在的石雕梅花鹿。④方丈楼下方有一不规则放生池，部分驳岸采用天然岩石垒砌，池中建四角形凉亭，四面设栈道。

除了高大的阿弥陀佛立像外，寺庙还巧妙地利用小型石雕作品烘托气氛。如寺前广场有一个半圆形花台，花台中有一座五层石塔，石塔前有一立一卧的两只石雕梅花鹿；通往阿弥陀佛立像的 278 级石阶两侧，摆放有石兽、石塔、石灯等；殿堂前后、道路两侧及园林中，还摆放有石桌、石凳、石香炉、石鹤、石狮、石麒麟、石亭等。当代的摩崖石刻有“殊胜”“慈悲”“清静平等”等。

普照寺因寺造景，其亭台楼阁、花草树木都设置得非常巧妙，尽管拥有众多异域风情的建筑，却深得中国古典园林之神韵。

第四章　云霄县佛教寺庙

白云寺（图 4－4－1）

图 4－4－1　白云寺

一、概况：白云寺位于云霄县城北面约 22 公里处的盘陀岭，始建于宋代，元、明、清以及民国时期均有修缮，1999 年再次重修，现为云霄县文物保护单位。

二、选址特征：①白云寺坐落于海拔 280 米的盘陀岭上的制高点——蒲葵关，四周山陡崖峻，草茂林深，长年雾霭萦绕，云霞蒸蔚。②寺庙坐东朝西，四周群山环抱。

三、空间布局：白云寺采用中轴线布局，中轴线上依次为天王殿、大雄宝殿，两侧建有厢房、僧寮、斋堂等，西南面有观音亭。

四、建筑艺术：白云寺殿堂为钢筋混凝土及砖石木构建筑，屋顶覆盖金黄色琉璃瓦，屋脊装饰剪粘。

天王殿（图 4–4–2）为三川脊歇山顶，屋脊饰满剪粘。中港脊上雕二龙戏珠，脊堵浮雕凤戏牡丹，小港脊脊堵雕孔雀开屏、松鹤延年，垂脊牌头立三武将，翼角饰卷草纹，以朱红、大红、橘红、翠绿、米黄、湖蓝等色瓷片拼贴，层次丰富。面阔三间，通进深两间，仿抬梁式构架。明间开门，门板漆画蛟龙出海，两侧辟石雕交欢螭龙卷草纹圆窗，梢间辟石雕“佛”字圆窗。门堵石浮雕瑞应祥麟，影雕八仙图、花鸟争妍、孔雀开屏、锦上添花、喜上眉梢、凤凰合鸣、松鹤延年、花开富贵等，彩画三星高照、雄鸡报晓、鹿竹同春、孔子小儿论等。梁枋彩画八仙过海、白头偕老。殿内供奉弥勒菩萨，两侧塑四大天王。

大雄宝殿为单檐歇山顶，正脊剪粘双龙戏珠，脊堵饰双凤朝牡丹。面阔三间，通进深三间，插梁式木构架，彻上露明造。立面通透无门，两根

图 4 - 4 - 2　天王殿

前檐柱为青石盘龙柱，梁枋彩画花鸟图。殿内供奉释迦牟尼佛、药师佛、阿弥陀佛，两侧十八罗汉立于人造岩石之上。

观音亭为重檐歇山顶，屋脊饰剪粘。正脊上雕蛟龙抢珠，脊堵浮雕凤戏牡丹、孔雀开屏，戗脊与围脊脊堵浮雕孔雀开屏、万象更新、鹤鹿同春、松鹤延年，翼角饰卷草纹。面阔三间，通进深三间，插梁式木构架，彻上露明造。两根前檐柱为青石盘龙柱。明间开门，门板彩画莲花，楹联书“汉关宿草藏古寺，宋井甘泉泽今人”，两侧辟石雕镂空圆窗。门堵石浮雕瑞应祥麟，影雕南极仙翁、麻姑献桃。梁枋彩画松鹤延年等。

明代石亭为六角攒尖顶，6 根石柱为明代原物，柱上刻“南无阿弥陀佛”“天启六年仲夏长泰县天柱岩僧良叔募建”。

五、景观特色：天王殿左侧建有大型放生池，池中立石雕滴水观音像，并建有凉亭与石桥。寺庙北面 100 米处的虎仔山脚有一井泉，井水甘洌，井口呈六角形，井沿立 4 根花瓣状短柱。相传南宋末年，少帝赵昺南逃时路过白云寺时，曾饮井水解渴，故名“帝昺井”。此井至今仍保存完好，是云霄县文物保护单位。古井附近有汉代南越国的“蒲葵关”遗址，观音亭前竖有一方清康熙五十二年（1713）立的界碑，上刻：“照县志以盘陀岭顶分水为界，南属云霄营管辖，北属漳浦营管辖，希同勒石，永为遵守。”

南山寺（图 4－4－3）

图 4－4－3　南山寺

一、概况：南山寺位于云霄县莆美镇莆南村莆美山，创建于明弘治年间（1488—1505）。寺内文物古迹众多，现为福建省文物保护单位。

二、选址特征：①莆美山山势平缓，宛如一条龙脉穿过寺庙后方，形成坚固的靠山。②南山寺坐落于莆美山半山腰的缓坡上，坐西南朝东北，三面环山，东北面山势较矮，构成开阔的气口。

三、空间布局：南山寺建筑群由两大部分组成：一为南山寺，二为南山书院，共有两条轴线，属复合轴布局。南山寺为二进四合院，五间张双落厝，第一部分中轴线上依次为外天井、观音殿、内天井、大雄宝殿，两侧廊庑为伽蓝殿与祖师殿，外天井北侧为门楼。南山书院为一进四合院，第二部分中轴线上为石埕、梅亭、南山书院。书院后面为凉亭、地藏殿。

四、建筑艺术：南山寺殿堂具“皇宫起”大厝与官式建筑风格，屋顶覆盖灰瓦，饰满剪粘作品。

图 4 - 4 - 4　门楼

门楼（图 4-4-4）为砖石木构建筑，悬山顶，屋顶饰满剪粘。正脊脊刹置火珠，两侧各雕一只麒麟，两端燕尾脊饰游龙卷草纹，脊堵浮雕丹凤朝阳、孔雀开屏、喜上眉梢、八仙过海，其中八仙分别骑着大象、麋鹿、麒麟、猛虎、狮子等，垂脊牌头塑三武将与降龙，每片瓦当上嵌有一朵红色小花。这些剪粘由大红、橘红、朱红、翠绿、湖蓝、土黄、柠檬黄、橘黄、粉绿、粉紫、钛白、赭石等色瓷片拼贴而成，工艺精湛。面阔一间，通进深两间。大门上匾额书“南山寺”，两侧浅浮雕孔雀与凤凰，门柱楹联书“南山传色相，西竺转毫光”。对看堵石浮雕二郎神与麻姑献寿。两旁外墙上彩绘松鹤延年、竹报平安。

观音殿为三川脊悬山顶，屋脊饰满剪粘。中港脊上雕双龙戏珠，两端雕龙首，再饰卷草纹，脊堵浮雕丹凤朝阳、孔雀开屏，垂脊牌头塑三武将与麒麟，每片瓦当上嵌有一朵红色小花。其中两只凤凰和牡丹花采用金黄、朱红、橘黄、粉红等暖色瓷片，而蛟龙全身、孔雀、花叶等采用偏冷的蓝绿色瓷片，对比强烈。面阔五间，通进深两间，插梁式木构架，彻上露明造。明间开隔扇门，隔心木雕嫦娥奔月，裙板漆线雕亭台楼阁，两侧门堵石浮雕龙凤、荷花。雀替、随梁枋、束随木雕五福临门、金玉满堂、暗八仙、一品清廉，其中荷叶上雕有一只青蛙，坐斗雕戏狮。梁枋及童柱彩画童子捉迷藏、菊花雄鸡、牡丹雄鸡、罗汉图等，脊檩彩画双龙戏珠。两侧山墙饰剪粘猛虎下山与蛟龙出海。殿内供奉观音菩萨、弥勒菩萨与韦陀菩萨。

天井两侧的伽蓝殿与祖师殿的屋脊上也饰满剪粘，正脊上雕鱼化龙，脊堵浮雕金玉满堂、喜上眉梢等，垂脊牌头立两武将。童柱、梁枋彩画年年有鱼、亭台楼阁、花草等，漆线雕唐僧师徒。墙壁沥粉贴金画一品清廉，为红底、绿叶、褐色祥云及蓝色波浪。

大雄宝殿建于石砌高台之上，前方设石栏杆。三川脊悬山顶，屋脊饰剪粘，中港脊上雕双龙戏珠，两端饰卷草纹，脊堵雕瑞应祥麟、孔雀开屏。面阔五间，通进深四间，插梁式木构架，彻上露明造。正面通透无门，檐下施斗拱。雀替、随梁枋、狮座金漆木雕蛟龙、螭龙、戏狮。梁枋彩画高僧、神仙、瑞鹿祥和、富贵耄耋、双龙腾飞。此外还有龙虾、鸭子、母鸡等极富乡村气息的动物，在闽南其他佛寺中极为少见。佛龛供奉三世佛。

梅亭为单檐歇山顶，屋脊饰剪粘。正脊上雕双龙戏珠，燕尾脊饰游龙卷草纹，脊堵浮雕丹凤朝阳、松鹤延年，垂脊牌头雕三武将及蛟龙。面阔一间，通进深一间，插梁式木构架，彻上露明造。雀替、剳牵、狮座木雕龙鱼、玉兔、凤凰、梅花、仙桃、金瓜、螭龙、戏狮等。梁枋上彩画神仙、楼阁、《三国演义》故事。

南屏书院始建于清光绪二十年（1894），是当地民众为纪念林偕春父子所建。为一殿二室、硬山顶木石结构，屋脊饰剪粘，正脊上雕双龙戏珠，两端脊尾饰蛟龙，脊堵浮雕双凤朝阳、松鹤延年、孔雀开屏等。面阔三间，通进深两间，穿斗式木构架，彻上露明造。明间开门，两侧隔扇门木雕观音、弥勒，漆线雕亭台楼阁。檐柱楹联书“文章气节参天地，翰墨精华含古今”。雀替、垂花、梁枋木雕螭龙。梁枋彩画关公斩颜良诛文丑、凤仪亭故事以及神仙图等，漆线雕琴棋书画、李白诗句。正中神龛内供奉林偕春神像，两侧楹联书“云山述作文章伯，漳水儒宗御史臣”。林偕春（1537—1604），字孚元，号云山居士，云霄佳州郭墩人，官至湖广布政司右参政，曾奉诏编撰先朝《实录》，民间尊称其为“林太师公”。

凉亭（拜亭）为单檐歇山顶，屋脊饰剪粘。正脊两端饰游龙卷草纹，脊堵雕凤戏牡丹，翼角饰卷草纹。其中两只凤凰以钛白、金黄、朱红、柠檬黄、土黄等色瓷片拼贴。檐下施一跳斗拱，随梁枋、雀替木雕丹凤朝阳、缠枝花卉、双龙腾飞。

地藏王殿为硬山顶，屋脊饰剪粘。正脊上雕双龙戏珠，燕尾脊上饰蛟龙，脊堵浮雕孔雀开屏、喜上眉梢等。两侧山墙顶上彩画山水花草图。面阔三间，通进深四间，插梁式木构架，彻上露明造。明间开隔扇门，隔心金漆木雕八仙过海，裙板漆线雕山水画。门堵石浮雕鲤鱼跳龙门、瑞应祥麟、松鹤延年、节节高升等。檐下施斗拱，雀替、剳牵、随梁枋金漆木雕喜上眉梢、五福临门、松鹤延年、龙腾虎跃等。梁枋采用漆线雕，有鸳鸯戏荷、雄鹰展翅、佛祖说法图、罗汉图等。佛龛内供奉地藏菩萨。

南山寺及南山书院外建有围墙，墙上水车堵彩画锦上添花、喜上眉梢、仙鹤、兰花、牡丹等。

南山寺及南山书院的建筑装饰题材多样，色彩斑斓，是闽南民俗文化的直观展示。

五、景观特色：南山寺所处环境清幽别致，明代大儒黄道周曾游览莆美岩，并作《游云霄南山寺》。其诗曰：“晓傍秋阴兴爽然，南山寺里听流泉。千家烟火云霄外，万井桑麻竹塔前，玉女峰纤霞作锦，仙人山渺水为天。渔舟薄暮蒹葭渡，长短歌声入树巅。”歌咏了南山寺独具特色的自然景观和人文景观。

梅亭前建有八角形放生池，周边设石栏杆，采用二十四节气、莲花、香象等望柱头，池后墙壁为石浮雕麒麟奔跑，旁边植一株朴素典雅的山茶花。寺庙右侧山坡上建有南屏亭，寺后有虎尾泉。

碧湖岩寺（图 4－4－5）

一、概况：碧湖岩寺位于云霄县马铺乡枧河村附近的九龙山麓，始建于明天启三年（1623），清代多次重修，现为云霄县文物保护单位。

二、选址特征：①碧湖岩寺坐西北朝东南，背靠绵延的山脉，左右分别为狮子岩和象尾峰。②寺前有一湖，形似“九龙探湖”；又鉴于狮子岩、象尾峰左右拱护岩前的鹿角湖，复称“狮象镇水口”。

图 4-4-5 碧湖岩寺

三、空间布局：碧湖岩寺采用中轴线布局，中轴线上依次为门厅（观音殿）、大雄宝殿，左右建有厢房，前面围墙，共同形成二进四合院。寺院左前方为山门。

四、建筑艺术：碧湖岩寺主要殿堂为山地式砖木结构，屋顶布满剪粘、陶瓷。

山门为独立式小门楼，悬山顶，屋脊饰陶瓷。正脊两端饰卷草纹，脊堵饰八仙过海、凤凰和合、孔雀开屏等，垂脊置花篮。

门厅（观音殿）为断檐升箭口式屋顶，屋脊饰剪粘。中港脊上浮雕双龙戏珠，两端饰卷草纹，脊堵饰凤戏牡丹、孔雀开屏、瑞鹿祥和、松鹤延年等，小港脊脊堵饰锦上添花、孔雀飞舞等，两端饰龙首，垂脊牌头立三武将。其中，三武将身披盔甲，手握长矛或斧头，英姿飒爽，以中黄、朱红、暗红、钛白、淡蓝、粉绿、米黄、墨绿、粉红等色瓷片拼贴而成；两只小鹿分别以金黄色和淡黄色尖形瓷片进行拼贴，再用红色和白色的圆形瓷片点缀，营造出毛茸茸的效果。面阔五间，通进深两间，中间三间为门厅，两侧为寝室，抬梁式木构架，彻上露明造。明间开一门，两侧悬挂木质门联，上书“碧山耸秀，四面春风开慧眼；湖水澄清，一轮皓月印慈心”。随梁枋木雕缠枝花卉，梁枋彩画山水图。明代的梭形石柱上刻“和山结秀金铺地，碧水澄波月印湖”。佛龛供奉观音菩萨。

大雄宝殿建于高出门厅 3 米的石台之上，前依左右廊配筑廊亭，左廊设置折转梯，右廊设置弧形旋梯。断檐升箭口式屋顶，屋脊饰剪粘，中港脊上雕双龙戏珠，脊堵饰双凤朝牡丹、仙鹤飞舞等。面阔五间，通进深三间，抬梁式木构架，彻上露明造。正面通透无门，施一排栏杆。殿内供奉三世佛，两侧列泥塑十八罗汉。大殿前梯台的左壁，镶嵌乾隆十二年（1747）立的《碧湖岩志》，载述了默然禅师募施首开道场的史实；乾隆三十年（1765）立的《碧湖岩缘田碑》，记载默然禅师以后数代住持僧的名次。大殿后面依山坡筑挡土三层，表面以乱石干砌，环护后墙。

五、景观特色：碧湖岩寺正前方的山坡下有一处元宝形湖泊，是涧泉从岩寺左右流出而汇成的，正合云霄先贤何子祥碑文中描述的“一湖水月初开镜，万里松风远听涛”之意境。岩寺右侧的山坡上有一处“四木连枝”奇观，4 种不同种类的树木穿缠在一起，同苍共荣；山门右侧的山坡上有株 300 多年树龄、枝繁叶茂的古榕。

门厅台基前竖立 3 方石碑，分别是乾隆八年（1743）由何子祥撰写的《重修碧湖岩记》；乾隆五十年（1785）由庠生何玉振撰写的《重兴碧湖岩记》和嘉庆二十五年（1820）由进士何名儒撰写的《重修碧湖岩记》。

龙湫岩寺（图 4－4－6）

图 4－4－6　龙湫岩寺

一、概况：龙湫岩寺又名白塔岩寺，位于云霄县东厦镇白塔村，始建于明崇祯四年（1631），清代及近代均有重修。岩寺供奉释迦牟尼佛与观音菩萨，兼祀云霄明代乡贤林偕春神像。原山门石匾“铃袈深处”为黄道周手迹，现为云霄县文物保护单位。

二、选址特征：龙湫岩寺建于龙湫岩半山腰的陡坡上，背山面水，坐南朝北，旁有天然石室及摩崖石刻多处。

三、空间布局：引导空间是由条石铺设的林荫小道，两旁树木茂密。寺庙依狭窄的山谷而建，依山势分建上岩、下岩，下岩有内山门、大雄宝殿、厢房等，上岩有后殿、拜亭等。

四、建筑艺术：龙湫岩寺是云霄县唯一的石窟寺庙，殿堂紧依山崖而建，采用砖木结构，屋面覆盖金黄色或红色琉璃瓦，屋脊装饰剪粘、陶瓷。

外山门为三间四柱三楼式石牌坊，单檐歇山顶，覆盖金黄色琉璃瓦，大门匾额书“龙湫岩”。

中山门为三间四柱三楼式石牌坊，单檐歇山顶，覆盖红色琉璃瓦，屋脊饰陶瓷，正脊上置宝葫芦，脊堵浮雕麒麟奔跑、瑞鹿祥和，翼角饰卷草纹。

内山门为独立式石构小门楼，硬山顶，屋脊饰剪粘。脊堵浮雕武将，垂脊牌头饰花篮。山门楹联书“胜迹表云霄特启南天图画，禅堂宝岛屿遥分涨海檀香”。

大雄宝殿为三川脊硬山顶，屋脊饰剪粘和陶瓷。中港脊脊刹置宝葫芦，两旁置戏狮，脊堵浮雕喜上眉梢、锦上添花、凤戏牡丹、孔雀开屏等，垂脊牌头饰两武将或花篮，山花彩绘仙人。面阔三间，通进深两间，插梁式木构架，彻上露明造。大门楹联书“半岭松风飘玉塔，一杯眼渡丽龙湫”。狮座金漆木雕戏狮，梁枋彩画山水、花鸟图。殿内供奉三世佛。

后殿为悬山顶，屋脊饰剪粘。正脊脊堵浮雕鲤鱼摆尾、花鸟等，两端脊尾饰龙首。面阔三间，通进深一间，彻上露明造。明间开门，两侧外墙彩画画龙点睛、紫气东来、老子出关、关云长故事等。殿内墙壁上贴满浅褐色的瓷砖，这在闽南佛寺中极为少见。佛龛内供奉释迦牟尼佛与观音菩萨。殿前建有拜亭，单檐歇山顶，屋脊饰剪粘，有双龙戏珠、凤戏牡丹、孔雀开屏、武将等。面阔三间，通进深一间，通透无门。

五、景观特色：龙湫岩寺周边原始森林密布，奇岩怪石林立，天然石室众多。

上岩和下岩之间的崖壁上嵌有一方高 0.9 米、宽 0.6 米的《龙湫岩考实记》碑，碑文为日本早稻田大学法学士吴有容撰写，记载了修建岩寺的过程及名人题刻等。其他摩崖石刻还有“迎仙屏”“眼中杯渡”“西竺流辉”等。站在后殿的前石埕上，可远眺漳江两岸的山峦与村庄，形成远借效果。

水月楼（图 4-4-7）

图 4-4-7　水月楼

一、概况：水月楼又名观音亭、水月寺，位于云霄县云陵镇溪美社区溪边路，始建于明代。乾隆二十六年（1761），提喜云龙禅师在此创立天地会（洪门），现为福建省文物保护单位。

二、选址特征：水月楼原位于云霄县城北城门之上，坐西南朝东北，东面就是漳江，原山门就建于漳江边上。如今寺庙已远离江边，被周边的民居重重包围。

三、空间布局：如今的水月楼规模较小，采用中轴线布局，中轴线上依次为石埕、山门、天井和大殿。

四、建筑艺术：水月楼殿堂为砖石木构建筑，具有闽南民居特征，屋顶覆盖绿瓦，屋脊装饰剪粘，外墙涂成黄色。

山门为三间四柱三楼式砖砌牌坊，硬山顶，屋脊布满剪粘。正楼脊堵浮雕八仙、凤戏牡丹，次楼脊堵雕丹凤朝阳、孔雀开屏等。中间大门匾额书“水月金容”，两旁彩画麒麟，石刻楹联书“门前水秀通南海，楼外月明照慧云”。大门两侧开拱形门，门上方砌镂空红砖方窗。

大殿为三川脊硬山顶，屋脊饰剪粘。中港脊上雕双麒麟，燕尾脊饰卷草纹，脊堵浮雕双凤朝牡丹、宝葫芦，小港脊脊端饰龙首，脊堵浮雕锦上添花、松鹤延年，垂脊置一尊老僧坐像，牌头饰花卉。这些剪粘作品色彩丰富，有中黄、橘黄、翠绿、淡绿、墨绿、橘红、朱红、湖蓝、雪白、米黄等色。面阔三间，通进深四间，插梁式木构架，彻上露明造。明间、次间开门，大门木匾额刻“水月楼观音亭”，楹联书“水漾波光浮佛阁，月移花影上楼亭”，两侧花窗木雕凤戏牡丹，四周各有一只蝙蝠，上方书“禅悦”“净心”，并绘有香炉与莲花，下方木雕草龙拐子。

殿内剳牵、雀替木雕草龙拐子、暗八仙、花卉等，狮座木雕戏狮，梁枋、童柱彩画释迦牟尼佛、观音菩萨、普贤菩萨、文殊菩萨、罗汉、护法神、天女、荷花等，漆线雕十八罗汉图。两侧墙上绘松鹤延年图、雄鹰万里图、腾龙图、猛虎图等。神龛祀奉观世音菩萨、地藏王菩萨、十八罗汉、五谷王公、蔡妈夫人、福德正神等。其中，蔡妈夫人名清惠，为“开漳圣王”陈元光的奶娘，因精通儿科和妇科，被漳州民众奉为护胎保育的神灵。

五、景观特色：如今的水月楼因被楼房重重包围，空间极为有限。寺庙前石埕边建有小型放生池，寺庙左侧设一个拱洞，拱洞上方有云霄明代乡贤林偕春所题的“人天利涉”。

剑石岩寺（图 4－4－8）

图 4－4－8　剑石岩寺

一、概况：剑石岩寺位于云霄县列屿镇剑石山，始建于清乾隆二十七年（1762）。曾三次修缮，现为云霄县文物保护单位。

二、选址特征：①剑石山因峰顶有一高 10 米、形如宝剑的石笋而得名。②剑石岩寺坐落于剑石山半山腰的缓坡上，坐西北朝东南，三面环山，东南面海。

三、空间布局：引导空间为一条蜿蜒崎岖的石阶，石阶旁有清泉。寺庙采用主轴对称结合自由布局，主体建筑为三间张双边厝，中轴线上依次为大悲殿、天井、大雄宝殿，两侧有廊庑与小天井，天井左右两边设有石阶通往大雄宝殿，左护厝为五观堂，右护厝为功德堂。大雄宝殿左翼为复祖祠，右翼为学佛堂。主体建筑前面为石埕、迎旭亭与放生池，东北面半山腰有紫阳书院，南面为传能大师灵塔。

四、建筑艺术：剑石岩主要殿堂具“皇宫起”大厝风格，为钢筋混凝土及砖石木构建筑，屋顶覆盖红色琉璃瓦。

大悲殿为三川脊硬山顶，正脊两端饰鸱尾。面阔三间，通进深三间，插梁式木构架，彻上露明造。塌寿为孤塌，明间开门，大门楹联书“剑谷清幽非尘情，石山古刹裸金山”。门堵及外墙影雕南海观音、凤戏牡丹、喜上眉梢、节节高升、锦鸡牡丹、瓶插梅花、四季平安、鸳鸯和气等。檐下施斗拱，垂花、雀替、随梁枋、剳牵及束随木雕莲花、龙鱼、双龙戏珠、丹凤朝阳、暗八仙等，雕工精细，其中剳牵表面雕刻成卷草纹。梁枋及斗拱彩画神仙、花卉、蝙蝠，并书有古诗词，狮座金漆木雕螃蟹，体现了沿海地区的特点。殿内供奉观音菩萨。

大雄宝殿地势较高，为硬山顶，正脊上雕双龙护塔，两端饰鸱尾。面阔三间，通进深四间，插梁式木构架，彻上露明造。正面通透无门，设花瓶式石栏杆，两根檐柱为盘龙青石柱。雀替木雕花鸟，梁枋彩画山水、花鸟图。殿内供奉三世佛。大殿左右两翼设有长方形平台，设葫芦式栏杆。

紫阳书院又称朱文公祠，创建于清乾隆五十八年（1793），为一进四合院。门厅为独立式小门楼，单檐歇山顶，屋脊饰剪粘。正脊两端饰游龙卷草纹，脊堵浮雕凤戏牡丹、孔雀开屏、室上大吉等，垂脊牌头塑龙鱼。其中那只正在开屏的孔雀，羽毛以翠绿、雪白、金黄、玫瑰、粉红等色瓷片拼贴而成，流光溢彩。面阔一间，中间开一石门，门楣浮雕双龙，上镌“诗”“礼”朱文篆印两方。大门楹联书“紫气熏陶雄才辈出，阳光普照贤士日增”，石门墩浮雕麒麟、梅花及八宝图案。书院为硬山顶，屋脊饰剪粘。正脊上雕二龙抢珠，脊堵浮雕松鹤延年、锦上添花、双狮嬉戏等。面阔三间，殿内石柱楹联书“圣绩恢宏集注经书播四海，灵光广护焕发文才佑九州”“文成哲理治学为一代宗师，公尚廉俭风范即百世良模”。神龛供奉朱熹神像。书院的门厅与天井嵌有 6 方旧石碑，上端对削抹角，记载了清乾隆六十年（1795）、嘉庆八年（1803）和二十三年（1818）、道光五年（1825）、光绪十三年（1887）和二十二年（1896）的捐资与维修情况。

传能大师灵塔为平面四角两层楼阁式实心石塔，四边形塔基，塔檐层层收分，圆锥形塔刹，四周设葫芦式栏杆。

五、景观特色：剑石岩寺大悲殿前方的广场建有长方形放生池，池前为六角形仰旭亭，池旁种植一株百年老榕。寺庙附近千岩竞秀，怪石嶙峋，有石剑门、石船、石鼓、石钟等天然奇石景观。庭院种植有侧柏、白玉兰、白桦树、铁树等，后山是一大片郁郁葱葱的松树林。后侧山坡上建有一座山海亭，亭柱楹联书“山耸奇石剑气云烟恋游客，海列群屿碧水沧波渡渔舟”，形象地描绘了剑石岩寺的山海景观。

岩寺周边有许多摩崖石刻，如清光绪元年（1875）云霄抚民厅同知欧阳骏的题诗“螺环碧护万峰，万笏朝天象不凡；隐隐书声来半岭，悠悠梵呗出前岩”；传能灵塔前的岩壁上镌刻诗文赞语云“古刹庄严，莲台清风；佛寿无量，心形皆空；传能布德，宝塔圆通；不生不灭，暮鼓晨钟”等。

站在仰旭亭前，可远眺波澜壮阔的东山湾，海面上大小岛屿星罗棋布，帆影游移，形成极佳的远借效果。

龙泉岩寺（图 4-4-9）

图 4-4-9　龙泉岩寺

一、概况：龙泉岩寺位于云霄县东厦镇竹塔村仙人山，建于清乾隆三十四年（1769），现为云霄县文物保护单位。

二、选址特征：①仙人山位于漳江下游南畔，海拔约 575 米，东南坡为半径山。唐代陈元光《半径寻真》诗曰：“半径寻仙迹，危峰望帝州。千山红日媚，万壑白云浮。坐石花容笑，穿林鸟语愁。招呼玄鹤下，捻捋紫芝柔。铸鼎龙归洞，惊旗虎负丘。高栖谋未遂，胜景至须留。岩谷连声应，漳湖合派流。飘然歌一曲，缥缈在瀛洲。”②龙泉岩寺坐落于仙人山东南面半山腰的缓坡处，坐北朝南，东面为漳江入海口，视野开阔。寺庙附近有山泉。

三、空间布局：龙泉岩寺采用中轴线布局，中轴线上依次为门厅、大雄宝殿，两侧为厢房，形成一进四合院。

四、建筑艺术：龙泉岩寺殿堂为山林式砖石木构建筑，具闽南民居特色，屋面覆盖灰瓦。

门厅为独立式小门楼，悬山顶，屋脊饰剪粘。正脊脊堵浮雕凤戏牡丹、松鹤延年，两端燕尾脊高翘。面阔一间，通进深两间。正面开一门，门堵彩画降龙罗汉、伏虎罗汉、博古图。

大雄宝殿为硬山顶，屋脊饰剪粘。正脊上雕双龙戏珠，脊堵浮雕双凤朝牡丹，两端燕尾脊高翘。面阔三间，通进深三间，插梁式木构架，彻上露明造。明间开石门，次间辟石雕螭龙圆窗，裙堵石浮雕麒麟奔跑、一品清廉。檐下施插拱，弯枋、剳牵、坐斗木雕花卉、戏狮，梁枋彩画花鸟图。梁上悬挂清代文华殿大学士蔡新题写的“鹫岭晨钟”牌匾。正中供奉三世佛，两侧列十八罗汉。

五、景观特色：仙人山景观融雄、秀、幽、奇于一体，周围层峦叠嶂，怪石嵯峨，景观奇特。唐代诗人陈元光作诗赞曰：“千山红日媚，万壑白云浮。坐石花容笑，穿林鸟语愁。”

岩寺前方山坡下有一处天然池塘，附近的山泉水在此汇集，水面波光粼粼，如嵌在山中的一颗明珠。站在寺前石埕上，可远眺漳江出海口，上千顷的湿地红树林随波起伏，具有极佳的远借效果。

第五章　漳浦县佛教寺庙

海月岩寺（图 4－5－1）

图 4－5－1　海月岩寺

一、概况：海月岩寺又名海月庵，位于漳浦县沙西镇涂楼村金刚山，始建于宋代，毁于明初。嘉靖年间（1522—1566），由漳浦兴教寺性德和尚重修，现为漳浦县文物保护单位，周边摩崖石刻及造像为福建省文物保护单位。据《漳州府志》记载：“海月岩，宋时建，辟石洞为佛台，俯瞰大海，海月初上，必照佛顶，故名。”

二、选址特征：①海月岩寺坐落于梁山东麓的金刚山半山腰，背山面海，坐西朝东，背靠群山，南面为东山湾，视野极为开阔。②梁山位于漳江入海口，在此建寺具有关锁漳江水口的作用。

三、空间布局：海月岩寺周边岩洞密布，岩寺以 3 个岩洞为中心，采用自由式布局。其中最大的石室为大雄宝殿，左侧两间石室分别是梁上神祠和云根兰若（地藏殿），右侧有喝云堂、功德塔、放生池、莳蔬园等。

图 4-5-2　大雄宝殿

四、建筑艺术：大雄宝殿（图 4–5–2）为一天然岩洞，洞顶横一块宽 15 米、长 30 米的天然巨石，殿堂深、宽各 10 米。东侧砌筑石墙及屋檐，属附岩式建筑。三川脊硬山顶，屋脊饰剪粘，中港脊与小港脊两端为缠枝花卉，脊堵为双凤朝牡丹、孔雀开屏、狮子嬉戏等，垂脊牌头饰花卉，叠涩出檐。其中花卉以钛白、天蓝、淡蓝、粉绿、粉红、土黄等色瓷片拼贴，凤凰采用橘红、玫瑰、金黄、雪白、翠绿等色瓷片拼贴，做工精细。面阔三间，正面开一石门，两侧辟圆窗，石门楹联书“天地生成石布兰场真佛境，江山毓秀波呈海月照禅心”，右侧圆窗两边楹联书“苍影凝香几，潮音响石门”。石墙上方刻一排小字“大明万历四年丙子春正月吉日兴教寺比丘僧性德重建”。殿内供奉释迦牟尼佛与伽蓝菩萨，佛龛两侧对联书“海气凝云，云气结成罗汉相；月光映水，水光返照菩提心”。供台彩画瑞应祥麟、狮子戏球。据说中秋之夜，月光经过岩下羊角潭的水反射到佛像胸部，形成“月照禅心”的景观。

梁山神祠为一天然岩洞，空间较窄。石门匾额刻“梁山神祠”，石刻楹联书“入此门生惭愧想，履斯地发菩提心”“鸟语空空谷，松荫寂寂门”。祠内供奉关公，石壁上为明代四川按察副使陈锦所题《赠兴教寺仰楼上人兴建海月岩记》。

云根兰若（地藏殿）也是一处岩洞，石门匾额书“云根阑若”，楹联书“居室放霞四大皆空中开佛日，玄门出世众生顶上御化风”，供奉地藏菩萨。

喝云堂为三合院，门开在两侧，院门匾额刻“东碧寺”，楹联书“东方有路穿山径，碧水流沙侵石桥”。主堂为石构两层楼阁，面阔三间，第一层大门匾额书“澹云禅寺”，楹联书“淡水盘行澄福埊，云山抱秀拱禅房”，第二层平台设葫芦式栏杆。

五、景观特色：梁山自古号称“闽中之望”，九十九峰巍峨险峻，山间树木茂盛，奇峰怪石众多，形成独特的岩洞山林景观。

海月岩寺西面有一功德泉，泉水从石缝中流出，形成一处小水塘，永不干涸，泉边岩石刻“功德泉”。功德泉向西，建有长方形放生池，四周设石栏杆，池上建石拱桥，可谓桥池互辉。寺庙右侧的莳蔬园为仰楼法师所开垦，如今已成为公园。

寺庙周边洞奇石秀，而最著名的是100多处摩崖石刻。如仰楼法师所题的高0.48米、宽0.3米的“卓石桥”；位于寺前岩石，云光法师所题的高0.42米、宽0.3米的“别有天”；位于大雄宝殿上方巨石，性德法师所题的高0.6米、宽0.45米的“海月岩”；位于寺旁岩石，性德法师所题的高0.57米、宽0.38米的“声色不碍”等。

其他石刻还有梵文“唵嘛呢叭咪吽”，中刻大字梵文“佛”于宝相莲座之上，两边刻“东边阿閦佛”“西边弥陀佛”“景静神怡”“落伽境”，下方观音浮雕左侧有性德法师所题的七绝诗“峰外长江不尽流，巍巍片石几春秋。自从题刻观音石，万古清风应祈求”；“如是观”旁边有五绝诗“欲知前世因，今生受者是。欲知来世果，今生作者是”，其左边为性德所题楷书七绝一首：“创业已古宋重兴，更辟兰场谥景铭。筑室开池垦圃径，产田坐在大山岩”。这些摩崖石刻赋予岩寺以深厚的文化底蕴。

大雄宝殿前石埕上立两根明代石柱，柱上刻“大乘妙法莲华经”“大方广佛华严经”“炉香一炷通三界，灯烛双辉照九天”，柱顶立一小石亭，

4根石柱分别刻“东方阿閦佛”“南方宝生佛”“西方弥陀佛”“北方成就佛”，亭顶立宝葫芦。大殿左侧岩石上立一尊青石滴水观音像。

清泉岩寺（图4-5-3）

图4-5-3 清泉岩寺

一、概况：清泉岩寺位于漳浦县大南坂镇下楼村，始建于南宋，元废，明万历元年（1573）重建，现为福建省文物保护单位。据《漳浦县志》记载：“由庵西行，半有巨石架空，泉从石中出，清洌，故名。”

二、选址特征：①清泉岩寺坐落于梁山北面半山腰，坐东朝西，三面群山环绕，西面地势开阔。②寺庙后方巨石连绵，巨石上泉水清洌、涓流曲折，并形成瀑布。

三、空间布局：清泉岩寺属主轴对称结合自由布局，中轴线上依次为弥勒殿、天井、大雄宝殿，两侧为廊庑，共同围成一进四合院。北侧有山门、土地庙、清泉洞等，南侧有红军祠、望瀑台等。

四、建筑艺术：清泉岩殿堂为砖石木结构建筑，屋面覆盖金黄色琉璃瓦，屋顶装饰剪粘、陶瓷，具闽南“皇宫起”建筑风格。

弥勒殿为三川脊悬山顶，屋顶饰五颜六色的剪粘与陶瓷，中港脊上雕双龙戏珠，龙身上骑一武将，两侧脊端饰蔓草纹，脊堵浮雕双凤朝牡丹、金玉满堂、瑞应祥麟；小港脊雕两条回首相望的蛟龙，脊端饰蔓草纹，脊堵浮雕花鸟、骏马、麋鹿等。垂脊牌头雕三武将与楼台亭阁。屋檐看牌立一排八仙过海。面阔三间，通进深一间，插梁式木构架，彻上露明造。塌寿为孤塌，明间开门，门上漆画降龙，楹联书“真诚清净平等正觉慈悲，看破放下自在随缘念佛”，两旁辟圆窗。梁枋彩画招财进宝、前程似锦等，门厅及两侧廊庑墙壁上水墨画《西游记》连环画，如“八戒打水”“唐僧西行”“拜见观音”“真假悟空”“面见如来”等。佛龛供奉弥勒菩萨。

大雄宝殿建于石台之上，为三川脊悬山顶，屋脊饰剪粘与陶瓷，中港脊上雕双龙护塔，脊堵浮雕双凤朝牡丹，小港脊雕蛟龙，垂脊牌头立三武将、楼台亭阁。面阔三间，通进深三间，插梁式木构架，彻上露明造。立面通透，4 根檐柱为青石盘龙柱，檐下施一斗三升拱。雀替、随梁枋、横梁金漆木雕鲤鱼跳龙门、龙鱼、缠枝花卉、戏曲人物等，狮座雕戏狮，梁枋彩画哪吒闹海、山水、花鸟等。殿内供奉三世佛，两侧列十八罗汉。

廊庑为悬山顶，屋脊浮雕喜上眉梢、瑞鹿祥和，抬梁式木构架，面阔一间，通进深一间，供奉西方三圣像。

五、景观特色：大雄宝殿前天井做成一个长方形放生池，池壁上浮雕龙吐水，东南面还有瀑布。

寺庙周边保存有宋明时期的摩崖石刻，如“渐隔尘寰”“九鲤飞跃”“蟠桃坞”“茂林修竹”“涧响”“觉岸”“登临驻节”等。其中“觉岸”石刻上有“乾隆御笔”方形篆印，落款书“臣蔡新”。寺庙南面岩石上，保存有一方清乾隆九年（1744），进士蔡淮书写的地契“清泉岩传灯遗产记”。山脚下有一方高约 1 米、宽 0.6 米的“源头活水来”石刻，落款为“晦翁书”，据说是朱熹所题。

弥勒殿前方有几块巨大的岩石，站在石上可远眺数里之外的山峦、湖泊、田野与村庄，形成远借。

清水岩寺（图 4－5－4）

一、概况：清水岩寺位于漳浦县赤湖镇后湖赤水自然村，始建于南宋淳熙二年（1175），为漳浦唯一奉祀清水祖师的寺院，现为漳浦县文物保护单位。

二、选址特征：①清水岩寺坐落于龙舌山南麓，坐西北朝东南，背靠低矮的丘陵，面朝前湖湾。②岩寺下方为后井水库，水面清澈如镜，四周风景如画。

三、空间布局：清水岩寺采用中轴线布局，中轴线上依次为门厅（天王殿）、正殿、后殿（大雄宝殿），两侧各建有一排厢房，形成二进四合院。

图 4-5-4 清水岩寺

岩寺右侧是菩提馥圃，左侧是文化园。

四、建筑艺术：清水岩寺殿堂为“皇宫起”砖石木构建筑，三间张双边厝，屋顶覆盖红瓦或灰瓦，屋脊装饰剪粘、陶瓷。

门厅（天王殿）为三川脊硬山顶，屋脊上饰色彩鲜艳的剪粘或陶瓷，脊堵浮雕双凤朝牡丹、锦上添花、菊花雄鸡、童子嬉戏等，垂脊牌头雕花卉、仙桃、“回”字纹。面阔三间，通进深两间，插梁式木构架，彻上露明造。塌寿为双塌，明间开门，大门两侧辟交欢螭龙卷草纹窗，木雕草龙拐子。垂花、随梁枋木雕莲花、鹤鹿同春。次间墙壁彩画威武的四大天王。梁枋彩画聘贤图、文王会太公、茂叔观莲、玉川品茶、山水图、暗八仙及《三国演义》故事，色彩明快清雅。殿内两侧墙上彩画近百幅《三国演义》连环画，其中右侧墙上皆为关羽故事，有“关羽辞别普净和尚”“孟坦迎战关羽”“关云长接受曹操的战袍”等，左侧墙上有“刘备与赵云挥泪辞别”“袁绍接诏”等。正面屏风采用隔扇门，裙板彩画春锦富贵、夏荷集艳、秋耀金华、冬梅开福，绦环板彩画花鸟。石柱楹联书“一片婆心提觉路，三千正果示迷津”。正中供奉弥勒菩萨，两侧设过道可通往正殿。

正殿为三川脊硬山顶，两端燕尾脊高翘，中间两条垂脊较短。面阔三间，通进深三间，插梁式木构架，彻上露明造。正面通透无门，殿内佛龛两侧的梭形石柱为宋代原物，柱础呈圆鼓形，石刻楹联书“清水鸿声光法界，丹山瑞气入华堂”，颇为古朴。雀替、随梁枋、束随木雕戏狮、夔龙、花鸟等。梁枋彩画花鸟山水图。两侧墙壁彩画历史故事，有“贾谊遇汉文帝”“杨文广被困柳州城”“鲁班造塔”“文王演卦”“孔明献空城”“周公解梦”等。墙上嵌南宋淳熙二年（1175）高1.15米、宽1.06米的《昭应菩萨记》石碑、元至正九年（1349）高0.3米、宽0.45米的“舍石狮事”石碑和清同治十三年（1874）高0.5米、宽0.4米的舍庙产碑。正中供奉清水祖师木质雕像和佛祖像。两旁供奉护法神——红面王与黑面王，屏风后祀哪吒太子。

后殿（大雄宝殿）为三川脊硬山顶，两端燕尾脊高翘，中间垂脊较短。面阔三间，通进深两间，插梁式木构架，彻上露明造。两侧墙壁彩画《西游记》与《三国演义》连环画，脊檩彩画双龙戏珠。佛龛内供奉佛祖与观音，龛门两侧金漆木雕十八罗汉，立面彩画花鸟山水图。

五、景观特色：菩提馥圃正中设圆形放生池，池中立一尊高大的滴水观音石像，园内种植有樱花、香樟、榕树、芭蕉等，并建有两座六角形凉亭。龙舌山上有明代古道，山坡上还有一个由天然奇石和灰砖垒叠而成的小瀑布，瀑布下方设半圆形池塘。

寺庙门厅后天井左右各有一只高1.2米、长1.6米，雕于元至正九年（1349）的青石石狮。两只石狮脚踩如意圭角石座，昂首对视，张口长吼，头部毛发卷曲，尾巴翘起。狮身上系缨结，背上负鞍，鞍上浅浮雕蒙古人骑射图、如意、缠枝花卉等。

白云岩寺（图4－5－5）

图4－5－5　白云岩寺

一、概况：白云岩寺位于漳浦县城东北面的东罗山，始建于元代。明弘治年间（1488—1505）重建，1985 年再次重修，现为漳浦县文物保护单位。

二、选址特征：① 东罗山亦称白云岩，海拔约 300 米，山上遍布奇岩怪石，“东罗旭日”是漳浦八景之一。据《漳浦县志》载：“东罗山在县北七里，为罗山之支峰。层峦列嶂，每晓日初升，光华焕发。”②白云岩寺坐落于东罗山半山腰，坐东朝西，背靠山峦，西面是一片广阔的平原，可以远眺漳浦县城。寺庙附近有山泉。

三、空间布局：东罗山上到处是奇岩怪石，由此形成了许多洞穴和石棚，白云岩寺便是以天然石棚构凿而成的，采用自由式布局。中心位置为白云岩寺，左侧后方山腰处有曙光洞和卧相洞。其中白云岩寺为一进四合院，中轴线上从低往高依次为门厅（天王殿）、天井、大雄宝殿，两侧为厢房。

四、建筑艺术：白云岩寺原为岩洞寺庙，新殿堂多为钢筋混凝土及砖石木构建筑。

岩寺建于曙光洞和卧相洞这两个天然岩洞中，洞顶为一块倾斜的巨石，洞内供奉观音菩萨，右侧凸出的崖壁上摆放有许多佛菩萨像。

门厅（天王殿）为平屋顶建筑，正前方设石阶。面阔三间，通进深一间，明间开门，梢间辟八角形窗。供奉弥勒菩萨与四大天王。

大雄宝殿建于石砌基座之上，两侧设有石阶，悬山顶，覆盖红瓦。面阔三间，通进深三间。大门楹联书“东罗风光天造设，蓬莱仿佛在人间”。殿内供奉三世佛。外墙嵌有《重修白云碑》和《东罗岩唱和题咏碑》两方石碑。

五、景观特色：东罗山半山腰有旭日厅，每天清晨曦光射入厅中，霞光万道，满室生辉，从山脚上看去，巨石与红日融为一体，蔚为奇观。古人有诗赞曰：“东罗岩穴四围山，日落云归又闭关。方丈乾坤闲外乐，蓬莱风月乐中闲。千年禅榻岚光润，万岁经龛石笋斑。若既登临归去后，也应疏散在人间。”

寺旁有株 500 多年树龄的金钟荔枝，枝繁叶茂，根如石盘，边上还有两株玉兰树。岩寺周边有 10 多处明清以来的摩崖石刻，如“南无阿弥陀佛”，字下方浅浮雕仰莲瓣；其他还有“大方广佛华严经”“东罗旭日”“卧相洞”“心”“观音洞”“般若”“普贤岩”“信解行证”“静”“冲云堡”“白云”等。寺前小广场上塑有滴水观音、善财、龙女、地藏菩萨、弥勒菩萨等。

山上较有名的景观有：九曲寨、一线天、击鼓传声、天然弥勒佛、悟禅洞、乌目蛇井、仙人果等景点；山下较有名的景观有：锦绣花径、天街灯火、鹤岭秋声、遥瞰旗鼓、橘灯满园、大峰对峙、金谷平畴、旭日东升等。

青龙寺（图 4－5－6）

图 4－5－6　青龙寺

一、概况：青龙寺位于漳浦县石榴镇龙岭村龙头山南麓，始建于元代，明代重修，现为漳浦县文物保护单位。

二、选址特征：青龙寺坐落于石佛山半山腰，坐西朝东，三面环山，一面视野开阔，寺旁有清泉。

三、空间布局：青龙寺采用中轴线布局，中轴线上依次为门厅、大雄宝殿，两侧为廊庑，右侧廊庑外有护厝。

四、建筑艺术：青龙寺殿堂为山地式砖石木构建筑，屋檐装饰剪粘、陶瓷。

门厅为三川脊歇山顶，覆盖金黄色琉璃瓦，屋脊饰五彩剪粘与陶瓷，中港脊上雕二龙戏珠，脊堵浮雕八仙过海，小港脊上雕蛟龙，垂脊牌头饰武将、香象与楼阁。面阔三间，通进深两间。明间开门，次间为厢房，大门楹联书“青霭奇峰环佛国，龙回秀岭护禅林”，楹联两侧白墙彩画门神。

大雄宝殿为悬山顶，覆盖金黄色琉璃瓦，正脊上雕双龙护宝塔。面阔三间，通进深四间，插梁式木构架，彻上露明造。立面通透无门，檐下施斗拱。雀替、剳牵、随梁枋、束随、狮座木雕凤凰、花鸟、戏狮等，梁枋彩画二龙戏珠、山水图，其中一根横梁上书“心存清白方坦荡，事留余地自逍遥”。两侧墙壁彩画弥勒菩萨、普贤菩萨、文殊菩萨、达摩祖师、开心祖师、迦叶祖师、马鸣祖师等。佛龛供奉释迦牟尼佛与观音菩萨。大殿梁上悬挂黄道周所题的长 1.8 米、宽 0.6 米，绿底黑字的“泉锡还清”四字牌匾，两枚印章及“蒋千刻龙之座”两行竖书。两枚印章分别是“黄道周印”“石斋”，“道周”“蒋千”4 字染成红色。

五、景观特色：青龙寺地处深山老林，寺前花香扑鼻，寺内香烟袅袅，寺后林木青翠。此外，附近还有飞来佛、卓锡泉、印月池、种茶圃、放光石等“龙岭八景”。

仙峰岩寺（图 4－5－7）

图 4－5－7　仙峰岩寺

一、概况：仙峰岩寺位于漳浦县赤土乡浯源村，建于清乾隆三十年(1765)。

二、选址特征：仙峰岩寺是一座由天然石棚构筑而成的佛寺，坐北朝南，三面环山，一面视野开阔，寺旁有山泉。

三、空间布局：仙峰岩采用主轴对称结合自由布局，中轴线上从低往高依次为拜亭、观音殿、大雄宝殿、千手观音殿，右侧为厢房，拜亭左下方为石室。

四、建筑艺术：仙峰岩寺原为岩洞寺庙，新殿堂为钢筋混凝土建筑，辅以砖木材料，屋脊装饰剪粘、陶瓷。

石室为天然岩洞，洞穴上方为一块形如利剑的巨石，洞内幽深，洞中有洞。石室前方建有一座面阔三间、通进深一间的外廊，属附岩式建筑。岩洞正面开一门，两侧辟拱形窗。门楣刻“慈航普济”四字，下刻“时乙西□九云第八代心证重建仙峰岩季冬谷旦”，右上款“乾隆三十年谷旦”，左下款“□生林秋清立”。石室内墙壁上有清道光二十年（1840）碑刻“福升缘”、清道光二十七年（1847）石刻“法性凝寂”和咸丰八年（1858）漳州府告示碑。

拜亭为单檐歇山顶，覆盖金黄色琉璃瓦，屋脊饰陶瓷，正脊上雕二龙抢珠，脊堵饰八仙过海。面阔一间，通进深一间，插梁式木构架，彻上露明造，檐下施弯枋。

观音殿为单檐歇山顶，覆盖金黄色琉璃瓦，屋脊饰五颜六色的剪粘和陶瓷。正脊上雕双龙戏珠，脊堵浮雕凤戏牡丹、孔雀开屏、松鹤延年等，垂脊牌头雕武将，翼角饰卷草纹。面阔三间，通进深四间，插梁式木构架，彻上露明造。明间开隔扇门，次间辟窗。垂花、雀替、弯枋、随梁枋、束随及狮座金漆木雕宫灯、仙人、花鸟、戏狮、武将等，梁枋彩画山水、花鸟。殿内供奉观音菩萨。

大雄宝殿为重檐歇山顶，覆盖红色琉璃瓦，屋脊饰剪粘与陶瓷。正脊上雕双龙戏珠，脊堵浮雕双凤朝阳，围脊脊堵浮雕松鹤延年，翼角饰卷草纹。面阔三间，通进深三间。明间开门，次间辟窗。中间供奉三世佛，两侧悬挂四大金刚与十八罗汉工笔彩画。

图 4－5－8　千手观音殿

千手观音殿（图 4–5–8）为重檐歇山顶，覆盖红色琉璃瓦，屋脊饰剪粘与陶瓷。正脊上雕双龙戏珠，翼角饰卷草纹。面阔三间，通进深四间，插梁式木构架，彻上露明造。明间、次间开板门，门上彩画四大天王与蛟龙。垂花、雀替、弯枋金漆木雕宫灯、仙人、凤凰、夔龙、花鸟等。

五、景观特色：仙峰岩寺前方山腰处有一个天然池塘，池旁植有数株秋枫和龙眼树。

仙峰岩上盘石犬牙，断岩对峙，保留有多方石碑与摩崖石刻。如岩前公路旁的崖石上，有明万历二十五年（1597）礼部右侍郎林士章所题的长 2.1 米、宽 1.33 米的《仙峰岩记》石刻；通往石室的台阶右侧岩壁上刻有“龙泉古洞”等。

第六章　诏安县佛教寺庙

九侯禅寺（图 4－6－1）

图 4－6－1　九侯禅寺

一、概况：九侯禅寺位于诏安县金星乡九侯山，创建于唐代，被誉为"闽南第一古刹"。据《九侯禅寺碑记》记载："古刹内有旧岩，始建于唐代。宋绍兴十年（1140）始建佛阁大殿……"历史上多次修缮，2000 年再次重修，现为福建省文物保护单位。

二、选址特征：①九侯岩因后山九峰列峙，尊若公侯而得名，又称"闽南第一峰"，风光绮丽。②九侯禅寺坐落于半山腰处，坐北朝南，东、北、西三面被群山紧紧环抱，南面地势较矮，形成气口。周围有瀑布和山泉。

三、空间布局：九侯禅寺的引导空间是一段崎岖盘旋的石阶，石阶两旁巨石突兀，石上有许多摩崖石刻。寺庙依山坡而建，采用主轴对称结合自由布局。主体建筑为三间张双边厝，双重护厝，共有 5 个天井，整体布局紧凑规整。南北中轴线上依次为门楼、天井、大雄宝殿，两侧为廊庑，廊庑设有石阶通往大殿，形成一进四合院。东侧内护厝为东斋，外护厝为地藏殿；西侧内护厝为西斋，外护厝为观音殿，斋与殿前各有小天井，其中内外护厝之间建有过水廊。寺庙西北面山坡上建有祖师塔，东北面有福胜岩、飞来亭，东南面有五儒书室。

四、建筑艺术：九侯禅寺主体殿堂为“皇宫起”大厝，砖木结构，具清代建筑风格，外墙涂成红色，屋顶装饰剪粘。

门楼为“假四垂”屋顶，悬山顶正中升起一个断檐升箭口式歇山顶，覆盖灰瓦，屋檐高低错落，层次感较强。正脊上雕双龙抢珠，两端燕尾脊上饰卷草纹，脊堵浮雕狮子滚绣球、仙鹤等，垂脊牌头立武将、金鱼摇尾，翼角饰卷草纹。下檐屋顶看牌立一排人物，有八仙祝寿、唐僧师徒四人等，分别以米黄、湛蓝、深红、天蓝、钛白等色瓷片进行拼贴。面阔三间，通进深两间，彻上露明造，塌寿为孤塌，明间开门。门堵彩画鸣凤在竹、喜上眉梢、神仙、博古纹等。大门石刻楹联书“禅教遍寰中兹为最初福地，祇园开岭表此是第一名山”。门楼上方的“洗心之藏”匾额，为明代大儒黄道周所题。门楼上方还有一层小阁楼。

大雄宝殿建于石砌高台之上，为重檐歇山顶，覆盖灰瓦，正脊上雕双龙戏珠。面阔三间，通进深三间，插梁式木构架，彻上露明造。正面通透无门，两侧设有石阶和栏杆。檐下施多种斗拱，雀替、剳牵、随梁枋等金漆木雕缠枝花卉、凤戏牡丹、“卍”字花格，梁枋彩画锦鸡、松树等。殿内正中匾额书“天竺行踪”，檐柱楹联书“问九老何处飞来一片碧云天影静，悟三乘遥目望去四山明月佛光多”。正中佛龛供奉释迦牟尼佛、文殊菩萨与普贤菩萨等，两侧神龛列十八罗汉坐像。地板铺设闽南特有的六角形红砖。

东斋与西斋均为硬山顶，覆盖金黄色琉璃瓦，一厅两房，正中开一石门。其中，东斋门上匾额书“名山有主”，楹联书“白马驮经来佛国，紫云飞锡到侯山”；西斋门上的“西斋”匾额为朱熹所题，楹联书“西抹烟霞秋景宜人，斋吟经史春风满座”。东西斋内供奉九侯祖师。

地藏殿与观音殿（图 4–6–2）均为硬山顶，覆盖金黄色琉璃瓦，面阔三间，通进深一间，插梁式木构架，彻上露明造。梁枋彩画山水、花鸟图。

祖师塔为平面四边形亭阁式石塔，塔身每面被石柱分成三间，正面明间开门，其余浅浮雕“卍”字连续图案及缠枝花卉。八角攒尖收顶，顶刹立一座喇嘛式石塔，基座为仰覆莲瓣，塔肚四面浮雕跏趺坐佛，塔脖子为十三层相轮，其中第八层相轮为覆钵状。

图 4－6－2　九侯禅寺殿堂

福胜岩（图 4–6–3）为一天然岩洞，外围以花岗岩垒砌。正面开一拱形门，两侧楹联书“福分占名山僧原傍佛，胜游来净域人似登仙”。洞内供奉观音，并保留有北宋重和元年（1118）的石刻。

图 4－6－3　福胜岩

飞来亭为六角攒尖顶，覆盖绿瓦，顶刹置宝葫芦，翼角饰卷草纹。

五、景观特色：九侯岩主峰海拔 1120 米，通往寺庙的山道幽深曲折，山道两旁是茂密的原始森林。

九侯禅寺前方的小山坡下建有不规则形放生池，池水清冽，以天然岩石为驳岸，四周植被茂盛，景色清幽。池中塑一尊高约 8 米的汉白玉滴水观音立像，池上建有一座石拱桥，名曰“妙然桥”。寺庙东侧山间有山泉，雨天时泉水声如雷鸣。

福胜岩右侧悬崖上有一巨石，状如花瓶，石上有一株千年榕树，树根紧贴石面，似从石中长出。远远望去，酷似花瓶插花，故名“花瓶石”。花瓶石下方另有一株高山榕。据说这两株榕树此消彼长，枯荣交替，又称“阴阳树”，有诗赞曰：“大小高山榕，共生岩石上。一年两轮回，阴阳互消长。”岩寺左侧的云梯旁有一株树龄有上百年的重阳木，粗壮的树干中抱生两株树龄十几年的榕树和龙眼树，俗称“三合树”。门楼旁孤植一株葱茏高大的百年杧果树，为福建省古树名木。

岩寺周围怪石罗列，岩峰雄奇，有许多历代名人题写的摩崖石刻。如松涧左边崖石上有明代书法家沈起津的《九侯》草书诗刻“九柱巍巍土伯临，为询帝裔恣幽寻。昔人何处堠虚峙，此地而今鼎尚浔。支自天开山带远，碑因神护垣衣参。一钟可是钓鱼向，呼取山垒满满斟”；明万历七年（1579）云南参政罗汝芳手书的“天开”两大字；元代僧人无碍手书的“九侯名山”。其他明清时期的题刻还有“独秀群峰”“万山第一”“五儒书室”“松涧”“涤尽烦襟”等，近代石刻有“大好河山”、《般若波罗蜜多心经》全文等。

大殿前的天井中存有清康熙六十一年（1722）的《九侯岩指南传》碑记，其中刻“诏邑之北有乌山九侯岩胜境，远观形势若五星聚合，九曜联辉；近历古迹则层峦叠翠，岩石崔嵬，诚天然大观……”寺内天井中并列摆放有明代和清代的铸铁钟各一口，其中清钟较为完整，金文为“九侯禅寺重开山僧思在募建乾隆壬午年腊月吉旦”。

九侯山自古就有十八景、二十四奇观，被誉为“万山第一”。其中，“山峻、水秀、树灵、洞幽”为山中四绝。

南山禅寺（图 4－6－4）

一、概况：南山禅寺位于诏安县深桥镇溪园村，创建于五代。据《诏安县志》记载：“五代时，潮人黄九郎舍田入南山寺，寺僧祀黄九郎为檀

图 4-6-4　南山禅寺

樾主于此。”寺庙数次修缮，现为诏安县文物保护单位。

二、选址特征：①南山禅寺坐落于南山北麓的山脚下，坐南朝北，背山面水，北面视野开阔。②南山山势起伏如笔架，俗称“笔架山”，因此在山下建寺，有振兴文运的作用。③寺院前方近百米处就是西溪渡口，西溪缓缓流过，在不远处与东溪合流入海。

三、空间布局：寺庙属主轴对称结合自由布局，中轴线正中为大雄宝殿，东西两侧为厢房，大殿与厢房之间有天井，共同围合成一个整体。大殿东面有东山门，西面为西山门，南面建有“小西天”和龙南阁。

四、建筑艺术：南山禅寺主要殿堂为宫殿式建筑与“皇宫起”大厝结合，采用钢筋混凝土及砖木材料，绿瓦白墙，屋顶以剪粘装饰。

东山门为三间四柱三楼式牌坊，歇山顶，脊上雕狮子戏球，脊堵浮雕喜上眉梢，翼角饰卷草纹。檐下施斗拱与弯枋，正楼下斗拱为七踩四翘，次楼下斗拱为六踩三翘，狮座雕戏狮。正面匾额书“南山禅寺”，楹联书“善性虔修人间极乐，慈航普济佛国常光”，背面书“漳南胜景”，楹联书“绿水长流宝刹钟声萦古渡，青山永峙西溪月色耀祥光”。山门两侧建红色砖墙。

西山门为三间四柱三楼式牌坊，歇山顶，正脊两端及翼角饰卷草纹，檐下斗拱为六踩三翘或五踩双翘，匾额书“佛国奇葩”。

大雄宝殿为三重檐歇山顶，屋顶中部为三层四方形楼阁式屋顶，颇有气势，整体造型类似于丰泽瑞像岩寺明代石室的屋顶。正脊脊刹置宝葫芦，两端与翼角饰游龙卷草纹。面阔三间，通进深三间，抬梁式木构架。明间开一门，楹联书“久造名山垂闽粤，长留古刹对海天”。殿内梁架施斗拱、垂花，顶端为四方形藻井。梁枋彩画凤戏牡丹、喜上眉梢、松鹤延年等。神龛供奉观世音菩萨。

西厢房为硬山顶，面阔三间，通进深一间。明间为厅堂，大门两侧设直棂窗。殿内供奉观音菩萨与韦陀菩萨，殿内牌匾书“莲座惠露”。东厢房为硬山顶，面阔三间，通进深一间。明间为厅堂，大门两侧设直棂窗。殿内供奉观音菩萨，牌匾书“殊贤普济”。

“小西天”为硬山顶，覆盖黄色琉璃瓦，正脊两端饰卷草纹。面阔三间，通进深三间，抬梁式木构架，彻上露明造。明间开门，木门彩画鸟语花香、山水图。殿内梁枋彩画戏曲人物、山水、花鸟图，墙壁瓷板彩画罗汉图与四大天王。佛龛供奉南无阿弥陀佛，两侧楹联书“五代草庵临古渡，千年石佛现灵光”。殿前建有拜亭，为单檐歇山顶，屋脊装饰剪粘，正脊上雕双狮嬉戏，脊堵浮雕双凤朝牡丹，两端饰卷草纹。匾额书“佛居善境”。

龙南阁为硬山顶，覆盖黄色琉璃瓦。面阔三间，通进深一间，明间开门，次间辟窗。大门楹联书“法雨普施三千界，慈云广济四部洲”。

五、景观特色：南山禅寺殿堂巍峨，飞甍雕栋，金碧辉煌。院内有株枝繁叶茂的老榕树，半山坡上有株苍翠茂盛的百年樟树，这两株树均为福建省古树名木。东厢房前天井竖立有一排《乐捐芳名碑》，庭院内外摆放有香炉、盆景等。

慈云寺（图 4-6-5）

一、概况：慈云寺位于诏安县城北关街，因供奉准提佛母，又称佛母堂。始建于明万历年间（1573—1620），曾多次修缮，现为诏安县文物保护单位。

二、选址特征：慈云寺是典型的城区寺庙，坐北朝南，四周房屋密集，东溪从寺庙东面流过后，便分成两条河流。

三、空间布局：慈云寺属中轴线布局，中轴线上依次为照壁、石埕、山门、天井、门厅、拜亭、大殿，天井西侧建有西斋，东侧为放生池。

四、建筑艺术：慈云寺现存建筑基本保留清代风格，采用砖石木结构，屋脊装饰剪粘。

图 4-6-5 慈云寺

山门为单檐歇山顶，覆盖金黄色琉璃瓦，屋脊布满剪粘。正脊脊堵浮雕丹凤朝阳、双狮戏球、瑞应祥麟、喜上眉梢，两端饰游龙卷草纹，垂脊牌头雕三武将与花篮，翼角饰卷草纹。面阔一间，通进深两间，插梁式木构架，彻上露明造。石砌大门两侧影雕博古图案。剳牵、随梁枋彩色透雕宝葫芦、芭蕉扇、螭龙纹、凤戏牡丹，狮座木雕戏狮，梁枋彩画梅花、竹子、兰花、荷花、菊花、山水、神仙图等。

慈云寺主体建筑为一进四合院，包括门厅、拜亭和大殿。

门厅为硬山顶，屋顶剪粘戏曲人物、狮子嬉戏等。面阔三间，通进深两间，抬梁式木构架，彻上露明造。明间开门，大门楹联书“准我慈悲救苦救难含有济，提人觉悟希圣希贤总成真”。门堵泥塑杨家将等戏曲人物，其中右侧楼阁上的佘太君等人物以朱红、土黄、湛蓝、橘黄、翠绿、雪白、煤黑等色瓷片拼贴，栩栩如生，场面紧张中透着诙谐。泥塑背景绘有山水图。雀替、剳牵木雕花鸟图，梁枋彩画花草、山水等。

大殿前方拜亭立 4 根梭形石柱，为清代原物，石刻楹联书“五觉六尘瞻仰慈尊众生普渡，三涂八难皈依佛母万国同”。雀替、随梁枋木雕缠枝花卉，额枋彩画墨竹、山水、松鹰、牡丹图等，并书有王之涣的《登鹳雀楼》等诗词。大殿为硬山顶，面阔三间，通进深一间，殿内供奉准提佛母。

大殿前天井四周墙壁上绘有《西游记》故事、八仙过海、姜太公钓鱼

图 4－6－6 “佘太君点将”泥塑

等，还有泥塑杨家将故事等。其中有一组“佘太君点将”泥塑（图 4–6–6），共包含 7 个人物，佘太君端坐于椅上，其余 6 人的神情动作迥然不同。整个画面动静结合，色彩搭配和谐。

西斋为硬山顶，面阔三间，通进深一间。明间开门，次间辟八角形木窗，窗上彩画耕读图。梁枋彩画山水、花鸟图。

慈云寺的建筑装饰颇为丰富，特别是彩色泥塑制作精良，具有较强的艺术感染力。

五、景观特色：慈云寺地处老城区，四周楼房密集，寺庙空间狭窄。天井左侧有一小型放生池，池中垒砌假山。山门右侧有株苍翠茂盛的大榕树，左侧有株龙眼树。天井一侧墙面嵌有《乐捐芳名碑》《重修慈云寺碑》等碑刻。

长乐寺（图 4－6－7）

一、概况：长乐寺原名观音大士庵，位于诏安县分水关，始建于明天启年间（1621—1627），是诏安知县李尚理在建关城时兴建的。清乾隆五十二年（1787）重修，近年又进行扩建，改名为长乐寺，现为诏安县文物保护单位。

二、选址特征：①长乐寺坐东南朝西北，四周群峰列峙，其间的分水

图 4－6－7　长乐寺

山有一天然的壑口，形成“东连五福，西接两广”的山隘。②分水关一带地势险要，扼漳州与潮州之要冲，历来是兵家必争之地，在此建寺有超度阵亡将士之灵的作用。

三、空间布局：长乐寺属中轴线布局，中轴线上依次为天王殿、观音亭、大雄宝殿，其中天王殿两侧分别为石牌坊和胜利亭，南面有僧寮、斋堂、普同塔等，北面有放生池和山门。据文献记载，明嘉靖二十七年(1548)，诏安知县李尚理和龙溪知县林松共同在关隘处建一座“闽粤之交”石牌坊，作为两省的界碑。如今，石牌坊却紧挨天王殿，应是被迁移过去的。

四、建筑艺术：长乐寺仍保留有观音亭、胜利亭、石牌坊等古建筑，新殿堂的屋顶覆盖金黄色琉璃瓦，装饰剪粘。

山门为三间四柱三楼式牌坊，庑殿顶，正脊两端及翼角饰卷草纹。匾额书“普静香界”“慈云”“法雨”等。

天王殿为钢筋混凝土及砖石木构建筑，单檐歇山顶，正脊两端饰龙吻，垂脊脊端雕龙首。面阔三间，通进深三间，插梁式木构架。4 根外檐柱为盘龙青石柱。大门匾额书“长乐寺”，两侧楹联书“长亭踞雄关，一缕馨香僧礼佛；乐寺临古道，三更朗月客参禅”。门堵影雕山水、花鸟、楼阁、博古图。雀替、剳牵、随梁枋木雕神仙、暗八仙、缠枝花卉等，梁枋上彩画山水、花鸟图。平棋式天花正中设八角形藻井。殿内供奉弥勒菩萨与四大天王。

观音亭建于明代，为砖石木构建筑，已相当破旧，墙面斑驳。硬山顶，覆盖灰瓦，正脊脊堵上的剪粘已经剥落。面阔三间，通进深五间，插梁式木构架，彻上露明造。前方原建有廊式拜亭，如今屋顶已毁，只剩下石柱与梁枋。左侧墙上嵌有一方明代石碑，上方浮雕二龙戏珠，字迹模糊，碑座浮雕麒麟；右侧墙上嵌有《重建分水关观音亭》碑记。两侧山墙垂脊下方还保留有一些剪粘花卉，以粉红、土黄、翠绿、粉绿等色瓷片拼贴。

大雄宝殿为钢筋混凝土及石木建筑，重檐歇山顶，铺设金黄色琉璃瓦，正脊两端饰龙吻，翼角饰卷草纹。面阔三间，通进深四间，插梁式木构架，彻上露明造。明间开隔扇门，次间辟隔扇窗。垂花、雀替、照壁雕松鹤延年、嵩山百寿、喜上眉梢、丹凤朝阳、瑞应祥麟等，其中殿内有 4 个雀替木雕手持琵琶或花篮的飞天。梁枋彩画山水、人物图。平棋式天花上有一圆形藻井，斗拱层层旋转而上，藻顶彩画天女散花。中间供奉华严三圣，两旁列十八罗汉。

普同塔为平面八角六层楼阁式空心石塔，通体灰色，宝葫芦式塔刹。石塔周围环绕 4 座平面八角五层浅褐色的小砖塔。

石牌坊（图 4–6–8）建于明崇祯十七年（1644），为三间四柱三楼式石牌坊，边柱前后另加两根侧柱，形成三间八柱。歇山顶，在正楼上再加一小楼，形成四楼，正脊两端雕鸱吻。次楼下出跳四抄，正楼以侏儒力士

图 4–6–8 石牌坊

承托。匾额东面刻“公罩闽粤”，西面刻“声震华夷”，下署“福建广东乡缙绅士民同为大总戎都督郑芝龙”。郑芝龙（1604—1661）为南安人，平息闽粤之交的海寇，闽粤两省官民感其恩德，特立此坊以作纪念。

胜利亭为石构建筑，庑殿顶，正脊两端饰鸱吻。亭内有一方立于1945年的《抗倭纪迹碑》，碑上记载了诏安县军民多次击退日寇的进犯，保家卫国的英勇故事。

五、景观特色：长乐寺大雄宝殿北侧广场上有圆形放生池，池中建一座八角凉亭，亭内供石雕观音坐像。大殿两侧殿台上的十八罗汉像栩栩如生，神态可掬。

第七章　长泰县佛教寺庙

普济岩寺（图 4－7－1）

图 4－7－1　普济岩寺

一、概况：普济岩寺位于长泰县岩溪镇圭后村，始建于唐代，圭塘叶氏后裔于明弘治末年（约 1499—1505）进行重建。普济岩寺原是佛教寺庙，因珪塘叶氏开基始祖叶棻在为文天祥等抗元义军督办粮饷时殉职，其子也因抗元而牺牲，所以寺内同时供奉宋代三杰——文天祥、张世杰和陆秀夫。普济岩寺是佛、儒合一的寺庙，现为长泰县文物保护单位。

二、选址特征：①普济岩寺坐落于良岗山脉南面的平原上，坐北朝南，南临龙津溪与苑山。②寺庙原位于良岗山南麓的岩石间，明代重建时迁到村镇的中心地带。

三、空间布局：普济岩寺采用中轴线布局，中轴线上依次为门厅、天井、大殿。中轴线两侧为廊庑，正前方为放生池。

四、建筑艺术：普济岩寺殿堂为“皇宫起”大厝，砖石木混合结构，屋顶覆盖灰瓦，装饰剪粘、交趾陶等。

门厅为三川脊歇山顶，燕尾脊高翘，屋脊饰剪粘与交趾陶。中港脊上雕双龙戏珠，脊堵正中浮雕龙吐水，其余饰瑞应祥麟、丹凤朝阳、瑞鹿祥和、龟鹤齐龄、八仙过海、《隋唐演义》故事等；小港脊上各雕一只短身蛟龙，尾巴高翘，脊堵浮雕狮子戏球、金玉满堂、喜上眉梢。垂脊牌头立天官赐福、仙女抚琴，戗脊脊端雕飞龙。瓦当前饰有呈“一”字排列的55幅瓷板画，彩画《三国演义》故事、花卉等。其中，正脊上两条张牙舞爪的蛟龙以橘黄、湖蓝、钛白、翠绿等色瓷片拼贴；奔跑的小麒麟以土黄、湛蓝、朱红等色瓷片拼贴；飞舞的凤凰以金黄、橘红、淡绿等色瓷片拼贴。而八仙过海、天官赐福和仙女抚琴为交趾陶作品，有深绿、天蓝、蓝绿、粉绿、橘红、粉红、钛白等色，其中抚琴的8位仙女，服饰为粉红色，手握琵琶、古筝、箫、铜、锣等乐器。

面阔三间，通进深三间，插梁式木构架，彻上露明造。明间为石雕“三穿门”，大门门板漆画门神，次间辟交欢螭龙卷草纹圆窗。中门两边设石鼓，浮雕凤凰、鹤、鹿、花草等，雕工精细。门前走廊两侧各筑一道翘脊小墙，两墙遥对呈“八”字形，墙面泥塑浮雕飞龙在天和猛虎下山。檩梁间金漆木雕和尚扛梁，其中一位和尚赤膊上阵，左手撑在左腿上，右手高举托住房梁，形态活灵活现，应该是借鉴佛塔须弥座的侏儒力士造型。垂花、随梁枋、束木、狮座木雕莲花、蔓草、金鱼与戏狮，梁枋彩画花鸟鱼虫，脊檩漆画双龙戏珠。

大殿为悬山顶，屋脊布满剪粘。正脊上为双龙护葫芦，两端燕尾脊高翘，脊堵有双凤朝牡丹、金玉满堂、狮子戏球、瑞鹿祥和、双龙腾飞、花鸟图等，垂脊牌头饰花卉。面阔三间，通进深三间，插梁式木构架，彻上露明造。正面通透无门，两根圆柱为彩画蟠龙石柱，柱身为红色，祥云为黄色，盘龙为蓝色，柱础浮雕螭龙、麒麟、骏马、花鸟。梁枋彩画《三国演义》故事、八仙祝寿、山水图等。梁上匾额书“九座佛公”“方塘一鉴”。墙上镶有两方乾隆四十六年（1781）的石匾，分别刻“景福”“灵光”。殿内供奉释迦牟尼佛，佛龛两侧石柱楹联书“古树擎日犹如双龙戏宝珠，方塘浮星俨若众仙下棋子”，佛像后面墙壁上绘有巨幅的水墨蛟龙图。

两侧廊庑供奉三公（文天祥、张世杰、陆秀夫）神像，脊堵剪粘花鸟。东侧梁上高悬乾隆四十六年（1781）的匾额“南阳保障”。其中西侧神龛楹联书“协力驱蕃激扬浩然正气，同心报国更见殷后三仁”，高度赞扬了三公舍生取义的精神风范。

观音亭（图 4–7–2）建于 1935 年，为悬山顶，正脊脊刹置宝葫芦。面阔一间，通进深一间，插梁式木构架，彻上露明造。亭内供奉观世音菩萨。亭前拜亭为单檐歇山顶，屋脊饰剪粘，正脊上雕双龙戏珠，脊堵饰瑞应祥麟及花卉，翼角饰卷草纹。面阔与通进深各一间，彻上露明造，檐下施一跳斗拱。

图 4－7－2　观音亭

字纸亭为六角攒尖顶，宝葫芦亭刹。字纸亭又称“敬字亭”“惜字亭”“文笔亭”等，专门用以焚烧字纸，是古代“敬惜文字”风俗的见证。

五、景观特色：普济岩寺位于村庄中央，四周为开阔的广场，并围以砖墙。门厅前约 30 米处有一个放生池，驳岸用石板垒砌，池边塑两只石狮。石埕两侧对植两株浓荫蔽天的百年古榕。

第八章　东山县佛教寺庙

苏峰寺（图 4－8－1）

图 4－8－1　苏峰寺

一、概况：苏峰寺位于东山县东部的苏峰山，与东山最美古渔村——岩雅村相邻，创建于宋代。寺庙多次重修，2001 年再次重建，现为药师佛道场，对台交流重点寺院。

二、选址特征：①苏峰山既是东山岛主峰，也是东山岛外八景之一，称“苏柱擎天”；每见云雾蔽峰，则为雨兆，称“苏山戴笠”。②苏峰寺坐落于苏峰山东面山麓地带，紧邻大海，坐西朝东，背山面海。因与世隔绝，恍如天涯海角。据明人朱兆凤的《苏峰寺记》记载：“俗传宋末帝避元兵时，曾于此筑城为东京，地后崩为海者是也。古迹虽湮，足供凭吊焉。”后来，一苦行僧在行宫遗址上建寺。

三、空间布局：苏峰寺采用中轴线布局，中轴线上依次为天王殿、大雄宝殿，左侧为钟楼、药王殿、僧寮，右侧为鼓楼、玉佛殿、僧寮。天王殿前方建有大型放生池、山门、拱桥等，南面建素食文化长廊、万字园、“佛医神武”文化园、观海楼咏春广场、菩提林等，北侧建斋院、观音雕像、善缘楼、菩提书院、三圣堂等。

四、建筑艺术：苏峰寺殿堂为钢筋混凝土建筑，辅以砖木材料，屋顶覆盖金黄色琉璃瓦，屋脊装饰剪粘或陶瓷，具官式建筑与闽南传统民居特色。

天王殿为断檐升箭口式悬山顶，正脊上雕双龙戏珠，脊堵浮雕双凤朝阳、孔雀开屏、鹤鹿同春、松鹤延年、瑞应祥麟等，垂脊牌头立三神将。面阔五间，通进深四间，插梁式木构架，彻上露明造。明间与次间开门，梢间辟圆形石窗，身堵青石浮雕龙凤呈祥，彩色石雕锦上添花。雀替、随梁枋、束随木雕鱼化龙、五福临门、夔龙、花鸟、瓜果等，狮座雕荷花、寿桃、宝相花等，梁枋彩画山水、花鸟、鱼虫等。殿内供奉弥勒菩萨与韦陀菩萨，两侧为四大天王。

大雄宝殿为重檐歇山顶，正脊脊刹置大法轮，两侧脊尾雕龙吻，翼角饰卷草纹。面阔五间，通进深五间，插梁式木构架。明间、次间开隔扇门。檐下施斗拱，梁枋彩画人物、花鸟，平棋式天花。殿内供奉三世佛与西方三圣。

钟楼为两层楼阁，十字脊式屋顶，正脊脊尾饰龙吻。

五、景观特色：苏峰寺最突出的就是滨海景观，站在后山上远眺，东面是一望无际的东海，但见波光粼粼，水天一色，烟波浩渺，顿生“海到尽头天作岸，山登绝顶我为峰”之情思。寺庙左侧有一天然池塘，池上建有石桥，池边垒黄白色礁石。寺庙还巧妙地将潮水引入寺内，内外浑然一体。

苏峰寺为苏峰山景区的核心，是东山县建设“生态旅游岛漳南核心区”的重点工程，计划将苏峰山景区打造成一个集旅游、朝圣、禅修、中医养生与武术（咏春拳）于一体的综合文化园。

古来寺（图 4－8－2）

一、概况：古来寺又称古来院，是东山十大古刹之一，位于东山县铜陵镇苏峰街，由明代雪熙贤禅师创建于明成化三年（1467），源承仙游九座寺。寺名来源于龙潭山南麓的“苦菜寺”，去掉“苦菜”两字之“艹”字头为“古来”，即“古来寺”。明末清初，古来寺成为南少林与天地会的聚会点。20 世纪 80 年代进行修缮，现为东山县文物保护单位。

图 4-8-2　古来寺

二、选址特征：①古来寺坐落于东岭山下之东坑，三面环海，东南面是南门湾。②寺庙坐北朝南，如今四周已成闹市区。

三、空间布局：古来寺空间狭小，采用中轴线布局，中轴线上依次为放生池、准提亭、石埕、拜亭、天王殿、天井、大雄宝殿，东西两侧廊庑为伽蓝殿与祖师殿。其中，天王殿、大雄宝殿及廊庑共同围成一进四合院，伽蓝殿东侧建有功德堂，祖师殿西面有仰客堂。石埕东面是山门，直接面对街道。

四、建筑艺术：古来寺殿堂保留清代风格，为砖石木构建筑，屋顶装饰剪粘。

山门为钢筋混凝土建筑，三间八柱三楼式牌楼，歇山顶，屋顶覆盖金黄色琉璃瓦，装饰陶瓷，正楼正脊上雕双龙戏珠，两端饰蔓草，垂脊脊端雕龙首，戗脊上立飞龙，翼角饰蔓草。面阔三间，通进深一间。大门楹联书“古佛当前应知华藏宝地，来寺法界便觉瞻礼西天”。山门两侧建有围墙。

准提亭位于放生池上，为六角攒尖顶，刹顶置仰莲，翼角饰卷草纹。亭柱楹联书“准化人间象教行瞻通至性，提醒世界慈云法雨现婆心”。亭内供奉镀金千手准提菩萨。准提菩萨是三世诸佛之母，又称准提佛母等。

拜亭建于天王殿前，歇山顶，覆盖金黄色琉璃瓦，正脊上雕双凤朝牡丹，垂脊牌头雕三武将，翼角饰卷草纹，由朱红、玫瑰红、湖蓝、翠绿、金黄、雪白、赭石等色瓷片拼贴而成。面阔一间，通进深一间，插梁式木构架，彻上露明造。檐下施一跳斗拱。

天王殿为硬山顶，覆盖金黄色琉璃瓦，正脊脊堵雕孔雀开屏，垂脊牌头饰花卉。面阔三间，通进深一间，彻上露明造。门堵彩画各种观音画像与山水图。明间开门，红色脊檩上书六字大明咒。后墙正中辟圆形“卍”字纹窗，楹联书“发弘愿除一切苦厄，现幻身说前世因缘”。两侧各开一拱形门可通往大雄宝殿。殿内供奉弥勒菩萨。

大雄宝殿为硬山顶，覆盖红色琉璃瓦。面阔三间，通进深四间，插梁式木构架，彻上露明造。明间、次间开隔扇门。雀替、随梁枋、束随木雕缠枝花卉、螭龙等，狮座雕仰莲瓣。金柱楹联书“大觉世尊讲经说法阐明真谛理，九界众生欢喜无量仰止沐佛恩”。殿内供奉三世佛，佛前立一尊镀金千手准提菩萨，两侧列十八罗汉。

五、景观特色：古来寺地处城镇中心，空间有限。天王殿前方庭院建有圆形放生池，围以白石花瓶式栏杆。山门两侧对植两株高大的松柏，院里种植有柏树、黄金榕等。石埕与天井摆放香炉、供案、莲花石座等。两侧廊庑墙上嵌有《古来寺开山僧明雪熙贤和尚碑记》《住持僧日端重修古来寺碑记》《皇明苦菜寺明雪熙贤和尚晋山挂锡足缘碑》等清代石碑。

恩波寺（图 4-8-3）

图 4-8-3　恩波寺

一、概况：恩波寺俗称观音亭，是东山十大古刹之一，位于东山县铜陵镇九仙山脚下，创建于明正德年间（1506—1521）。清代曾多次修缮，寺后九仙山摩崖石刻为福建省文物保护单位。

二、选址特征：恩波寺坐落于九仙岩南麓的“凤冠穴”，坐北朝南，三面皆为大海。

三、空间布局：恩波寺采用中轴线布局，中轴线上从南向北依次为天王殿、大悲殿、大雄宝殿，东侧为观音殿，南侧为地藏殿。

四、建筑艺术：恩波寺殿堂为钢筋混凝土官式建筑，辅以砖木材料，屋顶覆盖青灰色琉璃瓦，装饰陶瓷。

天王殿为重檐庑殿顶，正脊两端饰龙吻，垂脊上各立 5 只蹲兽。面阔五间，通进深一间。明间开门，采用隔扇木门，裙板浅浮雕一品清廉，两侧檐柱楹联书“恩德巍巍便欲此间成大隐，波光渺渺却于何处觅真仙”。额枋上为和玺彩画，彩绘双龙戏珠。檐下施五踩双翘斗拱。殿内供奉弥勒菩萨与韦陀菩萨，两侧塑四大天王。

大悲殿为重檐八角攒尖顶，刹顶为宝葫芦加相轮，垂脊上各立 5 只蹲兽。四周建寰形平座，设石阶与栏杆。八边形外墙隔面共开有 4 道拱门，另外四面墙浮雕四大天王。檐下施斗拱，额枋彩画花卉图案。殿内供奉一尊木雕观音像，顶上为八角藻井，顶心彩画宝相花，四周梁枋书“风调雨顺”“国泰民安”。

大雄宝殿为重檐歇山顶，正脊两端饰龙吻，戗脊上立 5 只蹲兽。面阔五间，通进深四间。明间与次间开门，采用隔扇木门，梢间辟石雕螭龙圆窗。檐下施斗拱，额枋上为和玺彩画，彩画双龙戏珠。平棋式天花，正中设八角形藻井。殿内供奉三世佛，两侧塑十八罗汉。

观音殿与地藏殿均为单檐歇山顶两层楼阁，正脊两端饰龙吻，垂脊上各立 5 只蹲兽。面阔五间，通进深三间。

五、景观特色：九仙山又称九仙顶、水寨大山，雄踞铜海，登高可俯视铜陵城，驰目可远眺碧波千帆，是东山岛重要的旅游风景名胜区。

恩波寺天王殿两侧对植两株银桦树，殿后有一株白玉兰树。殿前香道右侧竖立一排残缺的石碑刻，应是重修寺庙时拆卸下来的。碑上可依稀辨认出“恩庇东山五百年来霈法雨，波通南海三千里外接慈云”等文字，另外还有二龙抢珠、凤戏牡丹、博古等石刻图案。

九仙山上保存有大量明清时期的摩崖石刻。如福建南路参将施德政于万历三十年（1602）题的《横河歌》；福建参政程朝京于明万历三十六年（1608）题的高 1.2 米、宽 2 米的草书《九仙石室视师》；福建参将李楷于明万历三十六年（1608）题的高 1.32 米、宽 1.3 米的草书《石室仙洞题咏——海邦》，等等。其他石刻还有“悟石飞来”“视天门”“惠政碑”“仙峤记言”“铜山石室”“石蹬云梯”“把总泉挥使王公靖海碑”“海天一色”“障净光纯”“宦海恩波”“仙道皈宗”“瑶台仙桥”“燕泉”“人世仙境”“抗战纪念碑”等。这些明清时期的石刻，赋予了九仙山无穷的艺术魅力，为其增添了深厚的人文内涵。

东明寺（图 4-8-4）

图 4-8-4　东明寺

一、概况：东明寺位于东山县东门屿，建于明代，是全国海拔最低的寺庙，犹如海外佛国。明嘉靖五年（1526），巡海道蔡潮在东门屿山上建文峰塔时，见东明寺上空的祥云放五色豪光，故称此处为“佛澳”。

二、选址特征：①东门屿又叫“塔屿”，位于东山岛铜山古城东门外的海面上，以礁石奇异、洞泉甘醇、古迹众多而闻名于世。东门屿既有飞龙在天之势，又如一只展翅飞翔的凤凰，具龙飞凤舞之吉兆。②东明寺坐落于东门屿北部的佛澳，坐东北朝西南，东、南、北三面均为山峦，山门直接面对浸月湾，视野极为开阔。

三、空间布局：东明寺采用主轴对称结合自由布局，中轴线上从低往高依次为石埕、天王殿、大雄宝殿、大圆通殿，东侧有伽蓝殿、三角亭、地藏王殿、五观堂等，西侧为唱云堂、藏经阁、僧寮等。寺庙西南面为南山门、佛澳码头、卧佛坛，东南面有东山门、佛澳塔、普同塔。天王殿前面就是大海，文峰塔与其隔海相对。东明寺各殿堂楼阁之间，修有四通八达的崎岖石阶。

四、建筑艺术：东明寺主要殿堂为钢筋混凝土及砖石木构建筑，屋顶装饰剪粘，覆盖金黄色琉璃瓦，黄色墙壁，具官式建筑与当地民居风格。

南山门位于佛澳码头之上，为三间八柱三楼式石牌坊，歇山顶，屋顶饰剪粘。正楼正脊两端雕两只回首相望的孔雀，孔雀由湖蓝、粉绿、青紫、朱红、雪白、土黄等色瓷片拼贴而成。脊堵浮雕龙凤呈祥、喜上眉梢，色彩鲜艳。垂脊牌头浮雕跏趺坐佛与白莲花，边楼脊堵浮雕花鸟，翼角饰卷草纹。大门匾额书“东海明珠”，内柱楹联书“临济高风人天宏范，禅净丕振转妙法轮”，外柱楹联书“千顷汪洋随济度，二门清静绝法尘”。额枋上彩画松鹤延年、瑞鹿祥和、山水及高僧图。

东山门位于佛澳东侧的山坡上，为三间八柱三楼式石牌坊，歇山顶，屋顶饰剪粘。正脊脊刹置宝珠，脊堵浮雕孔雀开屏、金玉满堂，翼角饰卷草纹。门额前匾额刻“东明圣刹”，背面匾额刻“中流佛心”。

卧佛坛为圆形建筑，重檐圆形攒尖顶，刹顶立宝珠。正面开门，其余辟镂空窗，大门嵌墙石刻楹联“即庄严离庄严当下便登宝地，非相好各相好现前顿见如来”。四周设寰形平座，围以石栏杆。坛内佛龛上方镀金木雕双龙戏珠，内供奉身长 3.3 米的汉白玉释迦牟尼涅槃像。龛上匾额书“莲花佛国”，两侧楹联书“法典弘开援众生在尘劳海上，心精邃格祷诸佛于大光明中”。

天王殿（图 4–8–5）为单檐歇山顶，正脊两端雕孔雀开屏，垂脊牌头雕坐佛、观音、罗汉，翼角饰麒麟与卷草纹。面阔五间，通进深三间，仿插梁式构架，彻上露明造。塌寿为孤塌，明间开门，次间辟圆形窗，对看堵开拱门。外檐柱楹联书“潮水长流摧浪归碧海，高山仰止寄目望文峰”。梁枋彩画高僧、花鸟图。殿内供奉弥勒菩萨。

图 4 - 8 - 5 天王殿

大雄宝殿建于石台之上，正面设石阶，依山临海，气势恢宏。殿堂为重檐歇山顶，正脊脊刹置法轮，两端雕孔雀开屏，脊堵浮雕3条行龙。垂脊牌头立观音，戗脊上雕飞龙，翼角饰卷草纹。面阔五间，通进深五间，插梁式木构架，彻上露明造。明间、次间开门，梢间辟八角形窗，隔扇门的隔心玻璃彩画绘有翠竹，裙板漆线雕十八罗汉，绦环板木雕花鸟。上檐下方施一排一跳斗拱，雀替木透雕丹凤戏牡丹，随梁枋、剳牵木雕荷花、缠枝花卉、蝙蝠、螭龙等，梁枋上彩画罗汉、花鸟等。殿内墙壁上的每块琉璃砖上都雕有一尊佛像，共有10000尊。殿内供奉着9尊大型汉白玉佛像，两侧为汉白玉十八罗汉。

大圆通殿位于最高处，为平面八角形两层楼阁，八角攒尖顶，四周环廊，第一层外侧建有阶梯通往第二层。殿内供奉千手观音。

伽蓝殿其实是座四角形凉亭，歇山顶，面阔三间，通进深一间。

地藏王殿为两层楼阁，庑殿顶，翼角饰卷草纹。面阔一间，檐下斗拱为六踩三翘。

藏经阁为两层楼阁，平座设花瓶式栏杆，阁内供奉着一尊释迦牟尼佛青少年时的雕像。

文峰塔（图4–8–6）建于明嘉靖五年（1526），为平面八角五层楼阁式实心花岗岩塔，通高14米。三层塔基，一面开拱形门，现已用条石封堵，上方塔铭刻“东屿文峰”。第二层塔身转角立两根倚柱承托塔檐，其

图4－8－6　文峰塔

中塔身四面雕结跏趺坐于莲花上的佛像，其余四面则素面无雕刻。层间以条石直接出檐。八角攒尖顶，塔刹为宝葫芦式。文峰塔具有振兴文运和导航的功能，现为东山县文物保护单位。

五、景观特色：东明寺最大的特色，是海拔最低处仅 0.6 米，几乎与海平面持平（图 4–8–7）。站在天王殿前的石埕上，波澜壮阔的大海近在咫尺；南山门则直接面对海面，常有惊涛拍岸之胜景。

图 4－8－7　东明寺景观

天王殿右侧有一口淡水井，名“平湖泉”；天王殿后面有一口泉眼，名“观音泉”；唱云堂边还有白玉泉，泉水常年不涸。寺庙前后还种植有凤凰木、波罗蜜、佛肚竹、柏树、金边黄杨、龙眼等。

寺庙内外及周边礁石间，立有许多佛教人物造像。如卧佛坛旁的山坡上，塑有大量罗汉像，罗汉们造型多样，妙趣横生。其他还有面壁入定的达摩祖师、双眼微闭的“听潮童”、明代持剑的武将等。

寺庙周围到处是鬼斧神工的礁石，并有大量的摩崖石刻和碑刻。如“佛”“东明圣地”“觉岸”“海东佛国”“唱云”“转染成净”“龙”“离苦得乐”“转迷即悟”等。尤其是临海石壁上的那个硕大无比的“佛”字，在大海上更是一览无余。

寺庙周边还有鹰嘴岩、风流石、文昌阁、碧云洞、渔翁垂钓、老鳖迎宾、神龟泣天、海狮戍海、鱼池等景观。

宝智寺（图 4-8-8）

图 4-8-8 宝智寺

一、概况：宝智寺位于东山县风动石景区内，建于明代。寺庙在元末时称“保安堂”，明初改称“祝圣习仪所”；后因奉祀天尊，改名“天尊堂”。乾隆三十六年（1771）扩建后，改名“宝智寺”。1987 年再次修缮。

二、选址特征：宝智寺坐落于风动石景区西侧的山坡上，坐西朝东，面朝大海。

三、空间布局：引导空间为一条逐渐升高的石阶，石阶两旁树木茂盛。寺庙采用中轴线布局，中轴线上依次为天王殿（山门）、大雄宝殿、藏经阁，两侧为围墙。

四、建筑艺术：宝智寺殿堂多为砖石木构建筑，屋面覆盖金黄色琉璃瓦，屋脊装饰大量剪粘，具官式建筑和“皇宫起”民居特色。

天王殿（山门）为断檐升箭口式悬山顶，屋脊上剪粘孔雀开屏、凤戏牡丹、金鸡独立、松鹤延年、团花等，垂脊牌头饰花卉。面阔三间，通进深三间，插梁式木构架，彻上露明造。塌寿为孤塌，明间开石门，两侧立抱鼓石。明间两根外檐柱为梭形瓜棱石柱。垂花、雀替、剳牵、狮座木雕覆莲瓣、凤凰、戏狮、花卉、海鱼、海虾等，梁枋漆画佛教故事。殿内檐柱楹联书“鹫岭晨钟六百年来施法雨，祇园宝树三千世界仰慈云”。供奉弥勒菩萨、四大天王。

大雄宝殿为单檐歇山顶，屋脊布满丰富多彩的剪粘，正脊上雕双龙护宝塔，两端脊尾饰卷草纹，脊堵浮雕双凤朝牡丹、孔雀开屏、花卉等，脊尾饰卷草纹，垂脊牌头雕狮子戏球，翼角饰“回”字纹，以金黄、土黄、米黄、淡绿、粉绿、钛白、天蓝、粉红等色瓷片拼贴。面阔五间，通进深四间，插梁式木构架，彻上露明造。明间、次间及梢间均开隔扇门，隔心“卍”字纹上嵌金漆木雕松鹤延年、喜上眉梢、春燕剪梅、鸳鸯和气、锦上添花等，裙板线刻漆画佛教故事及山水图，在红色或黑色漆底面上以刀刻出图案，再进行镀金。剳牵、随梁枋、狮座木雕夔龙、花鸟，梁枋彩画山水图。殿内悬挂赵朴初先生题写的“大雄宝殿”匾额、黄道周题写的“洗心之藏”匾额。金柱楹联书“慈风荡处金枝喷般若之香，法雨霏时玉叶灿菩提之果”。殿内祀奉三宝佛，两侧列十八罗汉。

藏经阁为单檐歇山顶两层楼阁，面阔三间，通进深一间。第一层明间开隔扇门，殿内祀奉 1 尊高 1.67 米、座宽 1.25 米、座长 0.72 米、重 446 斤的泰国铜佛，另外还供奉 3 尊缅甸白玉佛。

五、景观特色：宝智寺为典型的临海山地景观，天王殿前是一开阔的广场，场中建圆形放生池，池里垒有数块巨大礁石，池四周铺设石板、草坪，池前方建有高低不一的城墙。寺内种植一株 230 多年的榆树，为福建省古树名木，寺旁岩石中还有多株古榕。因位于海边，树木都不高。周边有“海晏河清”“明黄石斋先生故里”（图 4–8–9）等清代摩崖石刻和数尊明清石雕金刚像。

寺庙附近有东山关帝庙、文公祠、铜山古城、黄道周故居等人文胜迹，还有风动石、钓鳌台、石僧拜塔、虎崆滴玉等自然景观。

图 4－8－9　摩崖石刻

第九章　南靖县佛教寺庙

石门寺（图 4-9-1）

图 4-9-1　石门寺

一、概况：石门寺位于南靖县船场镇梧宅村，由唐朝高僧禅苑募资创建于唐元和四年（809），因寺庙坐落于两块天然巨石之间，故名石门寺。禅苑一生广行善事，造福四方乡民，被乡民尊奉为“大众爷”。

二、选址特征：①石门寺坐落于海拔 1020 米的石鹰山南面尖山的山坳里，坐西朝东，三面环山，东面地势较宽敞。②寺庙周边山秀林蔚、风清泉甜、石奇洞幽，景观奇特。

三、空间布局：石门寺依山坡而建，属中轴线布局，中轴线上依次为广场、大雄宝殿、地藏殿，两侧为厢房、钟鼓楼。其中，大雄宝殿北面梢间为观音殿，南面梢间为财神殿。大殿南面山坡上有关帝庙。

四、建筑艺术：石门寺殿堂为钢筋混凝土官式建筑，辅以砖石木材料，屋顶覆盖金黄色琉璃瓦，装饰剪粘或陶瓷。

山门为三间四柱三楼式钢筋混凝土牌坊，重檐庑殿顶，正脊上雕二龙抢珠，脊堵浮雕花鸟，两端饰卷草纹，中间两根石柱浮雕盘龙。

大雄宝殿为三川脊硬山顶。中港脊上雕双龙戏珠，小港脊上雕蛟龙，脊堵饰八仙过海、松鹤延年、孔雀开屏、《三国演义》人物等，垂脊牌头雕武将与楼阁。面阔五间，通进深四间。明间、次间和梢间均开门，其中明间、次间为大雄宝殿，北面、南面梢间分别为观音殿和财神殿。大门楹联书“石室灵山藏宝佛，门岩古洞隐真仙”。外檐柱为 6 根盘龙青石柱。垂花、随梁枋木雕菩萨、高僧、一品清廉等，梁枋彩色木雕八仙、荷花、蛟龙。殿内供奉三世佛与弥勒菩萨，两侧列十八罗汉。将财神殿设在大雄宝殿隔壁，反映了当地民众的信仰观。

图 4－9－2　地藏殿

地藏殿（图 4–9–2）为三川脊歇山顶，屋脊饰满五彩剪粘。中港脊上雕双龙戏珠，小港脊上雕飞龙，脊堵浮雕八仙过海、凤戏牡丹、松鹤延年。中间两条垂脊牌头雕麒麟，两侧垂脊饰武将、亭台楼阁、麒麟，戗脊脊堵饰花鸟，翼角为卷草纹。面阔三间，通进深四间，抬梁式木构架，彻上露明造。4 根外檐柱与 4 根金柱均为石雕盘龙柱。明间开门，楹联书“石落水出游名地，门岩山深藏宝佛”。青石门堵浮雕节节高升、骏马奔腾、花鸟图等，还有彩雕《西游记》故事与八仙过海，次间辟圆窗，透雕双龙戏珠、丹凤朝阳。雀替、梁枋木雕螭龙、花草纹与暗八仙。殿内供奉地藏菩萨与禅苑祖师。

关帝庙为重檐歇山顶，正脊上雕双龙戏珠，脊堵浮雕凤戏牡丹、瑞应祥麟，垂脊牌头饰花卉。面阔三间，通进深三间，抬梁式木构架，彻上露明造。明间开门，门上彩画牡丹图，次间开隔扇门。外檐柱立两根盘龙石柱。殿内两侧山墙白描《三国演义》故事，有“刘玄德三顾草庐”“关云长赚城斩车胄”“刘皇叔北海救孔融”“陶恭祖三让徐州”“曹操煮酒论英雄”“三英战吕布”“千里走单骑”“桃园结义”等。中间供奉关公，两侧墙上彩画赵公元帅、南极仙翁、麒麟送子等。

五、景观特色：石门岩景观独特，自古有山秀林蔚、石奇洞幽、景美神灵之誉，如今已形成了外景四名胜、地下三大洞、景中十八观。

寺庙前方山坡上有大型放生池，池上建长桥，池中立一尊石雕滴水观音像。寺旁有三大岩洞，分别是怀荫洞、螺旋洞和霞烟洞，其中怀荫洞冬暖夏凉，螺旋洞奇妙蜿蜒，霞烟洞云雾缭绕，可谓大自然的鬼斧神工之作。

图 4－9－3　石门寺景观

明代的朱熹、清代的吴铎等文人曾到石门岩朝圣、游览，并留下题刻。因此，石门寺后山保留有许多摩崖石刻。如弘一法师所题“众生一日不成佛，我梦终宵有泪痕”，其他还有“石门岩即景”“佛”“灵隐”“有仙则灵”“有求必应”“通幽”“石门”等。寺庙南侧立一方《大唐赵渊大战柳斜霸王壮烈碑记》石碑。这些碑刻已被列为南靖县文物保护单位。

《石门县志·景物》载有“石门八景”，分别是层山古柏、石门峭壁、云寺晓钟、方顶留茵、将军野渡、麒麟秀水、清濑流觞、洄湍卷雪。此外，石门寺附近还有古桥亭、龙吐气、十二飞瀑、玉泉、鹿苑朝天阁、听泉、由天然石室构筑的孔庙、“金鳌望蓝天”巨石、“玉蟾跃天阙”巨石、双望亭等景观。

五云寺（图 4－9－4）

图 4－9－4　五云寺

一、概况：五云寺位于南靖县金山镇五云岩，由芗城南山寺净土禅师创建于明洪武二十七年（1394）。据说五云寺曾建有畲野精舍，以供学子读书。

二、选址特征：①据《南靖县志》记载，五云山峰有五支小山脉向山麓延伸，春雨初晴，祥云环绕山巅，故名“五云山”。②五云寺居于半山腰的亚热带雨林中，坐东朝西，背靠龙脉，面对狮子峰，寺旁有清泉，西溪从山脚下缓缓流过。

三、空间布局：五云寺引导空间为蜿蜒曲折的山道，一路上建有山门、大悲殿、静心亭等。寺庙为一进四合院，采用中轴线布局，中轴线上依次为弥勒殿、天井、三宝殿，两侧有厢房与小天井，天王殿东南面为云松阁。

四、建筑艺术：五云寺主要殿堂是20世纪80年代重建的，为钢筋混凝土及木构建筑，屋顶饰剪粘，具官式建筑与闽南山地民居特色。

城楼式山门上建有大悲殿，为重檐庑殿顶，覆盖金黄色琉璃瓦，正脊两端饰鸱吻。面阔三间，通进深两间，插梁式木构架，彻上露明造。明间开门，次间辟八角形窗，檐下施一跳斗拱。殿内供奉滴水观音与善财童子。城门为三开间，明间开拱形门，两侧楹联书“座上莲花占尽西湖三月景，瓶中杨柳分来南海一枝春”。

弥勒殿为三川脊硬山顶，中港脊上雕双龙戏珠，脊堵浮雕双狮戏球、喜上眉梢，垂脊脊端饰卷草纹。面阔五间，通进深一间，插梁式木构架，彻上露明造。明间开一石门，门前设九层石台阶，次间墙面辟八角形窗。外墙立面石浮雕八仙过海、一品清廉。檐下施五踩双翘斗拱，雀替、随梁枋、束随木雕凤凰飞舞、缠枝花卉，梁枋彩画国色天香、福寿双全。金柱楹联书“一指通元化化生生弘慧法，五云献瑞形形色色普祥光”。正中供奉弥勒菩萨。

三宝殿建在花岗岩台基之上，台基正面嵌大幅剪粘双龙戏珠，以翠绿、枣红、金黄等色瓷片拼贴而成。悬山顶，正脊上置巨大法轮。面阔三间，通进深三间，插梁式木构架，彻上露明造。正面通透无门，设围栏，两侧山墙各开一拱门，门前设有石阶。檐下施多跳斗拱，雀替、剳牵、随梁枋木雕缠枝花卉。前檐柱楹联刻“路转峰回倏尔五云圣地，风光月霁恍然三岛名区”。殿内4根石柱为明代原物，圆鼓形柱础，色泽微黄，石柱上再接木柱，石刻楹联书“涤凡心养禅心半岭撮成鹫岭，高世界辟法界五云触起慈云”。佛龛供奉三世佛、观音菩萨，两侧浮雕镀金十八罗汉与四大天王。罗汉们身在青山绿水间，动态、神情各异，活灵活现。

五、景观特色：五云寺周边古树参天，万石嶙峋，山间流泉淙淙，奇花异草争奇斗艳。站在寺前石埕上悬空的云松阁里，可远眺连绵起伏的群山。

五云寺旁有流泉穿石汇成的小池，池旁有清代汀漳道单德谟题的“半月泉”石刻。钟晋《游半月泉即事》赞曰：“山色寒犹冶，泉声远更清。虚亭一流憩，尘境万缘轻。曳杖穿云去，回船载月明。天涯情不惬，及此酒杯倾。”云松阁旁有株百年枫树，枫叶红时，整棵树便如同一片红色祥云飘浮在寺庙上方。

寺旁摩崖石刻众多，有清代卢寅清所书的高 1.5 米、宽 0.7 米的“福”字，高 0.8 米、宽 0.3 米的“峰回路转”；清代单德谟书的高 2 米、宽 1.5 米的“寿”字；其他还有高 1.3 米、宽 0.7 米的“嵌云”，高 0.8 米、宽 0.5 米的“梯云”，高 1.2 米、宽 0.6 米的“彩云何在”等。这些石刻已被列为南靖县文物保护单位。

周边山中岩洞较多，有彩云洞、紫云洞、梯云洞、慈云洞、嵌云洞、雨伞洞、神鹿洞、别有洞天等，洞洞相通，迂回曲折，犹如迷宫一般。寺庙附近还有风动石、莲花池、木鱼池、仙人桥、三代同根树、史前岩画、一线天、菩提园、松涛练武场等景点。

登云寺（图 4－9－5）

图 4－9－5　登云寺

一、概况：登云寺位于南靖县县城南郊的紫荆山麓，由紫云禅师创建于清乾隆五年（1740），现为南靖县文物保护单位。

二、选址特征：登云寺建于山麓地带，坐西南朝东北，背靠山丘，北面为九龙江，属城郊寺庙。

三、空间布局：登云寺采用中轴线布局，中轴线上依次为内山门、观音殿、中殿、阎罗天子殿，两侧为厢房，右前方为外山门。

四、建筑艺术：登云寺主体殿堂保留清代样式，为砖石木构建筑，屋顶饰满剪粘。

外山门为三间四柱三楼式石牌坊，庑殿顶，正脊上雕二龙抢珠，翼角饰卷草纹。

内山门为独立式小门楼，悬山顶，覆盖金黄色琉璃瓦，屋脊饰陶瓷，正脊上雕二龙戏珠，两侧脊尾饰卷草纹，脊堵浮雕凤戏牡丹，垂脊牌头为武将。大门楹联书“日丽风和登上云阶除俗念，花香鸟语进来岩寺透禅机”。门堵石浮雕麒麟奔跑、狮子戏球、加冠晋禄等。

观音殿（图 4–9–6）为硬山顶，覆盖金黄色琉璃瓦，屋脊上饰满剪粘，正脊上雕双龙护宝塔，燕尾脊高翘，脊堵雕八仙祝寿，垂脊上为腾云驾雾的蛟龙，牌头饰戏曲人物。面阔三间，通进深三间，插梁式木构架，彻上露明造，横架为六椽栿。正面通透无门，两侧山墙各开一拱形门。檐下施斗拱，垂花、雀替、梁枋、剳牵、随梁枋金漆木雕宫灯、莲花、缠枝花卉、盘龙、戏曲人物，狮座雕戏狮，雕工细致，色彩缤纷。殿内供奉观音菩萨与弥勒菩萨。

图 4－9－6　观音殿

中殿的屋脊中间高，两端低，具有漳州土楼的部分特征。脊堵剪粘极为丰富，有麒麟弄球、双龙戏珠、戏曲人物、凤凰飞舞、花卉等。面阔五间，通进深两间，插梁式木构架，彻上露明造，横架为六椽栿。供奉地藏王菩萨、注生娘娘、紫云法师等。

阎罗天子殿为钢筋混凝土及砖石木构建筑，三川脊硬山顶，中港脊上雕双龙护宝塔，小港脊上雕蛟龙吐水，脊堵浮雕凤戏牡丹、麒麟奔跑等，屋面看牌雕八仙过海。面阔七间，通进深两间，插梁式木构架，彻上露明造。明间、次间及梢间均开隔扇门，隔心、绦环板木雕博古纹，裙板彩绘米芾拜石、林逋养鹤等历史典故。梁枋彩画三仙送子、丹凤朝阳等。供奉阎罗王、地藏王、大众爷公等神像。据专家考证，“大众爷公”的原型为大总爷（“总兵爷”的俗称）戚继光。

五、景观特色：登云寺周围林木葱郁，浓荫蔽天，极为幽静。山门前方有一株百年老榕树，寺内还种植有菩提树、海南红豆、红千层、白玉兰、鹅掌柴等。中殿左侧屋内立《重修登云碑》等 3 方清代石碑，山门右侧立一方《重修登云岩碑记》。庭院摆放有石狮、香炉、盆景等。

第十章　平和县佛教寺庙

三平寺（图 4－10－1）

图 4－10－1　三平寺

一、概况：三平寺位于平和县文峰镇，始建于唐咸通十三年（872），历史上屡毁屡建。20 世纪 80 年代修缮寺门、大雄宝殿、祖殿和塔殿，现为福建省文物保护单位。

三平寺供奉三平祖师公。三平祖师公俗名杨义中，祖籍陕西咸阳高陵，生于唐建中二年（781）农历正月初六。因一生惩恶扬善，恩惠广济，被唐宣宗敕封为“广济大师”。圆寂后，被民间尊奉为“三平祖师公”。明清时期，三平祖师信仰传播到台湾。目前，台湾地区有三平祖师分庙 50 多座。

二、选址特征：①三平寺地处九层岩附近的大柏山两峰对峙的峡谷之中，坐北朝南，背枕“灵蛇”，前望“神龟”。②关于寺庙选址，还有一个民间传说。唐武宗灭佛时期，祖师公率领僧众来到平和。一日众人在溪涧里洗漱时，忽见水面上漂浮着无数樟花，心中大喜，于是溯流上行，来到大柏山麓，选定在龟蛇峰之间建寺。

三、空间布局：三平寺依山而筑，前低后高，规模宏伟，结构严谨，格局特殊，“三落半”的建筑风格全国罕见。从整体看来，三平寺采用复合轴布局，共有两条轴线：一条是南北中轴线，为主要建筑群；另一条是由东北至西南的中轴线，为三平祖师文化园，两条轴线前端相交于寺庙前方。从空中俯视，整座寺庙犹如一只展翅高飞的雄鹰。两条轴线周边还建有一些零星的小型建筑，有主有次。

南北中轴线上依次为三平祖师坐像、九龙壁、新山门、寺门（天王殿）、放生池、大雄宝殿、祖殿、塔殿。其中，寺门两翼为天王殿，后面广场两侧为钟鼓楼，大雄宝殿两侧分别为伽蓝殿与开漳圣王殿，祖殿两侧分别为监斋爷殿与地藏王殿。从寺门到祖殿外围两边建有迭落式长廊，长廊东西两侧还建有厢房、僧寮等。另一条轴线为近年新建的三平祖师文化园，位于寺庙东面，坐东北朝西南，中轴线上依次为仰圣广场、祈福广场、尚德广场、广济金身堂等。其中广济金身堂位于山顶，堂顶立一尊地藏菩萨像。

四、建筑艺术：三平寺主要殿堂保留清代建筑风格，为砖石木构建筑或纯石构建筑，具官式建筑与漳州民居特色。屋顶覆盖绿瓦或红瓦，以剪粘进行装饰。这些剪粘作品均是由东山剪瓷雕工艺省级非遗传承人孙丽强制作的，工艺精湛细腻，堪称闽南寺庙屋顶剪粘的典范。

新山门为三间四柱三楼式钢筋混凝土牌坊，外贴石板，歇山顶，正脊上石雕二龙戏珠，垂脊脊端饰卷草纹，檐下为一排五踩双翘斗拱，明间与次间分别开 3 个券拱形门，匾额分别刻“三平寺”“入如来”“出解脱”。

寺门（天王殿）为三川脊悬山顶，覆盖绿瓦，屋顶上布满各种剪粘。中港脊上雕双龙护塔，两条蛟龙以绿色瓷片拼贴而成，前爪伸出，体态矫健。正脊两端卷草纹上饰满密密麻麻的团花，远望如闪烁的宝石。脊堵正面浮雕穆桂英挂帅图，饰以朱红、土黄、天蓝、粉绿、钛白、玫瑰红、紫红、赭石等色瓷片，20 多个人物的神态、动作各不相同，整个场景颇有“秀鸾刀破天门阵，桃花马踏西夏川”之气势。脊堵背面雕狮子戏球、喜象升平、瑞鹿祥和、瑞应祥麟、万象更新、博古等，有白色的香象、绿色的麒麟和狮子、土黄色的麋鹿、紫红色的花瓶、赭石色的桌子、褐色的花架等。小港脊上雕回首相望的行龙，脊堵浮雕孔雀开屏、锦上添花、国色天香、狮子戏球等，其中孔雀以宝石蓝、翠绿、朱红、米黄等色瓷片拼贴而成。垂脊牌头立有多尊男女武将，个个披盔戴甲，手握兵器，雄姿英发。面阔三间，通进深两间，插梁式木构架，彻上露明造。塌寿为孤塌，正面门堵石浮雕翻海蛟龙、麒麟抱球、佛教典故等，对看堵石浮雕四大天王、猛虎下山、蛟龙出海。大门匾额上的“三平寺”为赵朴初先生所题，楹联书“梅岭禅灯照八闽，潮州法乳抚三平”，两边辟石雕交欢螭龙卷草纹圆窗。垂花、雀替、随梁枋金漆木雕宫灯、武将、《三国演义》故事、凤凰、鱼化龙、蝙蝠等，梁枋彩画三平祖师行迹，弯枋彩画缠枝花卉。寺门两侧耳房内塑四大天王。

大雄宝殿（图 4–10–2）建于石砌基座上，正面与两侧均设有石阶。重檐歇山顶，覆盖绿瓦，屋顶装饰朱红、金黄、翠绿、深绿、湛蓝、玫瑰、白、紫等色的剪粘作品，题材丰富，令人目不暇接。正脊上雕双龙护塔，脊堵浮雕丹凤朝阳、孔雀开屏、松鹤延年、瑞应祥麟、鹤鹿同春、玉兔送福、博古等，两端燕尾脊高翘，垂脊牌头立戏曲人物，下檐戗脊上雕飞龙，

图 4－10－2　大雄宝殿

翼角饰卷草纹或回纹。围脊与垂脊脊堵浮雕瑞鹿祥和、喜上眉梢、金鱼摇尾、金玉满堂等。面阔五间，通进深四间，插梁式木构架，彻上露明造。明间、次间开铸铜大门，梢间辟六角形窗，镜面墙以红砖和黄砖拼出“卍”字图案，两侧山墙外壁以红砖拼砌成不同的几何图案。大门楹联书“般若灯明光照大千世界，菩提树茂荫遮万众生灵”。垂花、雀替、剳牵、随梁枋、束随等金漆木雕神仙、蛟龙、花鸟图等，狮座雕戏狮，梁枋彩画三平祖师故事、牡丹图等。殿内佛龛供奉释迦牟尼佛，两旁楹联书“不尽祥云高百丈，无方法雨注三平”，两侧塑十八罗汉坐像，后轩供奉观音菩萨。

祖殿建于石砌高台之上，悬山顶，覆盖绿瓦，屋顶装饰剪粘。正脊上雕双龙戏珠，脊堵浮雕丹凤朝阳、孔雀开屏、狮子戏球、瑞应祥麟、四季平安等。其中孔雀的尾巴由红、金黄、绿等色的细小瓷片组成，工艺精湛。面阔三间，通进深三间，插梁式木构架，彻上露明造。正面通透无门，砌石栏杆，留一条 1 米宽的通道。两侧边门采用铸铜，浮雕 5 只蝙蝠和“寿”字纹，寓意五福捧寿。檐下施一跳斗拱，雀替、剳牵、随梁枋等木雕龙首、花卉。柱上施叠斗，柱头雕仰莲瓣，地板以六角形红砖铺成。正面木匾额刻“樟花献瑞”“鸿恩照明”，金柱楹联书“满树昙花供石塔，千山云气绕香基”。殿内佛龛供奉高 1 米多的、四肢关节可以活动的樟木祖师公雕像，是清代旧物。祖殿外墙嵌有清乾隆年间（1736—1795）的《重修三平寺碑记》《重兴中殿碑记》以及清咸丰三年（1853）的《三平院重修石桥》碑刻。

塔殿建于 2 米高的石基座上，两侧设台阶可通往殿堂。重檐歇山顶，覆盖绿瓦，屋顶装饰剪粘。正脊上雕二龙抢珠，两条龙回首相望，气势逼人，龙首、龙角、龙麟、龙尾、龙爪以绿、黄、红、白等色瓷片拼贴而成。脊堵浮雕花鸟等，下檐戗脊上雕蛟龙，翼角饰卷草纹或回纹。面阔三间，通进深三间，插梁式木构架，彻上露明造。明间无门，直接围以石栏杆，次间辟木窗。剳牵金漆木雕缠枝花卉、夔龙、博古，狮座雕戏狮。前金柱联书“一尘不染千年塔，万丈难磨半圣身”，后金柱联书“法大无边龙虎伏，道高有象鬼神惊”。殿内正中有一个制作精良的石佛龛，内供奉三平祖师跏趺坐像，龛下藏匿祖师舍利，龛上匾额书“广恩普济”。龛后左边供奉祖师爷的师父石巩慧藏禅师，右边供奉南宋吏部尚书颜颐仲像和明代南京户部尚书潘荣像。佛龛后面墙上悬挂有唐宣宗敕封的“广济大师”圣旨牌。后墙正中的“王讽碑”，是唐代吏部侍郎王讽在大师圆寂后，为其撰写《漳州三平大师碑铭并序》而立的碑，碑文记载了祖师公一生的经历。塔殿后面围墙上有一块石刻佛像，俗谓“石公”。据说是三平祖师真容，石刻画像淳朴古拙，有龙门石窟之风格，是三平寺仅存的唐代遗物。

塔殿在 20 世纪 80 年代进行过修缮，近年又按照“修旧如旧”的原则，对屋顶、梁柱和墙体等进行修补、加固。

钟鼓楼（图 4–10–3）为混凝土建筑，辅以石木材料，两层楼阁，重檐歇山顶，覆盖绿瓦，正脊两端饰卷草纹。垂花金漆木雕宫灯，梁枋彩画山水图。第一层面阔五间，通进深一间，明间开门，次间辟交欢螭龙卷草纹八边形石窗，上下门堵石浮雕凤凰飞舞、祖师行迹；第二层面阔三间，进深一间，明间开门，次间辟六角形竹节柱石窗，四周建有寰形平座，并围以石栏杆。

图 4－10－3　钟楼

伽蓝殿与开漳圣王殿均为石构建筑，硬山顶，正脊脊堵石浮雕缠枝花卉、二龙戏珠等，采用“金”形山墙，山花辟有圆窗。面阔一间，通进深一间。

地藏王殿（图 4–10–4）与监斋爷殿均为砖石木构建筑，悬山顶，覆盖绿瓦，正脊两端饰鸱吻。面阔三间，通进深两间，插梁式木构架，彻上露明造。明间开门，梢间辟扇形窗。斗拱下方雕仙人，弯枋、剳牵、雀替、随梁枋雕暗八仙、花草纹等。

侍者公庙为混凝土及砖石木构建筑，单檐歇山顶，覆盖绿瓦，屋顶饰剪粘与陶瓷。正脊上雕双龙戏珠，脊堵浮雕丹凤朝阳、孔雀开屏、佛八宝，垂脊牌头立武将、楼阁，戗脊上雕腾龙。面阔三间，通进深两间，明间开门，两侧身堵辟石雕螭龙圆窗，顶堵与裙堵石浮雕博古、蛇神。三平寺的侍者公是一种锦色龙鳞无毒的草蛇，被祖师公驯养后，不仅庙里的老鼠渐少，地里的庄稼也年年丰收。因此，当地民众尊称其为“侍者公”，将其

图 4－10－4　地藏王殿

雕成神像，供奉在祖师公神位旁。

三平祖师文化园包含仰圣广场、六福台、祈福广场、六度台、尚德广场五部分，其中广济金身堂是目前全国面积最大的铜殿佛堂。堂中供奉有 3666 尊祖师公金身像，神像采用锻铜、铸铜、紫金刻铜、彩绘、贴金等工艺，金碧辉煌，气势磅礴。外墙花岗岩线雕三平祖师公行迹图、浮雕禅宗法脉东土传承图。

六经幢坐落于仰圣广场两侧，两两相对而立，共有 3 种建筑样式。第一种为单层八角形须弥座，束腰浮雕佛八宝。幢身有六层，每层之间加宝盖，第一层幢身刻《佛顶尊胜陀罗尼经》，宝珠式塔刹。第二种为双层圆形须弥座，束腰浮雕佛八宝与如意；三层幢身，四面佛龛内浮雕坐佛，四角攒尖收顶，穿珠式塔刹。第三种为八边形双层须弥座，束腰浮雕坐佛与宝伞；幢身有三层，第一层刻《药师琉璃光如来十二大愿》，第二层、第三层浮雕立佛，宝珠式塔刹。

五、景观特色：三平寺景观以“山、泉、林、洞”为主要特色，有“三奇”“三宝”。“三奇”分别是独树一帜的“三殿半”建筑风格，灵蛇不咬人，寺内无和尚。“三宝”分别是广济祖师真身舍利坐镇塔殿；樟木雕成的广济祖师“活动”神像；唐代文物“石公”。

三平寺着重打造亲水景观，主要有 8 处水景。①新山门前的大广场上建有左右对称的两个方形放生池，四周设石栏杆，池中垒筑假山，山石之间种满蕨类植物，显得生机勃勃。②寺门后庭院有对称的两个方形放生池，四周设石栏杆，两池之间建一座石桥通往大雄宝殿。③寺庙东侧建有广济潭，潭中立一尊镀金滴水观音造像，潭边建有水榭。④仰圣广场正中有大型圆形放生池，中间为一条笔直大道直通祈福广场。⑤寺庙后山有著名的“虎爬泉”，传说是山中老虎聆听寺中僧人诵经时，为了解渴而用爪子创出来的泉眼。泉周垒筑假山，并塑猛虎雕像。⑥尚德广场右侧的指月泉，为半圆形水池，驳岸采用不规则鹅卵石垒砌，池边建一座四角凉亭。⑦祈福广场右侧有菩提泉，泉水明澈如镜。⑧尚德广场左侧山脚下有平湖，为山涧溪流区。这些亲水景观，给庄严肃穆的寺庙增添了几分灵动活泼。

殿堂前后种植有柏树、榕树、桂花树、樟树、山茶花等。如寺门前对植两株挺拔的柏树；大雄宝殿前石埕两侧列植柏树；开漳圣王殿旁有株枝叶茂密的古榕；各个殿堂之间的步道两旁以小灌木或地被植物进行美化。寺庙周边山林里有许多的古树名木以及具有药用价值的植物。

寺庙有多处浮雕与塑像，如大广场与新山门相对处建有九龙壁；九龙壁前有一尊“三平祖师公”汉白玉坐像；新山门前两侧分列十二生肖大型石雕，形成夹景；广济金身堂顶上正中立一尊高 22.88 米、寓意十全十美的开平祖师铜塑像。这尊铜像号称福建省最高的铜像，也是整座寺庙的视觉中心。此外，三平祖师文化广场的登山石阶两侧，立有许多神像、雕塑。

寺庙附近原有的八大胜景，除仙人亭、侍郎亭已废外，目前还存有龟蛇峰、和尚潭、毛氏洞、虎林、龙瑞瀑布。

三平寺以殿堂、廊、步道、水池、瀑布、泉、假山、树木、雕塑等组成漳州地区最大的宗教园林景观。每年到三平寺祖庙朝圣的台湾游客多达数万人，因此可以说三平寺已成为漳州对台文化交流的重要窗口。

灵通寺（图 4－10－5）

一、概况：灵通寺位于平和县大溪镇灵通山，始建于唐代，供奉“开漳圣王”陈元光从中原携带而来的观音菩萨香火。灵通寺是福建省乃至中国南方最美的悬空寺庙。

二、选址特征：①灵通山原名“大峰山”，后因有大鹏鸟常来此栖息，又称“大鹏山”。明代黄道周为大峰岩题下“灵应感通”后，得名“灵通山”。寺庙就坐落于灵通山主峰之一的擎天峰半山腰的灵通洞中。②灵通寺海拔 920 米，坐东朝西，背靠高崖，上方覆盖巨石，下临深谷绝壁，雄姿奇伟，对面就是漳州第一高峰——大芹山，视野极为开阔。③虽然地处崖壁之上，但寺旁有常年不枯的瀑布和泉水，附近山上可种植农作物，不失为绝佳的修行场所。

图 4－10－5 灵通寺

三、空间布局：灵通寺引导空间为一条号称“天梯”的数百级石阶，顺着天梯登上半山亭后，就能看见悬挂在峭壁上的灵通寺。接近庙宇时，还需经过一段悬空栈道。寺庙沿悬崖洞穴的凹处一字排开，形成一条狭窄的天街。采用主轴对称结合自由布局，建筑群分上、下两层，第一层为天王殿，第二层位于第一层上方，正中为大雄宝殿，两侧为钟鼓楼。东侧顺着天街依次有宿舍楼、凉亭、通天台、蟠桃街等。

四、建筑艺术：灵通寺利用火山岩多年风化、侵蚀形成的天然石洞修建殿堂，绿瓦红木白墙，犹如琼楼玉宇。

大雄宝殿为重檐歇山顶，正脊两端饰鸱吻，戗脊上立龙、狮子、海马、天马、押鱼、斗牛及行什。上檐下方匾额书“灵通古刹”，下檐匾额书“圆通宝殿”。面阔三间，通进深三间，插梁式木构架，彻上露明造。明间开门，次间辟隔扇门。檐下施斗拱与弯枋，雀替、随梁枋木雕花鸟、龙鱼、麒麟，狮座雕戏狮，梁枋彩画二龙戏珠、荷花、山水等。大殿中央供奉三世佛与观世音菩萨，两旁为十八罗汉。

钟楼和鼓楼（图 4–10–6）完全悬空，为两层楼阁，重檐歇山顶，正脊两端饰鸱吻。第一层四面通透，第二层墙壁四面辟圆窗，平台采用花瓶式琉璃栏杆。

五、景观特色：灵通山上有巨石突兀，下有深谷飞瀑，风光奇异，现为中国国家地质公园，国家级风景名胜区，号称“小黄山”，以奇石、险

图 4-10-6 鼓楼

峰、瀑布、云雾、幽谷、岩洞而著称。灵通寺悬空而立，站在大殿前的平台上，既可俯视万丈深渊，又可仰望巨石嵯峨，颇有寒山诗“重岩我卜居，鸟道绝人迹。庭际何所有，白云抱幽石”之意境。

寺庙上方有条瀑布从海拔 1181 米的沟壑处飞流而下，刚好挂在岩寺前方，恍如幻境，人称“珠帘化雨”；大殿旁边有一清泉名“玉泉水”，号称“仙水”，传说为观音所赐甘露，泉水旁立有一尊白瓷滴水观音造像；寺庙东面山崖下有七星排井（图 4–10–7），代表的是黄道周、徐霞客、张士良等 7 位与灵通寺有渊源的名士。寺庙右侧山峰堪称“世界第一天然大佛”，从山麓到山顶高 321 米，远望犹如一尊佛头像，五官俱全，形态逼真，简直是大自然的鬼斧神工。其他天然石景还有“巨象托佛”“石蝉饮露”等。庙宇周边植被茂盛，而那片桫椤林尤为珍贵。这种恐龙时代的蕨类，是国家一级保护濒危植物。

图 4-10-7 七星排井

寺庙周边有不少摩崖石刻，如通往通天台的石壁上刻有“极目九霄”4个大字；“巨灵”石刻的“灵”字高2.5米，宽1.3米，深0.03米，“灵”字上方还刻有“清霄浮景”。其他还有“雷神”“擎天”“杨柳甘露，滋润心灵”“自度度人”“天子万寿”“登天有路”等摩崖石刻。

灵通山素有“小黄山”的美誉，古有七峰、十寺、十八景之说。七峰从北至南依次为：小帽峰、大帽峰、擎天峰、栖云峰、玉屏峰、紫云峰、狮子峰。十寺为：慈云寺、修行寺、灵通岩、紫云岩、天中岩、青云岩、旭日岩、狮子岩、朝天寺、白花寺。此外，还有许多巧石奇洞点缀其间，奇幻莫测，给人以万种遐思。

灵通寺集山、岩、洞、崖、瀑、泉、潭等景观于一体，具有悬崖寺庙与洞穴寺庙的双重特征。寺庙建筑与自然环境完美融合，不愧是南方最美的悬空寺庙。

朝天寺（图4－10－8）

图4－10－8　朝天寺

一、概况：朝天寺位于平和县大溪镇石寨村，始建于北宋建隆三年（962），清道光四年（1824）曾重修，20世纪80年代再次进行修缮。

二、选址特征：①朝天寺坐落于灵通山南坡海拔约600米处，坐南朝北，建在一块高10多米、形如蟒蛇冲天的巨石顶上，四周为峭壁，巨蟒石下还有一块貌似青蛙的岩石，地形极为奇特。由此还诞生了一句民间俚语："稀奇，稀奇，真稀奇，岩寺建在蛇头里！"因此，在此建寺具有镇蛇精保平安的作用。②寺庙四周群山环绕，东面是尾旗山，东南为米石山，南面近处为白鹭檀山，远处为白石岽、莲花尖与乌山，西南为鸡笼山，西面是猫墩与大岽山。寺庙背靠连绵起伏的龙脉，前方明堂十分开阔，左右有护山，正好符合"四灵兽"的地形。

三、空间布局：因寺庙立于岩石顶上，其引导空间是在巨蟒石"蛇后颈"的一小段曲折石阶。寺庙为一进四合院，采用中轴线布局，前为门厅，中间为天井，后为大殿，左侧为厢房。这里的天井，其实就是岩石顶部。大殿后面有一不规则石埕。

四、建筑艺术：朝天寺规模很小，灰瓦白墙，朴实典雅，屋顶装饰剪粘、陶瓷及彩画，具有闽南山地民居特点。

门厅为悬山顶，正脊两端饰卷草纹，脊堵雕八仙祝寿、金鱼摆尾、凤戏牡丹、暗八仙等。垂脊牌头饰武将、仙桃与青松。面阔三间，通进深一间，彻上露明造，檐下施一跳斗拱。

大殿为悬山顶，正脊两端饰卷草纹，脊堵正面饰丹凤朝阳、孔雀开屏、松鹤延年，背面彩画荷花、牡丹等图案，垂脊牌头雕武将。面阔三间，通进深两间，插梁式木构架，彻上露明造。正立面通透，后墙辟有一小门可通往石埕。前金柱为盘龙石柱，后金柱楹联书"狮口当门依稀竺国飞鹫，蟒头结宇仿佛神仙戴鳌"。檐下施一跳斗拱，雀替、剳牵、狮座木雕花鸟图，梁枋彩画梅兰竹菊、暗八仙等，还写有王维的《山居秋暝》："空山新雨后，天气晚来秋。明月松间照，清泉石上流。竹喧归浣女，莲动下渔舟。随意春芳歇，王孙自可留。"这首诗颇为符合朝天寺的意境。殿堂里供奉观世音菩萨。

五、景观特色：朝天寺以巨石、峭壁、古榕、曲径、清泉等景观而闻名(图 4-10-9)。寺庙四周皆为悬崖，门厅前山坡上有株数百年树龄的大榕树，如一把擎天巨伞，树下建有一小间树神庙。巨岩下的蛙石边有一汪清澈见底的泉水。通往寺庙的石阶旁有"仙踪"摩崖石刻，石刻旁有一砖砌香炉。

朝天寺为灵通十寺之一，附近还有仙人聚会、五鲤朝天、三虫游斗、菊花引路、群仙下凡、石寨龙脊等诸多景点。

图 4－10－9　朝天寺景观

天湖堂（图 4－10－10）

图 4－10－10　天湖堂

一、概况：天湖堂位于平和县崎岭乡南湖村，始建于南宋嘉定十年(1217)，原为一座马氏家庙，名庵寨，后来供奉佛菩萨、三平祖师与保生大帝等，是一座佛、道合一的寺庙，现为漳州市第六批市级非物质文化遗产代表性项目、福建省文物保护单位。

二、选址特征：天湖堂坐落于山麓地带，坐西朝东，北面有大茂山，南面为旭山岩，西面是绵延不绝的崇山峻岭，而东面多为较矮的丘陵，正好形成气口，芦溪缓缓地从南面环抱而过。

三、空间布局：天湖堂采用中轴线布局，主体建筑为“皇宫起”大厝，三间张单边厝，一进四合院，前为门厅，中间是天井，后为大殿，两侧为钟鼓楼。钟楼北面还有一排护厝，护厝与大殿之间有天井，并建有过水廊相连。天湖堂正前方从东往西为保生大帝文化园（大广场）、小广场，东南面为旧山门。

四、建筑艺术：天湖堂主要殿堂保留清代建筑样式，青砖砌筑，灰瓦白墙，屋顶采用剪粘进行装饰，兼具官式建筑与闽南民居特色。

新山门为三间四柱冲天式石牌坊，石枋上浮雕缠枝花卉，石柱楹联书“保万民大德无垠功昭日月，生千瑞帝灵有应泽惠神州”。

旧山门为三间四柱三楼式石牌坊，庑殿顶，正楼正脊上雕二龙戏珠，两端燕尾脊高翘，次楼脊上雕蛟龙，脊堵浮雕八仙过海、花鸟，翼角饰卷草纹。

门厅为断檐升箭口式悬山顶，屋顶饰有橘红、中黄、土黄、淡绿、墨绿、天蓝等色的剪粘。中港脊上雕双龙戏珠，小港脊上雕回首相望的行龙，脊堵浮雕凤戏牡丹、孔雀开屏、八仙过海、牡丹锦鸡、室上大吉、瑞应祥麟、鲤鱼跳龙门等，其中那幅 1 只母鸡带着 8 只小鸡玩耍的作品，具有浓郁的田园气息。4 条垂脊牌头均立三武将。面阔三间，通进深两间，插梁式木构架，彻上露明造。塌寿为孤塌，明间开门，门上彩画降龙，两边立抱鼓石，两侧辟交欢螭龙卷草纹木窗，大门楹联书“天作奇峰秀出神功远，湖开冰镜光涵佛寺幽”。对看堵彩画四大天王、福瑞临门、炼丹图等，其中天王像以红绿色调为主，古香古色。檐下施七踩三翘斗拱。梁枋彩画山水、墨竹、白梅、金鱼、麒麟、狮子，脊檩彩画蟠龙。垂花、雀替、童柱、随梁枋与束随木雕花卉、凤凰、夔龙。

大殿（图 4–10–11）为断檐升箭口式悬山顶，屋顶装饰有橘红、大红、翠绿、粉绿、天蓝、金黄、赭石等色的剪粘。中港脊上雕四龙护宝塔，塔刹为宝葫芦，小港脊上雕回首相望的行龙，脊堵浮雕凤戏牡丹、喜得连科、瑞鹿祥和、松鹤延年、喜上眉梢、孔雀开屏等，垂脊牌头立武将。面阔三

图 4-10-11　大殿

间，通进深四间，插梁式木构架，彻上露明造。外檐柱保留两根清代青龙献爪石柱，柱身涂成红色，盘龙涂成黄色，红黄相间，格外耀眼。檐下施六踩三翘斗拱，雀替、随梁枋、束随木雕螭龙、缠枝花卉，狮座雕戏狮。殿上高悬明崇祯四年（1631）黄道周题的牌匾“月到风来”。金柱上木楹联书“护国安邦振护佑，生民苦难济生灵”。中殿供奉三世佛与观音菩萨，左殿奉祀保生大帝，右殿奉祀广济祖师、尧舜二帝与浸水佛。浸水佛是旧时民众用来祈雨的神灵，据说是玉皇大帝的外甥。

钟鼓楼为庑殿顶两层楼阁，正脊两端饰回纹，垂脊饰卷草纹。其中，钟楼楹联书“钟声浩气存天地，佛寺英风冠古今”，鼓楼楹联书“暮鼓驱尘扬帝德，修心悟道迎神庥”。钟鼓楼为近年重建，庑殿顶上覆盖红瓦，与主体建筑不太协调。

五、景观特色：近年来，天湖堂四周景观进行了大规模升级改造。堂前共建有一大一小两个广场。大广场为天湖堂文化园，地势较低，建有81级石阶通往小广场，陛石浮雕九龙献瑞。广场正中立一尊7.76米高的保生大帝大理石雕像，四周有十八罗汉石雕像、石牌坊、十二生肖雕像、凉亭、文化长廊等。小广场位于门厅前，有一半月形的放生池，俗名“天湖”，寺因之而名。池左右各有一座凉亭，前面立八仙石雕像和九龙照壁。

天湖堂内天井种植有石榴花、山茶花，堂外孤植有白玉兰、香樟等。大殿及天井设有施食台、香炉，其中施食台应为清代原物。堂左后侧各立一尊滴水观音像。

第十一章　华安县佛教寺庙

平安寺（图 4－11－1）

一、概况：平安寺位于华安县华丰镇迎宾路云水溪畔，始建于明嘉靖三十三年（1554），后寺庙倒塌，仅存一尊明代石佛造像。20 世纪 80 年代，当地民众为保护佛像而建造了一座平安亭，2000 年将“平安亭”改名为“平安寺”。

二、选址特征：①平安寺坐落于云水溪桥头处，坐南朝北，背山面水，东面是丘陵地带，西向为九龙江沿岸盆地。②华安原为龙溪县二十五都地，地理位置十分偏僻，只能从罗溪村附近的云水溪边，走山岭路方能到达新圩。因山岭崎岖、路途难行，为保佑过往行人平安，便在山岭处建一寺庙。

三、空间布局：2000 年以来，平安寺不断修缮、扩建，目前占地面积 6600 多平方米。扩建后的寺庙采用中轴线布局，中轴线上依次为山门、

图 4–11–1　平安寺

天王殿、大雄宝殿，两侧为钟鼓楼、会议室、厢房等。天王殿前拜庭两侧建有长廊，庭院中有留芳亭、平安塔、放生池等，寺庙西面建有云水桥廊。

四、建筑艺术：寺庙殿堂为钢筋混凝土官式建筑，并辅以砖石木材料，屋脊上装饰剪粘与陶瓷。除明代石佛外，寺内的其他雕像也采用花岗岩雕刻，因此可以说，平安寺又是一座石雕艺术展览馆。

山门为三间四柱三楼式钢筋混凝土牌坊，歇山顶，正楼正脊上雕双龙护宝塔，脊堵饰戏狮与花卉，次楼脊上雕凤凰飞舞，脊堵饰戏狮与花卉，翼角饰卷草纹，檐下施斗拱。

天王殿为“假四垂”屋顶，在歇山顶正中升起一个歇山顶，覆盖红色琉璃瓦。正脊上雕双龙戏珠，侧脊上雕飞龙，脊堵饰龙凤呈祥、孔雀开屏，垂脊牌头雕武将与楼阁，翼角饰龙凤飞舞，围脊浮雕八仙过海，山花灰塑狮首、如意。面阔三间，通进深三间，插梁式木构架，彻上露明造。明间，次间开门，大门楹联书“平日昼永松风俱含霞，安年春深花影皆称苑”。4根外檐柱为圆形盘龙石柱，正面门堵布满石浮雕，有麒麟奔跑、凤戏牡丹、二十四孝图、博古等，顶堵影雕二龙戏珠、松鹤延年、锦上添花、山水图等，梁枋彩画唐明皇游月宫、松鹤延年、花鸟图等。殿内供奉石雕弥勒菩萨与韦陀菩萨，两侧供奉石雕四大天王。

大雄宝殿为重檐歇山顶，覆盖红色琉璃瓦，正脊上雕双龙护塔，垂脊脊堵浮雕唐僧师徒四人、孔雀开屏等，翼角饰卷草纹，山花灰塑狮首与仙人。面阔三间，通进深三间，插梁式木构架，彻上露明造。正面通透无门，梁枋上施弯枋与连拱，并彩画鲤鱼跳龙门、周文王请姜子牙等。金柱楹联书“大慈大悲救苦救难护平顺，吉人天相逢凶化吉祐安康”。

大殿正中供奉高2.08米、腰围2米、重达1.4吨的阿弥陀佛石像（图4–11–2），石佛肉髻高耸，双眼微闭，嘴角略微上翘作微笑状，左手弯曲至胸前捧一宝珠，右手垂下，掌心向外，赤足踏于莲花之上。整体造型优美，线条流畅，雕刻精美，已被列为国家二级文物、重要涉台文物、华安县文物保护单位。石佛两旁分别立观世音菩萨和大势至菩萨石像，形成完整的西方三圣像。西方三圣像两旁为石雕文殊菩萨像与普贤菩萨像，殿内两侧摆放石雕十八罗汉像。

钟鼓楼为两层楼阁，单檐歇山顶，脊堵浮雕花卉，翼角饰卷草纹。一楼为廊庑，二楼栏板影雕智取红孩儿、八仙过海等。

平安塔为平面八角七层楼阁式空心塔，建于石砌台基之上，四面设石阶。主体为钢筋混凝土建筑，外贴石板，塔身逐层收分，层间单层出檐，

图 4－11－2　阿弥陀佛像

设平座与栏杆，每层塔身隔门窗石浮雕阿弥陀佛造像，七层共有 28 尊，造型与大殿内的明代佛像相同。

五、景观特色：平安寺坐落于云水溪桥头，溪上建有一座木拱廊桥——云水廊桥，溪旁建有休闲步道。天王殿前方庭院左侧有圆形放生池，池中建六角形凉亭。庭院中间有株枝繁叶茂的大榕树，树下建有一间通透的木构小屋，内立一尊地藏王菩萨石雕像。

院内左侧竖立有清光绪年间（1875—1908）的《重兴云水溪桥碑记》《示禁荫木》《重修云水溪桥碑记》等石碑。院内还建有两座六角形留芳亭，亭内各有一座平面六角三层石构功德塔，塔上刻《平安寺重建碑记》等。平安塔前还有一座平面八角七层小型实心石塔。

附录一　笔者考察的闽南佛教寺庙一览表

泉州市佛教寺庙一览表

鲤城区

名称	地址	始建年代	文物等级	备注
开元寺★	西街	唐垂拱二年（686）	全国重点文物保护单位	拥有全国最大的石塔——东西双塔。
承天寺★	南俊巷	南唐保大十五年（957）	福建省文物保护单位	保存有宋代石经幢、石塔及明清时期的小石塔。
崇福寺★	崇福路	北宋初年	福建省文物保护单位	保存有宋代八角七层的应庚塔。
泉郡接官亭★	笋江公园	南宋	泉州市文物保护单位	正殿的木雕及壁画十分精彩，并保存有明代书法家张瑞图所题楹联。
释迦寺	东鲁巷	明万历年间（1573—1620）	泉州市文物保护单位	保存有数座硬山顶石木建筑。
铜佛寺★	百源路	明崇祯年间（1628—1644）	泉州市文物保护单位	曾办过觉华佛学苑和佛教义诊施药局，弘一法师曾在此讲经说法。
福宁禅寺	洋塘村	明代		原住持妙瑜姑师承新加坡海燕古寺的传义大和尚。
宿燕寺	江南镇亭店村	清光绪三十二年（1906）		闽南文化生态保护区，地形如“燕子归巢”。

丰泽区

名称	地址	始建年代	文物等级	备注
南少林寺★	东岳古道前街	唐武德至贞观年间（627—649）	泉州市文物保护单位	南少林武术包含五祖拳、太祖拳、白鹤拳、梅花拳等拳种。
南台寺★	清源山	唐代		坐落于清源山顶峰。
福清寺★	北峰街道石坑村	五代	泉州市文物保护单位	泉州刺史王延彬为雪峰义存禅师的徒弟高丽僧人玄讷禅师所建造。
宝海庵★	临江街道南门后山社	北宋雍熙四年（987）	泉州市文物保护单位	闽南文化生态保护区，靠近古城聚宝街。
青莲寺★	城东街道	北宋大中祥符四年（1011）		拥有精心打造的人工假山瀑布景观。
瑞像岩寺★	清源山	北宋元祐二年（1087）	福建省文物保护单位 佛雕像为全国重点文物保护单位	仿木构石室建于明代。
赐恩岩寺★	清源山	北宋元祐年间（1086—1094）	观音坐像为全国重点文物保护单位	唐代皇帝赐给刺史许稷的封地。
千手岩寺★	清源山	北宋元祐年间（1086—1094）	泉州市文物保护单位	附近有弘一法师舍利塔和广洽广净法师灵骨塔。
海印寺★	海印路	宋代	泉州市文物保护单位	东亚文化之都海上丝路起点。
碧霄岩寺★	清源山	元至元二十九年（1292）	三世佛造像为全国文物保护单位	藏传佛教雕像。
弥陀岩寺★	清源山	元至正二十四年（1364）	福建省重点文物保护单位 石室内的阿弥陀佛造像为全国重点文物保护单位	保存有两座元代楼阁式石塔。

洛江区

名称	地址	始建年代	文物等级	备注
慈恩寺★	河市镇山边村	北宋建隆四年（963）		出土有唐五代石佛像、南宋石塔塔尖、清代石佛像与碑文等，大雄宝殿为百柱殿。
龟峰岩寺★	罗溪镇岩峰山	北宋开宝年间（968—976年）	福建省文物保护单位	儒释道合一的寺庙。
圆觉寺★	罗溪镇云角村	明永乐十九年（1421）	福建省地方历史文化古迹研究单位	

泉港区

名称	地址	始建年代	文物等级	备注
华林寺	山腰街道	唐开元年间（713—742）	泉港区文物保护单位	曾为闽南佛教圣地之一。
天湖岩寺★	南埔镇天湖村	唐中和五年（885）	泉港区文物保护单位	保存有多座明清时期的石构建筑。
虎岩寺★	涂岭镇松园村	北宋大中祥符年间（1008—1016）	泉港区文物保护单位	传说北宋名臣蔡襄曾在寺中的清泉石室里隐居读书。
山头寺★	涂岭镇下炉村	南宋景炎三年（1278）	泉港区文物保护单位	大雄宝殿的清代木雕题材丰富，雕刻细致。
清莲庵	界山镇鸠林村	明成化四年（1468）	泉港区文物保护单位	弘一法师曾在此修行。
重光寺★	南埔镇南浦村	明泰昌元年（1620）	泉港区文物保护单位	旧殿堂为石构建筑。

石狮市

名称	地址	始建年代	文物等级	备注
法净寺★	宝盖镇仑后村	隋大业十年（614）		保存有两座明代舍利石塔。
凤里庵★	凤里宽仁社区	隋代	石狮市文物保护单位	石狮繁荣商业的最早见证，东亚文化之都海上丝路起点。
虎岫禅寺★	宝盖山	唐贞观年间（627—649）	石狮市文物保护单位，五处摩崖石刻为福建省文物保护单位	儒释道三教合一的寺庙，建筑风格多样，为泉南四大名胜之一。
龙海寺	祥芝镇古浮村	南宋淳祐二年（1242）		集宗教和旅游于一体的滨海佛教旅游胜地。
五台庵	宝盖镇坑东村	1989 年		坐落于宝盖山麓。
洛伽寺	黄金海岸宫屿岛	2000 年		坐落于岛礁之上。

晋江市

名称	地址	始建年代	文物等级	备注
灵源寺★	安海镇灵水村	隋开皇九年（589）		建筑规模宏大，唐代开八闽文教之先河的欧阳詹曾在此读书。

龙山寺★	安海镇海八中路	隋皇泰年间（618—619）	全国重点文物保护单位	全国汉传重点佛教寺院，晋江重点涉台宗教文物，建筑装饰极为丰富多彩。
西资岩寺★	金井镇卓望山	隋代	福建省文物保护单位，三尊唐代大石佛为全国重点文物保护单位	属于沿海石窟寺。
定光庵★	龙湖镇衙口村	唐至德年间（756—758）	晋江市文物保护单位	据说施琅幼年时曾到此进香礼拜。
金粟洞寺★	紫帽镇紫帽山	唐代	摩崖石刻为泉州市文物保护单位	保存有凌霄石塔。
慈林禅寺	罗山镇华表山	北宋		有一座五层楼阁式塔。
水心禅寺★	安海镇安平桥	南宋绍兴年间（1131—1162）	全国重点文物保护单位安平桥的附属建筑	保存有南宋六角五层的瑞光塔。
中亭禅寺	安海镇安平桥	南宋绍兴年间（1131—1162）	全国重点文物保护单位安平桥的附属建筑	坐落于安平桥中间的小岛上。
南天寺★	东石镇岱峰山	南宋嘉定九年（1216）	福建省文物保护单位，三尊南宋石佛及摩崖石刻为全国重点文物保护单位	属于沿海石窟寺。
庆莲寺	池店镇新店村	明永乐二十年（1422）	晋江市文物保护单位	建筑规模宏大，乃明代监察御史陈应良为纪念故友陈庆莲居士倾资助学而捐俸助建。
古玄寺	紫帽镇霞茂村	明正统九年（1444）		坐落于山峰峡谷之间。
龙江寺★	东石镇凉下村	建于明天顺年间（1457—1464）	晋江市文物保护单位	保留明清建筑风格。
紫竹寺	罗山镇华表山	明代	晋江市文物保护单位	保存一对唐代石香炉、一尊明代铜佛。
报恩寺	安海镇	清顺治二年（1645）		曾为郑成功与清政府谈判之地。
福林寺★	龙湖镇檀林村	清同治五年（1866）	晋江市文物保护单位	弘一法师曾在此修行。
朵莲寺	池店镇霞美村	清代重建	晋江市文物保护单位	弘一法师曾在此讲学。

南安市

名称	地址	始建年代	文物等级	备注
延福寺★	丰州镇九日山	晋太康九年（288）	摩崖石刻为全国重点文物保护单位	文献记载中泉州地区最早的佛寺。
天香禅寺★	水头镇琼山埕美村	隋代		佛道合一的寺庙，郑成功曾来此祈梦求福。
白莲寺	水头镇	隋代		南唐曹洞宗化诚大师与建造安平桥的僧祖派曾在此挂锡。
慈云寺	官桥镇慈云山	唐贞观二年（628）		大殿梁架为石构。
西华岩寺	丰州镇九峰山	唐末		保留一座清代砖石木构建筑。
雪峰寺★	康美镇杨梅山	唐乾宁元年（894）	南安市文物保护单位	建筑规模宏大，弘一、太虚和芝峰法师曾在此修行讲法。
凤山寺★	诗山镇坊前村	五代后晋（936—947）	泉州市文物保护单位	儒、释、道三家合一的多神庙。
灵应寺★	洪梅镇	五代	泉州市文物保护单位	弘一法师曾在此修行，并留有许多墨宝。
云从古室★	英都镇良山村	五代	南安市文物保护单位	保存有两座宋代舍利塔。
龙峰寺	官桥镇黄山村	北宋乾德四年（966）		近年开始重建。
五塔岩寺★	官桥镇竹口村	北宋	五塔岩石塔为全国重点文物保护单位	属岩洞寺庙。
白云寺★	溪美镇大帽山	北宋	南安市文物保护单位	明代著名思想家、文学家，泉州人李贽年少时曾在此读书。
飞瓦岩寺★	水头镇新营村	元代	南安市文物保护单位	坐落于熊山山巅之上。
宝湖岩寺★	英都镇	元末明初	南安市文物保护单位	闽南文化重点研究单位。
石亭寺★	丰州镇桃源村	明正德元年（1506）	摩崖石刻为福建省文物保护单位	闽南文化生态保护区。

石室岩寺★	官桥镇梅花岭	明代	寺内革命遗址为南安市文物保护单位	为南安地区首座供奉蛇神的寺庙。
双灵寺	水头镇埕边村	清嘉庆六年（1801）	南安市文物保护单位	泉州市非物质文化遗产保护单位，供奉高姑娘菩萨圣像。
龙溪寺	康美镇兰田村	20世纪20年代		俗称山头观音寺。
碧山寺	官桥镇黄山	待考		近年开始重建。

惠安县

名称	地址	始建年代	文物等级	备注
云盖寺	洛阳镇堂头村	唐贞观十五年（641）		宋丞相梁克家曾在此避难。
净峰寺★	净峰镇	唐咸通三年（861）	惠安县文物保护单位	保存有弘一法师故居
浮山寺	张坂镇浮山村	唐光启二年（887）	惠安县文物保护单位	坐落于海边。
岩峰寺★	黄塘镇后郭村	唐代	惠安县文物保护单位	保存有宋代石浮雕观音像。
平山寺★	小坪顶	后梁贞明二年（916）	惠安县文物保护单位	为惠安县佛寺之冠，保存有元代八角六层楼阁式石塔。
虎屿岩寺★	辋川镇	宋代	惠安县文物保护单位	属岩洞寺庙。
灵山寺★	螺阳镇锦东村	明代	惠安县文物保护单位	属岩洞寺庙。
一片瓦寺★	紫山镇南安村	明代	惠安县文物保护单位	属岩洞寺庙，明代乡贤戴一俊、戴卓峰在此隐居。

安溪县

名称	地址	始建年代	文物等级	备注
东岳寺★	北郊凤山	唐末宋初	安溪县文物保护单位	佛道合一的寺庙，建筑装饰极为丰富。
补陀岩寺★	长坑乡凤山村	北宋咸平五年（1002）	安溪县文物保护单位	明代著名书法家、晋江人张瑞图曾来此游玩。

清水岩寺★	蓬莱镇	北宋元丰六年（1083）	全国重点文物保护单位	建筑规模宏大，“清水祖师信俗”为国家级非物质文化遗产。
达摩岩寺★	长坑乡狮峰山	宋代	安溪县文物保护单位	坐落于狮峰山山巅之上。
九峰岩寺★	蓬莱镇上智村	明永乐十三年（1415）	安溪县文物保护单位	德化龙湖寺在安溪的主要分炉之一，主祀三代祖师。

永春县

名称	地址	始建年代	文物等级	备注
魁星岩寺★	石鼓镇桃场村	隋开皇九年（589）	福建省文物保护单位	全国两大供奉魁星的古迹之一。
乌髻岩寺★	锦斗镇	唐开元年间（713—741）	永春县文物保护单位	宋代进士王胃、大理学家朱熹和明代宰相李九我曾来此旅游。
西峰寺	湖洋镇	唐咸通年间（860—874）		传说六祖惠能大师曾在此传法收徒。
雪山岩寺	呈祥乡	唐光启年间（885—888）		为闽南地区海拔最高的寺庙。
惠明寺★	南郊花果山	唐代	永春县文物保护单位	永春现存最早的古寺庙之一。
普济寺★	蓬壶镇美山村	五代	永春县文物保护单位	弘一法师曾在此修行。
天禄岩寺	桃城镇玳瑁山	南宋初年		南宋进士蔡兹、苏升等曾在此读书。

德化县

名称	地址	始建年代	文物等级	备注
西天寺★	浔中镇祖厝村	唐末宋初	德化县文物保护单位	保存有清代铁钟、牌匾与明代木楹联等。
灵鹫岩寺★	赤水镇九仙山	唐开元四年（716）	德化县文物保护单位	德化海拔最高的寺庙。
五华寺★	盖德乡吾华村	唐咸通年间（860—874）	德化县文物保护单位	福建省历史文化古迹研究单位，海上丝绸之路起点。
程田寺★	城东陶瓷机械厂	五代后唐（923—936）	德化县文物保护单位	德化四大古刹之一。

戴云寺★	赤水镇戴云村	后梁开平二年（908）	德化县文物保护单位	德化四大古刹之一。
香林寺★	葛坑镇湖头村	后周显德二年（955）	德化县文物保护单位	德化四大古刹之首。
蔡岩寺★	桂洋乡彭坑村	北宋元祐五年（1090）	德化县文物保护单位	原保存有两尊宋代高僧肉身像，但已被盗
狮子岩寺★	春梅乡新阁村	南宋淳熙十六年（1189）	德化县文物保护单位	供奉陈公祖师。
狮峰岩寺	戴云山	南宋庆元元年（1195）		供奉妙慈祖师。
龙湖寺★	美湖镇上漈村	南宋庆元四年（1198）	德化县文物保护单位	闽台三代祖师庙的发源地。
大白岩寺★	美湖镇阳山村	南宋嘉定年间（1208—1224）	永春与德化两县文物保护单位	泉州唯一一寺双文保寺庙。
西华岩寺	城西大族山	元代		1993年开始重建。
永安岩寺★	赤水镇九仙山	明弘治年间（1488—1505）	德化县文物保护单位	德化保存最好的佛寺之一，供奉史公祖师。
碧象岩寺	城郊观音岐山	明万历年间（1573—1620）		德化陶瓷文化象征之一。
虎贲寺	雷峰镇虎贲岩	明万历年间（1573—1620）		清代德化进士李道泰曾在此读书。
登龙亭	浔西溪畔	明代		坐落于登龙桥头。
观音寺	戴云山	待考		背山面溪流。

厦门市佛教寺庙一览表

思明区

名称	地址	始建年代	文物等级	备注
鸿山寺★	思明南路	南朝		立体式现代寺庙。
万石莲寺★	万石植物园	唐代		弘一法师与宏船法师曾在此修行说法。
南普陀寺★	思明南路	唐末	福建省文物保护单位	民国十四年（1925）创办中国最早的佛教学府——闽南佛学院，汉族地区佛教全国重点寺院。
日光岩寺★	鼓浪屿晃岩路	明万历十四年（1586）	厦门市文物保护单位	保存有80多处历代名人的摩崖石刻。

虎溪岩寺★	虎溪岩路	明万历四十五年（1617）		属岩洞寺庙。
紫竹林寺	金榜公园	明万历年间（1573—1620）		为闽南佛学院女众部。
太平岩寺★	万石植物园	明万历年间（1573—1620）		弘一法师曾在此静修。
中岩寺★	万石植物园	明代	“澎湖阵亡将士祠碑”为厦门市文物保护单位	坐落于万石岩腹地之中。
白鹿洞寺★	白鹿路	清康熙四十四年（1705）	“朱一冯攻剿红夷题名石刻”为福建省文物保护单位	属岩洞寺庙，祀有朱熹神像。
天界寺★	万石植物园	清代初期		属岩洞寺庙。
净莲寺	将军祠	民国十八年（1929）		由菜姑吴开性、胡性清合建。
甘露寺	虎园路	民国十八年（1929）		现为女众修持净土的道场。
妙法林寺	励志路	民国二十三年（1934）		由菜姑住持的寺庙。

湖里区

名称	地址	始建年代	文物等级	备注
天竺岩寺	莲岳路仙岳山公园	清康熙末年（1712—1722）		1998 年开始重建。

同安区

名称	地址	始建年代	文物等级	备注
梵天寺★	轮山路	隋开皇元年（581）	西安桥石塔为福建省文物保护单位，两座宋代石塔为同安区文物保护单位	隋代同安三大古寺之一。
梅山寺★	梅山路	隋代	西安桥石塔为同安区文物保护单位	隋代同安三大古寺之一。
报恩寺	汀溪镇褒美村	唐代		近年开始重建。

铜钵岩寺	莲花镇	南宋开禧元年（1205）	同安区文物保护单位	供奉清水祖师。
慈云岩寺★	新民镇禾山	南宋瑞平年间（1234—1236）	同安区文物保护单位	保存有明代禾山石佛塔。
太华岩寺★	莲花镇后埔村	宋代		朱熹曾三次来此游览。
斗拱岩寺	汀溪镇褒美村	宋代		朱熹曾来此旅游。
佛心寺	莲花镇莲花村	民国		为菜姑住持的寺庙。

翔安区

名称	地址	始建年代	文物等级	备注
香山岩寺★	新店镇香山	南宋建炎元年（1127）	翔安区文物保护单位	主奉清水祖师，是厦门、南安、金门等地清水祖师总坛。

海沧区

名称	地址	始建年代	文物等级	备注
石室禅院★	新阳街道霞阳村玳瑁山	唐垂拱二年（686）	海沧区文物保护单位	建有石室书院。
真寂寺	天竺山公园	唐代	海沧区文物保护单位	曾发现一批旧建筑的石构件。
龙门寺	天竺山公园	待考		坐落于山谷之中。

集美区

名称	地址	始建年代	文物等级	备注
圣果院★	后溪镇后垵村	唐代	集美区文物保护单位	佛道合一的寺庙。
寿石岩寺★	后溪镇岩内村	北宋仁宗年间（1023—1063）	集美区文物保护单位	属岩洞寺庙。

漳州市佛教寺庙一览表

芗城区

名称	地址	始建年代	文物等级	备注
南山寺★	丹霞山	唐开元二十五年（737）	漳州市文物保护单位	全国汉传佛教重点寺院之一，漳州八大名胜之一。

西桥亭★	修文西路	唐元和十一年（816）	漳州市文物保护单位	坐落于漳州古城区。
东桥亭★	修文东路	唐元和十六年（816）	漳州市文物保护单位	跨漳州古城东边壕沟的东桥之上。
塔口庵★	大同路	元至正二十六年（1366）	北宋石经幢为福建省文物保护单位	坐落于剪刀口上。
宝莲寺★	塘边村	明万历三十五年（1607）		曾被中共地下党设为联络点。
法因寺	浦头路	明代	漳州市文物保护单位	供奉男相蓄须观音菩萨圣像。
瀛洲亭	洋老洲	清康熙初年		弘一法师曾在此修行。

龙文区

名称	地址	始建年代	文物等级	备注
聚奎岩寺	朝阳镇漳滨村	五代	漳州市文物保护单位	明代怀海禅师曾在此修行传道。
瑞竹岩寺★	蓝田山镇梧浦村	五代	龙文区文物保护单位	弘一法师曾在此讲经说法。
石室岩寺★	蓝田镇梧桥村	明万历年间（1573—1620）	龙文区文物保护单位	由龙裤国师所创建。

龙海市

名称	地址	始建年代	文物等级	备注
龙池岩寺★	角美镇白礁村文圃山	南北朝永初年间（420—422）	龙海市文物保护单位	漳州地区已知年代最早的寺庙。
七首岩寺★	九湖镇衍后村	南朝梁大同六年（540）	龙海市文物保护单位	百丈怀海、无隐禅师、弘一法师等高僧曾在此修行。
日照岩寺	九湖镇	唐代		坐落于南岩山北斗七星斗口第一星位置。
清安岩寺	双第华侨农场新牌村	唐代	龙海市文物保护单位	清代时有“江南佛国”之称。
白云岩寺★	颜厝镇洪坂村	唐代	龙海市文物保护单位	朱熹曾在此建立书院。
龙应寺★	东园镇过田村	五代后唐天成三年（928）	龙海市文物保护单位	元代陈均惠曾在此隐居，并建立小桃园。
蓬莱寺	程溪镇南乡村	北宋		保存有北宋石经幢。

木棉庵★	九龙岭木棉村	南宋德祐元年（1275）	福建省文物保护单位	南宋时奸臣贾似道被县尉郑虎臣在此诛杀。
云盖寺★	浮宫镇岩下社山麓	宋代	龙海市文物保护单位	据说宋端宗曾在此避难。
紫云岩寺	石码镇高坑村	宋代	龙海市文物保护单位	据说山上常有紫色祥云。
高美亭寺	榜山镇普边村	宋代	宋代古井为龙海市文物保护单位	又称泗州佛庙。
龙云岩寺	白水镇陈仓岭上	元至正年间（1341—1368）		坐落于海澄与漳浦之间的交通要道。
安福寺	白水镇井园村	元至正十八年（1358）		为地藏菩萨道场。
金仙岩寺★	白水镇玳瑁山	元至正十九年（1359）	龙海市文物保护单位	玳瑁山为闽南四大名山之一。
林前岩寺★	九湖镇林前村	元代	龙海市文物保护单位	唐代周匡业和周匡物兄弟曾在此读书。
五福禅寺★	石码镇仙庵路	明成化七年（1471）	龙海市文物保护单位	佛道合一的寺庙。
常春岩佛祖庙	东泗乡虎渡村	明万历二十五年（1597）	龙海市文物保护单位	开山祖师香花僧武艺高强，医术高明。
古林寺★	石码街道林坑社麒麟山	清康熙八年（1669）	龙海市文物保护单位	因古树众多而得名。
普照禅寺★	港尾镇	1995 年		具东南亚建筑风格的寺庙。

云霄县

名称	地址	始建年代	文物等级	备注
开元寺	育英西路	唐上元元年（674）		漳州地区首座佛寺。
普贤寺	将军山	北宋太平兴国四年（979）	云霄县文物保护单位	附近有陈政陵园。
灵鹫寺	列屿镇	南宋		建筑规模宏大，拥有大型现代石雕罗汉群。
白云寺★	云霄与漳浦交界处	宋代	云霄县文物保护单位	闽粤交通之瓶颈，关隘之重地。
南山寺★	莆美镇莆南村	明弘治年间（1488—1505）	福建省文物保护单位	保存着清代的南山书院。

西霞亭	西郊樟仔脚	明弘治年间（1488—1505）		为佛道合一的寺庙。
碧湖岩寺★	马铺乡枫河村	明天启三年（1623）	云霄县文物保护单位	由默然禅师所创建。
龙湫岩寺★	东厦镇	明崇祯四年（1631）	云霄县文物保护单位	祀奉云霄明代乡贤林偕春神像。
水月楼★	云陵镇溪美街	明代	福建省文物保护单位	佛、道与民间信仰合一的寺庙，曾创立洪门天地会。
剑石岩寺★	列屿镇	清乾隆二十七年（1762）	云霄县文物保护单位	因山顶有形如宝剑的石笋而得名，可远眺东山湾。
龙泉岩寺★	竹塔村仙人山	清乾隆三十四年（1769）	云霄县文物保护单位	仙人山为唐代陈元光寻真之处。
龙凤寺	竹塔村	待考		坐落于半山腰，背山面水。

漳浦县

名称	地址	始建年代	文物等级	备注
圣能寺	赤土乡下宫村白鹭森林公园	唐光化年间（898—900）		寺僧有《传山经》和《丹山真书》传世。
海日岩寺	佛昙镇下坑村	唐代	漳浦县文物保护单位	寺内保存有隋唐演义壁画。
古山莲花寺	佛昙镇古山村	北宋宣和二年（1120）		寺内保存有许多壁画。
紫薇寺	漳浦县旧镇紫薇山	南宋绍兴十三年（1143）	漳浦县文物保护单位	高僧释妙智116岁在此圆寂。
海月岩寺★	沙西镇涂楼村	宋代	漳浦县文物保护单位	为沿海岩洞寺庙，拥有多处岩洞和许多摩崖石刻。
清泉岩寺★	大南坂镇下楼村	南宋	福建省文物保护单位	漳浦当地蔡氏家族子孙曾在此读书。
清水岩寺★	赤湖镇后湖赤水自然村	南宋绍熙二年（1191）	漳浦县文物保护单位	供奉清水祖师。
白云岩寺★	东罗山	元代	漳浦县文物保护单位	漳浦通往漳州的古道经过此地。
福寿禅寺	赤土乡下宫村	元至正年间（1341—1368）		保存有《皇帝敕谕》石碑。
青龙寺★	石榴镇龙岭村	元代	漳浦县文物保护单位	保存有明代书法家黄道周题匾“泉锡还清”。

法泉寺	赤湖镇北桥村	明代		保存有一块貌似济公帽的巨石。
宝珠岩寺	旧镇镇龙头山	明代	摩崖石刻为漳浦县文物保护单位	寺旁岩石较多。
仙峰岩寺★	赤土乡浯源村	清乾隆三十年（1765）		属岩洞寺庙。

诏安县

名称	地址	始建年代	文物等级	备注
九侯禅寺★	金星乡九侯山	唐代	福建省文物保护单位	九侯山号称“闽南第一峰”。
南山禅寺★	深桥镇溪园村	五代	诏安县文物保护单位	寺庙素有“文笔”称号。
保林寺	桥东镇含英村	明代初年	诏安县文物保护单位	保存有一方清代碑刻。
澹园寺	南诏镇澹园路	明万历二十四年（1596）	诏安县文物保护单位	保存有“澹园”石匾。
报国寺	桥东镇凤山岭上	明万历年间（1573—1620）	诏安县文物保护单位	原名凤山庵，因郑成功发誓恢复明室而改名为报国寺。
慈云寺★	诏安县城北关街	明万历年间（1573—1620）	诏安县文物保护单位	寺内墙壁上杨家将泥塑十分精彩。
长乐寺★	诏安县汾水关	明天启年间（1621—1627）	诏安县文物保护单位	位于闽粤交界处。
青云寺	南诏镇中山西路	明代	诏安县文物保护单位	保存有清代“青云寺”石匾。
明灯寺	太平镇大布村点灯山	明代	诏安县文物保护单位	点灯山保留有大片原始森林。
金山寺	桥东镇	待考		环境清幽，背山面水。
金灯寺	太平镇	待考		为佛、儒合一的寺庙。

长泰县

名称	地址	始建年代	文物等级	备注
普济岩寺★	岩溪镇圭后村	唐代	长泰县文物保护单位	佛、儒合一的寺庙。
玉珠庵	枋洋镇江都村	元大德八年（1304）	长泰县文物保护单位	寺内墙壁保存有清咸丰时期的书法。

东山县

名称	地址	始建年代	文物等级	备注
苏峰寺★	西埔镇	宋代	东山县文物保护单位	对台交流重点寺院，国际（香港）佛医禅武文化协会授予的重点寺院。
古来寺★	东岭山	明成化三年（1467）	东山县文物保护单位	明末清初南少林与天地会的聚会点。
恩波寺★	铜陵镇码头街	明正德年间（1506—1521）	九仙山摩崖石刻为福建省文物保护单位	闽南佛教重地，明末郑成功部将洪旭曾修缮过。
东明寺★	铜陵镇东门屿	明代		临海而建，为全国海拔最低的寺庙。
靖海寺	前楼镇长山尾村	明代	东山县文物遗产	面朝大海，竖有释隆明法师舍利塔。
宝智寺★	风动石景区	明代		曾为抗倭人士的练武场。

南靖县

名称	地址	始建年代	文物等级	备注
石门寺★	船场镇梧宅村	唐元和四年（809）	南靖县文物保护单位	初唐开漳时期的古战场，朱熹曾来此游玩。
紫云寺	山城镇梧宅	北宋		为南靖八大景之一。
正峰寺	靖城镇廊前村	南宋开禧三年（1207）		保存有宋代阿育王石塔。
清水岩寺	靖城镇阡桥村	元至元十九年（1282）		供奉清水祖师。
五云寺★	金山镇五云岩	明洪武二十七年（1394）	摩崖石刻为南靖县文物保护单位	由号称华佗在世的净土禅师创建。
登云寺★	县城南郊紫荆山麓	清乾隆五年（1740）	南靖县文物保护单位	为佛、道合一的寺庙。
十一层岩寺	山城镇东大路	待考	南靖县文物保护单位	古代南靖八景之一。

平和县

名称	地址	始建年代	文物等级	备注
曹岩寺	文峰镇前埔村	唐宝历三年（827）	平和县文物保护单位	保存有唐代阿育王石塔。

三平寺★	文峰镇三平风景区	唐咸通十三年（872）	福建省文物保护单位	供奉三平祖师公。
灵通寺★	大溪镇灵通山	唐代		中国南方最美的悬空寺。
朝天寺★	大溪镇石寨村	北宋建隆三年（962）		灵通山十寺之一。
白花寺	大溪镇石寨村	北宋庆历二年（1042）		属岩洞寺庙。
天湖堂★	崎岭乡南湖村	南宋嘉定十年（1217）	福建省文物保护单位	佛、道合一的寺庙。

华安县

名称	地址	始建年代	文物等级	备注
平安寺★	云水溪桥头	明嘉靖三十三（年）（1554）	明代石佛为华安县文物保护单位	位于交通要道。
观音寺	沙建镇沙埔美村	待考		位于交通要道。

（注：打★号为重点个案研究的寺庙）

附录二　参考文献

一、专著类

[宋] 释延寿：《宗镜录》，西安：三秦出版社，1994。

[宋] 普济著，苏渊雷点校：《五灯会元》，北京：中华书局，1984。

[宋] 李诫：《营造法式》，北京：商务印书馆，1933。

杜洁祥主编：《中国佛寺史志汇刊》，台北：明文书局，1980。

[明] 黄仲昭：《八闽通志》，福州：福建人民出版社，1989。

[清] 黄任等纂修：乾隆《泉州府志》，上海：上海书店出版社，2000。

[清] 沈定均修：《漳州府志》，北京：中华书局，2011。

丁福保：《佛学大辞典》，北京：中国书店出版社，2011。

方立天：《中国佛教哲学要义》，北京：中国人民大学出版社，2003。

季羡林：《季羡林论佛教》，北京：华艺出版社，2006。

汤用彤：《理学·佛学·玄学》，北京：北京大学出版社，1991。

黄河涛：《禅与中国艺术精神的嬗变》，北京：商务印书馆，1994。

祁志祥：《佛学与中国文化》，上海：学林出版社，2000。

任继愈：《佛教大辞典》，南京：江苏古籍出版社，2002。

厦门市地方志编纂委员会编纂：《厦门市志》，北京：方志出版社，2004。

泉州市建委修志办公室编纂：《泉州市建筑志》，北京：中国城市出版社，1994。

吴文良：《泉州宗教石刻》，北京：科学出版社，1957。

曹春平：《闽南传统建筑》，厦门：厦门大学出版社，2016。

何锦山：《闽台佛教亲缘》，福州：福建人民出版社，2010。

陈名实：《闽台古建筑》，福州：福建美术出版社，2018。

范亚昆：《地道风物——闽南》，北京：北京联合出版公司，2019。

戴志坚：《闽海民系民居建筑与文化研究》，北京：中国建筑工业出版社，2003。

王寒枫：《泉州东西塔》，福州：福建人民出版社，1992。

杜仙洲：《泉州古建筑》，天津：天津科学技术出版社，1991。

陈允敦：《泉州古园林钩沉》，福州：福建人民出版社，1992。

杨莽华、马全宝：《闽南民居传统营造技艺》，合肥：安徽科学技术出版社，2013。

林从华：《缘与源：闽台传统建筑与历史渊源》，北京：中国建筑工业出版社，2006。

李豫闽：《闽台民间美术》，福州：福建人民出版社，2009。

林蔚文：《福建石雕艺术》，北京：荣宝斋出版社，2006。

陈志华、贺从容：《福建民居》，北京：清华大学出版社，2014。

郭丹、张佑周：《客家服饰文化》，福州：福建教育出版社，1995。

谢东：《漳州历史建筑》，福州：海风出版社，2005。

陈侨森、李林昌：《漳州掌故》，福州：福建人民出版社，2004。

林元平：《闽台石雕艺术》，北京：中国文联出版社，2007。

林国平：《闽台民间信仰源流》，福州：福建人民出版社，2003。

林江珠、段凌平：《闽台民间信仰传统文化遗产》，厦门：厦门大学出版社，2014。

黄忠杰：《剪粘》，福州：海风出版社，2012。

孙群：《福建遗存古塔形制与审美文化研究》，北京：九州出版社，2018。

孙群：《福州古塔的建筑艺术与人文价值研究》，北京：九州出版社，2019。

孙群：《泉州古塔的建筑特征与文化内涵研究》，北京：九州出版社，2021。

叶朗：《中国美学史大纲》，上海：上海人民出版社，1985。

宗白华：《美学散步》，上海：上海人民出版社，1981。

俞孔坚：《景观：文化·感知·生态》，北京：科学教育出版社，2000。

田永复：《中国园林建筑构造设计》，北京：中国建筑工业出版社，2015。

王其钧：《中国建筑图解词典》，北京：机械工业出版社，2015。

王其钧：《中国园林图解词典》，北京：机械工业出版社，2014。

李剑平：《中国古建筑名词图解辞典》，太原：山西科学技术出版社，2012。

张驭寰：《中国佛教寺院建筑讲座》，北京：当代中国出版社，2008。

傅熹年：《中国古代建筑史（第二卷）》，北京：中国建筑工业出版社，2001。

潘谷西：《中国古代建筑史（第四卷）》，北京：中国建筑工业出版社，2001。

李浈：《中国传统建筑形制与工艺》，上海：同济大学出版社，2010。

王晓华：《中国古建筑构造技术》，北京：化学工业出版社，2013。

姜振鹏：《传统建筑园林营造技艺》，北京：中国建筑工业出版社，2013。

王金涛：《禅境景观》，南京：江苏人民出版社，2011。

赵彦杰：《景观绿化空间设计》，北京：化学工业出版社，2009。

方广锠主编：《中国佛教文化大观》，北京：北京大学出版社，2001。

李乾朗：《台湾传统建筑匠艺》，台北：燕楼古建筑出版社，1995。

唐孝祥：《岭南近代建筑文化与美学》，北京：中国建筑工业出版社，2010。

任晓红：《禅与中国园林》，北京：商务印书馆，1994。

孙大章：《佛教建筑》，北京：中国建筑工业出版社，2017。

唐学山、李雄：《园林设计》，北京：中国林业出版社，2014。

阮仪山：《江南古典私家园林》，南京：译林出版社，2012。

吴庆洲：《脊饰》，北京：中国建筑工业出版社，2016。

楼庆西：《屋顶》，北京：中国建筑工业出版社，2015。

倪琪：《园林文化》，北京：中国经济出版社，2013。

苏雪痕：《植物造景》，北京：中国林业出版社，2018。

段晓华：《禅诗二百首》，南昌：江西人民出版社，1996。

王宏涛：《西安佛教寺庙》，西安：西安出版社，2010。

佟洵：《佛教与北京寺庙文化》，北京：中央民族大学出版社，1997。

洪修平：《中国佛教文化历程》，南京：江苏教育出版社，2005。
白化文：《汉化佛教法器与服饰》，北京：中华书局，2015。
祁志祥：《中国佛教美学史》，北京：北京大学出版社，2010。
沈福煦：《中国古代建筑文化》，上海：上海古籍出版社，2002。
梁思成：《中国建筑史·雕塑史》，天津：百花文艺出版社，2004。
卢辅圣：《中国南方佛教造像艺术》，上海：上海书画出版社，2004。
易思羽：《中国符号》，南京：江苏人民出版社，2005。
郑军、徐丽慧：《吉祥中国大图典》，上海：上海辞书出版社，2015。
王瑛：《中国吉祥图案》，天津：天津教育出版社，2005。
王晓俊：《风景园林设计》，南京：江苏科学技术出版社，2014。
杨大禹：《云南佛教寺院建筑研究》，南京：东南大学出版社，2011。
赵晓峰：《中国古典园林的禅学基因》，天津：天津大学出版社，2016。
王其钧：《画境诗情——中国古代园林史》，北京：中国建筑工业出版社，2011。
叶兆信、潘鲁生：《中国佛教图案》，北京，轻工业出版社，1989。
周维权：《中国古典园林史》，北京：清华大学出版社，2008。
曼弗雷多·塔夫里著：《现代建筑》，刘先觉译，北京：中国建筑工业出版社，2000。
马里奥·布萨利著：《东方建筑》，单军、赵焱译，北京：中国建筑出版社，1999。

二、期刊类

郭丹：《〈福建文献汇编〉的编撰与出版》，《海峡教育研究》2016年第4期。
方拥：《泉州开元寺大雄宝殿考》，《福建建筑》1991年第1期。
仇莉、王丹丹：《中国佛教寺庙园林植物景观特色》，《北京林业大学学报》2010年第1期。
龙自立：《谈泉州民居的建筑艺术》，《福建建设科技》2011年第4期。
蒋钦全：《闽南传统红砖民居特征与营造工法技艺解析》，《古建园林技术》2012年第4期。
童焱：《浅谈闽南佛教建筑装饰艺术的性格特征及其成因》，《福建师范大学学报（哲学社会科学版）》2010年第5期。

叶璐：《从安溪清水岩庙宇看闽南建筑美学》，《福建艺术》2011年第3期。

雷娴：《浅谈闽南涉台寺庙的价值及保护——以安海龙山寺为例》，《福建文博》2014年第3期。

李俐、张恒：《基于文化生态学理论的泉州民居海外多元文化特征研究》，《四川建筑科学研究》2011年第3期。

陈少牧：《试析泉州寺庙建筑的闽南文化特征》，《海峡两岸之闽南文化——海峡两岸闽南文化研讨会论文集》，2009。

黄忠杰：《台湾传统剪瓷雕艺术研究》，《福建师范大学学报（哲学社会科学版）》2007年第6期。

黄忠杰：《闽台传统剪粘工艺特点简论》，《集美大学学报（哲学社会科学版）》2012年第2期。

马力、彭晋媛：《漳州佛教建筑概况》，《福建建筑》2011年第4期。

唐孝祥、王永志：《台闽庙宇屋顶装饰的审美文化解读》，《华中建筑》2011年第3期。

张十庆：《五山十刹图与江南禅寺建筑》，《东南大学学报（自然科学版）》1996年第6期。

郭芳：《从佛教建筑中国化反思当代中国建筑文化》，《华中建筑》2007年第1期。

赵文斌：《广东佛教建筑的保护与借鉴》，《南方建筑》1999年第1期。

任林豪、陈公余：《天台山国清寺建筑概说》，《东南文化》1990年第6期。

唐思风、刘管平：《西南古刹·双桂堂》，《古建园林技术》2005年第5期。

吕千云：《当代中国佛教建筑的雕像化》，《美与时代》2010年第12期。

陈牧川：《开悟的空间——汉传佛教宗教空间研究分析》，《四川建筑科学研究》2010年第3期。

吕江波、张琦：《当代中国佛教寺庙建筑的设计思考——以台湾中台禅寺和法封山为例》，《华中建筑》2011年第9期。

习五一：《近代北京寺庙的类型结构解析》，《世界宗教研究》2006年第1期。

罗微、乔云飞：《浅谈中国佛寺的营造文化与艺术》，《考古与文物》

2003 年第 1 期。

李照红：《禅寺建筑布局中的佛教文化含义浅析——以武汉宝通禅寺为例》，《青春岁月》2013 年第 16 期。

黄丹丹：《“人间佛教”理念下凝固的佛音——福建厦门莲花山佛心寺扩建规划设计》，《福建建筑》2009 年第 11 期。

陈培海、钟淇宇：《试论闽南寺庙建筑神圣性与世俗性的双重体现——以泉州东禅寺为例》，《建筑学报》2017 年第 2 期。

梁思成：《中国的佛教建筑》，《清华大学学报》1961 年第 2 期。

李新建：《当代佛教寺庙规划设计初探》，《建筑学报》2007 年第 8 期。

任留柱、何森森：《中国古代佛教建筑设计的思想特色与风格分析》，《郑州轻工业学院学报（社会科学版）》2006 年第 6 期。

范英豪：《从寺院建筑看佛教在中国的本土化》，《建筑与文化》2012 年第 2 期。

朱永生：《江南禅宗寺院的布局探讨——武汉归元禅寺保护扩建工程规划的思考》，《古建园林艺术》2007 年第 2 期。

马骁、左满常：《清代官式建筑的特征》，《建筑科学》2001 年第 1 期。

陈蔚、侯博慧：《重庆华岩寺建筑群及其保护修复》，《重庆建筑》2014 年第 1 期。

金麟、王明非：《基于现代建筑理念的佛教建筑发展初探——以龙海普照禅寺为例》，《中外建筑》2011 年第 6 期。

米岩璐：《浅谈中国古代寺院建筑——以天津大悲禅院为例》，《北方美术》2010 年第 3 期。

刘旭峰：《大同华严寺建筑特色分析》，《太原大学学报》2013 年第 4 期。

许惠利：《智化寺建筑管窥》，《古建园林技术》1987 年第 3 期。

李建敏：《中国佛教建筑艺术美学思想初探》，《文博》1991 年第 5 期。

朱葛南：《分析中国寺院形制及布局特点》，《中华民居》2013 年第 7 期。

李晨：《中国佛教寺庙空间研究》，《神州》2012 年第 25 期。

管欣：《中国佛教寺庙空间的意境塑造》，《安徽农业大学学报（社会科学版）》2006 年第 2 期。

周维琼：《中国佛教寺庙园林的景观探微》，《广东园林》2007 年第 4 期。

徐彦：《浅谈中国佛教寺院中的园林艺术》，《大众文艺》2009 年第

3 期。

金荷仙 :《寺庙园林意境的表现手法》,《中国园林》1998 年第 6 期。

赵鸣、张洁 :《试论传统思想对我国寺庙园林布局的影响》,《中国园林》2004 年第 9 期。

吴小刚 :《寺庙园林景观研究——以福建省寺庙园林为例》,《艺术与设计》2010 年第 8 期。

颜晓佳、周云龙 :《佛教寺庙常见植物》,《生物学通报》2013 年第 11 期。

孔繁恩 :《浅析佛教寺庙园林的空间艺术特征——以北京市寺庙园林为例》,《广东园林》2013 年第 6 期。

贺赞、彭重华 :《中国佛教寺庙园林生态文化特征及现实意义》,《广东园林》2007 年第 6 期。

陆琦、郑洁 :《岭南园林石景》,《南方建筑》2006 年第 4 期。

袁晓梅、吴硕贤 :《中国古典园林声景观的三重境界》,《古建园林技术》2009 年第 1 期。

张俊玲、刘希娟 :《论中国传统园林声景之构成》,《中国园林》2012 年第 2 期。

杜娟、童泽望 :《中国古代佛教建筑装饰图案内涵的哲学诠释》,《华中农业大学学报（社会科学版)》2008 年第 6 期。

秦佑国 :《声景学的范畴》,《建筑学报》2005 年第 1 期。

孙群 :《从艺术到文化 : 泉州宝箧印经石塔与吴越国金涂塔雕刻艺术的比较研究》,《福建师范大学学报（哲学社会科学版)》2014 年第 2 期。

孙群 :《从泉州东西塔和福清瑞云塔雕刻的差异窥见古塔的世俗化表现》,《装饰》2013 年第 3 期。

孙群 :《福建传统石雕艺术》,《装饰》2005 年第 8 期。

孙群 :《泉州佛塔雕刻艺术的世俗化特征》,《艺术探索》2014 年第 6 期。

孙群 :《福建楼阁式砖塔的建筑艺术及其地理位置特征》,《华侨大学学报（哲学社会科学版)》2015 年第 5 期。

孙群 :《福州连江护国天王寺塔建造年代考证》,《华中建筑》2015 年第 9 期。

孙群 :《析泉州石狮六胜塔的建筑艺术特征与传承》,《建筑与文化》2013 年第 10 期。

孙群 :《泉州南安桃源宫经幢的建筑特征及其宗教作用》,《建筑与文化》2013 年第 11 期。

孙群：《泉州风水塔的地域特征与文化内涵》，《建筑与文化》2014 年第 3 期。

孙群：《泉州宝箧印经石塔的建筑特色与文化内涵》，《艺术探索》2013 年第 3 期。

孙群：《仙游天中万寿塔的设计特征与文化价值探究》，《西安建筑科技大学学报（社会科学版）》2013 年第 3 期。

孙群：《福建古塔的建筑特色与人文价值》，《长春理工大学学报》2012 年第 1 期。

孙群：《泉州古塔的类型与建筑特色研究》，《福建工程学院学报》2013 年第 8 期。

孙群：《泉州洛阳桥石塔的建筑特征与文化底蕴》，《艺术与设计》2013 年第 7 期。

三、学位论文类

杨思声：《近代闽南侨乡外廊式建筑文化景观研究》，华南理工大学博士学位论文，2011。

郑慧铭：《闽南传统民居建筑装饰及文化表达》，中央美术学院博士学位论文，2016。

王永志：《闽南、粤东、台湾庙宇屋顶装饰文化研究》，华南理工大学博士学位论文，2014。

陈迟：《明清四大佛教名山的形成及寺院历史变迁》，清华大学博士学位论文，2014。

袁牧：《中国当代汉地佛教建筑研究》，清华大学博士学位论文，2008。

龙珠多杰：《藏传佛教寺院建筑文化研究》，中央民族大学博士学位论文，2011。

王迪：《汉化佛教空间的“象”与“教”——以禅为核心》，天津大学博士学位论文，2013。

漆山：《学修体系思想下的我国现代佛寺空间格局研究》，清华大学博士学位论文，2011。

童丽娟：《福建佛寺园林艺术初探》，北京林业大学硕士学位论文，

2015。

刘枫 :《福州市寺庙园林研究》，福建农林大学硕士学位论文，2008。

王增云 :《福州寺庙园林建筑与植物造景研究》，福建农林大学硕士学位论文，2010。

陈清 :《论泉州传统建筑装饰的多元化特征》，苏州大学硕士学位论文，2006。

汪洁 :《闽台宫庙壁画研究》，福建师范大学硕士学位论文，2003。

郑捷 :《闽南红砖厝装饰元素在室内设计中的应用研究》，中南林业科技大学硕士学位论文，2015。

冯心斌 :《泉州开元寺研究》，河北师范大学硕士学位论文，2012。

汤景 :《福建佛教建筑的空间与结构》，华侨大学硕士学位论文，2006。

谢鸿权 :《泉州近代洋楼民居初探》，华侨大学硕士学位论文，1999。

何小凤 :《泉州寺庙园林研究》，福建农林大学硕士学位论文，2011。

徐铭华 :《当代泉州佛教建筑的营建现状分析及展望》，华侨大学硕士学位论文，2005。

李玲 :《中国汉传佛教山地寺庙的环境研究》，北京林业大学硕士学位论文，2012。

郭蓉 :《寺庙园林中的植物景观特征研究——以云南汉传佛寺为例》，昆明理工大学硕士学位论文，2010。

马云霞 :《云南寺观园林环境特征及其保护与发展》，昆明理工大学硕士学位论文，2004。

宋元园 :《中国现代佛教建筑装饰艺术的传承与创新》，山东建筑大学硕士学位论文，2012。

朱孟传 :《浅谈佛教文化在建筑装饰图案中的体现》，南京林业大学硕士学位论文，2008。

王吉 :《苏州地区佛教建筑空间和装饰研究》，苏州大学硕士学位论文，2009。

黄斯扬 :《内江圣水寺的装饰艺术研究》，西南大学硕士学位论文，2016。

王波 :《中国佛教建筑的时代特点与发展趋势展望》，山东大学硕士学位论文，2009。

谢岩磊 :《山地汉传佛教寺院规划布局与空间组织研究》，重庆大学硕士学位论文，2012。

陈静宜 :《上海地区佛寺空间特征研究》，上海交通大学硕士学位论文，2011。

张兴建 :《隆昌寺建筑空间与装饰特征研究》，南京艺术学院硕士学位论文，2011。

李冬梅 :《心境与园景——禅与园林关系探讨》，西北农业科技大学硕士学位论文，2009。

管欣 :《中国佛教寺庙园林意境塑造手法研究》，安徽农业大学硕士学位论文，2006。

贺赞 :《南岳衡山佛教寺庙园林植物景观研究》，中南林业科技大学硕士学位论文，2008。

杨茹 :《普陀山寺庙植物景观研究》，浙江农业大学硕士学位论文，2011。

程晓东 :《现代园林中声景观的设计与营建研究》，西北农业大学硕士学位论文，2011。

顾乐晓 :《北京佛教古寺庙生态调查》，中国美术学院硕士学位论文，2010。

刘姝 :《扬州大明寺建筑室内及文化研究》，南京林业大学硕士学位论文，2013。

陈传明 :《湖湘寺观园林的空间研究》，中南林业科技大学硕士学位论文，2008。

梅腾 :《河南佛教寺院建筑初探》，郑州大学硕士学位论文，2007。

闫晨 :《我国大中型现代寺庙建筑外部形态特征研究》，武汉理工大学硕士学位论文，2015。

夏天 :《南京栖霞寺建筑空间与景观特色研究》，南京艺术学院硕士学位论文，2012。

丁剑 :《佛教宇宙观对佛教建筑及其园林环境的影响研究——以北方汉传佛教建筑为例》，河北工业大学硕士学位论文，2015。

杨自强 :《五代时期佛寺建筑艺术研究——以山西镇国寺为例》，太原理工大学硕士学位论文，2012。

陈丽 :《苏州佛教建筑遗存及现状研究》，苏州大学硕士学位论文，2016。

宋斐 :《白马寺建筑与环境研究》，湖北工业大学硕士学位论文，2009。

余旭 :《泰国佛教古建筑艺术的美学特征探析》，西南大学硕士学位论文，2012。

郭以德：《园林声景观设计初探》，南京林业大学硕士学位论文，2010。

李云巧：《丽江市寺庙园林植物景观研究》，四川农业大学硕士学位论文，2009。

四、其他文献

[清] 周学曾、尤逊恭：《晋江县志》。

[清] 吴裕仁：《惠安县志》。

[清] 沈钟、李畴：《安溪县志》。

[清] 林登虎：《漳浦县志》。

[清] 姚循义：《南靖县志》。

[民国] 郑翘松：《永春县志》。

[民国] 苏育南：《德化县志》。

[民国] 戴希朱：《南安县志》。

[民国] 李禧：《厦门县志》。

[民国] 吴锡璜：《同安县志》。

[民国] 吴梦沂：《诏安县志》。

[民国] 郑丰稔：《云霄县志》。

[民国] 李猷明：《东山县志》。

太虚法师：《南普陀寺重建大悲殿记》，1933。

周肖峰：《漳州民族乡村与寺观教堂》，漳州：漳州市民族与宗教事务局，2005。

西桥亭寺管委会：《西桥亭》，2018。

注：本书还参考了一些地方文献、博客文章以及报纸杂志，由于作者姓名不详，很难一一罗列，在此一并表示谢意。

后　记

闽南自古佛教兴盛，寺庙众多，佛寺建筑文化底蕴深厚，内涵极为丰富，无论是从选址、空间、建筑、装饰等方面，还是从历史文献、自然景观、人文景观、宗教等方面，可研究的内容都有很多，很难在一本书中予以完整论述。如闽南佛寺建筑装饰艺术的 13 个门类，每个门类都能单独撰写一本专著进行探讨。再如关于闽南佛寺建筑艺术与景观的创新与发展，还有巨大的研究空间。甚至于闽南的每一座佛寺，都值得继续深挖。但囿于笔力，限于精力，笔者只能紧扣闽南佛教寺庙的建筑艺术与景观研究这一主题展开论述，其他方面只能略加提及了。

笔者出生于厦门，小时候生活在泉州，通过耳濡目染，对闽南佛寺多少有所了解。特别是 1977—1978 年在承天巷尾的晋光小学（当时称“红旗小学”）读书时，对仅一墙之隔的承天寺充满了浓厚的好奇心；去鲤城开元寺春游时，对东西双塔、大雄宝殿以及拜亭上的大石鳖情有独钟。时隔 40 多年之后再提笔描述它们时，感慨颇多。1995—1996 年间，笔者曾在福州高盖山妙峰寺、福州闽侯雪峰寺和九江永修真如禅寺生活过一段时间，深感清末民国以来的禅宗各派虽然寥落，但是遗范尚在，宗风犹存。

自从获得课题的立项后，笔者前后十多次前往厦漳泉地区进行田野调查，充分体会到唐代寒山所言“闲自访高僧，烟山万万层。师亲指归路，月挂一轮灯”以及唐代永嘉禅师所言“游江海涉山川，寻师访道为参禅，自从认得曹溪路，了知生死不相关”之意趣。笔者在田野调查的过程中，既领略了闽南的大好河山，又体验了僧人的禅修生活，增长了许多阅历，升华了身心。

探访古寺的过程既艰辛劳累又充满乐趣，每当撰写某座佛寺时，脑海中总会浮现出寻访的情境。如寻访德化永安岩寺时，正值烈日当空，在深山密林中的石板古道上行进，汗流浃背，脚酸腿软，但当看到古朴的寺庙时，立即被其深深吸引，顿时忘却疲劳；探访藏在悬崖上的最美千年古寺——平和灵通寺时，沿着号称“天梯”的数百级石阶攀登到寺庙门口时，真正体会到了“会当凌绝顶，一览众山小”的境界；寻找闽南海拔最高的寺庙——永春雪山岩寺时，汽车在蜿蜒曲折的山路上盘旋到日暮，仍一无所获，笔者只好孤注一掷地朝山顶开去，最终在一片树林后看到了期盼已久的寺院。

撰写本书的过程中，笔者尽管遇到了许多意想不到的困难，但也有幸得到了多方的指导与帮助。在此，特向福建理工大学文学院郭丹教授，美术学院李豫闽教授、林颢教授、黄忠杰教授和王晓戈副教授，社会历史学院林国平教授和傅文奇教授，建筑与城乡规划学院林从华教授、张春英教授；厦门大学建筑学院戴志坚教授；厦门理工学院设计艺术学院林大梓教授；福建农林大学艺术学院施并塑副教授，致以诚挚的感谢。此外，林阳副教授、王隽彦副教授、杨琼副教授、高鹏老师、赵一静老师等同仁，研究生陈丽羽同学，好友林孝勇，不辞辛劳地与我一起探访佛寺，谢谢他们的陪伴。最后，还要感谢书中提及佛寺的寺僧，他们为笔者提供了许多方便。

感谢福建省社科研究基地地方文献整理研究中心将本书列入中心成果，给予资助。感谢九州出版社对本书的大力支持和辛勤付出。此外，还要特别感谢家人的全力支持与帮助，特别是我的夫人林金珠女士。最后，还要特别感谢福建理工大学党委书记吴仁华教授在百忙之中为本书撰写“苍霞书系”总序。

孙群
2023 年 3 月 13 日

海洋文化与科技融合发展研究中心